广东五华七目嶂省级自然保护区

广东五华七目嶂
保护区植物

曹洪麟 郑兵 史艳财 李玉峰 主编

中国林业出版社
China Forestry Publishing House

图书在版编目（CIP）数据

广东五华七目嶂保护区植物 / 曹洪麟等主编 . -- 北京 : 中国林业出版社, 2021.6

（华南植物多样性丛书）

ISBN 978-7-5219-0782-7

Ⅰ . ①广… Ⅱ . ①曹… Ⅲ . ①自然保护区—植物—龙川县 Ⅳ . ① Q948.526.54

中国版本图书馆 CIP 数据核字 (2020) 第 176246 号

中国林业出版社·自然保护分社 / 国家公园分社

策划编辑：王　远　肖　静
责任编辑：何游云　肖　静
出版发行　中国林业出版社（100009　北京市西城区德内大街刘海胡同 7 号）
　　　　　http://lycb.forestry.gov.cn　　　电话：（010）83143577
印　　刷　河北京平诚乾印刷有限公司
排　　版　广州林芳生态科技有限公司
版　　次　2021 年 6 月第 1 版
印　　次　2021 年 6 月第 1 版
开　　本　889mm×1194mm　1/16
印　　张　21.75
字　　数　380 千字
定　　价　328.00 元

未经许可，不得以任何方式复制和抄袭本书的部分或全部内容。

版权所有　侵权必究

编委会

主　　任：温定基　　曹洪麟

副 主 任：张让权　　张俊忠

主　　编：曹洪麟　　郑　兵　　史艳财　　李玉峰

副 主 编：吴林芳　　黄萧洒　　古宇兰　　罗勇志

编　　委：曹洪麟　　陈接磷　　邓焕然　　董　辉
　　　　　古宇兰　　郭　韵　　胡喻华　　黄萧洒
　　　　　黄伟艺　　蒋　蕾　　罗勇志　　李玉峰
　　　　　练荣山　　廖嘉明　　马士龙　　麦思珑
　　　　　史艳财　　王丹枫　　王　磊　　吴林芳
　　　　　吴文华　　叶华谷　　曾飞燕　　曾丽君
　　　　　张汉宏　　张景南　　张　蒙　　张圣平
　　　　　张　涛　　郑　兵　　钟智明

本书的出版承蒙以下项目资助：
广东五华七目嶂省级自然保护区总体规划项目
广东五华七目嶂省级自然保护区生物多样性监测体系建设项目
第四次全国中药资源普查——广东省梅州五华县中药资源普查项目
珍稀濒危植物土沉香及丹霞梧桐资源调查项目

前言

广东五华七目嶂省级自然保护区位于广东梅州市五华县西部，地理位置处于北纬23°45'12"~23°51'04"，东经115°18'57"~115°26'05"，总面积5850hm²。保护区东北部与龙川县交界，东部与东源县毗邻，南部与紫金县接壤，西部与长布镇相连。东北至西南最长约14.8km，西北至东南最宽约8.4km。

七目嶂地区保护历史悠久，相传清康熙四十一年（公元1702年）后，因百姓在此地大量采伐树木和挖矿，出现大面积荒山，导致严重的水土流失，淹埋农田，因此，清政府于乾隆五十八年（公元1793年）在七目嶂双髻山下树立了"奉宪永禁碑"，开省内自然环境与自然资源保护之先河。

1980年代末，广东省内高等院校及科研单位的多位专家教授纷纷到本地区进行科学考察，并提出建立自然保护区的建议；五华县政府于1990年发布了《关于建立七目嶂天然次生林阔叶林保护区的布告》（华府布字[1990]1号），保护区面积约为2000hm²，属县级自然保护区；1995年，经梅州市人民政府批准，本保护区升级为市级自然保护区（梅市府办函[1995]5号），面积也扩大至5850hm²；1998年，经广东省人民政府批准（粤府函[1998]495号），升级为省级自然保护区。

七目嶂省级自然保护区属中、低山丘陵地貌，区内山峦重叠，山坡陡峻，溪流遍布，地貌类型复杂多样。最高峰为位于保护区西北部的七目嶂，海拔1318.6m，区内海拔超过1000m的山峰有16座；最低点为位于保护区东北部黄田村附近的农地，海拔约260m。保护区地带性土壤类型为赤红壤，一般分布于区内海拔400m以下的山地下部；海拔400~800m的山地中部属山地红壤；海拔800~1000m的山地上部则为山地黄壤；海拔1000m以上的山脊和山顶分布着山地灌丛草甸土。区内土壤发育母质为砂岩。

保护区地处北回归线北缘，气候类型属南亚热带季风性湿润气候，并具有较典型的华南山地气候特征，主要特点是夏长冬暖、雨季漫长、冬春偶有寒潮入侵。据五华县气象站资料统计，全县年平均温度为21.2℃，最热月（7月）平均气温28.5℃，极端最高气温38.9℃（1963年9月2日），最冷月（1月）平均气温11.9℃，极端最低气温-4.5℃（1955年1月）；年平均无霜期325天，年平均降水量1498mm，每年3~9月为雨季，降水量占全年的86%左右。但因保护区处于县西部山地，各项气温指标应比县城低2~3℃，而雨量则高200mm以上。

保护区地带性植被类型为南亚热带季风常绿阔叶林，分布于区内海拔700m以下的低山丘陵地区，但因长期人类活动的干扰，现植被多为次生林，组成种类复杂多样而富于热带性，主要由樟科、山茶科、壳斗科、桃金娘科、梧桐科、金缕梅科等中热带性较强的属和种组成；在保护区海拔700~1100m分布有少量的南亚热带山地常绿阔叶林，主要组成种类除上述科外，还有木兰科、安息香科、蔷薇科、杜英科等的一些种类，并具有较多落叶成分；海拔1000m以上的山脊和山顶，则分布着山顶灌丛草坡类型，主要由杜鹃花科、越橘科、山茶科、禾本科和莎草科的种类组成。此外，保护区外缘视人为干扰程度的差异，还分布有相当面积的马尾松林、马尾松针阔叶混交林等。

七目嶂省级自然保护区属森林生态系统类型自然保护区，其主要保护对象为南亚热带森林生态系统、珍稀动植物资源及其栖息地，因此，植物资源是本保护区的主要自然资源，掌握区内植物资源对开展保护区的保护和管理具有重要意义。为此，保护区通过招投标方式，确定由中国科学院华南植物园承担本次植物资源调查工作。

项目承担单位在中标后由多位植物分类学家和植物生态学家组成了调查团队，按开展植物区系调查研究的方法和要求，对本保护区展开了为期一年的基础调查，采集了800号3000多份标本，拍摄了1000多张照片，初步鉴定了600多种植物（含种以下分类单元，下同）。为完成项目验收，在参考原综合考察报告基础上结合本次调查编辑了这本《广东五华七目嶂保护区植物》。本书对1105种维管束植物进行了简要描述，配以能够说明植物形态特征的彩色照片，力求图文并茂，简明扼要。

本书共收录维管束植物1105种，隶属195科612属，其中，蕨类植物35科57属94种，裸子植物5科5属6种，被子植物155科550属1005种。书中蕨类植物按秦仁昌1978年系统，裸子植物按郑万均1975年系统，被子植物按哈钦松1924及1934年系统排列。植物的生物学特性描述主要参考《中国植物志》和《Flora of China》。

由于时间仓促，水平有限，错误疏漏在所难免，敬请各位读者不吝赐教。

编者
2021.03

目录

蕨类植物门 PTERIDOPHYTA

P2. 石杉科 Huperziaceae 2
P3. 石松科 Lycopodiaceae 2
P4. 卷柏科 Selaginellaceae 3
P6. 木贼科 Equisetaceae 4
P8. 阴地蕨科 Botrychiaceae 5
P9. 瓶尔小草科 Ophioglossaceae 5
P11. 观音座莲科 Angiopteridaceae 5
P13. 紫萁科 Osmundaceae 6
P14. 瘤足蕨科 Plagiogyriaceae 6
P15. 里白科 Gleicheniaceae 7
P17. 海金沙科 Lygodiaceae 8
P18. 膜蕨科 Hymenophyllaceae 8
P19. 蚌壳蕨科 Dicksoniaceae 9
P20. 桫椤科 Cyatheaceae 9
P23. 鳞始蕨科 Lindsaeaceae 9
P26. 蕨科 Pteridiaceae 10
P27. 凤尾蕨科 Pteridaceae 11
P30. 中国蕨科 Sinopteridaceae 12
P31. 铁线蕨科 Adiantaceae 13
P33. 裸子蕨科 Hemionitidaceae 14
P35. 书带蕨科 Vittariaceae 14
P36. 蹄盖蕨科 Athyriaceae 15
P38. 金星蕨科 Thelypteridaceae 16
P39. 铁角蕨科 Aspleniaceae 19
P42. 乌毛蕨科 Blechnaceae 20
P45. 鳞毛蕨科 Dryopteridaceae 21
P46. 叉蕨科 Tectariaceae 23
P47. 实蕨科 Bolbitidaceae 23
P50. 肾蕨科 Nephrolepidaceae 24
P52. 骨碎补科 Davalliaceae 24
P56. 水龙骨科 Polypodiaceae 25
P57. 槲蕨科 Drynariaceae 28
P58. 鹿角蕨科 Platyceriaceae 28
P59. 禾叶蕨科 Grammitidaceae 29
P60. 剑蕨科 Loxogrammaceae 29

裸子植物门 GYMNOSPERMAE

G3. 红豆杉科 Taxaceae 31
G6. 三尖杉科 Cephalotaxaceae 31
G7. 松科 Pinaceae 31
G8. 杉科 Taxodiaceae 32
G11. 买麻藤科 Gnetaceae 32

被子植物门 ANGIOSPERMAE

1. 木兰科 Magnoliaceae 35
3 五味子科 Schisandraceae 36
8 番荔枝科 Annonaceae 37
11 樟科 Lauraceae 38
15 毛茛科 Ranunculaceae 46
19 小檗科 Berberidaceae 48
21 木通科 Lardizabalaceae 49
23 防己科 Menispermaceae 49
24 马兜铃科 Aristolochiaceae 52
28 胡椒科 Piperaceae 52
29 三白草科 Saururaceae 53
30 金粟兰科 Chloranthaceae 54
33 罂粟科 Papaveraceae 54
39 十字花科 Cruciferae 55
40 堇菜科 Violaceae 57
42 远志科 Polygalaceae 58
45 景天科 Crassulaceae 59
48 茅膏菜科 Droseraceae 60
53 石竹科 Caryophyllaceae 60
54 粟米草科 Molluginaceae 61
56 马齿苋科 Portulacaceae 61
57 蓼科 Polygonaceae 62

59 商陆科 Phytolaccaceae 66	167 桑科 Moraceae 151
61 藜科 Chenopodiaceae 66	169 荨麻科 Urticaceae 155
63 苋科 Amaranthaceae 67	170 大麻科 Cannabinaceae 159
64 落葵科 Basellaceae 69	171 冬青科 Aquifoliaceae 160
67 牻牛儿苗科 Geraniaceae 69	173 卫矛科 Celastraceae 163
69 酢浆草科 Oxalidaceae 70	177 翅子藤科 Hippocrateaceae 165
71 凤仙花科 Balsaminaceae 70	179 茶茱萸科 Icacinaceae 166
72 千屈菜科 Lythraceae 71	182 铁青树科 Olacaceae 166
77 柳叶菜科 Onagraceae 72	185 桑寄生科 Loranthaceae 166
78 小二仙草科 Haloragidaceae 73	186 檀香科 Santalaceae 169
81 瑞香科 Thymelaeaceae 74	189 蛇菰科 Balanophoraceae 169
84 山龙眼科 Proteaceae 75	190 鼠李科 Rhamnaceae 170
88 海桐花科 Pittosporaceae 76	191 胡颓子科 Elaeagnaceae 172
93 大风子科 Flacourtiaceae 77	193 葡萄科 Vitaceae 173
94 天料木科 Samydaceae 77	194 芸香科 Rutaceae 176
101 西番莲科 Passifloraceae 78	196 橄榄科 Burseraceae 178
103 葫芦科 Cucurbitaceae 78	197 楝科 Meliaceae 179
104 秋海棠科 Begoniaceae 80	198 无患子科 Sapindaceae 180
108 山茶科 Theaceae 81	200 槭树科 Aceraceae 181
108A 五列木科 Pentaphylacaceae 87	201 清风藤科 Sabiaceae 181
112 猕猴桃科 Actinidiaceae 88	204 省沽油科 Staphyleaceae 183
118 桃金娘科 Myrtaceae 89	205 漆树科 Anacardiaceae 184
120 野牡丹科 Melastomataceae 90	206 牛栓藤科 Connaraceae 185
121 使君子科 Combretaceae 93	207 胡桃科 Juglandaceae 186
123 金丝桃科 Hypericaceae 93	209 山茱萸科 Cornaceae 186
126 藤黄科 Guttiferae 95	210 八角枫科 Alangiaceae 187
128 椴树科 Tiliaceae 95	211 蓝果树科 Nyssaceae 187
128A 杜英科 Elaeocarpaceae 97	212 五加科 Araliaceae 188
130 梧桐科 Sterculiaceae 98	213 伞形科 Umbelliferae 190
132 锦葵科 Malvaceae 100	214 山柳科 Clethraceae 193
133 金虎尾科 Malpighiaceae 101	215 杜鹃花科 Ericaceae 193
135 古柯科 Erythroxylaceae 102	221 柿科 Ebenaceae 197
136 大戟科 Euphorbiaceae 102	222 山榄科 Sapotaceae 198
136A 虎皮楠科 Daphniphyllaceae 110	222A 肉实科 Sapotaceae 199
139 鼠刺科 Iteaceae 110	223 紫金牛科 Myrsinaceae 199
142 绣球科 Hydrangeaceae 111	224 安息香科 Styracaceae 204
143 蔷薇科 Rosaceae 112	225 山矾科 Smyplocaceae 205
146 含羞草科 Mimosaceae 122	228 马钱科 Loganiaceae 207
147 苏木科 Caesalpiniaceae 125	229 木犀科 Oleaceae 209
148 蝶形花科 Papilionaceae 127	230 夹竹桃科 Apocynaceae 211
151 金缕梅科 Hamamelidaceae 138	231 萝藦科 Asclepiadaceae 213
154 黄杨科 Buxaceae 141	232 茜草科 Rubiaceae 215
159 杨梅科 Myricaceae 141	233 忍冬科 Caprifoliaceae 224
161 桦木科 Betulaceae 142	235 败酱科 Valerianaceae 226
163 壳斗科 Fagaceae 143	238 菊科 Asteraceae 227
165 榆科 Ulmaceae 149	239 龙胆科 Gentianaceae 243

240 报春花科 Primulaceae	244	292 竹芋科 Marantaceae	277
241 白花丹科 Plumbaginaceae	245	293 百合科 Liliaceae	277
242 车前科 Plantaginaceae	245	296 雨久花科 Pontederiaceae	280
243 桔梗科 Campanulaceae	246	297 菝葜科 Smilacaceae	280
244 半边莲科 Lobeliaceae	247	302 天南星科 Araceae	281
249 紫草科 Boraginaceae	248	303 浮萍科 Lemnaceae	284
250 茄科 Solanaceae	249	306 石蒜科 Amaryllidaceae	284
251 旋花科 Convolvulaceae	250	310 百部科 Stemonaceae	285
252 玄参科 Scrophulariaceae	251	311 薯蓣科 Dioscoreaceae	285
253 列当科 Orobanchaceae	256	314 棕榈科 Arecaceae	286
254 狸藻科 Lentibulariaceae	256	315 露兜树科 Pandanaceae	288
256 苦苣苔科 Gesneriaceae	257	318 仙茅科 Hypoxidaceae	288
257 紫葳科 Bignoniaceae	259	323 水玉簪科 Burmanniaceae	289
259 爵床科 Acanthaceae	259	326 兰科 Orchidaceae	289
263 马鞭草科 Verbenaceae	262	327 灯心草科 Juncaceae	298
264 唇形科 Lamiaceae	266	331 莎草科 Cyperaceae	299
266 水鳖科 Hydrocharitaceae	271	332A 竹亚科 Bambusceae	306
280 鸭跖草科 Commelinaceae	272	332B 禾亚科 Poceae	307
283 黄眼草科 Xyridaceae	274	参考文献	317
285 谷精草科 Eriocaulaceae	274	中文名索引	318
287 芭蕉科 Musaceae	275	拉丁名索引	327
290 姜科 Zingiberaceae	275		

蕨类植物门
PTERIDOPHYTA

现代蕨类植物有 11500 多种，
广泛分布于世界各地，
尤以热带和亚热带最为丰富。
中国约有 2000 种，
它们大都喜生于温暖阴湿的森林环境。

P2. 石杉科 Huperziaceae

附生或土生草本。茎直立或斜升，一至多回二叉分枝。小型叶，仅具中脉，质厚，一型或二型，螺旋状排列。孢子囊单生于能育叶腋间，横肾形，具小柄，生于全枝或枝上部叶腋，或在枝顶端形成细长线形的孢子囊穗。孢子球状四面形，具孔穴状纹饰。本科共2属约300种，广泛分布于全球。中国2属49种。七目嶂2属2种。

1. 石杉属 Huperzia Bernh.

植株较小，土生或附生。茎直立。叶片纸质，一型，线形或披针形，螺旋状排列，全缘或具锯齿；孢子叶仅比营养叶略小。孢子三棱形。本属约100种。中国26种。七目嶂1种。

1. **蛇足石杉**（千层塔）

Huperzia serrata (Thunb. ex Murray) Trev.

茎直立或斜生，二至四回二歧分枝，枝上部常有芽孢。叶纸质，螺旋状着生，有短柄，披针形，顶端锐尖，基部楔形，具不整齐的粗尖锯齿，两面光滑，有光泽；孢子叶与不育叶同形。孢子囊生于孢子叶的叶腋，肾形，淡黄色。

生于林下阴湿处。产七目嶂阳光坑等。

全草入药，具退热、镇痛、解毒的功效。

2. 马尾杉属 Phlegmariurus (Herter) Holub

植株较高大，附生，成熟枝下垂或近直立。叶片革质或近革质，螺旋状着生，全缘。孢子叶与营养叶明显不同或相似；孢子叶较小。孢子囊肾形。孢子球状四面形。本属约200种。中国23种。七目嶂1种。

1. **福氏马尾杉**

Phlegmariurus fordii (Baker) Ching

茎簇生，成熟枝下垂，一至多回二叉分枝，枝连叶宽1.2~2.0cm。叶螺旋状排列，但因基部扭曲而呈二列状；营养叶（至少植株近基部叶片）抱茎，椭圆披针形，基部圆楔形；孢子叶披针形或椭圆形，基部楔形，先端钝，中脉明显，全缘。孢子囊穗比不育部分细瘦，顶生；孢子囊生在孢子叶腋，肾形，2瓣开裂，黄色。

生山沟阴岩壁、灌木林下岩石上。七目嶂偶见。

全草入药，有清热解毒之效。

P3. 石松科 Lycopodiaceae

多年生土生蕨类。主茎长而匍匐，发出直立或斜升的侧枝，常为不等位的二歧分枝。叶二型或三型，常为线形或钻形，螺旋状排列或轮生；罕一型，钻形而螺旋状排列。孢子囊穗顶生，圆柱形；或柔荑花序状生于总柄上；孢子囊无柄，单生叶腋，肾形；孢子球状四面形。本科7属60余种。中国5属18种。七目嶂2属3种。

1. 藤石松属 Lycopodiastrum Houb ex R. D. Dixit.

大型土生植物。地下茎长而匍匐；地上主茎木质藤状，圆柱形，具疏叶。不育枝黄绿色，圆柱状；能育枝红棕色，扁平。叶螺旋状排列，贴生，卵状披针形至钻形，无柄，先端具芒或芒脱落。孢子囊穗双生，每6~26个一组生于多回二歧分枝的孢子枝顶端，排列成复圆锥形；孢子囊生于孢子叶腋，内藏，圆肾形，黄色。单种属。七目嶂有分布。

1. **藤石松**

Lycopodiastrum casuarinoides (Spring) Holub ex R. D. Dixit.

种的特征与属同。

生于山坡灌丛或林缘。产七目嶂分水坳等。

全草入药，能舒筋活血。

2. 石松属 Lycopodium L.

多年生中型土生植物。主茎伸长匍匐地面，或主茎直立而具地下横走根状茎；侧枝直立，多回二歧分枝；

小枝密，直立或斜展。叶螺旋状排列，线形、钻形或狭披针形，基部楔形，孢子叶较不育叶宽；下延，无柄，先端渐尖，边缘全缘或具齿，纸质至草质。孢子囊穗单生或聚生于孢子枝顶端，圆柱形；孢子囊生于孢子叶腋，内藏，圆肾形，黄色。本属约 10 种。中国 7 种。七目嶂 2 种。

1. 垂穗石松
Lycopodium cernuum (L.)

主茎地下部分横走；地上部分直立，偶伸长而近攀缘状，粗壮，圆柱形，具纵棱，多回不等位二歧分枝。叶二型，不育枝叶线状钻形，先端长芒状，全缘，弯曲，纸质；能育叶三角状卵形，边缘流苏状，膜质，覆瓦状排成囊穗。孢子囊穗单生于小枝顶端，短圆柱形，熟时下垂，淡黄色，无柄；孢子囊腋生，内藏，圆肾形，黄色。

生林下、林缘及灌丛。七目嶂常见。

全草入药，能舒筋活血。酸性土指示植物，枝供插瓶用。

2. 石松
Lycopodium japonicum Thunb.

侧枝直立，多回二叉分枝。叶螺旋状排列，披针形或线状披针形，基部楔形，无柄，先端具透明发丝，全缘，草质，中脉不明显；孢子叶阔卵形，先端具芒状长尖头。孢子囊穗（3）4~8 个集生于总柄，不等位着生（即小柄不等长），直立，圆柱形，具长小柄；孢子囊生于孢子叶腋，略外露，圆肾形，黄色。

生林下、草坡、路边或岩石上。产七目嶂分水坳等。

全草入药，能舒筋活血。

P4. 卷柏科 Selaginellaceae

中小型草本。主茎直立或匍匐后直立，纤细，多分枝，节上常生不定根。叶一型或二型，单叶，细小，草质，无柄。不育叶二型，罕一型，二型叶互生而呈 4 行排列，侧叶较大而阔；一型叶常呈直角交叉的 4 行；能育叶螺旋状排列，紧密，在小枝顶端聚生成穗状。孢子囊穗四棱形或扁圆形，生于小枝顶端；孢子囊异型，单生于孢子叶腋。单属科，600 多种。中国 64 种。七目嶂 5 种。

1. 卷柏属 Selaginella P. Beauv.

属的特征与科同。本属 600 多种。中国 64 种。七目嶂 5 种。

1. 深绿卷柏
Selaginella doederleinii Hieron.

主茎直立或斜升，常在分枝处生支撑根。侧枝密，多回分枝。叶交互排列，上面深绿色，下面灰绿色，薄纸质，边缘不为全缘，不具白边；二型，侧叶覆瓦状排列，矩圆形，偏斜；中叶长卵形指向小枝顶端，龙骨状；孢子叶一型，三角状卵形，4 列交互覆瓦状排列。孢子囊穗双生或单生于枝顶，四棱柱形。

生林下路边或沟谷阴湿处。七目嶂较常见。

全草入药，能清热解毒。

2. 耳基卷柏
Selaginella limbata Alston

根多分叉，光滑。主茎通体分枝，不呈"之"字形，无关节，禾秆色。叶（主茎上的除外）交互排列，二型，

相对肉质，边缘全缘，明显具白边；中叶不对称，叶卵状椭圆形，覆瓦状排列，背部不呈龙骨状，先端交叉，具长尖头，外侧基部单耳状，边缘全缘。孢子叶穗紧密，四棱柱形，单生于小枝末端；孢子叶一型，卵形，边缘全缘，具白边。大孢子深褐色；小孢子浅黄色。

生于林下或山坡阳面。七目嶂常见。

具有很强的观赏价值。

3. 江南卷柏
Selaginella moellendorffii Hieron.

主茎直立，柱状。中上部羽状分枝，复叶状。茎生叶三角卵形，疏生；枝生不育叶二型，具微齿及白色膜质狭边，侧叶覆瓦状排列，三角状卵形，中叶指向小枝顶端，交互覆瓦状排列，斜卵形，先端渐尖并成芒状；能育叶一型，阔卵形，具小齿及膜质狭边，龙骨状；孢子叶穗单生于小枝顶端，四棱柱形。

生林下潮湿处或溪边。七目嶂偶见，产粗石坑等。

全草入药，能清热解毒。

4. 卷柏（九死还魂草）
Selaginella tamariscina (P. Beauv.) Spring

干旱时拳卷。主茎直立，粗壮；常不分枝，顶端丛生辐射状小枝，扇状分叉，二至三回羽状。叶交互排列，边缘具细齿和白边；不育叶二型，侧叶长卵形，中叶两行，卵状披针形；能育叶一型，三角状卵形，龙骨状，4列交互排列。孢子囊穗生于小枝顶端，四棱柱形。

生于干旱的岩缝中或石壁积土上。产七目嶂顶等。

全草入药，收敛止血。植株小型可爱，可制作小盆景。

5. 翠云草
Selaginella uncinata (Desv. ex Poir.) Spring

主茎横走，节部生不定根；小枝羽状分枝。茎生叶疏生，椭圆形或卵形，全缘；枝生不育叶二型，上面翠蓝色，下面淡绿色，全缘并具膜质狭边，侧叶矩圆形或长卵形，中叶卵形；能育叶一型，密生，卵状披针形，覆瓦状排列。孢子囊穗单生小枝顶端，四棱柱形。

生于林下阴湿处。七目嶂偶见。

全草入药，能清热解毒；常用作园林地被植物。

P6. 木贼科 Equisetaceae

土生草本，稀湿生或浅水生。根茎长而横行，黑色，分枝，有节，节上生根，被绒毛。地上枝直立，圆柱形，绿色，有节，中空有腔，表皮常有矽质小瘤，单生或在节上有轮生的分枝；节间有纵行的脊和沟。不育叶退化成鳞片状，节上轮生，基部合生成筒状鞘筒，前段分裂呈鞘齿；能育叶轮生，盾状，下部悬密5~10个孢子囊，组成圆柱状囊穗顶生。单属科，约30种。中国9种。七目嶂1种。

1. 木贼属 Equisetum L.

属的特征与科同。本属约30种。中国9种。七目嶂1种。

1. 节节草
Equisetum ramosissimum Desf.

根茎直立，横走或斜升，节和根疏生黄棕色长毛或光滑无毛。地上枝多年生，枝一型，绿色，主枝多在下部分枝，常形成簇生状；鞘筒狭，下部灰绿色，上部灰棕色；鞘齿 5~12 枚，三角形，齿上气孔带明显或不明显。孢子囊穗短棒状或椭圆形，顶端有小尖突，无柄。

生于林下阴湿处。七目嶂偶见。

具有疏风散热、解肌退热功能。

P8. 阴地蕨科 Botrychiaceae

陆生植物。根状茎短，直立，具肉质粗根。叶有营养叶与孢子叶之分，均出自总柄，总柄基部包有褐色鞘状托叶；营养叶一回至多回羽状分裂，具柄或几无柄，大都为三角形或五角形，少为一回羽状的披针状长圆形，叶脉分离；孢子叶无叶绿素，有长柄，或出自总叶柄，或出自营养叶的基部或中轴，聚生成圆锥花序状。孢子囊无柄，沿小穗内侧成 2 行排列，不陷入囊托内，横裂。孢子四面形或球圆四面形。单属科，约 40 种。中国 17 种。七目嶂 1 种。

1. 阴地蕨属 Botrychium Sw.

属的特征与科同。本属约 40 种。中国 17 种。七目嶂 1 种。

1. **薄叶阴地蕨**

Botrychium daucifolium Wall. ex Hook. & Grev.

根状茎短粗，直立，有很粗的肉质根。叶片五角形，短渐尖头，中部二回羽状，羽片 5~7 对；叶为薄草质，干后呈黑褐色或绿褐色，表面平滑，叶轴上有长毛疏生；不育叶片的中轴和羽柄上有较多的长白毛。孢子囊穗圆锥状，二至三回羽状，散开，无毛。

生于林下沟边。七目嶂偶见。

全草入药，可补虚润肺、化痰止咳、清热解毒。

P9. 瓶尔小草科 Ophioglossaceae

陆生植物，少为附生。植物一般为小型，直立。根状茎短而直立，有肉质粗根。叶有营养叶与孢子叶之分，出自总柄；营养叶单一，全缘，1~2 片，少有更多的，披针形或卵形，叶脉网状，中脉不明显。孢子叶有柄，自总柄或营养叶的基部生出。孢子囊形大，无柄，下陷沿囊托 2 侧排列，形成狭穗状，横裂。孢子四面形。本科 4 属 80 种。我国 3 属 22 种。七目嶂 1 属 1 种。

1. 瓶尔小草属 Ophioglossum L.

根状茎短。营养叶 1~2 片，常为单叶，少有更多的，有柄，全缘，披针形或卵形，叶脉网状，网眼内无内藏小脉，中脉不明显。孢子囊穗生于不育叶的基部，有长柄。本属约 28 种。我国 6 种。七目嶂 1 种。

1. **瓶尔小草**

Ophioglossum vulgatum L.

根状茎短而直立，具一簇肉质粗根。叶通常单生，深埋土中，下半部为灰白色，较粗大；营养叶为卵状长圆形或狭卵形，先端钝圆或急尖，基部下延为长楔形，全缘，网状脉明显；孢子叶较粗健，自营养叶基部生出。孢子穗先端尖，远超出于营养叶之上。

生林下。七目嶂常见。

可供药用。

P11. 观音座莲科 Angiopteridaceae

根状茎短而直立，肥大肉质，头状。叶柄粗大，基部有肉质托叶状附属物，或长而近于直立，叶柄基部有薄肉质长圆形的托叶；叶片为一至二回羽状，末回小羽片披针形，有短小柄或无柄；叶脉分离，二叉分枝，或单一。孢子囊船形，沿中脉 2 行排列，形成线形或长形的孢子囊群。本科 3 属 200 余种。中国 2 属 71 种。七目嶂 1 属 1 种。

1. 观音座莲属 Angiopteris Hoffm.

大型陆生植物。根状茎肥大，肉质圆球形，辐射对称。叶大，多二回羽状，有粗长柄，基部有肉质托叶状的附属物，末回小羽片披针形；叶脉分离，二叉分枝或单一，自叶边常生出倒行假脉。孢子囊群靠近叶边，以 2 列生于叶脉上，通常由 7~30 个孢子囊组成，无夹丝（产中国的种类）。本属约 200 种。中国约 60 种。七目嶂 1 种。

1. 福建观音座莲
Angiopteris fokiensis Hieron.

植株高大。根状茎块状，直立。叶柄粗壮；叶片宽广，宽卵形，长与阔各 60cm 以上；羽片 5~7 对，互生，奇数羽状；小羽片 35~40 对，对生或互生，具短柄，披针形，叶缘具有规则的浅三角形锯齿；叶脉在下面明显，分叉，无倒行假脉。孢子囊群近叶缘，棕色，长圆形，由 8~10 个孢子囊组成。

生于林下溪谷沟边。七目嶂常见。

从块茎提取的淀粉可食。根茎入药，能祛风解毒、凉血止血；植株形态美观，可作庭园阴生观赏植物。

P13. 紫萁科 Osmundaceae

中型陆生蕨类，稀树型。根状茎粗肥，直立，树干状或匍匐状。叶柄长而坚实，基部膨大，两侧有狭翅如托叶状的附属物，不以关节着生；叶片大，一至二回羽状，二型或一型，或同一叶片的羽片为二型；叶脉分离，二叉分歧。孢子囊圆球形，多有柄，生于强度收缩的能育叶羽片边缘。本科 4 属 20 种。中国 1 属 8 种。七目嶂 1 属 2 种。

1. 紫萁属 Osmunda L.

陆生蕨类。根状茎粗健，直立或斜升，常形成树干状的主轴。叶柄基部膨大，覆瓦状；叶大，簇生，二型或同一叶的羽片为二型，一至二回羽状，幼时被棕色棉绒状毛；能育叶或羽片紧缩，无叶绿素。孢子囊圆球形，有柄，边缘着生。本属约 15 种。中国 8 种。七目嶂 2 种。

1. 紫萁
Osmunda japonica Thunb.

根状茎短粗，或短树干状。叶簇生，直立，叶柄禾秆色，幼时被密绒毛；叶片纸质，光滑，顶部一回羽状，其下为二回羽状；羽片 3~5 对，对生，有柄，奇数羽状；小羽片 5~9 对，对生或近对生，无柄，分离，长圆形或长圆披针形，上部渐小，具细锯齿。能育叶羽片和小羽片均短缩，小羽片成线形，沿中肋两侧背面密生孢子囊。

生林下或溪边。七目嶂常见。

嫩叶可食；可作贯众入药，清热解毒、止血、杀虫。

2. 华南紫萁
Osmunda vachellii Hook.

根状茎直立，粗肥。叶簇生于顶部；叶柄棕禾秆色；叶厚纸质，两面光滑，略有光泽，一回羽状；羽片 15~20 对，二型，近对生，有短柄，分离，披针形或线状披针形，全缘，或向顶端略为浅波状；下部数对羽片为能育叶，羽片紧缩为线形，中肋两侧密生圆形的分开的孢子囊穗，深棕色。

生于草坡或溪边阴湿处。七目嶂常见。

可作贯众入药，清热解毒、止血、杀虫。

P14. 瘤足蕨科 Plagiogyriaceae

中型陆生蕨类。根状茎短粗，直立。叶簇生顶端，二型，叶柄长，基部膨大；叶片一回羽状或羽状深裂达叶轴，顶部羽裂合生，或具一顶生分裂羽片；羽片多对，披针形或多少为镰刀形，全缘或顶部有锯齿；多数种类叶基部有明显的疣状气囊体；能育叶具较长的柄，通常为三角形；羽片强度收缩成线形。孢子囊群为近叶边生，位于分叉叶脉的加厚小脉上。单属科，约50种。中国32种。七目嶂2种。

1. 瘤足蕨属 Plagiogyria Mett.

属的特征与科同。本属约50种。中国32种。七目嶂2种。

1. 瘤足蕨
Plagiogyria adnata (Blume) Bedd.

植株高30~75cm。不育叶的柄灰棕色；叶片向顶部为深羽裂的渐尖头；羽片20~25对，羽片顶部以下的边缘为全缘，叶脉斜出，二叉，两面明显；叶为草质，干后棕绿色；能育叶较高，羽片线形，有短柄，急尖头。

生于山坡林中或阴湿地。七目嶂常见。

可用于发表散寒、祛风止痒。

2. 镰羽瘤足蕨
Plagiogyria falcata Copel.

根状茎短粗。叶多数簇生，长披针形，羽状深裂几达叶轴；羽片约50~55对，互生，渐尖头，基部不对称，边缘下部全缘；不育叶的柄长14~16cm；能育叶柄长30~35cm。

生于密林下沟边。七目嶂林下可见。

可入药，用于发表清热、祛风止痒、透疹，主治流行性感冒、麻疹、皮肤瘙痒、血崩、扭伤。

P15. 里白科 Gleicheniaceae

陆生蕨类。根状茎长而横走。叶一型，有柄，纸质至近革质；叶片一回羽状，或因顶芽不发育，主轴一至多回二叉分枝或假二叉分枝，分枝处具休眠芽，有时有一对篦齿状的托叶；顶生羽片为一至二回羽状；末回裂片或小羽片线形。孢子囊群小而圆，无盖，由2~6个无柄孢子囊组成，生于叶背，常1行列于主脉和叶边之间。本科6属150余种。中国3属24种。七目嶂2属3种。

1. 芒萁属 Dicranopteris Bernh.

根状茎细长而横走，分枝，密被红棕色长毛。叶远生，无限生长，纸质至近革质，下面通常为灰白色；主轴常多回二叉分枝或假二叉分枝，末回主轴顶端有一对不大的一回羽状叶片，主轴分叉处常有一对篦齿状托叶及休眠芽；末回一对羽片二叉状，羽状深裂，无柄，裂片篦齿状排列，平展，线形或线状披针形，全缘。孢子囊群圆形，无盖，常由6~10个无柄的孢子囊组成，生于叶背，在中脉与叶边间排成1列。本属10余种。中国6种。七目嶂1种。

1. 芒萁
Dicranopteris pedata (Houtt.) Nakai.

根状茎横走，密被暗锈色长毛。叶远生，棕禾秆色，光滑；叶轴分叉较少，一至三回，各回分叉处有一对托叶状的羽片；裂片全缘，纸质，下面灰白色；侧脉在两面隆起。孢子囊群圆形，沿羽片下面中脉两侧各1列。

生强酸性土壤的荒坡和林缘。七目嶂常见。

酸性土壤指示植物。

2. 里白属 Diplopterygium (Diels) Nakai.

草本。根状茎粗长而横走，分枝，密被披针形红棕色鳞片。叶远生，厚纸质，有长柄；主轴粗壮，单一，不为二叉分枝，仅顶芽一次或多次生出一对二叉的大二回羽状羽片，分叉点具一休眠芽，密被厚鳞片，不具篦齿状托叶；顶生羽片长过1m，二回羽状；叶柄多少被鳞片；叶脉一次分叉。孢子囊群小，圆形，无盖，由2~4个无柄的孢子囊组成，在叶背以1列生于中脉和叶边中间。本属约25种。中国17种。七目嶂2种。

1. 中华里白
Diplopterygium chinense (Rosenst.) De Vol.

根状茎横走，密被棕色鳞片。叶片巨大，坚纸质，二回羽状；叶柄深棕色，密被红棕色鳞片，后几变光滑；小羽片互生，多数，几无柄，披针形，裂片互生，全缘，先端钝而不凹，侧脉在两面凸起，明显。孢子囊群圆形，1列，位于中脉和叶缘之间。

生山谷溪边或林中，偶成片生长。七目嶂多见。

大型观叶蕨类，可用于园林绿化，抑制杂草生长。

2. 光里白
Diplopterygium laevissimum (Christ) Nakai.

植株根状茎横走，圆柱形，被鳞片。叶柄绿色或暗棕色，下面圆，上面平，有沟，基部被鳞片或疣状凸起，其他部分光滑；一回羽片对生，具短柄，卵状长圆形，小羽片20~30对，互生，几无柄，狭披针形，向顶端长渐尖，基部下侧显然变狭；叶坚纸质，无毛，上面绿色，下面灰绿色或淡绿色。孢子囊群圆形，位于中脉及叶缘之间，着生于上方小脉上，由4~5个孢子囊组成。

生山谷中阴湿处。七目嶂常见。

P17. 海金沙科 Lygodiaceae

陆生攀缘植物。根状茎长而横走，有毛而无鳞片。叶轴无限生长，细长，常攀缘达数米；羽片对生于叶轴的短距上；一至二回掌状或羽状复叶，近二型；不育羽片常生叶轴下部，能育羽片位于上部；叶脉通常分离，少为疏网状。能育羽片边缘生流苏状孢子囊穗，由2行并生的孢子囊组成；孢子囊生于小脉顶端，梨形。单属科，约45种。中国10种。七目嶂2种。

1. 海金沙属 Lygodium Sw.

属的特征与科同。本属约45种。中国10种。七目嶂2种。

1. 海金沙
Lygodium japonicum (Thunb.) Sw.

叶纸质，二回羽状，羽片多数，对生于叶轴短距上，二型；不育叶末回羽片3裂，裂片短而阔，不育叶与能育叶略为二型，羽片基部3~5裂，末回裂片基部或小羽柄基部无关节；能育叶羽状。孢子囊穗长超过小羽片的中央不育部分，排列稀疏，暗褐色，无毛。

生旷野、林中或林缘。七目嶂常见。

孢子入药，可利尿通淋。

2. 小叶海金沙
Lygodium microphyllum (Cav.) R. Br.

叶轴纤细如铜丝；叶薄草质，两面光滑，二回奇数羽状；羽片多数，羽片对生于叶轴的短距上，顶端密生红棕色毛，小羽片4对，互生，有2~4mm长的小柄，柄端有关节；能育叶羽状。孢子囊穗排列于叶缘，到达先端，5~8对，线形，黄褐色，光滑。

生溪边灌丛或林中。产七目嶂阳光坑等。

具有较高的药用和观赏价值。

P18. 膜蕨科 Hymenophyllaceae

附生或少为陆生蕨类。根状茎通常横走，一般无根。叶膜质，2列，或辐射对称排列；叶通常很小，有多种形式，由全缘的单叶至扇形分裂，或为多回二歧分叉至多回羽裂，直立或有时下垂；叶脉分离，二叉分枝或羽状分枝，每裂片有1条小脉。孢子囊着生于囊群托周围，不露或部分地露出于囊苞外面，环带斜生或几为横生。本科34属约700种。中国14属约79种。七目嶂1属1种。

1. 蕗蕨属 Hymenophyllum Sm.

附生植物。根状茎丝状，长而横走。叶远生，膜质，二列，中型或较大，多回羽裂，全缘。孢子囊群生于可从各小脉伸出的囊群托的顶端；囊苞两唇瓣状，卵状三角形或圆形，深裂或直裂到基部；囊群托不突出于囊苞之外。本属约120种。中国约21种。七目嶂1种。

1. 蕗蕨
Hymenophyllum badium Hook. & Grev.

根状茎铁丝状，长而横走，褐色。叶远生，薄膜质，光滑无毛；叶柄具平直或呈波纹状的宽翅；叶片三回羽裂，互生；叶轴及各回羽轴均全有阔翅。孢子囊群大，多数，位于全部羽片上，着生于向轴的短裂片顶端。

生溪边潮湿石上。产七目嶂粗石坑等。

全年可采收作药用，可解毒清热、生肌止血，主治水火烫伤、痈疖、肿毒、外伤出血。

P19. 蚌壳蕨科 Dicksoniaceae

树型蕨类。主干粗大而高耸，或短而平卧，密被垫状长柔毛绒，顶端生出冠状叶丛。叶有粗健的长柄；叶片大型，革质，长宽能达数米，三至四回羽状复叶，一型或二型；叶脉分离。孢子囊群边缘着生，顶生于叶脉顶端，囊群盖形如蚌壳；孢子囊梨形，有柄，环带稍斜生，完整，侧裂。本科5属约20余种。中国1属1种。七目嶂有分布。

1. 金毛狗属 Cibotium Kaulf.

根状茎粗壮，木质，平卧或偶上升，密被柔软锈黄色长毛绒，形如金毛狗头。叶同型，有粗长的柄，叶片大，广卵形，多回羽状分裂；末回裂片线形，有锯齿；叶脉分离。孢子囊群着生叶边，顶生于小脉上；囊群盖2瓣，形状如蚌壳；孢子囊梨形，有长柄，侧裂。本属约20种。中国1种。七目嶂有分布。

1. 金毛狗
Cibotium barometz (L.) J. Sm.

根状茎横卧粗大，顶端生出一丛大叶，柄棕褐色，基部被有一大丛垫状的金黄色绒毛；叶片大，革质，三回羽状分裂；末回裂片线形略呈镰刀形，边缘具浅齿；叶脉在两面隆起，斜出，单一，但在不育羽片为二叉。孢子囊群生叶边，顶生于小脉；囊群盖如蚌壳，露出孢子囊群。

生于山麓沟边或林下阴湿处。七目嶂常见。

根状茎及其长毛入药，前者可补肝肾，后者可止血。

P20. 桫椤科 Cyatheaceae

陆生蕨类植物。通常为树状、乔木状或灌木状，通常不分枝。叶大型，多数，簇生于茎干顶端，成对称的树冠；叶片通常为二至三回羽状；叶脉通常分离，单一或分叉。孢子囊群圆形，生于隆起的囊托上，生于小脉背上；孢子囊卵形，具细柄和完整而斜生的环带。本科6属约900种。中国3属50余种。七目嶂1属1种。

1. 桫椤属 Alsophila R. Br.

植株为乔木状或灌木状。叶大型，叶柄平滑或有刺及疣突，通常乌木色、深禾秆色或红棕色，基部的鳞片坚硬，中部棕色或黑棕色，边缘特化淡棕色窄边，易被擦落而呈啮蚀状，叶下面绿色或灰绿色；叶片一回羽状至多回羽裂，裂片侧脉通常一或二叉。孢子囊群圆形，背生于叶脉上；囊托凸出；囊群盖有或无。本属约230种。中国20余种。七目嶂1种。

1. 桫椤
Alsophila spinulosa (Wall. ex Hook.) R. M. Tryon

大型叶螺旋状排列于茎顶端；叶柄通常棕色或上面较淡，连同叶轴和羽轴有刺状凸起；叶片大，纸质，三回羽状深裂；小羽片主脉及裂片中脉上面被硬毛，背面无毛。孢子囊群孢生于侧脉分叉处，靠近中脉；囊群盖包裹整个孢子囊群，成熟后开裂，反折向中脉。

生沟谷阴湿处。产七目嶂粗石坑。国家二级重点保护野生植物。

削去外皮的髓部入药，具祛风湿、强筋骨、清热止咳等功效。树形美观，可作大型阴生观赏植物。

P23. 鳞始蕨科 Lindsaeaceae

陆生草本，稀附生。根状茎短而横走，或长而蔓生，有鳞片。叶一型，有柄，与根状茎之间不以关节相连，羽状分裂，稀二型，草质，光滑；叶脉分离，或少有为稀疏的网状。孢子囊群为叶缘生的汇生囊群，着生在2至多条细脉的结合线上，或单独生于脉顶，有盖，稀无盖；囊群盖为2层，里层为膜质，外层即为绿色叶边；孢子囊为水龙骨型，柄长而细。本科8属约230种。中国5属31种。七目嶂2属3种。

1. 鳞始蕨属 Lindsaea Dry

中型陆生或附生草本。根状茎横走，被钻状狭鳞片。叶近生或远生，为一回或二回羽状，羽片或小羽片为对开式，或扇形，主脉常靠近下缘；叶脉分离，稀联结；叶柄基部不具关节。孢子囊群沿上缘及外缘着生，联结2至多条细脉顶端而为线形，稀圆形顶生脉端；囊群盖线形、横长圆形或圆形，向叶边开口；孢子囊有细柄，环带直立。本属约200种。中国23种。七目嶂2种。

1. 异叶鳞始蕨
Lindsaea heterophylla Dry

根状茎短，横走，密被赤褐色钻形鳞片。叶近生，草质，两面光滑，一回或下部常二回羽状，羽片约11对，基部近对生，上部互生，披针形，具齿；中脉显著，侧脉羽状二叉分枝；叶柄具4棱，光滑。孢子囊群线形；囊群盖线形。

生于山坡、山谷林下或灌丛。七目嶂偶见。

全草入药，可活血止血、祛瘀定痛。

2. 团叶陵齿蕨
Lindsaea orbiculata (Lam.) Mett.

根状茎短，横走，先端密被红棕色狭小鳞片。叶近生，草质；叶柄栗色，光滑；一回羽状，或下部常二回羽状，下部羽片对生而远离，中上部羽片互生而接近，具短柄，对开式，近圆形或肾圆形；能育叶具圆齿，不育叶具尖齿。孢子囊群长线形，或偶中断；囊群盖线形，棕色，膜质。

生于水边、路旁、山地、灌丛或林中。七目嶂常见。

茎叶入药，能止血镇痛。

2. 乌蕨属 Stenoloma Fee.

附生草本。根状茎短而横走，密被深褐色钻形鳞片。叶近生，光滑，三至五回羽状，末回小羽片楔形或线形，无主脉；叶脉分离。孢子囊群圆形，近叶缘着生，顶生脉端；囊群盖卵形或半杯形，以基部及两侧的下部着生，向叶缘开口，通常不达于叶的边缘；孢子囊具细柄，环带宽。本属18种。中国3种。七目嶂1种。

1. 乌蕨
Stenoloma chusanum Ching

高达65cm。根状茎短而横走，粗壮，密被赤褐色的钻状鳞片。叶近生；叶柄长达25cm，略粗，禾秆色至褐禾秆色，光滑；叶片披针形，草质，四回羽状；末回裂片近线形，顶端截形，宽约1mm。孢子囊群边缘着生，每裂片上1枚或2枚，顶生1~2条细脉上；囊群盖灰棕色，半杯形，宿存。

生山地、路旁、林下或灌丛中湿润处。七目嶂偶见，产粗石坑等。

茎叶入药，清热解毒、止血生肌、活血利湿。

P26. 蕨科 Pteridiaceae

陆生，中型或大型蕨类。根状茎长而横走，密被锈黄色或栗色的有节长柔毛，不具鳞片。叶一型，远生，具长柄；叶片大，三回羽状，革质或纸质，上面无毛，下面多少被柔毛；叶脉分离。孢子囊群线形，沿叶缘生于联结小脉顶端的一条边脉上；囊群盖双层，外层为假盖，线形，宿存，内层为真盖，薄，不明显。本科2属约29种。中国2属7种。七目嶂1属1种。

1. 蕨属 Pteridium Gled. ex Scop.

陆生，粗壮草本。根状茎粗长而横走，密被浅锈黄色柔毛，无鳞片。叶远生，革质或纸质，上面无毛，下面多少被毛，有长柄；叶片大，三回羽状，羽片近对生或互生；叶轴通直不曲折；有柄；叶脉分离。孢子囊群沿叶边成线形分布，无隔丝；囊群盖双层，外层为假盖，内层为真盖；孢子囊有长柄；孢子四面形。本属约15种。中国6种。七目嶂1种。

1. 蕨

Pteridium aquilinum (L.) Kuhn var. **latiusculum** (Desv.) Underw. ex A. Heller

根状茎长而横走，密被锈黄色柔毛，以后逐渐脱落。叶远生，近革质，上面无毛，下面裂片主脉多少被毛；叶柄光滑；三回羽状，末回全缘裂片阔披针形至长圆形，彼此接近，各回羽轴上面均有深纵沟1条，沟内无毛。孢子囊群沿叶边成线形分布，无隔丝；孢子四面形。

生于山坡向阳处及林缘。七目嶂较常见。

嫩叶可食，根状茎可提取淀粉食用；全草入药，祛风除湿、利尿解热，也可作驱虫剂。

P27. 凤尾蕨科 Pteridaceae

陆生草本。根状茎长而横走，或短而直立或斜升，密被狭长而质厚的鳞片。叶一型，少为二型或近二型，有柄；一回羽状或二至三回羽裂，罕为掌裂，偶为单叶或三叉，草质、纸质或革质，光滑，罕被毛；叶脉分离或罕为网状。孢子囊群线形，沿叶缘生于联结小脉顶端的一条边脉上；囊群具假盖，不具内盖。本科约10属。中国2属67种。七目嶂1属6种。

1. 凤尾蕨属 Pteris L.

陆生草本。根状茎直立或斜升，被鳞片。叶簇生，下面绿色，草质或纸质，稀近革质；叶片一回羽状或为篦齿状的二至三回羽裂，或三叉分枝，或少为单叶或掌状分裂；羽片对生或互生，有柄或近无柄，基部不具托叶状的小羽片；叶脉分离。囊群盖为反卷的膜质叶缘形成。本属约300种。中国66种。七目嶂6种。

1. 线羽凤尾蕨

Pteris arisanensis Tagawa

根状茎短而直立。叶簇生，6~8片；基部一对羽片和其上的侧生羽片不同形，即在羽片基部下侧分叉，少增加1~3（~4）片篦齿状羽裂的小羽片，其形状同于其他侧生羽片而较短；裂片不育边缘全缘，偶呈微波状；相邻裂片基部相对的2条小脉向外伸达缺刻的底部或附近，形成一个高尖三角形，有时部分小脉在缺刻下面彼此交结成网眼；羽片通常羽裂到羽轴两侧的阔翅。孢子具3裂缝，赤道轴长44±1.6μm，极轴长42±0.9μm，具明显赤道环。

生密林下或溪边阴湿处。七目嶂偶见。

园林栽培、家居美化及插花不可少的衬托叶。

2. 刺齿半边旗

Pteris dispar Kunze

根状茎短而直立，先端及叶柄基部被黑褐色鳞片，鳞片先端具睫毛。叶簇生，近二型，草质，无毛；柄有光泽；二回或二回半边深羽裂，顶生羽片披针形，篦齿深裂；不育叶缘具长尖刺锯齿，小脉入刺齿；能育叶顶生羽片较短，基部不下延。孢子囊群线形，沿叶缘连续延伸；囊群盖线形，灰棕色，膜质，全缘，宿存。

生溪边、路旁、林下阴湿处。产七目嶂粗石坑。

作药用，可止血、生肌、解毒、消肿。

3. 剑叶凤尾蕨

Pteris ensiformis Burm. f.

根状茎细长，斜升或横走，被黑褐色鳞片。叶密生，二型，干后草质，无毛；叶柄光滑；二回羽状，羽片3~6对，对生，先端和上部具尖齿；能育叶羽片疏离，顶生羽片基部不下延，二至三叉，先端不育叶缘有密尖齿。

生山坡、山谷、林下或溪边湿润酸性土壤。七目嶂较常见。

全草入药，能止痢。

4. 傅氏凤尾蕨
Pteris fauriei Hieron.

根状茎短粗，斜升，先端密被深褐色线形鳞片。叶簇生，干后纸质，无毛；叶柄下部被鳞片，上部光滑；二回，基部三回深羽裂，裂片先端钝，全缘；侧生羽片3~9对，中部最宽，斜向上，顶生羽片与侧羽同型，羽轴的狭纵沟两旁有针状扁刺。孢子囊群线形，沿裂片边缘延伸，仅裂片先端不育。

生灌丛、林下沟边的酸性土壤。七目嶂偶见。

具有观赏性；还做药用，其叶可收敛止血，治跌打、烧伤。

6. 溪边凤尾蕨
Pteris terminalis Wall. ex J. Agardh

根状茎短而直立，木质，粗健，先端被黑褐色鳞片。叶一型；叶片阔三角形，叶下面在叶脉间不具细条纹；侧生羽片对数较多；沿羽轴上面的纵沟两边有刺；羽轴光滑无毛，主脉和裂片下面均光滑无毛或偶被稀疏短柔毛；叶柄、叶轴和羽轴均为禾秆色（有时叶柄红棕色）；裂片具渐尖头，顶端有锯齿，长披针形。

生溪边疏林下或灌丛中。七目嶂偶见。

适用于园林栽培、家居美化、插花衬托。

5. 半边旗
Pteris semipinnata L.

根状茎长而横走，先端及叶柄基部被黑褐色鳞片。叶簇生，近一型，草质，无毛；叶二回深羽裂或二回半边深羽裂；顶生羽片篦齿状深羽裂，侧生羽片4~7对，对生或近对生，半三角形，上侧为一条阔翅，下侧篦齿状深裂，不育裂片的叶缘具尖锯齿，羽轴的纵沟旁有啮齿状的边；侧脉明显，二叉或二回二叉，小脉伸仅达锯齿基部。

生疏林下阴处、溪边或岩石旁的酸性土壤。七目嶂较常见。

全草入药，能止痢。

P30. 中国蕨科 Sinopteridaceae

中小型草本。根状茎短而直立或斜升，稀横走，被鳞片。叶簇生，罕远生，草质或坚纸质，下面常被白色或黄色蜡质粉末，柄常栗色；叶一型，罕二型或近二型，二回羽状或三至四回羽状细裂；叶脉分离，偶为网状。孢子囊群小，圆形，沿叶缘着生于小脉顶端或顶部的一段，罕线形，具反折叶边变质形成的盖。本科约14属约300种。中国9属84种。七目嶂2属2种。

1. 碎米蕨属 Cheilanthes Sw.

中小型中生草本。根状茎短而直立，稀斜升，被鳞片。叶簇生；叶柄栗色至栗黑色，有1条纵沟，基部鳞片小而全缘；叶片小，一型，草质，下面常秃净，一般为披针形，二至三回羽状细裂；叶脉分离。孢子囊群小，

凤尾蕨科 Pteridaceae/中国蕨科 Sinopteridaceae/铁线蕨科 Adiantaceae/裸子蕨科 Hemionitidaceae

圆形，生小脉顶端，成熟时往往汇合，有盖。本属约 10 种。中国 7 种。七目嶂 1 种。

1. 薄叶碎米蕨
Cheilanthes tenuifolia (Burm. f.) Sw.

植株根状茎短而直立，连同叶柄基部密被棕黄色柔软的钻状鳞片。叶簇生；叶片远较叶柄短，五角状卵形，三回羽状；小羽片 5~6 对，具有狭翅的短柄，下侧的较上侧的为长，下侧基部一片最大，一回羽状；末回小羽片以极狭翅相连，羽状半裂；裂片椭圆形；小脉单一或分叉；叶干后薄草质，褐绿色，上面略有一二短毛；叶轴及各回羽轴下面圆形，上面有纵沟。孢子囊群生裂片上半部的叶脉顶端；囊群盖连续或断裂。

生溪旁、田边或林下石上。七目嶂较常见。

观赏价值较高，具有较强的商业应用潜质。

2. 金粉蕨属 Onychium Kaulf.

中型陆生草本。根状茎横走，细长，被全缘鳞片。叶远生或近生，一型或近二型，坚草质，无毛；叶柄光滑，禾秆色或间为栗棕色，腹面有阔浅沟；叶片三至五回羽状细裂，罕二回，末回裂片狭小，尖头，基部楔形下延。孢子囊群圆形，线状着生小脉顶端的联结边脉上；囊群盖膜质，由反折变质的叶边形成。本属约 10 种。中国 8 种。七目嶂 1 种。

1. 野雉尾金粉蕨
Onychium japonicum (Thunb.) Kunze

根状茎长而横走，疏被棕色或红棕色披针形鳞片。叶散生，坚纸质；叶柄禾秆色，基部鳞片红棕色；叶片阔，卵形至卵状三角形，四至五回羽状，各羽轴坚直，末回裂片全缘并彼此接近。孢子囊群淡黄色，不被粉末；囊群盖线形或短长圆形，膜质，灰白色，全缘。

生林下沟边或溪边石上。七目嶂较常见，产阳光坑。

全草入药，清热解毒、抗菌收敛。

P31. 铁线蕨科 Adiantaceae

陆生中小型蕨类。根状茎短而直立或细长横走，被披针形鳞片。叶一型，螺旋状簇生、二列散生或聚生，不以关节着生于根状茎上；叶柄黑色或红棕色，有光泽，通常细圆，坚硬如铁丝；叶片多为一至三回以上的羽状复叶或二叉掌状分枝，稀团扇形单叶，草质或厚纸质；叶脉分离，罕为网状。孢子囊群着生在叶片或羽片顶部边缘的叶脉上，反折的叶缘覆盖；孢子囊为圆球形。本科 2 属 200 余种。中国 1 属 30 种。七目嶂 1 属 2 种。

1. 铁线蕨属 Adiantum L.

陆生中小型蕨类，体型变异很大。根状茎或短而直立或细长横走，具管状中柱，被有棕色或黑色、质厚且常为全缘的披针形鳞片。叶片多为一至三回以上的羽状复叶或二叉掌状分枝，极少为团扇形的单叶。孢子囊群着生在叶片或羽片顶部边缘的叶脉上，无盖，而由反折的叶缘覆盖；孢子囊为圆球形，有长柄，环带直立。本属 200 多种。中国 30 种。七目嶂 2 种。

1. 铁线蕨
Adiantum capillus-veneris L.

根状茎细长横走，密被棕色披针形鳞片。叶远生或近生，叶片卵状三角形，尖头，基部楔形，被与根状茎上同样的鳞片；羽片 3~5 对，互生，斜向上，有柄（长可达 1.5cm），基部一对较大；不育裂片先端钝圆形，具阔三角形的小锯齿或具啮蚀状的小齿；能育裂片先端截形、直或略下陷。孢子囊群每羽片 3~10 枚，横生于能育的末回小羽片的上缘；囊群盖长形、长肾形或圆肾形，上缘平直；孢子周壁具粗颗粒状纹饰。

常生于流水溪旁石灰岩上或石灰岩洞底和滴水岩壁上。七目嶂偶见。

全草入药；亦可作园林观赏植物。

2. 扇叶铁线蕨
Adiantum flabellulatum L.

根状茎短而直立，密被棕色有光泽的钻状披针形鳞片。叶簇生；柄紫黑色，基部被鳞片，有纵沟，沟内有棕色短硬毛；叶片扇形，二至三回不对称二叉分枝，两面无毛，近草质；小羽片 8~15 对，互生，平展，对开式的半圆形（能育的），或为斜方形（不育）。孢子囊群每羽片 2~5 枚，横生于裂片上缘和外缘，以缺刻分开；囊群盖半圆形或长圆形，全缘，宿存。

生于山地林下、灌丛或路边。七目嶂常见。

嫩叶常红色，可作切花配料；全草入药，有清热解毒、利尿、消肿等功效。

P33. 裸子蕨科 Hemionitidaceae

陆生中小型草本。根状茎横走、斜升或直立，被鳞片或毛。叶远生、近生或簇生；有柄，柄为禾秆色或栗色；叶片一至三回羽状，罕单叶，多少被毛或鳞片，罕光滑，草质，绿色，罕下面被白粉；叶脉分离，罕为网状、不完全网状或仅近叶边联结。孢子囊群沿叶脉着生，无盖。本科约17属。中国5属48种。七目嶂2属2种。

1. 凤丫蕨属 Coniogramme Fée.

中型陆生喜阴草本。根状茎粗短，横卧，连同叶柄基部疏被鳞片。叶远生或近生，有长柄；柄常禾秆色；叶片大，一型，一至三回奇数羽状，草质或纸质，下面光滑或稍被毛，不被白粉；单羽片或小羽片披针形；叶脉分离，少为网状。孢子囊群沿侧脉着生，无盖。本属约50种。中国39种。七目嶂1种。

1. 凤丫蕨

Coniogramme japonica (Thunb.) Diels

叶柄禾秆色或栗褐色；叶片二回羽状，纸质，无毛；羽片或小羽片披针形，常中部最宽，基部楔形；顶生羽片远较侧生的大；叶脉网状，在羽轴两侧形成2~3行狭长网眼，网眼外的小脉分离，小脉顶端有纺锤形水囊，不到锯齿基部。孢子囊群沿叶脉分布，几达叶边。

生湿润林下和山谷阴湿处。七目嶂偶见。

全草入药，消肿解毒。

2. 粉叶蕨属 Pityrogramme Link.

陆生中型植物。根状茎短而直立或斜升，有网状中柱，被红棕色的钻状全缘薄鳞片，遍体无毛。叶簇生，柄紫黑色，有光泽，下部圆，向顶部上面直到叶轴有浅沟，基部以上光滑；叶片卵形至长圆形，渐尖头，二至三回羽状复叶；小羽片多数，基部不对称，上先出，往往多少下延于羽轴，边缘有锯齿；叶脉分离，单一或分叉，斜上，不明显；叶草质至近革质，两面光滑，但下面密被白色至黄色的蜡质粉末。孢子囊群沿叶脉着生，不到顶部，无盖，也无夹丝（毛）；孢子球圆四面形，暗色，有不规则脊状隆起的网状周壁。本属约40种。中国1种。七目嶂1种。

1. 粉叶蕨

Pityrogramme calomelanos (L.) Link

根状茎短而直立或斜升，被红棕色狭披针形全缘薄鳞片。叶柄亮紫黑色，下部略被和根茎同样的鳞片，向上光滑，上面有纵沟；叶片狭长圆形或长圆披针形，渐尖头，基部阔楔形，一至二回羽状复叶；小羽片16~18对，上先出，斜向上，基部向上有锯齿，裂片通常上侧的较大，边缘有锯齿（或两侧全缘而顶端有1~2齿牙）；叶脉在小羽片上羽状，单一或分叉，具亮白色蜡质粉末，老时部分散落。孢子深灰色，极面观为钝三角形；具3裂缝，裂缝细，具周壁。

生林缘或溪旁。七目嶂较常见。

药用植物，叶子可治疗肾病，还可治疗咳嗽、伤风、头疼、胸闷等；具有较高的观赏价值。

P35. 书带蕨科 Vittariaceae

附生植物。根状茎横走，密被具黄褐色绒毛的须根和鳞片；鳞片粗筛孔状，透明，基部着生。叶近生，一型，单叶，禾草状；叶柄较短，无关节；叶片线形至长带形，具中肋；侧脉羽状，单一，在近叶缘处顶端彼此联结，形成狭长的网眼，无内藏小脉，或仅具中脉而无侧脉；叶草质或革质，较厚，表皮有骨针状细胞。孢子囊形成汇生囊群，线形，表面生或生于沟槽中，无囊群盖，具隔丝；孢子椭圆形，或圆钝三角形，单裂缝或三裂缝，不具周壁，外壁表面常具小疣状纹饰或纹饰模糊，淡黄色，透明。本科4属50余种。中国3属约15种。七目嶂1属1种。

铁线蕨科Adiantaceae/裸子蕨科Hemionitidaceae/书带蕨科Vittariaceae/蹄盖蕨科Athyriaceae

1. 书带蕨属 Haplopteris C. Presl.

附生禾草型植物。根状茎横走或近直立，密被须根及鳞片；鳞片以基部着生。叶近生，单叶，具柄或近无柄；叶片狭线形，全缘，无毛，表皮有骨针状细胞；小脉在中肋两侧明显，在叶缘内联结，形成1列狭长的网眼，无内藏小脉。孢子囊群着生于侧脉上，位于叶片近边缘的连合边脉上，两侧各1行；孢子囊的环带由14~18(~20)个增厚的细胞组成；孢子长椭圆形或椭圆形，单裂缝，外壁表面具不明显的颗粒状纹饰，或表面纹饰模糊。本属40~50种。中国约13种。七目嶂1种。

1. 书带蕨
Haplopteris flexuosa (Fée) E. H. Crane

根状茎横走，密被鳞片；鳞片黄褐色，具光泽，先端纤毛状，边缘具睫毛状齿，网眼壁较厚，深褐色。叶近生，常密集成丛；叶片线形，亦有小型个体，中肋在叶片下面隆起，纤细，其上面凹陷呈一狭缝。孢子囊群线形，生于叶缘内侧，位于浅沟槽中；孢子长椭圆形，无色透明，单裂缝，表面具模糊的颗粒状纹饰。

附生于林中树干上或岩石上。七目嶂偶见。

全草入药，清热熄风、舒筋止痛、健脾消疳、止血。

P36. 蹄盖蕨科 Athyriaceae

中小型土生草本，稀大型。根状茎横走，或斜升至直立，有鳞片。叶簇生、近生或远生；叶柄上面有1~2条纵沟，基部略有与根状茎同型鳞片；叶片通常草质或纸质，罕革质，一至三回羽状，顶部羽裂渐尖或奇数羽状；裂片常有齿或缺刻；各回羽轴常有纵沟；叶脉分离，少网状。孢子囊群生于叶脉背部或上侧，有或无囊群盖。本科20属约500种。中国20属约400种。七目嶂1属6种。

1. 双盖蕨属 Diplazium Sw.

中型陆生草本。根状茎直立或斜升，罕为细长横走，先端被鳞片。叶通常簇生或近生，罕为远生，厚纸质或近革质，上面光滑；叶柄长，略被鳞片；叶片椭圆形，奇数一回羽状或间为三出复叶或披针形的单叶，或有时同一种兼有三种形态的能育叶；羽片通常3~8对，一型，几同大；叶脉分离，主脉明显。孢子囊群与囊群盖均线形。本属约30种。中国11种。七目嶂6种。

1. 边生双盖蕨
Diplazium conterminum Christ

根状茎横走至横卧或斜升，黑色，先端及叶柄基部密被鳞片；鳞片线状披针形至线形，厚膜质，边缘有稀疏细齿。叶远生至近生或簇生；叶片三角形，羽裂渐尖的顶部以下二回羽状；侧生羽片5~10对，互生；侧生小羽片约13对，近平展，边缘羽状浅裂至深裂；叶脉在两面不明显或在下面略可见，羽状。孢子囊群椭圆形，在小羽片的裂片上可达6对，多数生于小脉中部以上，较近边缘；囊群盖薄膜质，灰白色；孢子近肾形或豆形。

生于山谷密林下或林缘溪边。七目嶂林下偶见。

可药用，外敷内服皆可。

2. 毛柄双盖蕨
Diplazium dilatatum Blume

根状茎横走、横卧至斜升或直立，先端密被鳞片；鳞片深褐色或黄褐色，边缘黑色并有小牙齿。叶疏生至簇生，叶片三角形，羽裂渐尖的顶部以下二回羽状或二回羽状一小羽片羽状半裂；小羽片达15对，互生，平展，卵状披针形或披针形，先端长渐尖或尾状，基部浅心形或阔楔形；叶干后纸质，上面通常绿色或深绿色，沿羽片及小羽片中肋及主脉多少有白色或淡褐色、近球形的细小腺体。孢子囊群线形；囊群盖褐色，膜质，边缘睫毛状，从一侧张开，宿存；孢子近肾形，周壁明显，具少数褶皱。

主要生长于热带山地阴湿阔叶林下。七目嶂林下偶见。

根茎入药，可清热解毒、祛湿、驱虫。

3. 食用双盖蕨
Diplazium esculentum (Retz.) Sw.

根状茎直立,密被鳞片；鳞片狭披针形，边缘有细齿。叶族生，叶片三角形或阔披针形，顶部羽裂渐尖；羽片12~16对，互生，斜展，阔披针形，羽状分裂或一回羽状，线状披针形，边缘有齿或浅羽裂（裂片有小齿）；小羽片8~10对，互生，边缘有锯齿或浅羽裂（裂片有小锯齿）；叶脉在裂片上羽状，下部2~3对通常联结；叶坚草质，两侧均无毛；羽轴上面有浅沟，光滑或偶被浅褐色短毛。孢子囊群多数，线形；囊群盖线形，膜质，黄褐色，全缘；

15

孢子表面具大颗粒状或小瘤状纹饰。

生山谷林下湿地及河沟边。七目嶂林下偶见。

味美可口，营养价值高，可作蔬菜食用。

4. 江南双盖蕨
Diplazium mettenianum (Miq.) C. Chr.

根状茎长而横走，先端密被鳞片；鳞片狭披针形，边缘有小齿。叶远生；能育叶柄基部褐色，向上有浅纵沟；叶片三角形或三角状阔披针形，纸质，干后绿色或灰绿色，两面光滑；叶轴禾秆色，光滑，上面有浅纵沟。孢子囊群线形，略弯曲，囊群盖浅褐色，薄膜质，全缘，宿存；孢子近肾形，周壁透明，具少数褶皱。

生山谷林下。七目嶂林下偶见。

可作药用，外敷内服皆可。

5. 锯齿双盖蕨
Diplazium serratifolium Ching.

根状茎直立，鳞片披针形，边缘有小齿。叶簇生，叶片椭圆形，奇数一回羽状；侧生羽片 1~5 对，同大，

基部阔楔形，对称或不对称，顶生羽片的基部大多偏狭，边缘自基部向上有浅锯齿或浅波状；叶干后薄纸质，绿色或褐绿色；能育叶坚硬，疏被与根状茎上相同的小鳞片。孢子囊群长线形或短线形，长短不齐，斜展，每组小脉有 2~3 条，单生于小脉内侧。

生林下溪旁。七目嶂林下偶见。

6. 单叶双盖蕨
Diplazium subsinuatum (Wall. ex Hook. et Grev.) Tagawa

根状茎细长横走，被鳞片。叶远生，纸质或近革质，叶柄基部被褐色鳞片；单叶，叶片披针形或线状披针形，全缘或稍呈波状；中脉明显，小脉每组 3~4 条，平行，达叶边。孢子囊群线形，多生于叶片上半部，在每组小脉上常有 1 条，单生或偶双生，有盖。

通常生于溪旁林下酸性土或岩石上。七目嶂较常见。

全草入药，能消炎解毒、健脾利尿。

P38. 金星蕨科 Thelypteridaceae

中型陆生草本。以植株遍体或至少叶轴和羽轴上面被灰白色针状毛为其特色。根状茎粗壮，直立、斜升或细长而横走，顶端被鳞片。叶簇生，近生或远生，草质或纸质；叶柄基部有鳞片；叶一型，罕近二型，多二回羽裂；叶脉分离或网结。孢子囊群圆形、长圆形或粗短线形，背生于叶脉，有盖或无盖。本科 20 余属近 1000 种。中国 18 属 200 种。七目嶂 5 属 9 种。

1. 毛蕨属 Cyclosorus Link

中型陆生林下草本。全株各部被灰白色针状毛。根

状茎横走，疏被鳞片；叶疏生或近生，少有簇生，有柄；叶草质至厚纸质，下面往往有或疏或密的橙黄色或橙红色、棒形或球形腺体；二回羽裂，罕为一回羽状；叶脉部分联结。孢子囊群大，圆形，背生于侧脉中部，罕生于侧脉基部或顶部，有盖。本属约250种。中国127种。七目嶂1种。

1. 华南毛蕨
Cyclosorus parasiticus (L.) Farw.

根状茎横走，连同叶柄基部有深棕色披针形鳞片。叶近生，草质，下面沿叶轴、羽轴及叶脉密生针状毛，脉上有橙红色腺体；叶先端羽裂，尾状渐尖头，基部不变狭，二回羽裂；叶脉两面可见，部分联结。孢子囊群圆形，生侧脉中部以上；囊群盖小，膜质，棕色，上面密生柔毛。

生山地、山谷、林下及湿地。七目嶂常见。

全草入药，能治痢疾。

2. 圣蕨属 Dictyocline Moore

中型陆生蕨类。根状茎直立或斜升，疏被鳞片。叶簇生；叶柄密被毛，基部疏被鳞片，上面有浅纵沟；叶片一回羽状或羽裂，或单叶；羽片阔披针形，渐尖头，全缘；侧脉间小脉网状。孢子囊群线形，生网脉上，无囊群盖。本属4种。中国4种。七目嶂1种。

1. 羽裂圣蕨
Dictyocline wilfordii (Hook.) J. Sm.

根状茎短粗斜升，密被黑褐色硬鳞片。叶簇生，粗纸质，上面密生伏贴的刚毛；叶柄基部密被鳞片及针毛；叶片下部羽状深裂几达叶轴，向上为深羽裂，顶部呈波状；侧脉间小脉为网状，网眼内藏小脉。孢子囊沿网脉疏生，无盖。

生山谷阴湿处或林下。七目嶂偶见。

根茎入药，具有补裨益胃的功效。

3. 针毛蕨属 Macrothelypteris (H. Ito) Ching

中型土生蕨类。根状茎直立、斜生或横卧，被棕色厚鳞片。叶簇生，叶柄禾秆色或红棕色；叶片大，沿羽轴或小羽轴两侧具窄翅相连；叶脉羽状，分离；羽轴和小羽轴上面隆起，被细长针状毛。孢子两面形，椭圆状肾形；孢子囊群小，生于侧脉近顶部，无盖或盖早落。本属约10种。中国7种。七目嶂1种。

1. 普通针毛蕨
Macrothelypteris torresiana (Gaud.) Ching

根状茎顶部和叶柄基部密被黄褐色鳞片。叶簇生；叶片三角状长卵形，顶端尾状渐尖，三回羽状；羽片15~20对，下部的有短柄，上部的无柄；叶下面及羽轴两面疏被白色针状长毛。孢子囊群小，圆形，孢子囊顶部具2~3根头状短毛。

生山谷潮湿处。七目嶂林下偶见。

广泛用于治疗水肿、外伤出血，具有清热解毒、祛瘀散结的功效。

4. 金星蕨属 Parathelypteris (H. Itô) Ching

中小型陆生植物，稀生于沼泽、草甸。根状茎细长横走或短而横卧、斜升或直立，光滑或被有鳞片或被锈黄色毛。叶远生、近生或簇生；叶柄禾秆色或栗色，向上光滑或被有短毛；叶片卵状长圆形、长圆状披针形或披针形，二回羽状深裂；侧生羽片多数，狭披针形至线状披针形；羽状深裂，裂片多数，边缘全缘或多少有锯齿；叶脉羽状，分离，侧脉单一；叶草质或纸质，两面多少被柔毛或针状毛，下面有时被橙黄色或红紫色的腺体。孢子囊群圆形，中等大，背生于侧脉中部或近顶部，位于主脉和叶边之间或稍近叶边；囊群盖较大，圆肾形；孢子两面形，圆肾形。本属约60种。中国约24种。七目嶂1种。

1. 金星蕨
Parathelypteris glanduligera (Kunze) Ching

根状茎长而横走，先端略被鳞片。叶近生，草质，叶背被橙黄色腺体及短柔毛；叶柄多少被短毛；叶片二回羽状深裂；羽片约15对，无柄；裂片全缘，基部一对，尤其上侧一片通常较长。孢子囊群小，圆形，每裂片4~5对，背生于侧脉的近顶部；囊群盖中等大，圆肾形。

生疏林下。七目嶂较常见。

全草入药，主治烫伤、吐血、痢疾、外伤出血。

2. 红色新月蕨
Pronephrium lakhimpurense (Rosenst.) Holttum

根状茎长而横走。叶远生，草质，干后红色或红褐色，两面无毛；叶片奇数一回羽状，羽片具柄，顶生羽片同形；叶脉纤细，侧脉近斜展，并行。孢子囊群圆形，在侧脉间排成2行，无盖。

生山谷或林沟边。七目嶂偶见。

可作药用，主治疔疮疖肿、跌打损伤、外伤出血。

5. 新月蕨属 Pronephrium C. Presl

土生中型蕨类。根状茎长而横走，或短而横卧，略被通常带毛的棕色鳞片。叶远生或近生，草质或纸质，两面多少被针状毛或钩状毛；叶片通常为奇数一回羽状，少为单叶或三出；顶生羽片分离，同侧生羽片同形，全缘或有粗锯齿；羽裂侧脉明显、整齐、多对，小脉在侧脉之间联结成斜方形网眼。孢子囊群圆形，在侧脉间排成两行，背生于小脉上，无盖或有盖。本属61种。中国18种。七目嶂5种。

1. 新月蕨
Pronephrium gymnopteridifrons (Hayata) Holttum

根状茎长而横走，密被棕色的披针形鳞片。叶远生，纸质，下面仅叶脉被疏短毛；叶柄基部被鳞片；叶片一回奇数羽状，基部一对较短；顶生羽片和中部的同形，稍大；叶脉在下面明显隆起，侧脉并行，基部一对联结成三角形的网眼。孢子囊群圆形，着生于小脉中部，在侧脉排成2行；囊群盖小。

生山谷沟边密林下。七目嶂偶见。

适宜盆栽观赏、景观配植或作鲜切叶。

3. 微红新月蕨
Pronephrium megacuspe (Baker) Holttum

叶疏生；叶柄禾秆色略带红棕色；叶片奇数一回羽状；侧生羽片2~6对，斜展，椭圆状披针形，顶端尾状渐尖，基部楔形，边缘为不规则波状，具软骨质狭边；叶干后沿主脉及侧脉多少饰有红色。孢子囊群圆形，生

小脉中部以上，在侧脉间排成2行，成熟时常汇成一行。

生密林下。七目嶂林下偶见。

4. 单叶新月蕨
Pronephrium simplex (Hook.) Holttum

根状茎细长横走，先端疏被深棕色鳞片和钩状短毛。叶远生，厚纸质，两面均被钩状毛；单叶，二型；叶侧脉明显，并行，基部有1个近长方形网眼，其上具有2行近正方形网眼；能育叶远高过不育叶。孢子囊群生于小脉上，初为圆形，无盖，成熟时布满整个羽片下面。

生溪边林下或山谷林下。七目嶂较常见，产粗石坑、阳光坑等。

全草入药，消炎解毒。

5. 三羽新月蕨
Pronephrium triphyllum (Sw.) Holttum

根状茎细长横走，密被鳞片。叶疏生，坚纸质，一型或近二型；叶柄基部疏被鳞片，密被钩毛；叶三出；侧生羽片1对，对生，全缘，顶生羽片远较大；能育叶略高出于不育叶，羽片较狭。孢子囊群生于小脉上，初为圆形，后变长形并成双汇合，无盖。

生林下阴湿处。七目嶂溪边阔叶林下偶见。

全草入药，消炎散瘀、止痒、解毒。

P39. 铁角蕨科 Aspleniaceae

多为中型或小型的石生或附生草本，偶攀缘。根状茎横走或直立，被小鳞片。叶远生、近生或簇生，草质、革质或近肉质；叶形变异极大，单一、深羽裂或一至三回（偶四回）羽状细裂，末回小羽片或裂片往往为斜方形或不等边四边形，常全缘；叶脉分离。孢子囊群多为线形，常沿小脉上侧着生，通常有囊群盖。本科约10属700种。中国8属131种。七目嶂1属3种。

1. 铁角蕨属 Asplenium L.

石生或附生草本，偶土生或攀缘。根状茎横走或直立，密被小鳞片。叶远生、近生或簇生，草质至革质，有时近肉质，无毛；叶片单一，或一至三回（偶四回）羽状细裂，末回小羽片或裂片基部不对称；叶脉分离。孢子囊群通常线形，通直，沿小脉上侧着生，罕有双生，有囊群盖。本属约660种。中国110种。七目嶂3种。

1. 毛轴铁角蕨
Asplenium crinicaule Hance.

根状茎短而直立，密被鳞片；鳞片披针形。叶簇生；叶柄灰褐色，上面有纵沟；叶片阔披针形或线状披针形，顶部渐尖，一回羽状；羽片18~28对，互生或下部的对生，边缘有不整齐的粗大钝锯齿；叶脉在两面均明显，隆起呈沟脊状，不达叶边；叶纸质，两面（或仅上面）呈沟脊状，主脉上面疏被褐色星芒状的小鳞片。孢子囊群阔线形；囊群盖阔线形，黄棕色。

生林下溪边潮湿岩石上。七目嶂林下偶见。

全草入药，治麻疹不透、无名肿毒。

2. 长叶铁角蕨
Asplenium prolongatum Hook.

根状茎短而直立，先端密被鳞片。叶簇生，近肉质；叶轴顶端常延长成鞭状而生根，羽轴两侧有狭翅；叶片

线状披针形，二回羽状；叶脉明显，略隆起，先端有明显的水囊，不达叶边。孢子囊群狭线形，每小羽片或裂片1枚，位于小羽片的中部上侧边；囊群盖狭线形，灰绿色，膜质。

常附生林中树干上或潮湿岩石上。七目嶂偶见。

全草入药，清热除湿、化瘀止血。

3. 狭翅铁角蕨
Asplenium wrightii D. C. Eaton ex Hook.

根状茎短而直立，粗壮，密被鳞片；鳞片披针形，全缘。叶簇生；叶片椭圆形，一回羽状；羽片16~24对，基部的对生或近对生；叶脉羽状，两面均可见；叶纸质，干后草绿色或暗绿色；叶轴绿色，光滑，下面圆形，上面有纵沟，中部以上两侧有狭翅。孢子囊群线形；囊群盖线形，灰棕色，宿存。

生林下溪边岩石上。七目嶂林下偶见。

观赏效果好；可全草入药。

P42. 乌毛蕨科 Blechnaceae

土生蕨类，有时为亚乔木状，或有时为附生。根状茎横走或直立，偶横卧或斜升，有时形成树干状的直立主轴，被鳞片。叶一型或二型；叶片一至二回羽裂，罕单叶，厚纸质至革质，无毛或常被小鳞片；叶脉分离或网状。孢子囊群为长或椭圆形的汇生囊群，着生于与主脉平行的小脉上或网眼外侧的小脉上；有盖，稀无盖；孢子囊大，环带纵行而于基部中断。本科13属240种。中国7属13种。七目嶂4属5种。

1. 乌毛蕨属 Blechnum L.

土生大型草本。根状茎通常粗短，直立，被鳞片。叶簇生，一型；叶柄粗硬，叶片通常革质，无毛，一回羽状，羽片线状披针形，两边平行，全缘或具锯齿；主脉粗壮，上面有纵沟，下面隆起，小脉分离。孢子囊群线形，连续，少有中断，着生于主脉两侧的一条纵脉上，有盖，孢子囊有柄。本属约35种。中国1种。七目嶂有分布。

1. 乌毛蕨
Blechnum orientale L.

根状茎直立，粗短，先端及叶柄下部密被鳞片。叶簇生于根状茎顶端，近革质；叶柄长而坚硬，无毛；叶片一回羽状；羽片多数，二型，上部羽片能育，线形或线状披针形，全缘或呈微波状；叶脉在上面明显，主脉两面均隆起，小脉分离，单一或二叉。孢子囊群线形，连续，紧靠主脉两侧；囊群盖线形。

生较阴湿的水沟旁和山坡下部，或山坡灌丛中或疏林下。七目嶂常见。

根茎入药，具清热解毒、抗菌杀虫、止血等功效。

2. 苏铁蕨属 Brainea J. Sm.

土生，大型亚乔木状草本。根状茎短而粗壮，木质，直立，与叶柄基部同被线形鳞片。叶簇生，革质，有柄，叶轴上面有纵沟；叶片椭圆披针形，先端渐尖，下部略缩短，一回羽状，边缘通常向内反卷；叶脉明显沿主脉两侧各形成1行三角形至多角形的网眼。孢子囊群沿小脉着生而成为汇生孢子囊群，无囊群盖。单种属。七目嶂有分布。

1. 苏铁蕨
Brainea insignis (Hook.) J. Sm.

种的特征与属同。

生向阳坡疏林或针阔混交林下。七目嶂偶见，产阳光坑等。国家二级重点保护野生植物。

根茎入药，清热解毒、抗菌收敛。

3. 崇澍蕨属 Chieniopteris Ching.

土生，中小型草本。根状茎长而横走，褐黑色，被鳞片；鳞片阔披针形，全缘或有少数睫毛。叶散生，叶片远比叶柄为短，单叶、3裂或常为卵状三角形而羽状深裂达于叶轴；侧生羽片（或裂片）少数（1~5对），披针形，顶生一片羽片与侧生羽片同形，全缘，边缘有软骨质的狭边，通常向上部有疏而细的锯齿；主脉明显，两面均隆起，小脉网状，沿主脉两侧各形成1列狭部网眼；叶厚纸质或近革质，两面均无毛。孢子囊群叶表面生；囊群盖粗线形；孢子椭圆形。本属2种。中国2种。七目嶂1种。

1. 崇澍蕨
Chieniopteris harlandii (Hook.) Ching.

叶散生；叶片变化大，有披针形单叶、三出而中央羽片特大、或常为卵状三角形而羽状深裂达羽轴的；侧生羽片1~4对，对生，披针形，基部与羽轴合生，沿叶轴下延，彼此以阔翅相连。孢子囊群粗线形，不连续，紧靠主脉并与主脉平行；囊群盖粗线形，纸质。

生山谷湿地。七目嶂山谷偶见。

根茎入药，祛风除湿。

2. 珠芽狗脊
Woodwardia prolifera Hook. & Arn.

根状茎粗壮，长而横走，罕斜升，连同叶轴基部被鳞片。叶远生或近生，叶片长卵形或椭圆形，常一至二回羽状；末回小羽片基部不对称（上侧多少耳状凸起），边缘具芒刺状锯齿；各回羽轴无毛；叶脉羽状，分离。孢子囊群顶生或近顶生小脉上，圆形；囊群盖圆肾形。

生温暖潮湿处。七目嶂偶见。

根状茎药用，有强腰膝、补肝肾、祛风湿之效。

4. 狗脊属 Woodwardia Sm.

土生，大型草本。根状茎短而粗壮，直立或斜生，或为横卧，密被披针形大鳞片。叶簇生，有柄，叶纸质至近革质；叶二回深羽裂，侧生羽片多对，披针形，分离，裂片边缘有细锯齿；叶脉部分为网状，部分分离。孢子囊群粗线形或椭圆形，着生于靠近主脉的网眼的外侧小脉上，有盖。本属约12种。中国5种。七目嶂2种。

1. 狗脊
Woodwardia japonica (L. f.) Sm.

根状茎粗壮，横卧，与叶柄基部密被鳞片。叶近生，近革质，无毛或下面疏被短柔毛；叶柄长而坚硬；叶片二回羽裂，基部一对略缩短；顶生羽片大于其下的侧生羽片；小羽片互生或近对生，密接，有密细齿；叶脉明显，两面均隆起，部分联结。孢子囊群线形，着生于主脉两侧的狭长网眼上，不连续，呈单行排列；囊群盖线形。

生疏林下。七目嶂较常见。

根茎入药，有镇痛、利尿及强壮之效；为酸性土壤的指示植物。

P45. 鳞毛蕨科 Dryopteridaceae

中小型陆生草本。根状茎短而直立或斜升，或横走，密被鳞片。叶簇生或散生；叶片一至五回羽状，罕单叶，纸质或革质，光滑，或下面多少被鳞片，叶边通常有锯齿或有触痛感的芒刺；叶脉通常分离，顶端往往膨大呈球杆状的小囊。孢子囊群小，圆形，顶生或背生于小脉，有盖（偶无盖）。本科14属1200余种。中国13属472种。七目嶂2属6种。

1. 鳞毛蕨属 Dryopteris Adans.

陆生中型蕨类。根状茎粗短，直立或斜升，稀横走，先端密被鳞片。叶簇生，螺旋状排列，纸质至近革质，少为草质；叶片一回羽状或二至四回羽状或四回羽裂，顶部羽裂，罕为一回奇数羽状；羽片通常多少有鳞片；叶脉分离，羽状，先端往往有明显的膨大水囊。孢子囊群圆形，生于叶脉背部，通常有盖。本属230余种。中国127种。七目嶂4种。

1. 迷人鳞毛蕨
Dryopteris decipiens (Hook.) Kuntze

根状茎斜升或直立。叶簇生；叶柄除最基部为黑色外，其余部分为禾秆色，基部密被鳞片；鳞片狭披针形，栗棕色，边缘全缘；叶片披针形，一回羽状；羽片约10~15对，互生或对生，羽片的中脉上面具浅沟，下面凸起；叶纸质，叶轴疏被基部呈泡状的狭披针形鳞片，羽片上面无鳞片，下面具有淡棕色的泡状鳞片及稀疏的刺状毛。孢子囊群圆形，较靠近中脉着生；囊群盖圆肾形，边缘全缘。

生林下。七目嶂林下偶见。

2. 黑足鳞毛蕨
Dryopteris fuscipes C. Chr.

根状茎横卧或斜升。叶簇生；叶柄除最基部为黑色外，基部密被披针形、棕色、有光泽的鳞片，边缘全缘；叶片卵状披针形或三角状卵形，二回羽状，羽片约10~15对，披针形；叶轴、羽轴和小羽片中脉上的上面具浅沟；侧脉羽状，在上面不显，在下面略可见；叶轴具有较密的披针形、线状披针形和少量泡状鳞片，羽轴具有较密的泡状鳞片和稀疏的小鳞片。孢子囊群大，在小羽片中脉两侧各1行；囊群盖圆肾形，边缘全缘。

生林下。七目嶂林下偶见。

全草药用，清热解毒、生肌敛疮。

3. 黑鳞鳞毛蕨
Dryopteris lepidopoda Hayata

根状茎粗壮，直立或斜升，密被红棕色披针形、全缘鳞片。叶簇生；柄基部密被毛发状尖头的鳞片；叶片卵圆披针形或披针形，先端羽裂渐尖，基部不狭缩或略狭缩，二回羽状深裂；裂片约15~20对，斜展，疏具三角形齿牙，侧边具缺刻状锯齿；侧脉羽状，分叉，在背面明显。孢子囊群圆形，每裂片4~6对，生于叶边与中肋之间；囊群盖圆肾形，棕色。

生阔叶林中。七目嶂林下偶见。

4. 变异鳞毛蕨
Dryopteris varia (L.) Kuntze

根状茎横卧或斜升，先端密被鳞片。叶簇生，近革质；叶轴及背脉被鳞片；叶片五角状卵形，三回羽状，基部下侧小羽片向后伸长呈燕尾状；羽片约10~12对，小羽片约6~10对，裂片边缘羽状浅裂或有齿。孢子囊群较大，近边着生；有囊群盖。

生林下。七目嶂林下偶见。

根茎入药，清热、止痛。

2. 耳蕨属 Polystichum Roth

陆生。根状茎短，直立或斜升，连同叶柄基部通常被鳞片；鳞多形，卵形、披针形、线形或纤毛状，边缘有齿或芒状。叶簇生；叶柄腹面有浅纵沟，基部以上常被与基部相同而较小的鳞片；叶片线状披针形、卵状披针形、矩圆形，一回羽状、二回羽裂至二回羽状，少为三回羽状细裂，羽片基部上侧常有耳状凸；叶片纸质、草质或为薄革质，背面多少有披针形或纤毛状的小鳞片；叶轴上部有时有芽孢，有时芽孢在顶端而叶轴先端能延生成鞭状。孢子囊群圆形，着生于小脉顶端；囊群盖圆形，盾状着生。本属约300种。中国现知约170种。七目嶂2种。

1. 巴郎耳蕨
Polystichum balansae Christ

根状茎直立，密被披针形棕色鳞片。叶簇生，纸质，上面光滑，下面疏生小鳞片或秃净；叶片一回羽状，先端渐尖；羽片镰状披针形；叶脉羽状，小脉联结成两行网眼。孢子囊位于中脉两侧各成2行；囊群盖圆形，盾状，边缘全缘。

生于沟谷林下。七目嶂偶见，产粗石坑、阳光坑等。根茎入药，能清热解毒、驱虫。

2. 灰绿耳蕨
Polystichum scariosum (Roxb.) C. V. Morton

根状茎斜升，被鳞片；大鳞片卵状长圆形或卵状披针形；小鳞片棕色，膜质，边缘有疏齿。叶簇生；叶柄禾秆色，上面有深沟槽；叶片形态变化幅度很大，顶端渐尖，基部常明显缩狭；一回羽状叶的叶片较狭长，叶革质，灰绿色，上面色较深；叶轴禾秆色，上面有深沟槽，两面均被与叶轴上相同的小鳞片。圆盾形的囊群盖小，全缘，边缘浅裂，易收缩脱落；孢子赤道面观豆形，周壁褶皱或成网状，具刺状凸起。

生山谷常绿阔叶林下溪沟边。七目嶂林下偶见。

P46. 叉蕨科 Tectariaceae

中型土生蕨类。根状茎短而直立或斜升，被棕色披针形鳞片。叶簇生，偶近生，常一型；叶片常一至数回羽裂，稀单叶；叶脉分离或联结。孢子囊群圆形，着生于分离小脉的顶端或中部，或生于网结的小脉上或交结处，成熟时满布能育叶下面。本科约15属。中国4属41种。七目嶂1属1种。

1. 叉蕨属 Tectaria Cav.

中型土生草本。根状茎粗壮，横走或直立，先端被鳞片。叶簇生，草质或近膜质，光滑或上面被毛；叶柄基部或全部被鳞片；叶片一至三回羽裂，很少为单叶，不细裂；羽片或裂片通常全缘，无齿；叶脉联结为多数网眼。孢子囊群通常圆形，生于网眼联结处或内藏小脉的顶部或中部；囊群盖盾形或圆肾形。本属约240种。中国27种。七目嶂1种。

1. 三叉蕨
Tectaria subtriphylla (Hook. & Arn.) Copel.

根状茎长而横走，先端及叶柄基部均密被鳞片。叶近生，纸质，上面光滑，下面疏被短毛；叶柄全部疏被短毛；叶二型，不育叶一回羽状，能育叶与不育叶形状相似但各部均缩狭；顶生羽片三角形，基部楔形而下延；叶脉联结成网眼。孢子囊群圆形，生于小脉联结处，2至多行；囊群盖圆肾形。

生山地、河边密林下阴湿处或岩石上。七目嶂较常见，产粗石坑等。

叶入药，有祛风除湿、止血、解毒之功效。

P47. 实蕨科 Bolbitidaceae

中小型陆生植物，稀水生。根状茎粗短而横走，有腹背结构，密被鳞片。叶近簇生，有长柄，二型，单叶或多为一回羽状，顶部有芽孢，着地生根行无性繁殖；小脉分离或联结；能育叶狭缩，柄较长，羽片较小。孢子囊群棕色，满布于能育羽片下面。本科3属约100种。中国2属约23种。七目嶂1属1种。

1. 实蕨属 Bolbitis Schott

土生中小型草本。根状茎横走，被鳞片。叶常近生，草质，光滑；叶柄基部疏被鳞片；叶一回羽状，稀单叶或二回羽裂，叶缘具钝锯齿或深裂或撕裂；叶脉明显，羽轴及侧脉两侧的网眼整齐，常有内藏小脉；能育叶缩小并具长柄。孢子囊群满布于能育羽片下面，无囊群盖；孢子囊环带有14~16个增厚细胞。孢子两面形，棕色或无色透明。本属约85种。中国约13种。七目嶂1种。

1. 华南实蕨
Bolbitis subcordata (Copel.) Ching

根状茎粗而横走，密被鳞片；鳞片卵状披针形，灰棕色，近全缘。叶簇生；叶柄上面有沟，疏被鳞片；叶二型，不育叶椭圆形，一回羽状；羽片4~10对，下部的对生；侧生羽片叶缘有深波状裂片，半圆的裂片有微锯齿，缺刻内有一明显的尖刺；侧脉明显，开展，小脉在侧脉之间联结成3行网眼，内藏小脉有或无；叶轴上面有沟；能育叶与不育叶同形而较小。孢子囊群初沿网脉分布，后满布能育羽片下面。

生山谷水边密林下石上。七目嶂林下偶见。

全草入药，清热解毒，凉血止血。

P50. 肾蕨科 Nephrolepidaceae

中型草本，土生或附生，少有攀缘。根状茎长而横走，或短而直立，被鳞片。叶簇生，或远生，一型，草质或纸质，常无毛；叶片长而狭，一回羽状；羽片多数，无柄，以关节着生于叶轴；叶脉分离，侧脉羽状。孢子囊群单一，圆形，顶生于上侧小脉，或背生于小脉中部；囊群盖圆肾形或少为肾形，以缺刻着生。本科3属约230种。中国2属约30种。七目嶂1属2种。

1. 肾蕨属 Nephrolepis Schott

土生或附生。根状茎短而直立，生有块茎，与叶柄被有鳞片。叶长而狭，有柄，草质或纸质；叶片一回羽状；羽片多数，无柄，以关节着生于叶轴上，披针形或镰刀形，渐尖头，基部阔，通常不对称，边缘有疏圆齿；主脉明显，侧脉羽状，二至三叉。孢子囊群圆形，生上侧小脉顶端，成1列；囊群盖圆肾形或少为肾形。本属30多种。中国6种。七目嶂2种。

1. 毛叶肾蕨
Nephrolepis brownii (Desv.) Hovenkamp & Miyam.

根状茎短而直立，具横走的匍匐茎，疏被鳞片；鳞片披针形或卵状披针形，边缘棕色并有睫毛。叶簇生，密集；柄灰棕色，有棕色的披针形鳞片贴生；叶片阔披针形或椭圆披针形，叶轴上面密被棕色的纤维状鳞片，一回羽状，羽片多数（20~45对），以关节着生于叶轴；叶脉纤细，二至三叉，顶端有圆形水囊；叶坚草质或纸质，下面沿主脉及小脉有线形鳞片密生。孢子囊群圆形，靠近叶边，生于每组侧脉的上侧小脉顶端；囊群盖圆肾形，膜质，红棕色，无毛。

生林下。七目嶂林下偶见。

全草入药，消积化痰。

2. 肾蕨
Nephrolepis cordifolia (L.) C. Presl

附生或土生。根状茎直立，下部有粗铁丝状的匍匐茎和块茎，被鳞片。叶簇生，草质，光滑；叶片一回羽状，羽状多数，互生，先端钝圆，基部通常不对称，以关节着生于叶轴，叶缘有疏浅的钝锯齿；叶脉明显，侧脉纤细。孢子囊群成一行位于主脉两侧，肾形，少有为圆肾形或近圆形；囊群盖肾形。

生溪边林下或石上。产七目嶂粗石坑等。

全草入药，能清热解毒、利湿消肿。

P52. 骨碎补科 Davalliaceae

中型附生草本，少土生。根状茎横走，稀直立，通常密被鳞片。叶远生，草质至坚革质，常无毛；叶柄基部以关节着生于根状茎上；叶片二至四回羽状分裂，羽片不以关节着生于叶轴；叶脉分离。孢子囊群为叶缘内生或叶背生，着生于小脉顶端；囊群盖为半管形、杯形、圆形、半圆形或肾形。本科8属约100种。中国5属约30种。七目嶂1属2种。

1. 阴石蕨属 Humata Cav.

小型附生草本。根状茎长而横走，密被鳞片。叶远生，革质，光滑或稍被鳞片；叶柄基部以关节着生于根状茎上；叶片通常为一型或近二型，多回羽裂（能育叶细裂），少单叶或羽状；叶脉分离，小脉通常特别粗大。孢子囊群生于小脉顶端，通常近于叶缘；囊群盖圆形或半圆阔肾形。本属约50种。中国约9种。七目嶂2种。

1. 杯盖阴石蕨
Humata griffithiana (Hook.) C. Chr.

根状茎长而横走，密被蓬松的鳞片。叶远生，革质，两面光滑，有柄；叶片三至四回羽状深裂；羽片彼此密接，基部一对最大，三回深羽裂；叶脉在上面隆起，在下面隐约可见，羽状，小脉单一或分叉，不达边。孢子囊群生于小脉顶端，通常近于叶缘；囊群盖圆形或半圆状阔肾形。

生于林中树干上或石上。七目嶂偶见。

根状茎入药，能清热解毒、祛风除湿。

2. 阴石蕨
Humata repens (L. f.) J. Small ex Diels

叶片三角状卵形，二回羽状深裂；羽片6~10对，以狭翅相连，基部一对最大，上部常为钝齿牙状，下部深裂，裂片3~5对，基部下侧一片最长，1~1.5cm；第二对羽片向上渐缩短，椭圆状披针形，边缘浅裂或具不明显的疏缺裂。孢子囊群沿叶缘着生，通常仅于羽片上部有3~5对。

生溪边树上或阴处石上。七目嶂林下偶见。

根茎可入药，性味甘淡、性凉无毒。

P56. 水龙骨科 Polypodiaceae

中小型附生草本，稀土生。根状茎长而横走，被鳞片。叶一型或二型，以关节着生于根状茎上，单叶，全缘，或分裂，或羽状，草质或纸质，无毛或被星状毛；叶脉网状，少分离。孢子囊群通常为圆形或近圆形，或为椭圆形，或为线形，或有时布满能育叶片下面一部分或全部，无盖而有隔丝。本科约50属1200种。中国39属267种。七目嶂7属11种。

1. 线蕨属 Colysis C. Presl

中型，土生或附生。根状茎纤细，长而横走，被鳞片。叶远生，一型或为近二型，叶草质或纸质，无毛；柄长，与根状茎相联结处的关节不明显，通常有翅；叶为单叶或指状深裂至羽状深裂，或为一回羽状；叶脉网状，侧脉通常仅下部明显，并形成2行网眼。孢子囊群线形，连续或有时中断。本属约12种。中国9种。七目嶂1种。

1. 线蕨

Colysis elliptica (Thunb.) Ching

根状茎长而横走，密生鳞片。叶远生，近二型，纸质，较厚，无毛；不育叶一回羽裂深达叶轴，羽片对生或近对生，全缘或稍浅波状；能育叶和不育叶近同型，叶柄较长；中脉明显，侧脉及小脉均不明显。孢子囊群线形，在每对侧脉间各排列成1行，伸达叶边；无囊群盖。

生于山坡林下或溪边岩石上。七目嶂偶见。

叶入药，能清热利尿、散瘀消肿。

2. 伏石蕨属 Lemmaphyllum C. Presl

小型附生草本。根状茎细长横走，被鳞片。叶疏生，二型，叶柄以关节与根状茎相连；不育叶倒卵形，或椭圆形，全缘，近肉质，无毛或近无毛，或疏被披针形小鳞片；能育叶线形，或线状倒披针形；叶脉网状，主脉不明显。孢子囊群线形，与主脉平行，连续；隔丝盾形，粗筛孔，边缘有齿。本属9种。中国5种。七目嶂3种。

1. 抱石莲

Lemmaphyllum drymoglossoides (Baker) Ching

根状茎细长横走，被钻状有齿棕色披针形鳞片。叶远生，二型；不育叶长圆形至卵形，圆头或钝圆头，基部楔形，几无柄，全缘；能育叶舌状或倒披针形，有时与不育叶同型，肉质，干后革质，上面光滑，下面疏被鳞片。孢子囊群圆形，沿主脉两侧各成1行，位于主脉与叶边之间。

附生阴湿树干和岩石上。七目嶂林下偶见。

全草入药，清热解毒、利湿消瘀。

2. 伏石蕨

Lemmaphyllum microphyllum C. Presl

根状茎细长横走，疏生鳞片。叶远生，二型；不育叶近无柄，或具极短柄，近圆球形或卵圆形，基部圆形或阔楔形，全缘；能育叶柄长3~8mm，狭缩成舌状或狭披针形；叶脉网状，内藏小脉单一。孢子囊群线形，位于主脉与叶边之间，幼时被隔丝覆盖。

附生林中树干上或岩石上。七目嶂较常见。

全草入药，能清热解毒、散瘀止痛、润肺止咳。

3. 骨牌蕨

Lemmaphyllum rostratum (Bedd.) Tagawa

根状茎横走，被鳞片；鳞片钻状披针形，边缘有细齿。叶远生，近二型，具短柄；不育叶阔披针形，先端鸟嘴状，基部楔形下延于叶柄，全缘；能育叶较长而狭；小脉联结。孢子囊群圆形，在主脉两侧各一行。

附生林下树干上或岩石上。七目嶂林下偶见。

全草入药，清热利水、清肺气。

3. 瓦韦属 Lepisorus (J. Sm.) Ching

附生蕨类。根状茎粗壮，横走，密被鳞片。单叶，远生或近生，一型，无毛，多革质，下面稍被鳞片；叶片多披针形，稀狭披针形或近带状，全缘或呈波状，向柄端渐狭，基部下延；主脉明显，侧脉不显。孢子囊群大，圆形或椭圆形，分离，在主脉和叶缘之间排成1行。本属70余种。中国68种。七目嶂1种。

1. 瓦韦
Lepisorus thunbergianus (Kaulf.) Ching

根状茎横走，密被鳞片。单叶，近生，一型，无毛，纸质；叶片线状披针形，或狭披针形，有柄，基部渐变狭并下延；主脉在两面隆起，小脉不见。孢子囊群圆形或椭圆形，彼此相距较近，成熟后扩展几密接。

附生山坡林下树干或岩石上。七目嶂偶见。

4. 盾蕨属 Neolepisorus Ching

土生中型蕨类植物。根状茎长而横走，密被鳞片；鳞片披针形，褐棕色，透明，盾状着生，基部背面通常有褐棕色柔毛。叶疏生；叶柄长一般等于或超过叶片长度，下部被鳞片；叶片单一，多形，从披针形到长圆形、椭圆形、卵状披针形，边缘往往成各种畸状羽裂，褐色或黄绿色，两面光滑；主脉在下面隆起，侧脉明显，小脉网状，网眼内有单一或分叉的内藏小脉。孢子囊群圆形，在主脉两侧排成1至多行；孢子两面形，单裂缝，外壁轮廓线为密集的小锯齿状，正面观为小瘤块状纹饰。本属11种。中国11种。七目嶂2种。

1. 江南星蕨
Neolepisorus fortunei (T. Moore) L. Wang

根状茎长而横走；鳞片棕褐色，卵状三角形，有疏齿，筛孔较密。叶远生；叶柄禾秆色，上有浅沟，基部疏被鳞片；叶片线状披针形至披针形，顶端长渐尖，基部渐狭，下延于叶柄并形成狭翅，全缘，有软骨质的边；小脉网状，略可见，内藏小脉分叉；叶厚纸质，下面淡绿色或灰绿色，两面无毛。孢子囊群大，圆形，沿中脉两侧排列成较整齐的1行或有时为不规则的2行；孢子豆形，周壁具不规则褶皱。

多生于林下溪边岩石上或树干上。七目嶂林下常见。

全草药用，清热解毒；叶片常绿，是室内较好的盆栽植物，亦可作切叶。

2. 卵叶盾蕨
Neolepisorus ovatus (Wall. ex Bedd.) Ching

叶远生；叶柄疏被鳞片；叶片卵状披针形或卵状长圆形，顶端渐尖，基部圆形至圆楔形，多少下延于叶柄而形成狭短翅。孢子囊群圆形，在侧脉间排成不整齐的1行，沿主脉两侧排成不整齐的多行。

生于山坡林下或溪边岩石上。七目嶂偶见。

5. 水龙骨属 Polypodiodes Ching

附生植物，植株中小型。根状茎长而横走，密被鳞片；鳞片披针形或狭披针形，棕色或黄棕色，由狭长的厚壁细胞组成，质厚而不透明，宿存。叶远生；叶柄以关节着生于根状茎上；叶片披针形，单叶，羽状深裂；裂片5对以上，披针形，略呈镰刀状，顶端钝头，边缘全缘或有疏而浅的缺刻；叶脉分离，裂片的侧脉羽状，不达叶边，顶端有卵状水囊。孢子囊群圆形或椭圆形，着生于侧脉的基部上侧一小脉的顶端，在裂片中脉两侧各成1行，隔丝有或无，无囊群盖；孢子椭圆形，外壁有疣状纹饰。本属5~6种。中国2种。七目嶂1种。

1. 日本水龙骨
Polypodiodes niponica (Mett.) Ching

根状茎长而横走，疏被鳞片；鳞片狭披针形，暗棕色，基部较阔，盾状着生，边缘有浅细齿。叶远生；叶柄禾秆色，疏被柔毛或毛脱落后近光滑；叶片卵状披针形至长椭圆状披针形，羽状深裂；裂片15~25对，边缘全缘，基部1~3对裂片向后反折；叶脉网状，裂片的侧脉和小脉不明显；叶草质，干后灰绿色，两面密被白色短柔毛或背面的毛被更密。孢子囊群圆形，在裂片中脉两侧各1行，着生于内藏小脉顶端，靠近裂片中脉着生。

附生树干上或石上。七目嶂林下偶见。

6. 石韦属 Pyrrosia Mirbel

中型附生草本。根状茎长而横走，或短而横卧，密被鳞片。叶一型或二型，近生、远生或近簇生、革质或纸质，下面常被毛，罕两面近光滑无毛；通常有柄，基部以关节与根状茎联结；叶片线形至披针形，或长卵形，全缘，或罕为戟形或掌状分裂；主脉明显，侧脉斜展。孢子囊群近圆形，在主脉两侧排成1至多行，无囊群盖，具隔丝。本属约100种。中国37种。七目嶂2种。

1. 贴生石韦
Pyrrosia adnascens (Sw.) Ching

根状茎细长，密生鳞片。叶稍远生，二型，肉质，被星芒状毛；不育叶椭圆形或卵状披针形，叶柄短；能育叶小，条形或狭披针形，顶端圆钝，基部狭楔形；叶柄长，全缘。孢子囊群圆形，多而密集，满布能育叶中部以上。

附生树干或岩石上。七目嶂林下偶见。

全草可药用；观赏价值高，可作观叶或切叶。

2. 石韦
Pyrrosia lingua (Thunb.) Farw.

根状茎长而横走，密被鳞片。叶远生，近二型，革质，上面近无毛，下面被星状毛；叶片长圆状披针形，能育叶通常远比不育叶长得高而较狭窄；主脉稍明显，侧脉在下面明显隆起。孢子囊群近椭圆形，在侧脉间整齐成多行排列，布满下面或大上半部，成熟后孢子囊开裂外露而呈砖红色。

附生于低海拔林下树干上，或稍干的岩石上。七目嶂较常见。

全草入药，能清湿热、利尿通淋。

7. 修蕨属 Selliguea Bory

附生植物。根状茎横走，木质，密被鳞片；鳞片卵状披针形或披针形，红棕色，盾状着生。叶近生或远生，一型或近生二型；叶柄基部以关节着生在根状茎上；叶片单叶不分裂，卵形，边缘全缘；不育叶较宽，能育叶较狭；侧脉粗壮明显，小脉网状，具内藏小脉；叶革质，两面光滑无毛。孢子囊群长条形，位于相邻的两侧脉之间；孢子囊的环带由14个细胞组成；孢子椭圆形，常褶皱，具明显的刺状纹饰和不明显的颗粒状纹饰。本属约15种。中国1种。七目嶂1种。

1. 金鸡脚假瘤蕨
Selliguea hastata (Thunb.) H. Ohashi et K. Ohashi

根状茎长而横走，密被鳞片；鳞片披针形，棕色。叶远生；叶柄禾秆色，光滑无毛；叶片为单叶，形态变化极大，单叶不分裂，或戟状2~3分裂；分裂的叶片

其形态也极其多样，常见的是戟状 2~3 分裂。叶片（或裂片）的边缘具缺刻和加厚的软骨质边，通直或呈波状；中脉和侧脉在两面明显，侧脉不达叶边，小脉不明显；叶纸质或草质，背面通常灰白色，两面光滑无毛。孢子囊群大，圆形，在叶片中脉或裂片中脉两侧各 1 行，着生于中脉与叶缘之间；孢子表面具刺状凸起。

生林缘土坎上。七目嶂林下偶见。

可供观赏、药用及作为化工原料。

P57. 槲蕨科 Drynariaceae

大中型多年生附生草本。根状茎横生，粗壮肉质，密被鳞片。叶近生或疏生，无柄或有短柄，基部不以关节着生于根状茎上；叶片通常大，坚革质或纸质，一回羽状或深羽裂，二型或一型或基部膨大成阔耳形；一至三回叶脉粗而隆起，直角相连，形成大小四方形的网眼。孢子囊群不具囊群盖，也无隔丝。本科 8 属 32 种。中国 4 属 12 种。七目嶂 2 属 2 种。

1. 槲蕨属 Drynaria (Bory) J. Sm.

附生草本。根状茎横走，密被鳞片。叶二型；不育叶短而基生，无柄，枯棕色，浅裂至半裂，基部心形，覆盖根状茎上；能育叶绿色，有柄，深羽裂或羽状，裂片披针形；叶脉网状。孢子囊群圆形，无盖。本属 16 种。中国 9 种。七目嶂 1 种。

1. 槲蕨

Drynaria roosii Nakaike

通常附生岩石上，匍匐生长，或附生树干上，螺旋状攀缘。根状茎密被鳞片；鳞片斜升，盾状着生，边缘有齿。叶二型，基生不育叶圆形，基部心形，浅裂至叶片宽度的 1/3，边缘全缘；正常能育叶叶柄具明显的狭翅；叶互生，稍斜向上，披针形，边缘有不明显的疏钝齿；叶脉在两面均明显。孢子囊群圆形、椭圆形，在叶片下面全部分布，沿裂片中肋两侧各排列成 2~4 行，成熟时相邻两侧脉间有圆形孢子囊群 1 行，或幼时成 1 行长形的孢子囊群。

附生树干或石上，偶生于墙缝。七目嶂林下偶见。

根茎入药；可作化工原料。

2. 崖姜蕨属 Pseudodrynaria (C. Chr.) C. Chr.

大型附生草本。根状茎横卧，粗壮肉质，密被鳞片。叶大，一型，厚革质，簇生呈鸟巢状；无柄，不具关节，能育部分不狭缩，下部深波状而浅裂，基部扩大呈耳形，上部羽状深裂；裂片全缘；叶脉明显网状。孢子囊群常圆形，着生于小脉交叉处，每对侧脉之间有 1 行。单种属。七目嶂有分布。

1. 崖姜

Pseudodrynaria coronans (Wall. ex Mett.) Ching

种的特征与属同。

附生雨林或季雨林中树干上或石上。七目嶂偶见，产粗石坑、正坑等。

根茎入药，能祛风除湿、舒筋活血。

P58. 鹿角蕨科 Platyceriaceae

奇特的大型附生植物，偶生岩石上，多年生。根状茎短而横卧，粗肥，具简单的网状中柱；鳞片基部着生，有时两色，边缘具齿。叶近生，二型，不以关节着生；基生不育叶直立，具有宽阔的圆形叶片，基部膨大，覆瓦状，阔心脏形，密被星状毛，叶脉密网状；正常能育叶具短柄，以关节着生，近革质，被具柄的星状毛（老时脱落），叶形变化很大，全缘或多回分叉，宛如鹿角状分枝，裂片全缘，叶脉网结，具有内藏小脉。孢子囊群为卤蕨型，生于圆形、增厚的小裂片顶部，或生于特化的裂片下面；孢子囊为水龙骨型，环带由 10~20（~24）个增厚细胞组成；隔丝星毛状，具长柄；孢子两侧对称，椭圆球状，单裂缝，裂缝长为孢子长的 1/4 到 1/2，表面有瘤状纹饰。单属科，15 种。中国 1 种。七目嶂有分布。

1. 鹿角蕨属 Platycerium Desv.

属的特征与科同。本属 15 种。我国 1 种。七目嶂有分布。

1. 鹿角蕨

Platycerium wallichii Hook.

逸生。根状茎肉质，短而横卧，密被鳞片；鳞片淡棕色或灰白色，坚硬，线形。叶两列，二型；基生不育叶（腐殖叶）宿存，厚革质，厚达 1cm，上部薄，贴生于树干上，3~5 次叉裂，全缘，主脉在两面隆起，叶脉不明显，两面疏被星状毛；正常能育叶常成对生长，下垂，灰绿色，分裂成不等大的 3 枚主裂片，基部楔形，下延，裂片全缘通体被灰白色星状毛。孢子囊散生于主裂片第一次分叉的凹缺处以下，不到基部；隔丝灰白色，星状毛；孢子绿色。

生于山地雨林中。七目嶂林下罕见。

是珍奇的观赏蕨类，可作为室内及温室的悬挂植物。

P59. 禾叶蕨科 Grammitidaceae

小型附生草本。根状茎短小而近直立，稀横走或攀缘，被鳞片。叶簇生；叶柄基部不具关节；叶一型，单叶或一至三回羽状，常被红色或灰白色针状毛，不被鳞片；叶脉分离，小脉单一或分叉。孢子囊群圆形至椭圆形，着生于叶上面或下陷叶肉中，位于小脉的顶端或中部，稀成汇生囊群而与主脉平行；无囊群盖。本科 4~10 属约 300 种。中国 6~7 属 22~23 种。七目嶂 1 属 1 种。

1. 滨禾蕨属 Oreogrammitis Copel.

小型附生草本，稀土生。根状茎近直立，或短而横走，被鳞片。叶簇生，很少远生，膜质至肉质或革质，常被红褐色长毛，或无毛；单叶，披针形或线形，常全缘；主脉明显，小脉分离，通常二叉。孢子囊群圆形或略呈椭圆形，着生于叶上面小脉基部上侧分叉小脉上，在主脉两侧各有 1 行，无囊群盖。本属约 150 种。中国约 7 种。七目嶂 1 种。

1. 短柄滨禾蕨
Oreogrammitis dorsipila (Christ) Parris

根状茎短而近直立，先端密被鳞片。叶簇生，近无柄，条形或条状披针形，全缘，基部狭楔形下延；叶片革质，两面连同叶柄有红棕色长硬毛；主脉在上面平坦，在下面稍凸起，侧脉分叉，远离叶边。孢子囊群圆形至椭圆形，生于叶片上部侧脉的上侧一条短小脉的顶端，靠近主脉，不陷入叶肉；孢子囊上常有 1~3 根针毛。

附生于林下或溪边岩石上。七目嶂偶见，产阳光坑等地。

P60. 剑蕨科 Loxogrammaceae

土生或附生蕨类。根状茎长而横走或短而直立。单叶，一型，少有二型，关节不明显，或直接着生于根状茎上，簇生或散生，具短柄或无柄；叶片常为线形、披针形或倒披针形，尖头或渐尖头，基部渐狭，全缘，无毛，下面淡黄棕色，叶下表皮有骨针状细胞，干后纵向皱缩；主脉粗壮，侧脉不明显，小脉网状，网眼大而稀疏，长而斜展，略呈六角形，常不具内藏小脉。汇生孢子囊群粗线形，略下陷于叶肉中，斜出，位于主脉两侧，与主脉斜交，横过多个小脉的网眼，几达叶边，无囊群盖。单属科，约 33 种。中国 8 种。七目嶂 1 种。

1. 剑蕨属 Loxogramme (Blume) C. Presl.

属的特征与科同。本属约 33 种。我国 8 种。七目嶂 1 种。

1. 柳叶剑蕨
Loxogramme salicifolia (Makino) Makino

根状茎横走，粗约 2mm，被棕褐色、卵状披针形鳞片。叶远生，相距 1~2cm；叶柄长 2~5cm 或近无柄，与叶片同色，基部有卵状披针形鳞片，向上光滑；叶片披针形，长 12~32cm，顶端长渐尖，基部渐缩狭并下延至叶柄下部或基部，全缘，干后稍反折；中肋上面明显，平坦，下面隆起，不达顶端，小脉网状，网眼斜向上，无内藏小脉；叶稍肉质，干后革质，表面皱缩。孢子囊群线形，通常在 10 对以上，与中肋斜交，稍密接，多少下陷于叶肉中，分布于叶片中部以上，下部不育，无隔丝；孢子较短，椭圆形，单裂缝。

附生树干或岩石上。七目嶂溪边偶见。

全草入药，清热解毒。

裸子植物门
GYMNOSPERMAE

裸子植物发生、发展的历史悠久，
最初的裸子植物出现在
34500万年至39500万年前
的古生代泥盆纪，
从裸子植物发生到现在，
地史气候经过多次重大变化，
裸子植物种系也随之多次演变更替。

G3. 红豆杉科 Taxaceae

常绿乔木或灌木。叶条形或披针形，螺旋状排列或交互对生，下面沿中脉两侧各有1条气孔带。球花单性，雌雄异株，稀同株；雄球花单生叶腋或苞腋，或组成穗状花序集生于枝顶；雌球花单生或成对生于叶腋或苞片腋部，有梗或无梗。种子核果状，全部为肉质假种皮所包（无梗），或其顶端尖头露出（具长梗）；或种子坚果状，包于杯状肉质假种皮中，有短梗或近于无梗。本科5属21种。中国4属11种。七目嶂1属1种。

1. 红豆杉属 Taxus L.

常绿乔木或灌木。小枝不规则互生。叶条形，螺旋状着生。雌雄异株，球花单生叶腋；雄球花圆球形；雌球花几无梗，胚珠直立，单生于苞腋。种子坚果状，当年成熟，生于杯状肉质的假种皮中，稀生于近膜质盘状的种托（即未发育成肉质假种皮的珠托）之上；种脐明显，成熟时肉质假种皮红色，有短梗或几无梗；子叶2枚，发芽时出土。本属9种。中国3种。七目嶂1种。

1. **南方红豆杉**

Taxus wallichiana Zucc. var. **mairei** (Lemée & H. Lév.) L. K. Fu & N. Li.

高30m，胸径达60~100cm。树皮灰褐色、红褐色或暗褐色，裂成条片脱落。大枝开展，一年生枝绿色或淡黄绿色，秋季变成绿黄色或淡红褐色，二、三年生枝黄褐色、淡红褐色或灰褐色。冬芽黄褐色、淡褐色或红褐色，有光泽，芽鳞三角状卵形，背部无脊或有纵脊，脱落或少数宿存于小枝的基部。

常生于山谷溪边。七目嶂山谷边偶见。

坚实耐用，干后少开裂，可作建筑、车辆、家具、器具、农具及文具等用材。

G6. 三尖杉科 Cephalotaxaceae

常绿木质大藤本，稀为直立灌木或乔木。茎节呈膨大关节状。单叶对生，有叶柄，无托叶；叶片革质或半革质，具羽状叶脉。花单性，雌雄异株，稀同株；雄球花穗单生或数穗组成顶生及腋生聚伞花序，着生在小枝上；雌球花穗单生或数穗组成聚伞圆锥花序，通常侧生于老枝上。种子核果状，包于红色或橘红色肉质假种皮中。单属科，9种。中国7种。七目嶂1种。

1. 三尖杉属 Cephalotaxus Sieb. & Zucc. ex Endl.

属的特征与科同。本属9种。中国7种。七目嶂1种。

1. **三尖杉**

Cephalotaxus fortunei Hook.

树皮褐色或红褐色，裂成片状脱落。叶排成2列，披针状条形，通常微弯，先端有渐尖的长尖头，下面气孔带白色，较绿色边带宽3~5倍。雄球花具粗总花梗。种子椭圆状卵形或近圆球形，假种皮成熟时紫色或红紫色，顶端有小尖头。花期4月，种子8~10月成熟。

为我国特有树种，生于阔叶树、针叶树混交林中。七目嶂偶见。

材用；叶、枝、种子、根可提取多种植物碱，对治疗淋巴肉瘤等有一定的疗效；种仁可榨油，供工业用。

G7. 松科 Pinaceae

常绿或落叶乔木，稀为灌木状。仅有长枝，或兼有长枝与生长缓慢的短枝。叶条形或针形，基部不下延生长；条形叶扁平，稀呈四棱形，在长枝上螺旋状散生，在短枝上呈簇生状；针形叶2~5针（稀1针或多至8针）成一束。花单性，雌雄同株。球果直立或下垂；种鳞的腹面基部有2枚种子，种子通常上端具一膜质之翅。本科3亚科10属230余种。中国10属142种（其中，引种栽培26种）。七目嶂1属1种。

1. 松属 Pinus L.

常绿乔木，稀为灌木。枝轮生。叶有两型：鳞叶单生，螺旋状着生；针叶螺旋状着生，常2、3或5针一束，生于苞片状鳞叶的腋部，针叶全缘或有细锯齿，腹面两侧具气孔线。球花单性，雌雄同株；雄球花生于新枝下部的苞片腋部；雌球花单生或2~4个生于新枝近顶端。球果翌年（稀第3年）秋季成熟，发育的种鳞具2枚种子。种子上部具长翅。本属80余种。中国32种。七目嶂1种。

1. **马尾松**

Pinus massoniana Lamb.

树皮裂成不规则的鳞状块片。枝年生长一般2轮。针叶2针一束，稀3针一束，细柔，微扭曲；叶鞘宿存。球果卵圆形或圆锥状卵圆形；鳞盾菱形，微隆起或平，横脊微明显，鳞脐微凹，无刺。种子长卵圆形，具翅。花期4~5月，球果翌年10~12月成熟。

喜光、深根性树种，不耐庇荫，耐旱瘠，为我国亚热带东部荒山恢复森林的先锋树种。

材用，采脂；全株入药，松节油能祛风除湿、散寒止痛，松花粉益气血、祛风燥湿，松针祛风燥湿。

G8. 杉科 Taxodiaceae

常绿或落叶乔木。树干端直，大枝轮生或近轮生。叶螺旋状排列，散生，稀交互对生，披针形、钻形、鳞状或条形；叶一型或二型。球花单性，雌雄同株；雄球花小，常单生或簇生枝顶；雌球花顶生或生于去年生枝近枝顶。球果当年成熟，熟时张开；种鳞扁平或盾形，腹面有2~9枚种子。种子扁平或三棱形，具翅。本科10属16种。中国5属7种。七目嶂1属1种。

1. 杉木属 Cunninghamia R. Br. ex A. Rich.

常绿乔木。叶螺旋状着生，披针形或条状披针形，有锯齿，上下两面均有气孔线。雌雄同株；雄球花多数簇生枝顶；雌球花单生或2~3个集生枝顶，球形或长圆球形。球果近球形或卵圆形；种鳞很小，发育种鳞的腹面着生3枚种子。种子扁平，两则边缘有窄翅。本属4种。中国4种。七目嶂1种。

1. 杉木

Cunninghamia lanceolata (Lamb.) Hook.

幼树尖塔形，大树圆锥形。树皮裂成长条片脱落。大枝平展。叶披针形或条状披针形，通常微弯，边缘有细缺齿，叶下面沿中脉两侧各有1条白粉气孔带。雄球花圆锥状簇生枝顶；雌球花单生或2~3（~4）个集生。球果卵圆形，熟时苞鳞革质，棕黄色，三角状卵形；种鳞很小，腹面着生3枚种子。种子扁平，两侧边缘有窄翅。花期4月，球果10月下旬成熟。

喜温暖湿润山地，是我国长江以南温暖地区最重要的速生用材树种。

著名材用树种。

G11. 买麻藤科 Gnetaceae

常绿木质大藤本，稀为直立灌木或乔木。茎节呈膨大关节状。单叶对生，有叶柄，无托叶；叶片革质或半革质，具羽状叶脉。花单性，雌雄异株，稀同株；雄球花穗单生或数穗组成顶生及腋生聚伞花序，着生在小枝上；雌球花穗单生或数穗组成聚伞圆锥花序，通常侧生于老枝上。种子核果状，包于红色或橘红色肉质假种皮中。单属科，30余种。中国7种。七目嶂2种。

1. 买麻藤属 Gnetum L.

属的特征与科同。本属30余种。中国7种。七目嶂2种。

1. 罗浮买麻藤

Gnetum lufuense C. Y. Cheng

茎枝略呈紫棕色，皮孔不明显。叶薄革质，矩圆形或矩圆状卵形，先端短渐尖；侧脉明显。雄球花穗每总苞内具75~80雄花及9~11不育雌花；雌球花序的每总苞内具10~13雌花。成熟种子矩圆状椭圆形，无柄；种脐宽扁。花期5~7月，种子8~10成熟。

生于林中，缠绕于树上。七目嶂常见。

叶色青翠，是良好的垂直绿化植物

2. 小叶买麻藤

Gnetum parvifolium (Warb.) C. Y. Cheng ex Chun

茎枝呈土棕色或灰褐色，皮孔常较明显。叶片革质，椭圆形或长倒卵形，先端急尖；侧脉在下面稍隆起。

雄球花穗每轮总苞内具 40~70 雄花及 10~12 不育雌花；雌球花序的每总苞内有 5~8 雌花。成熟种子长椭圆形或窄矩圆状倒卵圆形，无柄或近无柄；种脐近圆形。花期 4~7 月，种子 7~11 月成熟。

生于海拔较低的干燥平地或湿润谷地的森林中，缠绕在大树上。七目嶂偶见。

根叶入药，祛风活血、消肿止痛、化痰止咳。

被子植物门
ANGIOSPERMAE

被子植物又叫有花植物，胚珠被包藏于闭合的子房内，由子房发育成果实。

1. 木兰科 Magnoliaceae

常绿或落叶乔木或灌木。单叶互生，全缘，稀分裂，羽状脉；小枝上具托叶环痕，但无乳汁，若托叶贴生叶柄，则叶柄上也有托叶痕。花大，顶生或腋生，常两性，稀杂性；花被片通常花瓣状；雄蕊多数；子房上位，心皮多数，离生，罕合生。蓇葖果为离心皮或有时为合心皮果；种子1~12。本科16属约300种。中国11属约150种。七目嶂2属4种。

1. 木莲属 Manglietia Bl.

常绿乔木，稀落叶。小枝和叶柄具托叶痕，叶革质，全缘，幼叶在芽中对折。花两性，单生于枝顶；花被片通常3~13（16），外轮3枚常较薄，近革质，常带绿色或红色；雌蕊群与雄蕊群相联结，雌蕊群无柄；心皮多数，离生，螺旋状排列。蓇葖果宿存，背缝裂或同时腹缝裂，具种子1~12（16）枚。本属40余种。中国30余种。七目嶂1种。

1. 木莲
Manglietia fordiana Oliv.

幼枝及芽被红褐色短毛。叶革质，狭椭圆状倒卵形或倒披针形，先端短急尖，基部楔形，下面疏生红褐色短毛。花单生于枝顶；花梗有褐色毛；花被片9；雄蕊群红色；心皮23~30。蓇葖果褐色，卵球形。花期5~6月，果期10月。

生山地常绿阔叶林中。七目嶂偶见。

材用；园林绿化树种；果及树皮入药，治便闭和干咳。

2. 含笑属 Michelia L.

常绿乔木或灌木。叶革质，单叶，互生，全缘；小枝及有些种类的叶柄具托叶环痕；幼叶在芽中直立、对折。花蕾单生于叶腋，稀2~3朵形成聚伞花序；花两性，通常芳香；雌蕊群有柄，心皮多数或少数。聚合果为离心皮果，常因部分蓇葖不发育形成疏松的穗状聚合果；背缝开裂或腹背为2瓣裂；种子2至数枚。本属70余种。中国60余种。七目嶂3种。

1. 黄兰含笑
Michelia champaca L.

逸生。枝斜上展，呈狭伞形树冠。芽、嫩枝、嫩叶和叶柄均被淡黄色的平伏柔毛。叶薄革质，披针状卵形或披针状长椭圆形；叶柄托叶痕长达叶柄中部以上。花黄色，极香；花被片15~20，倒披针形。蓇葖倒卵状长圆形，有疣状凸起。种子2~4，有皱纹。花期6~7月，果期9~10月。

长江流域各地盆栽。七目嶂山谷偶见。

2. 深山含笑
Michelia maudiae Dunn

各部均无毛。树皮薄、浅灰色或灰褐色。芽、嫩枝、叶下面、苞片均被白粉。叶革质，长圆状椭圆形，稀卵状椭圆形，上面深绿色，有光泽，下面灰绿色，被白粉；叶柄无托叶痕。花腋生，芳香；花被片9，纯白色，基部稍呈淡红色。蓇葖顶端圆钝或具短突尖头。花期2~3月，果期9~10月。

生山地阔叶林中。七目嶂较常见。

花大，芳香，可作庭园绿化树种。

3. 野含笑
Michelia skinneriana Dunn

树皮灰白色，平滑。芽、嫩枝、叶柄、叶背中脉及花梗均密被褐色长柔毛。叶革质，狭倒卵状椭圆形、倒披针形或狭椭圆形；托叶痕达叶柄顶端。花梗细长；花淡黄色，芳香；花被片6；雌蕊群柄密被褐色毛。聚合果常弯曲，具细长的总梗；蓇葖具短尖的喙。花期5~6月，果期8~9月。

生于山谷、山坡、溪边密林中。七目嶂常见，产粗石坑、阳光坑、正坑等。

花香，叶绿，可作庭园绿化树种。

3 五味子科 Schisandraceae

木质藤本。单叶互生，常有透明腺点，纸质或近膜质；叶柄细长；无托叶。花单性，雌雄异株，通常单生于叶腋，有时数花聚生于叶腋或短枝上；花被片6~24。成熟心皮为肉质小浆果，聚合果球状。种子1~5，稀较多。本科2属约60种。中国2属约29种。七目嶂2属3种。

1. 南五味子属 Kadsura Kaempf. ex Juss.

木质藤本。小枝圆柱形。叶纸质，很少革质，全缘或具锯齿，具透明或不透明的腺体；叶面中脉及侧脉常不明显。花单性，雌雄同株或有时异株，单生于叶腋，稀2~4花聚生于新枝叶腋或短侧枝上；花梗常具1~10枚分散小苞片。果时花托不伸长；小浆果肉质，聚合果球状或椭圆体状。种子2~5。本属约28种。中国10种。七目嶂2种。

1. 黑老虎

Kadsura coccinea (Lem.) A. C. Sm.

全株无毛。叶革质，长圆形至卵状披针形，先端钝或短渐尖，全缘；侧脉每边6~7条，网脉不明显。花单生于叶腋，稀成对，雌雄异株；花被片红色；雄花的花托顶端具1~20条分枝的钻状附属体。聚合果球状，红色或暗紫色。花期4~7月，果期7~11月。

生于山地常绿阔叶林中。七目嶂偶见。

根入药，能行气活血、消肿止痛，治胃病、风湿骨痛、跌打瘀痛，并为妇科常用药；果成熟后味甜，可食。

2. 南五味子

Kadsura longipedunculata Finet & Gagnep.

全株无毛。叶长圆状披针形至卵状长圆形，顶端渐尖或急尖，基部楔形，边缘有疏齿；侧脉每边5~7条，上面具淡褐色透明腺点。花单生叶腋，雌雄异株；花片8~17，白色或淡黄色；雌蕊40~60。聚合果球状。花期6~9月，果期9~12月。

生于山地常绿阔叶林中。七目嶂偶见。

根、茎、叶、种子均可入药。茎、叶、果实可提取芳香油。茎皮可作绳索。

2. 五味子属 Schisandra Michx.

木质藤本。小枝具纵条纹状或有时呈狭翅状。叶纸质，边缘膜质下延至叶柄成狭翅，叶肉具透明点。花单性，雌雄异株，少有同株，单生于叶腋或苞片腋，常在短枝上呈数花簇生状，稀呈聚伞状花序；花被片5~12(~20)。成熟心皮为小浆果，排列于下垂肉质果托上，形成疏散或紧密的长穗状的聚合果。本属约30种。中国约19种。七目嶂1种。

1. 绿叶五味子（风沙藤）

Schisandra arisanensis Hayata subsp. **viridis** (A. C. Sm) R. M. K. Saunders

全株无毛。小枝具稀疏细纵条纹。叶纸质，卵状椭圆形，先端渐尖，中上部边缘有疏齿，干时榄绿色；侧脉每边3~6条，网脉明显。花被片黄绿色或绿色，阔椭圆形、倒卵形或近圆形；雌心皮15~25。聚合果穗状，小浆果红色，球形。花期4~6月，果熟期7~9月。

生于山沟、溪谷丛林或林间。七目嶂偶见。

根茎入药，祛风活血、行气止痛。

8 番荔枝科 Annonaceae

乔木、灌木或攀缘灌木。单叶互生，全缘；羽状脉；有叶柄；无托叶。花通常两性，少数单性，辐射对称；通常有苞片或小苞片；下位花；花瓣6，稀3~4，2轮，覆瓦状或镊合状排列。成熟心皮离生，少数合生成一肉质的聚合浆果，果通常不开裂，少数呈蓇葖状开裂；有果柄，少数无果柄。本科123属2300余种。中国24属126种。七目嶂3属7种。

1. 鹰爪花属 Artabotrys R. Br. ex Ker.

攀缘灌木。常借钩状的总花梗攀缘于它物上。叶互生，幼时薄膜质，渐变为纸质或革质；羽状脉；有叶柄。两性花，常单生于木质钩状的总花梗上，芳香；萼片3；花瓣6，2轮，镊合状排列；雄蕊多数；心皮4至多数。成熟心皮浆果状，椭圆状倒卵形或圆球状，离生，肉质，聚生于坚硬的果托上；无柄或有短柄。本属约100种。中国10种。七目嶂2种。

1. 鹰爪花
Artabotrys hexapetalus (L. f.) Bhandari

无毛或近无毛。叶纸质，长圆形或阔披针形，顶端渐尖或急尖，基部楔形，叶面无毛，叶背沿中脉上被疏柔毛或无毛。花1~2，着生于具钩花梗上，与叶近对生；花瓣淡绿色或淡黄色，较大，芳香。果卵圆状，数个群集于果托上。花期5~8月，果期5~12月。

多栽培，少野生，生林内。七目嶂有栽培。

绿化植物，花极香，常栽培于公园或屋旁。鲜花可提制鹰爪花浸膏。根可药用，治疟疾。

2. 香港鹰爪花
Artabotrys hongkongensis Hance.

小枝被黄色粗毛。叶革质，椭圆状长圆形至长圆形，顶端急尖或钝，基部近圆形或稍偏斜，两面无毛，或仅在下面中脉上被疏柔毛，叶面有光泽。花单生，着生于具钩花梗；花瓣较小，卵状披针形。果椭圆状。花期4~7月，果期5~12月。

生山地密林下或山谷阴湿处。七目嶂偶见。

2. 假鹰爪属 Desmos Lour.

攀缘灌木或直立灌木。叶互生，羽状脉，有叶柄。单花腋生或与叶对生，或2~4花簇生；花萼裂片3，镊合状排列；花瓣6，2轮，外轮常较内轮大；花托凸起，顶端平坦或略凹陷；雄蕊多数；心皮多数，柱头卵状或圆柱状。成熟心皮多数，通常伸长而在种子间缢缩成念珠状。本属约30种。中国4种。七目嶂1种。

1. 假鹰爪
Desmos chinensis Lour.

除花外全株无毛。叶薄纸质或膜质，长圆形或椭圆形，中等大小，顶端钝或急尖，基部圆形或稍偏斜，上面有光泽，下面粉绿色。花黄白色，单花与叶对生或互生；萼片外面被微毛；外轮花瓣比内轮花瓣大。果有柄，念珠状，熟时红色，多果簇生。花期夏至冬季，果期6月至翌年春季。

生于丘陵山坡、林缘灌木丛中或低海拔旷地、荒野及山谷等地。七目嶂常见。

根、叶入药，主治风湿骨痛、产后腹痛、跌打、皮癣等；海南民间有用其叶制酒饼，故有"酒饼叶"之称。

3. 瓜馥木属 Fissistigma Griff.

攀缘灌木。单叶互生；侧脉明显，斜升至叶缘。花单生或多花集成密伞花序、团伞花序和圆锥花序；萼片3，小，基部合生，被毛；花瓣6，2轮，镊合状排列，外轮稍大于内轮；雄蕊多数；心皮多数，分离。成熟心皮卵圆状、圆球状或长圆状，被短柔毛或绒毛，有柄。本属约75种。中国23种。七目嶂4种。

1. 白叶瓜馥木
Fissistigma glaucescens (Hance) Merr.

枝条无毛。叶近革质，长圆形或长圆状椭圆形，中等大小，顶端通常圆形，少数微凹，基部圆形或钝形，两面无毛，叶背白绿色，干后苍白色；侧脉每边10~15条，在叶面稍凸起，下面凸起。数花集成聚伞式的总状花序，被黄色绒毛。果圆球状，无毛。花期1~9月，果期几乎全年。

生于山地林中，为常见的植物。七目嶂较常见。

根入药，具活血除湿的功效。

2. 瓜馥木
Fissistigma oldhamii (Hemsl.) Merr.

小枝被黄褐色柔毛。叶革质，倒卵状椭圆形或长圆形，中等大小，顶端圆形或微凹，基部阔楔形或圆形，叶面无毛，叶背被短柔毛，老渐几无毛；侧脉每边16~20条，上面扁平，下面凸起。1~3花集成密伞花序。果圆球状，密被黄棕色绒毛。花期4~9月，果期7月至翌年2月。

生于低海拔山谷水旁灌木丛中。七目嶂偶见。

根入药，能治跌打损伤和关节炎。果成熟时味甜，去皮可吃。

3. 黑风藤
Fissistigma polyanthum (Hook. f. & Thoms) Merr.

藤状灌木。幼枝被短柔毛。叶革质，长圆形或倒卵状长圆形，顶端圆形或急尖，基部阔楔形；侧脉每边13~18条，下面凸起。3~7花组成密伞花序；外轮花瓣卵状长圆形，内轮花瓣较短。果圆球状，密被黄棕色绒毛。花期几乎全年，果3~10月成熟。

生于丘陵山地林中。七目嶂较偶见。

根藤入药，祛风湿、通经络、活血调经。

4. 香港瓜馥木
Fissistigma uonicum (Dunn) Merr.

除果实和叶背被稀疏柔毛外无毛。叶纸质，长圆形，中等大小，顶端急尖，基部圆形或宽楔形，叶背淡黄色，干后呈红黄色；侧脉在叶面稍凸起，在叶背凸起。花黄色，有香气，1~2花聚生于叶腋。果圆球状，成熟时黑色，被短柔毛。花期3~6月，果期6~12月。

生于丘陵山地林中。七目嶂较常见。

叶可制酒饼；果味甜，可食。

11 樟科 Lauraceae

常绿或落叶，乔木或灌木，稀为缠绕性寄生草本。单叶具柄，通常革质，富含芳香油细胞，全缘，稀分裂；羽状脉、三出脉或离基三出脉；无托叶。花通常小，白色或绿白色，有时黄色或淡红，通常芳香；花两性或由于败育而成单性，雌雄同株或异株，辐射对称，通常3基数。浆果或核果，小至很大。本科约45属2000~2500种。中国25属445种。七目嶂7属33种。

1. 琼楠属 Beilschmiedia Nees

常绿乔木或灌木。叶对生、近对生或互生，革质、厚革质、坚纸质，极少为膜质，全缘；羽状脉，网脉通常明显。花小，两性，3基数；花序短，多成聚伞状圆锥花序，有时为腋生花束或近总状花序。果浆果状；花被通常完全脱落。本属约300种。中国39种。七目嶂2种。

1. 美脉琼楠
Beilschmiedia delicata S. K. Lee & Y. T. Wei.

树皮灰白色或灰褐色。小枝近圆形，无毛或薄被短柔毛，常具皮孔。顶芽小，密被灰黄色短柔毛或绒毛。叶互生或近对生，革质，两面无毛或下面有微小柔毛；中脉在两面明显凸起，侧脉每边8~12对。聚伞状圆锥花序腋生或顶生，序轴及各部分被短柔毛；花黄带绿色；花被裂片卵形至长圆形，被短柔毛。果椭圆形或倒卵状椭圆形，密被明显的瘤状小凸点。花果期6~12月。

常生于山谷路旁、溪边、密林或疏林中。七目嶂林下偶见。

2. 网脉琼楠
Beilschmiedia tsangii Merr.

树皮灰褐色或灰黑色。顶芽常小，与幼枝密被毛。叶互生或近对生，革质，椭圆形至长椭圆形，两面具光泽；中脉上凹，侧脉明显；叶柄密被毛。圆锥花序腋生；花白色或黄绿色。果椭圆形，有瘤状小凸点。花期夏季，果期7~12月。

常生于山坡湿润混交林中。七目嶂偶见，产阳光坑等。

2. 樟属 Cinnamomum Schaeff.

常绿乔木或灌木。树皮、小枝和叶极芳香。单叶，互生、近对生或对生，革质；离基三出脉或三出脉，或羽状脉。花小或中等大，黄色或白色，两性，稀为杂性，组成腋生或近顶生、顶生的圆锥花序；花被裂片6，近等大；能育雄蕊9，第三轮花丝近基部有1对具柄或无柄的腺体。果肉质，有果托。本属约250种。中国49种。七目嶂5种。

1. 阴香
Cinnamomum burmannii (Nees & T. Nees) Blume

叶革质，互生或近对生，卵圆形、长圆形或披针形，下面粉绿色，两面无毛；离基三出脉。花少数，排成圆锥花序状的聚伞花序，花序密被灰白色微柔毛；花绿白色；花被内外两面密被灰白色微柔毛。果卵球形；果托漏斗形，边缘具整齐6齿裂，齿端截平。花期8~11月，果期11月至翌年2月。

一般生于山坡或沟谷中。七目嶂山谷有见。

树皮、根皮、叶、枝入药，祛风散寒、温中止痛。

2. 樟
Cinnamomum camphora (L.) Presl

枝、叶及木材均有樟脑味。树皮不规则纵裂。叶互生，卵状椭圆形，薄革质，两面无毛；具离基三出脉，侧脉及支脉脉腋上面明显隆起，下面有明显腺窝，窝内常被柔毛。圆锥花序腋生；花绿白色或带黄色，无毛。果卵球形或近球形，紫黑色；果托杯状。花期4~5月，果期8~11月。

一般生于山坡或沟谷中，但常为栽培。七目嶂有栽培及野生。

材木；木材及根、枝、叶可提取樟脑和樟油，樟脑和樟油供医药及香料工业用；根、果、枝和叶入药，有祛风散寒、强心镇痉和杀虫等功能；广泛用作庭荫树、行道树。

3. 沉水樟
Cinnamomum micranthum (Hayata) Hayata

树皮坚硬，内皮褐色。顶芽大，芽鳞覆瓦状紧密排列，披毛。小枝稍压扁，无毛。叶互生，常生枝上部，边缘略内卷，坚纸质或近革质，无毛；羽状脉，侧脉下面具小腺窝。圆锥花序顶生及腋生；花白色或紫红色，近无毛。果椭圆形；果托壶形。花期7~8（~10）月，果期10月。

生于山坡或山谷密林中或路边或河旁水边。七目嶂少见。

4. 黄樟
Cinnamomum parthenoxylon (Jack) Meisn.

树皮暗灰褐色，内皮带红色。小枝具棱角，无毛。芽卵形，鳞片近圆形，被毛。叶互生，通常为椭圆状卵形或长椭圆状卵形，革质；羽状脉，侧脉腋上面不明显凸起，下面无明显的腺窝。圆锥花序于枝条上部腋生或近顶生；花绿色带黄色。果球形；果托狭长倒锥形。花期3~5月，果期4~10月。

生于常绿阔叶林或灌丛林中。七目嶂常见。

优良家具材用树种。枝叶、根、树皮、木材可蒸樟油和提制樟脑。

5. 卵叶桂
Cinnamomum rigidissimum H T. Chang

树皮褐色。枝条圆柱形，灰褐或黑褐色，无毛，有松脂的香气。小枝略扁，有棱角。叶对生，卵圆形、阔卵形或椭圆形，两面无毛或下面初时略被微柔毛后变无毛；网脉在两面不明显；叶柄扁平而宽，腹面略具沟，无毛。花序近伞形，生于当年生枝的叶腋内，有3~7(~11)花，略被稀疏贴伏的短柔毛。成熟果卵球形，乳黄色；果托浅杯状。果期8月。

生于林中沿溪边。七目嶂林下偶见。

国家二级重点保护野生植物。

3. 厚壳桂属 Cryptocarya R. Br.

常绿乔木或灌木。芽鳞少数，叶状。叶互生，稀近对生；通常羽状脉，稀离基三出脉。花两性，小，组成腋生或近顶生的圆锥花序；花被筒陀螺形或卵形，宿存，花后顶端收缩；花被裂片6，近相等或稍不相等，早落。果核果状，全部包藏于肉质或硬化的增大的花被筒内，顶端有一小开口，外面平滑或有多数纵棱。本属约250种。中国19种。七目嶂3种。

1. 厚壳桂
Cryptocarya chinensis (Hance) Hemsl.

树皮暗灰色，具皮孔。叶互生或对生，长椭圆形，中等大小，革质，幼时被毛后脱落；离基三出脉，中脉上凹下凸。圆锥花序腋生及顶生，被黄色小绒毛；花淡黄色。果球形或扁球形，较小，熟时紫黑色，约有纵棱12~15条。花期4~5月，果期8~12月。

生于山谷荫蔽的常绿阔叶林中。七目嶂常见。

适于作上等家具、高级箱盒、工艺等用材，亦可作天花板、门、窗、桁、椽、车辆、农具等用材。

2. 硬壳桂
Cryptocarya chingii W. C. Cheng

树皮灰褐色，具皮孔。幼枝密被灰黄色短柔毛。叶互生，长圆形至椭圆状长圆形，中等大小，革质；羽状脉，中脉上凹下凸。圆锥花序腋生及顶生，密被灰黄色丝状短柔毛。果椭圆状球形，瘀红色，无毛，有纵棱12条。花期6~10月，果期9月至翌年3月。

生常绿阔叶林中。七目嶂常见。

适于作梁、柱、桁、椽、门、窗、农具、一般家具及器具等用材。

3. 黄果厚壳桂
Cryptocarya concinna Hance

树皮淡褐色，稍光滑。幼枝被黄褐色短绒毛。叶互生，椭圆状长圆形或长圆形，较小，叶基两侧常不对称，坚纸质；中脉上凹下凸，侧脉在上面不明显，在下面明显。圆锥花序腋生及顶生，被短柔毛。果长椭圆形，熟时黑色或蓝黑色，纵棱有时不明显。花期3~5月，果期6~12月。

生于谷地或缓坡常绿阔叶林中。七目嶂较常见。

可作家具用材，通常也用于建筑。

4. 山胡椒属 Lindera Thunb.

常绿或落叶乔、灌木。具香气。叶互生，全缘或三裂；羽状脉、三出脉或离基三出脉。花单性，雌雄异株，黄色或绿黄色；伞形花序单生叶腋或簇生短枝；花被片6，有时为7~9，近等大或外轮稍大，通常脱落。果圆形或椭圆形，浆果或核果，熟时红色，后变紫黑色。本属约100种。中国38种。七目嶂4种。

1. 香叶树
Lindera communis Hemsl.

树皮淡褐色，具皮孔。顶芽卵形。叶互生，通常披针形、卵形或椭圆形，革质，上面绿色，无毛，下面灰绿或浅黄色，略被毛，边缘内卷；羽状脉。伞形花序具5~8花，单生或2个同生于叶腋。果椭圆形，有时略小而近球形，无毛，熟时红色。花期3~4月，果期9~10月。

常见于干燥沙质土壤，散生或混生于常绿阔叶林中。七目嶂偶见。

种仁含油，供制皂、润滑油、油墨及医用栓剂原料；枝叶入药，民间用于治疗跌打损伤及牛马癣疥等。

2. 黑壳楠
Lindera megaphylla Hemsl.

树皮灰黑色。枝条圆柱形，粗壮，紫黑色，无毛。顶芽大，卵形，芽鳞外面被白色微柔毛。叶互生，倒披针形至倒卵状长圆形，有时长卵形，两面无毛；羽状脉，侧脉每边15~21条。伞形花序多花，雄的多达16朵，雌的12朵，通常着生于叶腋，具顶芽的短枝上；雄花黄绿色，具梗；雌花黄绿色，花梗密被黄褐色柔毛。果椭圆形；宿存果托杯状，全缘，略呈微波状。花期2~4月，果期9~12月。

生于山坡、谷地湿润常绿阔叶林或灌丛中。七目嶂林下偶见。

可作装饰薄木、家具及建筑用材。

3. 滇粤山胡椒
Lindera metcalfiana C. K. Allen

树皮灰黑色或淡褐色，具皮孔。顶芽细小，芽鳞被密毛。叶薄革质，互生，椭圆形或长椭圆形，上面黄绿色，下面灰绿色；两面叶脉略被毛，后渐脱落，羽状脉。伞形花序生于叶腋被毛短枝上；花黄色。果圆形，熟时紫黑色。花期3~5月，果期6~10月。

生于较高海拔山坡、林缘、路旁或常绿阔叶林中。七目嶂偶见。

可作药用。

4. 绒毛山胡椒
Lindera nacusua (D. Don) Merr.

树皮灰色，有纵向裂纹。枝条褐色，具纵向细条纹。顶芽宽卵形，芽鳞除边缘外密被黄褐色柔毛。叶互生，宽卵形、椭圆形至长圆形，上面中脉有时略被黄褐色柔毛，下面密被黄褐色长柔毛。伞形花序单生或2~4簇生于叶腋，具短总梗和总苞片；花被片6，卵形，外面在脊部被黄褐色微柔毛或无毛；雌花黄色，每伞形花序（2）3~6花；花被片6，宽卵形；子房倒卵形，无毛。果近圆形，成熟时红色。花期5~6月，果期7~10月。

生于谷地或山坡的常绿阔叶林中。七目嶂林下偶见。

5. 木姜子属 Litsea Lam.

落叶或常绿，乔木或灌木。叶互生，稀对生或轮生；羽状脉。花单性，雌雄异株，3基数；伞形花序或为伞形花序式的聚伞花序或圆锥花序，单生或簇生于叶腋；苞片4~6，交互对生，开花时尚宿存，迟落；花被裂片通常6，排成2轮。果着生于多少增大的浅盘状或深杯状果托(即花被筒)上，或无果托。本属约200种。中国约74种。七目嶂7种。

1. 尖脉木姜子
Litsea acutivena Hayata

树皮褐色。嫩枝被密毛，老枝近无毛。芽鳞被毛。叶互生，常聚生枝顶，革质，上面幼时沿中脉有毛，下面有黄褐色短柔毛；羽状脉，叶脉上凹下凸。伞形花序生于当年生枝上端，簇生。果椭圆形，熟时黑色；果托杯状。花期7~8月，果期12月至翌年2月。

生于山地密林中。七目嶂偶见。

2. 山鸡椒
Litsea cubeba (Lour.) Pers.

幼树树皮黄绿色，光滑，老树树皮灰褐色。叶互生，披针形或长圆形，纸质，上面深绿色，下面粉绿色，两面均无毛；羽状脉，叶脉两面均凸起。伞形花序单生或簇生。果近球形，无毛，成熟时黑色。花期2~3月，果期7~8月。

生于向阳的山地、灌丛、疏林或林中路旁、水边。七目嶂常见。

根、茎、叶和果实均可入药，祛风散寒、消肿止痛。

3. 黄丹木姜子
Litsea elongata (Wall. ex Nees) Benth. & Hook. f.

树皮灰黄色或褐色。小枝黄褐色至灰褐色，密被褐色绒毛。叶互生，较窄长，上面无毛，下面被短柔毛；羽状脉，叶脉上面平下面凸。伞形花序单生，少簇生；每一花序有4~5花。果长圆形，熟时黑紫色；果托杯状。花期5~11月，果期2~6月。

生于山坡路旁、溪旁、杂木林下。七目嶂较常见。

木材可供建筑及家具等用；种子可榨油，供工业用。

4. 潺槁木姜子
Litsea glutinosa (Lour.) C. B. Rob.

树皮灰色或灰褐色，内皮有黏质。顶芽卵圆形，鳞片外面被灰黄色绒毛。叶互生，倒卵形、倒卵状长圆形或椭圆状披针形；羽状脉，侧脉每边8~12条；叶柄有灰黄色绒毛。伞形花序生于小枝上部叶腋，单生或几个生于短枝上；苞片4；每一花序有数花；花梗被灰黄色绒毛。果球形；果梗先端略增大。花期5~6月，果期9~10月。

生于山地林缘、溪旁、疏林或灌丛中。七目嶂林下偶见。

家具用材；树皮和木材含胶质，可作黏合剂；种仁含油率50.3%，供制皂及作硬化油。

5. 华南木姜子
Litsea greenmaniana C. K. Allen

顶芽圆锥形，鳞片外面被丝状短柔毛，边缘无毛。叶互生，椭圆形或近倒披针形，先端渐尖或镰刀状尖，基部楔形，两面均无毛；羽状脉。伞形花序1~4个生于叶腋或枝侧的短枝上；花被裂片6，黄色，卵形或椭圆形。果椭圆形；果托杯状。花期7~8月，果期12月至翌年3月。

生于山谷杂木林中。七目嶂林下偶见。

6. 木姜子
Litsea pungens Hemsl.

树皮灰白色。叶互生，常聚生于枝顶，披针形或倒卵状披针形，先端短尖，基部楔形，膜质；羽状脉，侧脉每边5~7条，叶脉在两面均凸起。伞形花序腋生；总花梗无毛；每一花序有8~12雄花，先叶开放；花被裂片6，黄色，倒卵形，外面有稀疏柔毛。果球形，成熟时蓝黑色。花期3~5月，果期7~9月。

生于溪旁和山地阳坡杂木林中或林缘。七目嶂林下偶见。

果实入药，健脾、燥湿、调气、消食。

7. 豺皮樟
Litsea rotundifolia Hemsl. var. **oblongifolia** (Nees) C. K. Allen

树皮灰色或灰褐色，常有褐色斑块。叶散生，卵状长圆形，小，薄革质，上面绿色，下面粉绿色，两面无毛；羽状脉，叶脉上凹下凸。伞形花序常3个簇生叶腋，几无总梗。果球形，几无果梗，成熟时灰蓝黑色。花期8~9月，果期9~11月。

生于丘陵地下部的灌丛、疏林中或山地路旁。七目嶂常见。

根、叶入药，有祛风除湿、行气止痛之功效。

6. 润楠属 Machilus Rumph. ex Nees.

常绿乔木或灌木。树皮稍粗糙，具皮孔。叶互生，全缘；羽状脉。圆锥花序顶生或近顶生；花两性；花被裂片6，排成2轮，近等大或外轮的较小，第三轮雄蕊具柄腺体。果肉质，球形或少有椭圆形，果下有宿存反曲的花被裂片；果梗不增粗或略微增粗。本属约有100种。中国约82种。七目嶂7种。

1. 短序润楠
Machilus breviflora (Benth.) Hemsl.

小枝咖啡色。芽卵形，芽鳞有绒毛。叶略聚生于小枝先端，倒卵形至倒卵状披针形；侧脉和网脉纤细。圆锥花序3~5，顶生，无毛，常呈复伞形花序状；花绿白色；第一、第二轮雄蕊长约2mm，第三轮雄蕊稍较长，腺体具短柄。果球形。花期7~8月，果期10~12月。

生山地或山谷阔叶混交疏林中，或溪边。七目嶂疏林下偶见。

是理想的彩叶树种，也是中国华南地区极具开发潜力的园林景观乡土树种。

2. 浙江润楠
Machilus chekiangensis S. K. Lee

枝褐色，散布纵裂的唇形皮孔，在当年生和一、二年生枝的基部遗留有顶芽鳞片数轮的疤痕。叶常聚生小枝枝梢，倒披针形，革质或薄革质，叶下面初时有贴伏小柔毛；侧脉每边10~12条，在两面上构成细密的蜂巢状浅穴。花未见。果序生当年生枝基部，纤细，有灰白色小柔毛；宿存花被裂片近等长，两面都有灰白色绢状小柔毛。果期6月。

生于山谷、山洼、阴坡下部及河边台地。七目嶂偶见。

枝、叶含芳香油；入药，有化痰、止咳、消肿、止痛、止血之效；是食品或化妆品的香料来源之一；树干通直，是珍贵的家具木材树种。

3. 华润楠
Machilus chinensis (Champ. ex Benth.) Hemsl.

无毛。叶倒卵状长椭圆形至长椭圆状倒披针形，先端钝或短渐尖，基部狭，革质；中脉上凹下凸，侧脉不明显。圆锥花序顶生，2~4个聚集，常较叶为短；花白色；花被裂片外面有小柔毛；第三轮雄蕊腺体几无柄。果球形。花期11月，果期翌年2月。

生于丘陵山地阔叶混交林、疏林或矮林中。七目嶂较常见。

木材坚硬，可作家具。

4. 黄绒润楠
Machilus grijsii Hance

芽、小枝、叶柄、叶下面有黄褐色短绒毛。叶倒卵状长圆形，先端渐狭，基部多少圆形，革质，上面无毛；叶脉上凹下凸。花序短，丛生小枝枝梢，密被黄褐色短绒毛；花被裂片两面均被绒毛；第三轮雄蕊腺体肾形，无柄。果球形。花期3月，果期4月。

生于灌木丛中或密林中。七目嶂偶见。

树皮具黏性，打粉可作香料。

5. 木姜润楠
Machilus litseifolia S. K. Lee.

枝无毛。顶芽近球形，鳞片宽圆形，近无毛。叶常集生枝梢，倒披针形或倒卵状披针形，革质；中脉上面凹陷，下面明显凸起，侧脉每边6~8条，近叶缘网结，小脉纤细，结成密网状，在两面上形成蜂巢状小窝穴。聚伞状圆锥花序生当年生枝的近基部或兼有近顶生；花被裂片近等长，长圆形，外面无毛，极少有疏生微柔毛，内面有小柔毛。果球形，幼果粉绿色。花期3~5月，果期6~7月。

生山地阔叶混交疏林或密林或灌丛中。七目嶂偶见。

6. 红楠
Machilus thunbergii Sieb. & Zucc.

枝条多而伸展，紫褐色，老枝粗糙，嫩枝紫红色。叶倒卵形，先端短突尖或短渐尖，基部楔形，革质；中脉上稍凹下凸，每边7~12条侧脉；叶柄较纤细，上有浅槽。花序顶生或腋生，无毛。果扁球形，初时绿色，后变黑紫色；果梗鲜红色。花期2月，果期7月。

生山地阔叶混交林中。七目嶂较常见。

叶可提取芳香油。种子油可制肥皂和润滑油。树皮入药，有舒筋活络之效。

7. 绒毛润楠
Machilus velutina Champ. ex Benth.

枝、芽、叶下面和花序均密被锈色绒毛。叶狭倒卵形、椭圆形或狭卵形，先端渐狭或短渐尖，基部楔形，革质，上面无毛；叶脉上稍凹下凸。花序单独顶生或数个密集在小枝顶端，分枝多而短，近似团伞花序；花被外被毛。果球形，紫红色。花期10~12月，果期翌年2~3月。

生常绿阔叶林中。七目嶂较常见。

本种材质坚硬，耐水湿，可作家具和薪炭等用材。树皮具黏性，打粉可作香料。

7. 新木姜子属 Neolitsea (Benth. & Hook. f.) Merr.

常绿乔木或灌木。叶互生或簇生成轮生状，很少近对生；离基三出脉，少数为羽状脉或近离基三出脉。花单性，雌雄异株，2基数；伞形花序单生或簇生，无总梗或有短总梗；苞片大，交互对生，迟落；花被裂片4，2轮。能育雄蕊6，第三轮基部有2腺体。果着生于稍扩大的盘状或内陷的果托上；果梗通常略增粗。本属约85种。中国45种。七目嶂5种。

1. 云和新木姜子
Neolitsea aurata (Hayata) Koidz. var. **paraciculata** (Nakai) Yen C. Yang & P. H. Huang

树皮灰褐色。幼枝黄褐或红褐色。顶芽圆锥形，鳞片外面被丝状短柔毛，边缘有锈色睫毛。叶互生或聚生枝顶呈轮生状，长圆形、椭圆形至长圆状披针形或长圆状倒卵形，先端镰刀状渐尖或渐尖，基部楔形或近圆形，革质，上面绿色，无毛，下面疏生黄色丝状毛，易脱落，近于无毛，具白粉；离基三出脉，中脉与侧脉在叶上面微凸起，在下面凸起，横脉在两面不明显。伞形花序3~5个簇生于枝顶或节间；每一花序有5花；花被裂片4，椭圆形；能育雄蕊6，花丝基部有柔毛，第三轮基部腺体有柄。花期2~3月，果期9~10月。

生于山地杂木林中。七目嶂林下偶见。

2. 香港新木姜子
Neolitsea cambodiana Lecomte var. **glabra** C. K. Allen

小枝轮生或近轮生，幼时有贴伏黄褐色短柔毛。叶3~5片近轮生，长圆状披针形、倒卵形或椭圆形，革质，两面无毛，下面被白粉；羽状脉或近似远离基三出脉。伞形花序多个簇生叶腋或枝侧，花2基数，几无总梗；花被外面被毛。果球形；果托扁平盘状。花期10~12月，果期翌年7~8月。

生于路旁、灌丛或疏林中。七目嶂偶见。

3. 鸭公树
Neolitsea chui Merr.

树皮灰青色或灰褐色。小枝绿黄色，除花序外，其他各部均无毛。叶互生或聚生枝顶呈轮生状，稍大，革质，上面深绿色，有光泽，下面粉绿色；离基三出脉。伞形花序腋生或侧生，多个密集，几无总梗；花2基数；花被片两面有毛。果椭圆形或近球形，长约1cm。花期9~10月，果期12月。

生于山谷或丘陵地的阔叶林或疏林中。七目嶂较常见。

果核含油量60%左右，油供制肥皂及润滑油等用。

4. 大叶新木姜子
Neolitsea levinei Merr.

树皮灰褐色至深褐色，平滑。嫩枝被密毛。叶轮生，

4~5叶一轮，革质，较大，上面深绿色，有光泽，无毛，下面带绿苍白，略被毛，被厚白粉；离基三出脉。伞形花序数个生于枝侧，具总梗；花2基数；花被片外面有毛。果椭圆形或球形，熟时黑色。花期3~4月，果期8~10月。

生于山地路旁、水旁及山谷密林中。七目嶂偶见。

根皮入药，祛风除湿、止带、消痈。

5. 显脉新木姜子
Neolitsea phanerophlebia Merr.

树皮灰色或暗灰色。小枝被密毛。叶轮生或散生，纸质至薄革质，上面淡绿色，下面粉绿色，有毛；离基三出脉。伞形花序2~4个丛生于叶腋或生于叶痕的腋内，无总梗；花2基数；花被片外面有毛，内面基部有毛。果近球形，熟时紫黑色。花期10~11月，果期翌年7~8月。

生于山谷阔叶林或疏林中。七目嶂偶见。

15 毛茛科 Ranunculaceae

多年生或一年生草本，少有灌木或木质藤本。叶通常互生或基生，少数对生，单叶或复叶，通常掌状分裂，无托叶；叶脉掌状，稀羽状。花两性，少有单性，雌雄同株或雌雄异株，辐射对称，稀两侧对称，单生或组成各种聚伞花序或总状花序。果实为蓇葖或瘦果，少数为蒴果或浆果。本科60属2500余种。中国38属约921种。七目嶂4属9种。

1. 铁线莲属 Clematis L.

多年生藤本，稀灌木或草本。叶对生，罕在下部互生，三出复叶至二回羽状复叶或二回三出复叶，稀单叶。花两性，稀单性；聚伞花序或为总状、圆锥状聚伞花序，稀单生或数花与叶簇生；萼片4，或6~8，无花瓣。瘦果，宿存花柱伸长呈羽毛状，或不伸长而呈喙状。种子1。本属约300种。中国约110种。七目嶂5种。

1. 小木通
Clematis armandii Franch.

茎圆柱形，有纵条纹。小枝有棱，有白色短柔毛。三出复叶；小叶片革质，卵状披针形、长椭圆状卵形至卵形，全缘，两面无毛。聚伞花序或圆锥状聚伞花序，腋生或顶生；腋生花序基部有多数宿存芽鳞，为三角状卵形、卵形至长圆形。瘦果扁，卵形至椭圆形，疏生柔毛。花期3~4月，果期4~7月。

生山坡、山谷、路边灌丛中、林边或水沟旁。

全草入药，舒筋活血、去湿止痛、解毒利尿。

2. 厚叶铁线莲
Clematis crassifolia Benth.

全株除心皮及萼片外，其余无毛。茎带紫红色，圆柱形，有纵纹。三出复叶；小叶片革质，卵形至长椭圆形，基部楔形至近圆形，全缘。圆锥状聚伞花序腋生或顶生，多花；萼片4，开展，白色或略带水红色，边缘及内面被毛；花丝干时明显皱缩。瘦果镰刀状狭卵形。花期12月至翌年1月，果期2月。

生山地、山谷、平地、溪边、路旁的密林或疏林中。七目嶂偶见。

全草入药，具通络、祛风除湿作用。

3. 山木通
Clematis finetiana H. Lév. & Vaniot.

无毛。茎圆柱形，有纵纹。小枝有棱。三出复叶，基部有时为单叶，叶腋常有多数三角状宿存芽鳞；小叶片薄革质或革质，卵状披针形至卵形，全缘。花常单生，或为聚伞花序、总状聚伞花序，腋生或顶生；萼片4(~6)，开展，白色，外面边缘被毛。瘦果镰刀状狭卵形。花期4~6月，果期7~11月。

生山坡疏林、溪边、路旁灌丛中及山谷石缝中。七目嶂偶见。

全株入药，具清热解毒、祛风利湿、止痛、活血、利尿等功效。

4. 毛柱铁线莲
Clematis meyeniana Walp.

老枝圆柱形，有纵纹；小枝有棱。三出复叶；小叶片近革质，卵形或卵状长圆形，全缘，无毛。圆锥状聚伞花序多花，腋生或顶生；萼片4，开展，白色，外面边缘有绒毛，内面无毛。瘦果镰刀状狭卵形或狭倒卵形。花期6~8月，果期8~10月。

生山坡疏林及路旁灌丛中或山谷、溪边。七目嶂偶见。

全株入药，能活血通经、活络止痛。

5. 柱果铁线莲
Clematis uncinata Champ. ex Benth.

干时常带黑色，除花柱有羽状毛及萼片外面边缘有短柔毛外，其余无毛。一至二回羽状复叶，有5~15小叶，基部2对常为2~3小叶；小叶片纸质或薄革质，卵形至卵状披针形，全缘，两面网脉突出。圆锥状聚伞花序腋生或顶生，多花；萼片4，开展，白色。瘦果圆柱状钻形。花期6~7月，果期7~9月。

生山地、山谷、溪边的灌丛中或林边，或石灰岩灌丛中。七目嶂偶见。

根入药，能祛风除湿、舒筋活络、镇痛；叶外用治外伤出血。

2. 黄连属 **Coptis** Salisb.

多年生草本。根状茎黄色，生多数须根。叶全部基生，有长柄，三或五全裂，有时一至三回三出复叶。花葶1~2条，直立；花小，辐射对称；萼片5，黄绿色或白色，花瓣状；花瓣比萼片短，基部有时下延成爪，有或无蜜槽。蓇葖具柄，柄被有短毛，在花托顶端作伞形状排列。本属约15种。中国6种。七目嶂1种。

1. 短萼黄连
Coptis chinensis Franch. var. **brevisepala** W. T. Wang & P. G. Xiao

根状茎黄色，常分枝，密生多数须根。叶基生，稍革质，3全裂，中裂片3或5对羽状深裂，边缘具刺状锐齿，侧裂片不等2深裂，两面叶脉隆起，上面沿脉被毛。花葶1~2条；二歧或多歧聚伞花序有3~8花；萼较短，黄绿色。花期2~3月，果期4~6月。

生山地沟边林下或山谷阴湿处。七目嶂偶见。

根状茎也作"黄连"入药，可治急性结膜炎、急性细菌性痢疾、急性肠胃炎、吐血、痈疖疮疡等症。

3. 毛茛属 Ranunculus L.

多年生稀一年生草本，陆生或部分水生。茎直立、斜升或有匍匐茎。叶大多基生并茎生，单叶或三出复叶，三浅裂至三深裂，或全缘及有齿；叶柄基部扩大成鞘状。花单生或成聚伞花序；花两性，整齐；萼片5，绿色，草质，大多脱落；花瓣5，稀更多，黄色，基部有爪。聚合果球形或长圆形，瘦果卵球形或两侧压扁。本属约550种。中国125种。七目嶂1种。

1. **禺毛茛**

Ranunculus cantoniensis DC.

须根伸长簇生。茎直立，上部有分枝，与叶柄均密生开展的黄白色糙毛。叶为三出复叶，基生叶和下部叶有叶柄；叶片宽卵形至肾圆形；小叶卵形至宽卵形，2~3中裂，边缘密生锯齿或齿牙。花生茎顶和分枝顶端；花瓣5，椭圆形，蜜槽上有倒卵形小鳞片。聚合果近球形；瘦果扁平，无毛，边缘有宽约0.3mm的棱翼，喙基部宽扁。花果期4~7月。

生平原或丘陵田边、沟旁水湿地。七目嶂草地偶见。

全草含原白头翁素，捣敷发泡，治黄疸、目疾。

4. 唐松草属 Thalictrum L.

多年生草本植物，常无毛。茎圆或有棱，常分枝。叶基生并茎生，稀全部基生或茎生，为一至五回三出复叶；小叶常掌状浅裂具齿，稀不分裂；叶柄基部稍变宽成鞘。花常为单歧聚伞花序，稀总状花序；花两性，稀单性；萼片4~5，呈花瓣状；无花瓣。瘦果椭圆球形或狭卵形，常两侧稍扁，稀扁平，有纵肋。本属约200种。中国约75种。七目嶂1种。

1. **尖叶唐松草**

Thalictrum acutifolium (Hand.-Mazz.) B. Boivin

根肉质。植株全部无毛或有时叶背面疏被短柔毛。茎中部之上分枝。基生2~3叶，有长柄，为二回三出复叶；小叶草质；茎生叶较小，有短柄。花序稀疏；萼片4，白色或带粉红色，早落，卵形。瘦果扁，稍不对称，有8条细纵肋。花期4~7月。

生山谷中坡地或林边湿润处。七目嶂偶见。

全草入药，治全身黄肿、眼睛发黄等症。

19 小檗科 Berberidaceae

常绿或落叶灌木或多年生草本，稀小乔木。有时具根状茎或块茎。叶互生，稀对生或基生，单叶或一至三回羽状复叶。花序顶生或腋生；花单生、簇生或组成各式总状花序；花两性，辐射对称；萼片6~9，常花瓣状，离生，2~3轮；花瓣6。浆果、蒴果、蓇葖果或瘦果。种子1至多数，有时具假种皮。本科14属约600种。中国11属约200种。七目嶂1属2种。

1. 十大功劳属 Mahonia Nuttall.

常绿灌木或小乔木。枝无刺。奇数羽状复叶，互生；小叶边缘具粗疏或细锯齿，稀全缘。花序顶生，由（1~）3~18个簇生的总状花序或圆锥花序组成，基部具芽鳞；苞片较花梗短或长；花黄色；萼片9，3轮；花瓣6，2轮；雄蕊6，花药瓣裂；花柱极短或无花柱，柱头盾状。浆果，深蓝色至黑色。本属约60种。中国约35种。七目嶂1种。

1. **北江十大功劳**

Mahonia fordii C. K. Schneid.

奇数羽状复叶；小叶5~9对，小叶无柄，上面暗绿色，叶脉微显，背面淡绿色，叶脉不显，边缘每边具2~9刺锯齿，顶生小叶稍大，具小叶柄。总状花序5~7个簇生；花黄色；花梗长于苞片；花瓣基部腺体显著，先端微缺；胚珠2。浆果，宿存花柱很短。花期7~9月，果期10~12月。

生山地林下或灌丛中。七目嶂林下常见。

根茎入药，能清心胃火、解毒、抗菌消炎。

1. **沈氏十大功劳**

Mahonia shenii W. Y. Chun

叶卵状椭圆形，长23-40厘米，宽13-22厘米，具1-6对小叶，最下一对小叶距叶柄基部3.5-14厘米。顶生小叶长圆状椭圆形至倒卵形，长10-15厘米，宽3-7厘米，全缘或近先端具1或2不明显锯齿。总状花序6-10个簇生，长约10厘米；芽鳞披针形浆果球形或近球形，直径6-7毫米，蓝色，被白粉。花期4-9月，果期10-12月。

生常绿落叶阔叶混交林中。七目嶂偶见。

有清热解毒、止咳化痰之功效。

21 木通科 Lardizabalaceae

木质藤本，稀直立灌木。茎缠绕或攀缘。叶互生，掌状或三出复叶，稀羽状复叶，无托叶；叶柄和小柄两端膨大为节状。花辐射对称，单性，雌雄同株或异株，很少杂性，常为总状花序或伞房状总状花序，稀圆锥花序；萼片 6，花瓣状，2 轮，稀仅 3 枚；花瓣 6 或无。果为肉质的骨葖果或浆果。本科 8 属约 50 种。中国 6 属 45 种。七目嶂 1 属 3 种。

1. 野木瓜属 Stauntonia DC.

常绿木质藤本。冬芽具芽鳞片多枚。叶互生，掌状复叶，具长柄，有 3~9 小叶；小叶全缘，具不等长的小叶柄。花单性，同株或异株，腋生；伞房式总状花序；萼片 6，花瓣状，排成 2 轮，外轮较大。果为浆果状，3 个聚生、孪生或单生，卵状球形或长圆形。本属约 25 种。中国有 20 种。七目嶂 3 种。

1. 野木瓜
Stauntonia chinensis DC.

掌状复叶有 5~7 小叶；小叶革质，长圆形或长圆状披针形，顶端渐尖，基部圆钝或楔形；侧脉和网脉在两面明显凸起。花雌雄同株，呈伞房式总状花序；萼片外面浅黄色或乳白色，内面紫红色；蜜腺状花瓣 6，舌状；药隔的角状附属体与药室近等长。浆果长圆形，橙黄色。花期 3~4 月，果期 9~10 月。

生山地密林、山腰灌丛或山谷溪边疏林中。七目嶂林下偶见。

富含 SOD 和齐墩果酸，具有很高的药用和食用价值。

2. 牛藤果
Stauntonia elliptica Hemsl.

全株无毛。叶具羽状 3 小叶；小叶纸质，椭圆形、长圆形、卵状长圆形或倒卵形，两端均钝或顶端急尖，基部圆；侧脉每边 4~5 条，中脉在上面凹入，和侧脉及网脉均在下面凸起。总状花序数个簇生于叶腋；总花梗纤细；花雌雄同株，同序或异序，淡绿色至近白色；花瓣卵状披针形，比花丝短。果长圆形或近球形，淡褐色。种子近三角形，略扁；种皮黑色，有光泽。花期 7~10 月。

生常绿阔叶林下。七目嶂林下偶见。

果实入药，解毒消肿，杀虫止痛。

3. 斑叶野木瓜
Stauntonia maculata Merr.

茎皮绿带紫色。掌状复叶通常有 5~7 小叶；小叶革质，披针形至长圆状披针形，叶下面密布淡绿色的斑点；中脉上凹下凸。总状花序数个簇生于叶腋，下垂；花单性，雌雄同株，浅黄绿色。果椭圆状或长圆状。花期 3~4 月，果期 8~10 月。

生山地疏林或山谷溪旁向阳处。七目嶂偶见。

中国特有果木，集食用、观赏、药用价值于一体的果品。

23 防己科 Menispermaceae

攀缘或缠绕藤本，稀直立灌木或小乔木。叶螺旋状排列，无托叶，单叶，稀复叶；掌状脉，稀羽状脉；叶柄两端肿胀。聚伞花序组成圆锥状或总状，罕单花；花单性，雌雄异株；萼片通常轮生；花瓣常 6，2 轮，有时缺。核果；种皮薄。本科 65 属 370 余种。中国 20 属 70 余种。七目嶂 5 属 9 种。

1. 木防己属 Cocculus DC.

木质藤本，很少直立灌木或小乔木。叶非盾状，全缘或分裂，具掌状脉。聚伞花序或聚伞圆锥花序，腋生或顶生；花单性；萼片和花瓣常 6，2 轮；雄花瓣顶端 2 裂，雄蕊离生，花药横裂；心皮 3 或 6。核果倒卵形或近圆形，稍扁。本属约 8 种。中国 2 种。七目嶂 1 种。

1. 木防已
Cocculus orbiculatus (L.) DC.

小枝被毛或无。叶片纸质至近革质，形状变异大，两面被毛或仅下面中脉被毛；掌状脉3条，稀5条；叶柄被毛。聚伞花序少花腋生，或聚伞圆锥花序顶生或腋生；萼片和花瓣均6，2轮，雄花瓣顶端2裂，雄蕊离生；心皮6，无毛。核果近圆形。花期4~8月，果期8~10月。

生于灌丛、村边、林缘等处。七目嶂常见。

根入药，味苦、性寒，行水利湿、消肿止痛。

2. 轮环藤属 Cyclea Arn. ex Wight.

藤本。叶具掌状脉，叶常盾状着生。聚伞圆锥花序，腋生、顶生或生老茎上；雄花萼片常合生而具4~5裂片；花瓣常合生，全缘或4~5裂；雄蕊合生成盾状，花药4~5，横裂；雌花萼片和花瓣均1~2，彼此对生，稀无；心皮1。核果倒卵球形或近圆球形，常稍扁。本属约29种。中国13种。七目嶂3种。

1. 毛叶轮环藤
Cyclea barbata Miers

叶纸质或近膜质，三角状卵形或三角状阔卵形；掌状脉9~10条，有时可多至12条；叶柄被硬毛，明显盾状着生。花序腋生或生于老茎上，花密集成头状；花瓣2，与萼片对生。核果斜倒卵圆形至近圆球形，红色，被柔毛；果核背部两侧各有3列乳头状小瘤体。花期秋季，果期冬季。

绕缠于林中、林缘和村边的灌木上。七目嶂林下偶见。

根部入药，散热解毒、散瘀止痛。

2. 粉叶轮环藤
Cyclea hypoglauca (Schauer) Diels

老茎木质。小枝纤细，除叶腋有簇毛外无毛。叶纸质，阔卵状三角形至卵形，边全缘而稍反卷，两面无毛或下面被稀疏而长的白毛；掌状脉5~7条，纤细，网脉不明显。花序腋生，雄花序为间断的穗状花序状，花序轴常不分枝或有时基部有短小分枝；花瓣4~5，通常合生成杯状；花瓣2，不等大，大的与萼片近等长；子房无毛。核果红色，无毛；果核背部中肋两侧各有3列小瘤状凸起。

生于林缘和山地灌丛。七目嶂林下偶见。

根含多种生物碱，有肌松作用，可作药品使用。

3. 轮环藤
Cyclea racemosa Oliv.

老茎木质化。叶盾状或近盾状，纸质，卵状三角形或三角状近圆形，全缘，上面被毛或无，下面常被密毛；掌状脉9~11条。聚伞圆锥花序总状，被毛；雄花萼钟形，4深裂，顶部反折；花冠碟状或浅杯状；聚药雄蕊有花药4枚；雌花萼片和花瓣均2或1。核果扁球形，疏被刚毛。花期4~5月，果期8月。

生于林中或灌丛中。七目嶂偶见。

根入药，能顺气止痛、解毒。

3. 夜花藤属 Hypserpa Miers

木质藤本。小枝顶端有时延长成卷须状。叶全缘；掌状脉常3条，稀5~7条。聚伞花序或圆锥花序腋生；雄花萼片7~12，非轮生，外小内大；花瓣4~9，肉质，

防己科Menispermaceae

稀无花瓣；雄蕊6至多数，分离或黏合，花药纵裂；雌花萼片及花瓣与雄花似，心皮常2~3。核果为稍扁的倒卵形至近球形。本属约6种。中国1种。七目嶂有分布。

1. 夜花藤
Hypserpa nitida Miers

嫩枝被毛，老枝近无毛。叶片纸质至革质，卵状椭圆形至长椭圆形，常两面无毛，上面光亮；掌状脉3条。聚伞花序腋生，花序通常仅有数花，萼片7~11，非轮生，自外至内渐大，花瓣4~5；雄蕊5~10，分离或基部稍合生；雌花心皮常2。核果熟时黄色或橙红色，近球形，稍扁。花果期夏季。

常生于林中或林缘。七目嶂偶见。

全草入药，味微苦、性凉，可凉血止血、消炎利尿。

4. 细圆藤属 Pericampylus Miers

木质藤本。叶非或稍盾状；掌状脉。聚伞花序腋生，单生或2~3个簇生；萼片9，3轮，外小内大；花瓣6；雄蕊6，花丝分离或黏合，药室纵裂；雌花退化雄蕊6，心皮3，花柱短，柱头深2裂。核果扁球形。本属2~3种。中国1种。七目嶂有分布。

1. 细圆藤
Pericampylus glaucus (Lam.) Merr.

叶一般非盾状，纸质至薄革质，三角状卵形至三角状近圆形，边缘有圆齿或近全缘，两面被毛或近无毛；掌状脉常5条。聚伞花序伞房状腋生，被绒毛；萼片9，3轮，外小内大，花瓣6，边缘内卷；雄蕊6，花丝分离；雌花退化雄蕊6，柱头2裂。核果红色或紫色。花期4~6月，果期9~10月。

生于林中、林缘和灌丛中。七目嶂偶见。

根入药，治毒蛇咬伤。

5. 千金藤属 Stephania Lour.

草质或木质藤本。有或无块根。叶柄两端肿胀，盾状着生；叶片常纸质，三角状近圆形或三角状近卵形；叶脉掌状。花序腋生或腋生短枝上，稀生于老茎上，通常为伞形聚伞花序；花被辐射对称；雄花萼片2轮，花瓣1轮，雄蕊合生盾状；雌花萼片和花瓣各1轮，互生，心皮1。核果近球形或阔倒卵圆形，红色或橙红色。本属约50种。中国30种。七目嶂3种。

1. 金线吊乌龟
Stephania cephalantha Hayata

块根褐色，具皮孔。小枝紫红色，纤细。叶纸质，三角状扁圆形至近圆形，全缘或多少浅波状；掌状脉7~9条。雌雄花序同形，均为头状花序，雄花序常腋生呈总状，雌花序单个腋生。核果阔倒卵圆形，熟时红色。花期4~5月，果期6~7月。

适应性较广，生林缘等土层深厚肥沃的地方，也生石灰岩地区的石缝或石砾中。七目嶂偶见。

根入药，味苦、性寒，可清热解毒、消炎拔毒。

2. 粪箕笃
Stephania longa Lour.

除花序外全株无毛。盾状叶纸质，三角状卵形；掌状脉10~11条；叶柄基部常扭曲。复伞形聚伞花序腋生；雄花萼片常8，排成2轮，花瓣4或3，绿黄色；雌花萼片和花瓣均4，很少3。核果红色。花期春末夏初，果期秋季。

生于灌丛或林缘。七目嶂较常见。

全草入药，味微苦、性平，可治肾盂肾炎、小儿疳积腹痛、疖肿、风湿性关节炎等。

3. 粉防己
Stephania tetrandra S. Moore

主根肉质，柱状。小枝有直线纹。叶纸质，阔三角形，有时三角状近圆形，两面或仅下面被贴伏短柔毛；掌状脉9~10条，较纤细，网脉甚密。花序头状，于腋生、长而下垂的枝条上作总状式排列；苞片小或很小；花瓣5，肉质，边缘内折。核果成熟时近球形，红色；果核背部鸡冠状隆起，两侧各有约15条小横肋状雕纹。花期夏季，果期秋季。

生村边、旷野、路边等处的灌丛中。七目嶂灌丛偶见。

肉质主根入药，祛风除湿、利尿通淋。

24 马兜铃科 Aristolochiaceae

藤本、灌木或多年生草本，稀乔木。根、茎和叶常有油细胞。单叶、互生，具柄，全缘或3~5裂，基部常心形；无托叶。花两性，单生、簇生或排成总状、聚伞状或伞房花序，顶生、腋生或生于老茎上；花色通常艳丽而有腐肉臭味；花被辐射对称或两侧对称，1轮，稀2轮。蒴果蓇葖果状、长角果状或为浆果状。本科约8属600种。中国4属86种。七目嶂1属1种。

1. 细辛属 Asarum L.

多年生草本。根状茎长而匍匐横生，或向上斜伸，或短而近直立。茎无或短；根常稍肉质，有芳香气和辛辣味。叶仅1~2或4枚，基生、互生或对生，叶片通常心形或近心形，全缘不裂，叶柄基部常具薄膜质芽苞片。花单生于叶腋，多贴近地面；花被整齐，1轮，紫绿色或淡绿色。蒴果浆果状，近球形。本属约90种。中国39种。七目嶂1种。

1. 尾花细辛
Asarum caudigerum Hance

全株被散生柔毛。根状茎粗壮。叶阔卵形、三角状卵形或卵状心形，基部耳状或心形，叶背有时稍带红色。花被绿色，被紫红圆点；裂片直立，卵状长圆形，紫红色，先端骤窄成细长尾尖；花柱合生，顶端6裂，柱头顶生。果近球状，具宿存花被。花期4~5(11)月。

生于林下、溪边和路旁阴湿地。七目嶂偶见。

全草入药，药效同"细辛"，味辛、性温，具解表散寒、祛风止痛、通窍、温肺化饮之功效。

28 胡椒科 Piperaceae

草本、灌木或攀缘藤本，稀为乔木。常有香气。叶互生，少有对生或轮生，单叶，两侧常不对称，具掌状脉或羽状脉；托叶有或无。花小，两性、单性雌雄异株或间有杂性，密集成穗状花序或由穗状花序再排成伞形花序，罕总状，花序与叶对生或腋生，稀顶生；无花被。浆果小，具肉质、薄或干燥的果皮。本科8或9属约3000种。中国4属70余种。七目嶂2属4种。

1. 草胡椒属 Peperomia Ruiz & Pav.

一年生或多年生草本。茎通常矮小，带肉质，常附生于树上或石上。叶互生、对生或轮生，全缘，无托叶。花极小，两性，常与苞片同着生于花序轴的凹陷处；花序单生、双生或簇生，直径几与总花梗相等；苞片圆形、近圆形或长圆形；花药圆形、椭圆形或长圆形，有短花丝；子房1室，有1胚珠，柱头球形。浆果小，不开裂。本属约1000种。中国7种。七目嶂1种。

1. 草胡椒
Peperomia pellucida (L.) Kunth

茎直立或基部有时平卧，分枝，无毛，下部节上常生不定根。叶互生，膜质，半透明，阔卵形或卵状三角形，长和宽近相等，顶端短尖或钝，基部心形，两面均无毛；叶脉5~7条，基出，网状脉不明显。穗状花序顶生和叶对生，细弱，其与花序轴均无毛；花疏生；苞片近圆形，中央有细短柄，盾状；花药近圆形，有短花丝；子房椭圆形，柱头顶生，被短柔毛。浆果球形，顶端尖。花期4~7月。

生林下湿地、石缝中。七目嶂林下偶见。

具清热解毒、化瘀散结、利水消肿的功效，可作药用。

2. 胡椒属 Piper L.

灌木或攀缘藤本，稀有草本或小乔木。茎、枝有膨大的节，揉之有香气。叶互生，全缘；具托叶，早落。花单性，雌雄异株，稀两性或杂性；穗状花序与叶对生，稀顶生；花序常宽于总花梗 3 倍以上；苞片常离生，稀合生，盾状或杯状；柱头 3~5，稀有 2。浆果卵形或球形，稀长圆形，红色或黄色。本属约 2000 种。中国 60 余种。七目嶂 3 种。

1. 华南胡椒
Piper austrosinense Y. C. Tseng

除苞片腹面中部、花序轴和柱头外无毛。枝有纵棱，节上生根。叶厚纸质，无明显腺点，下部叶阔卵形或卵形，基部心形，两侧对等，上部叶狭卵形，基部钝，两侧常不等齐；叶脉 5 条，全部或近基出；叶鞘长为叶柄之半或略短。花单性，雌雄异株，聚集成与叶对生的穗状花序；雄花序长 3~6.5cm；雌花序长 1~1.5cm。浆果球形，基部嵌生于花序轴中。花期 4~6 月。

生密林或疏林中，攀缘于树上或石上。七目嶂较常见。

全草入药，通经络、祛风湿。

2. 华山蒌
Piper cathayanum M. G. Gilbert & N. H. Xia

叶纸质，卵形、卵状长圆形或长圆形，两耳圆，有时重叠，几相等，腹面无毛或有时中脉基部被疏毛，背面各处被短柔毛，脉上尤甚；叶脉 7 条，通常对生，最外 1 对自基部横出约 5~15mm 长即弯拱网结，网状脉明显；叶柄密被毛。花单性，雌雄异株，聚集成与叶对生的穗状花序；花序轴无毛；苞片圆形，近无柄，盾状，无毛；雌花序比雄花序短；柱头通常 30。浆果球形，无毛。花期 3~6 月。

生密林中或溪涧边，攀缘于树上。七目嶂林下偶见。

3. 小叶爬崖香
Piper sintenense Hatus.

茎、枝平卧或攀缘，节上生根。叶薄，膜质，有细腺点，匍匐枝的叶卵形或卵状长圆形，两面被粗毛，背面脉上尤甚，毛通常向上弯曲；叶柄被粗毛，基部具鞘；小枝的叶长椭圆形、长圆形或卵状披针形。花单性，雌雄异株，聚集成与叶对生的穗状花序；总花梗与上部的叶柄等长或略长，其与花序轴均被毛；苞片圆形，具短柄，盾状；柱头 4，线形。浆果倒卵形，离生。花期 3~7 月。

生疏林或山谷密林中，常攀缘于树上或石上。七目嶂密林下偶见。

29 三白草科 Saururaceae

多年生草本。茎直立或匍匐状，具明显的节。叶互生，单叶；托叶贴生于叶柄上。花两性，聚集成稠密的穗状花序或总状花序，具总苞或无总苞，苞片显著，无花被；雄蕊 3、6 或 8 枚，稀更少，离生或贴生于子房基部或完全上位，花药纵裂；雌蕊由 3~4 枚心皮组成，离生或合生。果为分果爿或蒴果顶端开裂。本科 4 属约 6 种。中国 3 属 4 种。七目嶂 1 属 1 种。

1. 蕺菜属 Houttuynia Thunb.

多年生草本。叶全缘，具柄；托叶贴生于叶柄上，膜质。花小，聚集成顶生或与叶对生的穗状花序，花序基部有 4 枚白色花瓣状的总苞片；雄蕊 3，下部与子房合生，花药纵裂；雌蕊由 3 枚部分合生的心皮所组成，花柱 3。蒴果近球形，顶端开裂。单种属。七目嶂有分布。

1. 蕺菜（鱼腥草）
Houttuynia cordata Thunb.

种的特征与属同。花期 4~7 月。

生沟边、溪边或林下湿地上。七目嶂偶见。

全株入药，清热、解毒、利水；嫩根茎可食。

30 金粟兰科 Chloranthaceae

草本、灌木或小乔木。单叶对生，具羽状叶脉，边缘有锯齿；叶柄基部常合生；托叶小。花小，两性或单性，排成穗状花序、头状花序或圆锥花序；无花被或在雌花中有浅杯状3齿裂的花被；两性花具雄蕊1或3，雌蕊1；单性花具雄蕊1；雌花少数，有3齿萼状花被。核果卵形或球形。本科5属约70种。中国3属15种。七目嶂1属1种。

1. 草珊瑚属 Sarcandra Gardner

亚灌木。无毛。叶对生，常多对，椭圆形、卵状椭圆形或椭圆状披针形，边缘具锯齿，齿尖有1腺体；叶柄短，基部合生；托叶小。穗状花序顶生，通常分枝，多少成圆锥花序状；花两性，无花被亦无花梗；苞片1，宿存；雄蕊1，肉质；无花柱，柱头近头状。核果球形或卵形。本属3种。中国2种。七目嶂1种。

1. 草珊瑚（九节茶）
Sarcandra glabra (Thunb.) Nakai.

茎与枝均有膨大的节。叶革质，椭圆形、卵形至卵状披针形，边缘具粗锐锯齿，齿尖有1腺体，两面均无毛；叶柄基部合生；托叶钻形。穗状花序顶生，通常分枝，多少成圆锥花序状；花黄绿色；雄蕊1，肉质，棒状；无花柱。核果球形，熟时亮红色。花期6月，果期8~10月。

生山坡、沟谷林下阴湿处。七目嶂常见。

全草入药，能清热解毒、祛风活血、消肿止痛、抗菌消炎。

33 罂粟科 Papaveraceae

草本或草质藤本，稀亚灌木。基生叶少数或多数，稀1，茎生叶1至多数，互生，稀对生，一至多回羽状分裂、掌状分裂或三出，稀全缘，无托叶。花两性，成总状花序，稀为聚伞花序；萼片2，脱落；花瓣4，2轮；雄蕊4或6；子房上位。蒴果或坚果。本科17属530种。中国7属218种。七目嶂1属2种。

1. 紫堇属 Corydalis DC.

一年生、二年生或多年生草本，或亚灌状。无乳汁。基生叶少数或多数，常早凋；茎生叶1至多数，稀无叶，互生或稀对生，叶片一至多回羽状分裂或掌状分裂或三出。花排列成顶生、腋生或与对叶生的总状花序；苞片分裂或全缘；花冠两侧对称，花瓣4；雄蕊6，合生成2束。果多蒴果。本属约320种。中国约200种。七目嶂2种。

1. 北越紫堇
Corydalis balansae Prain

茎具棱，疏散分枝，枝条花葶状，常对叶生。基生叶早枯，通常不明显；下部茎生叶长15~30cm，具长柄，二回羽状全裂，一回羽片约3~5对，具短柄，二回羽片常1~2对。总状花序多花而疏离，具明显花序轴；苞片披针形至长圆状披针形；花黄色至黄白色，近平展；萼片卵圆形，边缘具小齿；外花瓣勺状，具龙骨状凸起；蜜腺体短，约占距长的1/3；下花瓣长约1.3cm，瓣片与爪的过渡部分较狭。蒴果线状长圆形，具1列种子。种子黑亮，扁圆形，具印痕状凹点，具大而舟状的种阜。

生山谷或沟边湿地。七目嶂路旁偶见。

全草药用，清热祛火。

2. 小花黄堇
Corydalis racemosa (Thunb.) Pers.

茎具棱，分枝，具叶，枝条花葶状，对叶生。基生叶常早枯萎；茎生叶具短柄，二回羽状全裂，羽片3~4对，小羽片1~2对。总状花序密具多花；花黄色至淡黄色。萼片小，卵圆形，早落。蒴果线形，具1列种子。花果期3~7月。

生林缘阴湿地或多石溪边。七目嶂偶见。

全草入药，有杀虫解毒、外敷治疮疖和蛇伤的作用。

39 十字花科 Cruciferae

一年生、二年生或多年生草本。有时具块根。基生叶呈旋叠状或莲座状，茎生叶通常互生；有柄或无柄，单叶全缘、有齿或分裂，基部有时抱茎或半抱茎；通常无托叶。花整齐，两性，罕单性；花序常总状，顶生或腋生，稀单生；萼片和花瓣4，分离，成"十"字形排列，花色各异。果实为长角果或短角果。种子小。本科300余属约3200种。中国96属411种。七目嶂4属7种。

1. 荠属 Capsella Medic.

一年或二年生草本。茎直立，无毛或具单毛或分叉毛。基生叶莲座状，羽状分裂至全缘，有叶柄；茎生叶无柄，基部耳状抱茎。总状花序伞房状，花疏生，果期延长；萼片近直立，长圆形；花瓣白色或带粉红色，匙形。短角果倒三角形或倒心状三角形，扁平，无翅，无毛。本属约5种。中国1种。七目嶂有分布。

1. 荠
Capsella bursa-pastoris (L.) Medik.

无毛或有单毛或分叉毛。茎直立。基生叶丛生呈莲座状，大头羽状分裂，具柄；茎生叶窄披针形或披针形，基部箭形，抱茎，边缘有缺刻或锯齿。总状花序顶生及腋生；萼片长圆形；花瓣白色，卵形，有短爪。短角果倒三角形或倒心状三角形，扁平，无毛，顶端微凹。花果期4~6月。

生山坡、田边及路旁，广布。七目嶂路旁较常见。

全草入药，有利尿、止血、清热、明目、消积之效；茎叶作蔬菜食用。

2. 碎米荠属 Cardamine L.

一年生、二年生或多年生草本。有单毛或无毛。根状茎不明显或显著。茎单一，不分枝或自基部、上部分枝。叶为单叶或为各种羽裂，或为羽状复叶；具叶柄，稀无柄。总状花序通常无苞片，初开时伞房状；萼片直立或稍开展；花瓣白色或紫色，倒卵形或倒心形，有时具爪。长角果线形，扁平。本属约200种。中国48种。七目嶂1种。

1. 碎米荠
Cardamine hirsuta L.

茎直立，下部有时淡紫色，被毛，上部毛渐少。基生叶具叶柄，有小叶2~5对，有圆齿；茎生叶具短柄，有小叶3~6对，常3齿裂；叶两面稍有毛。总状花序生于枝顶；花小；萼片绿色或淡紫色；花瓣白色，倒卵形。长角果线形，稍扁，无毛。花期2~4月，果期4~6月。

多生于山坡、路旁、荒地及耕地的草丛中。七目嶂路旁较常见。

全草可作野菜食用；也供药用，能清热去湿。

3. 蔊菜属 Rorippa Scop.

一、二年生或多年生草本。植株无毛或具单毛。茎直立或呈披散状，多数有分枝。叶全缘、浅裂或羽状分裂。花小，多数，黄色，总状花序顶生，稀每花生于叶状苞片腋部；萼片4，开展，长圆形或宽披针形；花瓣4或有时缺，倒卵形，稀具爪；雄蕊6或较少。长角果多数呈细圆柱形或线形，或短角果呈椭圆形或球形。本属90余种。中国9种。七目嶂4种。

1. 广州蔊菜
Rorippa cantoniensis (Lour.) Ohwi.

基生叶具柄，基部扩大贴茎，叶片羽状深裂或浅裂，裂片4~6，边缘具2~3缺刻状齿；茎生叶渐缩小，无柄，基部呈短耳状抱茎。总状花序顶生；花黄色，生于叶状苞片腋部；花瓣4，倒卵形。短角果圆柱形。花期3~4月，果期4~6月。

生田边路旁、山沟、河边或潮湿地。七目嶂路旁偶见。幼苗洗净后即可作菜，亦可作优质饲料。

2. 无瓣蔊菜
Rorippa dubia (Pers.) H. Hara.

茎直立或披散状分枝，具纵沟，全株无毛。单叶互生，基生叶与茎下部叶倒卵形或倒卵状披针形，常呈大头羽状分裂，边缘具不规则齿；茎上部叶卵状披针形或长圆形，边缘具波状齿。总状花序顶生或侧生；花小，多数；萼片4，直立；无花瓣。长角果线形。花期4~6月，果期6~8月。

生于山坡路旁、山谷、河边湿地、较潮湿处。七目嶂路旁较常见。

全草入药，内服有解表健胃、止咳化痰、平喘、清热解毒、散热消肿等效；外用治痈肿疮毒及烫火伤。

4. 蔊菜（塘葛菜）
Rorippa indica (L.) Hiern

植株较粗壮，无毛或具疏毛。叶互生，基生叶及茎下部叶具长柄，叶形多变化，通常大头羽状分裂，顶端裂片大，卵状披针形，边缘具不整齐牙齿，侧裂片1~5对；茎上部叶片宽披针形或匙形，边缘具疏齿，具短柄或基部耳状抱茎。总状花序顶生或侧生；花小，多数，具细花梗；萼片4，卵状长圆形；花瓣4，黄色，匙形，基部渐狭成短爪，与萼片近等长；雄蕊6，2枚稍短。长角果线状圆柱形，短而粗。花期4~6月，果期6~8月。

生路旁、田边、河边及山坡路旁等较潮湿处。七目嶂路旁较常见。

全草入药，清热解毒、止咳化痰、活血通络，治黄疸病、疔疮红肿疼痛；作为蔬菜食用的是嫩茎叶。

3. 风花菜
Rorippa globosa (Turcz. ex Fisch. & C. A. Mey.) Hayek

植株被白色硬毛或近无毛。茎单一，基部木质化。茎下部叶具柄，上部叶无柄；叶片长圆形至倒卵状披针形，边缘具不整齐粗齿，两面被疏毛，尤以叶脉为显。总状花序多数，呈圆锥花序式排列，果期伸长；花小，黄色，具细梗；花瓣4，倒卵形，与萼片等长或稍短。短角果实近球形；果瓣隆起，平滑无毛，有不明显网纹。种子多数，淡褐色，极细小，扁卵形，一端微凹。花期4~6月，果期7~9月。

生于河岸、湿地、路旁、沟边或草丛中，也生于干旱处。七目嶂草丛偶见。

具清热利尿、解毒的功效；幼苗及嫩株可食用。

4. 阴山荠属 **Yinshania** Ma & Y. Z. Zhao

一年生草本。植株被单毛或无毛。茎直立，上部分枝多。叶羽状全裂或深裂，具柄。萼片展开，基部不成囊状；花瓣白色，倒卵状楔形；雄蕊离生；侧蜜腺三角状卵形，外侧汇合成半环形，向内开口，另一端延伸成小凸起，中蜜腺无。短角果披针状椭圆形，开裂，果瓣舟状。种子每室1行，卵形，表面具细网纹，遇水有胶黏物质；子叶背倚胚根或斜背倚胚根。本属13种，为中国特有属。七目嶂1种。

1. 缺腭果荠
Yinshania sinuata (K. C. Kuan) Al-Shehbaz & al.

全株无毛。茎上升，分枝。基生叶及茎生叶卵形，顶端圆钝，具短尖，基部圆形，边缘有数个弯缺，具小凸尖，侧脉显著。总状花序顶生及腋生，具7~10花；花白色；萼片卵形，长约1.5mm，顶端圆形；花瓣倒卵形，有细脉纹。短角果倒披针状椭圆形。种子7~10，卵形，灰褐色。花期3月，果期5月。

生山坡沟边岩石上。七目嶂林下见。

40 堇菜科 Violaceae

多年生草本、半灌木或小灌木，稀为一年生草本、攀缘灌木或小乔木。叶为单叶，常互生，稀对生、全缘、有锯齿或分裂，有叶柄；托叶小或叶状。花两性或单性，稀杂性，辐射对称或两侧对称，单生或组成腋生或顶生的穗状、总状或圆锥状花序；萼片和花瓣5，覆瓦状；雄蕊5。蒴果或浆果状。本科约22属900余种。中国3属100余种。七目嶂1属5种。

1. 堇菜属 Viola L.

多年生，少数为二年生草本，稀半灌木。具根状茎。叶为单叶，互生或基生，全缘、具齿或分裂；托叶呈叶状，离生或与叶柄合生。花两性，两侧对称，单生，稀为2花；春季花有花瓣，夏季花无花瓣；花梗腋生，有2枚小苞片；萼片5，略同形；花瓣5，异形，稀同形；雄蕊5。蒴果球形、长圆形或卵圆状。本属550余种。中国约96种。七目嶂5种。

1. 七星莲
Viola diffusa Ging.

全体被糙毛或白色柔毛，花期生出地上匍匐枝。基生叶多数，丛生呈莲座状；叶片卵形或卵状长圆形，边缘具钝齿及缘毛；叶柄具明显的翅，通常有毛；托叶1/3与叶柄合生。花较小，淡紫色或浅黄色，具长梗，生叶腋；距极短。蒴果长圆形，花柱宿存，无毛。花期3~5月，果期5~8月。

生于山地林下、林缘、草坡、溪谷旁、岩石缝隙中。七目嶂偶见。

全草入药，能清热解毒；外用可消肿、排脓。

2. 柔毛堇菜
Viola fargesii H. Boissieu

全体被开展的白色柔毛。根状茎较粗壮。匍匐枝较长，延伸，有柔毛，有时似茎状。叶近基生或互生于匍匐枝上；叶片卵形或宽卵形，有时近圆形，边缘密生浅钝齿，下面尤其沿叶脉毛较密；叶柄密被长柔毛，无翅；托叶大部分离生，边缘具长流苏状齿。花白色；花梗通常高出于叶丛，密被开展的白色柔毛；花瓣长圆状倒卵形，先端稍尖。蒴果长圆形。花期3~6月，果期6~9月。

生山地林下、林缘、草地、溪谷、沟边及路旁等处。七目嶂路旁偶见。

3. 长萼堇菜
Viola inconspicua Blume

无地上茎。叶均基生，莲座状；叶片三角形、三角状卵形或戟形，基部宽心形，边缘具圆锯齿，两面通常无毛；叶柄无毛；托叶3/4与叶柄合生。花淡紫色，有暗色条纹；花梗细弱，与叶等长或稍长；萼片基部附属物伸长，末端具缺刻状浅齿；距管状。蒴果长圆形，无毛。花果期3~11月。

生林缘、山坡草地、田边及溪旁等处。七目嶂路边较常见。

全草入药，能清热解毒。

4. 亮毛堇菜
Viola lucens W. Becker

全体被白色长柔毛，具匍匐枝。根状茎垂直，密生结节。匍匐枝细，顶端常形成新植株。叶基生，莲座状；叶长圆状卵形或长圆形，边缘具圆齿，两面密生白色状长柔毛；托叶褐色，披针形，边缘具流苏状齿。花淡紫色；萼片狭披针形，狭膜质缘，基部附属物短；子房球形，无毛，花柱棍棒状，基部膝曲，顶部增粗，柱头两侧有狭缘边，先端具短喙。蒴果卵圆形，无毛。

生山坡草丛或路旁等处。七目嶂路旁偶见。

5. 南岭堇菜
Viola nanlingensis J. S. Zhou & F. W. Xing

无地上茎，具横走的匍匐枝。根状茎垂直。叶基生或轮生于匍匐枝顶端；叶片卵形或椭圆形，先端尖，基部心形，叶缘具圆齿；叶柄具狭翅。花浅紫色；花梗中部以上具2线形小苞片；萼片线状披针形；上瓣及侧瓣倒卵形，侧瓣基部有须毛，下瓣短，具紫色条纹，先端尖。蒴果卵形。种子卵形。花期3~5月，果期7~10月。

生山地林缘阴湿处。七目嶂偶见。

42 远志科 Polygalaceae

一年生或多年生草本，或灌木或乔木，罕为寄生小草本。单叶互生、对生或轮生；叶片纸质或革质，全缘；羽状脉，稀退化为鳞片状；无托叶。花两性，两侧对称，白色、黄色或紫红色，排成总状花序、圆锥花序或穗状花序，腋生或顶生；花萼5，常呈花瓣状；花瓣通常3；雄蕊4~8。果为蒴果，或为翅果、坚果。本科13~17属近1000种。中国5属31种。七目嶂2属5种。

1. 远志属 Polygala L.

一年生或多年生草本、灌木或小乔木。单叶互生，稀对生或轮生，纸质或近革质，全缘。总状花序顶生、腋生或腋外生；花两性，两侧对称，具苞片；萼片5，不等大，常花瓣状；花瓣3，白色、黄色或紫红色，侧瓣与龙骨瓣常于中部以下合生，龙骨瓣顶端背部具鸡冠状附属物；雄蕊8。果为蒴果，具翅或无。本属约500种。中国44种。七目嶂4种。

1. 华南远志
Polygala chinensis L.

茎枝较粗。叶互生，纸质，倒卵形、椭圆形或披针形，全缘，微反卷，疏被短柔毛；叶柄极短，被柔毛。总状花序腋上生，花少而密集；花梗极短，基部具2苞片，早落；萼片5，绿色，宿存；花瓣3，淡黄色或淡红色，侧瓣较龙骨瓣短。蒴果圆形，具狭翅及缘毛。花期4~10月，果期5~11月。

生山坡草地或灌丛中。七目嶂偶见。

全草入药，有清热解毒、消积、祛痰止咳、活血散瘀之功效。

2. 黄花倒水莲
Polygala fallax Hemsl.

小枝、叶柄、叶和花序被密毛。单叶互生，膜质，披针形至椭圆状披针形，全缘；叶柄具槽。总状花序顶生或腋生；萼片5，早落，花瓣状；花瓣3，正黄色，侧生花瓣长圆形，先端几截形，内侧无毛，龙骨瓣鸡冠状附属物具柄。蒴果阔倒心形至圆形，绿黄色，无翅。

花期5~8月，果期8~10月。

生山谷林下水旁，阴湿处。七目嶂偶见。

根入药，有补气血、健脾利湿、活血调经的功能。

3. 狭叶香港远志
Polygala hongkongensis Hemsl. var. **stenophylla** (Hayata) Migo

茎枝细，疏被至密被卷曲短柔毛。单叶互生，叶片纸质或膜质，叶狭披针形，小，叶面绿色，背面淡绿色至苍白色，两面均无毛；主脉在上面稍凹，背面隆起，侧脉3对，不明显；叶柄被短柔毛。总状花序顶生，基部具3苞片；苞片钻形，花后脱落；萼片5，宿存，具缘毛，外面3枚舟形或椭圆形，内凹，长约4mm，中间1枚沿中脉具狭翅，内萼片椭圆形；花丝4/5以下合生成鞘。蒴果近圆形，具阔翅，先端具缺刻，基部具宿存萼片。种子2，卵形，黑色，被白色细柔毛；种阜3裂，长达种子长度的1/2。花期5~6月，果期6~7月。

生沟谷林下、林缘或山坡草地。七目嶂草地偶见。

全草入药，祛风驱寒。

4. 大叶金牛
Polygala latouchei Franch.

茎、枝被短柔毛，中下部具圆形凸起的黄褐色叶痕。单叶密集于枝的上部，叶片纸质，卵状披针形至倒卵状或椭圆状披针形，疏被或密被白色小刚毛。总状花序顶生或生于枝顶的数个叶腋内，被短柔毛，具密集的花；花小，卵状披针形，被刚毛及缘毛；萼片5，花后脱落；花瓣3，膜质，粉红色至紫红色。蒴果近圆形，具翅。种子卵形，黑色。花期3~4月，果期4~5月。

生林下岩石上或山坡草地。七目嶂草地偶见。

全草入药，用于治疗咳嗽、咳血、小儿疳积、失眠等。

2. 齿果草属 Salomonia Lour.

一年生直立草本或寄生小草本。茎枝绿色或黄色、褐色至紫罗兰色。单叶互生，叶片膜质或纸质，椭圆形、卵形或卵状披针形，绿色，全缘；具柄或无柄，或退化为褐色、小而紧贴的鳞片状。花极小，两侧对称，排列成顶生的穗状花序，具小苞片；萼片5，宿存，几相等，里面2枚往往略大；花瓣3，白色或淡红紫色，中间1枚龙骨瓣状；子房2室，每室具1倒生胚珠，花柱光滑，向上部增粗，并弯曲，柱头头状。蒴果肾形、阔圆形或倒心形，侧扁，室背开裂，两侧边缘具齿或无齿。种子卵球形，黑色。本属约10种。中国4种。七目嶂1种。

1. 齿果草
Salomonia cantoniensis Lour.

根纤细，芳香。茎细弱，多分枝，无毛，具狭翅。单叶互生，叶片膜质，卵状心形或心形，全缘或微波状。穗状花序顶生，多花，花后延长；花极小；萼片5，极小，线状钻形，基部连合；花柱光滑，柱头微裂。蒴果肾形，两侧具2列三角状尖齿。果片具蜂窝状网纹。种子2，卵形。花期7~8月，果期8~10月。

生山坡林下、灌丛中或草地。七目嶂林下偶见。

全草入药，解毒消炎、散瘀镇痛。

45 景天科 Crassulaceae

草本、亚灌木或灌木。常有肥厚、肉质的茎、叶。叶互生、对生或轮生，无托叶，常为单叶，全缘或稍有缺刻，稀单数羽状复叶。常为聚伞花序，或为伞房状、穗状、总状或圆锥状，稀单生；花两性，或为单性而雌雄异株，辐射对称，各部常分离，稀合生；雄蕊和心皮均与萼片或花瓣同数或倍数。蓇葖果，稀蒴果。本科35属1500种以上。中国13属233种。七目嶂1属1种。

1. 景天属 Sedum L.

一年生或多年生草本。少有茎基部呈木质，无毛或被毛，肉质，直立或外倾的，有时丛生或藓状。叶各式，对生、互生或轮生，全缘或有锯齿，少有线形的。花序聚伞状或伞房状，腋生或顶生；花白色、黄色、红色、紫色；常为两性，稀退化为单性；常为不等5基数，少有4~9基数；花瓣分离或基部合生；雄蕊通常为花瓣数的二倍，对瓣雄蕊贴生在花瓣基部或稍上处；鳞片全缘或有微缺；心皮分离，或在基部合生，基部宽阔，无柄，花柱短。蓇葖有种子多数或少数。本属 470 种左右。中国 121 种。七目嶂 1 种。

1. 薄叶景天
Sedum leptophyllum Frod.

植株无毛。须根短。不育枝细弱。花茎自基部发出，下部不具叶。3 叶轮生，叶狭线状披针形至狭线状倒披针形。花序伞房蝎尾状，宽达 8cm；苞片与叶相似；萼片 5，狭三角形；花瓣 5，狭披针形；花柱长 1mm 以内，基部 1mm 合生，略叉开。种子 2~5。花期 7~8 月，果期 9~10 月。

生常绿阔叶林下。七目嶂林下偶见。

48 茅膏菜科 Droseraceae

食虫植物，多年生或一年生草本，陆生或水生。叶互生，常莲座状密集，稀轮生，通常被头状黏腺毛，幼叶常拳卷；托叶有或无。花通常多朵排成顶生或腋生的聚伞花序，稀单生叶腋，两性，辐射对称；萼通常 5 裂至近基部或基部，稀 4 或 6~7 裂；花瓣 5，分离；雄蕊通常 5，与花瓣互生；花柱 2~5。蒴果，室背开裂。本科 4 属 100 余种。中国 2 属 7 种。七目嶂 1 属 1 种。

1. 茅膏菜属 Drosera L.

陆生食虫草本，通常多年生。叶互生或基生而莲座状密集，被头状黏腺毛；幼叶常拳卷；托叶膜质。聚伞花序顶生或腋生，幼时弯卷；花萼 5 裂，稀 4~8 裂，基部多少合生，宿存；花瓣 5，分离，花时开展，花后聚集扭转，宿存于顶部；雄蕊与花瓣同数，互生；花柱 3~5，稀 2~6，宿存。蒴果，室背开裂。本属约 100 种。中国 6 种。七目嶂 1 种。

1. 光萼茅膏菜
Drosera peltata var. **glabrata** Y. Z. Ruan

直立，有时攀缘状，具紫红色汁液。退化基生叶线状钻形；不退化基生叶圆形或扁圆形；茎生叶稀疏，盾状，互生；叶片半月形或半圆形，叶缘密具单一或成对而一长一短的头状黏腺毛，背面无毛。螺状聚伞花序生于枝顶和茎顶，花瓣白色，萼背无毛。蒴果。花果期 6~9 月。

生山坡、山腰、山顶和溪边等草丛、灌丛和疏林下。七目嶂偶见。

全草入药，具有祛风除湿、行血止痛、治风湿骨痛和抗菌消炎功效。

53 石竹科 Caryophyllaceae

一年生或多年生草本，稀亚灌木。茎节通常膨大，具关节。单叶对生，稀互生或轮生，全缘，基部多少连合；托叶有或缺。聚伞花序或聚伞圆锥花序，稀单生；花辐射对称，两性，稀单性；萼片 5，稀 4；花瓣 5，稀 4，瓣片全缘或分裂；雄蕊 10，2 轮列，稀 5 或 2；雌蕊 1，由 2~5 枚合生心皮构成。蒴果。本科 75~80 属 2000 种。中国 30 属约 390 种。七目嶂 2 属 2 种。

1. 鹅肠菜属 Myosoton Moench

二年生或多年生草本。茎下部匍匐，无毛，上部直立，被腺毛。叶对生。花两性，白色，排列成顶生二歧聚伞花序；萼片 5；花瓣 5，比萼片短，2 深裂至基部；雄蕊 10；子房 1 室，花柱 5。蒴果卵形，比萼片稍长，5 瓣裂至中部，裂瓣顶端再 2 齿裂。种子肾状圆形；种脊具疣状凸起。单种属。七目嶂有分布。

1. 鹅肠菜
Myosoton aquaticum (L.) Moench

种的特征与属同。花期 5~8 月，果期 6~9 月。

生河流两旁冲积沙地的低湿处或灌丛林缘、水沟旁。七目嶂灌丛偶见。

全株入药，有清热解毒、舒筋活血、祛瘀消肿之功效。

景天科Crassulaceae/茅膏菜科Droseraceae/石竹科Caryophyllaceae/粟米草科Molluginaceae/马齿苋科Portulacaceae

营养价值较高，嫩叶或嫩苗可食。

2. 繁缕属 Stellaria L.

一年生或多年生草本。叶扁平，形状各异。花小，多数组成顶生聚伞花序，稀单生叶腋；萼片5，稀4；花瓣5，稀4，白色，稀绿色，2深裂，稀微凹或多裂，有时无花瓣；雄蕊10，稀少数；花柱3，稀2。蒴果卵球形或卵形，裂齿数为花柱数的2倍。本属约190种。中国64种。七目嶂1种。

1. 雀舌草

Stellaria alsine Grinum

全株无毛。茎丛生，稍披散，多分枝。叶无柄；叶片披针形至长圆状披针形，细小，半抱茎，边缘软骨质，下面粉绿色。聚伞花序通常具3~5花，顶生或花单生叶腋；萼片5，基部多少合生；花瓣5，白色，略短于萼片，2深裂；雄蕊5~7。蒴果卵球形。种子多数。花期5~6月，果期7~8月。

生田间、溪岸或潮湿地。七目嶂田间较常见。

全株药用，可强筋骨、治刀伤。

54 粟米草科 Molluginaceae

草本。叶对生、互生或假轮生，有时肉质；托叶有或无。花两性，小，辐射对称，单生、簇生或组成聚伞花序、伞形花序；萼片通常5枚；花被片5，分离或基部合生，覆瓦状排列，宿存；雄蕊常3或多数；心皮3~5，连合或离生，花柱、柱头与子房同数。蒴果，室背开裂或环裂，稀不裂。种子多数。本科约14属120种。中国3属8种。七目嶂1属1种。

1. 粟米草属 Mollugo L.

一年生草本。茎披散、斜升或直立，多分枝，无毛。单叶，基生、近对生或假轮生，全缘。花小，具梗，顶生或腋生，簇生或成聚伞花序、伞形花序；花被片5，离生，草质；雄蕊通常3，有时4或5，稀更多（6~10），与花被片互生；心皮3（~5），合生，花柱3（~5）。蒴果，球形。种子多数。本属约35种。中国4种。七目嶂1种。

1. 粟米草

Mollugo stricta L.

茎纤细，多分枝，有棱角，无毛，老茎通常淡红褐色。

3~5叶假轮生或对生，叶片披针形或线状披针形，细长，全缘，中脉明显；叶柄短或近无柄。花极小，组成疏松聚伞花序，顶生或与叶对生；花被片5，淡绿色；雄蕊通常3；花柱3。蒴果近球形。种子多数。花期6~8月，果期8~10月。

生空旷荒地、农田。七目嶂旷地常见。

全草可供药用，有清热解毒功效，治腹痛泄泻、皮肤热疹、火眼及蛇伤。

56 马齿苋科 Portulacaceae

一年生或多年生草本，稀亚灌木。单叶，互生或对生，全缘，常肉质；托叶有或无。花两性，整齐或不整齐，腋生或顶生，单生或簇生，或成各种花序；萼片2，稀5，分离或基部连合；花瓣4~5，稀更多，覆瓦状排列，分离或基部稍连合；雄蕊与花瓣同数，对生；柱头2~5裂。蒴果，稀坚果。种子多数，稀2。本科约19属500种。中国2属6种。七目嶂2属3种。

1. 马齿苋属 Portulaca L.

一年生或多年生肉质草本。无毛或被疏柔毛。茎披散。叶互生或近对生或在茎上部轮生，叶片圆柱状或扁平；有托叶，稀无。花顶生，单生或簇生；常具数片叶状总苞；萼片2，筒状；花瓣4或5，离生或下部连合，花开后黏液质；雄蕊4至多数，着生花瓣上；花柱上端3~9裂成线状柱头。蒴果盖裂。本属约150种。中国5种。七目嶂2种。

1. 马齿苋

Portulaca oleracea L.

全株无毛。茎伏地披散，多分枝，圆柱形，常带暗红色。叶互生，有时近对生，叶片扁平，肥厚，倒卵形，似马齿状，全缘；叶柄粗短。花无梗，常3~5花簇生枝端，午时盛开；苞片2~6，叶状；萼片2，对生，绿色，盔形，基部合生；花瓣5，黄色，基部合生。蒴果卵球形。花期5~8月，果期6~9月。

生菜园、农田、路旁，为田间常见杂草。七目嶂路边、旷地较常见。

全草供药用，有清热利湿、解毒消肿、消炎、止渴、利尿作用；种子有明目的功效；嫩茎叶可作蔬菜。

2. 毛马齿苋
Portulaca pilosa L.

茎密丛生，铺散，多分枝。叶互生，叶片近圆柱状线形或钻状狭披针形，腋内有长疏柔毛，茎上部较密。花无梗，围以6~9轮生叶，密生长柔毛；萼片长圆形，渐尖或急尖；花瓣5，膜质，红紫色；花柱短，柱头3~6裂。蒴果卵球形，蜡黄色，有光泽，盖裂。种子小，深褐黑色，有小瘤体。花果期5~8月。

多生于开阔地。七目嶂草地偶见。

用作刀伤药。

2. 土人参属 **Talinum** Adens.

一年生或多年生草本，或亚灌木。茎直立，肉质，无毛。叶互生或部分对生，叶片扁平，全缘，无柄或具短柄，无托叶。花小，成顶生总状花序或圆锥花序，稀单生叶腋；萼片2，分离或基部短合生；花瓣5，稀更多，红色；雄蕊5至多数，通常贴生花瓣基部；花柱顶端3裂。蒴果常俯垂，3瓣裂。本属约50种。中国1种，栽培后逸为野生。七目嶂1种。

1. 土人参
Talinum paniculatum (Jacq.) Gaertn.

全株无毛。茎直立，肉质，基部近木质，多少分枝，圆柱形，有时具槽。叶互生或近对生，具短柄或近无柄，叶片稍肉质，倒卵形或倒卵状长椭圆形，全缘。圆锥花序顶生或腋生，常二叉状分枝；花小；花瓣粉红色或淡紫红色。蒴果近球形，3瓣裂。花期6~8月，果期9~11月。

原产热带美洲。中国中部和南部均有栽植，有的逸为野生，生阴湿地。七目嶂路边偶见。

根、叶入药，根为滋补强壮药，补中益气、润肺生津；叶消肿解毒，外敷治疗疮疖肿；叶也作蔬菜。

57 蓼科 Polygonaceae

草本，稀灌木或小乔木。茎直立，平卧、攀缘或缠绕，通常具膨大的节。单叶，互生，稀对生或轮生，常全缘，稀分裂，叶柄有或无；托叶常成鞘状。花序穗状、总状、头状或圆锥状，顶生或腋生；花小，两性，稀单性，雌雄异株或雌雄同株，辐射对称；花梗通常具关节。瘦果，卵形或椭圆形，具棱、翅或刺。本科约50属1120种。中国13属238种。七目嶂4属15种。

1. 何首乌属 **Fallopia** Adans.

一年生或多年生草本，稀半灌木。茎缠绕。叶互生，卵形或心形，具叶柄；托叶鞘筒状，顶端截形或偏斜。花序总状或圆锥状，顶生或腋生；花两性，花被5深裂，外面3枚具翅或龙骨状凸起，果时增大，稀无翅无龙骨状凸起；雄蕊通常8，花丝丝状，花药卵形；子房卵形，具3棱，花柱3，较短，柱头头状。瘦果卵形，具3棱，包于宿存花被内。本属8~9种。中国8种。七目嶂1种。

1. 何首乌
Fallopia multiflora (Thunb.) Gaertner

块根肥厚，长椭圆形，黑褐色。茎缠绕。叶卵形或长卵形，顶端渐尖，基部心形或近心形，两面粗糙，边缘全缘，叶下面无小凸起；托叶鞘膜质，偏斜，无毛。花序圆锥状，顶生或腋生，沿棱密被小凸起；苞片三角状卵形，具小凸起；花梗细弱；花被5深裂，白色或淡绿色，外面3枚较大，背部具翅；雄蕊8，花丝下部较宽；花柱3，极短，柱头头状。瘦果卵形，具3棱。花期8~9月，果期9~10月。

生山谷灌丛、山坡林下、沟边石隙。七目嶂灌丛偶见。

补益精血、乌须发、强筋骨、补肝肾，是常见名贵中药材。

2. 蓼属 Polygonum L.

一年生或多年生草本，稀亚灌木或小灌木。茎直立、平卧或上升，被毛或无，通常节部膨大。叶互生，线形、披针形、卵形、椭圆形、箭形或戟形，全缘，稀具裂片；托叶鞘筒状。花序穗状、总状、头状或圆锥状，顶生或腋生，稀簇生叶腋；花两性，稀单性；花梗具关节。瘦果卵形或近球形，具3棱或双凸镜状。本属约230种。中国113种。七目嶂12种。

1. 毛蓼
Polygonum barbatum L.

根状茎横走。茎直立，具短柔毛。叶披针形或椭圆状披针形，顶端渐尖，基部楔形，边缘具缘毛，两面疏被短柔毛；叶柄密生细刚毛；托叶鞘筒状，密被细刚毛。总状花序呈穗状，紧密，直立，通常数个组成圆锥状；苞片漏斗状，无毛，边缘具粗缘毛，每苞内具3~5花，花梗短；花被5深裂，白色或淡绿色，花被片椭圆形。瘦果卵形，具3棱，黑色。花期8~9月，果期9~10月。

生沟边湿地、水边。七目嶂水边偶见。

全草入药，有清热解毒、排脓生肌、活血之功效。

2. 火炭母
Polygonum chinense L.

茎直立，无毛，具纵棱，多分枝，斜上。叶卵形或长卵形，全缘，无毛，稀下面叶被疏毛，叶具柄或无；托叶鞘膜质，无毛，无缘毛。头状花序再排成圆锥状，顶生或腋生，花序梗被腺毛；花被时增大，呈肉质，蓝黑色。瘦果宽卵形，具3棱，包于宿存的花被。花期7~9月，果期8~10月。

生旷地、山谷湿地、山坡草地。七目嶂常见。

全草入药，味淡、涩，性凉，可清热解毒、散瘀消肿。

3. 水蓼
Polygonum hydropiper L.

茎直立，多分枝，无毛，节部膨大。叶披针形或椭圆状披针形，边缘全缘，具缘毛，两面无毛，被褐色小点，有时沿中脉具短硬伏毛，具辛辣味；总状花序呈穗状，顶生或腋生，通常下垂；花稀疏，下部间断；花被5深裂，稀4裂，绿色；雄蕊6，稀8，比花被短；花柱2~3，柱头头状。瘦果卵形，双凸镜状或具3棱，密被小点，黑褐色，无光泽，包于宿存花被内。花期5~9月，果期6~10月。

生河滩、水沟边、山谷湿地。七目嶂溪边偶见。

全草入药，消肿解毒、利尿、止痢。

4. 柔茎蓼
Polygonum kawagoeanum Makino

茎细弱，通常自基部分枝，红褐色，叶线状披针形或狭披针形，两面疏被短柔毛或近无毛，沿中脉被硬伏毛，边缘具短缘毛；叶柄极短或近无柄。总状花序呈穗状，直立，顶生或腋生；苞片漏斗状，具粗缘毛；花被5深裂，花被片椭圆形。瘦果卵形，双凸镜状，黑色，有光泽，包于宿存花被内。花期5~9月，果期6~10月。

生于田边湿地或山谷溪边。七目嶂田边偶见。

5. 酸模叶蓼
Polygonum lapathifolium L.

茎直立，具分枝，无毛，节部膨大。叶披针形或宽披针形，上面绿色，常有一个大的黑褐色新月形斑点，两面沿中脉被短硬伏毛，边缘具粗缘毛；叶柄短，具短硬伏毛；托叶鞘筒状，膜质，稀具短缘毛。总状花序呈穗状，顶生或腋生，花紧密，通常由数个花穗再组成圆锥状，花序梗被腺体；苞片漏斗状，边缘具稀疏短缘毛；花被淡红色或白色，4（~5）深裂。瘦果宽卵形，双凹，黑褐色。花期6~8月，果期7~9月。

生田边、路旁、水边、荒地或沟边湿地。七目嶂路旁偶见。

6. 长鬃蓼
Polygonum longisetum Bruijn

茎直立、上升或基部近平卧。叶披针形或宽披针形，上面近无毛，下面沿叶脉具短伏毛，边缘具缘毛；托叶鞘筒状，疏生柔毛，缘毛。总状花序呈穗状，顶生或腋生；苞片漏斗状，无毛，边缘具长缘毛；花被5深裂，淡红色或紫红色。瘦果宽卵形，具3棱，黑色，有光泽，包于宿存花被内。花期6~8，果期7~9月。

生山谷水边、河边草地。七目嶂草地偶见。

用于裸地、荒坡的绿化覆盖，与碧草绿树配植更佳。

7. 杠板归
Polygonum perfoliatum (L.) L.

茎攀缘，多分枝，具纵棱，沿棱具稀疏的倒生皮刺。叶三角形，顶端钝或微尖，基部截形或微心形，薄纸质，上面无毛，下面沿叶脉疏生皮刺；叶柄与叶片近等长，具倒生皮刺；托叶鞘叶状，草质。总状花序呈短穗状，不分枝顶生或腋生；苞片卵圆形，每苞片内具2~4花；花被5深裂，果时增大，呈肉质，深蓝色；花柱3，中上部合生；柱头头状。瘦果球形，包于宿存花被内。花期6~8月，果期7~10月。

生田边、路旁、山谷湿地。七目嶂路旁偶见。

地上干燥部分入药具有清热解毒、利水消肿、止咳之功效。

8. 腋花蓼
Polygonum plebeium R. Br.

茎平卧，具纵棱，沿棱具小凸起，通常小枝的节间比叶片短。叶狭椭圆形或倒披针形，两面无毛，侧脉不明显；叶柄极短或近无柄；托叶鞘膜质，白色，透明。花3~6，簇生于叶腋，遍布于全植株；苞片膜质；花被5深裂，花被片长椭圆形，绿色，背部稍隆起，边缘白色或淡红色；雄蕊5；花柱3，柱头头状。瘦果宽卵形，具3锐棱或双凸镜状。花期5~8月，果期6~9月。

生田边、路旁、水边湿地。七目嶂路旁偶见。

全草入药，利尿通淋、化湿杀虫，治恶疮疥癣、阴蚀、蛔虫病。

9. 丛枝蓼
Polygonum posumbu Buch.-Ham. ex D. Don

茎细弱，无毛，具纵棱，下部多分枝。叶卵状披针形或卵形，纸质，两面被疏毛；叶柄具硬伏毛；托叶鞘筒状，缘毛较粗长。总状花序呈穗状，顶生或腋生，细弱，下部间断，花稀疏，花序梗无腺体；花梗短，花被5深裂，淡红色。瘦果卵形，具3棱。花期6~9月，果期7~10月。

生山坡林下、山谷水边，七目嶂沟边偶见。

全草入药，味辛、性温，祛风利湿、散瘀止痛、消肿解毒。

圆形；雄蕊8，成2轮，比花被短；花柱3，中下部合生；柱头头状。瘦果近球形，微具3棱，黑褐色，无光泽，包于宿存花被内。花期6~7月，果期7~9月。

生山坡、山谷及林下。七目嶂林下偶见。

外用，解毒消肿、利湿止痒。

10. 伏毛蓼
Polygonum pubescens Blume

茎直立，疏生短硬伏毛，节部明显膨大。叶卵状披针形或宽披针形，顶端渐尖或急尖，基部宽楔形，中部具黑褐色斑点，两面密被短硬伏毛，边缘具缘毛；叶柄稍粗壮，密生硬伏毛；托叶鞘筒状，具硬伏毛，顶端截形，具粗壮的长缘毛。总状花序呈穗状，顶生或腋生；苞片漏斗状，绿色，边缘近膜质，具缘毛；花被5深裂，绿色，上部红色，密生淡紫色透明腺点。瘦果卵形，具3棱，黑色，密生小凹点。花期8~9月，果期8~10月。

生沟边、水旁、田边湿地。七目嶂路旁偶见。

12. 糙毛蓼
Polygonum strigosum R. Br.

茎近直立或外倾，分枝，具纵棱，沿棱具倒生皮刺。叶长椭圆形或披针形，顶端渐尖或急尖，基部近心形或截形，有时近箭形，边缘具短缘毛，上面无毛或疏被短糙伏毛，下面沿中脉具倒生皮刺；叶柄具倒生皮刺；托叶鞘筒状，膜质，顶端截形，具长缘毛，基部密被倒生皮刺。总状花序呈穗状，花序梗分枝，密被短柔毛及稀疏的腺毛；苞片椭圆形或卵形，通常被糙硬毛，每苞内具2~3花；花梗比苞片短；花被5深裂，白色或淡红色，花被片椭圆形；雄蕊5~7，比花被短；子房宽卵形，花柱2~3，柱头头状。瘦果近球形，具3棱或双凸，深褐色，无光泽，包于宿存花被内。花期8~9月，果期9~10月。

生山谷水边、林下湿地。七目嶂林下偶见。

3. 虎杖属 Reynoutria Houtt.

多年生草本。根状茎横走。茎直立，中空。叶互生，卵形或卵状椭圆形，全缘，具叶柄；托叶鞘膜质，偏斜，早落。花序圆锥状，腋生；花单性，雌雄异株；花被5深裂；雄蕊6~8；花柱3，柱头流苏状；雌花花被片外面3枚，果时增大，背部具翅。瘦果卵形，具3棱。本属约3种。中国1种。七目嶂有分布。

1. 虎杖
Reynoutria japonica Houtt.

较高大，无毛。根状茎粗壮，横走。茎直立，空心，具棱，无毛，散生红色或紫红斑点。叶宽卵形或卵状椭圆形，近革质，全缘，有小凸起；叶柄具小凸起；托叶鞘偏斜，顶端截形，无缘毛，常破裂。花单性，雌雄异株；花序圆锥状，腋生；苞片漏斗状；花梗中下部具关节；花被5深裂，淡绿色。瘦果卵形，具3棱。花期8~9月，果期9~10月。

生山坡灌丛、山谷、路旁、田边湿地。七目嶂偶见。

根状茎供药用，味苦、性凉，有活血、散瘀、通经、镇咳等功效。

11. 刺蓼
Polygonum senticosum (Meisn.) Franch. & Sav.

茎攀缘，多分枝，被短柔毛，四棱形，沿棱具倒生皮刺。叶片三角形或长三角形，顶端急尖或渐尖，基部戟形，两面被短柔毛，下面沿叶脉具稀疏的倒生皮刺，边缘具缘毛；叶柄粗壮，具倒生皮刺；托叶鞘筒状，边缘具叶状翅，翅肾圆形，草质，绿色，具短缘毛。花序头状，顶生或腋生，花序梗分枝，密被短腺毛；苞片长卵形，淡绿色，边缘膜质，具短缘毛，每苞内具2~3花，花梗粗壮，比苞片短；花被5深裂，淡红色，花被片椭

4. 酸模属 Rumex L.

一年生或多年生草本，稀为灌木。根通常粗壮，有时具根状茎。茎直立，通常具沟槽，分枝或上部分枝。叶基生和茎生，茎生叶互生，边缘全缘或波状，托叶鞘膜质，易破裂而早落。花序圆锥状，多花簇生成轮；花两性，有时杂性，稀单性，雌雄异株；花梗具关节；花被片 6，成 2 轮，宿存，边缘全缘，具齿或针刺，背部具小瘤或无小瘤；雄蕊 6，花药基着；子房卵形，具 3 棱，1 室，含 1 胚珠。瘦果卵形或椭圆形，具 3 锐棱，包于增大的内花被片内。本属约 200 种。中国 27 种。七目嶂 1 种。

1. 酸模
Rumex acetosa L.

根为须根。茎直立，具深沟槽。基生叶和茎下部叶箭形，顶端急尖或圆钝，基部裂片急尖，全缘或微波状；茎上部叶较小，具短叶柄或无柄。花序狭圆锥状，顶生，分枝稀疏；花单性，雌雄异株；花梗中部具关节；花被片 6，成 2 轮；雌花内花被片果时增大，近圆形，全缘。瘦果椭圆形，具 3 锐棱，黑褐色，有光泽。花期 5~7 月，果期 6~8 月。

生山坡、林缘、沟边、路旁。七目嶂路旁偶见。

全草供药用，有凉血、解毒之效。嫩茎、叶可作蔬菜及饲料。

59 商陆科 Phytolaccaceae

草本或灌木，稀为乔木。直立，稀攀缘；植株通常不被毛。单叶互生，全缘；托叶无或细小。花小，两性或有时退化成单性(雌雄异株)，辐射对称或近辐射对称，排列成总状花序或聚伞花序、圆锥花序、穗状花序，腋生或顶生；花被片 4~5，分离或基部连合，大小相等或不等，叶状或花瓣状；雄蕊数目变异大，4~5 或多数，着生花盘上，通常宿存，花药背着，2 室，平行，纵裂；子房上位，间或下位，球形，分离或合生，宿存。果实肉质，浆果或核果，稀蒴果。种子小，侧扁，双凸镜状或肾形、球形，直立；胚乳丰富，粉质或油质，为一弯曲的大胚所围绕。本科 17 属约 120 种。中国 2 属 5 种。七目嶂 1 属 1 种。

1. 商陆属 Phytolacca L.

草本或灌木。常具肥大的肉质根。茎、枝圆柱形，有沟槽或棱角，无毛或幼枝和花序被短柔毛。叶片卵形、椭圆形或披针形，顶端急尖或钝，常有大量的针晶体；有叶柄，稀无；托叶无。花通常两性，稀单性或雌雄异株，小型，有梗或无；花序顶生与叶对生；花被片 5，辐射对称；雄蕊 6~33，着生花被基部，分离或基部连合。浆果，肉质多汁，后干燥，扁球形。种子肾形，扁压，亮黑色，光滑，内种皮膜质；胚环形，包围粉质胚乳。本属约 35 种。中国 4 种。七目嶂 1 种。

1. 美洲商陆
Phytolacca americana L.

根粗壮，肥大，倒圆锥形。茎直立，圆柱形，有时带紫红色。叶片椭圆状卵形或卵状披针形，顶端急尖，基部楔形。总状花序顶生或侧生；花白色，微带红晕；花被片 5；雄蕊、心皮及花柱通常均为 10。果序下垂；浆果扁球形，熟时紫黑色。种子肾圆形。花期 6~8 月，果期 8~10 月。

生路旁荒野。七目嶂边路旁偶见。

多见于庭园栽培，观赏用。

61 藜科 Chenopodiaceae

一年生草本、亚灌木、灌木，稀多年生。茎和枝有时具关节。叶互生或对生，扁平或圆柱状及半圆柱状，稀鳞片状，无托叶。花为单被花，两性，稀杂性或单性；

有苞片或无苞片；花被膜质、草质或肉质，果时常常增大；雄蕊与花被片同数对生或较少。果实为胞果，很少为盖果；种子直立、横生或斜生。本科100余属1400余种。中国39属约190种。七目嶂1属2种。

1. 藜属 Chenopodium L.

一年生或多年生草本，稀亚灌木。有毛，很少有气味。叶互生，有柄；叶片通常宽阔扁平，全缘或具不整齐锯齿或浅裂片。花两性或兼有雌性，不具苞片和小苞片，通常数花聚集成团伞花序（花簇），较少为单生，再成腋生或顶生的穗状、圆锥状或复二歧式聚伞状的花序；花被球形。胞果。种子横生，稀斜生或直立。本属约170种。中国15种。七目嶂2种。

1. 土荆芥
Chenopodium ambrosioides L. Sp. Pl.

有强烈香味。茎直立，多分枝，有色条及钝条棱。枝通常细瘦，有短柔毛并兼有具节的长柔毛。叶片矩圆状披针形至披针形，先端急尖或渐尖，边缘具稀疏不整齐的大锯齿，叶下面有黄色腺点。花两性及雌性，通常3~5花团集，生于上部叶腋；花被裂片5，较少为3，绿色；花柱不明显，柱头通常3。胞果扁球形，完全包于花被内。种子横生或斜生。花期和果期的时间都很长。

喜生于村旁、路边、河岸等处。七目嶂路旁常见。

全草入药，治蛔虫病、钩虫病、蛲虫病，外用治皮肤湿疹，并能杀蛆虫；果实含挥发油（土荆芥油），油中含驱蛔素（$C_{10}H_{16}O_2$）是有效驱虫成分。

2. 小藜
Chenopodium ficifolium Sm.

茎直立，具条棱及绿色色条。叶片卵状矩圆形，通常3浅裂；中裂片两边近平行，先端钝或急尖并具短尖头，边缘具深波状锯齿；侧裂片位于中部以下，通常各具2浅裂齿。花两性，排列于上部的枝上形成较开展的顶生圆锥状花序；花被近球形，5深裂，裂片宽卵形，不开展，背面具微纵隆脊并有密粉。胞果包在花被内，果皮与种子贴生。种子双凸镜状，黑色。4~5月开始开花。

生荒地、道旁、垃圾堆等处。七目嶂路旁常见。

63 苋科 Amaranthaceae

一年或多年生草本，少数攀缘藤本或灌木。叶互生或对生，全缘，少数有微齿；无托叶。花小，两性或单性同株或异株，或杂性，簇生叶腋，成疏散或密集的穗状花序、头状花序、总状花序或圆锥花序；具苞片；花被片3~5，覆瓦状排列；雄蕊常和花被片等数且对生。胞果或小坚果，稀浆果。种子1或多数。本科约70属900种。中国15属约44种。七目嶂4属6种。

1. 牛膝属 Achyranthes L.

草本或亚灌木。茎具显明节。枝对生。叶对生；有叶柄。穗状花序顶生或腋生，后期下折；花两性；小苞片有1长刺，基部加厚，两旁各有1短膜质翅；花被片4~5，顶端芒尖，花后变硬，包裹果实；退化雄蕊5，花药2室；柱头头状。胞果卵状矩圆形、卵形或近球形，有1种子。种子矩圆形，凸镜状。本属约15种。中国3种。七目嶂1种。

1. 土牛膝（倒扣草）
Achyranthes aspera L.

茎四棱形，有柔毛，节部稍膨大，分枝对生。叶对生，纸质，宽卵状倒卵形或椭圆状矩圆形，顶端圆钝，具突尖，全缘或波状；有柄。穗状花序顶生，直立，后反折；花疏生；小苞片刺状，坚硬，基部两侧有翅，退化雄蕊顶端有具分枝流苏状长缘毛。胞果卵形。花期6~8月，果期10月。

生山坡疏林或村庄附近空旷地。七目嶂村庄路边较常见。

根、叶入药，味微苦、酸，性寒，可通经利尿、清热解毒。

2. 莲子草属 Alternanthera Forsk.

匍匐或上升草本。茎多分枝。叶对生，全缘。花两性；头状花序，单生在苞片腋部，花小；苞片及小苞片干膜质，宿存；花被片5，干膜质，常不等；雄蕊2~5，花丝基部连合成管状或短杯状，花药1室；退化雄蕊全缘，有齿或条裂；花柱短或长，柱头头状。胞果球形或卵形，不裂，边缘翅状。种子凸镜状。本属约200种。中国6种。七目嶂2种。

1. 喜旱莲子草（空心莲子草）
Alternanthera philoxeroides (Mart.) Griseb.

茎基部匍匐，上部上升，管状，不明显4棱，节上生根。叶对生，矩圆形、矩圆状倒卵形，顶端急尖或圆钝，具短尖，全缘，两面无毛；有叶柄。花密生；头状花序，单生叶腋，球形，具总梗；苞片、小苞片、花被片均白色；雄蕊5，花丝基部连合成杯状，退化雄蕊舌状。少见果。花期5~10月。

生池沼、水沟内。七目嶂村旁路边较常见。

全草入药，有清热利水、凉血解毒作用；可作饲料。

2. 莲子草
Alternanthera sessilis (L.) R. Br. ex DC.

茎上升或匍匐，绿色或稍带紫色，纵沟及节有毛。叶对生，条状倒披针形至倒卵状矩圆形，基部渐狭，常无毛；有柄。头状花序，腋生，无总花梗，花密生；苞片、小苞片花被片均白色；雄蕊3，花丝基部连合成杯状；退化雄蕊三角状钻形。胞果倒心形。种子卵球形。花期5~7月，果期7~9月。

生村庄附近的草坡、水沟、田边或沼泽。七目嶂村旁路边较常见。

全植物入药，有散瘀消毒、清火退热功效；嫩叶作为野菜食用，又可作饲料。

3. 苋属 Amaranthus L.

一年生草本。茎直立或伏卧。叶互生，全缘；有叶柄。花单性，雌雄同株或异株，或杂性，成无梗花簇，腋生，或腋生及顶生，再集合成单一或圆锥状穗状花序；具大、小苞片；花被片常5；雄蕊常5，花丝基部离生，花药2室；无退化雄蕊；花柱极短或缺，柱头2~3。胞果球形、卵形或矩圆形，侧扁。种子无假种皮。本属约40种。中国14种。七目嶂2种。

1. 刺苋
Amaranthus spinosus L.

茎直立，多分枝，有纵条纹，绿色或带紫色，无毛或稍有毛。叶互生，菱状卵形或卵状披针形，顶端圆钝，具微凸头，全缘，无毛；叶柄旁有2刺。圆锥花序腋生及顶生；苞片在腋生花簇及顶生花穗的基部者变成尖锐直刺；花被片5；雄蕊5；柱头3，有时2。胞果矩圆形。花果期7~11月。

为生在旷地或园圃的杂草。七目嶂村旁路边较常见。

嫩茎、叶作野菜食用；全草入药，有清热解毒、散血消肿的功效。

2. 皱果苋
Amaranthus viridis L.

全株无毛。茎直立,稍分枝。叶卵形、卵状长圆形或卵状椭圆形,具1芒尖,全缘或微波状,叶面常有"V"字形白斑。穗状圆锥花序顶生;苞片和小苞片披针形;花被片长圆形或宽倒披针形。胞果扁球形,绿色。种子近球形。花期6~8月,果期8~10月。

生于杂草地上或田野间。七目嶂田边偶见。

嫩茎叶可作野菜食用,也可作饲料;全草入药,有清热解毒、利尿止痛的功效。

4. 青葙属 Celosia L.

一年或多年生草本、亚灌木或灌木。叶互生,卵形至条形,全缘;有叶柄。花两性,成顶生或腋生、密集或间断的穗状花序,或排列成圆锥花序,总花梗有时扁化;苞片着色,宿存;花被片5,着色,宿存;雄蕊5,花丝基部连合成杯状;无退化雄蕊;花柱1,宿存,柱头头状。胞果卵形或球形,盖裂。本属约60种。中国3种。七目嶂1种。

1. 青葙
Celosia argentea L.

全体无毛。茎直立,有分枝,绿色或红色,具显明条纹。叶互生,矩圆披针形、披针形或披针状条形,绿色常带红色,基部渐狭。花多数,密生,在茎端或枝端成单一、无分枝的塔状或圆柱状穗状花序;花被片顶端带红色后白,花柱紫色,伸长。胞果卵形,盖裂。花期5~8月,果期6~10月。

生平原、田边、丘陵、山坡。七目嶂水边湿地较常见。

种子供药用,有清热明目作用;花序宿存,经久不凋,带红色,可供观赏;全植物可作饲料。

64 落葵科 Basellaceae

缠绕草质藤本。全株无毛。单叶,互生,全缘,稍肉质;通常有叶柄;托叶无。花小,两性,稀单性,辐射对称,通常成穗状花序、总状花序或圆锥花序;苞片3,早落,小苞片2,宿存;花被片5,离生或下部合生,通常白色或淡红色,宿存;雄蕊5,与花被片对生,花丝着生花被上;雌蕊由3心皮合生,子房上位,1室,胚珠1,着生子房基部,弯生,花柱单一或分叉为3。胞果,通常被宿存的小苞片和花被包围,不开裂。种子球形;种皮膜质;胚乳丰富,围以螺旋状、半圆形或马蹄状胚。本科约4属25种。中国2属3种。七目嶂1属1种。

1. 落葵薯属 Anredera Juss.

多年生草质藤本。茎多分枝。叶稍肉质;无柄或具柄。总状花序腋生,稀分枝;花梗宿存,在花被下具关节,顶端具2对交互对生的小苞片,合生成杯状,宿存,背部常具龙骨状凸起,有时具狭翅;花被片基部合生,裂片薄;花丝线形,基部宽,在花蕾中弯曲;花柱3,柱头球形或棍棒状,有乳头。果实球形;外果皮肉质或似羊皮纸质。种子双凸镜状。本属5~10种。中国2种。七目嶂1种。

1. 落葵薯
Anredera cordifolia (Ten.) Steenis

长可达数米。根状茎粗壮。叶具短柄;叶片卵形至近圆形,腋生小块茎(珠芽)。总状花序具多花,花序轴纤细,下垂;苞片狭;花托顶端杯状,花常由此脱落;下面1对小苞片宿存,宽三角形,急尖,透明,上面1对小苞片淡绿色,比花被短,宽椭圆形至近圆形。果实、种子未见。花期6~10月。

生草地上。七目嶂路旁草地偶见。

珠芽、叶及根供药用,有滋补、壮腰膝、消肿散瘀的功效;叶拔疮毒。

67 牻牛儿苗科 Geraniaceae

草本,稀为亚灌木或灌木。叶互生或对生,叶片通常掌状或羽状分裂;具托叶。聚伞花序腋生或顶生,稀花单生;花两性,整齐,辐射对称或稀为两侧对称;萼片通常5或稀为4,覆瓦状排列;花瓣5或稀为4,覆瓦状排列;雄蕊10~15,2轮,花药"丁"字着生,纵裂;蜜腺通常5,与花瓣互生;子房上位,心皮2~3(~5),通常3~5室,每室具1~2倒生胚珠。果实为蒴果,通常由中轴延伸成喙;每果瓣具1种子,成熟时果瓣通常爆裂或稀不开裂,开裂的果瓣常由基部向上反卷或成螺旋状卷曲,顶部通常附着于中轴顶端。种子具微小胚乳或无胚乳;子叶折叠。本科11属约750种。中国4属约67种。七目嶂1属1种。

1. 老鹳草属 Geranium L.

草本，稀为亚灌木或灌木。通常被倒向毛。茎具明显的节。叶对生或互生；具托叶；通常具长叶柄；叶片通常掌状分裂，稀二回羽状或仅边缘具齿。花序聚伞状或单生，每总花梗通常具2花；总花梗具腺毛或无腺毛；花整齐；花萼和花瓣5，覆瓦状排列。蒴果具长喙；5果瓣，每果瓣具1种子，果瓣内无毛。种子具胚乳或无。本属约380种。中国约50种。七目嶂1种。

1. 野老鹳草
Geranium carolinianum L.

根纤细。茎直立或仰卧，具棱角，密被倒向短柔毛。基生叶早枯，茎生叶互生或最上部对生；托叶披针形或三角状披针形，外被短柔毛；茎下部叶具长柄，柄长为叶片的2~3倍；叶片圆肾形，基部心形，掌状5~7裂近基部，小裂片条状矩圆形，表面被短伏毛，背面主要沿脉被短伏毛。花序腋生和顶生，长于叶，被倒生短柔毛和开展的长腺毛；每总花梗具2花，顶生总花梗常数个集生，花序呈伞形状；萼片长卵形或近椭圆形，外被短柔毛或沿脉被开展的糙柔毛和腺毛；花瓣淡紫红色，倒卵形。蒴果被短糙毛；果瓣由喙上部先裂向下卷曲。花期4~7月，果期5~9月。

生平原和低山荒坡杂草丛中。七目嶂草丛偶见。

全草入药，有祛风收敛和止泻之效。

69 酢浆草科 Oxalidaceae

一年生或多年生草本，极少为灌木或乔木。指状或羽状复叶或小叶萎缩而成单叶，基生或茎生；小叶在芽时或晚间背折而下垂，通常全缘。花两性，辐射对称，单花或组成近伞形花序或伞房花序，少有总状花序或聚伞花序；萼片5，离生或基部合生；花瓣5；雄蕊10。果为开裂的蒴果或为肉质浆果。本科6~8属约780种。中国3属13种。七目嶂1属2种。

1. 酢浆草属 Oxalis L.

一年生或多年生草本。茎匍匐或披散。叶互生或基生；指状复叶，通常有3小叶；小叶夜晚闭合下垂；无托叶或托叶极小。花基生或为聚伞花序式，总花梗腋生或基生；花黄色、红色、淡紫色或白色；萼片5，覆瓦状排列；花瓣5，覆瓦状排列；雄蕊10；花柱5，分离。蒴果，室背开裂。本属约700种。中国8种。七目嶂2种。

1. 酢浆草
Oxalis corniculata L.

全株被柔毛。茎细弱，多分枝，直立或匍匐，匍匐茎节上生根。叶基生或茎上互生；托叶小；叶柄基部具关节；小叶3，无柄，倒心形，两面被柔毛或表面无毛。花单生或数花集为伞形花序状，腋生；萼片5，宿存；花瓣5，黄色；雄蕊10；花柱5。蒴果长圆柱形，5棱。花果期2~9月。

生山坡草池、河谷沿岸、路边、田边、荒地或林下阴湿处等。七目嶂村旁路边常见。

全草入药，能解热利尿、消肿散淤；牛羊食其过多可中毒致死。

2. 红花酢浆草
Oxalis corymbosa DC.

无地上茎。叶基生；叶柄长，被毛；小叶3，扁圆状倒心形，顶端凹入，被毛或近无毛；托叶与叶柄基部合生。总花梗基生，二歧聚伞花序，通常排列成伞形花序式；花梗、苞片、萼片均被毛；萼片5；花瓣5，倒心形，淡紫色至紫红色；雄蕊10；花柱5。花果期3~12月。

原产南美热带地区，在中国南方逸为野生杂草。生于低海拔的山地、路旁、荒地。七目嶂村旁路边常见。

全草入药，治跌打损伤、赤白痢，有止血的功效。

71 凤仙花科 Balsaminaceae

一年生或多年生草本，稀附生或亚灌木。茎通常肉质。单叶，边缘具圆齿或锯齿，齿端具小尖头，齿基部常具腺状小尖；无托叶或有时叶柄基具1对托叶状腺体；羽状脉。花两性，雄蕊先熟，两侧对称，常呈180°倒置，排成腋生或近顶生总状或假伞形花序；萼片3，稀5，侧生萼片离生或合生，全缘或具齿，下面倒置的1枚萼片（亦称唇瓣）大，花瓣状，通常呈舟状、漏斗状或囊状，基部渐狭或急收缩成具蜜腺的距；花瓣5，分离，位于背面的1枚花瓣（即旗瓣）离生；雄蕊5；雌蕊由4或5心皮组成。果实为假浆果或多少肉质，4~5裂片弹裂的蒴果。本科2属900余种。中国2属228种。七目嶂1属2种。

1. 凤仙花属 Impatiens L.

一年生肉质草本。叶对生；无柄或几无柄；叶片硬纸质，线形或线状披针形，稀倒卵形，先端尖或稍钝，基部近心形或截形。花较大，单生或2~3花簇生于叶腋，无总花梗，紫红色或白色；花梗细，一侧常被硬糙毛；苞片线形，位于花梗的基部；侧生萼片2，线形，先端尖，唇瓣漏斗状，具条纹，基部渐狭成内弯或旋卷的长距，旗瓣圆形，先端微凹，背面中肋具狭翅，顶端具小尖，翼瓣无柄，2裂；雄蕊5，花丝线形，扁，花药卵球形，顶端钝；子房纺锤形，直立，稍尖。蒴果椭圆形、披针形或棒状，中部膨大，顶端喙尖，无毛。本属约900种。中国227种。七目嶂2种。

1. 绿萼凤仙花
Impatiens chlorosepala Hand.-Mazz.

茎肉质，直立，不分枝或稀分枝，无毛。叶常密集茎上部，互生，具柄；叶片膜质，长圆状卵形或披针形，顶端渐尖，基部楔状狭成长1~3.5cm的叶柄，具指状托叶腺。总花梗生于上部叶腋，长于叶柄，具1~2花；花大，淡红色；侧生萼片2，绿色；旗瓣圆形，兜状，具狭龙骨状凸起，翼瓣具短柄，唇瓣檐部漏斗状，口部平。蒴果披针形，顶端喙尖。花期10~12月。

生山谷水旁阴处或疏林溪旁。七目嶂林下偶见。

茎叶药用，可消热消肿、治疥疮。

2. 管茎凤仙花
Impatiens tubulosa Hemsl.

叶互生，上部叶常密集；叶片披针形或长圆状披针形，基部狭楔形下延，边缘具齿，两面无毛；叶柄较粗。总花梗和花序轴粗壮，具3~5花，排列成总状花序；花黄色；唇瓣萼片囊状，基部渐狭成上弯的距。蒴果棒状，

花期8~12月。

生林下或沟边阴湿处。七目嶂偶见。

72 千屈菜科 Lythraceae

草本、灌木或乔木。枝常四棱，稀具枝刺。叶对生，稀轮生或互生，全缘；托叶细小或无。花两性，通常辐射对称，稀左右对称，单生或簇生，或组成顶生或腋生的穗状花序、总状花序或圆锥花序；花萼筒状或钟状；花瓣与萼裂片同数或无花瓣；雄蕊通常为花瓣的倍数；花柱单生。蒴果。种子多数。本科31属625~650种。中国10属约43种。七目嶂3属3种。

1. 萼距花属 Cuphea Adans ex P. Br.

草本或灌木。全株多数具有黏质的腺毛。叶对生或轮生，稀互生。花左右对称，单生或组成总状花序，生于叶柄之间；小苞片2；萼筒延长而呈花冠状，有颜色，有棱12条，基部有距或驼背状凸起，有6齿或6裂片，具同数的附属体；花瓣6，不相等，稀只有2枚或缺；雄蕊11，稀9、6或4枚；子房通常上位，无柄，基部有腺体，具不等的2室，每室有3至多数胚珠。蒴果长椭圆形，包藏于萼管内，侧裂。本属约300种。中国7种。七目嶂1种。

1. 哥伦比亚萼距花
Cuphea carthagenensis (Jacq.) J. F. Macbr.

小枝纤细，幼枝被短硬毛，后变无毛而稍粗糙。叶对生，薄革质，卵状披针形或披针状矩圆形，顶端渐尖

或阔渐尖，基部渐狭或有时近圆形，两面粗糙，幼时被粗伏毛，后变无毛；叶柄极短，近无柄。花细小，单生于枝顶或分枝的叶腋上，成带叶的总状花序；花梗极短，顶部有苞片；在纵棱上疏被硬毛；花瓣6，等大，倒卵状披针形，蓝紫色或紫色；花丝基部有柔毛；子房矩圆形，花柱无毛，不突出；胚珠4~8。

生草地或山坡上。七目嶂草地上偶见。

观赏用，可作绿篱、片植、花镜、盆栽；还可作为蜜源植物。

2. 紫薇属 Lagerstroemia L.

落叶或常绿灌木或乔木。叶对生、近对生或聚生于小枝的上部，全缘；托叶极小。花两性，辐射对称；顶生或腋生的圆锥花序；花梗在小苞片着生处具关节；花萼半球形或陀螺形；花瓣通常6，基部有细长的爪，边缘波状或有皱纹；雄蕊6至多数。蒴果，基部有宿存的花萼包围，室背开裂。种子多数，顶端有翅。本属约55种。中国18种(其中，栽培2种)。七目嶂1种。

1. 广东紫薇
Lagerstroemia fordii Oliv. & Koehne

枝圆柱形，有时幼枝稍有4棱。叶互生，纸质，阔披针形或椭圆状披针形，顶端尾状渐尖，基部楔形；中脉及侧脉在两面均凸起，网状脉不明显。花6基数；顶生圆锥花序长6~12cm，被灰白色绒毛；花芽顶端圆形；花萼有10~12条棱，被灰白色短柔毛，裂片6；花瓣心状圆形；子房无毛。蒴果褐色，卵球形。

生低山山地疏林中。七目嶂疏林偶见。

可用于园林造景及盆栽观赏、根雕等。

3. 节节菜属 Rotala L.

一年生草本，稀多年生。无毛或近无毛。叶交互对生或轮生，稀互生；无柄或近无柄。花小，3~6基数，辐射对称，单生叶腋，或组成顶生或腋生的穗状花序或总状花序，常无花梗。萼筒钟形至半球形或壶形，3~6裂，裂片间无附属体；花瓣3~6，细小或无；雄蕊1~6。蒴果不完全为宿存的萼管包围。种子细小。本属约46种。中国10种。七目嶂1种。

1. 圆叶节节菜
Rotala rotundifolia (Buch.-Ham. ex Roxb.) Koehne

各部无毛。茎单一或稍分枝，直立，丛生，带紫红色。叶对生，近圆形、阔倒卵形或阔椭圆形。花单生于苞片内，组成顶生稠密的穗状花序；花极小；萼筒阔钟形，裂片4，裂片间无附属体；花瓣4，淡紫红色，长约为花萼裂片的2倍；雄蕊4。蒴果椭圆形，3~4瓣裂。花果期12月至翌年6月。

生水田或潮湿的地方。七目嶂沟边湿地偶见。

可作饲料。

77 柳叶菜科 Onagraceae

一年生或多年生草本，有时为半灌木或灌木，稀为小乔木，有的为水生草本。叶互生或对生；托叶小或无。花两性，稀单性，辐射对称或两侧对称，单生于叶腋或排成顶生的穗状花序、总状花序或圆锥花序。花通常4数；花管存在或不存在；萼片4或5；花瓣4或5，或更少或无。果为蒴果，有时为浆果或坚果。本科17属约650种。中国6属64种。七目嶂1属4种。

1. 丁香蓼属 Ludwigia L.

直立或匍匐草本，多为水生植物，稀灌木或小乔木。叶互生或对生，稀轮生，常全缘；托叶早落。花单生于叶腋，或组成顶生的穗状花序或总状花序；花管不存在；萼片4~5，花后宿存；花瓣与萼片同数，稀不存在，黄色，稀白色；雄蕊与萼片同数或为萼片的2倍。蒴果。种子多数。本属约80种。中国9种(含1杂交种)。七目嶂4种。

1. 水龙
Ludwigia adscendens (L.) H. Hara.

常披散浮于水面。无毛，旱生时略披毛。叶倒卵形、椭圆形或倒卵状披针形，先端常钝圆，基部狭楔形；侧脉6~12对。花单生于上部叶腋；萼片5；花瓣乳白色，基部淡黄色，倒卵形；雄蕊10。蒴果淡褐色，圆柱状，具10纵棱。种子每室单列纵向排列。花期5~8月，果期8~11月。

生水田、浅水塘。七目嶂水沟湿地偶见。

全草入药，可清热解毒、利尿消肿，也可治蛇咬伤；可作猪饲料。

2. 草龙
Ludwigia hyssopifolia (G. Don) Exell

茎基部常木质化，具棱，多分枝。幼枝及花序被微柔毛。叶披针形至线形；侧脉每侧9~16，下面脉上疏被短毛。花腋生；萼片4；花瓣4，黄色，小；雄蕊8。蒴果近无梗，幼时近四棱形，熟时近圆柱状。种子在蒴果上部每室排成多列，游离生。花果期几乎四季。

生田边、水沟、河滩、塘边、湿草地等湿润向阳处。七目嶂水边湿地较常见。

全草入药，能清热解毒、去腐生肌，可治感冒、咽喉肿痛、疮疥等。

3. 毛草龙
Ludwigia octovalvis (Jacq.) P. H. Raven

多分枝，稍具纵棱，常被伸展的黄褐色粗毛。叶披针形至线状披针形，两面被黄褐色粗毛，边缘具毛；侧脉每侧9~17。花腋生；萼片4；花瓣4，黄色，稍大；雄蕊8。蒴果圆柱状，有梗，具8条棱。种子每室多列。花期6~8月，果期8~11月。

生田边、湖塘边、沟谷旁及开旷湿润处。七目嶂水边湿地偶见。

全草入药，能清热解毒、去腐生肌。

4. 丁香蓼
Ludwigia prostrata Roxb.

茎下部圆柱状，上部四棱形，常淡红色。叶狭椭圆形；托叶几乎全退化。萼片4，三角状卵形至披针形；花瓣黄色；雄蕊4；花药扁圆形；柱头近卵状或球状；花盘围以花柱基部，稍隆起，无毛。蒴果四棱形。种子呈1列横卧于每室内，里生，卵状；种脊线形。花期6~7月，果期8~9月。

生稻田、河滩、溪谷旁湿处。七目嶂河边偶见。

全株入药，治红白痢疾、咳嗽、目翳、蛇虫咬伤、血崩，也可外洗疮毒。

78 小二仙草科 Haloragidaceae

水生或陆生草本，稀灌木状。叶互生、对生或轮生，生于水中的常为篦齿状分裂；托叶缺。花小，两性或单性，腋生，单生或簇生，或成顶生的穗状花序、圆锥花序、伞房花序；萼筒与子房合生，萼片2~4，或缺；花瓣2~4，或缺；雄蕊2~8，排成2轮，外轮对萼分离。果为坚果或核果状，小型，有时有翅。本科8属约100种。中国2属13种。七目嶂1属2种。

1. 小二仙草属 Haloragis J. R. Forst. & G. Forst.

陆生平卧或直立的纤细草本，稀亚灌木。常具棱，分枝或不分枝。叶小，下部和幼枝常为对生，稀在上部互生，革质或薄革质，全缘或具齿；常具叶柄。花小，单生或簇生于上部叶腋，成假二歧聚伞状，多为总状花序或圆锥花序，稀成短穗状花序；萼管具棱；花瓣4~8，或缺；雄蕊4或8。果小，坚果状，不开裂。本属约35种。中国2种。七目嶂2种。

1. 黄花小二仙草
Haloragis chinensis (Lour.) Merr.

茎四棱形，多分枝，粗糙，多少披粗毛。叶对生，条状披针形至矩圆形，边缘具小锯齿，两面多少被粗毛；近无柄。花序为纤细的总状花序及穗状花序组成顶生的圆锥花序；花两性，极小，近无柄，基部具1苞片；花萼边缘黄白色；花瓣4，黄色。坚果极小。花期春夏秋季，果期夏秋季。

生潮湿的荒山草丛中。七目嶂偶见。

全草入药，活血消肿、止咳平喘。

浆果肉质或干燥而革质。本属约70种。中国38种。七目嶂1种。

1. 长柱瑞香
Daphne championii Benth.

多分枝。叶互生，近纸质或近膜质，椭圆形或近卵状椭圆形；叶柄短密被白色丝状长粗毛。花白色，通常3~7花组成头状花序，腋生或侧生；无苞片，稀具叶状苞片；无花序梗或极短，无花梗；花萼筒筒状，外面贴生淡黄色或淡白色丝状绒毛，裂片4，广卵形，顶端钝尖，外面密被淡白色丝状绒毛；雄蕊8，2轮；子房椭圆形，无柄或几无柄，灰色，上部或几全部密被白色丝状粗毛，花柱细长，柱头头状。花期2~4月，果期不详。

常生于低山或山腰的密林中，山谷瘠土少见。七目嶂偶见。

茎皮纤维为打字蜡纸、复写纸等高级用纸原料，又可作人造棉。

2. 小二仙草
Haloragis micrantha (Thunb.) R. Br. ex Sieb. et Zucc.

茎具纵槽，多分枝，多少粗糙。叶对生，卵形或卵圆形，边缘具稀疏锯齿，两面无毛；具短柄。花序为顶生的圆锥花序，由纤细的总状花序组成；花两性，极小，基部具1苞片与2小苞片；花萼绿色；花瓣4，红色。坚果极小。花期4~8月，果期5~10月。

生荒山草丛中。七目嶂偶见。

全草入药，能清热解毒、利水除湿、散瘀消肿，治毒蛇咬伤。

2. 荛花属 Wikstroemia Endl.

乔木、灌木或亚灌木。具木质根茎。叶对生或少有互生。花两性或单性；花序短总状、穗状或头状，顶生，稀腋生；无苞片；萼筒管状、圆筒状或漏斗状，顶端4裂，稀5裂；无花瓣；雄蕊8，稀10；花柱短，柱头头状。核果，基部常为宿存花萼包裹。本属约70种。中国49种。七目嶂3种。

1. 了哥王
Wikstroemia indica (L.) C. A. Mey.

81 瑞香科 Thymelaeaceae

落叶或常绿灌木或小乔木，稀草本。单叶互生或对生，革质或纸质，稀草质，全缘；羽状脉；具短叶柄；无托叶。花辐射对称，两性或单性，雌雄同株或异株；花序各异；花萼通常为花冠状，基部连合，裂片4~5；花瓣常缺；雄蕊通常为萼裂片的2倍或同数。浆果、核果或坚果，稀为2瓣开裂的蒴果。本科48属650余种。中国9属约115种。七目嶂2属4种。

1. 瑞香属 Daphne L.

落叶或常绿灌木或亚灌木。叶互生，稀近对生；具短柄；无托叶。花通常两性，稀单性，通常组成顶生头状花序，稀为圆锥、总状或穗状花序，稀花序腋生；花白色、玫瑰色、黄色或淡绿色；花萼顶端4裂，稀5裂，萼筒常宿存；无花瓣；雄蕊8或10；花柱短，柱头头状。

小枝红褐色，无毛。叶对生，纸质至近革质，倒卵形、

长圆形至披针形，无毛；侧脉细密，极倾斜。花黄绿色，数花组成顶生头状总状花序，花序梗较短；花萼裂片4；雄蕊8；花柱极短或近于无，柱头头状。核果椭圆形，成熟时红色至暗紫色。花期3~4月，果期8~9月。

喜生于开阔林下或石山上。七目嶂较常见。

茎皮纤维可作造纸原料；全株入药，有消炎止痛、拔毒、止痒的作用，有小毒。

2. 北江荛花
Wikstroemia monnula Hance

小枝暗绿色，被短柔毛。叶对生或近对生，纸质或坚纸质，卵状椭圆形至椭圆形；下面脉上被疏柔毛，侧脉纤细稍稀疏，每边4~5条。花黄带紫色或淡红色，10余花组成顶生总状花序；花萼顶端4裂；雄蕊8；花柱短，柱头球形。核果卵圆形，基部为宿存花萼所包被。花期4月，果期7~8月。

喜生于山区坡地、灌丛中或路旁。七目嶂偶见。

茎皮纤维可制高级纸及人造棉。

3. 细轴荛花
Wikstroemia nutans Champ. ex Benth.

小枝红褐色，无毛。叶对生，膜质至纸质，卵形、卵状椭圆形至卵状披针形，无毛；侧脉每边6~12条，极纤细。花黄绿色，数花组成顶生近头状的总状花序，花序梗纤细，较长；花萼裂片4；雄蕊8；花柱极短，柱头头状。核果椭圆形，成熟时深红色。花期1~4月，果期5~9月。

生丘陵山地常绿阔叶林中。七目嶂较常见。

全株入药，可祛风、散血、止痛，有小毒；茎皮纤维可制高级纸及人造棉。

84 山龙眼科 Proteaceae

乔木或灌木，稀多年生草本。叶互生，稀对生或轮生，全缘或各式分裂；无托叶。花两性，稀单性，辐射对称或两侧对称，排成总状、穗状或头状花序，腋生或顶生，有时生于茎上；花蕾时花被管细长，顶端较大，开花时分离或开裂；花被片4；雄蕊4；花柱细长。蓇葖果、坚果、核果或蒴果。种子有时具翅。本科约80属1700种。中国3属25种。七目嶂1属3种。

1. 山龙眼属 Helicia Lour.

乔木或灌木。叶互生，稀近对生或近轮生，全缘或边缘具齿。总状花序，腋生或生于枝上，稀近顶生；花两性，辐射对称；花梗通常双生；花被管花蕾时直立，细长，顶部棒状至近球形，开花时花被片分离，外卷；雄蕊4，着生于花被片檐部；花柱细长，顶部棒状，柱头小。坚果，不分裂；果皮革质或树皮质。本属约97种。中国20种。七目嶂3种。

1. 小果山龙眼（越南山龙眼）
Helicia cochinchinensis Lour.

树皮灰褐色或暗褐色。枝和叶均无毛。叶薄革质或纸质，长椭圆形至倒卵状长披针形，小树叶常有齿，大树叶则多全缘；侧脉在两面均明显。总状花序，腋生，无毛。坚果椭圆状，蓝黑色或黑色。花期6~10月，果期11月至翌年3月。

生丘陵山地湿润常绿阔叶林中。七目嶂较常见。

木材坚韧，但易虫蛀；种子可榨油，供制肥皂等用；根、叶入药，味苦、性凉，可行气活血、祛瘀止痛。

2. 广东山龙眼
Helicia kwangtungensis W. T. Wang

树皮褐色或灰褐色。幼枝和叶被锈色短毛，小枝和成长叶均无毛。叶坚纸质或革质，长圆形、倒卵形或椭圆形，上半部叶缘具疏生浅锯齿或细齿，或全缘；网脉不明显。总状花序生叶腋，花序轴和花梗密被褐色短毛。坚果近球形，紫黑色。花期6~7月，果期10~12月。

生山地湿润常绿阔叶林中。七目嶂较常见，产粗石坑等。

木材坚韧，但易虫蛀。种子煮熟再经漂浸1~2天，可食用。

3. 网脉山龙眼
Helicia reticulata W. T. Wang

树皮灰色。芽被褐色或锈色短毛，小枝和成长叶均无毛。叶革质或近革质，长圆形、卵状长圆形、倒卵形或倒披针形，边缘具疏生锯齿或细齿；网脉在两面均凸起或明显。总状花序腋生或生于小枝，无毛。果椭圆状，黑色。花期5~7月，果期10~12月。

生山地湿润常绿阔叶林中。七目嶂偶见。

木材坚韧，淡黄色，适宜制作农具；种子煮熟，经漂浸1~2天后，可食用；蜜源植物。

88 海桐花科 Pittosporaceae

常绿乔木或灌木。秃净或被毛，偶或有刺。叶互生，稀对生，革质，全缘，稀有齿或分裂；无托叶。花通常两性，有时杂性，辐射对称，稀为左右对称，花5基数；单生或为伞形花序、伞房花序或圆锥花序；有苞片及小苞片；萼片常分离，或略连合；花瓣分离或连合；雄蕊与萼片对生。蒴果沿腹缝裂开，或为浆果。本科9属约360种。中国1属44种。七目嶂1属2种。

1. 海桐花属 Pittosporum Banks.

常绿乔木或灌木。被毛或秃净。叶互生，常簇生于枝顶呈对生或假轮生状，全缘或有波状浅齿或皱褶，革质有时为膜质。花两性，稀为杂性，单生或排成伞形、伞房或圆锥花序，生于枝顶或枝顶叶腋；萼片5，通常短小而离生；花瓣5，分离或部分合生；雄蕊5，花丝无毛，花药背部着生，多少呈箭形，直裂；子房被毛或秃净。蒴果椭圆形或圆球形，2~5片裂开，果片木质或革质，内侧常有横条。本属约300种。中国44种。七目嶂2种。

1. 光叶海桐
Pittosporum glabratum Lindl.

嫩枝无毛，老枝有皮孔。叶聚生于枝顶，薄革质，窄矩圆形，或倒披针形，上面绿色，发亮，下面淡绿色，无毛，边缘平展，有时稍皱褶；侧脉5~8对。花序伞形，1~4枝簇生于枝顶叶腋，多花；花5基数；子房无毛，侧膜胎座3个。蒴果椭圆形，3片裂开，果片薄，革质；果梗短而粗壮，有宿存花柱。

生常绿阔叶林中。七目嶂较常见。

根、叶入药，味苦、性凉，可祛风活络、消肿止痛。

2. 少花海桐
Pittosporum pauciflorum Hook. & Arn.

嫩枝无毛。叶散布于嫩枝上，有时呈假轮生状，革质，狭窄矩圆形，或狭窄倒披针形，叶背嫩时有微毛，后秃净，边缘干后稍反卷；叶脉上凹下凸。3~5花生于枝顶叶腋内，呈假伞形状。蒴果椭圆形或圆球形，3片裂开。花期4~5月，果期 5~10 月。

生山地常绿林中。七目嶂阔叶林中偶见。

全株入药，可治跌打损伤。

93 大风子科 Flacourtiaceae

常绿或落叶乔木或灌木。稀有枝刺和皮刺。单叶，互生，稀对生和轮生，全缘或有齿，常有腺体或腺点。花小，稀较大，两性，或单性，雌雄异株或杂性同株，单生或簇生，顶生或腋生；总状、圆锥或团伞花序；萼片 2~7 或更多；花瓣 2~7，稀更多或缺；雄蕊多数，稀少数。果实为浆果和蒴果，稀为核果和干果。本科 93 属 1300 余种。中国 13 属约 28 种。七目嶂 2 属 2 种。

1. 嘉赐树属 Casearia Jacq.

小乔木或灌木。单叶，互生，2 列，全缘或具齿，平行脉，常有透明腺点和腺条。花小，两性稀单性，少数或多数，形成团伞花序，稀退化为单生；花梗短；萼片 4~5；花瓣缺；雄蕊 5~10（~12），花丝基部合生；退化雄蕊和雄蕊同数而互生；花柱短或无，柱头头状，稀 2~4 裂。蒴果，肉质、革质到坚硬，瓣裂。本属 160 余种。中国 6 种。七目嶂 1 种。

1. **爪哇脚骨脆**（毛叶脚骨脆）

Casearia velutina Blume

小枝常呈"之"字形，有纵棱，初时密被毛。叶纸质，长椭圆形，边缘有小齿或全缘，上面幼时被毛，下面密被黄褐色长柔毛；叶柄披密毛。花绿白色至黄白色，极芳香，多花簇生叶腋；花萼裂片 5；雄蕊 8，花丝被毛。蒴果长椭圆形，成熟时黄色。花期 3~5 月，果期 6~8 月。

生丘陵山地湿润常绿阔叶林。七目嶂常见，产粗石坑等。

2. 山桐子属 Idesia Maxim.

落叶乔木。单叶，互生，大型，边缘有锯齿；叶柄细长，有腺体；托叶小，早落。花雌雄异株或杂株，多数，顶生圆锥花序；花瓣通常无；雄花绿色，花萼 3~6，有柔毛，雄蕊多数，有退化子房；雌花淡紫色，花萼 3~6，有密柔毛，有退化雄蕊。浆果成熟期紫红色，扁圆形。种子多数，红棕色。单种属。七目嶂有分布。

1. **山桐子**

Idesia polycarpa Maxim.

种的特征与属同。花期 4~5 月，果熟期 10~11 月。

生山坡、山洼等落叶阔叶林和针阔叶混交林中。七目嶂常见。

建筑、家具、器具等用材；为山地营造速生混交林和经济林的优良树种；蜜源植物；山地、园林观赏树种；果实、种子均含油。

94 天料木科 Samydaceae

乔木或灌木。单叶，互生，2 列，具羽状脉，常有透明腺点或线条。花小，两性，辐射对称，排成总状花序、圆锥花序或团伞花序；萼片 4~7，罕更多，下部合生；花瓣与萼片同数，稀较多或无，常宿存；雄蕊定数或不定数，退化雄蕊通常存在，有或无花盘；花柱单一或 3~5 枚。果不开裂或开裂。本科约 17 属 400 种。中国 2 属 18 种。七目嶂 1 属 1 种。

1. 天料木属 Homalium Jacq.

乔木或灌木。单叶互生稀对生或轮生，具齿稀全缘，带有腺体；羽状脉；有柄；托叶小，早落或缺。花两性，细小，多数，通常数花簇生或单生且排成顶生或腋生的总状花序或圆锥花序；花梗近中部有关节；萼片宿存；花瓣常与萼片同数，相似，着生于花萼的喉部。蒴果革质，顶端 2~8 瓣裂，花瓣宿存。本属约 180 种。中国 12 种。七目嶂 1 种。

1. **天料木**

Homalium cochinchinense (Lour.) Druce

小枝幼时被密毛后秃净。叶纸质，宽椭圆状长圆形至倒卵状长圆形，边缘有疏钝齿，两面叶脉被短柔毛；叶柄极短。花多数，单个或簇生排成总状；花序被黄色短柔毛；萼片与花瓣近似，花瓣白色。蒴果倒圆锥状，近无毛。花期全年，果期 9~12 月。

生丘陵山地灌丛或阔叶林中。七目嶂偶见。

名贵材用树种。

101 西番莲科 Passifloraceae

草质或木质藤本，稀为灌木或小乔木。腋生卷须卷曲。单叶，稀为复叶，互生或近对生，全缘或分裂，具柄，常有腺体，通常具托叶。聚伞花序腋生，有时退化仅存1~2花；通常有1~3苞片；花辐射对称，两性、单性、罕有杂性；萼片5，偶有3~8；花瓣5，稀3~8，罕有不存在；外副花冠与内副花冠形式多样，有时不存在；雄蕊4~5，偶有4~8枚或不定数；花药2室，纵裂；心皮3~5，子房上位，通常着生于雌雄蕊柄上，1室，侧膜胎座，具少数或多数倒生胚珠，花柱与心皮同数，柱头头状或肾形。果为浆果或蒴果，不开裂或室背开裂。种子数枚；种皮具网状小窝点；胚乳肉质，胚大，劲直。本科16属500余种。中国2属。七目嶂1属1种。

1. 西番莲属 Passiflora L.

草质或木质藤本，罕有灌木或小乔木。单叶，少有复叶，互生，全缘或分裂，叶下面和叶柄通常有腺体；托叶线状或叶状，稀无托叶。聚伞花序，腋生，成对生于卷须的两侧或单生于卷须和叶柄之间；花序梗有关节，具1~3苞片；花两性；萼片5，常成花瓣状，有时在外面顶端具1角状附属器；花瓣5，有时不存在；在雌雄蕊柄基部或围绕无柄子房的基部具有花盘；雄蕊5，偶有8，生于雌雄蕊柄上，花丝分离或基部连合，花药线形至长圆形，2室；花柱3（~4），柱头头状或肾状；子房1室，胚珠多数，侧膜胎座。果为肉质浆果，卵球形、椭圆球形至球形，含种子数枚。种子扁平；种皮具网状小窝点；胚乳肉质，胚劲直；子叶扁平，叶状。本属400余种。中国20种。七目嶂1种。

1. 广东西番莲
Passiflora kwangtungensis Merr.

茎纤细，无毛，具细条纹。叶膜质，互生，披针形至长圆状披针形，全缘，无腺体，基生三出脉；叶柄上部或近中部具2枚盘状小腺体。花小型，白色；萼片5，膜质，外面顶端不具角状附属器；花瓣5，与萼片近似，等大；花柱3。浆果球形，无毛。种子多数，椭圆形，淡棕黄色，顶端具小尖头。花期3~5月，果期6~7月。

生林边灌丛中。七目嶂灌丛偶见。

切开果实取出果浆加白砂糖，开水冲泡成可口的西番莲饮料；也可加工成浓缩果汁。

103 葫芦科 Cucurbitaceae

一年生或多年生草质或木质藤本，极稀为灌木或木状。须根或块根。具卷须，罕无。叶互生，不分裂或分裂，多具齿；无托叶；具叶柄；掌状脉。花单性（罕两性），常较大，雌雄同株或异株，单生、簇生或集成总状、圆锥或近伞形花序；花萼和花瓣基部多合生成筒状或钟状。果大或小，肉质浆果状或果皮木质。本科约123属800种。中国35属151种。七目嶂4属5种。

1. 绞股蓝属 Gynostemma Blume

多年生攀缘草本。无毛或被短柔毛。茎具纵棱。卷须2歧，稀单一。叶互生，鸟足状，具3~9小叶，稀单叶；小叶片卵状披针形。花雌雄异株，组成腋生或顶生圆锥花序，花梗具关节，基部具小苞片；雌雄花的花萼和花冠相似，花冠淡绿色或白色。浆果球形，不开裂，或蒴果，顶端3裂。本属约17种。中国14种。七目嶂1种。

1. 绞股蓝（五叶参）
Gynostemma pentaphyllum (Thunb.) Makino

茎具纵棱。卷须2歧。叶膜质或纸质，鸟足状，具3~9片小叶；小叶片卵状长圆形或披针形，中央小叶长3~12cm，侧生的较小，边缘具波状齿或圆齿。花雌雄异株，圆锥花序；花冠淡绿色或白色，5深裂，裂片卵状披针形。浆果，肉质，不裂，球形，熟后黑色。花期3~11月，果期4~12月。

生山地灌丛、林中或路旁草丛中。七目嶂偶见。

全草入药，含人参皂苷等多种皂苷成分，能消炎解毒、止咳祛痰、抗衰老、抗疲劳。

2. 帽儿瓜属 Mukia Arn.

一年生攀缘草本。全体被糙毛或刚毛；茎有棱。卷须不分歧。叶片常3~7浅裂，基部心形。花单性，雌雄同株；花小，雄花簇生叶腋，雌花单生或数花与雄花簇生同一叶腋；花萼钟形，裂片5；花冠辐状，5深裂，黄色。浆果长圆形或球形，小型，不开裂，具少数种子。本属约3种。中国2种。七目嶂1种。

1. 爪哇帽儿瓜
Mukia javanica (Miq.) C. Jeffrey

全体被糙毛。卷须纤细，不分歧。叶常3~5裂，中间的裂片较长，卵状三角形，侧裂片较小，宽三角形。雌雄同株；雄花2至数花簇生在叶腋，花冠黄色，3雄蕊着生在花萼筒上；雌花簇生在具雄花的叶腋。浆果长圆形，熟时深红色。花期4~7月，果期7~10月。

常生于山地林下阴处及山坡草地。七目嶂林缘路边偶见。

3. 栝楼属 Trichosanthes L.

一年生或具块状根的多年生藤本。茎具纵棱。卷须2~5歧，稀单一。单叶互生，具柄，膜质、纸质或革质，叶形多变，通常卵状心形或圆心形，全缘或3~9裂，边缘具细齿，稀为具3~5小叶的复叶。花雌雄异株或同株；雄花通常排列成总状花序；花冠白色，稀红色；雌花常单生。浆果，球形、卵形或纺锤形。本属100种。中国33种。七目嶂1种。

1. 长萼栝楼
Trichosanthes laceribractea Hayata

4. 马㼎儿属 Zehneria Endl.

茎具纵棱及槽，无毛或疏被短刚毛状刺毛。卷须2~3歧。单叶互生，叶片纸质，形状变化较大，轮廓近圆形或阔卵形，边缘具波状齿或再浅裂，密被短刚毛状刺毛；叶柄具纵条纹，被短刚毛状刺毛，后为白色糙点。花雌雄异株；花冠白色，裂片倒卵形，边缘具纤细长流苏。果实球形至卵状球形，平滑。种子长方形或长方状椭圆形。花期7~8月，果期9~10月。

生山谷密林中或山坡路旁。七目嶂常见。

根入药，用于治疗热病、口渴、痈疮肿毒；果皮入药，用于治疗痰热咳嗽、咽喉肿痛、便秘、疮肿毒。

攀缘或匍匐草本，一年生或多年生。卷须纤细，单一或稀2歧。叶具明显的叶柄；叶片膜质或纸质，形状多变，全缘或3~5浅裂至深裂。雌雄同株或异株；雄花序总状或近伞房状，稀同时单生；花萼钟状，裂片5；花冠钟状，黄色或黄白色，裂片5；雄蕊3，着生在筒的基部，花药全部为2室或2枚2室，1枚1室，长圆形或卵状长圆形，药室常通直或稍弓曲，药隔稍伸出或不伸出，退化雌蕊形状不变；雌花单生或少数几花呈伞房状；花萼和花冠同雄花；子房卵球形或纺锤形，3室，胚珠多数，水平着生，花柱柱状，基部由一环状盘围绕，柱头3。果实球状或卵状或纺锤状，不开裂。种子多数，卵形，扁平，边缘拱起或不拱起。本属约55种。中国4种。七目嶂2种。

1. 钮子瓜
Zehneria bodinieri (H. Lév.) W. J. de Wilde & Duyfjes

茎、枝细弱，伸长，有沟纹。卷须丝状，单一，无毛。叶片膜质，宽卵形或稀三角状卵形，边缘有小齿或深波状锯齿。雌雄同株；雄花常3~9花生于总梗顶端呈近头状或伞房状花序；花冠白色，裂片卵形或卵状长圆形；雌花单生，稀几花生于总梗顶端或极稀雌雄同序；子房卵形。果实球状或卵状，浆果状。种子卵形，边缘稍拱起。花期4~8月，果期8~11月。

常生于林边或山坡路旁潮湿处。七目嶂路旁偶见。

全草入药，清热、镇痉、解毒、通淋。

2. 马㼎儿
Zehneria japonica (Thunb.) H. Y. Liu

茎枝有棱沟，无毛。叶柄细，初时有毛，后无毛；

叶膜质，多型，不分裂或 3~5 浅裂，无毛。雌雄同株；雄花单生或稀 2~3 花生于短的总状花序上；花萼宽钟形；花冠淡黄色；雄蕊 3；雌花与雄花同一叶腋内单生或稀双生。果实球形或卵形，熟后橘红色或红色。花期 4~7 月，果期 7~10 月。

生林中阴湿处以及路旁、田边及灌丛中。七目嶂偶见。

全草入药，清热解毒、消肿散结、化痰利尿。

104 秋海棠科 Begoniaceae

多年生肉质草本，稀为亚灌木。单叶互生，稀复叶，边缘具齿或分裂极稀全缘，通常基部偏斜，两侧不相等；具长柄；托叶早落。花单性，雌雄同株，偶异株，通常组成聚伞花序；花被片花瓣状，离生，稀合生；雄蕊多数；花柱离生或基部合生。蒴果，稀浆果状，常具不等大 3 翅，稀无翅而带棱。种子极多数。本科 5 属 1000 余种。中国 1 属 130 余种。七目嶂 1 属 4 种。

1. 秋海棠属 Begonia L.

多年生肉质草本，罕亚灌木。单叶，稀复叶，互生或全部基生；叶片常偏斜，基部两侧不相等，边缘常具疏浅齿，浅至深裂，稀全缘；具长柄；托叶早落。花单性，多雌蕊同株，罕异株，数花组成聚伞花序，稀圆锥状；花被片花冠状，对生；雄蕊多数；柱头膨大。蒴果有时浆果状，常具 3 翅，稀无翅。种子极多数。本属 800 余种。中国 130 余种。七目嶂 4 种。

1. 紫背天葵
Begonia fimbristipula Hance

根状茎球状。叶均基生；叶片两侧略不相等，轮廓宽卵形，基部略偏斜，心形至深心形，边缘有重锯齿，有时呈缺刻状，上面散生短毛，下面沿脉被毛；叶柄长而被毛；托叶小。花粉红色，数花，二至三回二歧聚伞状花序。蒴果下垂，倒卵长圆形，具 3 翅。花期 5 月，果期 6 月。

生山地阴湿疏林下石上、悬崖石缝中、山顶林下潮湿岩石上和山坡林下。七目嶂偶见。

药膳同用植物，既可入药，又是一种很好的营养保健品。

2. 粗喙秋海棠
Begonia longifolia Blume

球茎膨大，呈不规则块状。茎直立，细弱，微弯曲。叶互生，具柄；叶片两侧极不相等，轮廓披针形至卵状披针形，边缘有大小不等极疏的带突头之浅齿，齿尖有短芒。花 2~4，白色，腋生，二歧聚伞状；花梗近无毛；苞片膜质，披针形。蒴果下垂，轮廓近球形，无毛。种子极多数，小，淡褐色，光滑。花期 4~5 月，果期 7 月。

生山谷水旁密林中阴处、河边阴处湿地。七目嶂林下偶见。

3. 裂叶秋海棠
Begonia palmata D. Don.

茎直立，具棕色绒毛、絮状短柔毛或绒毛。叶基生和茎生；托叶早落，卵形，边缘具缘毛，先端尖；叶柄

具棕色绒毛、絮状短柔毛或绒毛；叶片不对称，卵形或扁圆形，正面具鳞片，有时被绒毛；脉掌状，5~10脉，基部斜，稍心形到心形，边缘偏远，浅具小齿；裂片3~7，先端渐尖至长渐尖。花梗长1~2cm；花被片4，白色到粉红色，外部2枚倒卵形到圆形，背面长柔毛或被绒毛，内部2枚倒针形或狭卵形。花期6月开始，果期7月开始。

生河边阴处湿地、山谷阴处岩石上、密林中岩壁上、山坡常绿阔叶林下等。七目嶂偶见。

花形多姿，叶色柔媚，常作盆栽点缀客厅、橱窗或装点家庭窗台、阳台、茶几等地方。

4. 红孩儿

Begonia palmata D. Don var. **bowringiana** (Champ. ex Benth.) J. Golding & C. Kareg.

与裂叶秋海棠的主要区别在于：茎和叶柄均密被或被锈褐色交织的绒毛；叶形变异大，通常斜卵形，浅至中裂，边缘有齿或微具齿，基部斜心形，上面密被短小而基部带圆形的硬毛，有时散生长硬毛，下面沿脉密被或被锈褐色交织绒毛。

生河边阴处湿地、密林中岩壁上、山坡常绿阔叶林下。七目嶂林下偶见。

全草药用，清热解毒、散瘀消肿。

108 山茶科 Theaceae

常绿、半常绿乔木或灌木。叶革质，互生，羽状脉，全缘或有锯齿；具柄；无托叶。花两性稀雌雄异株，单生或数花簇生，有柄或无柄，具苞片；萼片5至多枚；花瓣5至多数，白色，或红色及黄色；雄蕊多数。果为蒴果，或不分裂的核果及浆果状。种子圆形、多角形或扁平，有时具翅。本科约36属700种。中国15属480余种。七目嶂9属28种。

1. 杨桐属 Adinandra Jack

常绿乔木或灌木。嫩枝通常被毛，顶芽常被毛。单叶互生，2列，革质，有时纸质，常具腺点，或有绒毛，全缘或具锯齿；具叶柄。花两性，单花腋生，偶有双生，具花梗；小苞片2；萼片5；花瓣5；雄蕊多数，花丝通常连合；花柱1，不分叉。浆果不开裂。种子多数至少数。本属约85种。中国22种。七目嶂3种。

1. 尖叶川杨桐

Adinandra bockiana var. **acutifolia** (Hand.-Mazz.) Kobuski

小枝深褐色或黑褐色。顶芽被灰褐色平伏短柔毛，年生新枝通常也疏被灰褐色平伏短柔毛或几无毛。叶互生，革质，长圆形至长圆状卵形；叶柄密被柔毛。单花腋生；小苞片、萼片、花瓣均密被黄褐色绢毛。果圆球形，疏被绢毛，熟时紫黑色。种子多数，淡红褐色，有光泽，表面具网纹。花期6~8月，果期9~11月。

生山地疏林中或密林中以及沟谷溪河边林缘稍阴湿地。七目嶂灌丛偶见。

2. 两广杨桐

Adinandra glischroloma Hand.-Mazz.

树皮灰褐色。嫩枝连同顶芽密被长刚毛。叶互生，革质，长圆状椭圆形，全缘，上面无毛，下面黄绿色，密被长刚毛；侧脉在两面稍明显。花通常2~3，稀单花生于叶腋，常下垂，萼片5；花瓣5，白色。浆果圆球形，熟时黑色。花期5~6月，果期9~10月。

生山地林中阴湿地。七目嶂偶见。

3. 杨桐（黄瑞木）

Adinandra millettii (Hook. & Arn.) Benth. & Hook. f. ex Hance

树皮灰褐色。嫩枝初被毛后秃净。顶芽被毛。叶互生，革质，长圆状椭圆形，常全缘，几无毛；侧脉不明显。单花腋生；花梗纤细而长；萼片5；花瓣5，白色；雄蕊约25。果圆球形，熟时黑色，具宿存花萼和花柱。花期5~7月，果期8~10月。

生于山坡路旁灌丛中或山地阳坡的疏林中或密林中，也见于沟谷林缘等。七目嶂常见。

果可食。

2. 山茶属 Camellia L.

灌木或乔木。叶多为革质，有锯齿；羽状脉；具柄，少数抱茎叶近无柄。花两性，顶生或腋生，单花或 2~3 花并生，有短柄；具苞片；萼片常 5~6，分离或基部连生；花瓣 5~12，栽培种常为重瓣，覆瓦状排列；雄蕊多数。果为蒴果，3~5 爿自上部裂开，稀从下部裂开，果爿木质。种子圆球形或半圆形，无翅。本属约 280 种。中国 238 种。七目嶂 4 种。

1. 心叶毛蕊茶
Camellia cordifolia (F. P. Metcalf) Nakai.

叶革质，长圆状披针形或长卵形，中脉有残留短毛，下面有稀疏褐色长毛，边缘有细锯齿。花腋生及顶生，单生或成对，花柄有毛；花冠白色；花瓣 5，外侧 1~2 枚几完全分离，近圆形。蒴果近球形，2~3 室，每室有 1~3 种子。种子小（未成熟）。花期 10~12 月。

多栽培或逸为野生。七目嶂山坡灌丛较常见。

可作观赏、食疗、药用等用途。

2. 油茶
Camellia oleifera Abel

嫩枝有粗毛。叶革质，椭圆形、长圆形或倒卵形，叶腋被毛，边缘有齿；叶柄被粗毛。花顶生，近于无柄；苞片与萼片约 10；花瓣 5~7，白色，倒卵形，先端凹入或 2 裂，近于离生；外侧雄蕊仅基部略连合；子房 3~5 室。蒴果球形或卵圆形，上部裂开。花期冬春间，果期 9~10 月。

多栽培或逸为野生。七目嶂山坡灌丛较常见。

种子榨油，为著名食用油作物；根皮入药，能散瘀消肿。

3. 柳叶毛蕊茶
Camellia salicifolia Champ. ex Benth.

嫩枝纤细，密生长丝毛。叶薄纸质，披针形，窄长，先端尾状渐尖，基部圆形，沿中脉有柔毛，下面有长丝毛，边缘密生细锯齿。花顶生及腋生，具短柄；苞片 4~5，宿存；萼片 5，宿存；花冠白色；花丝管长为雄蕊的 2/3，花丝和子房有毛。蒴果圆球形或卵圆形，果爿薄。花期 8~11 月。

生丘陵山地阔叶林内或灌丛内。七目嶂较常见。

4. 茶
Camellia sinensis (L.) Kuntze

嫩枝无毛。叶革质，长圆形或椭圆形，先端钝或尖锐，基部楔形，上面发亮，边缘有锯齿；叶柄无毛。1~3 花腋生，白色，有短柄；苞片 2，早落；萼片 5，宿存；花瓣 5~6，阔卵形，基部略连合；雄蕊基部略连生。蒴果 3 球形或 1~2 球形。花期 10 月至翌年 2 月。

多栽培，也有野生，生丘陵山地灌丛、林内、沟边等。七目嶂偶见。

著名饮料作物；种子可榨食用油；嫩叶入药，味苦性凉，能兴奋、利尿、收敛、消宿食。

山茶科 Theaceae

3. 红淡比属 Cleyera Thunb.

常绿小乔木或灌木。嫩枝和顶芽均无毛，常具棱。叶互生，常2列，叶形多种，全缘或有时有锯齿；具叶柄。花两性，白色，较小，单生或2~3花簇生于叶腋；花梗长或短，顶端稍粗壮，苞片2，细小；萼片5，宿存；花瓣5；雄蕊25~30，离生，花药疏被丝毛；子房2~3室，柱头2~3浅裂。果为浆果状。本属约24种。中国9种。七目嶂1种。

1. 红淡比
Cleyera japonica Thunb.

全株无毛。叶革质，长圆形至椭圆形，全缘；中脉上平下凸。常2~4花腋生；苞片2；萼片5；花瓣5；雄蕊25~30，花药有毛，花丝和子房无毛，花柱顶端2浅裂。果实圆球形，熟时紫黑色。花期5~6月，果期10~11月。

多生于山地、沟谷林中或山坡沟谷溪边灌丛中或路旁。七目嶂山地林中偶见。

4. 柃木属 Eurya Thunb.

常绿灌木或小乔木，稀为大乔木。冬芽裸露。嫩枝常具棱，被毛或无毛。叶革质至几膜质，互生，排成2列，边缘具齿，稀全缘；通常具柄。花较小，1至数花簇生于叶腋或叶腋痕，具短梗，单性，雌雄异株；雄花萼片5，宿存；花瓣5；雄蕊排成1轮，花药无毛亦无芒。浆果，小，圆球形至卵形。种子多数。本属约130种。中国83种。七目嶂14种。

1. 尖萼毛柃
Eurya acutisepala Hu & L. K. Ling

嫩枝黄褐色，密被短柔毛。叶薄革质，长圆形或倒披针状长圆形，下面疏被毛。2~3花腋生；雄花萼卵形至长卵形，顶端尖，常具褐色小点，无毛；花瓣5，白色；花药具5~7分格；雌花子房密被毛，花柱顶端3裂。果疏被毛。花期10~11月，果期翌年6~8月。

多生于山地密林中或沟谷溪边林下阴湿地。七目嶂溪边林下少见。

2. 翅柃
Eurya alata Kobuski

全株均无毛。嫩枝具显著4棱。顶芽无毛。叶革质，二列，长圆形或椭圆形，边缘密生细齿；中脉上凹下凸；叶柄短。1~3花簇生于叶腋，单性，异株；花瓣白色；雄蕊约15，花药不具分格；子房无毛，花柱短，3浅裂。浆果圆球形，熟时蓝黑色。花期10~11月，果期翌年6~8月。

多生于山地沟谷、溪边密林中或林下路旁阴湿处。七目嶂偶见。

3. 米碎花
Eurya chinensis R. Br.

嫩枝具2棱，被短毛。顶芽密被短毛。叶薄革质，二列，倒卵形或倒卵状椭圆形，顶端常凹，边缘密生细齿；中脉上凹下凸。1~4花簇生于叶腋，单性，异株；花瓣白色；雄蕊约15，花药不具分格；子房无毛；花柱短，3裂。浆果圆球形，熟时紫黑色。花期11~12月，果期翌年6~7月。

多生于低山丘陵山坡灌丛路边或溪河沟谷灌丛中。七目嶂山坡灌丛常见。

叶入药，能治感冒发热、暑热发痧、食滞和消化不良。

4. 华南毛柃
Eurya ciliata Merr.

嫩枝圆而被密毛。顶芽被毛。叶坚纸质，2列，披针形或长圆状披针形，顶端渐尖，常全缘，叶背被毛；叶柄极短。1~3花簇生于叶腋，单性，异株；花瓣白色；雄蕊22~28，花药具5~8分格；子房密被毛，花柱4，离生。浆果，圆球形，萼及花柱均宿存。花期10~11月，果期翌年4~5月。

多生于低山丘陵山坡林下或沟谷溪旁密林中。七目嶂少见。

可作为商品蜜，蜜乳白色，结晶细，为上等蜜。

5. 二列叶柃
Eurya distichophylla Hemsl.

嫩枝圆而密被毛。顶芽被毛。叶坚纸质，2列，卵状披针形或卵状长圆形，顶端渐尖或长渐尖，基部圆形，边缘有细齿，叶背被毛。1~3花簇生于叶腋，单性，异株；花瓣白色带蓝色；雄蕊15~18，花药具多分格；子房密被毛，花柱短，顶3深裂。浆果小。花期10~12月，果期翌年6~7月。

多生于低山丘陵的山坡路旁或沟谷溪边阴湿地的疏林、密林和灌丛中。七目嶂少见。

6. 楔基腺柃
Eurya glandulosa var. **cuneiformis** H. T. Zhang

嫩枝圆而密被黄褐色毛。顶芽窄披针形，密被柔毛。叶革质或近革质，长圆形或椭圆形，顶端钝或近圆形，基部楔形，两侧近相等，边缘密生细锯齿，齿尖有腺状凸起，沿中脉被柔毛，并具黑色腺点；中脉在上面凹下，下面凸起；侧脉8~10对，在上面稍凹下；叶柄长，密被柔毛。1~2雌花腋生，花梗极短；小苞片2，微小；萼片5，卵形，被柔毛，边缘凸起；花瓣5，窄长圆形，基部合生；子房卵圆形或圆球形，3室，无毛，顶端3裂。果实未见。花期10~11月。

生山坡沟谷林中或林缘路旁。七目嶂林下偶见。

7. 粗枝腺柃
Eurya glandulosa var. **dasyclados** (Kob.) H.T. Chang

嫩枝圆而密被毛。顶芽密被柔毛。叶革质或近革质，长圆形或椭圆形，顶端钝或近圆形，基部圆形，两侧为略不整齐或微心形，上面常具金黄色腺点；中脉在上面凹下，下面凸起；侧脉8~10对，在上面稍凹下；叶柄较长，偶有可近于无柄。1~2雌花腋生，花梗极短；小苞片2；萼片5，边缘凸起；花瓣5，窄长圆形，基部合生；3子房卵圆形或圆球形，无毛，顶端3裂。花期10~11月。

多生于山谷林中、林缘以及沟谷、溪旁路边灌丛中。七目嶂林下偶见。

8. 岗柃
Eurya groffii Merr.

嫩枝圆而密被毛。顶芽密被毛。叶革质或薄革质，2列，披针形或披针状长圆形，窄长，顶端渐尖或长渐尖，边缘密生细齿，叶背密被毛。1~9花簇生于叶腋，单性，异株；花瓣白色；雄蕊约20，花药不具分格；子房无毛，花柱短，3裂。浆果圆球形。花期9~11月，果期翌年4~6月。

多生于山坡路旁林中、林缘及山地灌丛中。七目嶂较常见。

叶入药，味微苦、性平，可消肿止痛、镇咳。

9. 微毛柃
Eurya hebeclados Y. Ling

树皮灰褐色，稍平滑。嫩枝圆柱形，密被灰色微毛。顶芽卵状披针形，渐尖，密被微毛。叶革质，长圆状椭圆形、椭圆形或长圆状倒卵形，边缘除顶端和基部外均有浅细齿，齿端紫黑色；叶柄被微毛。4~7花簇生于叶腋；萼片5，近圆形，膜质，边缘有纤毛；花瓣5，长圆状倒卵形。果实圆球形，边有纤毛。种子每室10~12枚，肾形。花期12月至翌年1月，果期8~10月。

多生于山坡林中、林缘以及路旁灌丛中。七目嶂灌丛偶见。

全株入药，祛风、消肿、解毒、止血。

10. 细枝柃（尾尖叶柃）
Eurya loquaiana Dunn

嫩枝圆而密被毛。顶芽密被毛。叶薄革质，2列，窄椭圆形或长圆状窄椭圆形，稀卵状披针形，顶端长渐尖，基部楔形，叶背中脉微被毛。1~4花簇生于叶腋，单性，异株；花瓣白色；雄蕊10~15，花药不具分格；子房无毛，花柱短，顶端3裂。浆果圆球形。花期10~12月，果期翌年7~9月。

多生于山坡沟谷、溪边林中或林缘以及山坡路旁阴湿灌丛中。七目嶂少见。

茎叶入药，祛风通络、活血止痛。

11. 黑柃
Eurya macartneyi Champ.

嫩枝圆，无毛。顶芽无毛。叶革质，2列，长圆状椭圆形或椭圆形，稍大，顶端短渐尖，边缘几全缘，两面无毛。1~4花簇生于叶腋，单性，异株；花瓣5；雄蕊17~24，花药不具分格；子房无毛，花柱3，离生。浆果圆球形，熟时黑色。花期11月至翌年1月，果期翌年6~8月。

多生于低山丘陵沟谷密林或疏林中。七目嶂较常见。

12. 格药柃
Eurya muricata Dunn.

全株无毛。嫩枝黄绿色。叶革质，稍厚，长圆状椭圆形或椭圆形，基部楔形。1~5花簇生叶腋，花梗无毛；雄花萼顶端圆而有小尖头或微凹；花瓣5，白色；雄蕊15~22，花药具多分格；雌花子房无毛，花柱顶端3裂。果实圆球形。花期9~11月，果期翌年6~8月。

多生于丘陵山地山坡林中或林缘灌丛中。七目嶂林中少见。

是不可多得的观花、观果园林植物；树皮含鞣质，可提取栲胶；花是优良的蜜源。

13. 细齿叶柃
Eurya nitida Korth.

全株无毛。嫩枝具2棱。叶薄革质，2列，椭圆形、长圆状椭圆形或倒卵状长圆形，顶端渐尖或短渐尖，边缘密生锯齿。1~4花簇生于叶腋，单性，异株；花瓣白色；雄蕊14~17，花药不具分格；子房无毛，花柱细长，顶端3浅裂。浆果圆球形。花期11月至翌年1月,果期翌年7~9月。

多生于山地林中、沟谷溪边林缘以及山坡路旁灌丛中。七目嶂山坡灌丛较常见。

茎、叶、花入药。味苦、涩,性平,可杀虫、解毒。

14. 窄基红褐栲
Eurya rubiginosa H. T. Chang var. **attenuata** H.T. Chang

嫩枝黄绿色;小枝灰褐色,2棱;老枝灰白色。顶芽长锥形。叶革质,卵状披针形,有时为长圆状披针形,顶端尖、短尖或短渐尖,基部楔形,边缘密生细锯齿;中脉在上面稍凹下,下面凸起,侧脉13~15条,斜出;叶柄明显。1~3花簇生叶腋,无毛;雄花小苞片2,卵形或卵圆形,细小,有小突尖,萼片5,无毛,花瓣5,倒卵形,雄蕊约15;雌花的小苞片和萼片与雄花同,但稍小,花瓣5,长圆状披针形,子房卵圆形,无毛,花柱3裂。果实圆球形或近卵圆形,成熟时紫黑色。花期10~11月,果期翌年5~8月。

多生于山坡林中、林缘以及山坡路旁或沟谷边灌丛中。七目嶂灌丛偶见。

5. 大头茶属 Polyspora Sweet ex G. Don.

常绿乔木。叶革质,长圆形,常全缘;羽状脉;具柄。花大,白色,两性,腋生,有短柄;苞片2~7,早落;萼片5,干膜质或革质,宿存或半存;花瓣5~6,基部略连生;雄蕊多数,多轮,花丝离生,花药2室,背部着生;花柱连合,先端3~5浅裂或深裂。蒴果长筒形,室背裂开。种子上端有长翅。本属约40种。中国6种。七目嶂1种。

1. 大头茶
Polyspora axillaris (Roxb. ex Ker Gawl.) Sweet ex G. Don.

叶厚革质,倒披针形,先端钝或微凹,无毛,全缘,或上部有少数齿刻;侧脉不明显;叶柄无毛。花两性,生于枝顶叶腋,大,白色,花柄极短;苞片4~5,早落;萼片卵形,宿存;花瓣5;雄蕊多数,基部连生。蒴果长筒形。种子上端有翅。花期10月至翌年1月,果期翌年11~12月。

多生于低山丘陵疏林或灌丛中,较耐旱。七目嶂山坡上部较常见。

叶墨绿色,厚革质,花大,白色,可作庭园绿化树种;

茎皮和果入药,具活络止痛、温中止泻之功效。

6. 核果茶属 Pyrenaria Blume

常绿乔木。叶革质,长圆形有锯齿;羽状脉;具柄。花白色或黄色,单生于枝顶叶腋,有短柄;苞片2,有时叶状,早落;萼片5(~6),卵形或叶状,常宿存;花瓣5(~6),基部连生;雄蕊多数,基部与花瓣连生,花药2室,背部着生;子房5室,有时6~7室,每室有2~3胚珠,着生于中轴胎座;花柱5数,离生,或部分合生。核果,不开裂,内果皮骨质。种子长圆形;种皮坚硬骨质;无胚乳;子叶大。本属约20种。中国7种。七目嶂1种。

1. 小果核果茶
Pyrenaria microcarpa (Dunn) H. Keng

叶革质,椭圆形至长圆形,先端尖锐,基部楔形,上面干后黄绿色,发亮,下面无毛,边缘有细锯齿。花细小,白色;苞片2,卵圆形;萼片5,圆形;花瓣背面和萼片同样有绢毛。蒴果三角球形,两端略尖。花期6~7月,果期10~11月。

生阔叶林中。七目嶂林中偶见。

新型优质的木本花卉植物,具有较高的观赏价值,可用于庭院观赏、住宅区、公园和街道的绿化。

7. 木荷属 Schima Reinw.

常绿乔木。树皮有块状裂纹。叶全缘或有锯齿。花大,两性,单生枝顶叶腋,白色,有长柄;苞片2~7,早落;萼片5,离生或基部连生,宿存;花瓣5,最外1

枚在花蕾时完全包着花朵；雄蕊多数，多轮，花丝离生；花柱连合，柱头头状或5裂。蒴果球形，室背裂开，中轴宿存。种子周围有薄翅。本属约30种。中国21种。七目嶂2种。

1. 疏齿木荷
Schima remotiserrata Hung T. Chang

全体除萼片内面有绢毛外秃净无毛。叶厚革质，长圆形或椭圆形，先端渐尖，基部阔楔形；侧脉9~12对，与网脉在两面均明显凸起，边缘有疏钝齿，齿刻相隔7~20mm。6~7花簇生于枝顶叶腋，花柄无毛；苞片3；萼片圆形，内面有绢毛。蒴果仅基底有毛。花期8~9月。

生森林。七目嶂林下偶见。

2. 木荷
Schima superba Gardner & Champ.

叶革质或薄革质，椭圆形，先端尖锐，基部楔形，侧脉7~9对，在两面明显，边缘有钝齿。花生于枝顶叶腋，常多花排成总状花序，白色，花柄纤细；苞片2，小，早落；萼片半圆形，外面无毛，内面有绢毛。蒴果球形，室背开裂。花期6~8月，果期10~12月。

生亚热带丘陵山地各处。七目嶂常见。

是亚热带常绿阔叶林中的建群种，也是造林先锋树种，具耐火性，是很好的材用树种和防火树种。

8. 紫茎属 **Stewartia** L.

常绿或落叶乔木。树皮平滑，红褐色。芽有鳞苞。叶薄革质，半常绿，有锯齿；叶柄无翅。花单生于叶腋，有短柄；苞片2，宿存；萼片5，宿存；花瓣5，白色，基部连生；雄蕊多数，花丝下半部连生，花丝管上端常有毛，花药背部着生；子房5室，柱头5裂。蒴果阔卵圆形，略有棱，室背开裂5片。本属15种。中国10种。七目嶂1种。

1. 柔毛紫茎
Stewartia villosa Merr.

嫩枝、叶均有披散柔毛，老叶变秃净。叶革质，长圆形，先端急尖，基部圆或钝，边缘有锯齿。花单生；苞片披针形，有长毛；萼片有毛；花瓣黄白色。蒴果球形，宽10~12mm（未熟）；宿存花柱长2mm。每室7种子，长3~5mm，有翅；中轴长4.5mm。花期6~7月。

生林中。七目嶂林下偶见。

9. 厚皮香属 **Ternstroemia** Mutis ex L. f.

常绿乔木或灌木。全株无毛。叶革质，单叶，螺旋状互生，常聚生枝顶，全缘或有腺齿刻；具柄。花两性、杂性或单性和两性异株，常单生叶腋或侧生无叶小枝，有花梗；小苞片2，宿存；萼片常5，宿存；花瓣5，基部合生；雄蕊30~50，1~2轮，花丝短，基部合生；花柱1，柱头全缘或裂。常为浆果。本属约90种。中国13种。七目嶂1种。

1. 厚皮香
Ternstroemia gymnanthera (Wight & Arn.) Bedd.

全株无毛。叶革质或薄革质，常聚生枝顶，椭圆形、椭圆状倒卵形至长圆状倒卵形，全缘，稀上半部疏生浅齿，齿尖具黑色小点；侧脉5~6对，不明显。花两性或单性，通常生于当年生无叶小枝上或生于叶腋。浆果圆球形，苞萼片宿存。花期5~7月，果期8~10月。

多生于山地林中、林缘路边或近山顶疏林中。七目嶂山上部较常见。

全株入药，味苦、微甘，性温，气清香，可散寒逐瘀、杀虫。

108A 五列木科 Pentaphylacaceae

常绿乔木或灌木。单叶互生，革质，全缘；无托叶。花小，两性，辐射对称，具短柄，组成穗状花序或总状花序；小苞片2，宿存；花萼5，宿存；花瓣5，白色，分离；雄蕊5，与花瓣互生；花药2室，顶端开裂；子房上位，5室，花柱圆柱形，柱头5裂。蒴果椭圆形，室背开裂。种子顶端有翅。单属科，约2种。中国1种。七目嶂有分布。

1. 五列木属 Pentaphylax Gardner & Champ.

属的特征与科同。本属约2种。中国1种。七目嶂有分布。

1. 五列木
Pentaphylax euryoides Gardner & Champ.

单叶互生，革质，卵形或卵状长圆形或长圆状披针形，常偏小，先端尾状渐尖，全缘略反卷，无毛，侧脉不显；叶柄具皱纹及槽。总状花序腋生或顶生；花白色；小苞片2，宿存；萼片5，宿存；雄蕊5，花丝花瓣状，分离；花柱柱状，具5棱，柱头5裂。蒴果椭圆形。花期4~6月，果期10~11月。

生较高海拔山地林中或灌丛中。七目嶂高海拔地区较常见。

木材坚硬，可供作建筑、家具或农具用材；嫩叶红色，可作园林绿化景观树种。

112 猕猴桃科 Actinidiaceae

常绿、落叶或半落叶乔木、灌木或藤本。毛被发达，多样。叶为单叶，互生；无托叶。花序腋生，聚伞式或总状式，或单生；花两性或雌雄异株，辐射对称；萼片5或少；花瓣5或更多；雄蕊常10，2轮，或很多；花柱分离或合生。果为浆果或蒴果。本科3属357种。中国3属66种。七目嶂1属3种。

1. 猕猴桃属 Actinidia Lindl.

落叶、半落叶至常绿藤本。无毛或被毛。枝常有皮孔。单叶，互生，膜质、纸质或革质，多数具长柄，有锯齿，稀全缘；叶脉羽状；托叶缺或废退。花白色、红色、黄色或绿色，雌雄异株，单生或排成聚伞花序，腋生或生于短枝；萼片常5，分离或基部合生；雄蕊多数。浆果，秃净或被毛，球形、卵形至长圆形。本属约55种。中国52种。七目嶂3种。

1. 异色猕猴桃
Actinidia callosa Lindl. var. **discolor** C. F. Liang

小枝坚硬，干后灰黄色，洁净无毛。叶坚纸质，干后腹面褐黑色，背面灰黄色，椭圆形、矩状椭圆形至倒卵形，顶端急尖，基部阔楔形或钝形，边缘有粗钝的或波状的锯齿，通常上端的锯齿更粗大，两面洁净无毛，脉腋也无髯毛；叶脉发达，中脉和侧脉背面极度隆起，呈圆线形；叶柄长度中等，无毛。花序和萼片两面均无毛。果较小，卵球形或近球形。

生低山和丘陵中的沟谷、山坡。七目嶂路旁偶见。

药食两用植物，营养价值丰富，对保健、美容、减肥均有不错的效果。

2. 黄毛猕猴桃
Actinidia fulvicoma Hance

花枝密被黄褐色绵毛或锈色长硬毛，皮孔很不显著。髓白色。叶纸质至亚革质，卵形至卵状长圆形，中偏大，基部常浅心形，边缘具睫状小齿，两面密被糙伏毛。聚伞花序密被黄褐色绵毛，通常3花，具柄；花白色，半开展，两面被毛。浆果长圆形，熟时无毛。花期5~6月，果期11月。

生丘陵山地疏林中或灌丛中。七目嶂山坡灌丛较常见。

果实风味甚佳，是猕猴桃种类中最好食的一种。

3. **阔叶猕猴桃**

Actinidia latifolia (Gardner & Champ.) Merr.

花枝基本无毛，或被毛。髓白色。叶坚纸质，通常为阔卵形，中偏大，基部浑圆至浅心形，边缘具疏生小齿，叶背密被星状绒毛。花序为3~4歧多花的大型聚伞花序，花序柄较长，雄花序远较雌花序长；花瓣5~8，黄白色。浆果暗绿色，长圆形，具斑点，无毛。花期5~6月，果期11月。

生山地山谷或山沟地带的灌丛中或灌草丛中。七目嶂山坡灌草丛较常见。

果可食；茎、叶入药，味淡、微涩，性平，可清热除湿、消肿止痛、解毒。

118 桃金娘科 Myrtaceae

乔木或灌木。单叶对生或互生，具羽状脉或基出脉，全缘，具边脉，常有油腺点；无托叶。花两性，有时杂性，单生或排成各式花序；萼管与子房合生；花瓣4~5，稀缺，分离或连成帽状体；雄蕊多数，稀定数，花丝常分离；花柱单一，柱头单一，稀2裂。果为蒴果、浆果、核果或坚果。本科约130属4500~5000种。中国10属121种。七目嶂3属6种。

1. 岗松属 Baeckea L.

小乔木或乔木。叶线形或披针形，全缘，有油腺点。花小，白色或红色，5数，有短梗或无梗，腋生单花或数花排成聚伞花序；萼管钟形或半球形，常与子房合生，宿存；花瓣5；雄蕊5~10或稍多，比花瓣短，花丝短，花药背部着生；花柱短，柱头稍扩大。蒴果开裂为2~3瓣，每室有种子1~3，稀更多。本属约70种。中国1种。七目嶂有分布。

1. **岗松**

Baeckea frutescens L.

叶小，无柄，或有短柄，叶片狭线形或线形，先端尖，上面有沟，下面凸起，有透明油腺点；中脉1条，无侧脉。花小，白色，单生于叶腋内；苞片早落；萼管钟状，萼齿5；花瓣圆形，分离；雄蕊10或稍少，成对与萼齿对生；花柱短，宿存。蒴果小。花期夏秋。

喜生于低丘及荒山草坡与灌丛中，是酸性干旱土壤的指示植物。七目嶂山坡灌草丛常见。

叶含小茴香醇等，供药用，治黄疸、膀胱炎，外洗治皮炎及湿疹。

2. 桃金娘属 Rhodomyrtus (DC.) Rchb.

灌木或乔木。叶对生；离基三出脉，具边脉。花较大，1~3花腋生；萼管卵形或近球形，萼裂片4~5，宿存；花瓣4~5，比萼片大；雄蕊多数，分离，排成多列，通常比花瓣短，花药背部及近基部着生，纵裂；花柱线形，柱头扩大为头状或盾状，宿存。浆果卵状壶形或球形，有多数种子。本属约18种。中国1种。七目嶂有分布。

1. **桃金娘**

Rhodomyrtus tomentosa (Aiton) Hassk.

嫩枝有灰白色柔毛。叶对生，革质，叶片椭圆形或倒卵形，中偏小，先端常微凹，叶背被灰色绒毛；离基三出脉，网脉明显，具边脉。花有长梗，常单生，紫红色；萼管倒卵形，裂片5，宿存；花瓣5；雄蕊红色；花柱单一。浆果卵状壶形，熟时紫黑色。花期4~5月，果期1~11月。

生丘陵坡地，为酸性土指示植物。七目嶂常见。

果可食或供酿酒；根入药，有治慢性痢疾、风湿、肝炎及降血脂等功效。

3. 蒲桃属 Syzygium Gaertn.

常绿乔木或灌木。嫩枝通常无毛，有时具棱。叶对生，少数轮生，叶片革质，有透明腺点；羽状脉常较密，具边脉；有叶柄，少数近于无柄。3花至多数花，有梗或无梗，顶生或腋生，常排成聚伞花序式再组成圆锥花序；花萼常宿存；花瓣早落；雄蕊多数，分离，花丝较长；

花柱线形。浆果或核果状。本属约1200种。中国约80种。七目嶂4种。

1. 华南蒲桃
Syzygium austrosinense (Merr. & L. M. Perry) H. T. Chang & R. H. Miao

叶片革质，椭圆形，先端尖锐或稍钝，基部阔楔形，上面干后绿褐色，有腺点，下面同色，腺点凸起；侧脉相隔1.5~2mm，以70°开角斜出，边脉离边缘不到1mm。聚伞花序顶生，或近顶生，花蕾倒卵形；萼管倒圆锥形，萼片4，短三角形；花瓣分离，倒卵圆形。果实球形。花期6~8月。

生中海拔常绿林里。七目嶂路旁偶见。

蒲桃果实具浓厚玫瑰香气，果肉肉质松软，可供鲜食、干片、果膏、蜜饯、果汁及酿酒；蒲桃的叶、花、果和种子均可入药。

2. 赤楠
Syzygium buxifolium Hook. & Arn.

嫩枝有棱。叶片革质，较小，阔椭圆形至椭圆形，基部阔楔形或钝，叶背有腺点；侧脉多而密，具边脉；具短柄。聚伞花序顶生，有花数枚；花小；萼管倒圆锥形，萼齿浅波状，宿存；花瓣4，分离；雄蕊长2.5mm；花柱与雄蕊等长。核果球形，小。花期6~8月。

生低山疏林或灌丛。七目嶂山地林中或灌丛较常见。

可作盆景树种；其根可入药。

3. 红鳞蒲桃
Syzygium hancei Merr. & L. M. Perry

叶片革质，狭椭圆形至长圆形或为倒卵形，先端钝或略尖，基部阔楔形或较狭窄；边脉离边缘约0.5mm。圆锥花序腋生，多花；花蕾倒卵形；花瓣4，分离，圆形；花柱与花瓣同长。果实球形。花期7~9月。

常见于低海拔疏林中。七目嶂路旁偶见。

是绿篱、球冠类型灌木的佳材，亦是优良的庭园绿化、观赏树种。

4. 红枝蒲桃
Syzygium rehderianum Merr. & L. M. Perry

嫩枝红色，嫩叶红色。叶片革质，椭圆形至狭椭圆形，较小，先端急渐尖，尖尾长1cm；叶多腺点；边脉离边缘1~1.5mm。聚伞花序腋生，或生于枝顶叶腋内；花瓣连成帽状；雄蕊长3~4mm；花柱纤细，与雄蕊等长。核果椭圆状卵形。花期6~8月。

生低山丘陵林中或灌丛。七目嶂较常见。

嫩叶红色，可培育成园林绿化树种。

120 野牡丹科 Melastomataceae

草本、灌木或小乔木。直立或攀缘；枝条对生。单叶，对生或轮生，全缘或具锯齿；通常为基出脉，侧脉通常平行，多数，极少为羽状脉；具叶柄或无；无托叶。花两性，辐射对称，通常为4~5数，稀3或6数；花序各式，稀单生或簇生；花萼常合生；花瓣鲜艳；雄蕊定数。蒴果或浆果，常顶孔开裂，具宿存萼。本科156~166属4500余种。中国21属114种。七目嶂5属9种。

1. 柏拉木属 Blastus Lour.

灌木。茎通常圆柱形，被小腺毛，稀被毛。叶片薄，全缘或具细浅齿；3~5（~7）基出脉，侧脉平行，与基出脉垂直或呈锐角；具叶柄或无。由聚伞花序组成的圆锥花序，顶生，或呈伞式簇生叶腋；花小，两性，4 数，罕 3 或 5 数；花瓣白色，稀粉红色或浅紫色。蒴果，纵裂；宿存萼与果等长或略长。种子常为楔形。本属约 12 种。中国 9 种。七目嶂 2 种。

1. 柏拉木
Blastus cochinchinensis Lour.

茎圆。幼枝密被黄褐色小腺点。单叶，对生，纸质或近坚纸质，披针形、狭椭圆形至椭圆状披针形，顶端渐尖，基部楔形，全缘或具小波齿，叶面被疏小腺点，背面密被小腺点；3~5 基出脉，叶脉在背面明显隆起。伞状聚伞花序，腋生；花小；花瓣白色至粉红色。蒴果 4 裂。花期 6~8 月，果期 10~12 月。

生低山丘陵湿润阔叶林内。七目嶂较常见。

全株入药，有拔毒生肌的功效，用于治疮疖；根可止血，治产后流血不止。

2. 少花柏拉木
Blastus pauciflorus (Benth.) Guillaum

茎圆柱形，分枝多，被微柔毛及黄色小腺点。叶片纸质，卵形、广卵形或稀长圆状卵形，顶端渐尖，基部钝至心形，全缘或具细波状齿；叶柄被微柔毛及疏小腺点。由聚伞花序组成的圆锥花序，顶生，被微柔毛及小腺点；花瓣粉红色至玫瑰色或红色，卵形。蒴果椭圆形，4 纵裂。花期 7 月，果期 10 月。

生山谷，山坡疏、密林下，土壤肥厚的地方，溪边或路旁。七目嶂路旁偶见。

全株治疮疥，用于拔毒生肌。

2. 野牡丹属 Melastoma L.

灌木。茎四棱形或近圆形，通常被毛。叶对生，被毛，全缘；基出脉；具叶柄。花单生或组成圆锥花序顶生，5 数；花萼坛状球形，被糙毛；花瓣淡红色至红色，或紫红色；雄蕊 5 长 5 短，长者带紫色，花药披针形，弯曲，基部无瘤，短者较小，黄色，花药基部具瘤。蒴果卵形，顶裂或宿存萼中部横裂。本属约 22 种。中国 5 种。七目嶂 3 种。

1. 细叶野牡丹
Melastoma intermedium Dunn.

直立或匍匐上升。叶片坚纸质或略厚，椭圆形或长圆状椭圆形，全缘，具糙伏毛状缘毛。伞房花序，顶生，有 (1~)3~5 花；花梗被糙伏毛；花萼管密被略扁的糙伏毛；花瓣玫瑰红色至紫色，菱状倒卵形，上部略偏斜。果坛状球形，平截，顶端略缢缩成颈，肉质，不开裂；宿存萼密被糙伏毛。花期 7~9 月，果期 10~12 月。

生山坡或田边矮草丛中。七目嶂路旁偶见。

含有鞣质、黄酮类、氨基酸等化合物，具有抗氧化、抑菌等药用价值；也是优良的地被或垂吊盆栽植物。

2. 野牡丹
Melastoma malabathricum L.

茎钝四棱形或近圆形，全株密被糙伏毛及短柔毛。叶片坚纸质，卵形或广卵形，顶端急尖，基部浅心形或近圆形，全缘；七基出脉。伞房花序生于分枝顶端，近头状，有 3~5 花，基部具 2 叶状总苞；花萼坛状球形；花瓣玫瑰红色或粉红色；短雄蕊药室基部具瘤。蒴果坛状球形。花期 5~7 月，果期 10~12 月。

生山坡下部疏林、灌草丛中，是酸性土常见的植物。七目嶂常见。

根、叶可消积滞、收敛止血，治消化不良、肠炎腹泻、痢疾便血等症；叶捣烂外敷或制干粉，可作外伤止血药。

3. 展毛野牡丹
Melastoma normale D. Don.

茎钝四棱形或圆形,密被平展的长粗毛及短柔毛。叶坚纸质,卵形至椭圆状披针形,顶端渐尖,基部圆形或近心形,全缘,五基出脉,两面密被糙伏毛。伞房花序生于分枝顶端,具3~10花,基部具2叶状总苞片;花瓣紫红色;长雄蕊药隔末端2裂,短雄蕊花药基部具瘤。蒴果坛状球形。花期春夏,果期秋季。

生低山丘陵开阔山坡灌草丛中或疏林下,为酸性土常见植物。七目嶂较常见。

果可食;全株入药,有收敛、利尿;外敷可止血。

3. 谷木属 Memecylon L.

常绿灌木或小乔木。小枝圆柱形或四棱形。叶片革质,全缘;羽状脉;具短柄或无柄;无托叶。聚伞花序或伞形花序,腋生或顶生;花小,4数;花瓣白色、黄绿色或紫红色;雄蕊8,等长,同型。果为浆果状核果,通常球形,顶端具环状宿存萼檐;外果皮通常肉质。本属约300种。中国11种。七目嶂1种。

1. 谷木
Memecylon ligustrifolium Champ. ex Benth.

树皮具细纵纹。叶较小,革质,椭圆形至卵形,或卵状披针形,顶端渐尖,钝头,基部楔形,全缘,无毛;粗糙;中脉上凹下凸,侧脉不明显。聚伞花序,腋生或生于落叶的叶腋,总梗较明显;花瓣白色或淡黄绿色,或紫色;雄蕊蓝色。浆果状核果球形。花期5~8月,果期12月至翌年2月。

生丘陵低山密林下,耐阴。七目嶂常绿阔叶林中较常见。

枝叶入药,活血止痛,可治腰背疼痛、跌打肿痛。

4. 肉穗草属 Sarcopyramis Wall.

草本。茎四棱形。叶片纸质或膜质,三或五基出脉。萼筒四棱形;雄蕊8,等长,同型,花药倒心形,基着药;中轴胎座,子房下位,4室,顶端具膜质冠,冠檐不整齐。蒴果,四棱形。种子劲直。本属2种。中国2种。七目嶂1种。

1. 楮头红
Sarcopyramis napalensis Wall.

茎四棱形,肉质,无毛,上部分枝。叶片广卵形或卵形,边缘具细锯齿。萼齿顶端平截,具流苏状长缘毛膜质的盘;花梗四棱形,棱上具狭翅。蒴果杯形,具4棱。花期8~10月,果期9~12月。

生密林下阴湿的地方或溪边。七目嶂路旁偶见。

珍稀名贵中草药。

5. 蜂斗草属 Sonerila Roxb.

草本至小灌木。茎常四棱形，具翅或无。叶片薄，具细锯齿，齿尖常有刺毛，羽状脉或掌状脉，基部常偏斜；具叶柄，柄具翅或无，常被毛。蝎尾状聚伞花序或伞形花序，顶生，稀腋生，具长总梗；花小，3 或 6 数；花萼具 3 棱；花瓣红色系；雄蕊 3 或 6。蒴果倒圆锥形或柱形圆锥形。种子多数，楔形。本属约 150 种。中国 6 种。七目嶂 2 种。

1. 蜂斗草
Sonerila cantonensis Stapf.

茎钝四棱形。叶片纸质或近膜质，卵形或椭圆状卵形，顶端短渐尖或急尖，基部楔形或钝；叶柄密被长粗毛及柔毛。蝎尾状聚伞花序或二歧聚伞花序，顶生，有 3~7 花。

荒山草坡、路旁、田地边或疏林下阳处常见的植物。七目嶂偶见。

全草药用，治跌打肿痛。

2. 溪边桑勒草
Sonerila maculata Roxb.

茎钝四棱形，具分枝，稀不分枝，有时具匍匐茎。叶片纸质或近膜质，倒卵形或椭圆形，边缘具细锯齿，齿尖有刺毛，羽状脉（1~）2~3 对，两面被糙伏，叶面侧脉间具极疏的短刺毛 1 行。蝎尾状聚伞花序，顶生；花萼漏斗形，具 6 脉，裂片 3；花瓣粉红色，长圆形，具 1 腺毛状尖头。蒴果倒圆锥形，三棱形。花期 6~8 月，果期 8~11 月。

生略低的山地、山谷路边阳处，灌丛中，或水旁石边。七目嶂灌丛偶见。

全株外敷可治枪弹伤。

121 使君子科 Combretaceae

乔木、灌木或稀木质藤本。有些具刺。单叶对生或互生，极少轮生，全缘或稍呈波状；叶基、叶柄或叶下缘齿间具腺体。花通常两性，有时两性花和雄花同株，辐射对称，偶有左右对称，由多花组成头状花序、穗状花序、总状花序或圆锥花序，花萼裂片 4~5（~8），镊合状排列，宿存或脱落；花瓣 4~5 或不存在，覆瓦状或镊合状排列，花药"丁"字着，纵裂，花盘通常存在；子房下位，1 室，胚珠 2~6，倒生，倒悬于子房室的顶端，花柱单一。坚果、核果或翅果，常有 2~5 棱。种子 1；胚有旋卷、折叠或扭曲的子叶和小的幼根。本科 20 属 500 种。中国 6 属 20 种。七目嶂 1 属 1 种。

1. 风车子属 Combretum Loefl.

木质藤本，稀攀缘状灌木或乔木。叶对生、互生或近于轮生，具柄，几全缘，常被显著鳞片，有时脉腋有小窝穴或簇毛。圆锥花序或仅为穗状花序或总状花序，顶生及腋生，密被鳞片或柔毛，两性，5 或 4 数；萼管下部细长，在子房之上略收缩而后扩大而呈钟状、杯状或漏斗状，萼 4~5 齿裂；花瓣 4~5，小，着生于萼管上或与萼齿互生；雄蕊通常为花瓣的 2 倍，2 轮；花盘与萼管离生或合生，分离部分常被粗毛环，很小或稀缺；花柱单一，常直立，有时很短，子房下位，1 室，胚珠 2~6。假核果，具 4~5 翅、棱或肋，革质，有或无柄，干燥，不开裂。种子 1。本属约 250 种。中国 8 种。七目嶂 1 种。

1. 风车子
Combretum alfredii Hance.

树皮浅灰色。小枝近方形，灰褐色，有纵槽，密被棕黄色的绒毛和有橙黄色的鳞片。叶对生或近对生，叶片长椭圆形至阔披针形，稀为椭圆状倒卵形或卵形，全缘，两面无毛而稍粗糙；叶柄有槽，具鳞片或被毛。穗状花序腋生和顶生或组成圆锥花序；总轴被棕黄色的绒毛和金黄色与橙色的鳞片；小苞片线状；花瓣黄白色。果椭圆形，有 4 翅，近圆形或梨形，被黄色或橙黄色鳞片。种子 1，纺锤形。花期 5~8 月，果期 9 月开始。

生河边、谷地。七目嶂路边偶见。

123 金丝桃科 Hypericaceae

乔木、灌木或草本。常有黄色的树脂液和腺点。单叶，对生，稀轮生；无托叶或有。花两性或单性，通常雌雄异株，稀杂性，辐射对称，单生或排成聚伞花序；萼片和花瓣 2~6，稀更多，覆瓦状排列；雄蕊多数，花丝分离或基部合生；柱头形状多样。果为蒴果或浆果，稀为核果。本科 7 属 500 余种。中国 5 属 60 余种。七目嶂 3 属 4 种。

1. 红厚壳属 Calophyllum L.

乔木或灌木。叶对生，全缘，光滑无毛；有多数平行的侧脉，侧脉几与中脉垂直。花两性或单性，组成顶生或腋生的总状或圆锥花序；萼片和花瓣4~12，2~3轮，覆瓦状排列；雄蕊多数，基部分离或合生成数束；花柱细长，柱头盾形。核果球形或卵球形；外果皮薄。本属180余种。中国4种。七目嶂1种。

1. 薄叶红厚壳
Calophyllum membranaceum Gardner & Champ.

幼枝四棱形，具狭翅。叶对生，全缘，薄革质，长圆形或长圆状披针形，边缘反卷；侧脉密集，成规则的横行排列。聚伞花序腋生，有花1~5，被微柔毛；花两性，白色略带浅红；花萼和花瓣4；雄蕊多数，花丝基部合生成4束。果卵状长圆球形，黄色。花期3~5月，果期8~12月。

多生于南亚热带以南山地的疏林或密林中。七目嶂林中较常见。

根、叶入药，根能祛瘀止痛、补肾强腰；叶治外伤出血。

2. 黄牛木属 Cratoxylum Blume

常绿或落叶乔木或灌木。叶对生，无柄或具柄，全缘，下面常具白粉或蜡质，脉网间有透明的细腺点。花序聚伞状，顶生或腋生；花白色或红色，两性，具梗；萼片5，不等大，宿存；花瓣5，与萼片互生；雄蕊合成3束，具梗；花柱3，分离，柱头头状。蒴果坚硬，椭圆形至长圆柱形，室背开裂。种子具翅。本属约6种。中国2种。七目嶂1种。

1. 黄牛木
Cratoxylum cochinchinense (Lour.) Blume

全体无毛，树干下部具长枝刺。树皮常灰黄色。枝条对生，幼枝略扁，无毛，淡红色。叶对生，坚纸质，无毛，椭圆形至长椭圆形，先端骤然锐尖或渐尖，叶背有透明腺点及黑点；叶柄短，无毛。聚伞花序腋生或顶生，有2~3花，具梗；花瓣红色系。蒴果椭圆形。花期4~5月，果期6月以后。

生丘陵或山地的干燥阳坡上的次生林或灌丛中，耐旱。七目嶂干旱山坡灌草丛及疏林常见。

3. 金丝桃属 Hypericum L.

灌木或多年生至一年生草本。具腺点。叶对生，全缘；具柄或无柄。花序为聚伞花序，1至多花，顶生或有时腋生；花两性；萼片与花瓣4或5；花黄色至金黄色，偶有白色；雄蕊多数，基部常连合成几束；花柱2或3~5，离生或部分至全部合生。蒴果，室间开裂。种子小，通常具凸起或多少具翅。本属460余种。中国64种。七目嶂2种。

1. 赶山鞭（乌腺金丝桃）
Hypericum attenuatum Fish. ex Choisy

茎直立，常有2纵线棱，并散生黑色腺点；叶对生，无柄，卵状长圆形或卵状披针形至长圆状倒卵形，略抱茎，全缘，光滑，下面散生黑腺点，侧脉2对。花序顶生，近伞房状或圆锥花序；花直径1.3~1.5cm，平展；花瓣淡黄色；雄蕊3束。蒴果极小，具条状腺斑。花期7~8月，果期8~9月。

生半湿的旷野、草坡、石砾地等，林内及林缘也可生长。七目嶂山坡草地偶见。

全草又可入药，治多汗症，捣烂治跌打损伤或煎服作蛇药用。

2. 地耳草（田基黄）
Hypericum japonicum Thunb.

茎具4纵线棱，散布淡色腺点。叶对生，坚纸质，无柄，常卵形或卵状三角形至长圆形或椭圆形，基部心形抱茎至截形，全缘，下面淡绿略带苍白，具1~2对侧脉，全面散布透明腺点。花序具1~30花，常二歧状；雄蕊5~30，不成束；花柱3。蒴果无腺条纹。花期3~8月，果期6~10月。

生田边、沟边、草地以及撂荒地上。七目嶂较常见。

全草入药，能清热解毒、止血消肿，治肝炎、跌打损伤以及疮毒。

126 藤黄科 Guttiferae

乔木或灌木。常有黄色的树脂或油。单叶对生，全缘；无托叶。花序各式，伞状，或为单花；花两性或单性，通常整齐；萼片2~6；花瓣与萼片同数，离生；雄蕊多数，离生或成束；花柱1~5或不存在，柱头1~12。果为蒴果、浆果或核果。种子1至多数。本科约40属1000种。中国4属15种。七目嶂1属1种。

1. 藤黄属 Garcinia L.

乔木或灌木。通常具黄色树脂。叶革质，对生，全缘，通常无毛；侧脉少数，稀多数，疏展或密集。花杂性，稀单性或两性，同株或异株，单生或排列成顶生或腋生的聚伞或圆锥花序；萼片和花瓣通常4或5，覆瓦状排列；雄蕊多数，分离或合生，1~5束；柱头盾形。浆果，光滑或有棱。本属约450种。中国20种。七目嶂1种。

1. 多花山竹子
Garcinia multiflora Champ. ex Benth.

小枝绿色，具纵槽纹。叶对生，革质，卵形、长圆状卵形或长圆状倒卵形，中等大小，基部楔形或宽楔形，

边缘微反卷；侧脉10~15对，至近边缘处网结。花杂性，同株；雄花序成聚伞状圆锥花序式；萼片2大2小；花瓣橙黄色；雌花1~5。浆果。花期6~8月，果期11~12月。

适应性较强，生山坡疏林或密林中，沟谷边缘或次生林或灌丛中。七目嶂林内少见。

果可食；树皮入药，有消炎功效；木材暗黄色，坚硬，可作家具及工艺雕刻用材。

128 椴树科 Tiliaceae

乔木、灌木或草本。单叶互生，稀对生，具基出脉，全缘或有锯齿，有时浅裂；托叶有或缺。花两性或单性雌雄异株，辐射对称，排成聚伞花序或再组成圆锥花序；萼片5，稀4，分离或多少连生；花瓣与萼片同数，分离，或缺；雄蕊多数，稀5数；花柱单生。果为核果、蒴果、裂果，有时浆果状或翅果状。本科约52属500种。中国11属70种。七目嶂4属5种。

1. 田麻属 Corchoropsis Sieb. & Zucc.

一年生草本。茎被星状柔毛或平展柔毛。叶互生，被星状柔毛；基出三脉；具叶柄；托叶细小，早落。花黄色，单生于叶腋；萼片5，狭窄披针形；花瓣与萼片同数，倒卵形；雄蕊20，其中5枚无花药，与萼片对生，匙状条形，其余能育的15枚中每3枚连成一束；子房被短绒毛或无毛，3室，每室有胚珠多数。蒴果角状圆筒形，3片裂开。种子多数。本属约4种。中国2种。七目嶂1种。

1. 田麻
Corchoropsis crenata Sieb. & Zucc.

分枝有星状短柔毛。叶卵形或狭卵形，两面均密生星状短柔毛；托叶钻形，脱落。花有细柄，单生于叶腋；萼片5，狭窄披针形；花瓣5，黄色，倒卵形；子房被短绒毛。蒴果角状圆筒形，有星状柔毛。花期8~9月。果期秋季。

生山坡草地。七目嶂路旁草地偶见。

全草入药，清热利湿、解毒止血；茎皮纤维可代麻，做绳索或麻袋。

2. 黄麻属 Corchorus L.

草本或亚灌木。叶纸质，基部有三出脉，两侧常有伸长线状小裂片，边缘有锯齿，叶柄明显；托叶2，线形。

花两性，黄色，单生或数花排成腋生或腋外生的聚伞花序；萼片4~5；花瓣与萼片同数；腺体不存在；雄蕊多数，着生于雌雄蕊柄上，离生，缺退化雄蕊；子房2~5室，每室有多枚胚珠，花柱短，柱头盾状或盘状，全缘或浅裂。蒴果长筒形或球形，有棱或有短角，室背开裂为2~5片。种子多数。本属40余种。中国4种。七目嶂1种。

1. 黄麻
Corchorus capsularis L.

无毛。叶纸质，卵状披针形至狭窄披针形，两面均无毛，三出脉的两侧脉上行不过半，中脉有侧脉6~7对，边缘有粗锯齿；叶柄有柔毛。花单生或数花排成腋生聚伞花序，有短的花序柄及花柄；萼片4~5；花瓣黄色，倒卵形，与萼片约等长。蒴果球形，顶端无角，表面有直行钝棱及小瘤状凸起。花期夏季，果秋后成熟。

生荒野、草地。七目嶂草地偶见。

茎皮富含纤维，可做绳索及织制麻袋，经加工处理，可织制麻布及地毯等；嫩叶可供食用；叶、根及种子入药，清热解暑、拔毒消肿，用于预防中暑、中暑发热、痢疾；外用治疮疖肿毒。

3. 扁担杆属 Grewia L.

乔木或灌木。嫩枝通常被星状毛。叶互生，具基出脉，有锯齿或有浅裂；托叶细小，早落。花两性或单性雌雄异株，通常3花组成腋生的聚伞花序；花序柄及花柄通常被毛；萼片5，分离，外面被毛；花瓣5，比萼片短；腺体常为鳞片状，着生于花瓣基部，常有长毛；雌雄蕊柄短，秃净；雄蕊多数，离生；子房2~4室，每室有2~8胚珠，全缘或分裂。核果常有纵沟，收缩成2~4分核，具假隔膜。胚乳丰富，子叶扁平。本属90余种。中国26种。七目嶂1种。

1. 黄麻叶扁担杆
Grewia henryi Burret

嫩枝被黄褐色星状粗毛。叶薄革质，阔长圆形，先端渐尖，基部阔楔形，被黄绿色星状粗毛，三出脉的两侧脉到达中部或为叶片长度的1/3，离边缘3~8mm，边缘有细锯齿。聚伞花序1~2个腋生，每枝有3~4花；萼片披针形，外面被绒毛，内面无毛；花瓣长卵形。核果4裂，有4分核。

4. 刺蒴麻属 Triumfetta L.

直立或匍匐草本或为亚灌木。叶互生，不分裂或掌状3~5裂，有基出脉，边缘有锯齿。花两性，单生或数花排成腋生或腋外生的聚伞花序；萼片5，离生；花瓣与萼片同数，离生，内侧基部有增厚的腺体；雄蕊5至多数，离生；花柱单一。蒴果近球形，裂或不裂，表面具针刺。本属100~160种。中国7种。七目嶂2种。

1. 毛刺蒴麻
Triumfetta cana Blume

嫩枝被黄褐色星状绒毛。叶互生，卵形或卵状披针形，不裂，先端渐尖，基部圆形，两面被毛，基出脉3~5条，边缘具齿。聚伞花序1至数个腋生，花瓣比萼片略短。蒴果球形，刺直，被柔毛。花期夏秋间。

生路边、旷野、次生林及灌丛中。七目嶂路边偶见。

根、叶入药，能清热解毒。

2. 刺蒴麻
Triumfetta rhomboidea Jacq.

嫩枝被毛。叶纸质，下部叶阔卵圆形，先端常3裂，基部圆形；两面被毛；基出脉3~5条，两侧脉直达裂片尖端，边缘有粗齿；叶柄长1~5cm。聚伞花序数个腋生，花序柄及花柄均极短；花瓣比萼片略短，黄色，边缘有毛。果球形，不开裂，具勾刺。花期夏秋季间。

生路边、旷野。七目嶂路边、旷野偶见。

全株供药用，辛温，可消风散毒，治毒疮及肾结石。

128A 杜英科 Elaeocarpaceae

常绿或半落叶木本。叶为单叶，互生或对生；具柄；有托叶或缺。花单生或排成总状或圆锥花序，两性或杂性；苞片有或无；萼片4~5，分离或连合；花瓣4~5，先端撕裂或全缘；雄蕊多数，分离，生于花盘上或花盘外；花柱连合或分离。果为核果或蒴果，有时果皮外侧有针刺。本科12属约550种。中国2属53种。七目嶂2属6种。

1. 杜英属 Elaeocarpus L.

乔木。叶通常互生，边缘有锯齿或全缘，下面或有黑色腺点，老叶红色；常有托叶存在。总状花序腋生或生于无叶的去年枝条上，两性，有时两性花与雄花并存；萼片4~6，分离；花瓣4~6，白色，分离，顶端常撕裂，稀为全缘或浅齿裂；雄蕊多数，10~50枚，稀更少。果为核果。本属约360种。中国39种。七目嶂5种。

1. 中华杜英
Elaeocarpus chinensis (Gardner & Champ.) Hook. f. ex Benth.

嫩枝有毛。单叶互生，老叶红色；叶薄革质，卵状披针形或披针形，基部圆形或阔楔，叶背有细小黑腺点，无毛，边缘有波状小钝齿。总状花序生于无叶的去年枝条上；花两性或单性；萼片5，微毛；花瓣5，不分裂；雄蕊8~10。核果椭圆形，长不到1cm。花期5~6月，果期9~12月。

生低山丘陵常绿阔叶林中或灌丛林中。七目嶂阔叶林中偶见。

根入药，能散瘀消肿，治跌打瘀肿。

2. 杜英
Elaeocarpus decipiens Hemsl.

嫩枝及顶芽初时被微毛。单叶互生，老叶红色；叶革质，披针形或倒披针形，基部楔形，常下延，两面无毛，边缘有小钝齿。总状花序多生于叶腋及无叶的去年枝条上；花瓣上半部撕裂，裂片14~16；雄蕊25~30。核果椭圆形；内果皮有沟纹。花期6~7月，果期9~12月。

生低山丘陵常绿阔叶林中。七目嶂阔叶林中偶见。

树皮可作染料；木材为栽培香菇的良好段木；果实可食用；种子油可作肥皂和润滑油；根可入药，辛温，能散瘀消肿，治疗跌打、损伤、瘀肿。

3. 秃瓣杜英
Elaeocarpus glabripetalus Merr.

叶纸质或膜质，倒披针形，先端尖锐，侧脉7~8对，边缘有小钝齿。总状花序常生于无叶的去年枝上，纤细；花瓣5，白色；花药顶端无附属物但有毛丛。核果椭圆形；内果皮薄骨质，表面有浅沟纹。花期7月。

生常绿林里。七目嶂林下偶见。

有耐湿、树形美观、常绿、一年四季挂红叶等优点，在公路、庭院绿化中被广泛采用，可作庭荫树、背景树，在园林绿化中宜丛植、群植，也可作小街巷行道树，一般不宜作道路两旁的行道树。

4. 日本杜英
Elaeocarpus japonicus Siebold & Zucc.

嫩枝秃净无毛。叶芽有发亮绢毛。叶革质，通常卵形，亦有为椭圆形或倒卵形，先端尖锐，尖头钝，基部圆形或钝，初时上下两面密被银灰色绢毛，很快变秃净；老叶上面深绿色，发亮，干后仍有光泽，下面无毛，有多数细小黑腺点；侧脉5~6对，在下面凸起，网脉在上下两面均明显；边缘有疏锯齿；叶柄长2~6cm，初时被毛，不久完全秃净。总状花序生叶腋，花序轴有毛；花两性或单性；花瓣两面有毛，全缘或有数浅齿；雄蕊15或少。核果椭圆形。花期4~5月，果期5~7月。

生常绿林中。七目嶂偶见。

木材可制家具，又是种植香菇的理想木材。

5. 山杜英
Elaeocarpus sylvestris (Lour.) Poir.

小枝无毛。单叶互生，老叶红色；叶纸质，倒卵形或倒披针形，基部窄楔形，下延，两面无毛，边缘有钝齿。总状花序生于枝顶叶腋内；花瓣上半部撕裂，裂片10~12，外侧基部有毛；雄蕊13~15。核果椭圆形；内果皮有腹缝沟。花期4~5月，果期9~12月。

生常绿阔叶林中。七目嶂较常见。

根皮入药，能散瘀消肿，治跌打瘀肿。老叶鲜红，可作行道绿化和庭园绿化。

2. 猴欢喜属 Sloanea L.

乔木。叶互生，全缘或有锯齿；具长柄；羽状脉；托叶不存在。花单生或数花排成总状花序生于枝顶叶腋，有长花梗，通常两性；萼片4~5，基部略连生；花瓣4~5，有时或缺，顶端全缘或齿状裂；雄蕊多数，花柱分离或连合。蒴果圆球形或卵形，表面多刺。本属约120种。中国14种。七目嶂1种。

1. 猴欢喜
Sloanea sinensis (Hance) Hemsl.

嫩枝无毛。叶薄革质，形状及大小多变，通常为长圆形或狭窄倒卵形，基部常楔形，通常全缘，有时上半部有疏齿，两面无毛。多花簇生于枝顶叶腋，花柄被毛；萼片4，两侧被柔毛；花瓣4，白色，先端撕裂，有齿刻。蒴果球形。花期9~11月，果翌年6~7月成熟。

生低山丘陵常绿阔叶林中。七目嶂偶见。

优良的硬阔叶树种，木材具光泽、强韧硬重、材质优良，是建筑、桥梁、家具、胶合板等用材。

130 梧桐科 Sterculiaceae

乔木或灌木，稀为草本或藤本。幼嫩部分常有星状毛。树皮常有黏液和富于纤维。叶互生，单叶，稀为掌状复叶，全缘、具齿或深裂；通常有托叶。花序腋生，稀顶生，排成各式花序，稀单生；花单性、两性或杂性；萼片常5；花瓣5或缺，分离或基部与雌雄蕊柄合生。蒴果或蓇葖果，极少为浆果或核果。本科68属约1100种。中国19属90种。七目嶂4属4种。

1. 山芝麻属 Helicteres L.

乔木或灌木。枝或多或少被星状柔毛。叶为单叶，全缘或具锯齿。花两性，单生或排成聚伞花序，腋生，稀顶生；小苞片细小；萼筒状，5裂；花瓣5，彼此相等或成二唇状，具长爪且常具耳状附属体；雄蕊10，位于伸长的雌雄蕊柄顶端，花丝多少合生；子房5室，有5棱，每室有胚珠多数，花柱5，线形，顶端略厚而成柱头状。成熟的蒴果劲直或螺旋状扭曲，通常密被毛。种子有多数瘤状凸起。本属约60种。中国9种。七目嶂1种。

1. 山芝麻
Helicteres angustifolia L.

小枝被灰绿色短柔毛。叶狭矩圆形或条状披针形，

上面无毛或几无毛，下面被灰白色或淡黄色星状绒毛。聚伞花序有2至数花。蒴果卵状矩圆形，密被星状毛及混生长绒毛。种子小，褐色，有椭圆形小斑点。花期几乎全年。

常生于草坡上。七目嶂路旁偶见。

茎皮纤维可作混纺原料；根可药用；叶捣烂敷患处可治疮疖。

2. 马松子属 Melochia L.

草本或半灌木，稀为乔木。叶卵形或广心形，有锯齿。花小，两性，排成聚伞花序或团伞花序；萼5深裂或浅裂，钟状；花瓣5，匙形或矩圆形，宿存；退化雄蕊无，稀为细齿状；子房无柄或有短柄，5室，每室有1~2胚珠，花柱5，分离或在基部合生。蒴果室背开裂为5果瓣，每室有1种子。种子倒卵形，略有胚乳；子叶扁平。本属约54种。中国1种。七目嶂有分布。

1. 马松子
Melochia corchorifolia L.

枝黄褐色，略被星状短柔毛。叶薄纸质，卵形、矩圆状卵形或披针形，顶端急尖或钝，基部圆形或心形，边缘有锯齿；托叶条形。花排成顶生或腋生的密聚伞花序或团伞花序；小苞片条形，混生在花序内；花瓣5，白色，矩圆形。蒴果圆球形，有5棱，被长柔毛，每室有1~2种子。种子卵圆形，略呈三角状，褐黑色。花期夏秋。

生田野间或低丘陵地原野间。七目嶂偶见。

茎皮富含纤维，可与黄麻混纺以制麻袋。

3. 翅子树属 Pterospermum Schreb.

乔木或灌木。被星状绒毛或鳞秕。叶革质，单叶，分裂或不裂，全缘或有齿，通常偏斜；托叶早落。花单生或数花排成聚伞花序，两性；苞片有或无；萼片5；花瓣5；雄蕊15，3枚1束；花柱棒状或线状，柱头有5纵沟。蒴果，圆筒形或卵形，室背开裂为5果瓣。种子具长翅。本属约40种。中国9种。七目嶂1种。

1. 翻白叶树
Pterospermum heterophyllum Hance

树皮灰褐色。小枝被毛。叶二型，幼树或萌蘖枝的叶盾形，掌状3~5裂；成树上的叶矩圆形至卵状矩圆形，

基部钝、截形或斜心形，下面密被黄褐色短柔毛；叶柄被毛。花单生或2~4花组成腋生聚伞花序；萼片5；花瓣5。蒴果，矩圆状卵形。种子具翅。花期6~7月，果期8~12月。

生丘陵山地常绿阔叶林中或疏林中。七目嶂较常见。

全株入药，味甘、微辛、涩，性微温，气香，可祛风湿、除痹症。

4. 梭罗树属 Reevesia Lindl.

乔木或灌木。叶为单叶，通常全缘。花两性，多花且密集，排成聚伞状伞房花序或圆锥花序；萼钟状或漏斗状，不规则的3~5裂；花瓣5，具爪；雄蕊的花丝合生成管状，并与雌蕊柄贴生而形成雌雄蕊柄，雄蕊管顶端扩大并包围雌蕊，5裂；柱头5裂。蒴果，室背开裂。种子具膜质翅，翅向果柄。本属约25种。中国15种。七目嶂1种。

1. 两广梭罗
Reevesia thyrsoidea Lindl.

树皮灰褐色。嫩枝略被毛。叶革质、矩圆形、椭圆形或矩圆状椭圆形，顶端急尖或渐尖，基部圆形或钝，两面均无毛；侧脉每边5~7条；叶柄两端膨大，无毛。聚伞状伞房花序顶生，被毛，花密集；萼钟状；花瓣5，白色。蒴果矩圆状梨形。种子具翅。花期3~4月。

生丘陵山地常绿林中。七目嶂较常见，产粗石坑、正坑等。

经济、用材兼用树种，用于轻工用材、板料、室内装修等。

132 锦葵科 Malvaceae

草本、灌木至乔木。叶互生，单叶或分裂；常掌状脉；具托叶。花腋生或顶生，单生、簇生、聚伞花序至圆锥花序；花两性，辐射对称；萼片3~5，分离或合生；具苞片；花瓣5，分离，但与雄蕊管的基部合生；雄蕊多数，合生成雄蕊柱。蒴果，常分裂，很少浆果状。本科约100属约1000种。中国19属81种。七目嶂5属6种。

1. 秋葵属 Abelmoschus Medik.

一年生、二年生或多年生草本。叶全缘或掌状分裂。花单生于叶腋；小苞片5~15，线形，很少为披针形；花萼佛焰苞状，一侧开裂，先端具5齿，早落；花黄色或红色，漏斗形；花瓣5；雄蕊柱较花冠为短，基部具花药；子房5室，每室具多数胚珠，花柱5裂。蒴果长尖，室背开裂，密被长硬毛。种子肾形或球形，多数，无毛。本属约15种。中国6种。七目嶂1种。

1. 黄葵
Abelmoschus moschatus Medik.

叶通常掌状5~7深裂，裂片披针形至三角形，边缘具不规则锯齿；托叶线形。花单生于叶腋间，花梗被倒硬毛；小苞片8~10，线形；花黄色，内面基部暗紫色。蒴果长圆形，顶端尖，被黄色长硬毛。种子肾形，具腺状脉纹，具香味。花期6~10月。

常生于平原、山谷、溪涧旁或山坡灌丛中。七目嶂偶见。

种子具麝香味，用水蒸气蒸溜法可提制芳香油，含油率0.3%~0.5%，是名贵的高级调香料，也可入药；根含黏质，供制棉纸的糊料；花大色艳，可供园林观赏用。

2. 锦葵属 Malva L.

一年生或多年生草本。叶互生，有角或掌状分裂。花单生于叶腋间或簇生成束，有花梗或无花梗；有小苞片(副萼)3，线形，常离生；萼杯状，5裂；花瓣59，顶端常凹入，白色或玫红色至紫红色；雄蕊柱的顶端有花药；子房有9~15心皮，每心皮有1胚珠，柱头与心皮同数。果由数枚心皮组成，成熟时各心皮彼此分离，且与中轴脱离而成分果。本属约30种。中国4种。七目嶂1种。

1. 野葵
Malva verticillata L.

茎干被星状长柔毛。叶肾形或圆形，常为掌状5~7裂，裂片三角形，具钝尖头，边缘具钝齿；托叶卵状披针形，被星状柔毛。花3至多数簇生于叶腋，具极短柄至近无柄；花冠长稍微超过萼片，淡白色至淡红色；花瓣5。果扁球形；分果爿10~11，背面平滑，两侧具网纹。种子肾形，无毛，紫褐色。花期3~11月。

平原和山野均有野生。七目嶂偶见。

种子、根和叶作中草药，能利水滑窍、润便利尿、下乳汁、去死胎；鲜茎叶和根可拔毒排脓、疗疗疮疖痈；嫩苗也可供作蔬食。

3. 赛葵属 Malvastrum A. Gray

草本或亚灌木。叶卵形，掌状分裂或有齿缺。花腋生或顶生，单生或总状花序；小苞片3，钻形或线形，分离；萼杯状，5裂，在果时成叶状；花瓣5，黄色，较萼片长；雄蕊柱顶端无齿，花丝纤细；子房5至多室。蒴果不开裂。本属40种。中国2种。七目嶂1种。

1. 赛葵
Malvastrum coromandelianum (L.) Gürcke

亚灌木状。全株疏被毛。叶卵状披针形或卵形，宽1~3cm，边缘具粗锯齿；具叶柄和托叶。花单生于叶腋，花梗长约5mm；小苞片线形；萼浅杯状，5裂；花黄色；花瓣5；雄蕊柱无毛。分果爿8~12。花果期几全年。

在中国南方各地逸为野生，散生于干热草坡。七目嶂路边、旷地较常见。

全草入药，配十大功劳可治疗肝炎病；叶治疮疖。

4. 黄花稔属 Sida L.

草本或亚灌木。具星状毛。叶为单叶或稍分裂。花单生、簇生或呈圆锥花序，腋生或顶生；无小苞片；萼钟状或杯状，5 裂；花瓣 5，黄色，分离，基部合生；雄蕊柱顶端着生多数花药；花柱枝与心皮同数，柱头头状。蒴果盘状或球形，分裂成分果，顶端具 2 芒或无芒。本属 100~150 种。中国 14 种。七目嶂 1 种。

1. 白背黄花稔
Sida rhombifolia L.

枝被星状绵毛。叶菱形或长圆状披针形，基部宽楔形，边缘具锯齿，两面被毛；叶柄被毛。花单生于叶腋；花萼被星状短绵毛；花黄色；雄蕊柱无毛，疏被腺状乳突。蒴果；分果爿 8~10，顶端具 2 短芒，被星状柔毛。花期秋冬季。

常生于山坡灌丛间、旷野和沟谷两岸。七目嶂路边草地较常见。

根、叶入药，味辛、性凉，可清热利湿、消肿止痛、拔毒生肌。

2. 梵天花（狗脚迹）
Urena procumbens L.

小枝被星状绒毛。下部生叶掌状 3~5 深裂，裂口深达中部以下，裂片菱形或倒卵形，呈葫芦状，基部圆形至近心形，具锯齿，两面被毛。花单生或近簇生，淡红色；小苞片基部 1/3 处合生；花萼裂片较小苞片略短，均被毛。蒴果球形，具钩刺。花期 6~9 月。

中国长江以南极常见的野生植物，喜生于干热的空旷地、草坡或疏林下。七目嶂较常见。

茎皮富含坚韧的纤维，供纺织和搓绳索用；全株入药，治风湿、跌打肿痛、毒蛇咬伤等。

5. 梵天花属 Urena L.

多年生草本或灌木。被星状柔毛。叶互生，圆形或卵形，掌状分裂或深波状。花单生或近簇生于叶腋，或集生于小枝端；小苞片钟形，5 裂；花萼穹窿状，深 5 裂；花瓣 5，外面被星状柔毛；雄蕊柱平截或微齿裂；花柱分枝 10，柱头盘状，顶端具睫毛。蒴果近球形，分果爿具钩刺，不开裂。本属约 6 种。中国 3 种。七目嶂 2 种。

1. 地桃花（肖梵天花）
Urena lobata L.

小枝被星状绒毛。茎下部的叶近圆形，先端浅 3 裂，基部圆形或近心形，边缘具锯齿；上部的叶长圆形至披针形；叶上面被柔毛，下面被灰白色星状绒毛。花腋生，单生或稍丛生，淡红色；小苞片基部 1/3 合生；花萼裂片较小苞片略短，均被毛。蒴果扁球形，具钩刺。花期 7~10 月。

中国长江以南极常见的野生植物，喜生于干热的空旷地、草坡或疏林下。七目嶂较常见。

茎皮富含坚韧的纤维，供纺织和搓绳索用；根、叶入药，可祛风、清热解毒。

133 金虎尾科 Malpighiaceae

灌木、乔木或木质藤本。单叶，通常对生，稀互生或 3 叶轮生，全缘，背面和叶柄通常具腺体；有托叶或无。总状花序腋生或顶生，单生或组成圆锥花序；花通常两性，辐射对称或斜的两侧对称；花萼 5；花瓣 5，基部具爪；雄蕊 2 轮，每轮 5 枚，基部常合生；花柱 3，稀合生成 1 枚，宿存。翅果，或肉质核果状，或蒴果。本科约 65 属 1280 种。中国 4 属约 23 种。七目嶂 1 属 1 种。

1. 风筝果属 Hiptage Gaertner

木质藤本或藤状灌木。叶对生，革质或亚革质，全缘；托叶无或极小。总状花序腋生或顶生；花两性，两侧对称，白色，有时带淡红色，芳香，萼 5 裂；花瓣 5，具爪；雄蕊 10，不等长，其中 1 枚最大，花丝分离或下部结合；花柱单生，稀 2，顶部弯卷。翅果；每果有 3 翅，中间之翅最长。本属 20~30 种。中国 10 种。七目嶂 1 种。

1. 风筝果
Hiptage benghalensis (L.) Kurz

幼嫩部分和总状花序密被毛。老枝无毛。叶对生，革质，长圆形、椭圆状长圆形或卵状披针形，基部阔楔形或近圆形，叶背具 2 腺体，全缘，嫩叶淡红色被毛，老叶绿色无毛；叶柄具槽。总状花序腋生或顶生，5 数；花萼具 1 腺体并延至花梗；花瓣白色带红色。翅果；翅无毛。花期 2~4 月，果期 4~5 月。

生沟谷密林、疏林中或沟边路旁。七目嶂路边灌丛偶见。

可作园林观赏植物栽培。

135 古柯科 Erythroxylaceae

灌木或乔木。单叶互生，稀对生，全缘或偶有锯齿；有托叶。花簇生或聚伞花序，两性，稀单性雌雄异株，辐射对称；萼片 5，基部合生，宿存；花瓣 5，分离，脱落或宿存；雄蕊 5 或倍数，1~2 轮，基部合生；花柱 1~3 或 5，分离或多少合生，柱头斜向，常头状或棒状。核果或蒴果。本科 10 属 300 种。中国 2 属 3 种。七目嶂 2 属 2 种。

1. 古柯属 Erythroxylum P. Browne

灌木或小乔木。通常无毛。单叶互生；托叶生于叶柄内侧。花小，白色或黄色，单生或 3~6 花簇生或腋生，通常为异长花柱花；萼片一般基部合生；花瓣有爪，内面有舌状体贴生于基部；雄蕊 10，不等长或近等长，花丝基部合生成浅杯状，有腺体或无腺体；花柱分离或合生。核果。本属 230 种。中国 2 种。七目嶂 1 种。

1. 东方古柯
Erythroxylum sinense C. Y. Wu

小枝无毛。叶纸质，长椭圆形、倒披针形或倒卵形，顶部尾状尖、短渐尖、急尖或钝，基部狭楔形；嫩叶红色，老叶绿色，叶背略带紫色；托叶三角形或披针形。花腋生，2~7 花簇生于短的总花梗上，或单花腋生。核果长圆形，有 3 条纵棱。花期 4~5 月，果期 5~10 月。

生山地、路旁、谷地阔叶林中。七目嶂林中偶见。

叶入药，可治疟疾。

2. 粘木属 Ixonanthes Jack

乔木。叶互生，全缘或偶有钝齿；托叶细小或缺。花小，白色，二歧或三歧聚伞花序，腋生；萼片 5，基部合生，宿存；花瓣 5，宿存，环绕蒴果的基部；雄蕊 10 或 20；花柱单生，柱头头状或盘状。蒴果革质或木质，长圆形或圆锥形，室间开裂，有时每室被假隔膜分开。种子有翅或顶部冠以僧帽状的假种皮。本属约 3 种。中国 1 种。七目嶂有分布。

1. 粘木
Ixonanthes reticulata Jack

单叶互生，纸质，无毛，椭圆形或长圆形，表面亮绿色，背面绿色，基部圆或楔尖；侧脉 5~12 对；叶柄有狭边。二歧或三歧聚伞花序，生于枝近顶部叶腋内；花白色；萼片 5，基部合生，宿存；花瓣 5，比萼片长 1~1.5 倍；雄蕊 10。蒴果卵状圆锥形或长圆形。花期 5~6 月，果期 6~10 月。

生丘陵山地路旁、山谷、山顶、溪旁、沙地、丘陵和疏密林中。七目嶂山地沟谷林地较常见。

珍稀濒危植物。

136 大戟科 Euphorbiaceae

乔木、灌木或草本，稀藤本。常有白色乳汁。叶互生，稀对生或轮生，单叶，稀复叶，或退化成鳞片状，全缘或有锯齿，稀掌状深裂；具羽状脉或掌状脉；叶柄基部或顶端有时具腺体；托叶 2。花单性，雌雄同株或异株，单花或组成各式花序；萼片分离或基部合生；花瓣有或无。蒴果，或为浆果状或核果状。本科约 322 属 8910 种。中国 16 属 138 种。七目嶂 15 属 27 种。

1. 铁苋菜属 Acalypha L.

一年生或多年生草本、灌木或小乔木。叶互生，膜质或纸质，叶缘具齿或近全缘；具基出脉 3~5 条或为羽状脉；具托叶。雌雄同株，稀异株；花序腋生或顶生，雌雄花同序或异序；花无花瓣，无花盘；雄花萼片 4；雄蕊常 8，花丝离生；雌花萼片 3~5；花柱离生或基部合生。蒴果小，3 个分果爿，具毛或软刺。本属约 450 种。中国 18 种。七目嶂 1 种。

1. 铁苋菜
Acalypha australis L.

叶膜质，长卵形、近菱状卵形或阔披针形，顶端短渐尖，基部楔形，边缘具圆锯，上面无毛，下面中脉具毛；基出脉 3 条，侧脉 3 对；叶柄具毛；托叶小。雌雄花同序，花序腋生，稀顶生；雌花苞片 1~4，花后增大，边缘具三角形齿。蒴果具 3 个分果爿。花果期 4~12 月。

生平原或山坡较湿润耕地和空旷草地，有时生石灰岩山疏林下。七目嶂路边草丛较常见。

全草入药，能清热解毒。

2. 山麻杆属 Alchornea Sw.

乔木或灌木。单叶互生，纸质或膜质，边缘具腺齿，叶基有斑状腺体；羽状脉或掌状脉；托叶 2。花雌雄同株或异株；花序穗状或总状或圆锥状；雄花多花簇生于苞腋，雌花单生于苞腋，花无花瓣；雄花萼片 2~5 裂，雄蕊 4~8；雌花萼片 4~8，花柱常 3，离生或基部合生。蒴果具 2~3 分果爿。本属约 50 种。中国 8 种。七目嶂 1 种。

1. 红背山麻杆
Alchornea trewioides (Benth.) Müll. Arg.

叶薄纸质，阔卵形，顶端急尖或渐尖，基部浅心形或近截平，边缘疏生具腺小齿，上面无毛，下面浅红色，叶基具 4 腺体；基出脉 3 条；小托叶披针形。雌雄异株；雄花序穗状，腋生或生于一年生小枝已落叶腋部；花小；花瓣缺。蒴果球形，具 3 圆棱。花期 3~5 月，果期 6~8 月。

生平原或内陆山地矮灌丛中或疏林下或石灰岩山灌丛中。七目嶂山坡灌草丛常见。

枝、叶煎水，外洗治风疹。

3. 五月茶属 Antidesma L.

乔木或灌木。单叶互生，全缘；羽状脉；叶柄短；托叶 2，小。花小，雌雄异株，组成顶生或腋生的穗状花序或总状花序，有时圆锥花序；无花瓣；花萼杯状，3~5 裂，稀 8 裂；花盘环状或垫状；雄蕊 3~5，稀多或少，花丝长过萼片；花柱 2~4，短，顶端通常 2 裂。核果，通常卵球状或椭圆状。本属约 100 种。中国 11 种。七目嶂 2 种。

1. 日本五月茶
Antidesma japonicum Siebold & Zucc.

叶片纸质至近革质，椭圆形、长椭圆形至长圆状披针形，稀倒卵形，顶端通常尾状渐尖，有小尖头，基部楔形。总状花序顶生，花梗被疏微毛至无毛，基部具有披针形的小苞片；花萼钟状，3~5 裂，裂片卵状三角形，外面被疏短柔毛，后变无毛；雄蕊 2~5，伸出花萼之外，花丝较长，着生于花盘之内；花盘垫状；雌花花梗极短，子房卵圆形，无毛，花柱顶生，柱头 2~3 裂。核果椭圆形。花期 4~6 月，果期 7~9 月

生低山丘陵山坡或谷地疏林中。七目嶂林中偶见。

种子含油量 48%，为以亚麻酸为主的油脂。

2. 小叶五月茶
Antidesma montanum var. **microphyllum** (Hemsl.) Petra Hoffm.

幼枝、叶背、中脉、叶柄、托叶、花序及苞片被疏毛或微毛外，其余无毛。叶片近革质，狭披针形或狭长圆状椭圆形，基部宽楔形或钝；托叶线状披针形。总状

花序单个或2~3个聚生于枝顶或叶腋内；花盘环状；雄蕊4~5；花柱3~4，顶生。核果球状，熟时紫黑色。花期5~6月，果期6~11月。

生低山丘陵山坡或谷地疏林中。七目嶂林中偶见。

根、叶可收敛止泻、生津止渴、行气活血；根可用于治疗小儿麻疹、水痘。

4. 银柴属 Aporosa Bl.

乔木或灌木。单叶互生，全缘或具疏齿；具叶柄，叶柄顶端通常具有小腺体；托叶2。花单性，雌雄异株，稀同株，多花组成腋生穗状花序：花序单生或数个簇生；具苞片；花梗短；无花瓣及花盘；雄花萼片3~6；雄蕊2，稀3或5，花丝分离，与萼片等长或长过，药室纵裂，退化雌蕊极小或无；雌花萼片3~6，比子房短；子房通常2室，稀3~4室，每室有2胚珠，花柱通常2，稀3~4。蒴果核果状，成熟时呈不规则开裂，内有1~2种子。种子无种阜；胚乳肉质；子叶扁而宽。本属约75种。中国4种。七目嶂1种。

1. 银柴
Aporosa dioica (Roxb.) Müll. Arg.

叶互生，革质，椭圆形、倒卵形或倒披针形，顶端急尖，基部楔形；侧脉未达叶缘而弯拱联结；叶柄顶端具2小腺体。雄花序穗状，密生苞片，萼片倒卵形。蒴果椭圆形，内有2种子。花果期几乎全年。

生山地的疏林或灌丛。七目嶂灌丛路旁偶见。

对大气污染的抗逆性较强，可作为营造景观生态林、公益生态林、城市防护绿(林)带、防火林带的优良树种。

5. 黑面神属 Breynia J. R. Forst. & G. Forst.

灌木或小乔木。单叶互生，2列，全缘，干时常变黑色；羽状脉；具叶柄和托叶。花雌雄同株，单生或数花簇生于叶腋，具有花梗；无花瓣和花盘；雄蕊3；雌花萼结果时常增大而呈盘状；花柱3，顶端通常2裂。蒴果常呈浆果状，不开裂，具有宿存的花萼。本属26~30种。中国5种。七目嶂2种。

1. 黑面神
Breynia fruticosa (L.) Hook. f.

全株均无毛。叶片革质，卵形、阔卵形或菱状卵形，两端钝或急尖，干后变黑色，具有小斑点；侧脉每边3~5条；叶柄短；托叶小。花小，单生或2~4花簇生于叶腋内，雌花位于小枝上部，雄花则位于小枝下部，或不同枝；雄蕊3；花柱3。蒴果圆球状，有宿存花萼。花期4~9月，果期5~12月。

散生于山坡、平地旷野灌木丛中或林缘。七目嶂山坡灌草丛常见。

根、叶供药用，可治肠胃炎、咽喉肿痛、风湿骨痛、湿疹、高血脂病等；外用治疮疖、皮炎等。

2. 喙果黑面神
Breynia rostrata Merr.

小枝和叶片干后呈黑色。全株均无毛。叶片纸质或近革质，卵状披针形或长圆状披针形；侧脉每边3~5条；托叶三角状披针形，稍短于叶柄。单生或2~3雌花与雄花同簇生于叶腋内；花萼6裂，裂片3枚较大，宽卵形，另3枚较小，卵形，顶端急尖，花后常反折。蒴果圆球状，顶端具有宿存喙状花柱。花期3~9月，果期6~11月。

生山地密林中或山坡灌木丛中。七目嶂林下偶见。

根、叶可药用，治风湿骨痛、湿疹、皮炎等。

6. 土蜜树属 Bridelia Willd.

乔木或灌木，稀木质藤本。单叶互生，全缘；羽状脉；具叶柄和托叶。花小，单性同株或异株，多花集成腋生的花束或团伞花序；花5数，有梗或无梗；萼片宿存；花瓣小，鳞片状；雄花花盘杯状或盘状，花丝基部连合；雌花花盘圆锥状或坛状，花柱2，分离或基部合生。核果或为具肉质外果皮的蒴果。本属约60种。中国9种。七目嶂2种。

1. 禾串树（多花土密树）
Bridelia balansae Tutcher

树皮黄褐色，近平滑。叶片近革质，椭圆形或长椭圆形，顶端渐尖或尾状渐尖，基部钝，无毛或仅在背面被疏毛，全缘。花雌雄同序，密集成腋生的团伞花序；萼片及花瓣被毛，其余无毛；花小；花柱长于花瓣。核果长卵形，熟时紫黑色，1室。花期3~8月，果期9~11月。

生丘陵山地疏林或山谷密林中。

木材纹理稍通直，结构细致，耐腐，可供作器具等材料；树皮含鞣质，可提取栲胶。七目嶂偶见。

2. 膜叶土蜜树
Bridelia glauca Blume

除小枝、叶背、托叶、花梗和萼片被柔毛或短柔毛外，其余均无毛。叶片膜质或近膜质，倒卵形、长圆形或椭圆状披针形；侧脉每边7~12条，在叶背凸起；托叶线状披针形。花白色，雌雄同株，多花簇生于叶腋内或组成穗状花序；花瓣卵形，有3~5齿。核果椭圆状，顶端具小尖头。花期5~9月，果期9~12月。

生山地疏林中。七目嶂疏林偶见。

7. 巴豆属 Croton L.

乔木或灌木，稀亚灌木。通常被星状毛或鳞腺，稀近无毛。叶互生，稀对生或近轮生，叶基常有2腺体；羽状脉或具掌状脉；托叶早落。花雌雄同株（或异株），花序顶生或腋生，总状或穗状；萼片5；雄蕊10~20，花丝离生；花柱3，通常2或4裂。蒴果具3分果爿。本属约800种。中国约21种。七目嶂1种。

1. 毛果巴豆
Croton lachnocarpus Benth.

一年生枝条、幼叶、叶背、叶柄、花序和果均密被星状柔毛。叶纸质，长圆形至椭圆状卵形，基部近圆形至微心形，边缘有细齿，齿间有腺体；基出脉3条，侧脉4~6对；叶基有2腺体。总状花序1~3，顶生；雄蕊10~12；花柱线形，2裂。蒴果被毛。花期4~5月。

生丘陵山地疏林或灌丛中。七目嶂较常见。

为中国植物图谱数据库收录的有毒植物，其根与种仁有毒，毒性与巴豆相似。

8. 大戟属 Euphorbia L.

一年生、二年生或多年生草本、灌木，或乔木。具白色乳汁。叶常互生或对生，稀轮生，常全缘，稀分裂或具齿或不规则；叶常无叶柄，稀具叶柄；托叶常无，少数有。杯状聚伞花序（大戟花序），单生或组成复花序，多生于枝顶或植株上部，少数腋生；花常无被；雄蕊1；花柱3。蒴果，常分裂。本属约2000种。中国约80种（含引种归化）。七目嶂1种。

1. 飞扬草
Euphorbia hirta L.

具乳汁。茎被粗硬毛。叶对生，披针状长圆形至卵状披针形，基部略偏斜，中部以上有细齿，叶面绿色，叶背灰绿色，有时具紫色斑，两面均具毛；叶柄极短。花序多数，于叶腋处密集成头状，无梗或极短柄，具柔毛；总苞钟状；雄花数枚；雌花1，花柱3。蒴果三棱状。花果期6~12月。

生路旁、草丛、灌丛及山坡，多见于沙质土。七目嶂路边草丛常见。

全草入药，可治痢疾、肠炎、皮肤湿疹、皮炎、疖肿等；鲜汁外用治癣类。

9. 算盘子属 Glochidion J. R. Forst. & G. Forst.

乔木或灌木。无乳汁。单叶互生，2列，叶片全缘；羽状脉；具短柄。花单性，雌雄同株，稀异株，组成短小的聚伞花序或簇生成花束腋生；雌花束常位于雄花束之上或不同枝；无花瓣；通常无花盘；萼片5~6；雄蕊3~8，合生呈圆柱状；花柱合生呈圆柱状或其他形状。蒴果圆球形或扁球形，具纵沟，开裂。本属约200种。中国28种。七目嶂4种。

1. 毛果算盘子
Glochidion eriocarpum Champ. ex Benth.

全株几被长柔毛。单叶互生，2列，纸质，卵形、狭卵形或宽卵形，基部钝、截形或圆形，两面均被长柔毛，下面毛被较密；侧脉每边4~5条；叶柄极短被毛；托叶小。花单生或2~4花簇生于叶腋内；雌花在雄花上部；萼片6；雄蕊3；花柱合生呈圆柱状。蒴果扁球状。花果期几乎全年。

生低山丘陵的山坡、山谷灌木丛中或林缘。七目嶂山坡灌草丛、疏林常见。

全株或根、叶入药，有解漆毒、收敛止泻、祛湿止痒的功效。

2. 算盘子
Glochidion puberum (L.) Hutch.

小枝、叶片下面、萼片外面、子房和果实均密被短柔毛。单叶互生，2列，纸质或近革质，长圆形至长卵形等，上面几无毛；侧脉每边5~7条。花小，雌雄同株或异株，2~5花簇生叶腋，雌花常在雄花上部；萼片6；雄蕊3；花柱合生呈环状。蒴果扁球状。花期4~8月，果期7~11月。

生低山丘陵的山坡、溪旁灌木丛中或林缘等。七目嶂山坡灌草丛、疏林、林下常见。

根、茎、叶和果实均可药用，有活血散瘀、消肿解毒之效。

3. 里白算盘子
Glochidion triandrum (Blanco) C. B. Rob.

小枝具棱，被褐色短柔毛。叶片纸质或膜质，长椭圆形或披针形；托叶卵状三角形，被褐色短柔毛。5~6花簇生于叶腋内，雌花生于小枝上部，雄花生在下部。蒴果扁球状，有8~10条纵沟，被疏柔毛。种子三角形，褐红色，有光泽。花期3~7月，果期7~12月。

生山地疏林中或山谷、溪旁灌木丛中。七目嶂偶见。

4. 白背算盘子
Glochidion wrightii Benth.

全株无毛。单叶互生，2列，纸质，长圆形或长圆状披针形，常呈镰刀状弯斜，长2.5~5.5cm，顶端渐尖，基部急尖，两侧不相等，下面粉绿色带灰白色；侧脉每

边5~6条。雌花或雌雄花同簇生于叶腋内；萼片6；雄蕊3，合生；花柱合生呈圆柱状，宿存。蒴果扁球状，红色。花期5~9月，果期7~11月。

生丘陵山地疏林、沟边或灌木丛中。七目嶂灌丛和林中较常见。

全年均可采收，洗净，鲜用或晒干。

10. 血桐属 Macaranga Thouars

乔木或灌木。幼嫩枝、叶通常被柔毛。叶互生，不分裂或分裂，掌状脉或羽状脉，盾状着生或非盾状着生，近基部具斑状腺体；具托叶。雌雄异株，稀同株；花序总状或圆锥状，腋生或生于已落叶腋部；无花瓣；无花盘；雄蕊1~30，分离或基部合生；花柱不叉裂，常分离。蒴果，开裂。本属约280种。中国16种。七目嶂1种。

1. 鼎湖血桐
Macaranga sampsonii Hance

嫩枝、叶和花序均被黄褐色绒毛。叶薄革质，浅的盾状着生，三角状卵形或卵圆形，基部近截平或阔楔，有时具2腺体，叶缘波状或具腺齿；掌状脉7~9条；托叶披针形，具柔毛，早落。花序圆锥状；雄蕊3~5；花柱2。蒴果双球形。花期5~6月，果期7~8月。

生丘陵山地或山谷常绿阔叶林中，常生于林窗或沟谷林缘。七目嶂常见。

11. 野桐属 Mallotus Lour.

灌木或乔木。通常被星状毛。叶互生或对生，全缘或有锯齿，稀具裂片，叶基常具腺体，有时盾状着生；掌状脉或羽状脉。花雌雄异株或稀同株；无花瓣；无花盘；花序顶生或腋生，总状花序、穗状花序或圆锥花序；雄蕊多数，分离；雌花在每一苞片内1枚，花柱分离或基部合生。蒴果，具2~4分果爿。本属约150种。中国28种。七目嶂3种。

1. 白背叶
Mallotus apelta (Lour.) Müll. Arg.

小枝、叶柄和花序均密被柔毛。叶互生，叶背被白色星状毛，非盾状着生，卵形或阔卵形，基部截平或稍心形，边缘具疏齿，叶基部有2腺体；基出脉5条。花雌雄异株；雄花序为开展的圆锥花序或穗状；雌花序穗状。蒴果近球形，软刺线形。花期6~9月，果期8~11月。

生路边、山坡下部灌丛草坡或林缘。七目嶂路边灌丛草较常见。

根有柔肝活血、健脾化湿、收敛固脱之功效，常用于慢性肝炎、肝脾肿大、子宫脱垂、脱肛、白带、妊娠水肿；叶有消炎止血之功效，常用于中耳炎、疖肿、跌打损伤、外伤出血。

2. 白楸
Mallotus paniculatus (Lam.) Müll. Arg.

小枝被星状绒毛。叶互生，叶被灰白色星状毛，稍盾状着生，卵形、卵状三角形或菱形，基部楔形或阔楔形，边缘波状或上部具稀齿，叶基部具2腺体；基出脉5条。花雌雄异株，总状花序或圆锥花序；雌花具短柄。蒴果扁球形，被星状毛和疏生软刺。花期7~10月，果期11~12月。

生丘陵山地次生林中或林窗中。七目嶂较常见。

木材质地轻软。种子油可作工业用油。

3. 石岩枫
Mallotus repandus (Rottler) Müll. Arg.

嫩枝、叶柄、嫩叶、花序和花梗密生黄色星状柔毛。叶互生，纸质或膜质，卵形或椭圆状卵形，长3.5~8cm，基部楔形或圆形，边全缘或波状；基出脉3条。花雌雄异株，总状花序或下部有分枝；雄花序顶生，稀腋生；雌花序顶生。蒴果无软刺，具2~3分果爿。花期3~5月，果期8~9月。

生丘陵地疏林中或林缘。七目嶂山坡疏林偶见。

茎皮纤维可编绳用。

12. 叶下珠属 Phyllanthus L.

灌木或草本，少数为乔木。无乳汁。单叶，互生，通常2列，呈羽状复叶状，全缘；羽状脉；具短柄；托叶2，小，常早落。花通常小、单性，雌雄同株或异株，单生、簇生或组成聚伞、团伞、总状或圆锥花序；无花瓣；萼片2~6，离生；雄蕊2~6；花柱分离或合生，顶端全缘或2裂。蒴果，熟后常开裂。本属750~800种。中国32种。七目嶂3种。

1. 余甘子
Phyllanthus emblica L.

叶片纸质至革质，2列，线状长圆形，基部浅心形而稍偏斜，边缘略背卷；侧脉每边4~7条；叶柄极短；托叶小。多数雄花和1雌花或全为雄花组成腋生的聚伞花序；萼片6；雄蕊3，花丝合生成柱；花柱3，基部合生，顶端双2裂。蒴果呈核果状，圆球形；外果皮肉质。花期4~6月，果期7~9月。

生山地疏林、灌丛、荒地或山沟向阳处。七目嶂山地灌丛偶见。

果可食，有生津止渴、润肺化痰作用；根、叶入药，能解热清毒，治皮炎、湿疹、风湿痛等。

2. 落萼叶下珠
Phyllanthus flexuosus (Sieb. & Zucc.) Müll. Arg.

枝条弯曲，小枝褐色。全株无毛。叶片纸质，椭圆形至卵形。雄花数枚和1雌花簇生于叶腋。蒴果浆果状，扁球形，3室，每室1种子。种子近三棱形。花期4~5月，果期6~9月。

生山地疏林下、沟边、路旁或灌丛中。七目嶂林下偶见。

3. 叶下珠
Phyllanthus urinaria L.

枝具翅状纵棱，上部被毛。叶片纸质，小，2列，长圆形或倒卵形，近全缘；侧脉每边4~5条，明显；叶柄极短；托叶小。花雌雄同株；2~4雄花簇生于叶腋，雄蕊3；雌花单生于小枝中下部的叶腋内，花柱分离。蒴果圆球状，红色。花期4~6月，果期7~11月。

通常生于旷野平地、旱田、山地路旁或林缘。七目嶂旷野、路边草丛常见。

全草入药，有解毒、消炎、清热止泻、利尿之效。

13. 蓖麻属 Ricinus L.

一年生草本或草质灌木。茎常被白霜。叶互生，纸质，掌状分裂，盾状着生，叶缘具锯齿；叶柄的基部和顶端均具腺体；托叶合生，凋落。花雌雄同株；无花瓣；花盘缺；圆锥花序，顶生，后变为与叶对生；雄花生于花序下部，雌花生于花序上部，均多花簇生于苞腋。蒴果，具3分果爿，具软刺或平滑。单种属。七目嶂有分布。

1. 蓖麻
Ricinus communis L.

种的特征与属同。花期几全年或6~9月（栽培），果期7~10月。

现世界各地多栽培。七目嶂林下偶见。

蓖麻油在工业上用途广，在医药上作缓泻剂。

14. 乌桕属 Triadica Lour.

乔木或灌木。叶互生，罕近对生，全缘或有齿；羽状脉；叶柄顶端常有2腺体；托叶小。花单性，雌雄同株或有时异株，若同序则雌花生于花序轴下部，密集成顶生的穗状序、穗状圆锥或总状花序；无花瓣和花盘；雄蕊2~3，花丝离生；花柱通常3，分离或下部合生。蒴果，稀浆果状。本属约120种。中国9种。七目嶂2种。

1. 山乌桕
Triadica cochinchinensis Lour.

各部均无毛。叶互生，纸质，嫩时呈淡红色，老叶红，椭圆形或长卵形，顶端钝或短渐尖；叶柄顶端具2毗连的腺体；托叶小。花单性，雌雄同株密集成顶生总状花序，雌花生于花序轴下部；雄蕊2，稀3；花柱粗壮，柱头3。蒴果。种子外被蜡质层。花期4~6月，果期8~9月。

生低山丘陵的山坡混交林或灌丛林中，为先锋树种。七目嶂山坡林地常见。

根皮及叶药用，治跌打扭伤、痈疮、毒蛇咬伤及便秘等；种子油可制肥皂。

2. 乌桕
Triadica sebifera (L.) Dum. Cours.

各部均无毛而具乳状汁液。叶互生，纸质，老叶红，菱形、菱状卵形，顶端具尖头，全缘；叶柄顶端具2腺体；托叶小。花单性，雌雄同株，聚集成顶生总状花序，雌花通常生于花序下部；雄蕊2，稀3；花柱3，基部合生。蒴果。种子外被蜡质。花期4~8月，果期9~10月。

生旷野、沟边、塘边或疏林中。七目嶂沟边较常见。

根皮入药，治毒蛇咬伤；种子油和蜡质层可制肥皂、蜡烛。

15. 油桐属 Vernicia Lour.

落叶乔木。嫩枝被短柔毛。叶互生，全缘或1~4裂；叶柄顶端有2腺体。花雌雄同株或异株，由聚伞花序再组成伞房状圆锥花序；花瓣5；雄蕊8~12，2轮；花柱3~4，各2裂。果大，核果状，近球形，顶端有喙尖。本属3种。中国2种。七目嶂2种。

1. 油桐
Vernicia fordii (Hemsl.) Airy Shaw

树皮灰色，近光滑。枝条粗壮，无毛，具明显皮孔。叶卵圆形，全缘，稀1~3浅裂；掌状脉5(~7)条；叶柄与叶片近等长，几无毛，顶端有2扁平、无柄腺体。花雌雄同株，先叶或与叶同时开放；花瓣白色，有淡红色脉纹，倒卵形。核果近球状，果皮光滑。种子3~4(~8)；种皮木质。花期3~4月，果期8~9月。

通常栽培于丘陵山地。七目嶂山地可见。

中国重要的工业油料植物；桐油是中国的外贸商品；果皮可制活性炭或提取碳酸钾。

2. 木油桐（千年桐）
Vernicia montana Lour.

叶阔卵形，顶端短尖至渐尖，基部心形至截平，全缘或2~5裂，裂缺常有杯状腺体，两面初被毛，后仅下面基部沿脉被短柔毛；掌状脉5条；叶柄顶端有2枚具柄的杯状腺体。雌雄异株或有时同株异序；花瓣白色或基部紫红色。核果卵球状，具3条纵棱。花期4~5月。

栽培或野生于山地疏林中。七目嶂较常见。

著名工业油料植物；速生，花多且美观，可作速生观赏树种。

136A 虎皮楠科 Daphniphyllaceae

乔木或灌木。无毛。单叶互生，常聚集于小枝顶端，全缘，叶面具光泽，叶背被白粉或无，多少具长柄，无托叶。花序总状，腋生，单生，基部具苞片，花单性异株；花萼3~6裂或具3~6枚萼片，宿存或脱落；无花瓣；雄蕊5~18枚，1轮；花柱1~2，极短或无，多宿存。核果卵形或椭圆形。单属科，约30种。中国10种。七目嶂2种。

1. 虎皮楠属 Daphniphyllum Blume

属的特征与科同。本属约30种。中国10种。七目嶂2种。

1. 牛耳枫
Daphniphyllum calycinum Benth.

叶纸质，阔椭圆形或倒卵形，先端钝或圆形，具短尖头，基部阔楔形，全缘，略反卷，叶面具光泽，叶背多少被白粉，具细小乳突体；侧脉8~11对；叶柄长。总状花序腋生；花萼盘状，3~4浅裂；雄蕊9~10；花柱短，柱头2。核果卵形，被白粉，基部具宿萼。花期4~6月，果期8~11月。

生疏林或灌丛中。七目嶂山坡灌丛较常见。

根和叶入药，有清热解毒、活血散瘀之效。

2. 虎皮楠
Daphniphyllum oldhami (Hemsl.) K. Rosenth.

叶纸质，倒卵状披针形或长圆状披针形，先端急尖至短尾尖，基部楔形或钝，边缘反卷，叶面光泽，叶背常显著被白粉，具细小乳突体；侧脉8~15对；叶柄具槽。花单性异株，总状；花萼4~6裂；雄蕊7~10；柱头2。核果椭圆形或倒卵圆形，无宿萼。花期3~5月，果期8~11月。

生丘陵山地阔叶林中。七目嶂林中偶见。

种子榨油供制皂；树形美观，常绿，可作绿化和观赏树种；叶、种子为处方药，可治疗毒红肿。

139 鼠刺科 Iteaceae

小乔木或灌木。单叶互生，稀对生或轮生，叶缘常具腺齿或刺齿；托叶小，线形，早落或无托叶。花两性，稀为雌雄异株或杂性，辐射对称，常组成顶生或腋生的总状花序或短的聚伞花序；花萼基部合生，稀离生，萼齿5，宿存；花瓣5，分离或合生成筒，雄蕊5，罕4或6；花柱2，合生。蒴果或浆果。本科约7属150种。中国2属13种。七目嶂1属1种。

1. 鼠刺属 Itea L.

常绿或落叶，灌木或乔木。单叶互生，具柄，边缘常具腺齿或刺齿；托叶小，早落；羽状脉。花小，白色，辐射对称，两性或杂性，排列成顶生或腋生总状花序或总状圆锥花序；萼筒杯状，基部与子房合生；萼片5，宿存；花瓣5；雄蕊5；花柱单生，柱头头状。蒴果先端2裂，仅基部合生，具宿存的萼片及花瓣。本属约27种。中国15种。七目嶂1种。

1. 鼠刺
Itea chinensis Hook. & Arn.

老枝具纵棱。叶薄革质，倒卵形或卵状椭圆形，先端锐尖，基部楔形，边缘上部具小齿，波状或近全缘，两面无毛；侧脉4~5对；叶柄上面有浅槽沟。腋生总状花序，常短于叶，直立；苞片线状钻形；花瓣白色。蒴果长圆状披针形，具纵条纹。花期3~5月，果期5~12月。

常见于山地、山谷、疏林、路边及溪边。七目嶂山坡林内较常见。

根、花入药，根治风湿、跌打损伤；花治咳嗽、喉干。

大戟科Euphorbiaceae/虎皮楠科Daphniphyllaceae/鼠刺科Iteaceae/绣球科Hydrangeaceae

142 绣球科 Hydrangeaceae

落叶或常绿草本、灌木或木质藤本。单叶对生或互生，稀轮生，全缘或有齿；无托叶。伞房式或圆锥式的复合聚伞花序或为总状花序；花两性，一型，或花序中央为孕性花，边缘有少数不孕性放射花；不孕花大，由白色花瓣状萼片组成，孕性花为完全花，小。蒴果或浆果；种子有翅或无。本科17属约250种。中国11属120余种。七目嶂3属3种。

1. 常山属 Dichroa Lour.

落叶灌木。叶对生，稀上部互生。花两性，一型，无不孕花，排成伞房状圆锥或聚伞花序；萼筒倒圆锥形，裂片5~6；花瓣5~6，分离，稍肉质；雄蕊4~5或10~20，花丝线形或钻形；花柱2~6，分离或仅基部合生，柱头长圆形或近球形。浆果，略干燥，不开裂。种子多数，细小，无翅，具网纹。本属约12种。中国6种。七目嶂1种。

1. 常山
Dichroa febrifuga Lour.

小枝圆或稍具四棱。单叶对生，叶型大小变异大，常椭圆形、倒卵形或披针形，先端渐尖，基部楔形，边缘具齿，绿色或有时紫色，无毛或仅叶脉被毛，稀下面被毛。伞房状圆锥花序顶生，稀生叶腋，花蓝色或白色；花蕾倒卵形；花丝线形；花柱4~6。浆果蓝色。花期2~4月，果期5~8月。

生阴湿林中。七目嶂山沟林中较常见。

叶、根入药，味苦、性寒，有小毒，治疟疾、痰积。

2. 绣球属 Hydrangea L.

常绿或落叶亚灌木、灌木或小乔木，少数为木质藤本或藤状灌木。叶对生或轮生，边缘有齿或全缘；托叶缺。聚伞花序排成伞形状、伞房状或圆锥状，顶生；苞片早落；花二型，极少一型；不育花萼片花瓣状，2~5枚，分离，偶有基部稍连合；孕性花较小，具短柄，生于花序内侧。蒴果。种子多数，具翅或无。本属约73种。中国33种。七目嶂1种。

1. 广东绣球
Hydrangea kwangtungensis Merr.

小枝圆，红褐色，与叶柄、叶片、花序等密被长柔毛。单叶对生，薄纸质，长圆形或椭圆形，先端具尾状尖头，基部渐狭，边缘中段略具齿，侧脉6~7对。伞形状聚伞花序顶生；不育花缺；孕性花小而密集，萼筒浅杯状，花瓣白色，雄蕊10，花柱3。蒴果近球形。花期5月，果期11月。

生山谷密林或山顶疏林中。七目嶂山上部及山谷林中偶见。

3. 冠盖藤属 Pileostegia Hook. f. & Thoms.

常绿攀缘状灌木，常以气生根攀附于他物上。叶对生，革质，全缘或具齿；具叶柄；无托叶。伞房状圆锥花序，常具二歧分枝；花两性，小；花冠一型，无不孕花；裂片4~5；花瓣4~5，花蕾时覆瓦状排列，上部连合成冠盖状，早落；雄蕊8~10；花柱粗短。蒴果陀螺状，平顶，具宿存花柱。种子具翅。本属2种。中国2种。七目嶂1种。

1. 星毛冠盖藤
Pileostegia tomentella Hand.-Mazz.

嫩枝、叶下面和花序均密被淡褐色或锈色星状柔毛。叶革质，长圆形或倒卵形，基部圆形或近叶柄处稍凹入呈心形。伞房状圆锥花序顶生；花白色；萼筒杯状，裂片三角形；花瓣卵形。蒴果陀螺状，平顶。花期3~8月，果期9~12月。

生林谷中。七目嶂偶见。

根茎入药，强筋壮骨，用于治腰腿酸痛、跌仆闪挫、骨折。

143 蔷薇科 Rosaceae

落叶或常绿，草本、灌木或乔木。有刺或无刺。叶互生，稀对生，单叶或复叶；有显明托叶，稀无托叶。花两性，稀单性；花轴上端发育成碟状、钟状、杯状、坛状或圆筒状的花托，在花托边缘着生萼片、花瓣和雄蕊；萼片和花瓣同数，通常4~5；雄蕊5至多数。蓇葖果、瘦果、梨果或核果，稀瘦果。本科124属3300余种。中国51属1000余种。七目嶂16属41种。

1. 龙芽草属 Agrimonia L.

多年生草本。奇数羽状复叶；有托叶。花小，两性，成顶生穗状总状花序；萼筒陀螺状，有棱，顶端有数层钩刺，花后靠合、开展或反折；萼片5，覆瓦状排列；花瓣5，黄色；雄蕊5~15或更多，成1列着生在花盘外面；雌蕊通常2，包藏在萼筒内，花柱顶生，丝状，伸出萼筒外。瘦果1~2，包藏于萼筒内。本属10余种。中国4种。七目嶂1种。

1. 龙芽草（仙鹤草）
Agrimonia pilosa Ledeb.

叶为间断奇数羽状复叶，通常有小叶3~4对，叶柄被毛；小叶片无柄或有短柄，倒卵形至倒卵披针形，基部楔形至宽楔形，边缘有齿，上面被疏毛，下面脉上常伏生疏毛，有显著腺点；托叶草质。花序穗状总状顶生，分枝或不分枝；花瓣黄色。瘦果倒卵圆锥形，顶有钩刺。花果期5~12月。

常生于溪边、路旁、草地、灌丛、林缘及疏林下。七目嶂路旁草地偶见。

全草入药，为收敛止血药，兼有强心作用。

2. 杏属 Armeniaca Scopoli.

落叶乔木。叶芽和花芽并生，2~3枚簇生叶腋，每花芽具1花，稀2~3花。单叶，互生，幼时在芽中席卷，具单锯齿或重锯齿；叶柄常具2腺体；有托叶。花两性，单生，稀2~3花簇生，先叶开放；花萼5裂，萼片5枚，灌状排列；花瓣5，白或粉红色，着生萼筒口部，覆瓦状排列。核果，有纵沟，具毛；果肉肉质，具汁液；核坚硬，粗糙或呈网状。本属约8种。中国7种。七目嶂1种。

1. 梅
Armeniaca mume Sieb.

树皮浅灰色或带绿色，平滑。小枝绿色，光滑无毛。叶边具小锐锯齿，幼时两面具短柔毛，老时仅下面脉腋间有短柔毛。果实黄色或绿白色，具短梗或几无梗；核具蜂窝状孔穴。花期冬春季，果期5~6月。

中国各地均有栽培。七目嶂较常见。

可露地栽培供观赏，亦可栽为盆花、制作梅桩。鲜花可提取香精。花、叶、根和种仁均可入药。果实可食、盐渍或干制，或熏制成乌梅入药，有止咳、止泻、生津、止渴之效；能抗根线虫危害，可作核果类果树的砧木。

3. 樱属 Cerasus Mill.

落叶乔木或灌木。腋芽单生或3枚并生，中间为叶芽，两侧为花芽。先花后叶或同时开放。具叶柄，托叶早落，叶缘有齿，叶柄、托叶和锯齿常有腺体。常数花着生在伞形、伞房状或短总状花序上，或1~2花生于叶腋内，常有花梗；花瓣白色或粉红色；雄蕊15~50；雌蕊1。核果成熟时肉质多汁，不开裂。本属100余种。中国100余种。七目嶂1种。

1. 钟花樱桃（福建山樱花）
Cerasus campanulata (Maxim.) A. N. Vassiljeva

腋芽单生。叶片卵形至卵状椭圆形，薄革质，先端渐尖，基部圆形，常具尖锐重齿或单齿，无毛或仅下面脉腋有簇毛；叶柄顶端常有2腺体；托叶早落。伞形花序，有2~4花，先叶开放；花梗及萼筒无毛，萼筒钟状，萼片开张；花粉红色。核果卵球形。花期2~3月，果期4~5月。

生山谷林中及林缘，七目嶂山谷林中少见。

早春着花，颜色鲜艳，在华东、华南地区可栽培，供观赏用。

4. 山楂属 Crataegus L.

落叶，稀半常绿灌木或小乔木。通常具刺，很少无刺。冬芽卵形或近圆形。单叶互生，有锯齿，深裂或浅裂，稀不裂；有叶柄与托叶。伞房花序或伞形花序，极少单生；萼筒钟状，萼片5；花瓣5，白色，极少数粉红色；雄蕊5~25；心皮1~5，大部分与花托合生，仅先端和腹面分离，子房下位至半下位，每室具2胚珠，其中1枚常不发育。梨果，先端有宿存萼片；心皮熟时为骨质，成小核状，各具1种子。种子直立，扁；子叶平凸。本属100余种。中国18种。七目嶂1种。

1. 野山楂

Crataegus cuneata Siebold & Zucc.

分枝密，通常具细刺；小枝细弱，圆柱形，有棱。叶片宽倒卵形至倒卵状长圆形，先端急尖，基部楔形，下延连于叶柄，边缘有不规则重锯齿；托叶大型，草质，镰刀状，边缘有齿。伞房花序，具5~7花，苞片草质，披针形；花瓣近圆形或倒卵形，白色，基部有短爪。果实近球形或扁球形，红色或黄色；小核4~5，内面两侧平滑。花期5~6月，果期9~11月。

生山谷、多石湿地或山地灌木丛中。七目嶂林下偶见。

果实多肉，可供生食、酿酒或制果酱；入药有健胃、消积化滞之效。嫩叶可以代茶，茎叶煮汁可洗漆疮。

5. 蛇莓属 Duchesnea Sm.

多年生草本。匍匐茎细长，在节处生不定根。基生叶数枚，茎生叶互生，皆为三出复叶；有长叶柄；小叶片边缘有锯齿；托叶宿存，贴生于叶柄。花多单生于叶腋，无苞片；副萼片、萼片及花瓣各5；萼片宿存；花瓣黄色；雄蕊20~30；花托半球形或陀螺形，在果期增大，红色。瘦果微小，扁卵形。本属5~6种。中国2种。七目嶂1种。

1. 蛇莓

Duchesnea indica (Andr.) Focke

匍匐茎多数，有柔毛。三出复叶，小叶片倒卵形至菱状长圆形，先端圆钝，边缘有钝锯齿，两面皆有柔毛，具小叶柄；叶柄有毛；托叶宿存。花单生叶腋；副萼片比萼片长；花瓣黄色；花托在果期膨大，鲜红色。瘦果卵形，光滑。花期6~8月，果期8~10月。

生山坡、河岸、草地、潮湿的地方。七目嶂路边、沟边草地较常见。

全草入药，能散瘀消肿、收敛止血、清热解毒。

6. 枇杷属 Eriobotrya Lindl.

常绿乔木或灌木。单叶互生，边缘有锯齿或近全缘；羽状网脉显明；通常有叶柄或近无柄；托叶多早落。花成顶生圆锥花序，常有绒毛；萼筒杯状或倒圆锥状，萼片5，宿存；花瓣5，倒卵形或圆形，无毛或有毛；雄蕊20~40；花柱2~5，基部合生，常有毛。梨果肉质或干燥。本属约30种。中国13种。七目嶂1种。

1. 香花枇杷

Eriobotrya fragrans Champ. ex Benth.

幼枝密被毛后秃净。叶片革质，长圆状椭圆形，先端急尖或短渐尖，基部楔形或渐狭，边缘在中部以上具不明显疏锯齿，中部以下全缘，嫩叶两面被密毛后秃净；侧脉9~11对。圆锥花序顶生，总花梗和花梗均密生棕色绒毛；花瓣白色。梨果球形。花期4~5月，果期8~9月。

生山坡丛林中。七目嶂山坡林中偶见。

叶入药，清热解毒、止咳。

7. 桂樱属 Laurocerasus Tourn. ex Duhamel

常绿乔木或灌木，罕落叶。叶互生，全缘或具齿，叶基部或叶柄常有腺体；托叶小，早落。花常两性，排成总状花序，常单生稀簇生于叶腋或去年生小枝叶痕的腋间；苞片小，早落；萼5裂，裂片内折；花瓣白色，通常比萼片长2倍以上；雄蕊10~50，排成2轮。果实为核果，干燥。本属约280种。中国约100种。七目嶂2种。

1. 腺叶桂樱
Laurocerasus phaeosticta (Hance) C. K. Schneid.

叶近革质，狭椭圆形、长圆形或长圆状披针形，顶端长尾尖，下面散生黑色小腺点，基部常有2枚较大扁平基腺。总状花序腋生；萼筒杯形，萼片卵状三角形；花瓣近圆形，白色。果实近球形或横向椭圆形，紫黑色。花期4~5月，果期7~10月。

生疏密杂木林内或混交林中，也见于山谷、溪旁或路边。七目嶂路旁偶见。

2. 刺叶桂樱
Laurocerasus spinulosa (Siebold & Zucc.) C. K. Schneid.

叶片草质至薄革质，长圆形或倒卵状长圆形，先端渐尖至尾尖，基部宽楔形至近圆形，偏斜，边缘常呈波状，上部近顶端常具少数针状锐齿，两面无毛，叶基具1~2对腺体；侧脉约8~14对；叶柄无毛；托叶早落。总状花序单生于叶腋；花瓣白色。核果椭圆形。花期9~10月，果期11月至翌年3月。

生山坡阳处疏密杂木林中或山谷、沟边阴暗阔叶林下及林缘。七目嶂山谷林中偶见。

种子可用于治疗痢疾。

8. 苹果属 Malus Mill.

落叶，稀半常绿乔木或灌木。通常不具刺。单叶互生，叶片有齿或分裂；有叶柄和托叶。伞形总状花序；花瓣近圆形或倒卵形，白色、浅红色至艳红色；雄蕊15~50；花柱3~5，基部合生，无毛或有毛；子房下位，3~5室。梨果，通常不具石细胞或少数种类有石细胞，萼片宿存或脱落。本属约35种。中国20余种。七目嶂1种。

1. 台湾林檎
Malus doumeri (Bois) A. Chev.

嫩枝微具柔毛，老时脱落。冬芽红紫色。叶片椭圆形至卵状椭圆形，先端急尖或渐尖，基部圆形至宽楔形，边缘有圆钝锯齿，嫩时微具柔毛，后脱落；托叶膜质。花序近伞形，有5~7花；花瓣紫白色；雄蕊约30；花柱5。梨果球形，宿萼有长筒。花期5月，果期8~9月。

生山地混交林中或山谷沟边。七目嶂山谷林中偶见。

果可食。果入药，有消积、健胃、助消化的功效。

9. 石楠属 Photinia Lindl.

落叶或常绿乔木或灌木。叶互生，革质或纸质，多数有锯齿，稀全缘；有托叶。花两性，多数，成顶生伞形、伞房或复伞房花序，稀成聚伞花序；萼筒杯状、钟状或筒状，有短萼片5；花瓣5，开展；雄蕊20，稀较多或较少；花柱离生或基部合生。梨果，微肉质，成熟时不裂开，有宿存萼片。本属60余种。中国40余种。七目嶂5种。

1. 贵州石楠
Photinia bodinieri H. Lév.

叶片革质，卵形、倒卵形或长圆形，边缘有刺状齿，两面皆无毛；叶柄无毛，上面有纵沟。复伞房花序顶生，总花梗和花梗有柔毛；萼筒杯状，有柔毛；花瓣白色，近圆形，先端微缺，无毛；雄蕊20，较花瓣稍短；花柱2~3，合生。花期5月。

生山坡杂木林中。七目嶂林下偶见。

树冠整齐耐修剪，是园林和小庭园中很好的骨干树种，特别耐大气污染，适用于工矿区配植；木材可制作农具。

2. 光叶石楠
Photinia glabra (Thunb.) Maxim.

老枝灰黑色，无毛。叶片革质，幼时及老时皆呈红色，椭圆形、长圆形或长圆倒卵形，边缘有疏生浅钝细锯齿，两面无毛。花多数，成顶生复伞房花序；总花梗和花梗均无毛；花瓣白色，反卷，倒卵形。果实卵形，红色，无毛。花期4~5月，果期9~10月。

生山坡杂木林中。七目嶂林下偶见。

叶供药用，有解热、利尿、镇痛作用；种子榨油，可制肥皂或润滑油；木材坚硬致密，可作器具、船舶、车辆等用材；适宜栽培做篱垣及庭园树。

3. 小叶石楠
Photinia parvifolia (E. Pritz.) C. K. Schneid.

小枝红褐色，无毛。叶草质，椭圆形、椭圆卵形或菱状卵形，先端渐尖或尾尖，基部宽楔形或近圆形，边缘有具腺尖锐锯齿，成长叶两面无毛；侧脉4~6对；叶柄无毛。2~9花，成伞形花序，生侧枝顶端；花梗有疣点；萼筒杯状；花瓣白色。小梨果橘红色或紫色。花期4~5月，果期7~8月。

生低山丘陵灌丛、疏林中。七目嶂山坡灌丛疏林偶见。

根、枝、叶供药用，有行血止血、止痛功效。

4. 桃叶石楠
Photinia prunifolia (Hook. & Arn.) Lindl.

小枝无毛。叶革质，长圆形或长圆披针形，先端渐尖，基部圆形至宽楔形，边缘有密生具腺细锯齿，上面光亮，下面满布黑色腺点，两面均无毛；侧脉13~15对；叶柄具多数腺体。花多数，密集成顶生复伞房花序，总花梗和花梗被微毛；花瓣白色。小梨果红色。花期3~4月，果期10~11月。

生山地疏林中。七目嶂山地疏林偶见。

是观赏价值极高的常绿阔叶乔木，作为庭荫树或进行绿篱栽植效果更佳，根据园林绿化可修剪成球形或圆锥形等不同的造型，在园林中孤植或基础栽植均可。

5. 饶平石楠
Photinia raupingensis K. C. Kuan

嫩枝密被毛，老时无毛。叶片革质，长圆形或倒卵形，顶端急尖或圆钝，有短尖头，基部楔形，叶下面具黑色腺点。复伞房花序顶生；花白色；花瓣倒卵形。果卵形，红色。种子2，卵形。花期4月，果期10~11月。

生山坡杂木林中。七目嶂林下偶见。

丛栽使其形成低矮的灌木丛，与金叶女贞、红叶小檗、扶芳藤、俏黄芦等组合可获得赏心悦目的效果。

10. 臀果木属 Pygeum Gaertner

常绿乔木或灌木。叶互生，全缘，罕具小齿，叶基常有1对腺体；托叶小，早落，稀宿存。总状花序腋生，单一或分枝或数个簇生；花两性或单性，有时杂性异株；萼筒倒圆锥形、钟形或杯形，果时脱落，仅残存环形基部；花瓣与萼片同数或缺；雄蕊多数。果实为核果。本属40余种。中国约6种。七目嶂1种。

1. 臀形果（臀果木）
Pygeum topengii Merr.

内树皮具杏仁味。叶互生，纸质至薄革质，卵状椭圆形或椭圆形，先端短渐尖而钝，基部宽楔形，略偏斜，全缘，叶背常被毛，叶基部有2腺体；侧脉5~8对，在下面凸起；叶柄被毛；托叶早落。总状花序有10余花，生于叶腋；萼片与花瓣各5~6。核果肾形。花期6~9月，果期冬季。

常见于山谷、路边、溪旁或疏密林内及林缘。七目嶂林中较常见。

种子可供榨油。木材纹理通直，结构细致，质稍硬重，干燥后开裂，耐腐性强，宜作高级家具、板料、门窗、工艺品等用材。

11. 梨属 Pyrus L.

落叶乔木或灌木，稀半常绿乔木。有时具刺。单叶，互生，有锯齿或全缘，稀分裂；有叶柄与托叶。花先于叶开放或同时开放；伞形总状花序，萼片5，反折或开展；花瓣5，具爪，白色，稀粉红色；雄蕊15~30，花药通常深红色或紫色；花柱2~5，离生，子房2~5室。梨果，果肉多汁，富石细胞。本属约25种。中国14种。七目嶂1种。

1. 豆梨
Pyrus calleryana Decne.

嫩枝有毛后脱落。叶薄革质，宽卵形至卵形，先端渐尖，基部圆形至宽楔形，边缘有钝齿，两面无毛；叶柄无毛；托叶无毛。伞形总状花序，具6~12花，总花梗和花梗均无毛；萼筒无毛，萼片内面具绒毛；花瓣卵形，具爪，白色；雄蕊20；花柱2，稀3。梨果球形。花期4月，果期8~9月。

适生于温暖潮湿气候，生山坡、平原或山谷杂木林中。七目嶂山坡疏林偶见。

果可食。根、叶入药，味涩微甘，性凉，可润肺止咳、清热解毒。

12. 石斑木属 Rhaphiolepis Lindl.

常绿灌木或小乔木。单叶互生，革质；具短柄；托叶锥形，早落。花序总状、伞房状或圆锥状；萼筒钟状至筒状，下部与子房合生；萼片5，直立或外折，脱落；花瓣5，有短爪；雄蕊15~20；花柱2或3，离生或基部合生。小梨果核果状，近球形，肉质，萼片脱落后顶端有一圆环或浅窝。本属约15种。中国7种。七目嶂1种。

1. 石斑木（春花、车轮梅）
Rhaphiolepis indica (L.) Lindl. ex Ker Gawl.

幼枝被毛，后脱落。叶聚生枝顶，革质，卵形、长圆形，先端圆钝、急尖、渐尖或长尾尖，基部渐狭连于叶柄，边缘具细钝齿，上面光亮，无毛，下面无毛或被疏毛；叶脉稍凸起，网脉明显。顶生圆锥花序或总状花序；花瓣白色或淡红色。果球形，紫黑色。花期4月，果期7~8月。

生山坡、路边或溪边灌木林中。七目嶂山坡灌丛常见。

果可食。花略具香味，可作观赏植物栽培。根、叶入药，叶治刀伤出血；根能祛风，治跌打、消肿散热。

13. 蔷薇属 Rosa L.

直立、蔓延或攀缘灌木。多数有皮刺、针刺或刺毛，稀无刺。有毛、无毛或有腺毛。叶互生，奇数羽状复叶，稀单叶；小叶边缘有齿；托叶有或无。花单生或成伞房状，稀复伞房状或圆锥状花序；萼筒球形、坛形至杯形，颈部缢缩；花白色、黄色、粉红色至红色。瘦果着生在肉质萼筒内形成蔷薇果。本属约 200 种。中国 93 种。七目嶂 4 种。

1. 小果蔷薇
Rosa cymosa Tratt.

具钩状皮刺。小叶 3~5，稀 7；小叶片卵状披针形或椭圆形，先端渐尖，基部近圆形，边缘有尖锐细齿，两面无毛；下面中脉凸起，有时沿脉被疏毛；小叶柄和叶轴有稀疏皮刺和腺毛；托叶离生，早落。多花成复伞房花序生枝顶；花瓣白色；花柱离生。果球形。花期 5~6 月，果期 7~11 月。

多生于向阳山坡、路旁、溪边或丘陵地。七目嶂路旁、溪边灌草丛较常见。

根、叶、果入药，能消肿止痛、祛风除湿、收敛固涩、健胃止泻、止血。

2. 软条七蔷薇
Rosa henryi Boulenger

有长匍匐枝。有皮刺或无。小叶通常 5，近花序小叶片常为 3；小叶片长圆形、卵形或椭圆状卵形，先端长渐尖或尾尖，边缘有锐齿，两面无毛；小叶柄和叶轴无毛，有皮刺；托叶大部贴生叶柄。5~15 花成伞形伞房状花序；花瓣白色；花柱结合成柱。果近球形，红色。花期春夏，果期 6~11 月。

生山谷、林边、田边或灌丛中。七目嶂路旁、溪边灌草丛偶见。

花可以吸收废气、阻挡灰尘、净化空气，是极好的垂直绿化材料，适用于布置花柱、花架、花廊和墙垣，是作绿篱的良好材料，非常适合家庭种植。根、果实可入药，可消肿止痛、祛风除湿、止血解毒、补脾固涩。

3. 金樱子
Rosa laevigata Michx.

具皮刺，无毛。小叶革质，通常 3，稀 5；小叶片各式卵形或倒卵形，长 2~6cm，先端急尖或圆钝，稀尾状渐尖，边缘有锐齿，下面幼时沿中脉有腺毛后脱落；小叶柄和叶轴有皮刺和腺毛；托叶离生或基部与叶柄合生，早落。花单生于叶腋；花瓣白色；花柱离生。果常梨形。花期 4~6 月，果期 7~11 月。

喜生于向阳的山野、田边、溪畔灌木丛中。七目嶂山坡灌草丛较常见。

根、叶、果均入药，根有活血散瘀、祛风除湿、解毒收敛及杀虫等功效；叶外用治疮疖、烧烫伤；果能止腹泻并对流感病毒有抑制作用。

4. 悬钩子蔷薇
Rosa rubus H. Lév. & Vaniot.

小枝圆柱形，通常被柔毛。皮刺短粗、弯曲。小叶通常 5，近花序偶有 3；小叶片卵状椭圆形、倒卵形或和圆形，边缘有尖锐锯齿；小叶柄和叶轴有柔毛和散生的小沟状皮刺；托叶大部贴生于叶柄，全缘，常带腺体，有毛。10~25 花，排成圆锥状伞房花序；总花梗和花梗均被柔毛和稀疏腺毛；花瓣白色，倒卵形，先端微凹，基部宽楔形。果近球形，猩红色至紫褐色，有光泽，花后萼片反折，以后脱落。花期 4~6 月，果期 7~9 月。

多生山坡、路旁、草地或灌丛中。七目嶂灌丛偶见。

根皮含鞣质 11%~19%，可提制栲胶；鲜花可提制芳香油及浸膏。

14. 悬钩子属 Rubus L.

落叶，稀常绿灌木、半灌木或多年生葡匐草本。具皮刺、针刺或刺毛及腺毛，稀无刺。叶互生，单叶、掌状复叶或羽状复叶，边缘常具锯齿或裂片；有叶柄；托叶宿存或脱落。花两性，稀单性而雌雄异株，组成聚伞状圆锥花序、总状花序、伞房花序或数花簇生及单生；花白色或红色。由小核果集生花托而成聚合果。本属700余种。中国194种。七目嶂16种。

1. 腺毛莓
Rubus adenophorus Rolfe.

小枝浅褐色至褐红色，具紫红色腺毛、柔毛和宽扁的稀疏皮刺。小叶3，宽卵形或卵形，上下两面均具稀疏柔毛，下面沿叶脉有稀疏腺毛，边缘具粗锐重锯齿；叶柄具腺毛、柔毛和稀疏皮刺；托叶线状披针形，具柔毛和稀疏腺毛。总状花序顶生或腋生，花梗、苞片和花萼均密被带黄色长柔毛和紫红色腺毛；花瓣倒卵形或近圆形，紫红色。果实球形。花期4~6月，果期6~7月。

生低海拔至中海拔的山地、山谷、疏林润湿处或林缘。七目嶂路旁偶见。

2. 粗叶悬钩子
Rubus alceifolius Poir.

全株各部被黄灰色至锈色长柔毛。叶近圆形，上面有囊泡状小凸起，边缘不规则3~7浅裂；托叶大而羽状深裂或不规则撕裂。顶生狭圆锥花序或近总状，稀腋生头状或单生；苞片大，羽状至掌状或栉齿状深裂；外萼片掌状至羽状条裂，宿存；花瓣白色。聚合果红色。花期7~9月，果期10~11月。

生向阳山坡、山谷杂木林内或沼泽灌丛中以及路旁岩石间。七目嶂常见。

根和叶入药，有活血祛瘀、清热止血之效。

4. 小柱悬钩子
Rubus columellaris Tutcher

枝褐色或红褐色，无毛，疏生钩状皮刺。小叶3，有时生于枝顶端花序下部的叶为单叶，近革质，椭圆形或长卵状披针形，两面无毛或上面疏生平贴柔毛，边缘有不规则的较密粗锯齿；托叶披针形，无毛，稀微有柔毛。3~7花成伞房状花序，着生于侧枝顶端；花大。果实近球形或稍呈长圆形，橘红色或褐黄色，无毛；核较小，具浅皱纹。花期4~5月，果期6月。

生山坡、山谷疏密杂木林内较阴湿处。七目嶂疏林偶见。

入药有醒酒解渴、化痰解毒的功效。

3. 寒莓
Rubus buergeri Miq.

小枝密被绒毛状长柔毛，无刺或具疏小皮刺。叶卵形至近圆形，基部心形，嫩叶密被绒毛，老叶仅下面具毛，边缘5~7浅裂；五基出脉；托叶离生，早落。短总状花序，顶生或腋生；苞片与托叶相似，较小；外萼片顶端常浅裂；花瓣白色。聚合果紫黑色。花期7~8月，果期9~10月。

生中低海拔的阔叶林下或山地疏密杂木林内。七目嶂偶见。

果可食及酿酒；根及全草入药，有活血、清热解毒之效。

5. 山莓（麻叶悬钩子）
Rubus corchorifolius L. f.

枝具皮刺，幼时被柔毛。单叶，卵形至卵状披针形，基部微心形，近无毛，下面中脉疏生小皮刺；边缘不分裂或3裂，有锐齿或重锯齿；基三出脉；托叶线状披针形。花单生或少数生于短枝上；花萼外密被细柔毛，无刺；花瓣白色。聚合果红色。花期2~3月，果期4~6月。

普遍生于向阳山坡、溪边、山谷、荒地和疏密灌丛中潮湿处。七目嶂偶见。

果可生食、制果酱及酿酒；果、根及叶入药，有活血、解毒、止血之效。

蔷薇科Rosaceae

6. 闽粤悬钩子
Rubus dunnii F. P. Metcalf

枝疏生微弯小皮刺，幼时被黄褐色绒毛。单叶，革质，宽卵形，顶端渐尖，基部心形，上面无毛，绿褐色，下面密被黄褐色至铁锈色绒毛，边缘具浅钝粗锯齿。花成总状花序，顶生和腋生，具少数花；总花梗、花梗和花萼均被黄白色绒毛状柔毛、腺毛和稀疏针刺。果实近球形，红色，无毛；核较平滑或稍具皱纹。花期3~4月，果期6~7月。

生山坡路旁或攀缘石上。七目嶂路旁偶见。

果实饱满，具有一定的观赏价值。

8. 宜昌悬钩子
Rubus ichangensis Hemsl. & Kuntze

枝圆形，浅绿色，无毛或近无毛。单叶，近革质，卵状披针形，顶端渐尖，基部深心形，两面均无毛，边缘浅波状或近基部有小裂片，有稀疏具短尖头小锯齿；托叶钻形或线状披针形，全缘，脱落。顶生圆锥花序狭窄；总花梗、花梗和花萼有稀疏柔毛和腺毛，有时具小皮刺。果实近球形，红色，无毛；核有细皱纹。花期7~8月，果期10月。

生山坡、山谷疏密林中或灌丛内。七目嶂疏林偶见。

果味甜美，可食用及酿酒；种子可榨油；根可入药，有利尿、止痛、杀虫之效；茎皮和根皮含单宁，可提栲胶。

7. 蓬藟
Rubus hirsutus Thunb.

枝被柔毛和腺毛，疏生皮刺。小叶3~5，卵形或宽卵形，边缘具不整齐尖锐重锯齿；托叶披针形或卵状披针形，两面具柔毛。花常单生于侧枝顶端，也有腋生；花梗具柔毛和腺毛；苞片小，线形，具柔毛；花大；花萼外密被柔毛和腺毛；花瓣倒卵形或近圆形，白色，基部具爪。果实近球形，无毛。花期4月，果期5~6月。

生山坡路旁阴湿处或灌丛中。七目嶂灌丛偶见。

果实中氨基酸含量高，可食用，味多以甜为主，微酸。全株及根入药，能消炎解毒、清热镇惊、活血及祛风湿。

9. 高粱泡
Rubus lambertianus Ser.

单叶，宽卵形，顶端渐尖，基部心形，两面被疏毛，中脉上常疏生小皮刺，边缘明显3~5裂或呈波状，有细锯齿；托叶离生，常脱落。圆锥花序顶生，稀生叶腋而近总状或簇生；总花梗、花梗和花萼均被细柔毛；花瓣白色。聚合果小，红色。花期7~8月，果期9~11月。

生低海山坡、山谷或路旁灌木丛中阴湿处或生于林缘及草坪。七目嶂路边、山坡灌草丛较常见。

果可食及酿酒；根、叶入药，有清热散瘀、止血之效。

10. 白花悬钩子
Rubus leucanthus Hance

枝紫褐色，无毛，疏生钩状皮刺。小叶3，枝上部和花序基部常为单叶，革质，卵形或椭圆形，基部圆形，两面无毛，边缘有粗单齿；托叶钻形。3~8花形成伞房状花序，生于侧枝顶端，稀单花腋生；苞片与托叶相似；花瓣白色。聚合果红色。花期4~5月，果期6~7月。

在低海拔至中海拔疏林中或旷野常见。七目嶂较常见。

果可供食用；根入药，可治腹泻、赤痢。

11. 茅莓
Rubus parvifolius L.

小叶常3，菱状圆形或倒卵形，顶端圆钝或急尖，基部圆形或宽楔形，上面被疏毛，下面密被灰白色绒毛，边缘有粗齿或重锯齿，常具浅裂片；托叶线形。伞房花

序顶生或腋生，稀短总状，被柔毛和细刺；苞片线形；花直径约1cm；花瓣粉红至紫红色。聚合果红色。花期5~6月，果期7~8月。

生山坡杂木林下、向阳山谷、路旁或荒野。七目嶂偶见。

果可食、酿酒及制醋等；全株入药，有止痛、活血、祛风湿及解毒之效。

12. 梨叶悬钩子
Rubus pirifolius Sm.

枝具毛和扁平皮刺。单叶，近革质，卵形、卵状长圆形，顶端急尖至短渐尖，基部圆形，两面叶脉有柔毛，后脱落至近无毛，边缘具粗齿；托叶分离，早落。圆锥花序顶生或生于上部叶腋内；总花梗、花梗和花萼密被灰黄色短柔毛；花瓣小，白色。聚合果带红色。花期4~7月，果期8~10月。

生低海拔至中海拔的山地较荫蔽处。七目嶂较常见。

全株入药，有强筋骨、去寒湿之效。

13. 锈毛莓
Rubus reflexus Ker Gawl.

枝被锈色绒毛，具疏小皮刺。单叶，心状长卵形，上面无毛，有明显皱纹，下面密被锈色绒毛，边缘3~5裂，有粗齿或重锯齿，基部心形；叶柄较长；托叶宽倒卵形撕裂。数花簇生叶腋或成顶生短总状花序，被毛；花瓣白色。果实近球形。花期6~7月，果期8~9月。

生山坡、山谷灌丛或疏林中。七目嶂疏林中较常见。

果可食。根入药，有祛风湿、强筋骨之效。

14. 浅裂锈毛莓
Rubus reflexus Ker Gawl. var. **hui** (Diels ex Hu) F. P. Metcalf

与锈毛莓的主要区别在于：叶片心状宽卵形或近圆形，边缘较浅裂，裂片急尖，顶生裂片比侧生者仅稍长或近等长。

生山坡灌丛、疏林湿润处或山谷溪流旁。七目嶂偶见。

果可食。

15. 空心泡
Rubus rosifolius Sm.

小枝常有浅黄色腺点，疏生较直立皮刺。羽状复叶，小叶5~7，两面疏生柔毛后脱落，有浅黄色发亮的腺点，下面中脉有疏小皮刺，边缘有尖锐重锯齿；托叶披针形。花常1~2，顶生或腋生；花萼外被柔毛和腺点；花瓣白色。聚合果红色。花期3~5月，果期6~7月。

生山地杂木林内阴处、草坡或高山腐殖质土壤上。七目嶂林内或高海拔灌草丛偶见。

根、嫩枝及叶入药，味苦、甘、涩，性凉，有清热止咳、止血、祛风湿之效。

16. 红腺悬钩子
Rubus sumatranus Miq.

小枝、叶轴、叶柄、花梗和花序均被紫红色腺毛、柔毛和皮刺。羽状复叶，小叶5~7，稀3，两面疏生柔毛，沿中脉较密，下面沿中脉有小皮刺，边缘具尖齿；托叶披针形。3花或数花成伞房状花序，稀单生；花瓣白色。聚合果橘红色。花期4~6月，果期7~8月。

生山地、山谷疏密林内、林缘、灌丛内、竹林下及草丛中。七目嶂偶见。

根入药，有清热、解毒、利尿之效。

15. 花楸属 Sorbus L.

落叶乔木或灌木。冬芽大，具多数覆瓦状鳞片。叶互生，单叶或奇数羽状复；有托叶。花两性，多数成顶生复伞房花序；萼片和花瓣各5；雄蕊15~25；心皮2~5，部分离生或全部合生，子房半下位或下位，2~5室，每室具2胚珠。果实为2~5室小型梨果。本属80余种。中国50余种。七目嶂2种。

1. 棕脉花楸
Sorbus dunnii Rehd.

一年生枝被黄色绒毛；老枝褐色或褐灰色，具皮孔。冬芽卵形，外面无毛。叶片椭圆形或长圆形，边缘有不规则的大小不等的锯齿，上面无毛，下面密被黄白色绒毛；中脉和侧脉上密被棕褐色绒毛。复伞房花序密具多花，总花梗和花梗被锈褐色绒毛；萼片三角卵形，先端急尖，外面被锈色杂以白色绒毛；花瓣宽卵形。果实圆球形，通常无斑点或有少数斑点。花期5月，果期8~9月。

生山坡疏林中。七目嶂疏林中偶见。

良好的园林观赏树种。茎、茎皮和果实入药，果实可健胃补虚，用于胃炎，维生素甲、丙缺乏症；茎、茎皮可清肺止咳，用于治肺结核、哮喘、咳嗽。

2. 江南花楸
Sorbus hemsleyi (C. K. Schneid.) Rehd.

冬芽被数枚暗红色鳞片，无毛。单叶互生，卵形至长椭卵形，先端急尖或短渐尖，基部楔形，边缘有细齿并微向下卷，叶背除叶脉外均有灰白色绒毛。复伞房花序有 20~30 花；萼筒钟状，外面密被白色绒毛；花瓣白色；雄蕊 20；花柱 2，基部合生。小梨果有少数斑点。花期 5 月，果期 8~9 月。

生高海拔山坡疏林中。七目嶂山地疏林偶见。

2. 菱叶绣线菊
Spiraea × vanhouttei (Briot) Carrière.

小枝拱形弯曲，红褐色。叶片菱状卵形至菱状倒卵形，先端急尖，通常 3~5 裂，两面无毛；叶柄无毛。伞形花序具总梗，有多数花，基部具数枚叶片；苞片线形，无毛；萼筒和萼片外面均无毛。蓇葖果稍开张，花柱近直立，萼片直立开张。花期 5~6 月。

生杂木丛、山坡及山谷中。七目嶂偶见。

适于在城镇园林绿化中应用，也可作盆栽切花。

146 含羞草科 Mimosaceae

常绿或落叶乔木或灌木，有时为藤本，稀草本。叶互生，通常为二回羽状复叶，稀一回或变为叶状柄、鳞片或无；叶柄具显著叶枕；羽片常对生；叶轴或叶柄上常有腺体；托叶有或无，或呈刺状。花小，两性，有时单性，组成头状、穗状或总状花序或再排成圆锥花序；具苞片。荚果。种子扁平；种皮坚硬。本科约 64 属 2950 种。中国 17 属 65 种。七目嶂 5 属 9 种。

16. 绣线菊属 Spiraea L.

落叶灌木。冬芽小。单叶互生，边缘有锯齿或缺刻，有时分裂，稀全缘；羽状叶脉，或基部有二至五出脉；通常具短叶柄；无托叶。花两性，稀杂性，成伞形、伞形总状、伞房或圆锥花序；萼筒钟状；萼片 5；花瓣 5，较萼片长；雄蕊 15~60，着生在花盘和萼片之间。蓇葖果 5，常沿腹缝线开裂。本属 100 余种。中国 50 余种。七目嶂 2 种。

1. 金合欢属 Acacia Mill.

灌木、小乔木或攀缘藤本。托叶刺状或不明显。二回羽状复叶，小叶通常小而多对；或为叶状柄；总叶柄及叶轴上常有腺体。花小，两性或杂性，3~5 基数，大多为黄色，少数白色；穗状花序或头状花序，1 至数个花序簇生于叶腋或于枝顶再排成圆锥花序；总花梗上有总苞片。荚果，直或弯曲。种子扁平而硬。本属约 1200 种。中国约 18 种。七目嶂 2 种。

1. 中华绣线菊
Spiraea chinensis Maxim.

1. 藤金合欢
Acacia concinna (Willd.) DC.

小枝、叶轴被灰色短绒毛，有散生、多而小的倒刺。总叶柄近基部及最顶 1~2 对羽片之间有 1 个腺体；二回羽状复叶；羽片 6~10 对；小叶 15~25 对，下面粉白色，中脉偏上。头状花序球形，再排成圆锥花序；花白色或淡黄色，芳香。荚果带形。花期 4~6 月，果期 7~12 月。

生疏林或灌丛中。七目嶂山坡疏林偶见。

树皮入药，有解热、散血之效。

小枝红褐色，幼时被黄色绒毛。冬芽卵形，外被柔毛。单叶互生，菱状卵形至倒卵形，基部宽楔形或圆形，中上部边缘具缺刻齿，上面被短柔毛，下面密被黄色绒毛；叶脉上凹下凸。伞形花序具 16~25 花；苞片线形；萼筒钟状，被毛；花瓣白色。蓇葖果开张。花期 3~6 月，果期 6~10 月。

生山坡灌木丛中、山谷溪边、田野路旁。七目嶂偶见。

枝、叶入药，外用洗疮疥。

2. 台湾相思
Acacia confusa Merr.

无毛，无刺。苗期第一片真叶为羽状复叶，后小叶退化，叶柄变为叶状柄，革质，披针形，直或微呈弯镰状，两面无毛；有明显的纵脉3~8条。头状花序球形，单生或2~3个簇生于叶腋；花金黄色，有微香；雄蕊多数，明显超出花冠之外。荚果扁平。花期3~10月，果期8~12月。

生丘陵坡地，耐干旱。七目嶂山坡偶见。

材质坚硬，可作车轮、桨橹及农具等用材；树皮含单宁；花含芳香油，可作调香原料。

2. 合欢属 Albizia Durazz.

落叶乔木或灌木，稀为藤本。无刺，稀具托叶刺。二回羽状复叶；羽片1至多对；总叶柄及叶轴上有腺体；小叶对生，1至多对。花小，常两型，5基数，两性，稀杂性，组成头状、聚伞或穗状花序，再排成腋生或顶生的圆锥花序；花丝凸出于花冠之外，基部合生成管。荚果带状。种子间无间隔。本属约118种。中国16种。七目嶂1种。

1. 天香藤
Albizia corniculata (Lour.) Druce

在叶柄下常有1枚下弯的粗短刺；托叶小，脱落；二回羽状复叶，羽片2~6对；总叶柄近基部有1腺体；小叶4~10对，长圆形或倒卵形；中脉居中。头状花序有6~12花，再排成顶生或腋生的圆锥花序；花白色。荚果带状，无间隔。花期4~7月，果期8~11月。

生旷野或山地疏林中，常攀附于树上。七目嶂山地林中较常见。

具有行气散瘀、止血的功效，可治跌打损伤、创伤出血等。

3. 猴耳环属 Archidendron F. Muell.

乔木或灌木。无刺或有刺。托叶小，有时变为针状刺；二回羽状复叶；小叶数对至多对，稀仅1对，叶柄上有腺体。花小，5基数，稀4或6基数，两性或杂性，通常白色，组成头状花序或穗状花序，单生叶腋或簇生枝顶，或再排成圆锥花序；雄蕊伸出于花冠外。荚果通常旋卷或弯曲，稀劲直，扁平或肿胀。本属约100种。中国16种。七目嶂3种。

1. 猴耳环
Archidendron clypearia (Jack.) Nielsen

树皮托叶痕明显。枝具棱角。二回羽状复叶；羽片3~8对；总叶柄具四棱，密被毛，叶轴上及叶柄基部有腺体；小叶3~16对，革质，斜菱形，近无柄。花具短梗，数花聚成小头状花序，再排成顶生和腋生的圆锥花序；花白色或淡黄色。荚果旋卷，种子间溢缩。花期2~6月，果期4~8月。

生沟谷、溪边常绿阔叶林中。七目嶂较常见。

全株入药，味微苦、涩，性凉，可清热解毒、去湿敛疮。

2. 亮叶猴耳环
Archidendron lucidum (Benth.) Nielsen

树皮托叶痕明显。嫩枝、叶柄和花序均被褐色短绒毛。羽片1~2对；叶轴及叶柄基部有腺体；小叶2~5对，斜卵形，基部略偏斜，常无毛，顶生的一对最大。头状花序球形，有10~20花，排成腋生或顶生的圆锥花序；花白色。荚果旋卷成环状，种子间溢缩。花期4~6月，果期7~12月。

生疏或密林中或林缘灌木丛中。七目嶂山坡灌丛较常见。

枝叶入药，能消肿祛湿。果有毒。

3. 薄叶猴耳环
Archidendron utile (Chun & How) I. C. Nielsen

小枝圆柱形，无棱，被棕色短柔毛。羽片2~3对；总叶柄和顶端1~2对小叶着生处稍下的叶轴上有腺体；小叶膜质，4~7对，对生，长方菱形，具短柄。头状花序直径约1cm(不连花丝)，排成近顶生、疏散、被毛圆锥花序；花无梗，白色，芳香；花萼钟状。荚果红褐色，弯卷或镰刀状。种子近圆形。花期3~8月，果期4~12月。

生密林中。七目嶂林下偶见。

4. 银合欢属 Leucaena Benth.

无刺灌木或乔木。托叶刚毛状或小型，早落；二回羽状复叶；叶柄长，具腺体。花白色，常两性，5基数，无梗，组成密集、球形、腋生头状花序，单生或簇生于叶腋；苞片2；萼管钟状，具短裂齿，镊合状排列；花瓣分离。荚果。本属约40种。中国1种。七目嶂有分布。

1. 银合欢
Leucaena leucocephala (Lam.) de Wit.

托叶三角形，小；羽片4~8对；叶轴被柔毛，在最下一对羽片着生处有1黑色腺体；小叶5~15对，线状长圆形，边缘被短柔毛。头状花序通常1~2个腋生；苞片紧贴；花白色；花瓣狭倒披针形，背被疏柔毛。荚果带状，顶端凸尖，被微柔毛。种子6~25，卵形。花期4~7月，果期8~10月。

生低海拔的荒地或疏林中。七目嶂疏林偶见。

耐旱力强，适为荒山造林树种，可作咖啡或可可的荫蔽树种或植作绿篱；木质坚硬，为良好之薪炭材。

5. 含羞草属 Mimosa L.

多年生有刺草本或灌木。托叶小，钻状；二回羽状复叶，触之即闭合下垂；小叶细小，多数。稠密球形头状花序或圆柱形穗状花序，单生或簇生；花小，两性或杂性；花萼钟状，具短裂齿，镊合状排列；花瓣下部合生。荚果长椭圆状、线状或带状。种子卵圆形或圆形，扁平。本属500种。中国3种。七目嶂2种。

1. 光荚含羞草
Mimosa bimucronata (DC.) Kuntze

小枝无刺，密被黄色绒毛。二回羽状复叶，羽片6~7对；叶轴无刺，被短柔毛；小叶12~16对，线形，革质，先端具小尖头，除边缘疏具缘毛外，余无毛；中脉略偏上缘。头状花序球形；花白色；花萼杯状，极小；花瓣长圆形。荚果带状，劲直，通常有5~7个荚节，成熟时荚节脱落而残留荚缘。

逸生于疏林下。七目嶂林下偶见。

具有生长迅速、耐涝的特点，可以作为护坡和护岸堤植物。还可作薪炭林。

2. 含羞草
Mimosa pudica L.

枝具钩刺及倒生刺毛。托叶披针形，有刚毛；羽片和小叶触之即闭合而下垂；羽片通常2对；小叶10~20对，线状长圆形，边缘具刚毛。头状花序圆球形，具长总花梗，单生或 2~3 个生于叶腋；花小，淡红色，多数。荚果椭圆长圆形。花期 3~10 月，果期 5~11 月。

生旷野荒地、灌木丛中。七目嶂旷野较常见。

147 苏木科 Caesalpiniaceae

乔木或灌木，有时为藤本，很少草本。叶互生，一回或二回羽状复叶或具单小叶，稀为单叶；小叶中脉常居中。花两性，稀单性，组成总状或圆锥花序，稀穗状花序；有小苞片；花托极短，杯状或管状；萼片 5 或 4，离生或下部合生；花瓣常 5；雄蕊常 10 或少，稀多数。荚果开裂或不裂而呈核果状或翅果状。本科约 153 属 2175 种。中国 21 属约 113 种。七目嶂 4 属 9 种。

1. 羊蹄甲属 Bauhinia L.

乔木、灌木或攀缘藤本。托叶常早落；单叶，全缘，先端凹缺或分裂为 2 裂片；基出脉 3 至多条。花两性，稀单性，组成总状、伞房或圆锥花序；苞片早落；花托短陀螺状或延长为圆筒状；萼杯状、佛焰状或于开花时分裂为 5 萼片；花瓣 5，略不等，常具瓣柄；雄蕊 10 或少。荚果，带状、线形或倒卵状长圆形，通常扁平。本属约 300 种。中国 47 种。七目嶂 3 种。

1. 阔裂叶羊蹄甲
Bauhinia apertilobata Merr. & F. P. Metcalf

具卷须。嫩枝、叶柄及花序各部分均被短柔毛。叶纸质、卵形、阔椭圆形或近圆形，先端通常浅裂为 2 枚短而阔的裂片，裂口极阔，被毛或近无毛；基出脉 7~9 条。伞房式总状花序腋生或 1~2 个顶生；花瓣白色或淡绿白色；能育雄蕊 3。荚果倒卵状长圆形，扁平。花期 5~7 月，果期 8~11 月。

生于山谷和山坡的疏林、密林或灌丛中。七目嶂偶见。

2. 龙须藤
Bauhinia championii (Benth.) Benth.

有卷须。嫩枝和花序薄被紧贴的小柔毛。叶纸质，卵形或心形，先端常深裂为 2 长裂片，上面无毛，下面被短柔毛，渐变无毛；基出脉 5~7 条。总状花序狭长，腋生，被毛；花瓣白色，具瓣柄；能育雄蕊 3。荚果倒卵状长圆形或带状，扁平。花期 6~10 月，果期 7~12 月。

生低海拔至中海拔的丘陵灌丛或山地疏林和密林中。七目嶂较常见。

根和老藤入药，味涩、微苦，性温，可活血散瘀、祛风止痛、镇静止痒。

3. 粉叶羊蹄甲
Bauhinia glauca (Wall. ex Benth.) Benth.

有卷须。花序稍被毛。叶纸质，近圆形，2 裂达中部或更深裂，罅口狭窄，裂片卵形，先端圆钝，基部阔，心形至截平，下面疏被柔毛；基出脉 9~11 条。伞房花序式的总状花序顶生或与叶对生，具密集的花；花瓣白色。荚果薄带状。花期 4~6 月，果期 7~9 月。

生山坡阳处疏林中或山谷庇荫的密林或灌丛中。七目嶂山坡灌丛偶见。

2. 云实属 Caesalpinia L.

乔木、灌木或藤本。通常有刺。二回羽状复叶；小叶大或小。总状花序或圆锥花序腋生或顶生；花中等大或大，通常美丽，黄色或橙黄色；花托凹陷；萼片离生；花瓣 5，最上方一枚较小，色泽、形状及被毛常与其余 4 枚不同；雄蕊 10，离生，2 轮排列。荚果，有时呈镰刀状弯曲，扁平或肿胀。本属约 150 种。中国 17 种。七目嶂 3 种。

1. 华南云实
Caesalpinia crista L.

各部均被黄色柔毛。羽片 6~9 对，对生；小叶 6~12 对，膜质，长圆形，基部斜，两面均被黄色柔毛；托叶大，叶状。总状花序腋生，具长梗；苞片锥状；萼片 5；花瓣黄色，最上面一枚有红色斑点。荚果长圆形，膨胀，外面具细长针刺。种子近球形。花期 8~10 月，果期 10

月至翌年3月。

生丘陵山地疏林或灌丛中。七目嶂山坡灌丛偶见。

2. 云实
Caesalpinia decapetala (Roth) Alston

枝、叶轴和花序均被柔毛和钩刺。羽片3~10对，对生；小叶8~12对，膜质，长圆形，两端近圆钝，两面均被短柔毛，老时渐无毛；托叶小。总状花序顶生，直立；萼片5；花瓣黄色，最上面一枚有时有红色斑点。荚果无毛，沿腹缝线膨胀成狭翅，成熟时沿腹缝线开裂。花果期4~10月。

生山坡灌丛中及平原、丘陵、河旁等地。七目嶂山坡灌丛偶见。

根、种子入药，根散寒，种子止痢截疟。

3. 小叶云实
Caesalpinia millettii Hook. & Arn.

各部被锈色短柔毛。羽片7~12对，对生；小叶15~20对，互生，长圆形，先端圆钝，基部斜截形，两面被锈色毛，下面较密。圆锥花序腋生；萼片5；花瓣黄色，最上面一枚较小。荚果倒卵形，具狭翅，被短柔毛，无刺，成熟时沿背缝线开裂。花期8~9月，果期12月。

生山脚灌丛中或溪水旁。七目嶂山脚灌丛偶见。

3. 决明属 Cassia L.

乔木、灌木、亚灌木或草本。叶丛生，偶数羽状复叶；叶柄和叶轴上常有腺体；小叶对生，无柄或具短柄；托叶多样，无小托叶。花通常黄色，组成腋生的总状花序或顶生的圆锥花序，稀1至数花簇生叶腋，苞片与小苞片多样；萼片5；花瓣通常5，下面2枚较大。荚果，圆柱形、扁平或带状镰形，种子之间有横隔。本属260种。中国15种。七目嶂1种。

1. 望江南
Cassia occidentalis Linn. Sp. Pl.

枝带草质，有棱。叶柄近基部有1腺体；小叶4~5对，卵形至卵状披针形，顶端渐尖，小叶柄揉之有腐败气味。伞房状总状花序；花瓣黄色。荚果带状镰形。花期4~8月，果熟期6~10月。

常生于河边滩地、旷野或丘陵的灌木林或疏林中。七目嶂疏林下偶见。

在医药上常将本植物用作缓泻剂，种子炒后治疟疾；根有利尿功效；鲜叶捣碎治毒蛇、毒虫咬伤。

4. 皂荚属 Gleditsia L.

落叶乔木或灌木。叶互生，常簇生，一回和二回偶数羽状复叶常并存；叶轴和羽轴具槽；小叶多数，近对生或互生，边缘具细锯齿或钝齿，稀全缘；托叶小，早落。花杂性或单性异株，淡绿色或绿白色，组成腋生或顶生的穗状或总状花序，稀圆锥花序；花瓣3~5，稍不等。荚果扁。本属约16种。中国6种。七目嶂2种。

1. 华南皂荚
Gleditsia fera (Lour.) Merr.

刺粗壮，具分枝。叶为一回羽状复叶；小叶5~9对，纸质至薄革质，斜椭圆形至菱状长圆形，先端圆钝而微凹，边缘具圆齿，常无毛。花杂性，绿白色，由聚伞组成总状花序。荚果扁平。花期4~5月，果期6~12月。

生山地缓坡、山谷林中或村旁路边阳处。七目嶂山谷偶见。

2. 皂荚
Gleditsia sinensis Lam.

干和枝通常具分枝的粗刺。一回羽状复叶；小叶2~9对，纸质，卵状披针形至长圆形，先端急尖或渐尖，基部圆形或楔形，边缘具细锯齿，两毛被毛；网脉明显，在两面凸起。花杂性，黄白色，组成总状花序；花序腋生或顶生。荚果带状。花期3~5月，果期5~12月。

生山坡林中或谷地、路旁，七目嶂林中偶见。

荚、种子、刺入药，有祛痰通窍、镇咳利尿、消肿排脓、杀虫治癣之效。

148 蝶形花科 Papilionaceae

乔木、灌木、藤本或草本。有时具刺。叶互生，稀对生，通常为羽状复叶或掌状复叶，多为3小叶，稀单叶或退化为鳞片状叶；叶轴或叶柄上无腺体；托叶常存在，有时变刺，小托叶有或无。花两性，单生或组成总状或圆锥花序，稀头状或穗状花序；有大小苞片；花冠蝶形；花瓣5，两侧对称。荚果。本科约425属12000种。中国约128属1372种。七目嶂23属38种。

1. 相思子属 Abrus Adans.

藤本。偶数羽状复叶；叶轴顶端具短尖；托叶线状披针形，无小托叶；小叶多对，全缘。总状花序腋生或与叶对生；苞片与小苞片小；花小，数花簇生于花序轴的节上；花萼钟状，顶端截平或具短齿，上方2齿大部连合；花冠远大于花萼，旗瓣卵形，具短柄；雄蕊9，单体，雄蕊管上部分离，花药同型；子房近无柄，花柱短，柱头头状，无髯毛。荚果长圆形，扁平，开裂，有种子2至多数。种子椭圆形或近球形，暗褐色或半红半黑，有光泽。本属约12种。中国4种。七目嶂1种。

1. 广州相思子
Abrus pulchellus Wall. ex Thwaites subsp. **cantoniensis** (Hance) Verdc.

枝细直，平滑，被白色柔毛。羽状复叶互生；小叶6~11对，膜质，长圆形或倒卵状长圆形，先端截形或稍凹缺，具细尖，叶腋两面均隆起。总状花序腋生，花小，聚生于花序总轴的短枝上；花冠紫红色或淡紫色。荚果

长圆形，扁平，被稀疏白色糙伏毛。种子黑褐色，中间有孔，边具长圆状环。花期8月。

生疏林、灌丛或山坡。七目嶂偶见。

常根全株及种子均供药用，可清热利湿、舒肝止痛，用于治急慢性肝炎及乳腺炎。

2. 链荚豆属 Alysicarpus Neck. ex Desv.

多年生草本。茎直立或披散，具分枝。叶为单小叶，少为羽状三出复叶；具托叶和小托叶，托叶干膜质或半革质，离生或合生。花小，通常成对排列于腋生或顶生的总状花序的节上；苞片干膜质，早落；花萼深裂，裂片干而硬，上部2裂片常合生；花冠不伸出或稍伸出萼外，旗瓣宽，倒卵形或近圆形，龙骨瓣钝，贴生于翼瓣；雄蕊二体（9+1），花药一式；子房无柄或近无柄，有胚珠多数。荚果圆柱形，膨胀，荚节数个，不开裂，每荚节具1种子。本属约30种。中国4种。七目嶂1种。

1. 链荚豆
Alysicarpus vaginalis (L.) DC.

茎平卧或上部直立，无毛或稍被短柔毛。叶仅有单小叶；托叶线状披针形；小叶形状及大小变化很大，茎上部小叶通常为卵状长圆形、长圆状披针形至线状披针形，下部小叶为心形、近圆形或卵形。总状花序腋生或顶生，有6~12花。荚果扁圆柱形，荚节4~7，荚节间不收缩，但分界处有略隆起线环。花期9月，果期9~11月。

多生于空旷草坡、稻田边、路旁。七目嶂草地偶见。

为良好绿肥植物，亦可作饲料；全草入药，治刀伤、骨折。

3. 藤槐属 Bowringia Champ. ex Benth.

攀缘灌木。单叶，较大；托叶小。总状花序腋生，甚短；花萼膜质，先端截形；花冠白色，旗瓣圆形，具柄，翼瓣镰状长圆形，龙骨瓣与翼瓣相似，稍大；雄蕊10，分离或基部稍连合；花柱锥形，柱头小，顶生。荚果卵形或球形，成熟时沿缝线开裂，果瓣薄革质，具1~2种子。本属4种。中国1种。七目嶂有分布。

1. 藤槐
Bowringia callicarpa Champ. ex Benth.

单叶，近革质，长圆形或卵状长圆形，先端渐尖或短渐尖，基部圆形，两面几无毛；叶脉在两面明显隆起，侧脉5~6对；叶柄两端稍膨大；托叶小。总状花序或排列成伞房状，花疏生；苞片小，早落；花萼杯状；花冠白色；雄蕊10，不等长，分离。荚果具1~2种子。花期4~6月，果期7~9月。

生低海拔山谷林缘或河溪旁，常攀缘于其他植物上。七目嶂山谷林地较常见。

根、叶入药，清热、凉血。

4. 猪屎豆属 Crotalaria L.

草本、亚灌木或灌木。茎枝圆或四棱形，单叶或三出复叶；托叶有或无。总状花序顶生、腋生、与叶对生或密集枝顶形似头状；花萼二唇形或近钟形；花冠黄色或深紫蓝色；雄蕊连合成单体，花药二型；花柱长，基部弯曲，柱头小，斜生。荚果长圆形、圆柱形或卵状球形，稀四角菱形，膨胀，有果颈或无。本属约700种。中国42种。七目嶂4种。

1. 响铃豆
Crotalaria albida B. Heyne ex Roth.

托叶细小，刚毛状，早落；单叶，叶片倒卵形、长圆状椭圆形或倒披针形，先端钝或圆，基部楔形，上面近无毛，下面略被短柔毛；叶柄近无。总状花序顶生或腋生，有20~30花；苞片、小苞片丝状；花萼二唇形；花冠淡黄色。荚果短圆柱形。花果期5~12月。

生荒地路旁及山坡疏林下。七目嶂路旁草地偶见。

可供药用，清热解毒、消肿止痛，治跌打损伤、关节肿痛等症；近年来试用于抗肿瘤有效，主要对鳞状上皮癌、基底细胞癌疗效较好。

2. 大猪屎豆
Crotalaria assamica Benth.

茎枝粗状，圆柱形，被锈色柔毛。托叶细小，线形；单叶，叶片质薄，倒披针形或长椭圆形，先端钝圆，基部楔形，上面无毛，下面被锈色短柔毛；叶柄极短。总状花序顶生或腋生，有20~30花；花萼二唇形；花冠黄色。荚果长圆形。花果期5~12月。

生山坡路边及山谷草丛中。七目嶂路边草丛偶见。

全草入药，可祛风除湿、消肿止痛，治风湿麻痹，关节肿痛等症。

3. 猪屎豆
Crotalaria pallida Aiton

茎枝圆柱形，密被紧贴的短柔毛。三出掌状复叶；小叶长圆形或椭圆形，顶端圆钝或微凹，基部阔楔形

总状花序顶生，具 10~40 花；花萼近钟形；花冠黄色。荚果长圆状。花果期 7~12 月。

生荒山草地及沙质土壤之中。七目嶂草地偶见。

全草药用，有散结、清湿热等作用；亦可用于道路绿化、花坛花景等。

4. 紫花野百合
Crotalaria sessiliflora L.

托叶线形；单叶，形状变异较大，常为线形或线状披针形，两端渐尖，上面近无毛，下面密被丝质短柔毛；叶柄近无。总状花序顶生、腋生或密生枝顶形似头状，稀单花生叶腋；花 1 至多数；苞片、小苞片线状披针形；花冠蓝色或紫蓝色。荚果短圆柱形。花果期 5 月至翌年 2 月。

生荒地路旁及山谷草地，七目嶂路旁草地偶见。

全草入药，有清热解毒、消肿止痛、破血除瘀等效用。

2. 藤黄檀
Dalbergia hancei Benth.

奇数羽状复叶；托叶膜质，披针形，早落；小叶 3~6 对，较小，互生，狭长圆或倒卵状长圆形，先端钝或圆微凹，基部圆或阔楔形，嫩时两面被毛，后上面无毛。总状花序短，数个总状花序常再集成腋生短圆锥花序；花冠绿白色。荚果常有 1 种子。花期 4~5 月，果期 7~8 月。

生山坡灌丛中或山谷溪旁。七目嶂较常见。

茎皮含单宁；纤维供编织；根、茎入药，能舒筋活络，治风湿痛，有理气止痛、破积之效。

5. 黄檀属 Dalbergia L. f.

乔木、灌木或木质藤本。奇数羽状复叶；托叶小，早落；小叶互生；无小托叶。花小，通常多数，组成顶生或腋生圆锥花序；苞片和小苞片通常小，脱落，稀宿存；花萼钟状，裂齿 5；花冠白色、淡绿色或紫色；雄蕊 10 或 9，通常合生。荚果不开裂，翅果状，种子部位多少加厚且常具网纹。本属 100~120 种。中国 29 种。七目嶂 3 种。

1. 秧青
Dalbergia assamica Prain

树皮粗糙，有纵裂纹。奇数羽状复叶；叶轴和叶柄被短柔毛；托叶披针形；小叶 6~7 对，互生，长圆形或倒卵状长圆形，先端圆形微凹，初略被毛，后变无毛。圆锥花序腋生；花冠白色，旗瓣基部无附属体；雄蕊 10，合生为 5+5 的二体。荚果常有 1 种子。花期 6 月，果期 10~11 月。

生山地杂木林中或灌丛中。七目嶂山地疏林偶见。

优良的紫胶虫寄主树种，耐虫力强，适应胶虫寄生，紫胶产量高、质量好；木材为散孔材，材色淡黄色或褐色，材质坚韧，纹理细，可作家具、车辆和农具等用材；枝条和树干可用来培育木耳和白木耳；叶可作绿肥。

3. 香港黄檀
Dalbergia millettii Benth.

枝无毛，干时黑色，有时短枝钩状。叶柄无毛；托叶狭披针形，脱落；小叶 12~17 对，紧密，线形或狭长圆形，先端截形，有时微凹缺，基部圆或钝，两侧略不等，顶小叶常为倒卵形或倒卵状长圆形，基部楔形，两面无毛。荚果长圆形至带状，扁平，无毛，先端钝或圆，基部阔楔形，具短果颈，果瓣革质，全部有网纹，对着种子部分网纹较明显，有种子 1 (~2)。种子肾形，扁平。花期 5 月。

生山地林中或灌丛中，山沟溪旁及有小树林的坡地常见。七目嶂山地林中偶见。

可作为行道树或庭园观赏树；其叶可入药，有清热解毒之效。

6. 山蚂蝗属 Desmodium Desv.

草本、亚灌木或灌木。羽状三出复叶或单叶；具托叶和小托叶；小叶全缘或浅波状。花通常较小，组成腋生或顶生的总状花序或圆锥花序，稀单生或成对生于叶腋；苞片宿存或早落，小苞片有或缺；花萼钟状，4~5裂；花冠白色、粉红色或紫色；雄蕊二体（9+1），稀单体。荚果扁平，不开裂。本属约280种。中国32种。七目嶂4种。

1. 小槐花
Desmodium caudatum (Thunb.) DC.

羽状三出复叶，小叶3；托叶披针状线形，宿存；叶柄两侧具窄翅；小叶近革质或纸质，顶生小叶明显比侧生叶大，全缘，叶背被疏毛，侧脉每边10~12条；小托叶丝状。总状花序顶生或腋生；花冠绿白色或黄白色；雄蕊二体(9+1)。荚果线形，扁平，被钩状毛。花期7~9月，果期9~11月。

生山坡、路旁草地、沟边、林缘或林下。七目嶂路边、沟边、林缘较常见。

根、叶供药用，能祛风活血、利尿、杀虫；亦可作牧草。

2. 假地豆（异果山蚂蝗）
Desmodium heterocarpon (L.) DC.

羽状三出复叶，小叶3；托叶宿存，狭三角形；叶柄略被毛；小叶纸质，顶生小叶明显大于侧生叶，叶背被贴伏白色短柔毛，全缘，侧脉每边5~10条；小托叶丝状。总状花序顶生或腋生；花冠紫红色、紫色或白色；雄蕊二体。荚果密集，被钩状毛。花期7~10月，果期10~11月。

生山坡草地、水旁、灌丛或林中。七目嶂偶见。

全株供药用，能清热，治跌打损伤。

3. 长波叶山蚂蝗
Desmodium sequax Wall.

多分枝。幼枝和叶柄被锈色柔毛。叶为羽状三出复叶，小叶3；托叶线形，密被柔毛；小叶纸质，卵状椭圆形或圆菱形，顶生小叶网脉隆起；小托叶丝状；小叶柄被锈黄色柔毛和混有小钩状毛。总状花序顶生和腋生，顶生者通常分枝成圆锥花序；花通常2枚生于每节上；花冠紫色，旗瓣椭圆形至宽椭圆形。荚果腹背缝线溢缩呈念珠状，有荚节6~10。花期7~9月，果期9~11月。

生山地草坡或林缘。七目嶂林下偶见。

根可润肺止咳、驱虫，用于治肺痨咳嗽、盗汗、咳嗽；果实可止血，用于治内伤出血；全草入药用于治目赤肿痛。

4. 三点金
Desmodium triflorum (L.) DC.

羽状三出复叶，小叶3；具托叶和小托叶；叶柄被柔毛；小叶纸质，顶生小叶倒心形、倒三角形或倒卵形，长和宽约为2.5~10mm，先端宽截平而微凹，上面无毛，下面被白色柔毛，叶脉每边4~5条。花单生或2~3花簇生于叶腋；花冠紫红色；雄蕊二体。荚果扁平，被钩状短毛。花果期6~10月。

生旷野草地、路旁或河边沙土上。七目嶂路旁、溪边草地较常见。

全草入药，有解表、消食之效。

蝶形花科 Papilionaceae

7. 野扁豆属 Dunbaria Wight & Arn.

平卧或缠绕状草质或木质藤本。羽状3小叶；小叶下面有明显的腺点；托叶早落或缺；小托叶常缺。花单生于叶腋或组成总状花序式排列；苞片早落或缺；小苞片缺，稀存；花萼钟状，裂齿披针形或三角形；花冠多少伸出萼外；雄蕊二体（9+1）。荚果线形、卵球形或线状长椭圆形。本属约25种。中国8种。七目嶂1种。

1. 圆叶野扁豆

Dunbaria rotundifolia (Lour.) Merr.

茎微被毛。叶具羽状3小叶；托叶小，披针形，常早落；小叶纸质，顶生小叶圆菱形，基出脉3，叶缘波状，略背卷。1~2花腋生；花萼钟状；花冠黄色。荚果线状长椭圆形，扁平，无果颈。花果期9~10月。

常生于山坡灌丛中和旷野草地上。七目嶂旷野草丛偶见。

全草入药，清热解毒、止血生肌。

8. 刺桐属 Erythrina L.

乔木或灌木。小枝常有皮刺。羽状复叶具3小叶；托叶小，小托叶呈腺体状。总状花序腋生或顶生；花很美丽，红色，成对或成束簇生在花序轴上；花萼佛焰苞状；花瓣极不相等；花药一式；子房具柄，有胚珠多数顶生。荚果具果颈，镰刀形，在种子间收缩或成波状。种子卵球形、长椭圆形或肾形，无种阜；种脐侧生。本属约200种。中国5种。七目嶂1种。

1. 刺桐

Erythrina variegata L.

树皮灰褐色。枝有明显叶痕及短圆锥形的黑色直刺。羽状复叶具3小叶；托叶披针形，早落；小叶柄基部有一对腺体状的托叶。总状花序顶生，上有密集、成对着生的花；总花梗木质，粗壮；花萼佛焰苞状；花冠红色；雄蕊10，单体；子房被微柔毛；花柱无毛。荚果黑色，肥厚，种子间略溢缩，稍弯曲，先端不育。种子1~8，肾形，暗红色。花期3月，果期8月。

常见于树旁或近溪边。七目嶂偶见。

花美丽，可栽作观赏树木；生长较迅速，可栽作胡椒的支柱；树皮或根皮入药，称海桐皮，可祛风湿、舒筋通络，治风湿麻木、腰腿筋骨疼痛、跌打损伤，对横纹肌有松弛作用，对中枢神经有镇静作用。

9. 长柄山蚂蝗属 Hylodesmum H. Ohashi & R. R. Mill.

多年生草本或亚灌木状。叶为羽状复叶；小叶3~7，全缘或浅波状；有托叶和小托叶。花序顶生或腋生，或有时从能育枝的基部单独发出；总状花序，少为稀疏的圆锥花序；具苞片，通常无小苞片，每节通常着生2~3花；花梗常有钩状毛和短柔毛；花萼宽钟状，5裂；雄蕊常单体。荚果具果颈，有荚节2~5。本属14种。中国10种。七目嶂2种。

1. 疏花长柄山蚂蝗

Hylodesmum laxum (DC.) H. Ohashi & R. R. Mill.

茎基部木质，从基部开始分枝或单一。三出复叶；

131

顶生小叶卵形，侧生小叶略小，偏斜。总状花序，通常有分枝；花萼宽钟状，裂片较萼筒短；花冠粉红色。荚果通常有2~4荚节，腹缝线于节间凹入几达背缝线而成一深缺口，荚节略呈宽的半倒卵形。花果期8~10月。

生山坡阔叶林中。七目嶂林下偶见。

2. 尖叶长柄山蚂蝗

Hylodesmum podocarpum (Lam.) de Wit subsp. **oxyphyllum** (DC.) H. Ohashi & R. R. Mill.

羽状三出复叶，小叶3；有托叶和小托叶；叶柄较长；小叶纸质，顶生小叶菱形，先端渐尖，尖头钝，全缘，几无毛，侧脉每边约4条，侧生小叶较小且偏斜。总状花序或圆锥花序，顶生或腋生；花冠紫红色；雄蕊单体。荚果常具2荚节，果颈短。花果期8~9月。

生山坡路旁、沟旁、林缘或阔叶林中。七目嶂山坡路旁草地偶见。

全草入药，能解表散寒、祛风解毒，治风湿骨痛、咳嗽吐血。

10. 鸡眼草属 Kummerowia Schindl.

一年生草本。三出羽状复叶；托叶膜质，大而宿存，通常比叶柄长。花通常1~2枚簇生于叶腋，稀3花或更多；小苞片4枚生于花萼下方，其中有一枚较小；花小；旗瓣与翼瓣近等长，通常均较龙骨瓣短，正常花的花冠和雄蕊管在果时脱落；雄蕊二体(9+1)。荚果扁平，具1节，1种子，不开裂。本属2种。中国2种。七目嶂1种。

1. 鸡眼草

Kummerowia striata (Thunb.) Schindl.

茎和枝上被倒生白细毛。三出羽状复叶；托叶大，比叶柄长，被长缘毛；叶柄极短；小叶纸质，倒卵形或长圆形，较小，先端圆形，全缘；两面沿中脉及边缘有白粗毛，侧脉多而密。花小，单生或2~3花簇生于叶腋；花梗无毛；花冠粉红色或紫色。荚果长于萼。花期7~9月，果期8~10月。

生路旁、田边、溪旁、沙质地或缓山坡草地。七目嶂旷野、草地较常见。

全草药用，有利尿通淋、解热止痢之效；全草煎水，可治风疹；又可作饲料和绿肥。

11. 胡枝子属 Lespedeza Michx.

多年生草本、亚灌木或灌木。三出羽状复叶；托叶小，无小托叶；小叶全缘，先端有小刺尖，网状脉。花2至多数组成腋生的总状花序或花束；有苞片和小苞片；花常二型，一种有花冠，结实或不结实，另一种为闭锁花(花冠退化不伸出花萼)，结实；雄蕊二体(9+1)。荚果，双凸镜状，常有网纹。种子1，不开裂。本属60余种。中国26种。七目嶂2种。

1. 截叶铁扫帚

Lespedeza cuneata (Dum.-Cours.) G. Don.

茎直立或斜升，被毛。叶密集，柄短；小叶楔形或线状楔形，宽2~7mm，先端截形成近截形，具小刺尖，基部楔形，上面近无毛，下面密被伏毛。总状花序腋生，具2~4花；总花梗极短；花冠淡黄色或白色，旗瓣基部有紫斑；闭锁花簇生于叶腋。荚果，被伏毛和宿存萼。花期7~8月，果期9~10月。

生山坡路旁。七目嶂山坡路旁较常见。

全株入药，味甘、涩，性凉，可清热祛风、收敛、杀虫、利尿。

2. 美丽胡枝子

Lespedeza thunbergii (DC.) Nakai subsp. **formosa** (Vogel) H. Ohashi

各部略被毛，无闭锁花。托叶披针形至线状披针形；小叶形态多变，常椭圆形或卵形，两端稍尖或稍钝。总状花序单一，腋生，比叶长，或构成顶生的圆锥花序；花冠红紫色。荚果；表面具网纹且被疏柔毛。花期7~9月，果期9~10月。

生山坡、路旁及林缘灌丛中。七目嶂较常见。

根入药，味微辛、涩，性微温，可活血散瘀、消肿止痛。

蝶形花科 Papilionaceae

茎入药能行血通经。

12. 崖豆藤属 Millettia Wight & Arn.

藤本、直立或攀缘灌木或乔木。奇数羽状复叶互生；托叶早落或宿存，小托叶有或无；小叶2至多对，通常对生，全缘。圆锥花序大，顶生或腋生，花单生分枝上或簇生于缩短的分枝上；小苞片2；花冠紫色、粉红色、白色或堇青色；雄蕊二型（9+1）。荚果扁平或肿胀，线形或圆柱形，有种子2至多数。本属约100种。中国18种。七目嶂3种。

1. 香花鸡血藤
Millettia dielsiana Harms

奇数羽状复叶；叶轴被稀疏柔毛，后秃净，上面有沟；托叶线形；小叶2对，纸质，披针形、长圆形至狭长圆形，先端急尖至渐尖，叶面有光泽，几无毛；网脉两面显著。圆锥花序顶生，宽大；花冠紫红色，旗瓣密被毛。荚果无果颈，被毛后秃净。花期5~9月，果期6~11月。

生山坡杂木林与灌丛中，或谷地、溪沟和路旁。七目嶂较常见。

2. 亮叶鸡血藤
Millettia nitida Benth.

奇数羽状复叶；叶轴上面有狭沟；托叶线形；小叶2对，硬纸质，卵状披针形或长圆形，先端钝尖，基部圆形或钝，上面光亮无毛，下面无毛或被稀疏柔毛；侧脉5~6对，网脉在两面均隆起。圆锥花序顶生，密被锈褐色绒毛；花冠青紫色，旗瓣密被绢毛。荚果基部具颈。花期5~9月，果期7~11月。

生海岸灌丛或山地疏林中。七目嶂偶见。

3. 厚果崖豆藤
Millettia pachycarpa Benth.

幼年时直立如小乔木状。奇数羽状复叶较长；托叶阔卵形；小叶6~8对，草质，长圆状椭圆形至长圆状披针形，先端锐尖，上面平坦，下面被毛，侧脉12~15对；无小托叶。总状圆锥花序，2~6个生于新枝下部，密被褐色绒毛；花冠淡紫色，旗瓣无毛。荚果肿胀。花期4~6月，果期6~11月。

生山坡常绿阔叶林内。七目嶂偶见。

根、果实入药，叶味苦，性凉，有大毒；根散瘀消肿，果止痛、拨异物。

13. 黧豆属 Mucuna Adans.

多年生或一年生木质或草质藤本。三出羽状复叶；托叶和小托叶常脱落；小叶大，侧生小叶常不对称。花序腋生或生于老茎上，近聚伞状，或为假总状或紧缩的圆锥花序；花大而美丽；花萼钟状，二唇形，上面2齿合生；花冠伸出萼外，深紫色、红色、浅绿色或近白色。荚果膨胀或扁，常具翅。种脐超过种子周长1/2。本属100~160种。中国约15种。七目嶂1种。

1. 白花油麻藤
Mucuna birdwoodiana Tutcher

老茎断面流汁先白后红。三出羽状复叶；小叶近革质，顶生小叶椭圆形、卵形或略呈倒卵形，先端具长渐尖头，侧生小叶明显偏斜，叶脉两面凸起；无小托叶。总状花序生于老枝上或生于叶腋，有20~30花，常呈束

133

状；花冠白色或带绿白色。荚果带形。花期4~6月，果期6~11月。

生山地阳处、路旁、溪边，常攀缘在乔、灌木上。七目嶂山坡林地较常见。

藤茎可通经络、强筋骨、补血，用于贫血、白血球减少症、腰腿痛；四季常青，清明节前后繁花似锦，吊挂成串犹如禾雀花飞舞，颇具观赏价值；嫩叶味道甘甜可口，可作佐肴的时菜；晒干的花可以药用，是一种降火清热气的佳品。

14. 红豆属 Ormosia Jacks

乔木。小枝常绿色。奇数羽状复叶，稀单叶，叶互生，稀近对生；小叶对生，通常革质或厚纸质；具托叶或无，无小托叶。圆锥花序或总状花序顶生或腋生；花萼钟形，5齿裂，上方2齿常连合；花冠白色或紫色，长于花萼；雄蕊10，分离或基部合生。荚果，2瓣裂，稀不裂。种子鲜红色、暗红色或黑褐色。本属130种。中国37种。七目嶂4种。

1. 肥荚红豆
Ormosia fordiana Oliv.

树皮深灰色，浅裂。奇数羽状复叶；小叶(2~)3~4(~6)对，薄革质，倒卵状披针形或倒卵状椭圆形，顶生小叶较大，上面无毛，下面被锈褐色平贴疏毛或无毛；小叶柄上面有沟槽及锈色柔毛；圆锥花序生于新枝梢；总花梗及花梗密被锈色毛；花冠淡紫红色，旗瓣圆形，兜状。荚果半圆形或长圆形，先端有斜歪的喙，果颈扁。花期6~7月，果期11月。

生山谷、山坡路旁、溪边杂木林中。七目嶂山谷偶见。

木材纹理略通直，可作一般建筑和家具用材。

2. 光叶红豆
Ormosia glaberrima Y. C. Wu

树皮灰绿色，平滑。小枝绿色。奇数羽状复叶；小叶1~3对，薄革质，卵形或椭圆状披针形，先端渐尖，基部圆，两面无毛，侧脉9~10对；小叶柄上面有凹槽。圆锥花序顶生或腋生，花梗被毛后脱落；花萼5齿裂达中部；雄蕊10，均发育。荚果扁平。种皮鲜红色。花期6月，果期10月。

生稍湿或干燥的山地、沟谷疏林中。七目嶂山地林中偶见。

材质优良。

3. 荔枝叶红豆
Ormosia semicastrata Hance f. **litchifolia** How

皮孔凸起。小枝绿色具黄色柔毛。奇数羽状复叶；小叶1~2对，革质，卵状长椭圆形或椭圆形，先端渐尖、急尖或微凹，两面无毛或有时下面有白粉，侧脉10~11对；叶轴、叶柄及小叶柄有柔毛后脱落。圆锥花序顶生或生叶腋；花冠白色。荚果小，稍肿胀，有1种子。花期4~5月。

生山地、路旁、山谷杂木林中。七目嶂偶见。

材质坚重、致密，易加工，心材优良，供家具、室内装修等用。

4. 木荚红豆
Ormosia xylocarpa Chun ex Merr. & H. Y. Chen

枝、叶柄、叶轴等被黄毛。奇数羽状复叶；小叶1~3对，厚革质，长椭圆形或长椭圆状倒披针形，先端钝圆或急尖，边缘微向下反卷，下面被黄毛。圆锥花序顶生；花冠白色或粉红色。荚果压扁。花期6~7月，果期10~11月。

生溪边疏林或密林内。七目嶂阔叶林中偶见。

心材紫红色，纹理直，结构细匀，木材弦断面上无薄壁组织所形成的花纹。

15. 排钱树属 **Phyllodium** Desv.

灌木或亚灌木。三出羽状复叶；具托叶和小托叶。4~15花组成伞形花序，由叶状苞片包藏，在枝先端排列呈总状圆锥花序状，形如一长串钱牌；花萼钟状；花冠白色至淡黄色或稀为紫色；雄蕊单体，雌蕊较雄蕊长，具花盘。荚果腹缝线稍溢缩呈浅波状，无柄，不开裂，有1~7荚节。本属6种。中国4种。七目嶂1种。

1. 毛排钱草
Phyllodium elegans (Lour.) Desv.

茎、枝和叶柄均密被黄色绒毛。三出羽状复叶；托叶宽三角形；小叶革质，顶生小叶卵形、椭圆形至倒卵形，侧生小叶斜卵形，两面均密被绒毛，侧脉每边9~10条，边缘呈浅波状；小托叶针状。叶状苞片排列成总状圆锥花序状，顶生或侧生。荚果通常有荚节3~4。花期7~8月，果期10~11月。

生平原、丘陵荒地或山坡草地、疏林或灌丛中。七目嶂较常见。

根、叶供药用，有消炎解毒、活血利尿之效。

16. 葛属 **Pueraria** DC.

缠绕藤本。三出羽状复叶；有大小托叶；小叶大，卵形或菱形，全裂或具波状3裂片。总状花序或圆锥花序腋生而具延长的总花梗或数个总状花序簇生于枝顶；通常数花簇生于花序轴各节上；花萼钟状；花冠天蓝色或紫色，旗瓣基部有附属体及内向的耳；雄蕊二体(9+1)。荚果长椭圆形或线形，稍扁或圆柱形，2瓣裂。本属约20种。中国10种。七目嶂1种。

1. 葛麻姆
Pueraria montana (Lour.) Merr. var. **lobata** (Willd.) Maesen & S. M. Almeida ex Sanjappa & Predeep

全体被黄色长硬毛。茎基部木质，有粗厚的块状根。3羽状复叶；托叶卵状长椭圆形，具线条；小托叶线状披针形，与小叶柄等长或较长；小叶3裂，通常全缘，顶生小叶宽卵形，长大于宽，基部近圆形，先端渐尖。总状花序长15~30mm，中部以上花密集；苞片线状披针形至线形，早落；2~3花聚生于花序轴的节上；花萼钟形，被黄褐色柔毛，裂片披针形，渐尖，比萼管略长。荚果长椭圆形，扁平，被褐色长硬毛。花期7~9月，果期10~12月。

生旷野灌丛中或山地疏林下。七目嶂偶见。

根供药用，有解表退热、生津止渴、止泻的功能，并能改善高血压病人的头晕、头痛、耳鸣等症状。

17. 密子豆属 **Pycnospora** R. Br. ex Wight & Arn.

亚灌木状草本。叶为羽状三出复叶或有时仅具1小叶；具小托叶。花小，排成顶生总状花序；苞片早落，干膜质；花萼小，钟状，深裂，裂片长，上部2裂片几合生；花冠伸出萼外很多，各瓣近等长，旗瓣近圆形，基部渐狭，龙骨瓣钝，与翼瓣粘连；雄蕊二体(9+1)，花药一式；子房无柄，胚珠多数，花柱丝状，内弯，柱头头状，小。荚果长椭圆形，膨胀，有横脉纹，无横隔，亦不分节，有8~10种子。单种属。七目嶂有分布。

1. 密子豆
Pycnospora lutescens (Poir.) Schindl.

种的特征与属同。花果期8~9月。

多生于山野草坡及平原。七目嶂罕见。

为保土和绿肥植物。

18. 鹿藿属 Rhynchosia Lour.

攀缘、匍匐或缠绕藤本，稀为直立灌木或亚灌木。三出羽状复叶；小叶下面通常有腺点；托叶常早落；小托叶存或缺。花组成腋生的总状花序或复总状花序，稀单生于叶腋；苞片常脱落，稀宿存；花萼钟状，5裂；花冠内藏或凸出，旗瓣基部具耳，有或无附属体；雄蕊二体（9+1）。荚果有2种子，稀1。本属约200种。中国13种。七目嶂1种。

1. 鹿藿

Rhynchosia volubilis Lour.

全株各部多少被灰色至淡黄色柔毛；茎略具棱。常三出羽状复叶；托叶披针形；小叶纸质，顶生小叶菱形或倒卵状菱形，先端钝，或为急尖，叶背具腺点，侧生小叶较小，常偏斜；基出脉3。总状花序，1~3个腋生；花冠黄色。荚果红紫色。种子通常2。花期5~8月，果期9~12月。

常生于山坡路旁草丛中。七目嶂偶见。

根、叶入药，根能祛风和血、镇咳祛痰，治风湿骨痛、气管炎；叶外用治疮疖。

19. 坡油甘属 Smithia W. T. Aiton

平卧或披散草本或矮小灌木。偶数羽状复叶具小叶5~9对；托叶干膜质，长卵形，基部下延成披针形的长耳，宿存；小托叶缺。花小，单花至多花排成腋生的总状花序或花束；苞片干膜质，具条纹，脱落；小苞片干膜质，宿存；花萼膜质，二唇形，唇通常全缘；花冠伸出萼外，黄色、蓝色或紫色，旗瓣圆形或长椭圆形，龙骨瓣内弯，先端钝头，翼瓣与龙骨瓣几与旗瓣等长；雄蕊初时全部合生为鞘状，后期分为相等的二体（5+5），花药一式；子房线形，有多数胚珠，花柱向内弯，丝状，柱头小，头状，顶生。荚果具数个扁平或膨胀的荚节，折叠包藏于萼内。本属约35种。中国5种。七目嶂1种。

1. 坡油甘

Smithia sensitiva Aiton

披散或伏地。茎纤细，多分枝，无毛。偶数羽状复叶，具小叶3~10对；小叶薄纸质，长圆形，先端钝或圆形，具刚毛状的短尖头，边缘和上面中脉疏被刚毛；侧脉每边5条。总状花序腋生；花小，1~6花或更多，密集于总花梗的近顶部；花萼硬纸质，具纵脉纹，疏被刚毛；花冠黄色，先端微凹，瓣柄短；子房线形，有胚珠多数。荚果有4~6荚节，叠藏于萼内，有密集的乳头状凸起。花期8~9月，果期9~10月。

常生于田边或低湿处。七目嶂草地偶见。

全株用于治肝炎、疮毒、咳嗽、蛇伤；亦可作牧草。

20. 葫芦茶属 Tadehagi H. Ohashi

灌木或亚灌木。叶仅具单小叶；叶柄有宽翅，翅顶有2小托叶。总状花序顶生或腋生，通常每节生2~3花；花萼钟状，5裂，上部2裂片完全合生；花瓣具脉，旗瓣圆形、宽椭圆形或倒卵形；雄蕊二体（9+1）。荚果通常有5~8荚节，背缝线稍溢缩至深溢缩。本属约6种。中国2种。七目嶂1种。

1. 葫芦茶

Tadehagi triquetrum (L.) H. Ohashi

幼枝三棱形。叶仅具单小叶；托叶披针形；叶柄两侧有宽翅，与叶同质；小叶纸质，狭披针形至卵状披针形，先端急尖，侧脉每边8~14条。总状花序顶生和腋生；2~3花簇生于每节上；花冠淡紫色或蓝紫色；雄蕊二体。荚果有5~8荚节。花期6~10月，果期10~12月。

生荒地或山地林缘、路旁等。七目嶂较常见。

全草入药，能清热解毒、健脾消食和利尿。

21. 灰毛豆属 Tephrosia Pers.

一年或多年生草本，有时为灌木状。奇数羽状复叶；具托叶，无小托叶；小叶多数对生，全缘，通常被绢毛，下面尤密，侧脉多数，联结成边缘脉序。总状花序顶生或与叶对生和腋生；具苞片，小苞片常缺；花具梗；花萼钟状，萼齿5；花冠多为紫红色或白色，旗瓣背面具柔毛或绢毛，瓣柄明显；雄蕊二体，对旗瓣的1枚花丝与雄蕊管分离。荚果线形或长圆形，扁平或在种子处稍凸起，种子间无真正的隔膜，果瓣扭转。种子长圆形呈椭圆形，珠柄短，有时具小种阜。本属约400种。中国有11种。七目嶂1种。

1. 白灰毛豆
Tephrosia candida DC.

茎木质化，具纵棱，与叶轴同被灰白色绒毛。叶轴上面有沟；小叶8~12对，长圆形，先端具细凸尖，上面无毛，下面密被平伏绢毛，侧脉30~50对；总状花序顶生或侧生；苞片钻形，脱落；花冠淡黄色或淡红色，旗瓣外面密被白色绢毛，翼瓣和龙骨瓣无毛。荚果直，线形，密被褐色长短混杂细绒毛。种子榄绿色，具花斑。花期10~11月，果期12月。

生草地、旷野、山坡。七目嶂草地偶见。

优良的绿肥植物，改良土壤效果好；种子粗蛋白质含量30%，是优质饲料；树干可制小农具柄，作蔬菜棚架；秋冬开花，是理想的蜜源植物；其干材、枝材燃料性能较好，热值与褐煤相当。

22. 野豌豆属 Vicia L.

一、二年生或多年生草本。茎细长、具棱、但不呈翅状。多年生种类根部常膨大呈木质化块状，表皮黑褐色，具根瘤。偶数羽状复叶；叶轴先端具卷须或短尖头；托叶通常半箭头形，少数种类具腺点，无小托叶；小叶（1）2~12对，长圆形、卵形、披针形至线形，细尖，全缘。花序腋生，总状或复总状；花多数、密集着生于长花序轴上部；花萼近钟状，基部偏斜，上萼齿通常短于下萼齿，多少被柔毛；花冠淡蓝色、蓝紫色或紫红色，稀黄色或白色。荚果扁（除蚕豆外），两端渐尖，无（稀有）种隔膜，腹缝开裂。种子2~7；种脐相当于种子周长1/6~1/3；胚乳微量；子叶扁平，不出土。本属约160种。中国40种。七目嶂1种。

1. 小巢菜
Vicia hirsuta (L.) Gray

茎细柔有棱，近无毛。偶数羽状复叶末端卷须分支；托叶线形，基部有2~3裂齿；小叶4~8对，线形或狭长圆形，无毛。总状花序明显短于叶；花萼钟形，萼齿披针形；花2~4（~7）密集于花序轴顶端，花甚小；花冠白色、淡蓝青色或紫白色，旗瓣椭圆形，先端平截有凹。荚果长圆菱形，表皮密被棕褐色长硬毛。种子2，扁圆形。花果期2~7月。

生山沟、河滩、田边或路旁草丛。七目嶂偶见。

为绿肥及饲料，牲畜喜食；全草入药，有活血、平胃、明目、消炎等功效。

23. 豇豆属 Vigna Savi

缠绕或直立草本，稀为亚灌木。羽状复叶具3小叶；托叶盾状着生或基着。总状花序或1至多花簇腋生或顶生，花序轴上花梗着生处常增厚并有腺体；花萼5裂，二唇形，下唇3裂；花冠小或中等大，白色、黄色、蓝色或紫色；旗瓣圆形，基部具附属体，翼瓣远较旗瓣为短，龙骨瓣与翼瓣近等长；雄蕊二体，对旗瓣的一枚雄蕊离生，其余合生，花药一式；子房无柄，胚珠3至多数，花柱线形。荚果线形或线状长圆形，圆柱形或扁平，直或稍弯曲，二瓣裂，通常多少具隔膜。种子通常肾形、近四方形或长圆形；种脐小或延长；有假种皮或无。本属约100种。中国14种。七目嶂1种。

1. 贼小豆
Vigna minima (Roxb.) Ohwi H. Ohashi

茎纤细，无毛或被疏毛。羽状复叶具3小叶；托叶披针形；小叶的形状和大小变化颇大，卵形、卵状披针形、披针形或线形，两面近无毛或被极稀疏的糙伏毛。总状花序柔弱；总花梗远长于叶柄，通常有3~4花；小苞片线形或线状披针形；花冠黄色，旗瓣极外弯，龙骨瓣具长而尖的耳。荚果圆柱形，无毛，开裂后旋卷。种子4~8，长圆形。花果期8~10月。

生旷野、草丛或灌丛中。七目嶂灌丛偶见。

具有潜在观赏价值。

151 金缕梅科 Hamamelidaceae

常绿或落叶乔木和灌木。叶互生，稀对生，全缘或有锯齿，或为掌状分裂；具羽状脉或掌状脉；常有叶柄；有托叶，早落或无。花排成头状花序、穗状花序或总状花序，两性，或单性而雌雄同株，稀雌雄异株，有时杂性；萼裂片与花瓣4~5数；雄蕊4~5数，或更多；花柱2。蒴果，常室间及室背裂开为4。本科约30属140种。中国18属74种。七目嶂9属11种。

1. 蕈树属 Altingia Noronha

常绿乔木。叶革质，卵形至披针形，具羽状脉，全缘或有锯齿；有叶柄；托叶细小，早落。花单性，雌雄同株；无花瓣；雄花排成头状或短穗状花序，常再排成总状花序；雄花有无数雄蕊，花丝极短；5~30雌花排成头状花序，花柱2。头状果序近球形，基部平截；蒴果，室间裂开，无宿存萼齿和花柱。本属约12种。中国8种。七目嶂2种。

1. 蕈树

Altingia chinensis (Champ. ex Benth.) Oliv. ex Hance

树皮灰色，稍粗糙。叶革质或厚革质，倒卵状矩圆形，先端短急尖，基部楔形，无毛；侧脉约7对，在两面凸起；边缘有钝锯齿。雄花短穗状花序，常多个排成圆锥花序；雄蕊多数；雌花头状花序单生或数个排成圆锥花序。头状果序近于球形，基底平截。花期3~4月，果期7~9月。

生丘陵低山沟谷溪边常绿阔叶林中。七目嶂常见。

根、枝、叶入药，味甘，性温，可祛风除湿、舒筋活血。

2. 细柄蕈树

Altingia gracilipes Hemsl. var. **serrulata** Tutch.

叶卵状披针形，先端尾状渐尖，基部钝或稍圆，边缘有小钝齿。雄花头状花序圆球形，常多个排成圆锥花序生枝顶叶腋内；苞片4~5，卵状披针形，有褐色柔毛，膜质；雄蕊多数，近于无柄，花药倒卵形，红色；雌花头状花序生于当年枝的叶腋里，单独或数个排成总状式，有5~6花；花序柄长2~3cm，有柔毛；萼齿鳞片状；子房完全藏在花序轴内，花柱长2.5mm，先端向外弯曲。头状果序有5~6蒴果，直径1.5cm。

生低海拔常绿林。七目嶂林下偶见。

树皮里流出的树脂含有芳香性挥发油，可供药用及香料和定香之用。

2. 蚊母树属 Distylium Siebold & Zucc.

常绿灌木或小乔木。嫩枝有星状毛。叶革质，互生，具短柄，羽状脉，全缘，偶有小齿密；托叶披针形，早落。花单性或杂性；雄花常与两性花同株，排成腋生穗状花序；苞片及小苞片披针形，早落；萼筒极短，花后脱落；无花瓣；雄蕊4~8；花柱2。蒴果木质，卵圆形，上半部2片裂开，基部无宿存萼筒。本属18种。中国12种。七目嶂1种。

1. 蚊母树

Distylium racemosum Siebold & Zucc.

嫩枝和芽有鳞垢。叶革质，椭圆形或倒卵状椭圆形，先端钝或略尖，基部阔楔形，叶背初有鳞垢后秃净，侧脉5~6对，在下面稍凸起，全缘；托叶细小，早落。花雌雄同序，雌花位于花序的顶端；雄蕊5~6。蒴果卵圆形。花期4~6月，果期6~8月。

生丘陵低山常绿阔叶林或疏林中。七目嶂山地林中偶见。

树皮内含鞣质，可制栲胶；木材坚硬，可作家具、车辆等用材；对二氧化硫及氯有很强的抵抗力，可作城市行道树。

3. 秀柱花属 Eustigma Gardner & Champ.

常绿乔木。枝和叶常有星毛。叶革质，互生，椭圆形，具羽状脉，全缘或靠近先端有齿突；有叶柄；托叶细小，早落。花两性，排成总状花序，基部有2总苞片；每花有1苞片，2小苞片，花梗短；萼筒倒圆锥形，萼齿5；花瓣5，细小；雄蕊5；花柱2。蒴果卵圆形，包于宿存萼筒内，室间开裂。本属3种。中国3种。七目嶂1种。

1. 秀柱花
Eustigma oblongifolium Gardner & Champ.

嫩枝初有鳞毛后秃净。叶革质，矩圆形或矩圆披针形，先端渐尖，基部钝或楔形，两面无毛，侧脉6~8对，在下面凸起，常全缘或先端有少数齿突；托叶早落。花两性，总状花序，花序有鳞毛；花瓣5；花柱红色。蒴果长2cm，萼筒包果的3/4。花期4~5月，果期6~9月。

生山地常绿阔叶林中。七目嶂偶见。

具有潜在观赏价值。

4. 马蹄荷属 Exbucklandia R. W. Brown.

常绿乔木。节膨大，有托叶环痕。叶互生，厚革质，阔卵圆形，全缘或掌状浅裂，掌状脉；托叶2，大而对合，苞片状，包着芽体，早落；叶柄长。头状花序常腋生，有7~16花，具花序柄；花两性或杂性同株；萼筒与子房合生；花瓣线形，白色，或无花瓣；雄蕊10~14；花柱2。头状果序有蒴果7~16。本属4种。中国3种。七目嶂2种。

1. 马蹄荷
Exbucklandia populnea (R. Br. ex Giff.) R. W. Brown.

小枝被短柔毛，节膨大。叶革质，阔卵圆形，全缘或嫩叶有掌状3浅裂；掌状脉5~7条，网脉在上下两面均明显；托叶椭圆形或倒卵形，有明显的脉纹。头状花序单生或数个排成总状花序，有8~12花；花两性或单性；有花瓣或缺花瓣。有蒴果8~12，椭圆形，不具小瘤状凸起。种子具窄翅，位于胎座基部的数枚种子正常发育。花期3~4月，果期10~11月。

生山地常绿林。七目嶂林下偶见。

马蹄荷防火林带能提高林地利用率，增加木材收入，使林种多样化，所起的绿色防火屏障作用，已得到国家林业部门重视。

2. 大果马蹄荷
Exbucklandia tonkinensis (Lecomte) H. T. Chang

节膨大，有托叶环痕。叶革质，阔卵形，基部阔楔形，全缘或掌状3浅裂，无毛；掌状脉3~5条；叶柄长；托叶大，早落。头状花序单生，或数个排成总状花序，有7~9花；花两性，稀单性；无花瓣。头状果序有蒴果7~9；蒴果表面有小瘤状凸起。花期5~7月，果期8~9月。

生高海拔山地常绿阔叶林中。七目嶂山地常绿阔叶林中偶见。

是中国华南地区营造常绿阔叶林的乡土树种之一，对改良土壤和涵养水源都有良好作用，且耐火力强，为优良的水源林树种、防火林带树种及园林观赏树种。

5. 枫香树属 Liquidambar L.

落叶乔木。叶互生，有长柄，掌状分裂，具掌状脉，边缘有锯齿；托叶线形，早落。花单性，雌雄同株，无花瓣；雄花多数，排成头状或穗状花序，再排成总花序；无萼片及花瓣；雌花多数，聚生在圆球形头状花序上；花柱 2。头状果序圆球形，有蒴果多数。本属 5 种。中国 2 种。七目嶂 1 种。

1. 枫香树
Liquidambar formosana Hance

树皮灰褐色，方块状剥落。叶薄革质，阔卵形，掌状 3 裂，中央裂片较长，基部心形；掌状脉 3~5 条，显著；边缘有锯齿，齿尖有腺状突；叶柄长；托叶线形，早落。花单性，同株；雄花短穗状花序常多个排成总状；雌性头状花序有 24~43 花。头状果序圆球形。花期 3~5 月，果期 6~9 月。

性喜阳光，多生于平地、村落附近，及低山的次生林中。七目嶂较常见。

树皮、根、叶、果入药，叶祛风湿、行气、解毒，果通经络，树脂止血生肌。

6. 檵木属 Loropetalum R. Brown.

常绿或半落叶灌木至小乔木。芽体无鳞苞。叶互生，革质，卵形，全缘，稍偏斜；有短柄；托叶膜质。4~8 花排成头状或短穗状花序，两性，4 数；萼筒倒锥形，与子房合生，外侧被星毛，萼齿卵形，脱落；花瓣带状，白色。蒴果木质，卵圆形，被星毛，下半部被宿存萼筒所包裹，并完全合生。本属 3 种。中国 3 种。七目嶂 1 种。

1. 檵木
Loropetalum chinense (R. Br.) Oliv.

叶革质，卵形，先端尖锐，基部钝，不等侧，下面被星毛，稍带灰白色，侧脉约 5 对，全缘；叶柄有星毛；

托叶膜质，早落。3~8 花簇生，有短花梗，白色；苞片线形；萼筒杯状；花瓣 4，带状。蒴果卵圆形，宿存萼筒长为蒴果的 2/3。花期 3~4 月，果期 5~7 月。

喜生于向阳丘陵及山地的疏林或灌丛和灌草丛中。七目嶂山地灌丛偶见。

根、叶、花入药，健脾化湿、通经活络、清热止血。

7. 红花荷属 Rhodoleia Champ. ex Hook. f.

常绿乔木或灌木。叶互生，革质，卵形至披针形，全缘，具羽状脉，基部常有不强烈的三出脉，下面有粉白蜡被；具叶柄；无托叶。花序头状，腋生，有 5~8 花；花两性；萼筒极短；花瓣 2~5，红色。蒴果上半部室间及室背裂开为 4；果皮较薄。种子扁平。本属 9 种。中国 6 种。七目嶂 1 种。

1. 红花荷
Rhodoleia championii Hook. f.

叶厚革质，卵形，先端钝或略尖，有三出脉，下面灰白色，无毛；侧脉 7~9 对，在两面均明显；头状花序，常弯垂；花序柄有 5~6 鳞状小苞片；萼筒短；花瓣匙形，红色。头状果序有 5 蒴果，蒴果卵圆形。花期 3~4 月。

广东特有植物。七目嶂山地林中偶见。

材质适中，花纹美观，耐腐，是家具、建筑、造船、车辆、胶合板和贴面板优质用材；花美色艳，花量大，花期长，为良好的庭园风景树。

8. 半枫荷属 Semiliquidambar H. T. Chang

常绿或半落叶乔木。叶革质，互生，异型，常卵形或椭圆形，有时叉状 3 裂或单侧分裂，离基三出脉，基部楔形或钝，边缘有齿；托叶线形，早落。花单性，同株，聚成头状花序或短穗状花序；雄花多个短穗排成总状生于枝顶；雌花头状花序单生枝顶叶腋。头状果序半球形，基底平截，多数蒴果，宿存萼齿及花柱。中国特有属，3 种。七目嶂 1 种。

1. 半枫荷
Semiliquidambar cathayensis H. T. Chang

树皮灰色，稍粗糙。叶簇生枝顶，革质，异型，不裂叶卵状椭圆形；有时掌状 3 裂或单侧叉裂，基部阔楔形或近圆形，稍不等侧，无毛，边缘有具腺锯齿；掌状脉 3 条；叶柄长。雄花短穗状常数个排成总状生枝顶；

雌花头状花序单生叶腋。头状果序半球形。花期3~5月，果期7~9月。

生山地疏林或常绿阔叶林中。七目嶂山地常绿林中偶见。

根、叶、树皮入药，味涩，性微温，可祛风除湿、活血通经、散瘀。

9. 水丝梨属 Sycopsis Oliv.

常绿灌木或小乔木。小枝无毛，或有鳞垢及星状毛。叶革质，互生，具柄，全缘或有小锯齿；羽状脉或兼具三出脉；托叶细小，早落。花杂性，通常雄花和两性花同株，排成穗状或总状花序，有时雄花排成短穗状或假头状花序；萼筒壶形；无花瓣；花药红色。蒴果卵形，有毛，宿存花柱及萼筒均短，萼筒与果分离，有鳞垢。本属9种。中国7种。七目嶂1种。

1. 尖叶水丝梨
Sycopsis dunnii Hemsl.

常绿灌木或小乔木。嫩枝、嫩叶背、花序、果有鳞垢。叶革质，矩圆形或卵状矩圆形，先端锐尖或渐尖，基部楔形或略钝，全缘；侧脉6~7对，上凹下凸明显。雄花与两性花排成总状或穗状花序；雄花常位于花序的下半部，花药红色。蒴果卵形，宿存花柱和萼筒短。花期4~6月，果期6~9月。

生山地常绿林中。七目嶂山地林中偶见。

具有潜在观赏价值。

154 黄杨科 Buxaceae

落叶乔木或直立、垫状和匍匐灌木。树皮光滑或开裂粗糙。单叶互生，稀对生，不分裂或浅裂，全缘或有齿；托叶鳞片状或叶状，早落或宿存。花单性，雌雄异株，罕有杂性；柔荑花序，直立或下垂，常先叶开放；花着生于苞片与花序轴间，有苞片；基部常有杯状花盘或腺体。蒴果2~5瓣裂。种子微小。本科3属620余种。中国3属320余种。七目嶂1属1种。

1. 黄杨属 Buxus L.

常绿灌木或小乔木。小枝四棱形。叶对生，革质，全缘；叶脉羽状，常有光泽，具短叶柄。花序腋生或顶生，总状、穗状或头状。花小，单性，雌雄同株；雌花单生花序顶端；雄花多花生花序下部或围绕雌花。蒴果球形或卵球形。种子长球形，黑色。本属约100种。中国约17种。七目嶂1种。

1. 大叶黄杨
Buxus megistophylla H. Lév.

灌木或小乔木，高0.6~2m。叶革质，卵形、椭圆状或长圆状披针形，顶端渐尖，顶钝或锐；中脉在两面均凸出，侧脉多，通常在两面均明显。花序腋生，头状。蒴果近球形，宿存花柱斜向挺出。花期3~4月，果期6~7月。

生山地、山谷、河岸或山坡林下。七目嶂林下偶见。

是优良的园林绿化树种，可栽植绿篱、花境内；木材细腻质坚，色泽洁白，不易断裂，是制作筷子、棋子的上等木料。

159 杨梅科 Myricaceae

常绿或落叶乔木或灌木。单叶互生，具叶柄，具羽状脉，全缘或有齿，或成浅裂，稀成羽状中裂；无托叶或有。花通常单性，风媒，无花被，无梗，呈穗状花序；雌雄异株或同株，稀具两性花而成杂性同株；花序单生或簇生叶腋，或者复合成圆锥状花序。核果小坚果状，或为球状较大核果，外表布满乳头状凸起。本科3属约50余种。中国1属5种。七目嶂1属1种。

1. 杨梅属 Myrica L.

常绿或落叶乔木或灌木。单叶，常聚生枝顶，全缘或具齿，具树脂质腺体；无托叶。花单性，雌雄同株或异株；穗状花序单一或分枝，直立或向上倾斜，或稍俯垂状。雄花具 2~8 雄蕊，稀更多，花丝分离或在基部合生；有或没有小苞片；雌花具 2~4 小苞片。核果小坚果状。本属约 50 种。中国 4 种。七目嶂 1 种。

1. 杨梅
Myrica rubra (Lour.) Siebold & Zucc.

树皮灰色，老时纵向浅裂。叶革质，无毛，常聚生枝顶，长椭圆状或楔状披针形至倒卵形，先端钝或急尖，基部楔形，全缘或上部具齿。花雌雄异株；雄花序单独或数个丛生于叶腋；花药暗红色；雌花序常单生于叶腋。核果球状，熟时红色。花期 4 月，果期 6~7 月。

喜酸性土壤，生山地阳坡或山谷林中。七目嶂山地林中较常见。

果可食；果、树皮、根入药，味酸、涩，性温，具消食、健胃、收敛、祛风湿之功效。

161 桦木科 Betulaceae

落叶乔木或灌木。小枝及叶有时具腺体。单叶，互生，叶缘具重锯齿或单齿，较少具浅裂或全缘；叶脉羽状，侧脉直达叶缘或向上联结；托叶分离，早落，稀宿存。花单性，雌雄同株，风媒；雄花序顶生或侧生；雌花序为球果状、穗状、总状或头状，直立或下垂。果为小坚果或坚果。本科 6 属 100 余种。中国 6 属约 70 种。七目嶂 2 属 2 种。

1. 桦木属 Betula L.

落叶乔木或灌木。树皮多种颜色。芽无柄，具数枚覆瓦状排列之芽鳞。单叶，互生，叶下面通常具腺点，边缘具重锯齿；叶脉羽状；具叶柄；托叶分离，早落。花单性，雌雄同株；雄花序 2~4 个簇生于上一年枝条的顶端或侧生；花被膜质，基部连合；雄蕊通常 2，花药具 2 个完全分离的药室；雌花序单 1 或 2~5 个生于短枝的顶端，苞鳞覆瓦状排列；雌花无花被，子房扁平，2 室，每室有 1 倒生胚珠，花柱 2，分离。果苞革质，鳞片状，脱落；小坚果小，扁平，顶端具 2 枚宿存的柱头。种子单生，具膜质种皮。本属 50~60 种。中国 32 种。七目嶂 1 种。

1. 亮叶桦
Betula luminifera H. J. P. Winkl.

树皮红褐色或暗黄灰色，平滑。枝条红褐色，无毛，有蜡质白粉。小枝黄褐色，密被淡黄色短柔毛，疏生树脂腺体。叶边缘具不规则的刺毛状重锯齿，叶上面仅幼时密被短柔毛，下面密生树脂腺点，沿脉疏生长柔毛，脉腋间有时具髯毛；侧脉 12~14 对。雄花序 2~5 个簇生于小枝顶端或单生于小枝上部叶腋。果序大部单生，间或在一个短枝上出现 2 个单生于叶腋的果序，密被短柔毛及树脂腺体。小坚果倒卵形。花期 3~4 月，果期 5~6 月。

生阳坡杂木林内。七目嶂偶见。

木材质地良好，供制各种器具；树皮、叶、芽可提取芳香油和树脂。

2. 鹅耳枥属 Carpinus L.

乔木或小乔木。树皮平滑。芽顶端锐尖，具多数覆瓦状排列之芽鳞。单叶互生，边缘具规则或不规则的重锯齿或单齿；叶脉羽状，第三次脉与侧脉垂直；有叶柄；托叶早落，稀宿存。花单性，雌雄同株；雄花无花被，具 3~12（~13）枚雄蕊；花丝短，顶端分叉，花药 2 室，药室分离，顶端有 1 簇毛；雌花序生于上部的枝顶或腋生于短枝上，单生，直立或下垂；苞鳞覆瓦状排列，每苞鳞内具 2 雌花；雌花基部具 1 苞片和 2 小苞片；花被与子房贴生，顶端具不规则的浅裂；子房下位，不完全 2 室，每室具 2 倒生胚珠，但其中之一败育，花柱 2。小坚果微扁，着生于果苞之基部；果皮坚硬，不开裂。种子 1；子叶厚，肉质。本属约 50 种。中国 33 种。七目嶂 1 种。

1. 雷公鹅耳枥
Carpinus viminea Lindl.

树皮深灰色。小枝棕褐色，密生白色皮孔，无毛

叶厚纸质，边缘具规则或不规则的重锯齿，除背面沿脉疏被长柔毛及有时脉腋间具稀少的髯毛外，均无毛；侧脉12~15对。雌花序下垂；序轴纤细，无毛；果苞内外侧基部均具裂片，近无毛；小坚果宽卵圆形，无毛，有时上部疏生小树脂腺体和细柔毛，具少数细肋。花期4~6月，果期7~9月。

生山坡杂木林中。七目嶂偶见。

有潜在的观赏价值。

163 壳斗科 Fagaceae

常绿或落叶乔木，稀灌木。单叶，互生，罕轮生，全缘或具齿，或不规则的羽状裂；托叶早落。花单性同株，稀异株，或同序；柔荑花序；雄花序下垂或直立，整序脱落；雌花序直立，单花散生或3数花聚生成簇，分生于总花序轴上成穗状。坚果，底部至全果被壳斗包围；壳斗具刺或鳞片状或环状。本科7~12属900~1000种。中国7属294种。七目嶂5属29种。

1. 栗属 Castanea Mill.

落叶乔木，稀灌木。树皮纵裂，无顶芽。叶互生，叶缘有锐裂齿，羽状侧脉直达齿尖，齿尖常呈芒状；托叶对生，早落。花单性同株或为混合花序，雄花位于花序轴的上部，雌花位于下部；穗状花序，直立，通常单穗生枝上部叶腋，稀成总状，雄花有退化雌蕊。坚果为具刺壳斗全包，果顶部常被伏毛。本属12种。中国4种。七目嶂1种（栽培种）。

1. 板栗
Castanea mollissima Blume

树皮纵裂。无顶芽。托叶对生，早落；叶椭圆至长圆形，顶部短至渐尖，基部近截平或圆，常偏斜，叶背被星状毛或几无毛。花单性；柔荑花序；雄花3~5枚聚生成簇，有退化雌蕊；雌花1~5枚发育结实。成熟壳斗的锐刺有长有短，有疏有密，具1~3坚果。花期4~6月，果期8~10月。

生山地，均见栽培。七目嶂偶见。

栽培果树，著名乔木坚果；果、叶入药，果能健脾益气，叶能祛风止痒、止咳。

2. 锥属 Castanopsis (D. Don) Spach.

常绿乔木。有顶芽，当年生枝常有纵脊棱。叶2列，互生或螺旋状排列，叶背被毛或鳞腺，或二者兼有；托叶早落。花雌雄异序或同序，花序直立，穗状或圆锥花序；雄花有退化雌蕊；雌花单朵或3~7花聚生于一壳斗内；花柱3，稀2或4。壳斗全包或包一部分坚果，具刺，稀具鳞片或疣体。本属约120种。中国58种。七目嶂10种。

1. 米槠
Castanopsis carlesii (Hemsl.) Hayata

小树皮光滑，老树皮纵裂。叶2列，披针形或卵形，先端渐尖或渐狭长尖，全缘，稀有疏齿，嫩叶背有红褐色或棕黄色蜡鳞层，成长叶呈银灰色或多少带灰白色。雄花圆锥花序近顶生，轴近无毛；雌花柱3或2。壳斗为疣状体，或上部具稀短刺。花期3~6月，果翌年9~11月成熟。

生山地或丘陵常绿或落叶阔叶混交林中。七目嶂山地林中较常见。

果可食；木材为白锥类材。

2. 甜槠
Castanopsis eyrei (Champ. ex Benth.) Tutcher

树皮深纵裂。叶近2列，略有甜味，革质，常卵形，先端长渐尖，常向一侧弯斜，基部常偏斜，全缘或在顶部有少数浅裂齿，老叶叶背略带银灰色。雄花序穗状或圆锥花序，轴无毛；雌花单生总苞内。壳斗刺密集而较短，1坚果。花期4~6月，果翌年9~11月成熟。

生丘陵或山地疏或密林中，是常绿阔叶林和针阔叶混交林中的主要树种。七目嶂偶见。

果可食；木材为白锥类材；枝皮、果实入药，治胃痛、肠炎、痢疾；种仁能健胃燥湿。

3. 罗浮锥
Castanopsis fabri Hance

树皮常青灰色，老树皮纵裂。叶2列，厚革质，稍大，基部近圆，常偏斜，顶部有疏齿，叶背带灰白色。雄花序单穗腋生，每壳斗有雌花2或3。壳斗近球形，刺中等，基部合生，排成间断的4~6环；坚果1~3。花期4~5月，果翌年10~12月熟。

生山坡或山谷林中。七目嶂山谷林中常见。

果可食；木材为白锥类材。

4. 锥（锥树、红背锥）
Castanopsis fargesii Franch.

树皮浅纵裂。枝、叶均无毛。叶2列，革质，长椭圆形或披针形，基部近圆或宽楔，有时略偏斜，全缘或有时顶部有疏浅齿；叶背蜡鳞层厚，红褐色或黄棕色。雄花穗状或圆锥状，单花密生花序轴；雌花单花散生花序轴。壳斗刺被毛；坚果1。花期4~8月，果翌年同期成熟。

生坡地或山脊杂木林中，有时成小片纯林。七目嶂山坡林中偶见。

木材为淡棕黄色至黄白色，属白锥类材。

5. 黧蒴锥
Castanopsis fissa (Champ. ex Benth.) Rehder & E. H. Wilson

高可达20m。嫩枝红紫色，纵沟棱明显。叶2列，薄革质或纸质，稍大，倒卵状披针形或长圆形，边缘具齿或波状齿。雄花多为圆锥花序；雌花序每总苞内有1花；花序轴无毛。壳斗被蜡鳞，无刺，全包，小苞片鳞片状，果熟时基部连成4~5个同心环。花期4~6月，果当年10~12月成熟。

生山地疏林中，阳坡较常见，为森林砍伐后萌生林的先锋速生树种之一。七目嶂常见。

材质一般，心材白色，属白锥材类。

6. 毛锥
Castanopsis fordii Hance

老树皮纵深裂。芽鳞、一年生枝、叶柄、叶背及花序轴均密被棕色或红褐色稍粗糙的长绒毛。叶2列，革质，长椭圆形或长圆形，基部心形或浅耳垂状，全缘。雄穗状花序常多穗排成圆锥花序；雌花单生苞内。壳斗密聚果序轴，刺较长，有1坚果。花期3~4月，果翌年9~10月成熟。

生山地灌木或乔木林中，在河溪两岸分布较多，是萌生林的先锋树种之一。七目嶂林中较常见。

材质较坚硬，心材红棕色，属红锥材类，但质量较差。

7. 红锥
Castanopsis hystrix Hook. f. & Thomson ex A. DC.

老树皮块状剥落。叶纸质或薄革质，披针形，全缘或有少数浅裂齿，叶背被红棕色或棕黄色蜡鳞层。雄序为圆锥花序或穗状花序；雌穗状花序单穗位于雄花序之上部叶腋间；花柱3或2。壳斗有1坚果，连刺径25~40mm，全包。花期4~6月，果翌年8~11月成熟。

生缓坡及山地常绿阔叶林中，稍干燥及湿润地方。七目嶂山地可见。

为车、船、梁、柱、建筑及家具的优质材，属红锥类，为重要用材树种之一。

8. 吊皮锥
Castanopsis kawakamii Hayata

老树皮长条状脱落。叶 2 列，革质，卵形或披针形，先端长尖，基部阔楔形或近于圆，全缘，罕顶端有小齿，叶两面同色。雄花序多为圆锥花序，轴被疏毛；雌花序无毛，单生苞内。壳斗全包，刺长，有 1 坚果，圆球形。花期 3~4 月，果翌年 8~10 月成熟。

生山地疏或密林中。七目嶂林中偶见。

材质坚硬，心材深红色，属红锥材类。

9. 鹿角锥
Castanopsis lamontii Hance

叶厚纸质或近革质，椭圆形、卵形、长圆形，顶端渐尖或短尖，基部阔楔形或钝，稍偏斜，边缘全缘，少数近顶端有浅齿。雄穗状花序生当年生枝的顶部叶腋间；雌花序通常位于雄花序之上的叶腋间抽出。壳斗有 2~3 坚果；坚果阔圆锥形。花期 3~5 月，果期翌年 9~11 月。

生山地疏或密林中。七目嶂林内偶见。

环孔材，木质部仅有细木射线。木材灰黄色至淡棕黄色，坚硬度中等，干时少爆裂，颇耐腐。

10. 黑叶锥
Castanopsis nigrescens Chun & C. C. Huang

枝、叶均无毛。叶革质，卵形、卵状椭圆形，顶部渐尖或短突尖，全缘，叶背有灰白色蜡鳞层，叶面干后褐黑色。雄花序穗状或圆锥花序。壳斗近圆球形，每壳斗有 1 坚果。花期 5~6 月，果翌年 9~10 月成熟。

生阔叶林中。七目嶂阔叶林中偶见。

树皮灰黑色，甚厚，纵向深裂，韧皮纤维发达，粗而硬；环孔材，木质部仅有细木射线；细木材淡黄褐色，结构粗，材质颇坚重，较栲的木材为优。

3. 青冈属 Cyclobalanopsis Oerst.

常绿乔木，稀灌木。树皮通常平滑，稀深裂。叶螺旋状互生，全缘或有锯齿；羽状脉。花单性，雌雄同株；雄花序为下垂柔荑花序；雄花单花散生或数花簇生于花序轴；雌花单生或排成穗状，单生于总苞内。壳斗呈杯形等包着坚果部分，稀全包，无刺，小苞片轮状排列，愈合成为同心环带，常具 1 坚果。本属 150 种。中国 69 种。七目嶂 7 种。

1. 槟榔青冈
Cyclobalanopsis bella (Chun & Tsiang) Chun ex Y. C. Hsu & H. W. Jen

叶片薄革质，长椭圆状披针形，顶端渐尖，基部略偏斜，叶缘中部以上有锯齿；上面叶脉平坦，侧脉 12~14 条；幼叶背被毛。雌花序常有 2~3 花；花柱 4，被毛。壳斗盘形，包着坚果基部。花期 2~4 月，果期 10~12 月。

生丘陵山地林中，喜湿润环境。七目嶂林中偶见。

木材作器具、家具用材；树干可培养香菇。

2. 福建青冈

Cyclobalanopsis chungii (F. P. Metcalf) Y. C. Hsu & H. W. Jen ex Q. F. Zhang

小枝密被褐毛后脱落。叶薄革质，常椭圆形，先端突尖或短尾状，叶缘不反卷，顶端有疏浅齿，稀全缘，叶脉在背面显著凸起，叶被毛，叶背尤密。雄花序下垂；雌花序有2~6花；花序轴及苞片均密被毛。壳斗盘形，包着坚果基部；6~7条同心环带。

生于山地背阴山坡、山谷疏或密林中。七目嶂偶见。

木材红褐色，心边材区别不明显，材质坚实、硬重、耐腐。

3. 青冈

Cyclobalanopsis glauca (Thunb.) Oerst.

小枝无毛。叶革质，倒卵状椭圆形或长椭圆形，先端渐尖或短尾状，叶缘中上部有疏锯齿，老叶无毛，叶背常有白色鳞秕。雄花序下垂，花序轴被苍色绒毛。壳斗碗形，包着坚果1/3~1/2，被薄毛；5~6条同心环带。花期4~5月，果期10月。

生山坡或沟谷，是山地常绿阔叶林或常绿、落叶阔叶混交林的主要树种。七目嶂山地林中较常见。

木材坚韧，可供材用；种子含淀粉60%~70%，可作饲料、酿酒。

4. 细叶青冈

Cyclobalanopsis gracilis (Rehder & E. H. Wilson) W. C. Cheng & T. Hong

树皮灰褐色。小枝幼时被绒毛，后渐脱落。叶片长卵形至卵状披针形，顶端渐尖至尾尖，基部楔形或近圆形，叶缘1/3以上有细尖锯齿；侧脉每边7~13条，尤其近叶缘处更不明显。雄花序长5~7cm，花序轴被疏毛；雌花序长1~1.5cm，顶端生2~3花；苞片被绒毛。壳斗碗形，包着坚果1/3~1/2，外壁被伏贴灰黄色绒毛；小苞片合生成6~9条同心环带，环带边缘通常有裂齿；坚果椭圆形。花期3~4月，果期10~11月。

生山地杂木林中。七目嶂林下偶见。

木材坚韧，可作桩柱、车船、工具柄等用材；种子含淀粉60%~70%，可作饲料、酿酒；树皮含鞣质16%，壳斗含鞣质10%~15%，可制栲胶。

5. 大叶青冈

Cyclobalanopsis jenseniana (Hand.-Mazz.) W. C. Cheng & T. Hong ex Q. F. Zheng

叶片薄革质，长椭圆形或倒卵状长椭圆形，较大，顶端尾尖或渐尖，全缘，无毛；中脉在叶面凹陷，侧脉每边12~17条。雄花序密集；雌花花柱4~5裂。壳斗杯形，包着坚果1/3~1/2。花期4~6月，果期翌年10~11月。

生丘陵山地阔叶林中。七目嶂阔叶林中偶见。

树干可作桩柱、车辆、桥梁、工具柄、木机械、刨架、运动器械、枕木等用材；种子富含淀粉，可供作饲料、酿酒和工业用淀粉。

6. 小叶青冈

Cyclobalanopsis myrsinifolia (Blume) Oerst.

小枝无毛。叶卵状披针形或椭圆状披针形，先端长渐尖或短尾状，叶缘中上部有细锯齿，无毛，叶背粉白色。

雄花序下垂；雌花序长1.5~3cm。壳斗杯形，包着坚果1/3~1/2，被灰白色细柔毛；6~9条同心环带，环带全缘；坚果卵形或椭圆形。花期6月，果期10月。

生丘陵低山的山谷、阴坡杂木林中。七目嶂山地林中偶见。

木材坚硬，不易开裂，富弹性，可作材用。

7. 竹叶青冈
Cyclobalanopsis neglecta Schottky

树皮灰黑色，平滑。叶片薄革质，集生于枝顶，窄披针形或椭圆状披针形，全缘或顶部有1~2对不明显钝齿，叶背带粉白色，无毛或基部有残存长柔毛。雄花序长1.5~5cm；雌花序长0.5~1cm，着生2至数花。通常有1果；壳斗盘形或杯形，包着坚果基部；小苞片合生成4~6条同心环带，环带全缘或有三角形裂齿；坚果倒卵形或椭圆形。花期2~3月，果期翌年8~11月。

生山地密林中。七目嶂林下偶见。

4. 柯属 Lithocarpus Blume

常绿乔木，稀灌木状。枝有顶芽，嫩枝常有槽棱。叶非2列，全缘或有裂齿，背面被毛或否，常有鳞秕。穗状花序直立，单穗腋生，常雌雄同序；雄花序有时多穗排成复穗状或圆锥状；1~2雌花一簇，稀3。壳斗无刺，通常杯状，稀全包而具刺或线状体或环肋纹，有1坚果。本属300余种。中国123种。七目嶂10种。

1. 美叶柯
Lithocarpus calophyllus Chun ex C. C. Huang & Y. T. Chang

叶硬革质，宽椭圆形、卵形或长椭圆形，基部近圆或浅耳垂状，有时略偏斜，无毛，叶背被棕黄色至红褐色鳞秕。穗状花序直立；雄花序多穗组成圆锥状；3~5雌花一簇。壳斗无刺，碗状，约包2/3坚果，果顶部平坦微凹。花期6~7月，果翌年8~9月成熟。

生于山地常绿阔叶林中。七目嶂山地林中少见。

木材淡灰褐色，颇坚重，不甚耐腐；果实含淀粉。

2. 烟斗柯
Lithocarpus corneus (Lour.) Rehder

枝、叶无毛。叶厚纸质，狭长椭圆形或披针形，顶部渐尖，基部楔形，下延，全缘，中脉在叶面凸起，两面近于同色。雄穗状花序3数穗排成圆锥花序，有时单穗腋生，轴被疏毛；雌花序2~4个聚生于枝顶部。壳斗近球形，几全包，无刺。花期7~9月，果翌年8~11月成熟。

生丘陵山地杂木林中，喜湿润生境。七目嶂山谷林中偶见。

果富含淀粉，无涩味，煮熟后可食或酿酒；木材淡黄白色，质稍坚实，不耐腐，多作农具材，属白椆类。

3. 菴耳柯（卷边柯）
Lithocarpus haipinii Chun

嫩枝、叶柄、叶背及花序轴均密被灰黄色长柔毛。叶厚革质，宽椭圆形至倒卵状椭圆形，基部阔楔形，略偏斜，叶缘背卷；叶脉明显，上凹下凸。雄穗状花序多个排成圆锥状；雌花序常生于枝顶部。成熟壳斗碟状或盆状，包基部；小苞片短线状。花期7~8月，果翌年同期成熟。

生山地杂木林中，较干燥的缓坡较常见。七目嶂山坡林中偶见。

4. 硬壳柯
Lithocarpus hancei (Benth.) Rehder

除花序轴及壳斗被灰色短柔毛外各部均无毛。叶薄纸质至硬革质，叶形变异大，基部通常沿叶柄下延，全缘，略背卷，两面同色。雄穗状花序通常多穗排成圆锥花序；雌花序2至多个聚生于枝顶部。壳斗浅碗状至浅碟状，包着坚果不到1/3；坚果扁圆形。花期4~6月，果翌年9~12月成熟。

生丘陵山地常绿阔叶林中。七目嶂山坡林中少见。

木材用作农具柄，在湖南用以制扁担等；在广东北部各地，除作农具材外还用以养香菇。

5. 木姜叶柯（甜茶石砾、多穗柯）
Lithocarpus litseifolius (Hance) Chun

枝、叶无毛。叶纸质至近革质，椭圆形、倒卵状椭圆形或卵形，顶部渐尖或短突尖，基部楔形至宽楔形，全缘，中脉在叶面凸起，两面同色或叶背带苍灰色。雄穗状花序多个排成圆锥状，稀单穗腋生；雌花序通常2~6个聚生于枝顶部。壳斗浅碟状。花期5~9月，果翌年6~10月成熟。

为山地常绿林的常见树种，喜阳光，耐旱，在次生林中生长良好。七目嶂少见。

嫩叶有甜味，嚼烂时为黏胶质，长江以南多数山区居民用其叶作茶叶代品，通称"甜茶"。

6. 榄叶柯
Lithocarpus oleifolius A. Camus

叶硬纸质，狭长椭圆形或倒卵状披针形，全缘。雄穗状花序三数穗排成圆锥花序，少有单穗腋生；雌花每3朵一簇，花柱长约1mm，壳斗圆球形或扁圆形，全包坚果或兼有包着坚果的3/4；小苞片三角形，覆瓦状排列，伏贴，顶部的密接而细长，向壳斗的顶口下弯；坚果扁圆形或近圆球形，栗褐色。花期8~9月，果10~12月成熟。

生山地杂木林中。七目嶂山地林中偶见。

果实含淀粉50%~60%。

7. 大叶苦柯
Lithocarpus paihengii Chun & Tsiang

树干通直，树皮褐灰色，纵裂，小片状剥落；枝、叶无毛。叶厚革质，卵状椭圆形或长椭圆形，先端长尖或短突尖，基部宽楔形，全缘；叶脉在叶背明显凸起。雄穗状花序单个腋生或多个排成圆锥花序，轴被疏毛；雌花序每3花一簇。壳斗圆或扁圆形，包着坚果绝大部分。花期5~6月，果翌年10~11月成熟。

生山地杂木林中。七目嶂山地林中少见。

果实含淀粉。

8. 圆锥柯
Lithocarpus paniculatus Hand.-Mazz.

树皮不开裂，暗灰色。芽鳞被毛。三年生枝黑褐色，皮孔多但细小。叶硬纸质，长椭圆形或兼有倒卵状长椭圆形；侧脉每边10~14条，在叶缘附近急弯向上而隐没，支脉不明显。雄花序为穗状圆锥花序；雌花序长达20cm，其顶部常着生雄花。小苞片三角形，钻状部分斜展或伏贴于壳壁；坚果宽圆锥形，或略扁圆形，顶部锥尖或圆。花期7~9月，果翌年同期成熟。

生山地常绿阔叶林中。七目嶂林下可见。

9. 南川柯
Lithocarpus rosthornii (Schottky) Barnett.

当年生新枝、嫩叶叶柄被甚早脱落的卷曲柔毛及棕黄色细片状蜡鳞。叶厚纸质，倒卵状椭圆形或倒披针形，全缘；中脉在上面凸起，侧脉每边14~22条且在上面明显凹陷。雄花序呈圆锥状；雌花每3花一簇；花柱3。壳斗包着坚果约1/2~3/4。花期8~10月，果翌年同期成熟。

生山地常绿阔叶林中。七目嶂低海拔林中偶见。

10. 紫玉盘柯
Lithocarpus uvariifolius (Hance) Rehder

嫩枝、叶柄、叶背中脉、侧脉及花序轴均密被粗糙长毛。叶似紫玉盘叶，革质或厚纸质，基部近圆形，侧脉明显，平行，上部有浅齿，两面同色。雄花序穗状，单或多个聚生于枝顶部；雌花常生于雄花序轴的基部。壳斗深碗状或半圆形，包着坚果一半以上。花期5~7月，果翌年10~12月成熟。

生山地常绿阔叶林、马尾松针阔叶混交林中。七目嶂山地林中较常见。

嫩叶经制作后带甜味，民间用以代茶叶，作清凉解热剂。

5. 栎属 Quercus L.

常绿落叶乔木，稀灌木。叶螺旋状互生；托叶常早落。花单性，雌雄同株；雄花序下垂为柔荑花序；雌花单生、簇生或排成穗状，单生于总苞内。壳斗（总苞）包着坚果一部分，稀全包坚果；壳斗外壁的小苞片鳞形、线形、钻形，覆瓦状排列，紧贴或开展；每壳斗内有1坚果；坚果当年或翌年成熟。本属约300种。中国35种。七目嶂1种。

1. 乌冈栎
Quercus phillyreoides A. Gray.

叶片革质，倒卵形或窄椭圆形，先端钝尖或短渐尖，基部圆形或近心形，中上部具疏锯齿，两面同色，老叶无毛或仅叶背中脉被疏柔毛。雄花序柔荑状，轴被黄褐色绒毛。壳斗杯形，包着坚果1/2~2/3。花期3~4月，果期9~10月。

生山坡、山顶和山谷密林中，常生于山地岩石上。七目嶂山地岩石上较常见。

木材坚硬，耐腐，为家具、农具、细木工用材；种子含淀粉50%，可酿酒和作饲料。

165 榆科 Ulmaceae

常绿或落叶乔木或灌木。顶芽通常早死，其下的腋芽代替顶芽。单叶互生，稀对生，常2列，有锯齿或全缘，基部偏斜或对称；羽状脉或基部三出脉，稀基五出脉或掌状三出脉；有柄；托叶常早落。单被花两性，稀单性或杂性，雌雄异株或同株；花序聚伞状，或簇生或单生，生叶腋。果为翅果、核果或小坚果。本科16属约230种。中国8属46种。七目嶂2属5种。

1. 朴属 Celtis L.

常绿或落叶乔木。单叶互生，有锯齿或全缘；具三出脉或3~5对羽状脉；有柄；托叶早落或包着冬芽。花小，两性或单性，有柄，集成小聚伞花序或圆锥花序，或因总梗短缩而化成簇状，或因退化而花序仅具一两性花或雌花；雄花序常生叶腋。果为核果。本属约60种。中国11种。七目嶂3种。

1. 紫弹树
Celtis biondii Pamp.

树皮暗灰色。冬芽内部鳞片密被长毛。单叶互生，薄革质，宽卵形、卵形至卵状椭圆形，基部钝至近圆形，稍偏斜，先端渐尖至尾状渐尖，中上部疏具浅齿，边稍反卷，两面被微糙毛或仅叶背被毛。核果，较小，通常每序具2果；幼果被毛。花期4~5月，果期9~10月。

多生于山地灌丛或杂木林中，可生于石灰岩上。七目嶂山地林中偶见。

树干入药，煎水治慢性支气管炎。

2. 黑弹朴
Celtis bungeana Blume.

树皮灰色或暗灰色。冬芽棕色或暗棕色，鳞片无毛。叶厚纸质，狭卵形、长圆形、卵状椭圆形至卵形，先端尖至渐尖，中部以上疏具不规则浅齿，有时一侧近全缘，无毛；叶柄淡黄色，上面有沟槽。果单生叶腋（在极少情况下，一总梗上可具2果），果成熟时蓝黑色，近球形；核近球形，肋不明显。花期4~5月，果期10~11月。

多生于路旁、山坡、灌丛或林边。七目嶂路旁可见。

木材坚硬，可作工业用材。茎皮为造纸和人造棉原料；果实榨油作润滑油；树皮、根皮入药，治腰痛等病；树形美观，可作观赏用。

3. 朴树
Celtis sinensis Pers.

树皮平滑，灰色。一年生枝被密毛。叶互生，叶片革质，宽卵形至狭卵形，先端急尖至渐尖，基部圆形或阔楔形，偏斜，中部以上边缘有浅锯齿；三出脉，上面无毛，下面沿脉及脉腋疏被毛；叶柄长。花杂性，生于当年枝的叶腋。核果近球形，红褐色；果柄较叶柄近等长；核果单生或2枚并生，近球形，熟时红褐色；果核有穴和突肋。花期4~5月，果期9~11月。

多生于山谷阴处、林中、村旁。七目嶂常见。

根茎可制成人造棉；果实压榨出润滑油；枝干做成各种家具；茎皮也可以制作为人造纤维。

2. 山黄麻属 Trema Lour.

小乔木或大灌木。单叶互生，卵形至狭披针形，边缘有细锯齿；基部三出脉，稀五出脉或羽状脉；托叶离生，早落。花单性或杂性，有短梗，多数密集成聚伞花序而成对生于叶腋；花被5（~4）；雄蕊与花被片同数；花柱短，柱头2。核果小，直立，卵圆形或近球形，具宿存的花被片和柱头，稀花被脱落。本属约15种。中国6种。七目嶂2种。

1. 光叶山黄麻
Trema cannabina Lour.

小枝黄绿色，初被毛后渐脱落。单叶互生，近膜质，卵形或卵状矩圆形，先端尾状渐尖或渐尖，基部圆或浅心形，边缘具圆齿，近无毛或仅在叶背脉上疏生柔毛；基部有明显的三出脉。花单性，雌雄同株，腋生，常雌上雄下，聚伞状；雄花具梗。核果小。花期3~6月，果期9~10月。

生低海拔丘陵山地的河边、旷野或山坡疏林、灌丛较向阳湿润土地。七目嶂较常见。

韧皮纤维可供制麻绳、纺织和造纸用；根皮入药，味甘、微酸、性平，可健脾利水、化痰生津。

2. 异色山黄麻
Trema orientalis (L.) Blume.

叶革质，坚硬易脆，卵状披针形、披针形或长卵形，顶端尾状渐尖，基部心形或截平，叶被短硬毛而粗糙，边缘有细锯齿。雄花序长1.8~2.5cm；雌花序长1~2.5cm。核果卵状球形或近球形，稍压扁，黑色。种子阔卵状。花期3~5月，果期6~11月。

生山谷开旷的较湿润林中或较干燥的山坡灌丛中。七目嶂灌丛常见。

根叶涩、平，可散瘀、消肿、止血。

167 桑科 Moraceae

乔木或灌木、藤本，稀为草本。通常具乳液，有刺或无刺。叶互生稀对生，全缘或具锯齿，分裂或不分裂；叶脉掌状或为羽状；托叶2，通常早落。花小，单性，雌雄同株或异株；无花瓣；花序腋生，典型成对，花序各式，常头状或为隐头花序。果为瘦果或核果状，或成聚花果和隐花果。本科约53属1400种。中国9属144种。七目嶂4属19种。

1. 波罗蜜属 Artocarpus J. R. Forst. & G. Forst.

乔木。有乳液。单叶互生，螺旋状排列或2列，革质，全缘或羽状分裂，叶脉羽状，稀基三出脉；托叶成对，常大而抱茎，脱落后形成托叶环痕。花单性，雌雄同株，密集于球形或椭圆形的花序轴上；头状花序腋生或生于老茎发出的短枝上，通常具梗。聚花果大或较小。本属约50种。中国14种。七目嶂2种。

1. 白桂木
Artocarpus hypargyreus Hance ex Benth.

树皮深紫色，片状剥落。幼枝被白色紧贴柔毛。叶互生，革质，椭圆形至倒卵形，先端渐尖至短渐尖，基部楔形，全缘，幼树之叶常为羽状浅裂，上面仅中脉被微柔毛，下面被粉末状柔毛，网脉很明显；叶柄被毛。花序单生叶腋。聚花果近球形，浅黄色至橙黄色，表面被褐色柔毛，微具乳头状凸起。花期春夏。

生丘陵低山常绿阔叶林中。七目嶂山地林中偶见。

国家重点保护野生植物。果可食；根入药，叶甘、淡，性微温，可祛风活血、除湿消肿。

2. 二色波罗蜜
Artocarpus styracifolius Pierre

树皮暗灰色，粗糙。叶互生，排为2列，皮纸质，长圆形或倒卵状披针形，有时椭圆形，全缘，基部楔形，背面被苍白色粉末状毛，脉上更密；侧脉4~7对。花雌雄同株，花序单生叶腋；雌花花被片外面被柔毛。聚花果球形，总梗被柔毛；核果球形。花期秋初，果期秋末冬初。

常生于森林中。七目嶂林下偶见。

木材较软，可作家具材料；果酸甜，可作果酱；树皮傣族用来染牙齿。

2. 构属 Broussonetia L'Hér. ex Vent.

乔木或灌木，或为攀缘藤状灌木。有乳液。叶互生，分裂或不分裂，边缘具锯齿；基生叶脉三出，侧脉羽状；托叶侧生，分离，早落。花单性，雌雄异株或同株；雄花为下垂柔黄花序或球形头状花序；雄蕊与花被裂片同数而对生；雌花密集成球形头状花序；苞片棍棒状，宿存；花被管宿存。聚花果球形。本属约4种。中国4种。七目嶂1种。

1. 葡蟠
Broussonetia kaempferi Sieb. var. **australis** T. Suzuki.

叶互生，螺旋状排列，卵状椭圆形，基部心形或截形，边缘锯齿细，齿尖具腺体，不裂，稀为2~3裂。花雌雄异株；雄花序短穗状；雌花集生为球形头状花序。聚花果成熟时红色。花期4~6月，果期5~7月。

生山谷灌丛中或沟边山坡路旁。七目嶂路旁偶见。

韧皮纤维为造纸优良原料。

3. 榕属 Ficus L.

乔木或灌木,有时为攀缘状,或为附生。具乳液。叶互生,稀对生,全缘或具锯齿或分裂,无毛或被毛;托叶合生,包围顶芽,早落,遗留环状疤痕。花雌雄同株或异株,生于肉质壶形花序托内壁成隐头花序。榕果腋生或生于老茎,口部苞片覆瓦状排列;基生苞片3,早落或宿存,有时苞片侧生;有或无总梗。本属约1000种。中国约99种。七目嶂15种。

1. 矮小天仙果
Ficus erecta Thunb.

树皮灰褐色。小枝密生硬毛。叶厚纸质,倒卵状椭圆形,先端短渐尖,基部圆形至浅心形,全缘或上部偶有疏齿,表面较粗糙,疏生柔毛,背面被柔毛。榕果单生叶腋,具总梗,球形或梨形,熟时黄红色至紫黑色。花果期5~6月。

生山坡林下或溪边。七目嶂溪边林中偶见。

根入药,味甘、微辛,性温,可补腰肾、强筋骨、祛风除湿。

2. 黄毛榕
Ficus esquiroliana H. Lév.

树皮灰褐色,具纵棱。叶互生,纸质,广卵形,余均密被黄色和灰白色绵毛,边缘有细锯齿,齿端被长毛;叶柄细长,疏生长硬毛;托叶披针形,早落。雄花生榕果内壁口部,具柄;花被片4,顶端全缘;雄蕊2。榕果腋生,圆锥状椭圆形,表面疏被或密生浅褐色长毛;瘦果斜卵圆形,表面有瘤体。花期5~7月,果期7月。

生山坡林下或溪边。七目嶂林下可见。

根皮入药,可治气血虚弱、中气不足、子宫下垂、脱肛、泄泻、风湿痹痛、筋骨疼痛。

3. 水同木
Ficus fistulosa Reinw ex Blume

树皮黑褐色。枝粗糙。叶互生,纸质,倒卵形至长圆形,先端具短尖,基部斜楔形或圆形,全缘或微波状,表面无毛,背面微被柔毛或黄色小突体;基生侧脉短,侧脉6~9对。榕果簇生于老干发出的瘤状枝上,近球形,熟时橘红色。花果期5~7月。

生溪边岩石上或森林中。七目嶂溪边林中常见。

根、皮、叶入药,补气润肺、活血、渗湿利尿。

4. 台湾榕
Ficus formosana Maxim.

小枝、叶柄、叶脉幼时疏被短柔毛。枝纤细,节短。叶膜质,倒披针形,全缘或在中部以上有疏钝齿裂,顶部渐尖,中部以下渐窄,至基部成狭楔形。雄花散生榕果内壁,花被片3~4,卵形,雄蕊2,稀为3,花药长过花丝;瘿花花被片4~5,舟状,子房球形,有柄,花柱短,侧生;雌花有柄或无柄,花被片4,花柱长,柱头漏斗形。榕果单生叶腋,卵状球形,熟时绿带红色,顶部脐状凸起,基部收缩为纤细短柄。花期4~7月。

多生溪沟旁湿润处。七目嶂溪边偶见。

全株入药,味甘、微涩,性平,可柔肝和脾、清热利湿。

桑科 Moraceae

5. 藤榕
Ficus hederacea Roxb.

茎、枝节上生根。叶排为2列,厚革质,椭圆形至卵状椭圆形,顶端钝稀圆形,基部宽楔形或钝,全缘,基生侧脉延长至叶片1/3~1/2处;托叶卵形,早落。榕果单生或成对腋生或生于已落叶枝的叶腋,球形;雌花生于另一榕果内,有或无柄;花被片4,线形。瘦果椭圆形,背面有龙骨,花柱延长。花期5~7月。

生疏林或路旁。七目嶂林下常见。

6. 粗叶榕(五指毛桃)
Ficus hirta Vahl.

嫩枝中空。小枝、叶和榕果均被金黄色开展的长硬毛。叶互生,纸质,多型,长椭圆状披针形或广卵形,边缘具细锯齿,有时全缘或3~5深裂,基部圆形至浅心形或宽楔形;基生脉3~5条,侧脉每边4~7条。雌花果球形,雄花及瘿花果卵球形,无柄或近无柄,幼嫩时顶部苞片形成脐状凸起;基生苞片早落,卵状披针形,先端急尖,外面被贴伏柔毛。榕果成对腋生或生于已落叶枝上。花果期几全年。

生丘陵低山坡地、林下、路边、旷野等。七目嶂各地常见。

根入药,性味甘、平,微香,可健脾化湿、行气止痛、舒筋活络、益气固表、祛风、通乳、利尿。

7. 对叶榕
Ficus hispida L. f.

被糙毛。叶通常对生,厚纸质,卵状长椭圆形或倒卵状矩圆形,全缘或有钝齿,先端急尖或短尖,基部圆形或近楔形,粗糙,两面被粗毛;侧脉6~9对。雄花生于榕果内壁口部,多数,花被片3,薄膜状,雄蕊1;瘿花无花被,花柱近顶生,粗短;雌花无花被,柱头侧生,被毛。榕果腋生或生于落叶枝上,或老茎发出的下垂枝上,陀螺形,成熟时黄色。花果期6~7月。

喜生于沟谷潮湿地带或路旁湿地。七目嶂溪边较常见。

叶、根、皮入药,味甘,性凉,可清热去湿、消积化痰。

8. 九丁榕(凸脉榕)
Ficus nervosa Heyne ex Roth.

幼时被微柔毛后脱落。叶薄革质,椭圆形至长椭圆状披针形或倒卵状披针形,先端短渐尖,有钝头,基部圆形至楔形,全缘,微反卷;基生侧脉短,脉腋有腺体,侧脉7~11对,在背面明显凸起。雄花、瘿花和雌花同生于一榕果内;雄花具梗,生于内壁近口部,花被片2,匙形,长短不一,雄蕊1;瘿花有梗或无梗,花被片3,延长,顶部渐尖,花柱侧生,柱头棒状。榕果单生或成对腋生,幼时表面有瘤体,直径1~1.2cm。花果期1~8月。

生山谷沟边常绿林中。七目嶂山谷林较常见。

树干通直坚硬,纹理细致,可作家具或建筑用材等。

9. 琴叶榕
Ficus pandurata Hance

小枝、嫩叶幼时被白色柔毛。叶纸质,提琴形或倒卵形,先端急尖有短尖,基部圆形至宽楔形,中部溢缩,表面无毛,背面叶脉有疏毛和小瘤点;基生侧脉2,侧脉 3~5 对。雄花有柄，生榕果内壁口部，花被片 4，线形，雄蕊 3，稀为 2，长短不一；瘿花有柄或无柄，花被片 3~4，倒披针形至线形，子房近球形，花柱短侧生；雌花花被片 3~4，椭圆形，花柱侧生，细长，柱头漏斗形。榕果单生叶腋，鲜红色，椭圆形或球形。花果期 6~8 月。

生山地、旷野或灌丛林下。七目嶂灌丛中较常见。

全株入药，味涩、微辛，性平，可祛风利湿、活血调经、清热解毒。

10. 全缘琴叶榕
Ficus pandurata Hance var. **holophylla** Migo

与琴叶榕的主要区别在于：叶倒卵状披针形或披针形，先端渐尖，中部不溢缩；榕果椭圆形，直径 4~6mm，顶部微脐状。花果期 6~8 月。

生山地、旷野或灌丛林下。七目嶂林下较常见。

11. 薜荔（凉粉果）
Ficus pumila L.

叶二型；不结果枝节上生不定根，叶卵状心形，薄革质，先端渐尖，基部稍不对称，叶柄很短；结果枝上无不定根，革质，卵状椭圆形，先端急尖至钝形，基部圆形至浅心形，全缘，叶柄略长。榕果单生叶腋；瘿花果梨形；雌花果近球形。花果期 5~8 月。

生路边、老墙、石上等。七目嶂较常见。

瘦果水洗可作凉粉；全株入药，果有壮阳固精、利湿通乳作用，茎祛风活络、凉血解毒，叶治风湿关节炎。

12. 竹叶榕
Ficus stenophylla Hemsl.

小枝散生灰白色硬毛，节间短。叶纸质，线状披针形，先端渐尖，基部楔形至近圆形，表面无毛，背面有小瘤体，全缘背卷；侧脉 7~17 对；托叶红色。雄花和瘿花同生于雄株榕果中；雄花，生内壁口部，有短柄，花被片 3~4，卵状披针形，红色，雄蕊 2~3，花丝短；瘿花具柄，花被片 3~4，倒披针形，内弯，子房球形，花柱短，侧生；雌花生于另一植株榕果中，近无柄，花被片 4，线形，先端钝。瘦果透镜状，顶部具棱骨，一侧微凹入，花柱侧生，纤细。榕果椭圆状球形，表面稍被柔毛，成熟时深红色，顶端脐状凸起；基生苞片三角形，宿存。花果期 5~7 月。

常生于沟旁堤岸边。七目嶂偶见。

根入药，味甘、微苦，性温，可补气润肺、祛痰止痰、行气活血。

13. 杂色榕
Ficus variegata Blume

树皮灰褐色，平滑。叶互生，厚纸质，广卵形至卵状椭圆形，顶端渐尖或钝，基部圆形至浅心形，边缘波状或具浅疏锯齿。榕果簇生于老茎发出的瘤状短枝上，球形，脐状微凸起，残存环状疤痕；雄花生榕果内壁口部，花被片 3~4。瘦果倒卵形，薄被瘤体；花柱与瘦果等长，柱头棒状，无毛。花期冬季，果期 10~11 月。

低海拔、沟谷地区常见。七目嶂山谷有见。

果熟时可食用；树冠庞大，分枝较多，结实力强，树汁丰富，为紫胶虫生长发育提供了良好的食物来源和栖息场所，是优良的紫胶虫夏代寄主树。

14. 变叶榕
Ficus variolosa Lindl. ex Benth.

树皮灰褐色，光滑。叶薄革质，狭椭圆形至椭圆状披针形，先端钝或钝尖，基部楔形，全缘；侧脉7~11对，与中脉略成直角展出。瘿花子房球形，花柱短，侧生；雌花生另一植株榕果内壁，花被片3~4，子房肾形，花柱侧生，细长。榕果成对或单生叶腋，球形，表面有瘤体，顶部苞片脐状凸起。花果期12月至翌年6月。

常生于溪边林下潮湿处或疏林下。七目嶂疏林下较常见。

茎清热利尿；叶敷可治跌打损伤；根亦入药，补肝肾、强筋骨、祛风湿。

15. 绿黄葛树
Ficus virens Dryand.

有板根或支柱根，幼时附生。叶薄革质或皮纸质，卵状披针形，全缘。榕果单生或成对腋生或簇生于落叶枝叶腋，球形，熟时紫红色。雄花、瘿花、雌花生于同一榕果内。榕果表面有皱纹。花果期4~7月。

生常绿阔叶林。七目嶂林下偶见。

常用作行道树，为良好的荫蔽树种；木材纹理细致，美观，可供雕刻。

4. 柘属 Maclura Nutt.

乔木或小乔木，或为藤状灌木。有乳液，具枝刺。单叶互生，全缘；托叶2，侧生。花单性，雌雄异株，均为具苞片的球形头状花序；常每花2~4苞片，附着于花被片上；花被片通常为4，稀为3或5，分离或下半部合生，具腺体；雄蕊与花被片同数；雌花无梗，花被片肉质。聚花果肉质。本属约6种。中国5种。七目嶂1种。

1. 构棘
Maclura cochinchinensis (Lour.) Corner

枝具枝刺及皮孔。叶革质，倒卵形、椭圆状卵形或倒披针状长圆形，顶端钝或短渐尖，全缘，两面无毛。花序腋生，单生或成对，有短总花梗，有柔毛。聚花果肉质，熟时黄红色。花期夏初，果期夏秋季。

生阳光充足的山地、沟边林缘或灌丛。七目嶂山坡灌丛偶见。

在农村常作绿篱用；木材煮汁可作染料；茎皮及根皮药用，称"黄龙脱壳"。

169 荨麻科 Urticaceae

草本、亚灌木或灌木，稀乔木或攀缘藤本。有时有刺毛。茎常富含纤维，有时肉质。叶互生或对生，单叶；托叶存在，稀缺。花极小，单性，稀两性；花序雌雄同株或异株，由若干小的团伞花序排成聚伞状等各式花序。果实为瘦果，有时为肉质核果状，常包被于宿存的花被

155

内。本科47属约1300种。中国25属341种。七目嶂8属14种。

1. 苎麻属 Boehmeria Jacq.

灌木、小乔木、亚灌木或多年生草本。叶互生或对生，边缘有齿，不分裂，稀2~3裂；基出脉3条；托叶通常分生，脱落。团伞花序生于叶腋，或排列成穗状花序或圆锥花序；苞片膜质，小；雄花有退化雌蕊；雌花花被管状，顶端溢缩。瘦果通常球形，包于宿存花被之中，无柄或有柄，或有翅。本属约120种。中国约32种。七目嶂3种。

1. 野线麻
Boehmeria japonica (L. f.) Miq.

叶对生，纸质，近圆形、圆卵形或卵形，基部宽楔形或截形，边缘在基部之上有粗齿，上面粗糙，有短糙伏毛，下面沿脉网有短柔毛；侧脉1~2对。穗状花序单生叶腋，雌雄异株，花极小。瘦果倒卵球形，光滑。花期6~9月，果期9~11月。

生丘陵或低山山地灌丛中、疏林中、田边或溪边。七目嶂少见。

茎皮纤维可代麻，供纺织麻布用；叶供药用，可清热解毒、消肿，治疮疖。

2. 苎麻
Boehmeria nivea (L.) Gaudich.

叶互生，草质，通常圆卵形或宽卵形，基部近截形或宽楔形，边缘在基部之上有粗齿，叶背密被雪白色毡毛；侧脉约3对。圆锥花序腋生，或植株上部的为雌性，其下的为雄性，或同一植株的全为雌性。瘦果近球形。花期8~10月，果期9~11月。

生山谷林边、草坡、旷野或路边灌草丛。七目嶂路边较常见。

茎皮纤维细长，可制粗线或织布；全草入药，根为利尿解热药，叶治创伤出血；嫩叶可养蚕、作饲料。

3. 悬铃叶苎麻
Boehmeria tricuspis (Hance) Makino

叶对生，稀互生，纸质，扁五角形或扁圆卵形，茎上部叶常为卵形，基部截形、浅心形或宽楔形，边缘有粗牙齿，上面粗糙，有糙伏毛，下面密被短柔毛；侧脉2对。穗状花序单生叶腋，雌雄异株或同株。瘦果倒卵球形。花期7~8月，果期9~10月。

生低山山谷疏林下、沟边或田边。七目嶂偶见。

茎皮纤维可纺纱织布或制绳；根、叶药用，治外伤出血、跌打肿痛、痔疮、风疹、荨麻疹等症。

2. 楼梯草属 Elatostema J. R. Forst. & G. Forst.

小灌木、亚灌木或草本。叶互生，在茎上排成2列，具短柄或无柄，两侧不对称，狭侧向上，宽侧向下，边缘具齿，稀全缘，具三出脉、半离基三出脉或羽状脉，钟乳体明显；有托叶。花序雌雄同株或异株，无梗或有梗，通常不分枝，具明显或不明显的花序托，有多数或少数花。瘦果小，常有细纵肋。本属约350种。中国约137种。七目嶂1种。

1. 盘托楼梯草
Elatostema dissectum Wedd.

叶无柄或近无柄，无毛；叶片草质，斜长圆形或长圆状披针形，边缘在基部之上有疏牙齿状锯齿，钟乳体明显，密；托叶狭条形。花序雌雄异株或同株；花序托椭圆形或近长方形；小苞片近条形，顶部有疏睫毛。瘦果狭卵球形，有8条细纵肋。花期5~6月。

生山谷林中。七目嶂林下偶见。

具有潜在的观赏价值。

3. 糯米团属 Gonostegia Turcz.

多年生草本或亚灌木。叶对生或在同一植株上部的互生，下部的对生，边缘全缘；基出脉3~5条，侧出的一对脉直达叶尖；钟乳体点状；托叶分生或合生。团伞花序两性或单性，生于叶腋；苞片膜质，小；雄花花蕾顶部截平，呈陀螺形；雌花花被管状。瘦果卵球形；果皮硬壳质，常有光泽。本属约12种。中国4种。七目嶂1种。

1. 糯米团
Gonostegia hirta (Blume ex Hassk.) Miq.

茎上部带四棱形，有短柔毛。叶对生，草质或纸质，宽披针形至狭披针形、狭卵形等，顶端长渐尖至短渐尖，基部浅心形或圆形，全缘，被疏毛或无；基出脉3~5条，侧出脉直达叶尖；叶柄极短。团伞花序腋生，通常两性，稀单性而雌雄异株。瘦果小，卵球形。花期5~9月，果期8~9月。

生丘陵或低山林中、灌丛中、沟边草地。七目嶂沟边常见。

全草入药，治消化不良、食积胃痛等症；外用治血管神经性水肿、疗疮疖肿、乳腺炎、外伤出血等症。

4. 紫麻属 Oreocnide Miq.

灌木和乔木。无刺毛。叶互生，基出三脉或羽状脉，钟乳体点状；托叶离生，脱落。花单性，雌雄异株；花序二至四回二歧聚伞状分枝、二叉分枝或呈簇生状，团伞花序生于分枝的顶端，密集成头状；雄被片和雄蕊3~4，退化雌蕊多少被绵毛；雌花被片合生成管状，稍肉质。瘦果；花托肉质，包着果的大部分。本属约18种。中国10种。七目嶂1种。

1. 紫麻
Oreocnide frutescens (Thunb.) Miq.

小枝常褐紫色，被毛。叶常生枝顶，草质，卵形、狭卵形、稀倒卵形，先端渐尖或尾状渐尖，边缘具粗齿，叶面略被疏毛，叶背常被灰白色毡毛；基出三脉，网脉明显。团伞花簇生于上年生枝和老枝上，几无梗。瘦果卵球状，肉质花托熟时包着果的大部。花期3~5月，果期6~10月。

生山谷和林缘半阴湿处或石缝。七目嶂山谷林下偶见。

茎皮纤维细长坚韧，可供制绳索和人造棉，还可提取单宁；根、茎、叶入药，行气活血。

5. 赤车属 Pellionia Gaudich.

草本或亚灌木。叶互生，2列，两侧不等，狭侧向上，宽侧向下，边缘全缘或有齿；具三出脉、半离基三出脉或羽状脉；钟乳体纺锤形或无；托叶2。花序雌雄同株或异株；雄花序聚伞状，常具梗；雌花序无梗或具梗，由于分枝密集而呈球状，并具密集的苞片。瘦果小，卵球形或椭圆形，稍扁。本属约60种。中国约20种。七目嶂3种。

1. 短叶赤车
Pellionia brevifolia Benth.

茎平卧。叶具短柄；草质，斜椭圆形或斜倒卵形，顶端钝或圆形，基部在宽侧耳形，边缘上部有疏齿，钟

乳体不明显；半离基三出脉。花序雌雄异株或同株；雄花序有长梗；雌花序具短梗或无梗。瘦果狭卵球形。花期5~7月。

生山地林中、山谷溪边或石边。七目嶂较常见。

全草入药，消肿止痛，用于治跌打损伤、骨折。

2. 华南赤车（福建赤车）
Pellionia grijsii Hance

茎不分枝，稀少分枝，下部以上被糙毛。叶草质，斜长椭圆形、斜长圆状倒披针形，先端长渐尖，基部狭楔或钝，无钟乳体；具短柄或近无柄。花序雌雄同株或异株；雄花序有长梗，三至四回分枝；雌花序有梗或无梗，花密集成球状。瘦果椭圆球形。花期冬季至翌年春季。

生山谷林下阴湿处或石缝。七目嶂山谷林下较常见。

具有潜在的观赏价值。

3. 蔓赤车
Pellionia scabra Benth.

叶具短柄或近无柄；叶片草质，斜狭菱状倒披针形或斜狭长圆形，顶端渐尖、长渐尖或尾状，边缘上部有疏齿，两面被毛；半离基三出脉。花序通常雌雄异株；雄花为稀疏的聚伞花序；雌花序近无梗或有梗，有多数密集的花。瘦果近椭圆球形。花期春季至夏季。

生山谷溪边或林中。七目嶂溪边林内偶见。

广泛用作室内布置，常用于铺垫种有较高大植物的室内花园营养土的表面，或遮蔽培养槽和类似容器的边缘。

6. 冷水花属 Pilea Lindl.

草本或亚灌木，稀灌木。无刺毛。叶对生；具柄，稀同对的一枚近无柄；叶片同对的近等大或极不等大，对称，边缘具齿或全缘；具三出脉，稀羽状脉；托叶膜质鳞片状。花雌雄同株或异株；花序单生或成对腋生；花单性，稀杂性；雄花4或5基数，雌花常3基数。瘦果卵形或近圆形。本属约400种。中国约80种。七目嶂3种。

1. 小叶冷水花
Pilea microphylla (L.) Liebm.

无毛，铺散或直立。茎肉质，多分枝，密布条形钟乳体。叶很小，同对不等大，合倒卵形至匙形，全缘，稍反曲；托叶不明显。雌雄同株，有时同序；聚伞花序密集成近头状，具梗；雄花具梗，花被片和雄蕊4；雌花小，花被3。瘦果卵形。花期夏秋，果期秋季。

生路边和墙脚等潮湿处。七目嶂村旁常见。

全草入药，味淡、涩，性凉，可清热解毒、安胎。

2. 冷水花
Pilea notata C. H. Wright

具匍匐茎，茎肉质，密布条形钟乳体。叶纸质，同对的近等大，狭卵形、卵状披针形或卵形，边缘自下部至先端有浅锯齿，钟乳体条形，两面密布；托叶大，带绿色，长圆形。花雌雄异株；雄花序聚伞总状；雌聚伞花序较短而密集；花被片绿黄色，4深裂。瘦果小，圆卵形，顶端歪斜。花期6~9月，果期9~11月。

生山谷、溪旁或林下阴湿处。七目嶂林下偶见。

全草药用，有清热利湿、生津止渴和退黄护肝之效。

3. 透茎冷水花
Pilea pumila (L.) A. Gray

茎肉质，直立，无毛，分枝或不分枝。叶近膜质，同对的近等大，近平展，菱状卵形或宽卵形，边缘除基部全缘外，其上有牙齿或牙状锯齿，两面疏生透明硬毛；托叶卵状长圆形。花雌雄同株并常同序；雄花常生于花序的下部。瘦果三角状卵形，扁。花期6~8月，果期8~10月。

生山坡林下或岩石缝的阴湿处。七目嶂林下偶见。

根、茎药用，有利尿解热和安胎之效。

7. 雾水葛属 Pouzolzia Gaudich.

灌木、亚灌木或多年生草本。叶互生，稀对生，边缘具齿或全缘，基出脉3，钟乳体点状；托叶分生，常宿存。团伞花序常两性，有时单性，生于叶腋，稀形成穗状花序；苞片膜质，小；雄花花被片4~5，镊合状排列，基部合生；雄蕊与花被片对生；雌花花被管状。瘦果卵球形；果皮壳质，常有光泽。本属约60种。中国8种。七目嶂1种。

1. 雾水葛
Pouzolzia zeylanica (L.) Benn. & R. Br.

茎直立或渐升，不分枝，通常基部或下部有1~3对对生的长分枝；枝条不分枝或有少数极短的分枝。叶全部对生，或茎顶部的对生；叶片草质，卵形或宽卵形，基部圆形，全缘，两面有疏伏毛。团伞花序通常两性；雄花有短梗，4基数；雌花花被椭圆形或近菱形。瘦果卵球形。花期秋季，果期8~10月。

生旷野湿处。七目嶂旷野较常见。

全草入药，味淡、微苦，性凉，可清热利湿、拔毒生肌、去腐排脓。

8. 藤麻属 Procris Comm. ex Juss.

多年生草本或亚灌木。常无毛。叶2列，两侧稍不对称，全缘或有浅齿，有羽状脉，钟乳体条形，极小；托叶小，全缘；退化叶常存在，与正常叶对生，小。雄花簇生，排列成聚伞花序，花梗无苞片；雌花序头状，无梗或有短梗，小苞片狭匙形；雄花花被5深裂，裂片倒卵形，肉质，雄蕊5；退化雌蕊球形或倒卵形；雌花密集，花被片3~4，倒卵形，兜状，肉质。瘦果卵形或椭圆形。本属约16种。中国1种。七目嶂有分布。

1. 藤麻
Procris crenata C. B. Rob.

茎肉质，无毛。叶片两侧稍不对称，狭长圆形或长椭圆形，顶端渐尖，基部渐狭，边缘有钟乳体稍明显；叶柄退化。雄花序通常生于雌花序之下，簇生；雄花5基数；花被片长圆形或卵形；雌花序簇生，有短而粗的花序梗；花序托半圆球形，无毛，无苞片。瘦果褐色，狭卵形，扁，常有多数小条状凸起或近光滑。花期7~8月，果期8~10月。

生山地林中石上，有时附生于大树上。七目嶂林下偶见。

全草入药，清热解毒、散瘀消肿。

170 大麻科 Cannabinaceae

草本。叶互生或下部为对生，掌状全裂，边缘具锯齿；托叶侧生，分离。花单性异株，稀同株；雄花为疏散大圆锥花序，腋生或顶生；小花柄纤细，下垂；花被片5，覆瓦状排列；雄蕊5，花丝极短，在芽时直立，退化子房小；雌花丛生于叶腋，每花有1叶状苞片，花被退化，膜质，贴于子房，子房无柄。瘦果单生于苞片内，本科2属4种。中国2属4种。七目嶂1属1种。

1. 葎草属 Humulus L.

一年生或多年生草本。茎粗糙，具棱。叶对生，3~7裂。花单性，雌雄异株；雄花为圆锥花序式的总状花序，花被5裂，雄蕊5，在花芽时直立；雌花少数，生于宿存覆瓦状排列的苞片内，排成一假柔荑花序，结果时苞片增大，变成球果状体，每花有一全缘苞片包围子房，花柱2。果为扁平的瘦果。本属3种。中国3种。七目嶂1种。

1. 葎草
Humulus scandens (Lour.) Merr.

茎、枝、叶柄均具倒钩刺。叶纸质，肾状五角形，掌状5~7深裂，稀为3裂，基部心脏形，表面粗糙，疏生糙伏毛，背面有柔毛和黄色腺体，裂片卵状三角形，边缘具锯齿。雄花小，黄绿色，圆锥花序；雌花序球果状，直径约5mm；苞片纸质，三角形，顶端渐尖，具白色绒毛；子房为苞片包围，柱头2，伸出苞片外。瘦果成熟时露出苞片外。花期春夏，果期秋季。

常生于沟边、荒地、废墟、林缘边。七目嶂沟边偶见。

可作药用；茎皮纤维可作造纸原料；种子油可制肥皂；果穗可代啤酒花。

171 冬青科 Aquifoliaceae

常绿或落叶乔木或灌木。单叶互生，稀对生或假轮生；托叶细小，早落或缺。花小，辐射对称，单性，稀两性或杂性，雌雄异株，腋生或顶生，排成聚伞状、伞形、总状或圆锥状花序，稀单生；花萼4~8，分离或基部合生；花瓣4~8，分离或基部合生；雄蕊与花瓣同数并与其互生。浆果状核果。本科4属500~600种。中国1属约204种。七目嶂1属14种。

1. 冬青属 Ilex L.

常绿或落叶乔木或灌木。单叶，互生，具柄，全缘或具齿；托叶小，宿存或早落。花小，白色、粉红色或红色，常雌雄异株，有时杂性，排成腋生聚伞花序、伞形花序；花萼盘状，4~8裂；花瓣4~8，基部连合而开展或离生而近直立；雄蕊稍附着于花冠管上。浆果状核果，熟时红色或黑色。本属400种以上。中国约200种。七目嶂14种。

1. 沙坝冬青
Ilex chapaensis Merr.

嫩枝被疏毛，具皮孔和细纵棱。叶在长枝互生，在短枝簇生枝顶；纸质或薄革质，各式椭圆形，先端短渐尖或钝，边缘具浅圆齿，两面无毛；主脉上凹下凸；叶柄顶部具狭翅；托叶宿存。花白色；雄花序假簇生，每分枝具1~5花；雌花单生。果球形，黑色。花期4月，果期10~11月。

生山地疏林或混交林中。七目嶂疏林偶见。

具有潜在的观赏价值。

2. 黄毛冬青
Ilex dasyphylla Merr.

小枝、叶柄、叶片、花梗及花萼均密被锈黄色瘤基短硬毛。叶革质、卵形、卵状椭圆形至卵状披针形，先端渐尖，基部钝或圆形，全缘或中部以上具稀疏小齿。聚伞花序单生于当年生枝的叶腋内；花红色，4或5基数。果球形，成熟时红色。花期5月，果期8~12月。

生山地疏林、灌丛或路旁灌丛。七目嶂路旁灌丛偶见。

根苦、寒，清热解毒，用于治无名肿毒。

3. 厚叶冬青
Ilex elmerrilliana S. Y. Hu

叶厚革质，椭圆形或长圆状椭圆形，先端渐尖，全缘，两面无毛；主脉上凹下凸，侧脉及网状脉在两面均不明显。花序簇生叶腋；雄花序单个分枝具1~3花；雌花序单个分枝仅1花。果球形，成熟后红色。花期4~5月，果期7~11月。

生山地常绿阔叶林中、灌丛中或林缘。七目嶂偶见。

治烫伤，溃疡久不愈合，闭塞性脉管炎，急、慢性支气管炎，肺炎，尿路感染，菌痢，外伤出血，冻疮，皲裂。

4. 榕叶冬青
Ilex ficoidea Hemsl.

幼枝具纵棱沟，无毛；老枝无皮孔。叶革质，长圆状椭圆形、卵状或倒卵状椭圆形，先端尾状渐尖，边缘具细圆齿，两面均无毛；叶柄具槽。聚伞花序或单花簇生于当年生枝的叶腋内；花4基数，白色或淡黄绿色，芳香。果球形，熟后红色。花期3~4月，果期8~11月。

生丘陵山地常绿阔叶林、杂木林和疏林内或林缘。七目嶂山地林中偶见。

生长中速的用材树种，加工容易，刨面光滑，木材可作室内装修、家具等板材；常青树种，果实成熟时，外果皮颜色艳红，可作为庭园绿化观赏树种栽培。

5. 台湾冬青
Ilex formosana Maxim.

幼枝具纵棱沟，无毛或稍被毛；老枝无皮孔。叶革质或近革质，椭圆形或长圆状披针形，先端渐尖至尾状渐尖，基部楔形，边缘具疏细齿，两面无毛；叶柄无槽。花序生于二年生枝的叶腋内；花4基数，白色。果近球形，熟后红色。花期3~5月，果期7~11月。

生山地常绿阔叶林中、林缘、灌木丛中和溪旁。七目嶂山地林中偶见。

6. 青茶香
Ilex hanceana Maxim.

叶生于一至三年生枝上，叶片厚革质，倒卵形或倒卵状长圆形，先端短渐尖，全缘；侧脉在两面不明显。花序簇生于二年生枝叶腋；雄花序2~3花组成聚伞花序；雌花序单花簇生。果球形，熟后红色。花期5~6月，果期7~12月。

生山坡灌木中。七目嶂灌丛可见。

7. 广东冬青
Ilex kwangtungensis Merr.

小枝圆柱形，嫩枝被毛后秃净。叶近革质，卵状椭圆形、长圆形或披针形，先端渐尖，基部钝至圆形，边缘具细齿或近全缘，稍反卷；叶柄微被毛，具纵槽；托叶无。复合聚伞花序单生于当年生枝叶腋；花紫色或粉红色。果椭圆形，熟时红色。花期6月，果期9~11月。

生山坡常绿阔叶林和灌木丛中。七目嶂山地林中偶见。

果实艳丽，树形优美，可作庭园绿化树种。

8. 矮冬青
Ilex lohfauensis Merr.

小枝密被短毛。叶薄革质或纸质，长圆形或椭圆形，先端微凹，全缘，稍反卷；主脉在两面隆起，被毛；叶柄极短，被毛。花序簇生叶腋；花萼盘状；雄花序由具1~3花的聚伞花序簇生；雌花2~3花簇生叶腋。果球形，熟后红色。花期6~7月，果期8~12月。

生山坡常绿阔叶林中、疏林中或灌木丛中。七目嶂林中较常见。

具有潜在的观赏价值。

9. 谷木叶冬青
Ilex memecylifolia Champ. ex Benth.

幼枝细，具纵棱沟，被毛；老枝无皮孔。叶革质至厚革质，卵状长圆形或倒卵形，先端渐尖或钝，基部楔形或钝，全缘，两面无毛；叶柄具狭纵槽，被微柔毛；托叶宿存。花序簇生于二年生枝的叶腋内；花白色、芳香。果球形，熟时红色。花期3~4月，果期7~12月。

常生于疏林、杂木林、山坡密林、灌丛中或路边。七目嶂山地林中偶见。

存在潜在的观赏价值。

10. 小果冬青
Ilex micrococca Maxim.

小枝粗壮，无毛，具皮孔。叶膜质或纸质，卵形、卵状椭圆形或卵状长圆形，先端长渐尖，基部圆形或阔楔形，常不对称，边缘近全缘或具芒状锯齿，两面无毛；叶柄无毛，无槽。伞房状二至三回聚伞花序单生于当年生枝叶腋，无毛。果成熟时红色。花期5~6月，果期9~10月。

生丘陵山地常绿阔叶林中。七目嶂山地林中偶见。

散孔材，纹理直，结构细，材质轻软，刨面光滑，不易变形，可供农具、家具、建筑、火柴杆等用材，也是优良造纸原料；树皮可提制栲胶，还可作染料。秋季果鲜红，布满整个枝头，经久不凋，是优良的观果树种。

11. 毛冬青
Ilex pubescens Hook. & Arn.

小枝纤细，近四棱形，密被长硬毛，具纵棱脊，无皮孔。叶纸质或膜质，椭圆形或长卵形，先端急尖或短渐尖，基部钝，边缘具疏尖齿或近全缘，两面被长硬毛；叶柄密被长硬毛。花序簇生于一至二年生枝的叶腋内；花粉红色。果球形，熟后红色。花期4~5月，果期8~11月。

生山坡常绿阔叶林中或林缘、灌木丛中及溪旁、路边。七目嶂山坡灌丛较常见。

根、叶入药，味苦、微甘，性凉，可清热解毒、活血、凉血、通脉、消炎止痛。

12. 铁冬青（救必应）
Ilex rotunda Thunb.

小枝圆柱形，幼枝具纵棱，无毛；老枝皮孔不明显。叶薄革质或纸质，卵形、倒卵形或椭圆形，先端短渐尖，基部楔形或钝，全缘，稍反卷；叶柄无毛，具狭沟。聚伞花序或伞形状花序具2~13花，单生于当年生枝的叶腋内；花白色。果近球形，熟时红色。花期4月，果期8~12月。

常生长于山下疏林或沟、溪边。七目嶂林中较常见。

树皮、叶入药，味苦，性凉，可清热利湿、消炎止痛、止血。

13. 三花冬青
Ilex triflora Blume.

幼枝近四棱形，具纵棱，密被毛，皮孔无。叶近革质，椭圆形、长圆形或卵状椭圆形，先端急尖至渐尖，基部圆形或钝，边缘具近波状线齿，两面疏被毛；叶柄密被毛。雄花聚伞状生叶腋；花白色或淡红色；1~5雌花簇生于叶腋。果球形，熟后黑色。花期5~7月，果期8~11月。

生丘陵山地疏林、阔叶林、针阔混交林或灌丛林中。七目嶂山地林中较常见。

根可入药，清热解毒，可治疮疡肿毒。

14. 绿冬青
Ilex viridis Champ. ex Benth.

幼枝近四棱形，具纵棱及沟。叶革质，顶端圆钝、急尖或短渐尖，基部钝或楔形，边缘稍反折，具细圆齿。1~5雄花组成聚伞花序；花白色，4基数；花萼裂片阔三角形；花冠辐状；花瓣倒卵形或圆形，基部稍合生；雄蕊4，花药长圆形；雌花花萼4裂；花瓣4，卵形，基部稍合生。果黑色，球形或扁球形。花期5月，果期10~11月。

生山地和丘陵地区的常绿阔叶林下、疏林及灌木丛中。七目嶂灌丛偶见。

根、叶甘、微辛、凉，可凉血解毒、祛腐生新；根用于治关节痛；叶用于治烧、烫伤，创伤出血。

173 卫矛科 Celastraceae

常绿或落叶乔木或灌木，或为攀缘藤本。单叶互生或对生；具柄；托叶小而早落或缺。两性花或退化为单性花，细小，辐射对称，通常淡绿色，排成腋生或顶生的聚伞或圆锥花序或有时单生；花萼小，4~5裂，宿存；花瓣4~5，稀不存在，分离。蒴果、浆果、核果或翅果。本科约60属850种。中国12属201种。七目嶂4属10种。

1. 南蛇藤属 Celastrus L.

落叶或常绿藤状灌木或藤本。小枝圆柱形，稀具纵棱，枝具多数明显皮孔。单叶互生，边缘具各种齿；叶脉羽状；托叶小，早落。花常单性，雌雄异株，组成顶生或腋生的聚伞花序成圆锥花序或总状；花黄绿色或黄白色；萼5裂；花瓣5，着生于花盘下；雄蕊5，着生花盘边缘。蒴果近球形或阔椭圆状，常黄色，室背开裂。本属30余种。中国24种。七目嶂4种。

1. 过山枫
Celastrus aculeatus Merr.

小枝密被棕褐色短毛。叶倒披针形，先端急尖或短渐尖，边缘具疏齿，侧脉7~10对，两面常光滑无毛。聚伞花序腋生或侧生，1~3花，花梗被棕色短毛，关节在上部。蒴果球状，3室，3~6种子。种子新月状。花期3~4月，果期6~10月。

生山地灌丛或路边疏林中。七目嶂偶见。

根可入药，清热解毒、祛风除湿，用于治风湿痹痛、痛风、肾炎、胆囊炎、白血病。

2. 青江藤
Celastrus hindsii Benth.

小枝紫色，皮孔较稀少。单叶互生，叶纸质或革质，长方窄椭圆形至椭圆倒披针形，先端渐尖或急尖，基部楔形或圆形，边缘具疏锯齿；网脉在两面均凸起。顶生聚伞圆锥花序；腋生花序只具1~3花；花5数，淡绿色，小花梗具关节。蒴果近球状，黄色。花期5~7月，果期7~10月。

生丘陵山地灌丛、树林中。七目嶂山地林中较常见。

根入药，具通经、利尿之功效。

3. 独子藤
Celastrus monospermus Roxb.

小枝有细纵棱，干时紫褐色。叶片近革质，长方阔椭圆形至窄椭圆形，稀倒卵椭圆形，先端短渐尖或急尖，边缘具细锯齿或疏散细锯齿；侧脉5~7对。花序腋生或顶生及腋生并存，通常光滑无毛；花黄绿色或近白色。蒴果阔椭圆状，稀近球状，干时反卷，边缘皱缩成波状。种子1，椭圆状，光滑。花期3~6月，果期6~10月。

生山坡密林中或灌丛湿地上。七目嶂偶见。

藤茎入药，味苦，性平，具解毒消痈、活血止痛、祛风除湿、杀虫之功效。

4. 短梗南蛇藤
Celastrus rosthornianus Loes.

小枝褐色，具稀皮孔。叶纸质，阔椭圆形至窄椭圆形，稀倒卵椭圆形，先端急尖或短渐尖，基部楔形或阔楔形，边缘具疏浅齿；侧脉4~6对。花序顶生及腋生，顶生者为总状聚伞花序，腋生者较小，花序梗短；小花梗关节中下。蒴果近球状，黄色。花期4~5月，果期8~10月。

生山地沟边林下或灌丛中。七目嶂山地灌丛偶见。

根、树皮和叶入药，行气活血，治蛇咬伤、疮疖肿毒。

2. 卫矛属 Euonymus L.

常绿、半常绿或落叶灌木或小乔木，或藤本。枝常具方棱。叶对生，稀互生或3叶轮生。花为三出至多次分枝的聚伞圆锥花序；花两性，较小，4~5数；花瓣较花萼长大，多为白绿色或黄绿色，偶为紫红色。蒴果近球状、倒锥状，不分裂或上部4~5浅凹，或4~5深裂至近基部，成熟时胞间开裂。本属约130种。中国90种。七目嶂3种。

1. 扶芳藤
Euonymus fortunei (Turcz.) Hand.-Mazz.

小枝方棱不明显。叶薄革质，椭圆形、阔椭圆形或长倒卵形，先端钝或急尖，基部楔形，边缘齿浅不明显；叶柄短。聚伞花序3~4次分枝；花白绿色，4数；花盘方形；花丝细长，花药圆心形。蒴果粉红色，近球状。花期6月，果期10月。

生山坡丛林、林缘或攀缘于树上或墙壁上。七目嶂山地林中偶见。

茎叶入药，味苦、性平，可舒筋活络、止血消瘀。

2. 疏花卫矛
Euonymus laxiflorus Champ. ex Benth.

叶纸质或近革质，卵状椭圆形或椭圆形，先端钝渐尖，基部阔楔形或稍圆，全缘或具不明显的锯齿；侧脉多不明显；叶柄短。聚伞花序分枝疏松，5~9花；花紫色，5数。蒴果紫红色，先端稍平截，5浅裂。花期3~6月，果期7~11月。

生丘陵山地常绿阔叶林中。七目嶂林中较常见。

根、茎皮、叶入药，味甘、辛，微温，可益肾气、健腰膝。

3. 中华卫矛（短圆叶卫矛）
Euonymus nitidus Benth.

叶革质，倒卵形、阔椭圆形或阔披针形，先端长渐尖头，近全缘；叶柄较粗壮且较长。聚伞花序1~3次分

枝，3~15花，花序梗及分枝均较细长；花白色或黄绿色，4数。蒴果倒锥状，4裂较浅，成圆阔4棱。花期3~5月，果期6~10月。

生林内、山坡、路旁等较湿润处。七目嶂林中较常见。根入药，治跌打损伤。

3. 假卫矛属 Microtropis Wall. ex Meisn.

常绿或落叶灌木或小乔木。小枝常四棱形，通常光滑无毛，极少被毛。叶对生，无托叶，叶全缘，边缘常稍外卷。二歧聚伞花序，中央小花无梗，或为密伞花序、团伞花序，腋生、侧生或兼顶生；花小，两性，稀退化成单性；花多为5数，稀4或6数；花冠多为白色或黄白色。蒴果多椭圆状；无假种皮。本属70种。中国30种。七目嶂2种。

1. 斜脉假卫矛
Microtropis obliquinervia Merr. F. L. Freeman

小枝上部有时略成扁圆柱状。叶片稍革质，长方披针形、长椭圆形或长方窄椭圆形；主脉较粗，侧脉7~11对，小脉直出不弯，纤细凸起，脉网清晰。密伞花序腋生、侧生，稀顶生，小花3~7；花序梗分枝短或极短；小花梗不明显或无；花5数；花瓣长方椭圆形或稍倒卵椭圆形；子房三角锥状，柱头2~4浅裂。蒴果阔椭圆状。花期全年。

生山地林中或近水缘处。七目嶂林下偶见。

2. 方枝假卫矛
Microtropis tetragona Merr. & Freem.

小枝具明显4棱，表面紫褐色。叶纸质或半革质，长方椭圆形或卵状窄椭圆形；侧脉6~9对，较细弱，成弧形上升。聚伞花序有3~7花，稀稍多，疏散开展；花序梗细；花5数；花瓣长方椭圆形或稍倒卵阔椭圆形。蒴果近长椭圆状，顶端常具短喙；果皮外面具细棱线。花期8~10月，果期10~11月。

生林中或近溪边。七目嶂偶见。

4. 雷公藤属 Tripterygium Hook. f.

攀缘灌木。小枝常有4~6锐棱，密被皮孔，被密毛或光滑无毛。叶互生；有柄；托叶细小早落。圆锥聚伞花序，常单歧分枝，小聚伞有2~3花，花序梗及分枝均较粗壮，小花梗通常纤细；花杂性，5数，白色、绿色或黄绿色，较小，多为两性；萼片5；花瓣5；雄蕊5。蒴果细窄，具3膜质翅包围果体。无假种皮。本属3种。中国3种。七目嶂1种。

1. 雷公藤
Tripterygium wilfordii Hook. f.

小枝棕红色，具4细棱，被密毛及细密皮孔。叶椭圆形、倒卵椭圆形或卵形，先端急尖或短渐尖，基部阔楔形或圆形，边缘有细锯齿；侧脉4~7对；叶柄密被锈色毛；圆锥聚伞花序较窄小，通常有3~5分枝，被锈色毛，花白色。蒴果具3膜质翅。花期7~8月，果期9~10月。

生山地林内阴湿处。七目嶂山地林中偶见。

根入药，味苦、辛，性凉，大毒，能祛风除湿、通

络止痛、消肿止痛、解毒杀虫。

177 翅子藤科 Hippocrateaceae

藤本、灌木或小乔木。单叶，对生，偶有互生；具柄；托叶小或缺。花两性，辐射对称，簇生或为二歧聚伞花序；萼片5，覆瓦状排列；花瓣5，分离，覆瓦状或镊合状排列；花盘杯状或垫状，有时不明显；雄蕊3，稀少或多，着生于花盘边缘，与花瓣互生；花柱短，通常3裂或截形。果为蒴果或浆果。种子常具翅。本科13属250余种。中国3属约19种。七目嶂1属1种。

1. 翅子藤属 Loeseneriella A. C. Sm.

木质藤本。枝和小枝对生或近对生，具皮孔，节间略粗壮。叶纸质或近革质；具柄；聚伞花序腋生或生于小枝顶端；花梗和花柄被毛，具小苞片；萼片5，覆瓦状排列；花瓣5，覆瓦状排列，全缘；花盘肉质，杯状；花丝舌状，着生于花盘的边缘，花药基着，外向；子房呈不明显的三角形，大部或全部藏于花盘内，3室，每室有4~8胚珠，成2行排列，花柱圆柱形。蒴果3枚聚生或因不育而少于此数，广展，沿中缝开裂，具纵线条纹。种子4~8，有膜质基生的翅。本属约20种。中国5种。七目嶂1种。

1. 程香仔树
Loeseneriella concinna A. C. Sm.

小枝纤细，无毛，具明显粗糙皮孔。叶纸质，长圆状椭圆形，顶端钝或短尖，叶缘具明显疏圆齿；侧脉

4~6对，网脉显著。聚伞花序腋生或顶生，花疏；花淡黄色；花瓣薄肉质；花盘肉质；雄蕊3。蒴果倒卵状椭圆形，顶端圆形而微凹。花期5~6月，果期10~12月。

生山谷林中。七目嶂偶见。

具潜在观赏价值。

179 茶茱萸科 Icacinaceae

乔木、灌木或藤本。有些具卷须或白色乳汁。单叶互生，稀对生，常全缘，稀分裂或有细齿；常羽状脉，稀掌状脉；无托叶。花两性或有时退化成单性而雌雄异株，极稀杂性或杂性异株，辐射对称，通常具短柄或无柄，排列成穗状、总状、圆锥或聚伞花序，花序腋生、顶生或稀对叶生。果核果状，有时为翅果。本科约58属400种。中国13属22种。七目嶂1属1种。

1. 定心藤属 Mappianthus Hand.-Mazz.

木质藤本。被硬粗伏毛。卷须粗壮，与叶轮生。叶对生或近对生，全缘，革质；羽状脉；具柄。花单性，雌雄异株；花极小，被硬毛，形成短而少花、两侧交替腋生的聚伞花序；雄花萼小，杯状，浅5裂；花冠钟状漏斗形，肉质，被毛；雄蕊5，分离。核果长卵圆形或椭圆形，压扁，被硬伏毛，黄红色，甜。本属2种。中国1种。七目嶂有分布。

1. 定心藤（甜果藤）
Mappianthus iodoides Hand.-Mazz.

嫩枝被毛，具棱，小枝圆柱形，渐无毛，具皮孔。卷须粗壮，与叶轮生。叶对生，长椭圆形至长圆形，先端渐尖至尾状，基部圆形或楔形；叶脉在背面凸起明显；叶柄被毛。花序交替腋生，被黄褐色糙伏毛；小苞片极小；花冠黄色。核果椭圆形，熟时橙红色，甜。花期4~8月，果期6~12月。

常生丘陵山地林中或溪边，攀缘于树上。七目嶂溪边偶见。

根入药，味微苦、涩，性平，能祛风活络、消肿、解毒。

182 铁青树科 Olacaceae

常绿或落叶乔木、灌木或藤本。单叶，互生，稀对生，全缘，稀叶退化为鳞片状；羽状脉，稀三或五出脉；无托叶。花小，通常两性，辐射对称，排成总状花序状、穗状花序状、圆锥花序状、头状花序状或伞形花序状的聚伞花序，或二歧聚伞花序，稀花单生。核果或坚果，宿存花萼包或不包果。本科26属260种。中国5属9种。七目嶂1属1种。

1. 青皮木属 Schoepfia Schreb.

小乔木或灌木。单叶互生；羽状脉。花小，两性，排成腋生的蝎尾状或螺旋状的聚伞花序，稀花单生；花萼筒与子房贴生，结实时增大；花冠管状，5裂片，稀4或6；雄蕊与花冠裂片同数，着生于花冠管上，且与花冠裂片对生；花丝极短，不明显。坚果，成熟时几全部被增大成壶状的花萼筒所包围。本属约40种。中国4种。七目嶂1种。

1. 华南青皮木（青皮木）
Schoepfia chinensis Gardner & Champ.

树皮灰褐色。具短枝，嫩时与叶柄红色。叶互生，纸质，卵形或长卵形，先端近尾状或长尖，基部圆形，稀微凹或宽楔（花叶同放）。花无梗，2~9花排成螺旋状聚伞花序；花冠钟形，白色或淡黄色，有香味；裂片外卷。果椭圆形或长圆形，熟时紫红色。花期3~5月，果期4~6月。

生中海拔山谷、沟边、山坡、路旁密林或疏林中。七目嶂山地林中偶见。

根入药，味甘、淡，性凉，可清热利湿、消肿止痛。

185 桑寄生科 Loranthaceae

多为半寄生性灌木，稀草本，寄生于木本植物的枝上，少数为寄生于根部的陆生小乔木或灌木。叶对生，稀互生或轮生，通常厚而革质，全缘，有的退化为鳞片叶；无托叶。花两性或单性；具苞片或小苞片；花被3~8，花瓣状或萼片状；副萼短或无副萼；雄蕊与花被片同数。果为浆果，稀核果；果皮具黏胶质。本科约65属1300种。中国11属约64种。七目嶂7属9种。

1. 离瓣寄生属 Helixanthera Lour.

寄生性灌木。嫩枝、叶无毛或被毛。叶对生或互生，稀近轮生；侧脉羽状。总状花序或穗状花序，腋生，稀顶生；花两性，4~6数，辐射对称，每花具1苞片；花托卵球形至坛状；副萼环状；花瓣离生；雄蕊通常着生于花瓣中部，花丝短。浆果，顶端具宿存副萼。种子1。

本属约50种。中国约7种。七目嶂1种。

1. 油茶离瓣寄生
Helixanthera sampsonii (Hance) Danser

幼枝、叶密被锈色短星状毛后全脱落。小枝灰色，具密生皮孔。叶纸质或薄革质，通常对生，黄绿色，卵形、椭圆形或卵状披针形，先端短钝尖或短渐尖，基部阔楔形或楔形，稍下延。总状花序，常1~2个腋生，具2~5花；花红色。果卵球形，红色或橙色。花期4~6月，果期8~10月。

生林中或林缘，常寄生于油茶或山茶科、樟科、柿科、大戟科、天料木科植物上。七目嶂偶见。

观赏价值高。

2. 栗寄生属 Korthalsella Van Tiegh.

寄生小灌木。茎通常扁平。叶退化为鳞片状。花小，单性，同株，数花至多花簇生成团伞花序，腋生，无苞片，有具节的毛围绕；花被片3，萼状；花托卵状；子房1室。浆果，具宿萼；中果皮具黏胶质。本属约25种。中国1种。七目嶂有分布。

1. 栗寄生
Korthalsella japonica (Thunb.) Engl.

小枝扁平，通常对生，节间狭倒卵形至倒卵状披针形，干后中肋明显。叶退化呈鳞片状，成对合生呈环状。花小，单性，同株，数花至多花成团伞状簇生叶腋；花淡绿色，有具节的毛围绕于基部；雄花蕾时近球形；雌花蕾时椭圆状。浆果椭圆状或梨形，极小，淡黄色。花果期几全年。

生山地常绿阔叶林中，寄生于壳斗科栎属、柯属或山茶科、樟科等植物上。七目嶂林中偶见。

茎枝入药，祛风除湿、养血安神，用于治胃病、跌打损伤。

3. 桑寄生属 Loranthus Jacq.

寄生性灌木。嫩枝、叶均无毛。叶对生或近对生；侧脉羽状。穗状花序，腋生或顶生，花序轴在花着生处通常稍下陷；花两性或单性则雌雄异株，5~6数，辐射对称，每花具1苞片；花托通常卵球形；副萼环状；花冠长不及1cm，花蕾时棒状或倒卵球形，直立；花瓣离生。浆果卵球形或近球形，顶端具宿存副萼。本属约600种。中国6种。七目嶂1种。

1. 椆树桑寄生（石砾寄生）
Loranthus delavayi van Tiegh.

全株无毛。小枝淡黑色，具散生皮孔。叶对生或近对生，纸质或革质，卵形至长椭圆形，顶端圆钝或钝尖，基部阔楔形，稍下延。侧脉明显。花单性，雌雄异株；穗状花序，1~3个腋生或生于小枝已落叶腋；花黄绿色。果椭圆状或卵球形，淡黄色。花期1~3月，果期9~10月。

生山地常绿阔叶林中，常寄生于壳斗科植物上。七目嶂偶见。

带叶茎枝入药，祛风湿、补肝肾、续骨，主治风湿痹症、腰膝疼痛、骨折。

4. 鞘花属 Macrosolen (Blume) Reichb.

寄生性灌木。叶对生，革质或薄革质；侧脉羽状，有时具基出脉。总状花序或伞形花序，有时穗状花序，每花具1苞片；小苞片2，分离或合生；花两性，6数；花托卵球形至椭圆形；副萼环状或杯状；花冠蕾时管状，膨胀，花时顶部6裂，裂片反折；雄蕊6。浆果球形或椭圆状，具宿存副萼或花柱基。本属约40种。中国5种。七目嶂1种。

1. 鞘花
Macrosolen cochinchinensis (Lour.) van Tiegh.

全株无毛。小枝灰色，具皮孔。叶革质，阔椭圆形至披针形，有时卵形，顶端急尖或渐尖，基部楔形或阔楔形；侧脉4~5对；总状花序，1~3个腋生或生于小枝已落叶腋部，具4~8花；花冠橙色，冠管膨胀具6棱，裂片6枚反折。果近球形，橙色。花期2~6月，果期5~8月。

生常绿阔叶林中，寄生于壳斗科、山茶科、桑科植物或枫香、油桐等树上。七目嶂偶见。

茎、叶入药，祛风除湿、清热止咳、补肝肾。

5. 钝果寄生属 Taxillus van Tiegh.

寄生性灌木。嫩枝、叶通常被绒毛。叶对生或互生；侧脉羽状。伞形花序，稀总状花序，腋生，具2~5花；花4~5数，两侧对称，每花具1苞片；花托椭圆状或卵球形；副萼环状；花冠蕾时管状，稍弯，花时顶部分裂，裂片4~5，反折。浆果椭圆状或卵球形，稀近球形，顶端具宿存副萼。本属约25种。中国18种。七目嶂1种。

1. 广寄生
Taxillus chinensis (DC.) Danser

嫩枝、嫩叶密被锈色星状毛，后脱落。小枝具皮孔。叶对生或近对生，厚纸质，卵形至长卵形，顶端圆钝，基部楔形或阔楔形；侧脉3~4对。伞形花序，1~2个腋生或生于已落叶腋部，具1~4花，通常2，花序和花被星状毛；花褐色。果椭圆状或近球形，熟时浅黄色。花果期4月至翌年1月。

寄生较广，桑树、果树、榕树等均可被寄生。七目嶂较常见。

全株入药，味苦、甘、性平，可祛风湿、补肝肾、强筋骨、安胎催乳。

6. 大苞寄生属 Tolypanthus (Blume) Reichb.

寄生性灌木。叶互生或对生；具叶柄。密簇聚伞花序，腋生，具3~6花，花梗短或几无；每花具1苞片，苞片叶状；花两性，5数，辐射对称、花托卵球形；副萼杯状；花冠在成长的花蕾时管状，开花时顶部分裂5片，反折。浆果椭圆状。种子1。本属约5种。中国2种。七目嶂1种。

1. 大苞寄生
Tolypanthus maclurei (Merr.) Danser

叶革质，对生或簇生短枝，长圆形或长卵形。密簇聚伞花序，1~3个生于小枝已落叶腋部或腋生，具3~5花；苞片长卵形，淡红色；花红色或橙色；冠管上半部膨胀；裂片狭长圆形，反折。果椭圆状，黄色。花期4~7月，果期8~10月。

生山地、山谷或溪畔常绿阔叶林中。七目嶂偶见。带叶茎枝可入药，补肝肾、强筋骨、祛风除湿，可治头目眩晕、腰膝酸痛、风湿麻木。

7. 槲寄生属 Viscum L.

寄生性灌木或亚灌木。茎、枝圆柱状或扁平，具明显的节。叶对生，具基出脉或叶退化呈鳞片状。雌雄同株或异株；聚伞式花序，顶生或腋生，通常具3~7花，总花梗短或无，常具2苞片；花单性，小，花梗无；副萼无；花被萼片状。浆果近球形或卵球形或椭圆状，常具宿存花柱。本属约70种。中国12种。七目嶂3种。

1. 槲寄生
Viscum coloratum (Kom.) Nakai.

茎、枝均圆柱状，二歧或三歧、稀多歧地分枝，干后具不规则皱纹。叶对生，稀3叶轮生，厚革质或革质，长椭圆形至椭圆状披针形。雌雄异株；花序顶生或腋生于茎叉状分枝处；雄花序聚伞状，通常具3花，中央的花具2苞片或无；雌花序聚伞式穗状，总花梗长2~3mm或几无，具3~5花。果球形，具宿存花柱，成熟时淡黄色或橙红色；果皮平滑。花期4~5月，果期9~11月。

生阔叶林中。七目嶂偶见。

全株入药，具治风湿痹痛、腰膝酸软及降低血压等功效。

2. 柿寄生
Viscum diospyrosicola Hayat.

茎圆柱形。分枝对生或交互对生，二歧或三歧，小

枝柱状扁平。叶椭圆形或长圆状卵形内，3脉，基部楔形，先端钝。花序腋生，聚伞花序单生；花3枚；花被裂片4，三角形；柱头乳头状。浆果黄色或橙色，椭圆形或卵球形，基部圆形。花果期4~12月。

生山谷。七目嶂偶见。

带叶茎枝可入药，具有祛风湿、强筋骨、止咳、消肿、降压之功效，用于治风湿痹痛、腰腿酸痛、咳嗽、咯血、胃痛、胎动不安、疮疖、高血压。

3. 柄果槲寄生
Viscum multinerve (Hayata) Hayata

茎圆柱状。枝交叉对生或二歧地分枝。叶对生，薄革质，披针形或镰刀形，顶端渐尖或近急尖，下半部渐狭。扇形聚伞花序，1~3个腋生或顶生；花排列成1行，中央1~3花为雌花，侧生的为雄花；柱头乳头状。果黄绿色。花果期4~12月。

生山地常绿阔叶林中，寄生于锥栗属、柯属或樟树等植物上。七目嶂偶见。

带叶茎枝可入药，具有祛风湿、补肝肾、活血止痛、安胎、下乳等功效。

186 檀香科 Santalaceae

乔木、灌木或草本，有时寄生于其他树上或根上。单叶互生或对生，全缘，有时退化为鳞片。花常淡绿色，两性或单性，辐射对称，单生或排成各式花序；萼花瓣状，常肉质，裂片3~6；无花瓣；有花盘；雄蕊3~6，与萼片对生。果为核果或坚果。本科36属500种。中国7属33种。七目嶂1属1种。

1. 寄生藤属 Dendrotrophe Miq.

半寄生木质藤本。枝圆柱状，嫩时有纵棱。叶革质，互生，叶柄有或无，全缘；叶脉基出，3~11条，侧脉在基部以上呈弧形。花小，腋生，单性或两性，单生、簇生或集成聚伞花序或伞形花序；花被5~6裂，与花盘离生，内面在雄蕊后面有疏毛1撮或有1舌状物；雄蕊5~6。核果，具宿存花被裂片。本属约10种。中国6种。七目嶂1种。

1. 寄生藤
Dendrotrophe varians (Blume) Miq.

常呈灌木状。枝三棱形，扭曲。叶厚，多少软革质，

叶片倒卵形至阔椭圆形，先端圆钝，有短尖，基部收狭而下延成叶柄；基出脉3条。花通常单性，雌雄异株；雄花球形，5~6花集成聚伞状花序；雌花常单生。核果卵状，熟时棕黄色至红褐色。花期1~3月，果期6~8月。

生丘陵山地灌丛或疏林中，寄生其他植物的地下茎或根上。七目嶂山坡灌丛较常见。

全株入药，味辛，性平，可活血散瘀。

189 蛇菰科 Balanophoraceae

寄生性一年生或多年生肉质草本。无正常根，靠根茎上的吸盘寄生于寄主植物的根上。根茎粗，通常分枝，表面常有疣瘤或星芒状皮孔，顶端具开裂的裂鞘。花茎圆柱状，通常红色；花序顶生，肉穗状或头状；花单性，雌雄花同株或异株；雄花常比雌花大。坚果小，脆骨质或革质。本科18属约50种。中国2属13种。七目嶂1属1种。

1. 蛇菰属 Balanophora J. R. Forst. & G. Forst.

寄生性肉质草本。具多年生或一次结果的习性。根茎分枝或不分枝，表面具疣瘤、星芒状皮孔和方格状凸起，皱褶或皱缩，很少平滑或仅有小凸体。肉穗花序仅具单性花或雌雄花同株；花茎直立，通常圆柱状；花小，有梗或无梗；花序轴卵圆形、球形、穗状或圆柱状。果坚果状；外果皮脆骨质。本属约19种。中国12种。七目嶂1种。

1. 红冬蛇菰（广东蛇菰）
Balanophora harlandii Hook. f.

根茎苍褐色，扁球形或近球形，分枝或不分枝，表面粗糙，密被小斑点，呈脑状皱褶。花茎淡红色；鳞苞片5~10，多少肉质，红色或淡红色，长圆状卵形，聚生于花茎基部，呈总苞状；花雌雄异株；花3数。花期9~11月。

生荫蔽林中湿润的腐殖质土壤深厚处。七目嶂偶见。

珍贵中草药，有活血化瘀、清热解毒等功效，常用于治痔疮、胃痛和咯血、哮喘、月经不调、跌打损伤等病症。

190 鼠李科 Rhamnaceae

灌木、攀缘灌木或乔木。具刺或无刺。单叶互生或近对生，全缘或具齿；具羽状脉或基生三至五出脉；托叶小或变为刺状。花小，整齐，两性，稀杂性或退化成单性而雌雄异株；常排成聚伞花序，或有时总状或圆锥状，或有时单生或簇生；花萼通常钟状，淡黄绿色；花瓣4~5。核果或蒴果，无翅或具翅。本科50属900余种。中国13属137种。七目嶂6属8种。

1. 勾儿茶属 Berchemia Neck. ex DC.

攀缘或直立灌木，稀小乔木。枝无毛平滑，无托叶刺。叶互生，纸质或近革质，全缘；具羽状平行脉，侧脉每边4~18条，明显；托叶宿存，稀脱落。花序顶生或兼腋生，通常由1至数花簇生排成聚伞花序，再总状或圆锥状，稀1~3花腋生；花两性，具梗，无毛，5基数。核果近圆形、倒卵状或圆柱状椭圆形，紫红色或紫黑色。本属约32种。中国19种。七目嶂1种。

1. 多花勾儿茶

Berchemia floribunda (Wall.) Brongn.

幼枝黄绿色，光滑无毛。叶纸质，上部叶较小，卵形，下部叶较大，椭圆形至矩圆形，基部圆形，无毛；侧脉每边9~12条，明显；叶柄长；托叶宿存。花多数，顶部呈聚伞圆锥花序，下部兼腋生聚伞总状花序。核果圆柱状椭圆形。花期7~10月，果期翌年4~7月。

生丘陵山地山坡、沟谷、林缘、林下或灌丛中。七目嶂山坡灌丛、林缘较常见。

根入药，有祛风除湿、散瘀消肿、止痛之功效。

2. 枳椇属 Hovenia Thunb.

落叶乔木，稀灌木。幼枝常被短柔毛或绒毛。叶互生，基部有时偏斜，边缘有锯齿；具基三出脉，侧脉4~8对，具长柄。花小，白色或黄绿色，两性，5基数，密集成顶生或兼腋生聚伞圆锥花序。浆果状核果近球形，宿存萼筒及花柱；花序轴在结果时膨大，扭曲，肉质。本属5种。中国均产。七目嶂1种。

1. 枳椇

Hovenia acerba Lindl.

小枝具皮孔。叶互生，厚纸质至纸质，宽卵形、椭圆状卵形，顶端渐尖，基部截形或心形，边缘常具细锯齿，上面无毛，下面沿脉被毛或无毛。二歧式聚伞圆锥花序，顶生和腋生，被棕色短柔毛；花两性，小，白色。浆果状核果近球形；果序轴明显膨大。花期5~7月，果期8~10月。

生村旁开旷地、山坡林缘或疏林中。七目嶂林缘偶见。

果序轴肥厚，可生食、酿酒或泡酒，能治风湿；种子为清凉利尿药，能解酒毒。

3. 马甲子属 Paliurus Mill.

落叶乔木或灌木。单叶互生，有锯齿或近全缘；具基三出脉；托叶常变成刺。花两性，5基数，排成腋生或顶生聚伞花序或聚伞圆锥花序；花梗短，结果时增长；花萼5裂；花瓣匙形或扇形，两侧常内卷；雄蕊基部与瓣爪离生；花盘厚、肉质。核果杯状或草帽状，周围具翅，基部有宿存的萼筒。本属5种。中国5种。七目嶂1种。

1. 马甲子

Paliurus ramosissimus (Lour.) Poir.

具托叶刺。叶互生，纸质，宽卵形或卵状椭圆形或近圆形，基部宽楔形、楔形，稍偏斜，边缘具细锯齿，稀上部近全缘；基三出脉。腋生聚伞花序，被黄色绒毛；萼片宽卵形；花瓣匙形，短于萼片；花盘圆形，边缘齿裂。核果杯状，周围具3浅裂的窄翅。花期5~8月，果期9~10月。

野生或栽培。生于村旁平地、沟边灌草丛。七目嶂溪边偶见。

根、叶入药，味苦，性平，有解毒消肿、止痛活血之效。

4. 鼠李属 Rhamnus L.

落叶或常绿灌木或乔木。无刺或小枝顶端常变成针刺。叶互生或近对生，稀对生，具羽状脉，边缘有锯齿或稀全缘；托叶小，早落，稀宿存。花小，两性，或单性而雌雄异株，稀杂性；单生或数花簇生，或排成腋生聚伞花序、聚伞总状或聚伞圆锥花序；花黄绿色。浆果状核果，基部为宿存萼筒所包围。本属约150种。中国57种。七目嶂2种。

1. 长叶冻绿（黄药）

Rhamnus crenata Siebold & Zucc.

幼枝带红色，被毛后脱落。叶纸质，倒卵状椭圆形、椭圆形或倒卵形，长4~14cm，基部楔形或钝，边缘具圆齿或细锯齿，叶背多少被毛；侧脉每边7~12条，明显。数花或10余花密集成腋生聚伞花序，总花梗被毛；花白色。核果球形或倒卵状球形，熟时黑色。花期5~8月，果期8~10月。

生丘陵低山林下或灌丛中。七目嶂山坡灌丛偶见。

根有毒，民间常用根、皮煎水或醋浸洗以治顽癣或疥疮。

2. 薄叶鼠李

Rhamnus leptophylla C. K. Schneid

小枝对生或近对生，平滑无毛。叶纸质，对生或近对生，或在短枝上簇生，倒卵形至倒卵状椭圆形，基部楔形，边缘具圆齿或钝齿，叶背脉腋有簇毛；侧脉每边3~5条，网脉不明显。花单性，雌雄异株，4基数，有花瓣。核果球形，熟时黑色。花期3~5月，果期5~10月。

生土山或喀斯特山坡灌丛、林缘、路边或林中。七目嶂旱生灌丛偶见。

全草药用，有清热、解毒、活血之功效。

5. 雀梅藤属 Sageretia Brongn.

攀缘或直立灌木，稀小乔木。无刺或具枝刺。小枝互生或近对生。叶纸质至革质，互生或近对生，边缘具锯齿，稀近全缘；叶脉羽状，平行；具柄；托叶小，脱落。花两性，5基数，花小；排成穗状或穗状圆锥花序，稀总状花序；花盘厚，肉质，壳斗状。浆果状核果，椭圆状卵形或圆球形。本属约35种。中国19种。七目嶂2种。

1. 亮叶雀梅藤

Sageretia lucida Merr.

无刺或具刺。小枝无毛。叶薄革质，互生或近对生，卵状矩圆形或卵状椭圆形，边缘具圆齿状浅锯齿。花无梗或近无梗，绿色，无毛，通常排成腋生短穗状花序；花序轴无毛，常具褐色、卵状三角形小苞片；萼片三角状卵形。核果较大，椭圆状卵形。花期4~7月，果期9~12月。

生山谷疏林中。七目嶂林下可见。

具有潜在观赏价值。

2. 雀梅藤

Sageretia thea (Osbeck) M. C. Johnst.

小枝具刺。叶纸质，近对生或互生，常椭圆形、矩圆形或卵状椭圆形，基部圆形或近心形，边缘具细锯齿，叶背有时沿脉被毛；侧脉每边3~5条，在下面明显凸起。

花无梗，黄色，芳香，通常数花簇生排成顶生或腋生穗状或圆锥状穗状花序。核果熟时黑色。花期7~11月，果期翌年3~5月。

常生丘陵、山地林下或灌丛中，喀斯特灌丛多见。七目嶂旱生灌丛偶见。

根、叶入药，叶可治疮疡肿毒；根可治咳嗽、降气化痰；果酸味可食。

6. 翼核果属 Ventilago Gaertn.

攀缘灌木，稀小乔木。叶互生，革质或近革质，稀纸质，全缘或具齿，基部常不对称；具明显的网状脉。花小，两性，5基数，数花簇生或排成顶生或腋生的聚伞总状或聚伞圆锥花序；花萼5裂；花瓣顶端凹缺，稀不存在；花盘厚，肉质，五边形。核果球形，不开裂，基部包着宿存萼筒，上端具翅。本属约40种。中国约6种。七目嶂1种。

1. 翼核果
Ventilago leiocarpa Benth.

单叶互生，薄革质，卵状矩圆形或卵状椭圆形，顶端渐尖或短渐尖，基部近圆形，边缘近全缘，或具不明显的疏细锯齿，两面无毛；侧脉每边4~7条，上凹下凸，网脉明显。花小，两性，5基数，单生或簇生叶腋，稀排成聚伞总状或聚伞圆锥状。核果，具翅。花期3~5月，果期4~7月。

生丘陵低山疏林下或灌丛中。七目嶂山地林中偶见。

根入药，味苦、性温，能养血祛风、舒筋活络。

191 胡颓子科 Elaeagnaceae

常绿或落叶灌木或攀缘藤本，稀乔木。有刺或无刺，全体被银白色或褐色至锈盾形鳞片或星状绒毛。单叶互生，稀对生或轮生，全缘；羽状叶脉；具柄；无托叶。花两性或单性，稀杂性，单生或数花组成腋生伞形总状花序，通常整齐，白色或黄褐色，具香气。坚果或瘦果，为增厚的萼管所包围而呈核果状。本科3属90余种。中国2属约74种。七目嶂1属3种。

1. 胡颓子属 Elaeagnus L.

常绿或落叶灌木或小乔木，直立或攀缘。具刺或无刺，全体被银白色或褐色鳞片或星状毛。单叶互生，膜质，纸质或革质，披针形至椭圆形或卵形，全缘。花两性，稀杂性，单生或1~7花簇生于叶腋或叶腋短小枝上，成伞形总状花序；通常具花梗。坚果，为膨大肉质萼管所包围，呈核果状，红色或黄红色。本属约90种。中国约67种。七目嶂3种。

1. 蔓胡颓子
Elaeagnus glabra Thunb.

无刺，全体被银白色或褐色鳞片或星状毛。叶薄革质，卵形或卵状椭圆形，顶端渐尖或长渐尖，基部圆形，全缘，微反卷；侧脉6~8对。花淡白色，下垂，密被银白色鳞片，常3~7花密生短枝成伞形总状花序。果实矩圆形，成熟时红色。花期9~11月，果期翌年4~5月。

生山坡向阳林中或林缘。七目嶂山坡林缘偶见。

根、叶、果入药，味酸，性平，叶有收敛止泻、平喘止咳之效；根能行气止痛。

2. 角花胡颓子
Elaeagnus gonyanthes Benth.

通常无刺。幼枝密被棕红色或灰褐色鳞片后脱落。叶革质，椭圆形或矩圆状椭圆形，顶端钝形或钝尖，边缘微反卷，上面幼时被锈色鳞片后脱落，下面棕红色，具锈色或灰色鳞片；侧脉7~10对。花白色，被鳞片，单生新枝基部叶腋。果实熟时黄红色。花期10~11月，果期翌年2~3月。

生山脚向阳林中或林缘。七目嶂山脚林缘偶见。

果实可食，生津止渴；全株入药，味微苦、涩，性湿，根能祛风通络，行气止痛，消肿解毒，叶平喘止咳，果收敛止泻。

3. 胡颓子
Elaeagnus pungens Thunb.

刺顶生或腋生。叶革质，椭圆形或阔椭圆形，边缘微反卷或皱波状，下面密被银白色和少数褐色鳞片。花白色或淡白色，下垂，1~3花生于叶腋锈色短小枝上；萼筒漏斗状圆筒形。果实椭圆形，成熟时红色。花期9~12月，果期翌年4~6月。

生向阳山坡或路旁。七目嶂路旁偶见。

种子、叶和根可入药，种子可止泻，叶治肺虚短气，根治吐血，煎汤洗对疮疥有一定疗效；果实味甜，可生食，也可酿酒和熬糖；茎皮纤维可造纸和人造纤维板。

193 葡萄科 Vitaceae

木质稀草质藤本或灌木。具卷须，或灌木而无卷须。单叶、羽状或掌状复叶，互生；具托叶。花小，两性或杂性同株或异株，排成伞房状多歧聚伞花序、复二歧聚伞花序或圆锥状多歧聚伞花序，4~5基数；萼呈碟形或浅杯状；花瓣与萼片同数；雄蕊与花瓣对生。果实为浆果，有种子1至数枚。本科14属9700余种。中国8属146余种。七目嶂5属11种。

1. 蛇葡萄属 Ampelopsis Michx.

木质藤本。卷须2~3分枝。叶为单叶、羽状复叶或掌状复叶，互生。花5数，两性或杂性同株，组成伞房状多歧聚伞花序或复二歧聚伞花序；花盘发达，边缘波状浅裂；花柱明显，柱头不明显扩大。浆果球形，有1~4种子。本属30余种。中国17种。七目嶂4种。

1. 广东蛇葡萄
Ampelopsis cantoniensis (Hook. & Arn.) Planch.

小枝有纵棱纹。卷须二叉分枝，相隔2节间断与叶对生。一至二回羽状复叶；小叶变化大，通常卵形至卵状椭圆形，基部多为阔楔形。花序为伞房状多歧聚伞花序，顶生或与叶对生；花5基数，两性，白色。果实近球形，红色，有2~4种子。花期4~7月，果期8~11月。

生山谷林中或山坡灌丛。七目嶂山谷林中偶见。

全株可入药，性寒，有利肠通便的功效，主治便秘；果实可酿酒。

2. 牯岭蛇葡萄
Ampelopsis glandulosa (Wall.) Momiy. var. **kulingensis** (Rehder) Momiy.

植株被短柔毛或几无毛。卷须二至三叉分枝，相隔2节间断与叶对生。叶为单叶，五角形，上部侧角明显外倾，边缘有急尖锯齿，仅下面脉上有疏毛；基出脉5；叶柄被疏柔毛。花两性，对生聚伞花序；花萼显；花瓣4~5，分离而扩展，逐枚脱落；雄蕊短而与花瓣同数；花盘隆起，与子房合生；子房2室，花柱柔弱。果实近球形。花期5~7月，果期8~9月。

生沟谷林下或山坡灌丛。七目嶂灌丛可见。

全株药用，有清热解毒、祛风湿、强筋骨等功效。

3. 显齿蛇葡萄
Ampelopsis grossedentata (Hand.-Mazz.) W. T. Wang

叶为一至二回羽状复叶。花序为伞房状多歧聚伞花序，与叶对生；花瓣5，卵椭圆形，无毛；雄蕊5，花药卵圆形；花盘发达，波状浅裂；子房下部与花盘合生，花柱钻形，柱头不明显扩大。果近球形，有2~4种子。种子倒卵圆形，顶端圆形。花期5~8月，果期8~12月。

生沟谷林中或山坡灌丛。七目嶂林下可见。

全株药用，用于治疗感冒发热、咽喉肿痛、黄疸型肝炎等症状。

4. 大叶蛇葡萄
Ampelopsis megalophylla Diels & Gilg.

小枝无毛。卷须3分枝，相隔2节间断与叶对生。二回羽状复叶；小叶长椭圆形或卵椭圆形，顶端渐尖，边缘具粗锯齿，两面均无毛；侧脉4~7对。花序为伞房状多歧聚伞花序或复二歧聚伞花序，顶生或与叶对生；花5数，白色。果实略倒卵状。花期6~8月，果期7~10月。

生山谷或山坡林中。七目嶂山谷林中偶见。

具有一定的潜在观赏价值。

2. 乌蔹莓属 Cayratia Juss.

木质藤本。卷须通常二至三叉分枝，稀总状多分枝。叶为3小叶或鸟足状5小叶，互生。花4数，两性或杂性同株；伞房状多歧聚伞花序或复二歧聚伞花序；花瓣展开，各自分离脱落；花盘发达，边缘4浅裂或波状浅裂；花柱短。浆果球形或近球形，有1~4种子。本属60余种。中国17种。七目嶂1种。

1. 角花乌蔹莓
Cayratia corniculata (Benth.) Gagnep.

卷须先端二叉，与叶对生。鸟足状复叶；小叶5，长椭圆形、卵圆形或倒卵椭圆形，先端渐尖或短尖，边缘前半部疏生小锯齿。复伞形花序；花4数；花被浅绿带白色，卵状三角形，顶端具小角状凸起；雄蕊8。浆果球形，熟时蓝色。花期4~6月，果期11~12月。

生山谷阴湿处。七目嶂山谷林缘偶见。

块茎入药，有清热解毒、祛风化痰的作用。

3. 地锦属 Parthenocissus Planch.

木质藤本。卷须总状多分枝，嫩时顶端膨大或细尖微卷曲而不膨大，后遇附着物扩大成吸盘。叶为单叶、3小叶或掌状5小叶，互生。花5数，两性，组成圆锥状或伞房状疏散多歧聚伞花序；花瓣展开，各自分离脱落；雄蕊5；花盘不明显或偶有5枚蜜腺状的花盘；花柱明显。浆果球形，有1~4种子。本属约13种。中国10种。七目嶂3种。

1. 异叶地锦
Parthenocissus dalzielii Gagnep.

卷须总状5~8分枝，卷须顶端膨大，遇附着物扩大呈吸盘状。叶两型，短枝上常为3小叶，长枝上为单叶；单叶卵圆形，边缘有细牙齿；3小叶者，中央小叶长椭圆形，侧生小叶基部极不对称。花为多歧聚伞花序。果近球形，成熟时紫黑色。花期5~7月，果期7~11月。

生山崖陡壁、山坡或山谷林中或灌丛岩石缝中。七目嶂山谷可见。

叶形美观，习性强健，常用于墙面、篱垣、棚架、山石绿化观赏，也可用于坡地、荒地作地被植物栽培。

2. 三叶地锦
Parthenocissus semicordata (Wall.) Planch.

卷须总状4~6分枝，相隔2节间断与叶对生，顶端嫩时尖细卷曲，后遇附着物扩大成吸盘。叶为3小叶，小叶中上部有具尖锯齿；侧生小叶基部不对称。多歧聚伞花序着生在短枝上，花序基部分枝，主轴不明显；花5数；花盘不明显。果实近球形。花期5~7月，果期9~10月。

生山坡林中或灌丛，常附生石上或树干。七目嶂山谷林内偶见。

常用作垂直绿化和高层建筑物、假山、公园棚架、高大树木以及围墙等的美化。

葡萄科Vitaceae

3. 地锦
Parthenocissus tricuspidata (Sieb. & Zucc.) Planch.

小枝圆柱形，几无毛或微被疏柔毛。卷须5~9分枝，相隔2节间断与叶对生，卷须顶端嫩时膨大呈圆珠形，后遇附着物扩大成吸盘。叶为单叶，通常着生在短枝上为3浅裂，叶片通常倒卵圆形，边缘有粗锯齿，上面绿色，无毛，下面浅绿色，无毛或中脉上疏生短柔毛。花序着生在短枝上，基部分枝，形成多歧聚伞花序，主轴不明显；花瓣5，长椭圆形，无毛。果实球形，有1~3种子。种子倒卵圆形。花期5~8月，果期9~10月。

生山坡崖石壁或灌丛。七目嶂路旁偶见。

垂直绿化植物，枝叶茂密，分枝多而斜展；根入药，能祛瘀消肿。

4. 崖爬藤属 **Tetrastigma** (Miq.) Planch.

木质藤本。卷须总状多分枝，嫩时顶端膨大或细尖微卷曲而不膨大，后遇附着物扩大成吸盘。叶为单叶、3小叶或掌状5小叶，互生。花5数，两性，组成圆锥状或伞房状疏散多歧聚伞花序；花瓣展开，各自分离脱落；雄蕊5；花盘不明显或偶有5枚蜜腺状的花盘；花柱明显。浆果球形，有1~4种子。本属约13种。中国10种。七目嶂2种。

1. 三叶崖爬藤（三叶青）
Tetrastigma hemsleyanum Diels & Gilg.

小枝无毛。卷须单一，相隔2节与叶对生。叶为3小叶；小叶披针形、长椭圆披针形，侧生小叶基部稍不对称，两面无毛，边缘具疏浅锯齿。花序腋生，下部有

节上有苞片，或假顶生而基部无节和苞片，4数。浆果近球形，有1种子。花期4~6月，果期8~11月。

生山坡灌丛、山谷、溪边林下石缝中。七目嶂山谷林内偶见。

全株入药，有活血散瘀、解毒、化痰作用。

2. 扁担藤
Tetrastigma planicaule (Hook. f.) Gagnep.

茎扁压。卷须不分枝，相隔2节间断与叶对生。叶为掌状5小叶；小叶各式披针形，顶端渐尖或急尖，边缘有齿，两面无毛。花序腋生，下部有节。果实近球形，多肉质，熟时黄色。花期4~6月，果期8~12月。

生山谷林中或山坡岩石缝中。七目嶂灌丛可见。

藤茎供药用，有祛风湿之效。

5. 葡萄属 **Vitis** L.

木质藤本。小枝圆柱形，有棱纹。卷须二叉分枝，每隔2节间断与叶对生。叶长圆卵形；托叶卵状长圆形或长圆披针形，膜质，褐色。花杂性异株；圆锥花序与叶对生；花蕾倒卵椭圆形或近球形；萼碟形；花瓣5，呈帽状黏合脱落；雄蕊5，花丝丝状，花药黄色，椭圆形。果实球形，成熟时紫红色。花期4~8月，果期6~10月。本属60余种。中国约38种。七目嶂1种。

1. 闽赣葡萄
Vitis chungii F. P. Metcalf.

无毛。卷须二叉分枝，每隔2节间断与叶对生。单叶，长椭圆卵形或卵状披针形，顶端渐尖或尾尖，边缘有7~9个齿，嫩叶背常带紫色；基生脉三出，网脉在两

175

面凸出。花杂性异株；圆锥花序基部分枝不发达，圆柱形，与叶对生。果实球形，成熟时紫红色。花期4~6月，果期6~8月。

生山坡、沟谷林中或灌丛。七目嶂灌丛可见。

有一定的观赏价值。

194 芸香科 Rutaceae

常绿或落叶乔木，灌木或草本，稀攀缘性灌木。通常有油腺点，有或无刺，无托叶。叶互生或对生；单叶或复叶。花两性或单性，稀杂性同株，辐射对称，很少两侧对称；聚伞花序，稀总状或穗状花序，罕单花和叶上生花；花4或5数。果为蓇葖果、蒴果、翅果、核果，或具翼或果皮稍近肉质的浆果。本科约155属1600种。中国22属约126种。七目嶂6属9种。

1. 山柑属 Capparis L.

常绿灌木或小乔木，直立或攀缘。单叶，具叶柄，稀无柄，螺旋状着生，有时假2列，全缘，草质至革质；托叶刺状。花排成总状、伞房状或圆锥花序腋生，稀单生叶腋；萼片4，2轮；花瓣4，覆瓦状排列，常成形状稍不相似的2对；雄蕊6至多数；雌蕊柄与花丝近等长。浆果球形或伸长。本属约250种。中国约30种。七目嶂1种。

1. 广州山柑

Capparis cantoniensis Lour.

嫩枝被毛；老枝几无毛。叶纸质或近革质，长圆形或长圆状披针形，无毛；中脉上凹下凸；叶柄被毛；托

叶小刺稍弯。圆锥花序顶生或腋生，由数个伞形花序组成；花白色，有香味；萼片小；雄蕊20~45；雌蕊柄长6~8mm，无毛。果球形至椭圆形。花期3~11月，果期6月至翌年3月。

生山沟水旁或平地疏林中，湿润而略荫蔽的环境更常见。七目嶂较常见。

根藤入药，味苦，性寒，有清热解毒、镇痛、疗肺止咳的功效。

2. 柑橘属 Citrus L.

小乔木。枝有刺，嫩枝扁而具棱。单生复叶；叶缘有细钝裂齿，稀全缘，密生有芳香气味的透明油点。花两性，或退化成单性，单花腋生或数花簇生，或为少花的总状花序；花萼杯状，3~5浅裂；花瓣5，常背卷，白色或背面紫红色，芳香；雄蕊20~25，很少多达60；花盘明显，有密腺。柑果。本属约20种。中国约15种。七目嶂栽培1种。

1. 柚

Citrus maxima (Burm.) Merr.

嫩枝、叶背、花梗、花萼及子房均被柔毛。嫩枝扁且有棱。单生复叶，质厚，阔卵形或椭圆形，连冀叶顶端钝或圆，基部圆。总状花序，有时兼有腋生单花；花蕾淡紫红色，稀乳白色；花萼不规则3~5浅裂；雄蕊25~35。果圆球形。花期4~5月，果期9~12月。

全为栽培。七目嶂偶见。

水果树种。

3. 吴茱萸属 Evodia J. R. Forst. & G. Forst.

常绿或落叶灌木或乔木。无刺。单叶、3小叶或羽状复叶；叶及小叶均对生，常有油点。聚伞圆锥花序；花单性，雌雄异株；萼片及花瓣均4或5。蓇葖果，成熟时沿腹、背二缝线开裂，顶端有或无喙状芒尖；外果皮有油点。本属233种。中国8种。七目嶂1种。

1. 三桠苦

Evodia lepta (Spreng.) Merr.

通常3小叶，叶柄基部稍增粗；小叶长椭圆形，两端尖，有时倒卵状椭圆形，全缘，油点多；小叶柄甚短。聚伞圆锥花序腋生，很少同时有顶生；花甚多，单性异株，萼片及花瓣均4；花瓣淡黄色或白色。蓇葖果淡黄色或茶褐色，每分果瓣有1种子。花期4~6月，果期7~10月。

生较荫蔽的山谷湿润地方，阳坡灌木丛中也有生长。七目嶂山坡疏林较常见。

根、叶、果入药，味苦，性寒，能清热解毒。

4. 四数花属 Tetradium Lour.

乔木或灌木。奇数羽状复叶，叶柄基部常增大；小叶片有粗大的腺点（灌木型的）或缺（乔木型的）。二歧聚伞花序，顶生；花5，稀为4；雌花的退化雄蕊短小，常呈鳞片状，插生于花盘基部四周；雄花的退化子房先端3~5裂，裂瓣常被短毛，成熟的心皮2~5，稀为1。种子圆球形或卵球形。本属约9种。中国约7种。七目嶂1种。

1. 楝叶吴萸
Tetradium glabrifolium (Champ. ex Benth.) T. G. Hartley

树皮灰白色，不开裂，密生皮孔。羽状复叶；小叶常7~11，小叶斜卵状披针形，两侧明显不对称，油点不明显，叶缘有细钝齿或全缘，无毛。聚伞圆锥花序顶生，花甚多；萼片及花瓣均5；花瓣白色。蓇葖果，淡紫红色。花期7~9月，果期10~12月。

多生于平地常绿阔叶林中及山谷较湿润的地段。七目嶂山谷林中偶见。

树叶是蓖麻蚕的良好饲料；根及果用作草药，有健胃、祛风、镇痛、消肿之功效。

5. 飞龙掌血属 Toddalia A. Juss.

木质攀缘藤本，通常蔓生。枝干多钩刺。叶互生，指状三出叶，密生透明油点。花单性，近于平顶的伞房状聚伞花序或圆锥花序；萼片及花瓣均5或有时4；萼片基部合生；花瓣镊合状排列；雄花的雄蕊5或4，退化雌蕊短棒状；雌花的退化雄蕊短小，约为雌蕊长之半，无花药，子房由5或4枚心皮组成，心皮合生．5或4室，每室有上下叠生的2胚珠，花柱极短，柱头头状。核果近圆球形，有黏胶质液，有4~8分核。种子肾形；种皮脆骨质；胚乳肉质；胚弯曲子叶线形或长圆形。单种属。七目嶂有分布。

1. 飞龙掌血
Toddalia asiatica (L.) Lam.

种的特征与属同。花期几乎全年，果期多在秋冬季。

常见于疏残灌丛或次生林中，在常绿林中可成巨大藤本，石灰岩山地也常见。七目嶂山坡灌丛较常见。

全株用作草药，多用其根，可活血散瘀、祛风除湿、消肿止痛，治感冒风寒、胃痛、肋间神经痛、风湿骨痛、跌打损伤、咯血等。

6. 花椒属 Zanthoxylum L.

常绿或落叶乔木或灌木，或木质藤本。茎枝常有皮刺。叶互生，奇数羽叶复叶，稀单或3小叶；小叶互生或对生，全缘或通常叶缘有小裂齿，齿缝处常有较大的油点。圆锥花序或伞房状聚伞花序，顶生或腋生；花单性；花被片1~2轮；雄花蕊4~10；雌花常无退化雄蕊。蓇葖果；外果皮红色，有油点。本属约250种。中国41种。七目嶂4种。

1. 椿叶花椒
Zanthoxylum ailanthoides Sieb. & Zucc.

茎干有鼓钉状、基部宽达3cm、长2~5mm的锐刺。花序轴及小枝顶部常散生短直刺，各部无毛。叶有11~27小叶或稍多；小叶整齐对生，狭长披针形或位于叶轴基部的近卵形，叶缘有明显裂齿，油点多，肉眼可见。花序顶生，多花，几无花梗；花瓣淡黄白色。分果瓣淡红褐色，顶端无芒尖。花期8~9月，果期10~12月。

生山地杂木林中。七目嶂林下可见。

根皮及树皮均作草药，味辛、苦，性平，有祛风湿、通经络、活血、散瘀功效，治风湿骨痛、跌打肿痛

2. 簕欓花椒
Zanthoxylum avicennae (Lam.) DC.

树干有鸡爪状刺，密集。各部无毛。奇数羽状复叶，小叶 11~21；小叶对生或近对生，斜卵形、斜长方形或呈镰刀状，两侧甚不对称，全缘，或中上部有疏裂齿，油点常明显；叶轴腹面常有狭翼。花序顶生，花多；花序轴及花梗有时紫红色；花瓣黄白色。果淡紫红色。花期 6~8 月，果期 10~12 月。

生低海拔平地、坡地或谷地，多见于次生林中。七目嶂谷底常见。

民间用作草药，有祛风去湿、行气化痰、止痛等功效，治多类痛症，又作驱蛔虫剂；根的水浸液和酒精提取液对溶血性链球菌及金黄色葡萄球菌均有抑制作用。

3. 两面针
Zanthoxylum nitidum (Roxb.) DC.

老茎有翼状木栓层，茎枝及叶轴均有弯钩锐刺。羽状复叶，小叶 3~11；小叶对生，硬革质，阔卵形或近圆形，顶部长或短尾状，边缘常有疏齿；叶脉两面常有针刺。花序腋生；花 4 基数；花瓣淡黄绿色。蓇葖果红褐色；果皮红褐色；花期 3~5 月，果期 9~11 月。

生丘陵山地的疏林、灌丛中、荒山草坡的有刺灌丛中。七目嶂路边灌丛偶见。

根、茎、叶、果皮均用作草药，通常用根，根性凉，果性温，有活血、散瘀、镇痛、消肿等功效。

4. 花椒簕
Zanthoxylum scandens Blume.

枝干有短钩刺，叶轴上的刺较多。奇数羽状复叶，小叶 5~25，或更多；小叶互生或位于叶轴上部的对生，卵形、卵状椭圆形或斜长圆形，两侧明显不对称或近于对称，全缘或上部有细裂齿。花序腋生或兼有顶生；花被 2 轮；花瓣淡黄绿色。蓇葖果紫红色。花期 3~5 月，果期 7~8 月。

生丘陵低山山坡灌木丛或疏林下。七目嶂山坡林下偶见。

种子油可作润滑油和制肥皂。

196 橄榄科 Burseraceae

乔木或灌木。奇数羽状复叶，稀单叶，互生，常聚生枝顶，一般无腺点；小叶全缘或具齿，托叶有或无。圆锥花序或极稀为总状或穗状花序，腋生或有时顶生；花小，3~5 数，辐射对称，单性、两性或杂性；雌雄同株或异株；萼片 3~6；花瓣 3~6，常分离；花盘杯状、盘状或坛状。核果；外果皮常肉质而不开裂。本科 16 属约 550 种。中国 3 属 13 种。七目嶂 1 属 1 种。

1. 橄榄属 Canarium L.

常绿乔木，稀灌木或藤本。叶螺旋状排列，稀为 3 叶轮生，常多少集中于枝顶；奇数羽状复叶，极稀为单叶；托叶常存在，常早落；小叶对生或近对生，全缘至具浅齿。花序腋生或腋上生或顶生，为聚伞圆锥花序，有苞片；花3数，单性，雌雄异株。核果，1核；外果皮肉质。本属约75种。中国7种。七目嶂1种。

1. 橄榄
Canarium album (Lour.) Rauesch.

嫩枝被黄毛后秃净。有托叶，仅芽时存在，着生于近叶柄基部的枝干上；小叶3~6对，纸质至革质，披针形或椭圆形，无毛或背脉被毛，基部偏斜，全缘；中脉显著。花序腋生；雄花序聚伞圆锥状；雌花序总状。果卵圆形至纺锤形，熟时黄绿色。花期4~5月，果10~12月成熟。

野生于丘陵低山沟谷和山坡杂木林中。七目嶂山谷林中偶见。

材用，绿化；果可生食或渍制；药用治喉头炎、咳血、烦渴、肠炎腹泻；核供雕刻。

197 楝科 Meliaceae

乔木或灌木，稀为亚灌木。通常羽状复叶，稀3小叶或单叶，互生，稀对生；小叶基部多少偏斜。圆锥花序或间为总状花序或穗状花序，辐射对称，通常5基数，两性或杂性异株；花瓣4~5，稀3~7，分离或下部与雄蕊管合生；雄蕊4~10，花丝合生；花盘生于雄蕊管的内面或缺。蒴果、浆果或核果。本科50属约575种。中国17属40种。七目嶂3属4种。

1. 麻楝属 Chukrasia A. Juss.

高大乔木。芽有鳞片，被粗毛。叶通常为偶数羽状复叶，有时为奇数羽状复叶；小叶全缘。花两性，长圆形，组成顶生或腋生的圆锥花序；花萼短，浅杯状，4~5齿裂；花瓣4~5，彼此分离，旋转排列；雄蕊管圆筒形，较花瓣略短，近顶端全缘或有10齿裂，花药10，长椭圆形，着生于管口的边缘上；花盘不甚发育或缺；子房具短柄，3~5室，每室有胚珠多数。果为木质蒴果，3室，室间开裂为3~4果瓣；果瓣2层，由具3~4翅的中轴上分离。种子每室多数，2行覆瓦状排列于中轴上；子叶叶状，圆形；胚根凸出。单种属。七目嶂有分布。

1. 麻楝
Chukrasia tabularis A. Juss.

种的特征与属同。花期4~5月，果期7月至翌年1月。

生山地杂木林或疏林中。七目嶂偶见。

木材黄褐色或赤褐色，芳香、坚硬、有光泽、易加工、耐腐，为建筑、造船、家具等良好用材。

2. 楝属 Melia L.

落叶乔木或灌木。嫩枝叶被毛。叶互生，一至三回羽状复叶；小叶具柄，常具齿或全缘。圆锥花序腋生，多分枝，由多个二歧聚伞花序组成；花两性；花萼5~6深裂，覆瓦状排列；花瓣5~6，白色或紫色，分离；雄蕊管圆筒形；花盘环状；柱头头状，3~6裂。果为核果，近肉质，核骨质，每室有1种子。本属约3种。中国2种。七目嶂1种。

1. 苦楝
Melia azedarach L.

树皮灰褐色，纵裂。二至三回奇数羽状复叶；小叶对生，卵形、椭圆形至披针形，顶生一枚通常略大，先端短渐尖，基部楔形或宽楔形，多少偏斜，边缘有钝锯齿，幼时被星状毛，后两面无毛。圆锥花序腋生，与叶等长；花芳香；花瓣淡紫色。核果球形至椭圆形。花期4~5月，果期10~12月。

生低海拔旷野、路旁或疏林中。七目嶂路旁疏林较常见。

材质一般。树皮、根皮、叶及果入药，味苦、性寒，有毒，能清湿热、消肿痛、利大肠、驱虫、止痒。

3. 香椿属 Toona M. Roem.

乔木。树皮粗糙，常鳞块状脱落。叶互生，羽状复叶；小叶全缘，稀具疏小齿。花小，两性，组成聚伞花序，再排成顶生或腋生的大圆锥花序；花萼短，管状，5齿裂或5裂萼；花瓣5，远长于花萼，与花萼裂片互生，分离；雄蕊5，分离，与花瓣互生，着生花盘上。果为蒴果。种子具长翅。本属约5种。中国4种。七目嶂2种。

1. 红椿（毛红楝子）
Toona ciliata M. Roem.

叶为偶数或奇数羽状复叶，小叶7~8对；小叶对生或近对生，纸质，长圆状卵形或披针形，先端尾状渐尖，基部偏斜，全缘，两面无毛或仅背脉腋有毛；侧脉每边12~18条，背面凸起。花小，两性，圆锥花序顶生；花瓣白色。蒴果长椭圆形。种子两端具翅。花期4~6月，果期10~12月。

国家重点保护野生植物。多生于低海拔沟谷林中或山坡疏林中。七目嶂山谷林中偶见。

木材赤褐色，纹理通直，质软、耐腐，适宜作建筑、车舟、茶箱、家具、雕刻等用材。

2. 香椿
Toona sinensis (A. Juss.) M. Roem.

树皮粗糙，片状脱落。小叶8~10对，卵状披针形或卵状长椭圆形，顶端尾尖，基部不对称，边全缘或有疏离的小锯齿。圆锥花序与叶等长或更长。蒴果狭椭圆形。种子上端有膜质的长翅。花期6~8月，果期10~12月。

生山地杂木林或疏林中。七目嶂偶见。

幼芽、嫩叶芳香可口，供蔬食；木材黄褐色而具红色环带，纹理美丽，质坚硬，有光泽，耐腐力强，易施工，为家具、室内装饰品及造船的优良木材；根皮及果入药，有收敛止血、去湿止痛之功效。

198 无患子科 Sapindaceae

乔木或灌木，有时为草质或木质藤本。羽状复叶或掌状复叶，稀单叶，互生；通常无托叶。聚伞圆锥花序顶生或腋生；苞片和小苞片小；花通常小，单性，很少杂性或两性，辐射对称或两侧对称。果为室背开裂的蒴果，或不开裂而浆果状或核果状，全缘或深裂为分果爿，1~4室。本科约135属1500种。中国21属52种。七目嶂2属2种。

1. 龙眼属 Dimocarpus Lour.

乔木。偶数羽状复叶，互生；小叶对生或近对生，全缘。聚伞圆锥花序常阔大，顶生或近枝顶丛生，被星状毛或绒毛；苞片和小苞片均小而钻形；花单性，雌雄同株，辐射对称；花萼杯状，萼片5，裂片覆瓦状排列，被星状毛或绒毛；花瓣1~4或5，通常匙形或披针形；花盘碟状；雄蕊通常8，伸出，2或3裂，密覆小瘤体；胚珠每室1。果深裂为2或3果爿，通常仅1或2枚发育。种子近球形或椭圆形；种皮革质，平滑；种脐稍大，椭圆形；胚直；子叶肥厚，并生。本属约20种。中国4种。七目嶂1种。

1. 龙眼
Dimocarpus longan Lour.

小枝粗壮，被微柔毛，散生苍白色皮孔。小叶薄革质，两侧常不对称，有光泽，背面粉绿色，两面无毛；侧脉12~15对，背凸。花序大型，多分枝，顶生和近枝顶腋生，密被星状毛；萼片近革质，三角状卵形，两面均被褐黄色绒毛和成束的星状毛；花瓣乳白色，披针形，仅外面被微柔毛。果近球形，通常黄褐色或有时灰黄色，外面稍粗糙，或少有微凸的小瘤体。种子茶褐色，光亮，全部被肉质的假种皮包裹。花期春夏间，果期夏季。

生疏林下。七目嶂林下可见。

作果品为主，其假种皮富含维生素和磷质，有益脾、健脑的作用，可入药；种子含淀粉，可酿酒；木材坚实，厚重，暗红褐色，耐水湿，是造船、家具、细工等的优良材。

2. 无患子属 Sapindus L.

乔木或灌木。偶数羽状复叶，稀单叶，互生，无托叶；小叶全缘近对生或互生。聚伞圆锥花序大型，多分枝，顶生或在小枝顶部丛生；苞片和小苞片均小而钻形；花单性，雌雄同株或有时异株，辐射对称或两侧对称。果深裂为3分果爿，通常仅1或2枚发育，发育果爿近球形或倒卵圆形，内有1种子。本属约13种。中国4种。七目嶂1种。

1. 无患子

Sapindus saponaria L.

树皮灰褐色或黑褐色。偶数羽状复叶，互生，无托叶；小叶5~8对，近对生，叶片薄纸质，长椭圆状披针形或稍呈镰形，基部楔形偏斜，两面无毛或背面被微毛。花序顶生，圆锥形；花小，辐射对称，单性同株。发育分果爿近球形，橙黄色。花期春季，果期夏秋。

生旷野、溪边、村旁等平地或山坡下部。七目嶂疏林偶见。

根和果入药，味苦微甘，有小毒，有清热解毒、化痰止咳之效。

200 槭树科 Aceraceae

落叶乔木或灌木，稀常绿。叶对生，具叶柄，无托叶，单叶稀羽状或掌状复叶，不裂或掌状分裂。花序伞房状、穗状或聚伞状，近顶生；花序的下部常有叶，稀无叶；花小，绿色或黄绿色，稀紫色或红色，整齐，两性、杂性或单性，雄花与两性花同株或异株。果为小坚果，常有翅，又称翅果。本科2属约131种。中国2属约101种。七目嶂1属2种。

1. 槭树属 Acer L.

落叶或常绿乔木或灌木。冬芽具鳞片。叶对生，单叶或复叶，不裂或分裂。花序由着叶小枝的顶芽生出，下部具叶，或由小枝旁边的侧芽生出，下部无叶；花小，整齐，雄花与两性花同株或异株；稀单性，雌雄异株；萼片与花瓣均5或4，稀缺花瓣。果实系2枚相连的小坚果，凸起或扁平，侧面有长翅。本属约129种。中国99种。七目嶂2种。

1. 罗浮槭

Acer fabri Hance.

嫩枝紫绿色或绿色。叶革质，披针形、长圆披针形或长圆倒披针形，先端锐尖或短锐尖，全缘，上面无毛，下面无毛或脉腋稀被丛毛；主脉在两面明显。花杂性，雄花与两性花同株，常伞房花序，紫色；花瓣5，白色。翅果嫩时紫色，成熟时黄褐色或淡褐色。花期3~4月，果期9月。

生于中高海拔疏林中。七目嶂山地林中偶见。

为美丽的彩色景观树；果实入药，清热解毒，用于治肝炎、跌打损伤等。

2. 岭南槭

Acer tutcheri Duthie

嫩枝淡紫色或黄绿色。叶近于革质，基部近心形或圆形，3裂；中裂片和侧裂片均系三角状卵形，先端锐尖，裂片具齿；背脉嫩时被毛后秃净。圆锥花序顶生；萼片4，黄绿色；花瓣4，淡黄白色；雄蕊8。翅果初红色后黄褐色。花期春季，果期9月。

生中高海拔疏林中。七目嶂山地林中偶见。

材质优良，可供制家具等用；枝叶青翠繁茂，秋冬季节叶色绯红，是理想的彩叶植物。

201 清风藤科 Sabiaceae

落叶或常绿乔木、灌木或攀缘木质藤本。叶互生，单叶或奇数羽状复叶；无托叶。花两性或杂性异株，辐射对称或两侧对称，通常排成腋生或顶生的聚伞花序或圆锥花序，有时单生；萼片5，很少3或4；花瓣5，很少4；雄蕊5，稀4。核果，1室，很少2室，不开裂。种子单生。本科3属80余种。中国2属46种。七目嶂2属7种。

1. 泡花树属 Meliosma Blume

常绿或落叶乔木或灌木。通常被毛。叶为单叶或具近对生小叶的奇数羽状复叶，叶片全缘或多少有锯齿。花小，两性，两侧对称，具短梗或无梗，组成顶生或腋生、多花的圆锥花序；萼片4~5；花瓣5，大小极不相等；雄蕊5，仅2枚发育。核果小，近球形或梨形；中果皮肉质。本属约50种。中国约29种。七目嶂4种。

1. 香皮树（罗浮泡花树）
Meliosma fordii Hemsl.

树皮灰色，多皮孔。小枝、叶柄、叶背及花序被褐色平伏柔毛。单叶，具长叶柄，近革质，倒披针形或披针形，先端渐尖，稀钝，基部狭楔形，下延，全缘或近顶部有数锯齿；上面叶脉被毛。圆锥花序宽广，顶生或近顶生，三至五回分枝。果近球形或扁球形，核具明显网纹凸起，中肋隆起，腹部稍平，腹孔小，不张开。花期5~7月，果期8~10月。

生常绿阔叶林中。七目嶂山谷林中偶见。

树皮及叶药用，有滑肠功效，治便秘。

2. 笔罗子
Meliosma rigida Siebold & Zucc.

树皮灰色，多皮孔。芽、小枝、叶背、花序均被锈色绒毛。单叶，革质，倒披针形，或狭倒卵形，先端渐尖或尾状渐尖，基部狭楔形，下延，全缘或中上部有数尖齿；上面叶脉被毛。圆锥花序顶生，三回分枝，花密生于第三次分枝上。核果球形，稍偏斜，具凸起细网纹，中肋稍隆起，腹部稍凸出。花期夏季，果期9~10月。

生常绿阔叶林中。七目嶂山谷林中偶见。

木材淡红色，坚硬，可供作把柄、担杆、手杖等用；树皮及叶含鞣质，可提制栲胶；种子可榨油。

3. 樟叶泡花树
Meliosma squamulata Hance

树皮粗糙，多皮孔。幼枝及芽被褐色短柔毛；老枝无毛。单叶，具纤细的长叶柄，叶革质，椭圆形或卵形，先端尾状渐尖或狭条状渐尖，基部楔形，稍下延，全缘，叶面无毛，有光泽，叶背密被鳞片；侧脉较少。圆锥花序顶生或腋生。核果近球形，顶基扁斜，具明显凸起的不规则细网纹，中肋稍钝隆起，腹孔小，具8~10条射出棱。花期夏季，果期9~10月。

生山地常绿阔叶林中。七目嶂偶见。

木材供建筑用。

4. 山楝叶泡花树
Meliosma thorelii Lecomte

小枝圆柱形，有明显而较密的圆点状或椭圆点状皮孔。单叶，革质，倒披针状椭圆形或倒披针形，先端渐尖，约3/4以下渐狭至基部成狭楔形，下延至柄；侧脉每边15~22条，稍劲直达近末端弯拱环结；中脉与网脉干时两面均凸起。圆锥花序顶生或生于上部叶腋，直立，侧枝平展，被褐色短柔毛；花芳香；萼片卵形，先端钝，有缘毛；外面3花瓣白色，近圆形。核果球形，顶基稍扁而稍偏斜。花期夏季，果期10~11月。

生林间。七目嶂常见。

种子油可作油漆和肥皂原料。

2. 清风藤属 Sabia Colebr.

落叶或常绿攀缘木质藤本。冬芽小。小枝基部有宿存的芽鳞。叶为单叶，全缘。花小，两性，很少杂性，辐射对称，单生于叶腋，或组成腋生的聚伞花序，有时再呈圆锥花序式排列；萼片绿色、白色、黄色或紫色；花瓣5，稀4；雄蕊5~4，全部发育。果有2分果爿，1枚发育成核果；中果皮肉质。本属约30种。中国约有17种。七目嶂3种。

1. 灰背清风藤
Sabia discolor Dunn.

嫩枝具纵条纹，无毛。芽鳞阔卵形。叶纸质，卵形、椭圆状卵形或椭圆形，先端尖或钝，基部圆或阔楔形，两面均无毛，叶背苍白色；侧脉每边3~5条。聚伞花序呈伞状，有4~5花；总花梗、花瓣黄绿色；花盘杯状。核果红色或蓝色。花期3~4月，果期5~8月。

生丘陵低山坡地灌木林、疏林中。七目嶂山坡林中偶见。

具有潜在的观赏价值。

2. 柠檬清风藤（毛萼清风藤）
Sabia limoniacea Wall. ex Hook. f. & Thoms.

叶革质，椭圆形、长圆状椭圆形或卵状椭圆形，先端短渐尖或急尖，基部阔楔形或圆形，两面均无毛；侧脉每边6~7条。聚伞花序有2~4花，再排成狭长的圆锥花序；花淡绿色、黄绿色或淡红色；花盘杯状。核果近圆形或近肾形，红色或蓝色。花期8~11月，果期翌年1~5月。

生山地密林中。七目嶂山地林中偶见。

3. 尖叶清风藤
Sabia swinhoei Hemsl.

小枝纤细，被长而垂直的柔毛。叶纸质，椭圆形、卵状椭圆形、卵形或宽卵形，叶面除嫩时中脉被毛外余无毛，叶背被短柔毛或仅在脉上有柔毛；侧脉每边4~6条，网脉稀疏。聚伞花序有2~7花，被疏长柔毛；萼片5，卵形，外面有不明显的红色腺点，有缘毛；花瓣5，浅绿色，卵状披针形或披针形。分果爿深蓝色。花期3~4月，果期7~9月。

生山谷林间。七目嶂偶见。

具有潜在的观赏价值。

民间广泛用于治风湿痹病、产后瘀血。

204 省沽油科 Staphyleaceae

乔木或灌木。叶对生或互生，奇数羽状复叶，稀单叶；有托叶，稀无；具齿。花整齐，两性或杂性，稀为雌雄异株，在圆锥花序上花少；萼片5，分离或连合，覆瓦状排列；花瓣5，覆瓦状排列；雄蕊5，互生；花柱各式分离到完全连合。果实为蒴果状，常为多少分离的蓇葖果或不裂的核果或浆果。本科3属约50种。中国3属20种。七目嶂1属2种。

1. 山香圆属 Turpinia Vent.

乔木或灌木。枝圆柱形。叶对生，无托叶，奇数羽状复叶或为单叶，叶柄在着叶处收缩；小叶革质，对生，有时有小托叶。圆锥花序开展，顶生或腋生；花小，白色，整齐，两性，稀为单性；萼片5，覆瓦状排列，宿存；花瓣5，圆形，覆瓦状排列；花盘伸出；雄蕊5；花柱3。浆果；果实近圆球形，有疤痕。本属30~40种。中国13种。七目嶂2种。

1. 锐尖山香圆
Turpinia arguta (Lindl.) Seem.

单叶，对生，厚纸质，椭圆形或长椭圆形，先端渐尖，具尖尾，基部钝圆或宽楔形，边缘具疏锯齿，齿尖具硬腺体；侧脉10~13对，平行。顶生圆锥花序，密集或较疏松，白色。花柱被柔毛。浆果近球形，熟时红色，花盘宿存。花期3~4月，果期9~10月。

生山地疏林、灌丛林中或林缘。七目嶂山地林缘偶见。

叶可作家畜饲料。

2. 山香圆
Turpinia montana (Blume) Kurz

枝和小枝圆柱形，灰白绿色。叶对生，羽状复叶；小叶5，纸质，长圆形至长圆状椭圆形，基部宽楔形，边缘具疏圆齿或锯齿，两面无毛；网脉在两面几不可见。圆锥花序顶生，花较多，疏松，花小；花瓣5，椭圆形至圆形，具绒毛或无毛；花丝无毛。果球形，紫红色，2~3室，每室1种子；外果皮薄。

生山坡密林阴湿地。七目嶂密林偶见。

有较好的抗菌消炎作用，用于治疗扁桃体炎、咽喉炎和扁桃体脓肿。

205 漆树科 Anacardiaceae

乔木或灌木，稀为木质藤本或亚灌状草本。叶互生，稀对生，单叶、掌状三小叶或奇数羽状复叶；无托叶或托叶不显。花小，辐射对称，两性或多为单性或杂性，排列成顶生或腋生的圆锥花序；花常双被，稀单被或无被；花萼3~5裂；花瓣3~5；花盘环状或坛状或杯状。果多为核果。本科77属600余种。中国17属55种。七目嶂3属4种。

1. 南酸枣属 Choerospondias B. L. Burtt & A. W. Hill

落叶大乔木。奇数羽状复叶互生，常聚生枝顶；小叶对生，具柄。花单性或杂性异株，雄花和假两性花排列成腋生或近顶生的聚伞圆锥花序，雌花通常单生于上部叶腋；花萼浅杯状，5裂；花瓣5；雄蕊10，着生在花盘外面基部，与花盘裂片互生；花柱5。核果卵圆形或长圆形或椭圆形；果核顶端5小孔。单种属。七目嶂有分布。

1. 南酸枣
Choerospondias axillaris (Roxb.) B. L. Burtt & A. W. Hill

种的特征与属同。花期春季，果期夏末。

生山坡、丘陵或沟谷林中。七目嶂山坡林中偶见。

材用；果可食；果、根、叶、树皮入药，果能消炎解毒、止痛止血，根、叶治消化不良，树皮治烧烫伤等。

2. 盐肤木属 Rhus L.

落叶灌木或乔木。叶互生，奇数羽状复叶、3小叶或单叶，叶轴具翅或无翅；小叶具柄或无柄，边缘具齿或全缘。花小，杂性或单性异株，多花，排列成顶生聚伞圆锥花序或复穗状花序，苞片宿存或脱落；花萼5裂，宿存；花瓣5；雄蕊5；花柱3。核果球形，略压扁，被腺毛和具节毛或单毛，成熟时红色。本属约250种。中国6种。七目嶂1种。

1. 盐肤木
Rhus chinensis Mill.

奇数羽状复叶有小叶3~6对，叶轴具宽的叶状翅，小叶自下而上逐渐增大，叶轴和叶柄密被锈色柔毛；小叶对生，卵形至长圆形，先端急尖，基部圆形，叶背被白粉及毛，小叶无柄。圆锥花序宽大，顶生，多分枝；花小，白色。核果球形，略压扁，小。花期8~9月，果期10月。

生向阳山坡、沟谷、溪边的疏林或灌丛中。七目嶂山坡灌草丛、疏林常见。

根、叶、花及果均可供药用，根、叶能凉血散瘀，果收敛镇咳、凉血解毒，树上的虫瘿（五倍子）杀虫止痒。

3. 漆属 Toxicodendron (Tourn.) Mill.

落叶乔木或灌木，稀为木质藤本。具白色乳汁。叶互生，奇数羽状复叶或掌状3小叶；小叶对生，叶轴通常无翅。花序腋生，聚伞圆锥状或聚伞总状；花小，单性异株；苞片早落；花萼5裂，宿存；花瓣5；雄蕊5；花盘环状、盘状或杯状浅裂；花柱3，基部多少合生。核果近球形、椭圆形或肾形。本属20余种。中国16种。七目嶂2种。

1. 木蜡树
Toxicodendron sylvestre (Siebold & Zucc.) Kuntze

全体无毛。奇数羽状复叶互生，常集生枝顶，小叶4~7对；小叶对生或近对生，坚纸质至薄革质，长圆状椭圆形、阔披针形或卵状披针形，先端渐尖或长渐尖，基部多少偏斜，全缘，叶背常具白粉。圆锥花序腋生；花黄绿色。核果略大，偏斜。花期4~5月，果期9~10月。

生丘陵山地灌草丛、疏林中。七目嶂山坡灌草丛常见。

乳液含漆酚，人体接触易引起过敏；根、叶及果入药，有清热解毒、散瘀生肌、止血、杀虫之效。

2. 漆
Toxicodendron vernicifluum (Stokes) F. A. Barkley

树皮灰白色，粗糙，呈不规则纵裂。小枝粗壮，具圆形或心形的大叶痕和凸起的皮孔。顶芽大而显著，被棕黄色绒毛。奇数羽状复叶互生，常螺旋状排列，有小叶4~6对，叶轴被微柔毛，叶柄被微柔毛；小叶膜质至薄纸质，卵形或卵状椭圆形或长圆形，叶面通常无毛或仅沿中脉疏被微柔毛，叶背沿脉上被平展黄色柔毛。圆锥花序长与叶近等长，被灰黄色微柔毛，序轴及分枝纤细，疏花；花黄绿色；雄花花梗纤细，雌花花梗短粗。果序多少下垂；核果肾形或椭圆形。花期5~6月，果期7~10月。

生向阳山坡林内。七目嶂林内可见。

生漆是一种优良的防腐、防锈涂料，不易氧化、耐酸、耐醇和耐高温。

206 牛栓藤科 Connaraceae

常绿或落叶灌木，小乔木或藤本。叶互生，奇数羽状复叶，有时仅具1~3小叶；小叶全缘，稀分裂，无托叶。花两性，稀单性，辐射对称；花序腋生、顶生或假顶生，为总状花序或圆锥花序。萼片5，稀4，常宿存；花瓣5，稀4；雄蕊10或5，稀4+4，成2轮。蓇葖果，沿腹缝线开裂，稀周裂或不裂。本科24属约390种。中国6属9种。七目嶂1属1种。

1. 红叶藤属 Rourea Aubl.

攀缘藤本，灌木或小乔木。嫩叶红色。奇数羽状复叶，经常具多对小叶，稀仅具1小叶。聚伞花序排成圆锥花序，腋生或假顶生，具苞片和小苞片；花两性，5数；萼片宿存；花瓣为萼片长2~3倍，无毛；雄蕊10，与萼片对生的5枚比与花瓣对生的5枚长。蓇葖果单生，无柄，沿腹缝线纵裂。本属90余种。中国3种。七目嶂1种。

1. 小叶红叶藤
Rourea microphylla (Hook. & Arn.) Planch.

嫩叶红色。奇数羽状复叶，小叶7~17（27）；小叶片坚纸质至近革质，卵形、披针形或长圆披针形，基部楔形至圆形，常偏斜，全缘，两面无毛。圆锥花序，丛生于叶腋内；花芳香；花瓣白色、淡黄色或淡红色；雄蕊5+5。蓇葖果，熟时红色。花期3~9月，果期5月至翌年3月。

生丘陵低山的山坡或疏林中。七目嶂山坡灌丛较常见。

根、叶入药，味甘涩、性微温，可止血止痛、活血通经、收敛等。

207 胡桃科 Juglandaceae

落叶或半常绿乔木或小乔木。叶互生或稀对生，无托叶，奇数或稀偶数羽状复叶；小叶对生或互生，具或不具小叶柄，羽状脉，边缘具锯齿或稀全缘。花单性，雌雄同株；花序单性或稀两性；雄花序常柔荑花序，单独或数条成束，生于叶腋或芽鳞腋内；雌花序穗状，顶生。果为假核果或坚果状，具翅或无。本科9属60余种。中国7属20种。七目嶂1属2种。

1. 烟包树属 Engelhardia Lesch. ex Blume.

落叶或半常绿乔木或小乔木。叶互生，常为偶数羽状复叶；小叶全缘或具锯齿。花单性，雌雄同株或稀异株；花序均为柔荑状，长而具多数花，俯垂，常为一条顶生的雌花序及数条雄花序排列圆锥式花序束，腋生或假顶生。果序长而下垂；果实坚果状，具翅。本属约8种。中国5种。七目嶂2种。

1. 白皮黄杞
Engelhardia fenzelii Merr.

小叶1~2对，对生或近对生，叶片椭圆形至长椭圆形，全缘，基部歪斜。雌雄花序常生于枝顶而成圆锥状或伞形状花序束，顶端1条为雌花序，下方数条为雄花序，均为柔荑状。果序俯垂；果实球形，苞片托于果实，膜质，3裂。花期7月，果期9~10月。

生中低海拔林中。七目嶂低海拔林中较常见。

2. 黄杞
Engelhardia roxburghiana Wall.

树皮粗糙，细纵裂。偶数羽状复叶；小叶3~5对，近于对生，具小叶柄，叶片革质，长椭圆状披针形至长椭圆形，全缘，顶端渐尖或短渐尖，基部歪斜，两面具光泽。雌雄同株或稀异株；柔荑花序常生枝顶；雄花近无柄；雌花具短柄。坚果具翅。花期5~6月，果8~9月成熟。

生中低海拔林中。七目嶂低海拔林中较常见。

树皮、叶入药，树皮味微苦辛、性平，能行气化湿；叶味微苦、性凉，能清热止痛。

209 山茱萸科 Cornaceae

落叶乔木或灌木，稀常绿或草木。单叶对生，稀互生或近于轮生，全缘或有锯齿；叶脉羽状，稀掌状；无托叶或托叶纤毛状。花两性或单性异株，为圆锥、聚伞、伞形或头状等花序；有苞片或总苞片；花3~5数；花萼管状，与子房合生，先端有齿状裂片；花瓣通常白色。果为核果或浆果状核果。本科15属约119种。中国9属约60种。七目嶂1属1种。

1. 四照花属 Dendrobenthamia Hutch.

常绿或落叶小乔木或灌木。叶对生，薄革质或革质，稀纸质，卵形、椭圆形或长圆披针形；侧脉3~7对；具叶柄。头状花序顶生，有白色花瓣状的总苞片4枚；花小，两性；花萼管状，先端有齿状裂片4；花瓣4，分离，稀基部近于合生；雄蕊4；花盘环状或垫状。果为聚合状核果，球形或扁球形。本属10种。中国10种。七目嶂1种。

1. 褐毛四照花
Dendrobenthamia ferruginea (Wu) Fang

幼枝圆柱形，密被褐色粗毛。叶对生，纸质或亚革质，狭长椭圆形或长椭圆形，先端短渐尖，基部楔形或钝尖，稀近于圆形，全缘，上面深绿色，有光泽，幼时被白色细毛及褐色粗毛，后渐无毛，下面粉绿色，疏被褐色贴生粗毛；在脉上有褐色长柔毛，渐老则毛被稀疏；叶柄近于圆柱形，密被褐色粗毛，上面有浅沟，下面圆形。头状花序球形，60~70花聚集而成；总苞片4，黄白色，阔倒卵状椭圆形。果序球形，成熟时红色；总果梗稍被毛。花期6月，果期10~12月。

生中高海拔湿润山谷的密林或混交林中。七目嶂山谷林偶见。

果作食用，又可作为酿酒原料。

210 八角枫科 Alangiaceae

落叶乔木或灌木，稀攀缘。极稀有刺。枝常呈"之"字形。单叶互生，有叶柄，无托叶，全缘或掌状分裂，基部两侧常不对称；羽状叶脉或基出3~7掌状脉。花序腋生，聚伞状，极稀伞形或单生；小花梗常分节；苞片早落；花两性，淡白色或淡黄色；花萼小；花瓣4~10，线形。核果，顶端有宿存的萼齿和花盘。单属科，30余种。中国11种。七目嶂2种。

1. 八角枫属 Alangium Lam.

属的特征与科同。本属30余种。中国11种。七目嶂2种。

1. **八角枫**

Alangium chinense (Lour.) Harm.

小枝略呈"之"字形。叶纸质，近圆形或椭圆形、卵形，基部阔楔或截形，偏斜，不裂或3~9裂，仅背脉腋有丛毛；叶柄紫绿色或淡黄色。聚伞花序腋生，有7~30(~50)花；花瓣6~8，线形，白色变黄色；雄蕊6~8，药隔无毛。核果卵圆形。花期5~7月和9~10月，果期7~11月。

生丘陵低山疏林或次生林中。七目嶂山坡林中较常见。

根、茎入药，治风湿、跌打损伤、外伤止血等。

2. **毛八角枫**

Alangium kurzii Craib

嫩枝有毛。叶互生，纸质，近圆形或阔卵形，顶端长渐尖，基部心形或近心形，偏斜，全缘，叶背被黄毛；叶柄被黄毛，稀无毛。聚伞花序有5~7花；花瓣6~8，线形，白色变淡黄色；雄蕊6~8，药隔有长柔毛。核果椭圆形或矩圆状椭圆形。花期5~6月，果期9月。

生丘陵低山疏林或次生林中。七目嶂山坡林中偶见。

根、叶入药，味苦辛、性温，有小毒，可散瘀止痛。

211 蓝果树科 Nyssaceae

落叶乔木，稀灌木。单叶互生，有叶柄，无托叶，卵形、椭圆形或矩圆状椭圆形，全缘或具齿。花序头状、总状或伞形；花单性或杂性，异株或同株，常无花梗或有短花梗；雄花萼小，花瓣5，稀更多，雄蕊常为花瓣的2倍或较少，常2轮；雌花花萼管常与子房合生。果实为核果或翅果，顶端有宿存的花萼和花盘。本科5属约30种。中国3属10余种。七目嶂1属1种。

1. 蓝果树属 Nyssa L.

乔木或灌木。叶互生，全缘或有锯齿；常有叶柄；无托叶。花杂性，异株，无花梗或有短花梗；花序头状、伞形或总状；雄花的花托盘状、杯状或扁平；雌花或两性花的花托较长，常成管状、壶状或钟形；花萼细小，裂片5~10；花瓣通常5~8。核果矩圆形、长椭圆形或卵圆形，顶端有宿存的花萼和花盘。本属约12种。中国7种。七目嶂1种。

1. **蓝果树**

Nyssa sinensis Oliv.

树皮粗糙，常裂成薄片脱落。小枝具皮孔。冬芽淡紫绿色。叶纸质或薄革质，互生，椭圆形或长椭圆形，稀卵形或近披针形，顶端短急锐尖，基部近圆形，边缘略呈浅波状，叶背略被毛；叶柄淡紫绿色。花序伞形或短总状；花单性异株。核果，熟时深蓝色。花期4月，果期9月。

常生于中高海拔山谷或溪边潮湿混交林中。七目嶂山谷林中偶见。

木材坚硬，供建筑和制舟车、家具等用，或作枕木和胶合板、造纸原料；树干通直，树冠呈宝塔形，枝叶茂密，色彩美观，秋叶红艳，供观赏。

212 五加科 Araliaceae

乔木、灌木或木质藤本，稀多年生草本。有刺或无刺。叶互生，稀轮生，单叶、掌状复叶或羽状复叶；托叶通常与叶柄基部合生成鞘状，稀无托叶。花整齐，两性或杂性，稀单性异株，聚生为伞形、头状、总状或穗状，常再组成圆锥状复花序；花梗具关节或无；苞片宿存或早落；小苞片不显著。果实为浆果或核果。本科 80 属 900 余种。中国 22 属 160 余种。七目嶂 6 属 10 种。

1. 楤木属 Aralia L.

小乔木、灌木或多年生草本。有刺，稀无刺。叶大，一至数回羽状复叶；托叶和叶柄基部合生，稀不明显或无托叶。花杂性，聚生为伞形花序，稀为头状花序，再组成圆锥花序；苞片和小苞片宿存或早落；花梗有关节；花 5 基数。果实球形，有 5 棱，稀 2~4 棱。本属 30 余种。中国 30 种。七目嶂 3 种。

1. 黄毛楤木
Aralia chinensis L.

嫩枝、叶、花序等密生黄棕色绒毛，有刺；刺短而直。叶为二回羽状复叶，小叶 7~13，基部有小叶 1 对；小叶片革质，卵形至长圆状卵形，长 7~14cm，先端渐尖或尾尖，基部圆形，边缘有细尖锯齿。圆锥花序大。果实球形，黑色，有 5 棱。花果期 10 月至翌年 2 月。

生阳坡或疏林中。七目嶂山坡林缘偶见。

根入药，味辛、性温，祛风除湿。

2. 虎刺楤木（野楤头）
Aralia finlaysoniana (Wall. ex G. Don) Seem.

刺短，先端通常弯曲。叶为三回羽状复叶，托叶和叶柄基部合生，各轴疏生细刺；羽片有小叶 5~9，基部有小叶 1 对；小叶片纸质，长圆状卵形，先端渐尖，基部歪斜，两面脉上疏生小刺，边缘有齿。圆锥花序大，花序轴几无毛，具疏钩刺。果实具 5 棱。花期 8~10 月，果期 9~11 月。

生阔叶林中和林缘。七目嶂山坡林缘偶见。

根皮入药，味苦微辛、性微温，小毒，可散瘀消肿、祛风除湿、止痛。

3. 长刺楤木
Aralia spinifolia Merr.

各部具刺和刺毛；刺扁直，刺毛细针状。二回羽状复叶，小叶 5~9，基部有小叶 1 对；小叶片薄纸质或近膜质，长圆状卵形或卵状椭圆形，先端渐尖或长渐尖，基部有时略歪斜，边缘有齿或重锯齿。圆锥花序大，密生刺和刺毛。果卵球形，黑褐色，有 5 棱。花期 8~10 月，果期 10~12 月。

生山坡或林缘阳光充足处。七目嶂山坡疏林偶见。

根入药，能解毒消肿、止痛、驳骨。

2. 树参属 Dendropanax Decne. & Planch.

直立无刺无毛灌木或乔木。叶为单叶，不分裂或有时掌状 2~5 深裂，常有半透明红棕色或红黄色腺点；托叶与叶柄基部合生或无托叶。伞形花序单生或数个聚生成复伞形花序；花两性或杂性；小苞片很小；花梗无关节；花 5 基数。果实球形或长圆形，有明显至不明显的棱，稀平滑。本属约 80 种。中国 16 种。七目嶂 2 种。

1. 树参
Dendropanax dentiger (Harms) Merr.

叶片厚纸质或革质，密生腺点，叶形变异很大；不分裂叶片通常为椭圆形，先端渐尖，基部钝形或楔形；分裂叶片倒三角形，掌状 2~5 裂，两面均无毛，全缘或上部具疏齿。伞形花序顶生，单生或 2~5 个聚生成复伞形花序。果长圆形，有 5 棱。花期 8~10 月，果期 10~12 月。

生常绿阔叶林或灌丛中。七目嶂山地林中偶见。

根、茎、叶入药，味甘微辛、性温，可祛风湿、通经络、散瘀、壮筋骨，治偏头痛、风湿痹痛等症。

2. 变叶树参
Dendropanax proteus (Champ. ex Benth.) Benth.

叶片革质、纸质或薄纸质，无腺点，叶形变异很大；不分裂叶片常椭圆形，先端渐尖或长渐尖，基部楔形；分裂叶片倒三角形，掌状 2~3 深裂，两面均无毛，边缘上部具少齿，基脉三出。伞形花序单生或 2~3 个聚生；花多数。果实球形，平滑。花期 8~9 月，果期 9~10 月。

生于山谷溪边较阴湿的密林下，也生于向阳山坡路旁。七目嶂山地林中偶见。

根、茎入药，有祛除风湿、活血通络之效。

3. 五加属 Eleutherococcus Maxim.

灌木，直立，或很少小乔木。两性或雄花两性花同株，无毛或被短柔毛，通常具皮刺，偶有无刺。掌状复叶或具三小叶；托叶无或者非常弱地发育。伞形或头状花序组成复伞形或圆锥状花序；花梗无节或者只稍微子房下有节；花萼边缘全缘或具 5 小牙齿；花瓣 5，镊合状；雄蕊 5；子房 2~5，具心皮，花柱 2~5，离生至基部，或者部分对完全合生。核果 1，侧面压扁。种子的侧面压扁；胚乳光滑。本属约 40 种。中国 18 种。七目嶂 1 种。

1. 白簕
Eleutherococcus trifoliatus (L.) S. Y. Hu.

枝软弱铺散，常依持他物上升。刺基部扁平，先端钩曲。叶有小叶 3，稀 4~5；小叶片纸质，稀膜质，椭圆状卵形至椭圆状长圆形，稀倒卵形，两侧小叶片基部歪斜，两面无毛；网脉不明显。伞形花序 3~10，稀多至 20 个组成顶生复伞形花序或圆锥花序；花黄绿色；花瓣 5，三角状卵形。果实扁球形，黑色。花期 8~11 月，果期 9~12 月。

生村落、山坡路旁、林缘和灌丛。七目嶂路旁偶见。

根和叶入药，有清热解毒、祛风除湿之效。

4. 常春藤属 Hedera L.

常绿攀缘灌木。有气生根。叶为单叶，叶片在不育枝上的通常有裂片或裂齿，在花枝上的常不分裂；叶柄细长；无托叶。伞形花序单个顶生，或几个组成顶生短圆锥花序；苞片小；花梗无关节；花两性；萼筒近全缘或有 5 小齿；花瓣 5，在花芽中镊合状排列；雄蕊 5；子房 5 室，花柱合生成短柱状。果实球形。本属约 15 种。中国 2 种。七目嶂 1 种。

1. 常春藤
Hedera nepalensis K. Koch var. **sinensis** (Tobler) Rehder

有气生根。叶片革质，叶形变异大，不育枝上常为三角状，花枝上常为椭圆状，全缘或有 1~3 浅裂，无毛或疏生鳞片，叶脉在两面明显；叶柄细长；无托叶。伞形花序单个顶生，或 2~7 个总状排列或伞房状排列成圆锥花序。果实球形，红色或黄色。花期 9~11 月，果期翌年 3~5 月。

常攀缘于林缘树木、林下路旁、岩石和房屋墙壁上。七目嶂林中岩石上偶见。

全株入药，味苦辛、性温，有舒筋活血、消肿解毒、祛风除湿之功效。

5. 幌伞枫属 Heteropanax Seem.

灌木或乔木。无刺。叶大，三至五回羽状复叶，稀二回羽状复叶；托叶和叶柄基部合生。花杂性，聚生为伞形花序，再组成大圆锥花序，顶生的伞形花序通常为两性花，结实，侧生的伞形花序通常为雄花；苞片和小苞片宿存；花梗无关节；萼筒边缘通常有5小齿；花瓣5；雄蕊5；花柱2，离生。果实侧扁。本属约5种。中国5种。七目嶂1种。

1. 短梗幌伞枫
Heteropanax brevipedicellatus H. L. Li.

树皮灰棕色，有细密纵裂纹。嫩枝密生暗锈色绒毛。叶大，四至五回羽状复叶；叶轴密生暗锈色绒毛；小叶片纸质较小，椭圆形至狭椭圆形，先端渐尖，两面无毛，边缘稍反卷，常全缘。圆锥花序大而顶生。果实扁球形，黑色。花期11~12月，果期翌年1~2月。

生低丘陵森林中和林缘路旁的荫蔽处。七目嶂山谷林中偶见。

根和树皮入药，治跌打损伤、烫火伤及疮毒。

6. 鹅掌柴属 Schefflera J. R. Forst. & G. Forst.

直立无刺乔木或灌木，有时攀缘状。掌状复叶或单叶；托叶和叶柄基部合生成鞘状。花聚生成总状、伞形或头状，稀为穗状，再组成圆锥花序；花梗无关节；萼筒全缘或有细齿；花瓣5~11；雄蕊和花瓣同数；花柱离生或合生或无花柱。果实球形、近球形或卵球形，具棱或棱不明显。本属约200种。中国37种。七目嶂2种。

1. 穗序鹅掌柴
Schefflera delavayi (Franch.) Harms

小枝粗壮，幼时密生黄棕色星状绒毛。有4~7小叶；小叶片纸质至薄革质，稀革质，形状变化很大，上面无毛，下面密生灰白色或黄棕色星状绒毛；网脉上面稍下陷，下面为绒毛掩盖而不明显。花无梗，密集成穗状花序，再组成长40cm以上的大圆锥花序；主轴和分枝幼时均密生星状绒毛，后毛渐脱稀；苞片及小苞片三角形，均密生星状绒毛；花白色；萼疏生星状短柔毛，有5齿；花瓣5，三角状卵形，无毛。果实球形，紫黑色。花期10~11月，果期翌年1月。

生山谷溪边的常绿阔叶林中。七目嶂林下偶见。

民间常用草药，根皮治跌打损伤，叶有发表功效。

2. 鹅掌柴（鸭脚木）
Schefflera heptaphylla (L.) Frodin

小枝粗壮，幼时密生星状短柔毛。有6~9小叶，最多至11；叶柄疏生星状短柔毛或无毛；小叶片纸质至革质，椭圆形、长圆状椭圆形或倒卵状椭圆形，稀椭圆状披针形，除下面沿中脉和脉腋间外均无毛，或全部无毛；侧脉7~10对，网脉不明显。圆锥花序顶生，主轴和分枝幼时密生星状短柔毛；伞形花序有10~15花；花白色。果实球形，黑色，有不明显的棱。花期11~12月，果期12月。

生阳坡上。七目嶂路旁有见。

南方冬季蜜源植物；大型盆栽植物。

213 伞形科 Umbelliferae

一年生至多年生草本，罕灌木。茎直立或匍匐上升。叶互生，一回掌状分裂或一至四回羽状分裂的复叶，或一至二回三出式羽状分裂的复叶，稀单叶；叶柄基部有叶鞘；通常无托叶。花小，两性或杂性，成顶生或腋生的复伞形花序或单伞形花序，稀头状花序；伞形花序的基部有总苞片。果常为干果。本科250~455属3300~3700种。中国100属600余种。七目嶂6属7种。

1. 当归属 Angelica L.

二年生或多年生草本。茎直立，圆筒形，常中空，无毛或有毛。叶三出式羽状分裂或羽状多裂，裂片宽或狭，有齿，少为全缘；叶柄膨大成管状或囊状的叶鞘。复伞形花序，顶生和侧生；总苞片和小总苞片多数至少数，稀缺少；伞辐多数至少数；花白色带绿色，稀为淡红色或深紫色。果实卵形至长圆形。本属约90种。中国45种。七目嶂1种。

1. 紫花前胡（前胡）
Angelica decursiva (Miq.) Franch. & Sav.

茎直立，单一，中空，光滑，常为紫色，无毛，有纵沟纹。有叶柄，基部膨大成紫色叶鞘抱茎；叶片三角形至卵圆形，坚纸质，一回三全裂或一至二回羽状分裂。复伞形花序顶生和侧生，有柔毛；伞辐10~22；花深紫色。果实长圆形至卵状圆形。花期8~9月，果期9~11月。

生山坡林缘、溪沟边或杂木林灌丛中。七目嶂山坡林缘偶见。

根称"前胡"，入药，味苦辛、性微寒，可疏风清热、下气化痰、排脓，为解热、镇咳、祛痰药。

2. 积雪草属 Centella L.

多年生草本。有匍匐茎。叶有长柄，圆形、肾形或马蹄形，边缘有钝齿，基部心形，光滑或有柔毛；叶柄基部有鞘。单伞形花序，梗极短，单生或2~4个聚生于叶腋，伞形花序通常有3~4花；花近无柄，草黄色、白色至紫红色；苞片2；萼齿细小；花瓣5；雄蕊5，与花瓣互生。果实肾形或圆形，两侧扁压。本属约20种。中国1种。七目嶂有分布。

1. 积雪草（崩大碗）
Centella asiatica (L.) Urb.

茎匍匐，细长，节上生根。单叶，膜质至草质，圆形、肾形或马蹄形，边缘有钝锯齿，基部阔心形，两面无毛或背脉疏生柔毛；掌状脉5~7，脉上部分叉；叶柄长。伞形花序梗2~4，聚生于叶腋；花瓣紫红色或乳白色。果圆球形，两侧扁压，有纵棱。花果期4~10月。

喜生于阴湿的草地或水沟边。七目嶂旷野草地常见。

全草入药，味甘微苦、性凉，可清热利湿、消肿解毒、散瘀止痛、凉血、止血生肌、利尿。

3. 刺芹属 Eryngium L.

一年生或多年生草本。茎直立、无毛。单叶，全缘或分裂，有锯齿；叶柄具鞘；无托叶。头状花序有总苞片；花小，两性；无梗或近无梗；萼齿5，硬尖，具中脉；花瓣5，窄，先端有内折小舌片；雄蕊5，花丝长于花瓣。果稍侧扁，有鳞片状或瘤状凸起，果棱不明显，油管5，果横剖面近圆形。胚乳腹面平直或稍凸出。本属220余种。中国2种。七目嶂1种。

1. 刺芹
Eryngium foetidum L.

茎无毛，草绿色，上部3~5歧聚伞式分枝。基生叶披针形或倒披针形，两面无毛，有骨质锐锯齿，叶柄短，基部有鞘；茎生叶着生叉状分枝基部，对生，无柄，有深锯齿。圆柱形头状花序生于茎分叉处及上部短枝，无花序梗；总苞披针形，有1~3刺状锯齿；花瓣白色、淡黄色或淡绿色。果卵圆形或球形，有鳞状或瘤状凸起。花果期4~12月。

生丘陵、山地林下、路旁、沟边等湿润处。七目嶂沟旁有见。

在南美及其他热带地方，对利尿、治水肿病与蛇咬伤有良效；又可作食用香料，气味同芫荽。

4. 天胡荽属 Hydrocotyle Lam.

多年生草本。茎细长，匍匐或直立。叶片心形、圆形、肾形或五角形，有裂齿或掌状分裂；叶柄细长，无叶鞘；托叶细小，膜质。花序通常为单伞形花序，细小，有多数小花，密集呈头状；花序梗通常生自叶腋，短或长过叶柄；花白色、绿色或淡黄色；无萼齿。果心状圆形，两侧扁压，有棱。本属约75种。中国10余种。七目嶂2种。

1. 红马蹄草
Hydrocotyle nepalensis Hook.

茎匍匐，有斜上分枝，节上生根。单叶，膜质至硬膜质，圆形或肾形，边缘通常5~7浅裂，裂片有钝锯齿，基部心形，掌状脉7~9，疏生短硬毛；叶柄长而被毛。伞形花序数个簇生于茎端叶腋；小伞形花序常密集成头状花序；花瓣白色偶带红点。果基部心形，两侧扁压。花果期5~11月。

生山坡、路旁、阴湿地、水沟和溪边草丛中。七目嶂溪边草地偶见。

全草入药，治跌打损伤、感冒、咳嗽痰血。

2. 天胡荽
Hydrocotyle sibthorpioides Lam.

有气味。茎细长而匍匐，平铺地上成片，节上生根。单叶，膜质至草质，圆形或肾圆形，长 0.5~1.5cm，基部心形，不分裂或 5~7 裂，边缘有钝齿，有时两面光滑或密被柔毛；叶柄长而无毛或顶端有毛。伞形花序与叶对生，单生于节上；花瓣绿白色，有腺点。果略呈心形，两侧扁压。花果期 4~9 月。

通常生长在湿润的草地、河沟边、林下。七目嶂溪边草地较常见。

全草入药，味甘淡、性凉，清热、利尿、消肿、解毒、化痰止咳、透疹。

5. 水芹属 Oenanthe L.

光滑草本，二年生至多年生，很少为一年生。叶有柄，基部有叶鞘；叶片羽状分裂至多回羽状分裂，羽片或末回裂片卵形至线形，边缘有锯齿呈羽状半裂，或叶片有时简化成线形管状的叶柄。花序为疏松的复伞形花序，花序顶生与侧生；花白色。果实圆卵形至长圆形，光滑，侧面略扁平，果棱钝圆。本属约 30 种。中国 10 种。七目嶂 1 种。

1. 水芹
Oenanthe javanica (Blume) DC.

茎直立或基部匍匐。基生叶有柄，基部有叶鞘；叶一至二回羽状分裂，末回裂片卵形至菱状披针形，边缘具齿；茎上部叶无柄，裂片和基生叶的裂片相似，较小。复伞形花序顶生；无总苞；伞辐 6~16；小总苞片线形；花瓣白色。果实近于四角状椭圆形或筒状长圆形。花期 6~7 月，果期 8~9 月。

多生于浅水低洼地方或池沼、水沟旁。七目嶂溪边湿地偶见。

嫩枝叶可作蔬菜；全草入药，味微苦辛、性凉，可祛风清热、镇痛、降压、解毒、利尿。

6. 变豆菜属 Sanicula L.

二年生或多年生草本。茎直立或斜伸。叶有柄或近无柄，叶柄基部成叶鞘；叶片近圆形或圆心形至心状五角形，膜质、纸质或近革质，掌状或三出式 3 裂，裂片边缘有锯齿或刺毛状的复锯齿。单伞形花序或为不规则伸长的复伞形花序，稀近总状花序。果长椭圆状卵形或近球形，表面密生皮刺或瘤状凸起。本属约 40 种。中国 17 种。七目嶂 1 种。

1. 薄片变豆菜
Sanicula lamelligera Hance

根茎短，有结节，侧根多数，细长、棕褐色。茎 2~7，直立，细弱。基生叶圆心形或近五角形，掌状 3 裂，通常 2 深裂或在外侧边缘有 1 缺刻；叶柄长 4~18cm，基部有膜质鞘。花序通常二至四回二歧分枝或二至三叉，分叉间的小伞形花序短缩；总苞片细小，线状披针形。果实长卵形或卵形；胚乳腹面平直。花果期 4~11 月。

生山坡林下、沟谷、溪边及湿润的沙质土壤。七目嶂林下偶见。

全草入药，治风寒感冒、咳嗽、经闭等症。

214 山柳科 Clethraceae

落叶灌木或乔木，稀常绿。嫩枝和嫩叶常有星状毛或单毛。单叶互生，常聚生枝顶；有叶柄；无托叶。花两性，稀单性，整齐，常成顶生稀腋生的单总状花序或分枝成圆锥状或近于伞形状的复总状花序，花序轴和花梗被毛；苞片早落或宿存；花5数，稀6。果为蒴果，近球形，有宿存的花萼及花柱，室背开裂。单属科，约65种。中国7种。七目嶂1种。

1. 桤叶树属 Clethra L.

属的特征与科同。本属约65种。中国7种。七目嶂1种。

1. 单毛桤叶树
Clethra bodinieri H. Lév.

小枝圆柱形。叶革质或近革质，披针形或椭圆形，稀为倒卵状长圆形，上面亮绿色，下面淡绿色。总状花序单生枝端，花序轴、花梗和苞片均密被灰色单伏毛；花瓣5(~6)，白色或淡红色，芳香，宽长圆形至长圆形；雄蕊10(~12)，与花瓣相等或稍长，花柱不分裂，顶端柱头略膨大，无毛。蒴果近球形，具宿存萼，密被绢状硬毛。种子黄褐色，卵圆形，有棱；种皮上有网状浅凹槽。花期6~7月，果期8~9月。

生山坡或山谷密林、疏林或灌丛中。七目嶂路旁常见。

具有潜在的观赏价值。

215 杜鹃花科 Ericaceae

常绿、半常绿或落叶灌木或乔木，地生或附生。单叶互生，稀交互对生，罕假轮生；叶革质，稀纸质，全缘或具齿，不分裂，被各式毛或鳞片，或均无；不具托叶。花单生或组成总状、圆锥状或伞形总状花序，顶生或腋生，两性，辐射对称或略两侧对称；具苞片；花瓣合生，稀离生。蒴果或浆果，少有浆果状蒴果。本科约103属3350种。中国15属约757种。七目嶂5属15种。

1. 吊钟花属 Enkianthus Lour.

落叶或极少常绿灌木，稀为小乔木。枝常轮生。冬芽为混合芽。叶互生，全缘或具锯齿，常聚生枝顶；具柄。单花或为顶生、下垂的伞形花序或伞形总状花序；花梗细长，花开时常下弯，果时直立或下弯，基部具苞片；花萼5裂，宿存；花冠钟状或坛状，5浅裂；雄蕊10，分离，通常内藏，花丝短，基部渐变宽，常被毛，花药卵形，顶端通常呈羊角状叉开，每室顶端具1芒，有时基部具附属物，顶孔开裂；子房上位，5室，每室有胚珠数枚。蒴果椭圆形，5棱，室背开裂为5片。种子少数，长椭圆形，常有翅或有角。本属约13种。中国9种。七目嶂2种。

1. 吊钟花
Enkianthus quinqueflorus Lour.

树皮灰黄色。多分枝，枝圆柱状，无毛。叶常密集于枝顶，互生，革质，两面无毛，长圆形或倒卵状长圆形；网脉在两面明显；叶柄圆柱形，灰黄色。通常3~8(~13)花组成伞房花序，从枝顶覆瓦状排列的红色大苞片内生出；花梗绿色。蒴果椭圆形，淡黄色，具5棱；果梗直立，粗壮，绿色。花期3~5月，果期5~7月。

生山坡灌丛中。七目嶂灌丛偶见。

观赏花卉，在广州享有盛誉。

2. 齿缘吊钟花
Enkianthus serrulatus (E. H. Wilson) C. K. Schneid.

小枝无毛。叶椭圆形、长圆状椭圆形或倒卵状椭圆形，先端短渐尖，基部楔形，具细齿；叶脉纤细，在两面微凸起。伞形花序具2~6花；花梗下弯；花萼裂片三角形；花冠白色，钟状，裂片外弯；雄蕊长约5mm，花丝被柔毛，药室顶端有1芒。蒴果卵圆形，具5棱，无毛；

果柄直立。花期 4 月，果期 5~10 月。

生山坡。七目嶂路旁偶见。

根可入药，祛风除湿、活血。

2. 珍珠花属 Lyonia Nutt.

常绿或落叶灌木，稀小乔木。单叶，互生，全缘；具短叶柄。花小，白色，组成顶生或腋生的总状花序；花萼 4~5 裂，稀 8 裂，花后宿存；花冠筒状或坛状，稀钟状，浅 5 裂；雄蕊 10，稀 8~16，花丝顶端处有 1 对芒状附属物或无；花盘发育多样。蒴果室背开裂。本属约 35 种。中国 5 种。七目嶂 1 种。

1. 狭叶珍珠花
Lyonia ovalifolia (C. B. Clarke) Ridley var. **lanceolata** (Wall.) Hand.-Mazz.

单叶，互生，全缘；具短叶柄。花小，白色，组成顶生或腋生的总状花序；花冠筒状，浅 5 裂；雄蕊内藏，花丝膝曲状，花药长卵形，顶端以内向、椭圆形的孔开裂；花盘发育多样，围绕子房基部；子房上位，花柱柱状，中轴胎座，每室胚珠多数。蒴果室背开裂，缝线通常增厚。种子细小，多数，种皮膜质。

生林中。七目嶂偶见。

3. 马醉木属 Pieris D.Don.

常绿灌木或小乔木。小枝圆柱形，无毛或被短柔毛。冬芽具（2~）3~6 覆瓦状排列的鳞片。单叶，互生或假轮生，革质，无毛或近于无毛，边缘有细锯齿或圆锯齿或钝齿，稀为全缘；有短叶柄。圆锥花序或总状花序，顶生或腋生；具苞片、小苞片；花萼 5 裂；花冠坛状或筒状坛形，顶端 5 浅裂；雄蕊 10，不伸出花冠外，花丝劲直，花药背部有 1 对下弯的芒位于与花丝相接处，顶端以内向、椭圆形孔开裂；子房上位，5 室，每室胚珠多数。蒴果近于球形，室背开裂，缝线不加厚。种子多数，细小，纺锤形。本属约 7 种。中国 3 种。七目嶂 1 种。

1. 马醉木
Pieris japonica (Thunb.) D. Don ex G. Don.

树皮棕褐色。小枝开展，无毛。冬芽倒卵形，芽鳞 3~8，呈覆瓦状排列。叶革质，密集枝顶，椭圆状披针形，边缘在 2/3 以上具细圆齿，无毛；叶柄腹面有深沟，背面圆形，微被柔毛。总状花序或圆锥花序顶生或腋生；花冠白色，坛状，无毛，上部浅 5 裂，裂片近圆形。蒴果近于扁球形。花期 4~5 月，果期 7~9 月。

生灌丛中。七目嶂灌丛可见。

叶有毒，可作杀虫剂。

4. 杜鹃花属 Rhododendron L.

常绿、落叶或半落叶灌木或乔木，有时矮小成垫状，地生或附生。单叶，互生，全缘，稀有不明显的小齿。花芽被多数形态大小有变异的芽鳞；花显著，形小至大，通常排列成伞形总状或短总状花序，稀单花，通常顶生，少有腋生；花冠合生成多种形状，色艳；花药无附属物。蒴果自顶部向下室间开裂。本属约 960 种。中国约 542 种。七目嶂 9 种。

1. 腺萼马银花（石壁杜鹃）
Rhododendron bachii H. Lév.

小枝被短柔毛和腺毛。叶散生，薄革质，卵形或卵状椭圆形，先端凹缺，具短尖头，基部宽楔或近圆，边缘浅波状，具刚毛状细齿，除上面中脉被短柔毛外，两面均无毛；叶柄短，被短柔毛和腺毛。1 花侧生叶腋；花萼密被短柄腺毛；花冠淡紫色。蒴果卵球形。花期 4~5 月，果期 6~10 月。

常生中高海拔疏林内。七目嶂山地疏林偶见。

枝繁叶茂，绮丽多姿，萌发力强，耐修剪，根桩奇特，是优良的盆景材料。

2. 刺毛杜鹃（太平杜鹃）
Rhododendron championiae Hook.

小枝被腺毛和短柔毛。叶厚纸质，长圆状披针形，先端渐尖，基部楔形或近圆，边缘密被长刚毛和疏腺毛，两面被刚毛；叶柄略长，密被腺刚毛和短柔毛。伞形花序生枝顶叶腋，有2~7花；花梗密被毛；花冠白色或淡红色。蒴果圆柱形。花期4~5月，果期5~11月。

生中高海拔山谷疏林内。七目嶂山地疏林偶见。

宜在林缘、溪边、池畔及岩石旁成丛成片栽植，也可于疏林下散植，是花篱的良好材料，可经修剪培育成各种形态。

3. 弯蒴杜鹃
Rhododendron henryi Hance

叶革质，常集生枝顶，近于轮生，椭圆状卵形或长圆状披针形，边缘微反卷，无毛，仅中脉上具刚毛外，其余无毛。花芽圆锥形，鳞片阔倒卵形，先端圆，被灰白色微柔毛；伞形花序生枝顶叶腋，有3~5花；总花梗无毛；梗密被腺头刚毛；花萼5裂，边缘具腺头毛；花冠淡紫色或粉红色，漏斗状钟形，5裂。蒴果圆柱形，具中肋，微弯曲，硬尖头。花期3~4月，果期7~12月。

生林内。七目嶂林下常见。

用于盆景、园林、花镜等。

4. 南岭杜鹃
Rhododendron levinei Merr.

幼枝疏生鳞片和长硬毛，以后渐脱落。叶片革质，椭圆形或椭圆状倒卵形，具短尖头，边缘密生细刚毛状缘毛；叶柄被长粗毛和鳞片。花序顶生，2~4花伞形着生；花萼5深裂，裂片长卵形；花冠宽漏斗形。蒴果长圆形，密被鳞片；果梗粗壮。花期3~4月，果期9~10月。

生山地林中、林缘或灌丛。七目嶂山地常见。

枝繁叶茂，绮丽多姿，多用于盆景、园林等。

5. 岭南杜鹃
Rhododendron mariae Hance

分枝多，幼枝密被红棕色糙伏毛；老枝灰褐色，有残存毛。叶革质，集生枝端，椭圆状披针形至椭圆状倒卵形，边缘微反卷，疏被糙伏毛，上面深绿色，下面淡白色；叶柄密被红棕色或深褐色糙伏毛。花芽卵球形，鳞片阔卵形，外面近顶部被淡黄棕色糙伏毛，边缘具睫毛；伞形花序顶生，具7~16花。蒴果长卵球形，密被红棕色糙伏毛。花期3~6月，果期7~11月。

生山丘灌丛中。七目嶂灌丛可见。

以叶入药，可镇咳、祛痰、平喘，用于治咳嗽、哮喘、支气管炎。

6. 满山红
Rhododendron mariesii Hemsl. & E. H. Wilson

嫩枝被毛后秃净。叶厚纸质或薄革质，常集生枝顶，椭圆形、卵状披针形或三角状卵形，先端锐尖，具短尖头，基部钝或近于圆形，边缘微反卷，初时具细钝齿，后不明显，嫩叶被毛后脱落。通常2花顶生，先花后叶；花冠紫红色。蒴果椭圆状卵球形。花期4~5月，果期6~11月。

生丘陵山地稀疏灌丛。七目嶂山地灌丛较常见。

可栽培供观赏。

7. 毛棉杜鹃花
Rhododendron moulmainense Hook.

叶厚革质，集生枝端，近于轮生，长圆状披针形或椭圆状披针形，边缘反卷，两面无毛。花芽长圆锥状卵形，鳞片阔卵形或长倒卵形，两面无毛或外面近顶部被微柔毛，边缘被柔毛；数伞形花序生枝顶叶腋，每花序有 3~5 花；花冠淡紫色、粉红色或淡红白色，狭漏斗形，5 深裂，裂片开展。蒴果圆柱状。花期 4~5 月，果期 7~12 月。

生灌丛或疏林中。七目嶂疏林可见。

根皮、茎皮可入药，具有利水、活血之功效，用于治水肿、肺结核、跌打损伤。

9. 杜鹃
Rhododendron simsii Planch.

分枝多而纤细，密被亮棕褐色扁平糙伏毛。叶革质，常集生枝端，卵形、椭圆状卵形或倒卵形或倒卵形至倒披针形，边缘微反卷，具细齿；叶柄密被亮棕褐色扁平糙伏毛。花芽卵球形，鳞片外面中部以上被糙伏毛，边缘具睫毛；2~3（~6）花簇生枝顶；花萼 5 深裂，裂片三角状长卵形，被糙伏毛，边缘具睫毛。蒴果卵球形，密被糙伏毛，花萼宿存。花期 4~5 月，果期 6~8 月。

生山地灌丛或松林下。七目嶂灌丛常见。

全株供药用，有行气活血、补虚之效，治疗内伤咳嗽、肾虚耳聋、月经不调、风湿等疾病。花冠鲜红色，为著名的花卉植物，具有较高的观赏价值。

8. 马银花
Rhododendron ovatum (Lindl.) Planch. ex Maxim.

小枝灰褐色，疏被具柄腺体和短柔毛。叶革质，卵形或椭圆状卵形，上面深绿色，有光泽；叶柄具狭翅，被短柔毛。花芽圆锥状，具鳞片数枚，外面的鳞片三角形，边缘反卷，具细睫毛，外面被短柔毛；花单生枝顶叶腋；花梗密被灰褐色短柔毛和短柄腺毛；花柱无毛。蒴果阔卵球形，密被灰褐色短柔毛和疏腺体。花期 4~5 月，果期 7~10 月。

生灌丛中。七目嶂灌丛可见。

在广西作药用，用根与水、酒、肉同煎，白糖冲服，可治白带下黄浊水。

5. 越橘属 Vaccinium L.

灌木或小乔木，通常地生，少数附生。叶常绿，少数落叶，具叶柄，互生，全缘或有锯齿，叶片两侧边缘基部有或无侧生腺体。总状花序，顶生、腋生或假顶生；通常有苞片和小苞片；花小型；花萼（4~）5 裂，稀檐状不裂；花冠坛状、钟状或筒状，5 裂，裂片短小；雄蕊 10 或 8，稀 4，内藏稀外露，花丝分离，花药顶部形成 2 直立的管；花盘垫状，无毛或被毛；子房与萼筒通常完全合生，（4~）5 室，或因假隔膜而成 8~10 室，每室有多数胚珠。浆果球形，顶部冠以宿存萼片。种子多数，细小，卵圆形或肾状侧扁；子叶卵形。本属约 450 种。中国 92 种。七目嶂 2 种。

1. 南烛
Vaccinium bracteatum Thunb.

分枝多，幼枝被短柔毛或无毛；老枝紫褐色，无毛。叶片薄革质，椭圆形、菱状椭圆形、披针状椭圆形至披针形，边缘有细锯齿，表面平坦有光泽，两面无毛；叶柄通常无毛或被微毛。总状花序顶生和腋生，有多数花；苞片叶状，披针形；花冠白色，筒状。浆果外面通常被短柔毛。花期6~7月，果期8~10月。

生丘陵地带的山地。七目嶂灌丛可见。

果实成熟后可食；采摘枝、叶渍汁浸米，煮成"乌饭"；果实入药，名"南烛子"，有强筋益气、固精之效；江西民间草医用叶捣烂治刀斧砍伤。

2. 黄背越橘
Vaccinium iteophyllum Hance

叶片革质，卵形、长卵状披针形至披针形，边缘有疏浅锯齿，表面沿中脉被微柔毛，其余部分通常无毛。总状花序生枝条下部和顶部叶腋，序轴、花梗密被淡褐色短柔毛或短绒毛；萼齿三角形；花冠白色，有时带淡红色，筒状或坛状；花柱不伸出。浆果球形，或疏或密被短柔毛。花期4~5月，果期6月以后。

生山地灌丛中，或山坡疏、密林内。七目嶂疏林可见。

221 柿科 Ebenaceae

乔木或灌木。单叶，互生，稀对生，排成2列，全缘；无托叶；具羽状叶脉。花多半单生，通常雌雄异株，或为杂性；雌花腋生，单生，雄花常生在小聚伞花序上或簇生，或为单生，整齐；花萼3~7裂，多少深裂，在雌花或两性花中宿存；花冠3~7裂；雄蕊常为花冠裂片数的2~4倍。浆果多肉质。本科2~6属450余种。中国1属约58种。七目嶂1属5种。

1. 柿属 Diospyros L.

落叶或常绿乔木或灌木。无顶芽。单叶互生。花单性，雌雄异株或杂性；雄花常较雌花为小，组成聚伞花序，雄花序腋生在当年生枝上，或很少在较老的枝上侧生，雌花常单生叶腋；萼通常深裂；花冠壶形、钟形或管状，浅裂或深裂；雄蕊4至多数，通常16；花柱2~5。浆果肉质，宿存萼常增大。本属约400余种。中国65种。七目嶂5种。

1. 乌材
Diospyros eriantha Champ. ex Benth.

幼枝、冬芽、叶背脉、幼叶叶柄和花序等处有锈色粗伏毛。叶纸质，长圆状披针形，先端短渐尖，基部楔形或钝，边缘微背卷；侧脉每边常4~6条；叶柄粗短。花序腋生，聚伞花序式；花4数；花冠白色。果径几无柄。花期7~8月，果期10月至翌年2月。

生低海拔山地疏林、密林或灌丛中，或在山谷溪畔林中。七目嶂山谷林中较多见。

根、皮及果入药，治风湿、疝气痛、心气痛。

2. 野柿
Diospyros kaki Thunb. var. **sylvestris** Makino

枝开展，带绿色至褐色，无毛，散生纵裂的长圆形或狭长圆形皮孔。叶纸质，先端渐尖或钝，基部楔形，钝，圆形或近截形，少为心形；侧脉每边5~7；叶柄无毛，有浅槽。花雌雄异株；花序腋生，为聚伞花序。果形多种，基部有棱。花期5~6月，果期9~10月。

生山地自然林或次生林中，或在山坡灌丛中。七目嶂山地林中偶见。

根入药，治风湿关节痛。

3. 罗浮柿
Diospyros morrisiana Hance

树皮黑色。除芽、花序和嫩梢外，各部分无毛。叶薄革质，长椭圆形或卵形，先端短渐尖或钝，基部楔形，叶缘微背卷；侧脉每边4~6条。雄花序短小，腋生，下弯，聚伞花序式，有锈色绒毛；雌花单生叶腋。果球形，黄色。花期5~6月，果期11月。

生山坡、山谷疏林或密林中，或灌丛中。七目嶂林中较常见。

茎皮、叶、果入药，有解毒消炎之效。

4. 延平柿
Diospyros tsangii Merr.

嫩枝、叶上面脉、叶柄被毛。叶纸质，长圆形或长圆椭圆形，先端短渐尖，钝头；侧脉每边3~4条；叶柄上面有沟，下面有毛。聚伞花序短小，生当年生枝下部，有1花；花冠白色，4裂。果扁球形。花期2~5月，果期8月。

生灌木丛中或阔叶混交林中。七目嶂林下可见。

具有潜在的观赏价值。

5. 岭南柿
Diospyros tutcheri Dunn.

树皮粗糙。叶薄革质，椭圆形，先端渐尖，基部钝或近圆形，边缘微背卷，上面有光泽；叶脉在两面均明显，侧脉每边约5~6条。雄聚伞花序由3花组成，生当年生枝下部；雌花生在当年生枝下部新叶叶腋，单生。果球形。花期4~5月，果期8~10月。

生山谷水边或山坡密林中，或在湿润处。七目嶂山谷林中偶见。

具有潜在的观赏价值。

222 山榄科 Sapotaceae

乔木或灌木。有时具乳汁。幼嫩部分常被锈色绒毛。单叶互生、近对生或对生，有时密聚于枝顶，通常革质，全缘；羽状脉；托叶早落或无托叶。花单生或通常数花簇生叶腋或老枝上，有时排列成聚伞花序，稀成总状或圆锥花序，两性，稀单性或杂性，辐射对称；具小苞片。果为浆果，有时为核果状。本科35~75属，约800种。中国14属28种。七目嶂1属2种。

1. 铁榄属 Sinosideroxylon (Engl.) Aubr.

乔木，稀灌木。无毛或被绒毛。叶互生，革质；羽状脉疏离，具小脉；无托叶。花小，簇生叶腋，有时排列成总状花序，无梗或具梗；花萼5裂，稀6裂；花冠宽或管状钟形，裂片5，稀6；能育雄蕊5，稀6，着生于花冠管喉部，与花冠裂片对生、等长；退化雄蕊5，稀6。浆果椭圆形或球形。本属4种。中国3种。七目嶂2种。

1. 铁榄
Sinosideroxylon pedunculatum (Hemsl.) H. Chuang

叶互生，密聚小枝先端，革质，卵形或卵状披针形，先端锐尖或钝，基部狭楔形，下延，上面深绿色，具光泽，下面淡绿色；中脉在表面稍凸起，弧形，近边缘互相网结，网脉明显。花绿白色，芳香；子房卵形。果绿色，转深紫色，椭圆形，无毛；果皮薄。种子1，椭圆形，两侧压扁，疤痕基生或侧基生，近圆形；子叶薄；胚乳丰富，胚根圆柱形。花期5~8月。

生石灰岩小山和密林中。七目嶂林下可见。

木材供制农具、农械、器具用。

2. 革叶铁榄
Sinosideroxylon wightianum (Hook. & Arn.) Aubrév.

嫩枝、幼叶被锈色绒毛，后变无毛。叶幼时很薄，老时革质，椭圆形至披针形或倒披针形，先端锐尖或钝，基部狭楔形，下延，上面光泽；侧脉12~17对，网脉明显；叶柄无毛。花绿白色，芳香，单生或2~5花簇生叶腋。浆果椭圆形，熟时深紫色。花期5~6月，果期8~10月。

生山坡灌丛及混交林中。七目嶂林中偶见。

在瘠薄土壤上生长良好，野外自我更新能力较强，在改变山石坡单一景观，改善山石坡土质，防止山体滑坡等方面具有重要作用，是一种优良的乡土绿化树种。

222A 肉实科 Sapotaceae

常绿乔木或灌木。具乳汁。单叶，对生、近对生或有时互生；羽状脉，侧脉腋内常有腺孔；托叶小，早落。花两性，辐射对称，排成腋生的总状花序或圆锥花序；苞片小；萼5裂；花冠近钟状，5裂；发育雄蕊5，着生于花冠喉部或裂片基部与花冠对生；不育雄蕊与花冠裂片互生。核果。单属科，约9种。中国5种。七目嶂1种。

1. 肉实属 Sarcosperma Hook.f.

属的特征与科同。本属约9种，中国5种。七目嶂1种。

1. 肉实树（水石梓）
Sarcosperma laurinum (Benth.) Hook. f.

小枝具棱，无毛。托叶早落；叶近革质，常互生，或对生与轮生，常倒卵形或倒披针形，先端通常骤然急尖，基部楔形，两面无毛，有光泽；侧脉6~9对，不明显。总状花序或为圆锥花序腋生；花小；花冠绿色转淡黄色。核果长圆形或椭圆形，熟时紫黑色。花期8~9月，果期12月至翌年1月。

生丘陵低山的山谷或溪边林中。七目嶂山谷常绿阔叶林中偶见。

木材作农具、家具及建筑用材。

223 紫金牛科 Myrsinaceae

灌木、乔木或攀缘灌木，稀藤本或近草本。单叶互生，稀对生或近轮生，通常具腺点或脉状腺条纹，稀无，全缘或具各式齿；无托叶。总状、伞房、伞形、聚伞或再组成圆锥花序或花簇生；具苞片，有的具小苞片；花通常两性或杂性，稀单性，有时雌雄异株或杂性异株，辐射对称，4或5数，稀6数。浆果核果状。本科42属2200余种。中国5属120种。七目嶂5属19种。

1. 紫金牛属 Ardisia Swartz

小乔木、灌木或亚灌木状近草本。叶互生，稀对生或近轮生，通常具不透明腺点，全缘或具齿，具边缘腺点或无。聚伞花序、伞房花序、伞形花序或由上述花序组成的圆锥花序、金字塔状的大型圆锥花序，稀总状花序，顶生、腋生、侧生或腋生特殊花枝顶端；两性花，通常为5数，稀4数。浆果核果状，球形或扁球形。本属400~500种。中国65种。七目嶂9种。

1. 小紫金牛
Ardisia chinensis Benth.

具蔓生走茎；直立茎通常丛生。叶片坚纸质，倒卵形或椭圆形，顶端钝或钝急尖，基部楔形，全缘或于中部以上具疏波状齿，叶面无毛；叶脉平整。亚伞形花序，单生于叶腋，有3（~5）花；花萼仅基部连合，萼片三角状卵形；花瓣白色，广卵形，顶端急尖，两面无毛，无腺点。果球形，无腺点。花期4~6月，果期10~12月。

生山谷、山地疏、密林下、阴湿的地方或溪旁。七目嶂林下可见。

全株有活血散瘀、解毒止血的作用，治肺结核、咯血、呕血、跌打损伤，又治黄疸、睾丸炎、尿路感染、闭经等症。

生山谷、山坡、疏、密林下或竹林下。七目嶂林下可见。

根、叶有清热利咽、舒筋活血等功效，用于治咽喉痛、扁桃腺炎、肾炎水肿及跌打风湿等症，又用于治白浊、骨结核、痨伤咳血、痈疔、蛇咬伤等。

2. 朱砂根
Ardisia crenata Sims

叶革质，椭圆形、椭圆状披针形至倒披针形，基部楔形，边缘具皱波状或波状齿，具明显的边缘腺点，两面无毛；侧脉12~18对，构成不规则的边缘脉。伞形花序或聚伞花序，着生于侧生特殊花枝顶端；花白色略带红色。果鲜红色，具腺点。花期5~6月，果期10~12月。

生丘陵低山疏林或密林中，或针阔叶混交林中。七目嶂林中较常见。

根、叶入药，可祛风除湿、散瘀止痛、通经活络。园艺栽培作观果植物。

4. 大罗伞树
Ardisia hanceana Mez

茎通常粗壮，无毛，除侧生特殊花枝外，无分枝。叶片坚纸质或略厚，椭圆状或长圆状披针形，顶端长急尖或渐尖，基部楔形，近全缘或具边缘反卷的疏突尖锯齿，齿尖具边缘腺点，两面无毛，背面近边缘通常具隆起的疏腺点，其余腺点极疏或无，被细鳞片。复伞房状伞形花序，无毛，着生于顶端下弯的侧生特殊花枝尾端；花瓣白色或带紫色。果球形，深红色，腺点不明显。花期5~6月，果期11~12月。

生山谷、山坡林下阴湿的地方。七目嶂山谷偶见。

根及叶可入药，化瘀活血、祛风除湿、解毒泻火。

3. 百两金
Ardisia crispa (Thunb.) A. DC.

具匍匐生根的根茎。叶片膜质或近坚纸质，椭圆状披针形或狭长圆状披针形，顶端长渐尖，全缘或略波状，具明显的边缘腺点，两面无毛；边缘脉不明显。亚伞形花序，着生于侧生特殊花枝顶端；萼片短；花瓣白色或粉红色。果球形，鲜红色，具腺点。花期5~6月，果期10~12月。

5. 山血丹（斑叶朱砂根）
Ardisia lindleyana D. Dietr.

叶革质，长圆形至椭圆状披针形，顶端急尖或渐尖，基部楔形，近全缘或具微波状齿，齿尖具边缘腺点，边缘反卷，叶背略被毛；有远离边缘的边缘脉。亚伞形花序，单生或稀为复伞形花序，着生于侧生特殊花枝顶端；花瓣白色。果深红色。花期5~7月，果期10~12月。

生丘陵低山的山谷、山坡密林下、水旁和阴湿的地方等。七目嶂山坡林下较常见。

根入药，味辛苦、性温，可调经、通经、活血、祛风、止痛。

6. 虎舌红
Ardisia mamillata Hance

全株常被紫红色毛。叶互生或簇生于茎顶端，坚纸质，倒卵形至长圆状倒披针形，基部楔形或狭圆，边缘具不明显的疏圆齿及腺点；侧脉6~8对，不明显。伞形花序，单一着生于侧生特殊花枝顶端；花瓣粉红色。果鲜红色，多少具腺点。花期6~7月，果期11月至翌年1月。

生丘陵低山常绿阔叶林下阴湿处。七目嶂山谷林下较常见。

全草入药，味苦辛、性凉，有清热利湿、活血止血、去腐生肌等功效。

7. 莲座紫金牛
Ardisia primulifolia Gardner & Champ.

茎短或几无，通常被锈色长柔毛。叶互生或基生呈莲座状，叶坚纸质或几膜质，椭圆形或长圆状倒卵形，基部圆形，具不明显疏浅圆齿及腺点，两面有时紫红色。聚伞花序或亚伞形花序，单一生莲座叶腋；花瓣粉红色。果鲜红色，具腺点。花期6~7月，果期11~12月。

生山坡密林下阴湿处。七目嶂山谷林内偶见。

全草入药，可补血，治痨伤咳嗽、风湿、跌打损伤等。

8. 九节龙
Ardisia pusilla A. DC.

蔓生。具匍匐茎，逐节生根。叶对生或近轮生，叶坚纸质，椭圆形或倒卵形，顶端急尖或钝，基部广楔形或近圆形，边缘具齿和腺点，叶面被糙伏毛，背面被柔毛。伞形花序，单一，侧生，被长硬毛或长柔毛；花白色或带红色。果红色，具腺点。花果期5~7月，罕见于12月。

生山谷密林下阴湿处。七目嶂山谷林内偶见。

全草入药，有消肿止痛的功效，用于治跌打损伤、月经不调、黄疸等。

9. 罗伞树
Ardisia quinquegona Blume

叶坚纸质，长圆状披针形、椭圆状披针形至倒披针

形，顶端渐尖，基部楔形，全缘，两面无毛；中脉明显，侧脉极多连成近边缘的边缘脉，不明显，无腺点。聚伞花序或亚伞形花序，腋生，稀生于侧生特殊花枝顶端；花瓣白色。果扁球形，具钝5棱。花期5~6月，果期12月或翌年2~4月。

生丘陵低山的山坡疏、密林中，或林中溪边阴湿处。七目嶂林中较常见。

全株入药，消肿、清热解毒，用于治跌打损伤。

2. 酸藤子属 Embelia Burm. f.

攀缘灌木或藤本，稀直立或乔木状。单叶互生或2列或近轮生，全缘或具齿；具柄，稀无柄或几无柄。花序总状、圆锥、伞形或聚伞，顶生、腋生或侧生，基部具苞片；花通常单性，同株或异株，4或5数；花萼基部连合；花瓣分离或仅基部连合，稀成管状。浆果核果状，球形或扁球形。本属约140种。中国20种。七目嶂7种。

1. 酸藤子
Embelia laeta (L.) Mez

叶坚纸质，倒卵形或长圆状倒卵形，顶端圆形、钝或微凹，基部楔形，全缘，两面无毛，无腺点，背面常被薄白粉；中脉隆起；侧脉不明显。总状花序，腋生或侧生，有3~8花；花瓣白色或带黄色。果球形，腺点不明显。花期12月至翌年3月，果期翌年4~6月。

适应性较广，生山坡疏、密林下，疏林缘或开阔的草坡、灌木丛中。七目嶂常见。

根、叶入药，味酸涩、性平，可消炎杀菌、散瘀止痛、清热解毒、收敛止泻。

2. 当归藤
Embelia parviflora Wall. ex A. DC.

小枝通常2列，密被锈色长柔毛。叶2列，较小，坚纸质，卵形，顶端钝或圆形，基部广钝或近圆形，叶全缘，具缘毛；侧脉不明显。亚伞形花序或聚伞花序，腋生，常下弯藏于叶下；花5数；花瓣白色或粉红色。果暗红色。花期12月至翌年5月，果期翌年5~7月。

生丘陵低山的山间密林中或林缘，或灌木丛中，喜湿润肥沃土壤。七目嶂罕见。

根与老藤入药，有"当归"的作用，故名"当归藤"，味涩微苦、性平，可除湿补肾、通经活络、补血调经。

3. 白花酸藤果
Embelia ribes Burm. f.

枝条有毛，老枝具明显皮孔。叶坚纸质，全缘，两面无毛；叶柄具窄翅。圆锥花序顶生；花瓣淡绿色或白色，分离。果球形或卵圆形，无毛，干时具皱纹或腺点。花期1~7月，果期5~12月。

生林内、林缘灌木丛中，或路边、坡边灌木丛中。七目嶂路旁偶见。

根可药用，治急性肠胃炎、赤白痢、腹泻、刀枪伤、外伤出血等，亦有用于蛇咬伤；叶煎水可作外科洗药。果可食，味甜，嫩尖可生吃或作蔬菜，味酸。

4. 厚叶白花酸藤果（厚叶白花酸藤子）
Embelia ribes Burm. f. subsp. **pachyphylla** (Chun ex C. Y. Wu & C. Chen) Pipoly & C. Chen

与白花酸藤果的主要区别在于：树皮光滑，很少具皮孔；小枝密被柔毛，极少无毛；叶片厚，革质或几肉质，稀坚纸质，叶面光滑，常具皱纹，中脉下陷，背面隆起，被白粉，侧脉不明显；果较小。

生疏、密林下或灌木丛中。七目嶂林下偶见。

根可治急性肠胃炎、赤白痢、腹泻、刀枪伤、外伤出血、毒蛇咬伤等；叶煎水，可作外科洗药；果可食，味甜；嫩尖可生食，味酸，亦可作蔬菜。

5. 网脉酸藤子
Embelia rudis Hand.-Mazz.

叶坚纸质，稀革质，长圆状卵形或卵形，顶端急尖或渐尖，基部圆或钝，边缘具齿或重齿，两面无毛；中脉上凹下凸，侧脉多数，直达齿尖；叶柄具狭翅，略被毛。总状花序，腋生；花5数；花瓣分离，淡绿色或白色。果蓝黑色或带红色，具腺点。花期10~12月，果期翌年4~7月。

生丘陵低山的山坡灌木丛中或疏、密林中。七目嶂山坡林中偶见。

根、茎入药，有清凉解毒、滋阴补肾的作用。

6. 平叶酸藤子（长叶酸藤子）
Embelia undulata (Wall.) Mez

无毛。叶坚纸质，倒披针形或狭倒卵形，基部楔形，全缘，两面无毛；叶面脉较平，背脉明显隆起，侧脉常连成边缘脉。总状花序，腋生或侧生于翌年生无叶小枝上；花4数；花瓣浅绿色或粉红色至红色。果球形或扁球形，红色，有纵肋及腺点。花期6~8月，果期11月至翌年1月。

生丘陵低山的山谷，山坡疏、密林中或路边灌丛中。七目嶂山坡疏林偶见。

全株入药，有利尿消肿、散瘀痛的功效，治产后腹痛、肾炎水肿、肠炎腹泻、跌打损伤等。

7. 多脉酸藤子（密齿酸藤子）
Embelia vestita Roxb.

叶坚纸质，长圆状卵形至椭圆状披针形，基部圆形或微心形，边缘上部具粗齿，罕全缘，两面无毛，无腺点或有而极疏；中脉上凹下凸，具不明显边脉。总状花序，腋生；花5数；花瓣淡绿色或白色。果红色，具腺点。花果期10月至翌年3月。

生丘陵低山的山谷，山坡疏、密林中，或溪边、河边林中。七目嶂山谷林中偶见。

果入药，可驱蛔虫、绦虫，亦可止泻、祛风。

3. 杜茎山属 Maesa Forsk.

灌木、大灌木，稀小乔木。叶全缘或具各式齿，无毛或被毛，常具脉状腺条纹或腺点。总状花序或成圆锥花序，腋生，稀顶生或侧生；具苞片和小苞片；具花梗；花5数，两性或杂性，小；花冠白色或浅黄色，钟形至管状钟形；花丝分离。肉质浆果或干果，球形或卵圆形，宿存萼包果一半以上。本属约200种。中国29种。七目嶂1种。

1. 鲫鱼胆
Maesa perlarius (Lour.) Merr.

小枝被毛。叶纸质或近坚纸质，广椭圆状卵形至椭圆形，基部楔形，边缘除基部外具粗锯齿，初被密毛后仅叶脉和叶背被毛；侧脉直达齿尖；叶柄被毛。总状花序或圆锥花序，腋生；花白色；花瓣裂片与花冠管等长。果球形，宿存萼包果2/3。花期3~4月，果期12月至翌年5月。

生丘陵低山的山坡、路边的疏林或灌丛中湿润的地方。七目嶂各地常见。

全株入药，有消肿去腐、生肌接骨的功效，用于跌打刀伤，亦用于治疗疮、肺病。

4. 铁仔属 Myrsine L.

矮小灌木或小乔木。直立，被毛或无毛。叶通常具锯齿，无毛，有时具腺点；叶柄通常下延至小枝上，使小枝成一定的棱角。伞形花序或花簇生、腋生、侧生或生于无叶的老枝叶痕上，每花基部具1苞片；花4~5数，两性或杂性；花瓣几分离，具缘毛及腺点；雄蕊着生于花瓣中部以下，与花瓣对生，花丝分离或基部连合，花药卵形或肾形，2室，纵裂；雌蕊无毛或几无毛，子房卵形或近椭圆形，花柱圆柱形，柱头点尖或扁平，胚珠少数，1轮。浆果核果状，球形或近卵形，有1种子。胚乳坚硬，嚼烂状；胚圆柱形，横生。本属5~7种。中国4种。七目嶂1种。

1. 针齿铁仔
Myrsine semiserrata Wall.

小枝无毛，常具棱角。叶片坚纸质至近革质，椭圆形至披针形，边缘通常于中部以上具刺状细锯齿，两面无毛。伞形花序或花簇生、腋生，有3~7花，具缘毛和腺点；花冠白色至淡黄色，柱头2裂，流苏状。果球形，具密腺点。花期2~4月，果期10~12月。

生山坡疏、密林内，路旁、沟边、石灰岩山坡等阳处。七目嶂路旁偶见。

皮、叶可提栲胶。

5. 密花树属 Rapanea Aubl.

乔木或灌木。叶全缘，稀具齿，多少具腺点，无毛。伞形花序或花簇生，着生于特生无叶老枝的花枝上；花4~6数，两性或雌雄异株；花萼基部连合，宿存；花冠基部连合或成短管；雄蕊与花瓣对生，着生于花冠管喉部或花瓣基部；花丝极短或几无。浆果核果状，卵形或近球形。本属约140（~200）种。中国8种。七目嶂1种。

1. 密花树
Rapanea seguinii H. Lév

小枝无毛，具皱纹。叶革质，长圆状倒披针形至倒披针形，基部楔形，多少下延，全缘，两面无毛；中脉上凹下凸，侧脉明显。伞形花序或花簇生，着生于叶腋或无叶老枝叶痕上的特生花枝，具苞片，有3~10花；花小。果球形或近卵形，灰绿色或紫黑色。花期4~5月，果期10~12月。

生中高海拔的混交林中或苔藓林中，亦见于林缘、路旁等灌木丛中。七目嶂山地林中较常见。

叶、根皮入药，味淡、性寒，治外伤，可清热解毒。

224 安息香科 Styracaceae

乔木或灌木。常被星状毛或鳞片状毛。单叶，互生；无托叶。总状花序、聚伞花序或圆锥花序，很少单花或数花丛生，顶生或腋生；小苞片小或无，常早落；花两性，很少杂性，辐射对称；花萼杯状、倒圆锥状或钟状；花冠合瓣，极少离瓣；雄蕊常为花冠裂片数的2倍。核果、蒴果，稀为浆果，具宿存花萼。本科约11属180种。中国10属54种。七目嶂2属4种。

1. 赤杨叶属 Alniphyllum Matsum.

落叶乔木。叶互生，边缘有锯齿；无托叶。总状花序或圆锥花序，顶生或腋生；花两性，有长梗；花梗与花萼之间有关节；小苞片小，早落；花萼杯状，顶端有5齿；花冠钟状，5深裂；雄蕊10，5长5短，相间排列；花柱线形，柱头不明显5裂。蒴果长圆形，室背纵裂成5果瓣。本属3种。中国3种。七目嶂1种。

1. 赤杨叶
Alniphyllum fortunei (Hemsl.) Makino

树皮灰褐色，具细纵纹。叶纸质，椭圆形、宽椭圆形或倒卵状椭圆形，宽4~11cm，顶端急尖至渐尖，少尾尖，边缘具疏离硬质锯齿，两面被毛，叶背灰白色有时被白粉；叶柄长1~2cm，常被毛。总状花序或圆锥花序，顶生或腋生，有花10~20多枚；花白色或粉红色。蒴果。花期4~7月，果期8~10月。

喜光树种，适应性较强，生长迅速，生山地次生林中。七目嶂次生林中较常见。

材质轻软，可用一般材用。

2. 安息香属 Styrax L.

乔木或灌木。单叶互生，多少被星状毛或鳞片状毛，极少无毛。总状花序、圆锥花序或聚伞花序，极少单花或数花聚生，顶生或腋生；小苞片小，早落；花萼杯状、钟状或倒圆锥状，顶端常5齿；花冠常5深裂；雄蕊10，稀多或少，近等长，稀有5长5短。核果肉质，不开裂或不规则3瓣开裂。本属约130种。中国约31种。七目嶂3种。

1. 白花龙
Styrax faberi Perkins

嫩枝具沟槽，密被星状长柔毛；老枝紫红色。叶互生，纸质，椭圆形、倒卵形或长圆状披针形，边缘具细锯齿。总状花序顶生，有3~5花；花白色，密被星状短柔毛。果实倒卵形或近球形，外被星状短柔毛。花期4~6月，果期8~10月。

生低山区和丘陵地灌丛中。七目嶂灌丛可见。

宜地栽植物，可点缀庭园或成片栽在山坡；种子油可制肥皂与润滑油；根可用于治胃脘痛，叶可用于止血和生肌、消肿。

2. 芬芳安息香
Styrax odoratissimus Champ. ex Benth.

树皮灰褐色，平滑。嫩枝疏被黄毛。叶互生，薄革质至纸质，卵形或卵状椭圆形，顶端渐尖，基部宽楔至圆，全缘或上部有疏齿。嫩叶仅叶脉被毛后脱落，老叶无毛或背被毛。总状或圆锥花序，顶生，被毛；花白色。核果近球形，密被毛。花期3~4月，果期6~9月。

生中高海拔阴湿山谷或山坡疏林中。七目嶂山地林中偶见。

木材坚硬，可作建筑、船舶、车辆和家具等用材。种子油供制肥皂和作机械润滑油。

3. 栓叶安息香
Styrax suberifolius Hook. & Arn.

树皮红褐色或灰褐色，粗糙。嫩枝被锈毛。叶互生，革质，椭圆形或椭圆状披针形，顶端渐尖，基部楔形，近全缘，老叶背密被毛；网脉在下面明显；叶柄密被锈毛。总状花序或圆锥花序，顶生或腋生，密被毛；花白色。果实卵状球形，密被毛。花期3~5月，果期9~11月。

喜光树种，生丘陵低山常绿阔叶林中，生长迅速。七目嶂山地林中偶见。

根、叶入药，祛风除湿、理气止痛。

225 山矾科 Smyplocaceae

灌木或乔木。单叶，互生，通常具锯齿、腺质锯齿或全缘；无托叶。花辐射对称，两性稀杂性，排成穗状花序、总状花序、圆锥花序或团伞花序，很少单生；花通常为1苞片和2小苞片所承托；萼3~5深裂或浅裂，通常5裂，通常宿存；花冠裂片3~11，通常5；雄蕊通常多数。核果，有宿存萼裂片。单属科，约300种。中国77种。七目嶂9种。

1. 山矾属 Symplocos Jacq.

属的特征与科同。本属约300种。中国77种。七目嶂9种。

1. 腺叶山矾
Symplocos adenophylla Wall.

小枝红褐色。嫩枝、芽、花序、苞片及花萼均被红褐色微柔毛。叶硬纸质，狭椭圆状披针形、狭椭圆形或椭圆形，先端尾状渐尖有时略弯，基部楔形，边缘具浅圆齿，齿缝间有腺点；叶脉在叶面明显凹下，边脉明显。总状花序有1~3分枝；花冠5深裂几达基部。核果椭圆形。花果期7~8月。

生中低海拔丘陵山地路边、水旁、山谷或疏林中。七目嶂山坡林中偶见。

2. 薄叶山矾
Symplocos anomala Brand

顶芽、嫩枝被褐色柔毛；老枝通常黑褐色。叶薄革质，狭椭圆形、椭圆形或卵形，全缘或具锐锯齿，叶面有光泽；中脉和侧脉在叶面均凸起。总状花序腋生；有时基部有1~3分枝，被柔毛；苞片与小苞片同为卵形；花萼被微柔毛，5裂，裂片半圆形；花冠白色，有桂花香。核果褐色，长圆形，被短柔毛。花果期4~12月，边开花边结果。

生山地杂林中。七目嶂林下可见。

种子油可作机械润滑油；木材坚硬，可制农具。

3. 越南山矾
Symplocos cochinchinensis (Lour.) S. Moore

各部被红褐色绒毛。叶纸质，各式椭圆形，先端急尖或渐尖，边缘有细齿或近全缘；中脉在叶面凹下。穗状花序近顶生，近基部3~5分枝；花萼裂片与萼筒等长；花冠白色，5深裂几达基部；花丝基部连合；花盘圆柱状无毛。核果圆球形。花期8~9月，果期10~11月。

生溪边、路旁和热带阔叶林中。七目嶂林下可见。

4. 黄牛奶树（苦山矾）
Symplocos cochinchinensis (Lour.) S. Moore var. **laurina** (Retzius) Nooteboom

与越南山矾的主要区别在于：小枝无毛；芽被褐色柔毛；叶革质，基部楔形或宽楔形，侧脉很细，每边5~7条；穗状花序长3~6cm，边缘有腺点，苞片阔卵形，约30雄蕊，基部稍合生，花柱粗壮，花盘环状。花期8~12月，果期翌年3~6月。

生丘陵低山疏林、次生林或村边林内。七目嶂山地林中偶见。

树皮入药，可散寒清热，治感冒。

5. 密花山矾
Symplocos congesta Benth.

幼枝和芽被褐色柔毛。叶近革质，两面无毛，椭圆形或倒卵形，先端渐尖或急尖，基部楔形，常全缘或疏生细尖锯齿；中脉和侧脉在叶面均凹下，边脉不明显。团伞花序腋生于近枝端的叶腋，多花；花冠5深裂几达基部。核果圆柱形，熟时紫蓝色。花期8~11月，果期翌年1~2月。

生丘陵低山密林中。七目嶂山地林中偶见。

根入药，治跌打。

6. 光叶山矾
Symplocos lancifolia Siebold & Zucc.

芽、嫩枝、嫩叶背面脉上、花序均被黄褐色柔毛。叶纸质，卵形至阔披针形，先端尾状渐尖，基部阔楔形或稍圆，边缘具疏浅齿；中脉在叶面平坦。花冠淡黄色，5深裂几达基部。核果近球形。花期3~11月，果期6~12月。

生丘陵低山次生林、疏林、针阔混交林中。七目嶂林中较常见。

全株入药，味甘、性平，和肝健脾、止血生肌。

7. 白檀
Symplocos paniculata (Thunb.) Miq.

嫩枝、叶柄、叶背均被灰黄毛。叶纸质，椭圆形或倒卵形，先端急尖或短尖，基部楔形或圆形，边缘有细尖锯齿，叶面有短柔毛；中脉在叶面凹下，无边脉。圆锥花序顶生或腋生；花序轴、苞片、萼外面均密被毛；花冠5深裂几达基部。核果卵状圆球形，歪斜。花期4~5月，果期8~9月。

生丘陵山坡灌丛、疏林中。七目嶂山坡疏林偶见。

根、叶入药，味甘苦、性平，可清热解毒、祛风除湿、止血止痢。

8. 铁山矾
Symplocos pseudobarberina Gontsch.

全株无毛。叶纸质，卵形或卵状椭圆形，先端渐尖或尾状渐尖，基部楔形或稍圆，边缘有稀疏的浅波状齿或全缘。总状花序基部常分枝，花梗粗而长；苞片与小苞片背面均无毛，有缘毛；小苞片三角状卵形，背面有中肋；花冠白色，5深裂几达基部。核果绿色或黄色，长圆状卵形。花期10~11月，果期翌年5月。

生密林中。七目嶂林下偶见。

9. 老鼠矢
Symplocos stellaris Brand

小枝粗，髓心中空，具横隔。芽、嫩枝、嫩叶柄、苞片和小苞片均被红褐色绒毛。叶厚革质，披针状椭圆形或狭长圆状椭圆形，通常全缘；叶柄有纵沟。团伞花序着生于二年生枝的叶痕之上；苞片圆形，有缘毛；花冠白色，5深裂几达基部。核果狭卵状圆柱形，顶端宿萼裂片直立；核具6~8条纵棱。花期4~5月，果期6月。

生山地、路旁、疏林中。七目嶂疏林下常见。

木材供做器具；种子油可制肥皂。

228 马钱科 Loganiaceae

乔木、灌木、藤本或草本。单叶对生或轮生，稀互生，全缘或有锯齿；通常为羽状脉，稀3~7条基出脉；具叶柄；托叶存在或缺。花通常两性，辐射对称，单生或孪生，或组成二至三歧聚伞花序，再排成各式花序，稀呈头状；有苞片和小苞片；花萼4~5裂；合瓣花冠，4~5裂或更多。果为蒴果、浆果或核果。本科约29属500种。中国8属45种。七目嶂4属5种。

1. 醉鱼草属 Buddleja L.

多为灌木，稀乔木、亚灌木或草本。植株通常被腺毛、星状毛或叉状毛。枝常对生。单叶对生，稀互生或簇生，全缘或有锯齿；羽状脉；叶柄短；有托叶。多花组成圆锥状、穗状、总状或头状的聚伞花序；花序1至几个腋生或顶生；苞片线形；花4数。蒴果室间开裂，或浆果不开裂。本属约100种。中国20种。七目嶂2种。

1. 白背枫（狭叶醉鱼草、驳骨丹）
Buddleja asiatica Lour.

嫩枝四棱形；老枝条圆柱形。幼枝、叶下面、叶柄和花序均密被灰白色毛。叶对生，膜质至纸质，狭椭圆形、披针形或长披针形，顶端长渐尖，全缘或有小齿。总状花序窄而长，由多个小聚伞花序组成；花冠芳香，白色。蒴果椭圆状，小。花期1~10月，果期3~12月。

生阳坡、路旁、灌草丛或林缘。七目嶂路旁灌草丛较常见。

根、叶入药，味苦辛、性温，有小毒，可祛风消肿、驳骨散瘀、止咳。

2. 醉鱼草
Buddleja lindleyana Fortune

小枝四棱形略有窄翅。幼嫩部、叶背、花部均密被星状毛和腺毛。叶对生，膜质，卵形、椭圆形至长圆状披针形，顶端渐尖，全缘或具有波状齿。穗状聚伞花序顶生；花紫色，芳香。果序穗状；蒴果长圆状或椭圆状。花期4~10月，果期8月至翌年4月。

生山地路旁、河边灌木丛中或林缘。七目嶂灌丛常见。

全株有小毒，捣碎投入河中能使活鱼麻醉；花、叶及根供药用，有祛风除湿、止咳化痰、散瘀之功效；花芳香而美丽，为公园常见优良观赏植物。

2. 蓬莱葛属 Gardneria Wall.

木质藤本。枝条通常圆柱形，稀四棱形。单叶对生，全缘；羽状脉；具叶柄；有线状托叶。花单生、簇生或组成二至三歧聚伞花序，具长花梗；花4~5数；苞片小；花萼4~5深裂，裂片覆瓦状排列；花冠辐状，4~5裂；雄蕊4~5，花药分离或合生，2室或4室。浆果圆球状，内有种子通常1枚。本属约5种。中国3种。七目嶂1种。

1. 蓬莱葛
Gardneria multiflora Makino

叶片纸质至薄革质，椭圆形、长椭圆形或卵形，少数披针形，顶端渐尖或短渐尖，基部宽楔形、钝或圆，上面绿色而有光泽，下面浅绿色。花很多而组成腋生的二至三歧聚伞花序；花5；花萼裂片半圆形；花冠辐状，黄色或黄白色，花冠管短，花冠裂片椭圆状披针形至披

针形，厚肉质。浆果圆球状，果成熟时红色。种子圆球形，黑色。花期3~7月，果期7~11月。

生中高海拔山坡灌木丛中或山地疏林下。七目嶂山地灌丛偶见。

根、叶可供药用，有祛风活血之效，主治关节炎、坐骨神经痛等。

3. 钩吻属 Gelsemium Juss.

木质藤本。叶对生或有时轮生，全缘；羽状脉；具短柄；具托叶或无。花单生或组成三歧聚伞花序，顶生或腋生；花萼5深裂，裂片覆瓦状排列；花冠漏斗状或窄钟状，裂片5；雄蕊5，着生于花冠管内壁上；花柱细长，柱头上部2裂。蒴果，2室，室间开裂。本属约3种。中国1种。七目嶂有分布。

1. 钩吻（大茶药、断肠草）
Gelsemium elegans (Gardner & Champ.) Benth

除苞片边缘和花梗幼时被毛外，全株均无毛。叶对生，近革质，卵形至卵状披针形，顶端渐尖，基部阔楔至近圆；侧脉每边5~7条，上面扁平，下面凸起。花密集，组成顶生和腋生的三歧聚伞花序；花冠黄色，漏斗状。蒴果卵形或椭圆形。花期5~11月，果期7月至翌年3月。

生丘陵山地路旁灌丛、疏林中。七目嶂山坡灌丛较常见。

全株有大毒，供药用，有消肿止痛、拔毒杀虫之效。

4. 马钱属 Strychnos L.

木质藤本，少数为小灌木、小乔木或草本。通常具

有腋生的单一或成对的卷须或螺旋状刺钩。叶对生，全缘；具3~7条基出脉和网状横脉。花组成腋生或顶生的聚伞花序，再排列成圆锥花序式或密集成头状花序式；具有鳞片状苞片；花5数，稀4数；花冠高脚碟状或近辐状，花冠管通常较长，花冠裂片在花蕾时为镊合状排列；雄蕊着生于花冠管喉部或近喉部，花药2室，内向，纵裂，基部着生，顶端内藏；子房2室，每室有数胚珠，花柱圆柱形，柱头头状或2裂。浆果通常圆球状或椭圆状，肉质，外面光滑或有细小疣点。种子1~15，近圆形，通常一面扁平，一面凸起，光滑；胚乳肉质；胚伸长；子叶叶状。本属约190种。中国11种。七目嶂1种。

1. 三脉马钱（华马钱）
Strychnos cathayensis Merr.

幼枝被短柔毛；老枝被毛脱落；小枝常变态成为成对的螺旋状曲钩。叶片近革质，长椭圆形至窄长圆形，上面有光泽，无毛，下面通常无光泽而被疏柔毛。聚伞花序顶生或腋生；花5数；小苞片卵状三角形；花冠白色，无毛或有时外面有乳头状凸起。浆果圆球状；果皮薄而脆壳质。种子圆盘状，被短柔毛。花期4~6月，果期6~12月。

生山地疏林下或山坡灌丛中。七目嶂灌丛常见。

叶、种子含有马钱子碱；根、种子供药用，有解热止血的功效；果实可作农药，毒杀鼠类等。

229 木犀科 Oleaceae

乔木，直立或藤状灌木。叶对生，稀互生或轮生，单叶、三出复叶或羽状复叶，稀羽状分裂，全缘或具齿；具叶柄；无托叶。花辐射对称，两性，稀单性或杂性，雌雄同株、异株或杂性异株，通常聚伞花序排列成圆锥花序，或为总状、伞状、头状花序，顶生或腋生，稀花单生。翅果、蒴果、核果、浆果或浆果状核果。本科28属600余种。中国11属178种（含栽培）。七目嶂5属8种。

1. 梣属 Fraxinus L.

落叶乔木，稀灌木。叶对生，奇数羽状复叶，稀在枝梢呈3枚轮生状，有小叶3至多数；叶柄基部常增厚或扩大；小叶叶缘具锯齿或近全缘。花小，单性、两性或杂性，雌雄同株或异株；圆锥花序顶生或腋生于枝端；苞片早落或无；花梗细；花芳香，白色至淡黄色。坚果，具翅。种子1或2。本属60种。中国22种。七目嶂2种。

1. 白蜡树
Fraxinus chinensis Roxb.

树皮灰褐色，纵裂。奇数羽状复叶，叶柄基部不增厚；小叶5~7，硬纸质，卵形、倒卵状长圆形至披针形，先端锐尖至渐尖，基部钝圆或楔形，叶缘具整齐锯齿，几无毛或仅背脉被毛，侧脉明显。圆锥花序顶生或腋生枝梢；花萼钟状；无花冠。翅果匙形。花期4~5月，果期7~9月。

多栽培，或生山地林中。七目嶂山地林中偶见。

可用于放养白蜡虫生产白蜡；材用，但材质一般；根皮入药，味辛、性微温，可清热调经、消肿破瘀。

2. 苦枥木
Fraxinus insularis Hemsl.

树皮灰色，平滑。奇数羽状复叶，叶柄基部稍增厚；小叶3~7，硬纸质或革质，长圆形或椭圆状披针形，先端急尖至尾尖，基部楔形至钝圆偏斜，叶缘具浅锯齿，两面无毛，网脉明显。圆锥花序顶生及侧生叶腋；花萼钟状；花冠白色。翅果长匙形。花期4~5月，果期7~9月。

适应性强，生于各种海拔高度的山地、河谷等处。七目嶂山地林中偶见。

炮制成药，清热燥湿、平喘止咳、明目。

2. 素馨属 Jasminum L.

常绿或落叶小乔木，直立或攀缘灌木。叶对生或互生，稀轮生，单叶、三出复叶或为奇数羽状复叶，全缘或深裂；叶柄有时具关节；无托叶。花两性，聚伞花序，再排列成圆锥状、总状、伞房状、伞状或头状；有苞片；

花常芳香；花冠常呈白色或黄色，稀红色或紫色。浆果，熟时黑色或蓝黑色。本属200余种。中国43种。七目嶂1种。

1. 清香藤
Jasminum lanceolaria Roxb.

小枝节处稍压扁。叶革质，对生或近对生，三出复叶；小叶片多偏圆，基部圆形或楔形，顶生小叶与侧生叶几等大。复聚伞花序常排列成圆锥状，顶生或腋生，有花多枚，密集；苞片线形；花芳香；萼齿几近截形；花冠白色。果球形或椭圆形。花期4~10月，果期6月至翌年3月。

生丘陵山地灌丛或山谷密林中。七目嶂山谷林中偶见。

全株入药，治风湿跌打。

3. 女贞属 Ligustrum L.

落叶或常绿、半常绿的灌木、小乔木或乔木。叶对生，单叶，叶片纸质或革质，全缘；具叶柄。聚伞花序常排列成圆锥花序，多顶生于小枝顶端，稀腋生；花两性；花萼钟状；花冠白色，花冠管长于裂片或近等长，裂片4；雄蕊2，内藏或伸出。果为浆果状核果，稀为核果状而室背开裂。本属约45种。中国29种。七目嶂2种。

1. 华女贞
Ligustrum lianum P. S. Hsu

树皮灰色。枝淡黄灰色或暗棕灰色，四棱形或近圆柱形，散生圆形皮孔，密被或疏被短柔毛。叶片革质，常绿，椭圆形、长圆状椭圆形、卵状长圆形或卵状披针形，沿叶柄下延，叶缘反卷，上面深绿色，常具网状乳突，下面淡绿色，密出细小腺点，除中脉常被柔毛外，其余无毛。圆锥花序顶生；裂片长圆形，锐尖。果椭圆形或近球形。花期4~6月，果期7月至翌年4月。

生山谷疏、密林和灌木丛中或旷野。七目嶂偶见。

具有潜在的观赏价值。

2. 小蜡（小叶女贞、山指甲）
Ligustrum sinense Lour.

嫩枝被毛。单叶对生，纸质或薄革质，卵形至椭圆状卵形，先端尖或钝而微凹，基部宽楔至近圆，两面略被毛；叶脉上面微凹下面略凸，侧脉4~8对。圆锥花序顶生或腋生，多花，花序轴被毛；花白色，芳香；雄蕊伸出。果近球形。花期3~6月，果期9~12月。

生山坡、山谷、溪边、河旁、路边的密林、疏林或混交林中。七目嶂路边疏林偶见。

树皮和叶入药，具清热降火等功效。各地普遍栽培作绿篱。

4. 木犀榄属 Olea L.

乔木或灌木。叶对生，单叶，叶片常为革质，稀纸质，全缘或具齿，常被细小的腺点，有时具鳞片状毛；具叶柄。圆锥花序顶生或腋生，有时为总状花序或伞形花序；花小，两性、单性或杂性，白色或淡黄色；花萼小，钟状，4裂；花冠管短，裂片4；雄蕊2，稀4，内藏。果为核果。本属约40多种。中国13种。七目嶂2种。

1. 木犀榄
Olea europaea L.

高可达10m。树皮灰色。枝灰色或灰褐色，散生圆形皮孔；小枝具棱角，密被银灰色鳞片。叶片革质，披针形，有时为长圆状椭圆形或卵形，全缘，叶缘反卷。圆锥花序腋生或顶生，较叶为短；苞片披针形或卵形；花芳香，白色，两性；花萼杯状，浅裂或几近截形。果椭圆形。花期4~5月，果期6~9月。

栽培种，中国长江流域以南地区有栽培。七目嶂常见。

果可榨油，供食用，也可制蜜饯。

2. 异株木犀榄
Olea tsoongii (Merr.) P. S. Green

小枝具皮孔，节处压扁。单叶对生，革质，披针形、倒披针形或长椭圆状披针形，先端渐尖或钝，基部楔形，全缘或具疏齿，叶缘稍反卷，几无毛，侧脉不明显。聚伞花序圆锥状，有时成总状或伞状，腋生；花杂性异株，白色或浅黄色。果椭圆形或卵形。花期3~7月，果期5~12月。

生丘陵低山山谷林中。七目嶂山谷林中偶见。

5. 木犀属 Osmanthus Lour.

常绿灌木或小乔木。叶对生，单叶，叶片厚革质或薄革质，全缘或具锯齿，两面通常具腺点；具叶柄。花两性，通常雌蕊或雄蕊不育而成单性花，雌雄异株或雄花、两性花异株；聚伞花序簇生于叶腋；苞片2，基部合生；花萼钟状，4裂；花冠白色或黄白色，少数栽培品种为橘红色；裂片4，花蕾时呈覆瓦状排列；雄蕊2，稀4，着生花冠管上部；子房2室，每室具下垂胚珠2枚；柱头头状或2浅裂。果为核果，椭圆形或歪斜椭圆形，内果皮坚硬或骨质，常具1种子。胚乳肉质；子叶扁平；胚根向上。本属约30种。中国23种。七目嶂1种。

1. 牛矢果
Osmanthus matsumuranus Hayata

树皮淡灰色，粗糙。小枝扁平，黄褐色或紫红褐色，无毛。叶片薄革质或厚纸质，倒披针形，全缘或上半部有锯齿，两面无毛，具针尖状凸起腺点；侧脉（7）10~12（~15）对，纤细；叶柄无毛，上面有浅沟。聚伞花序组成短小圆锥花序，着生于叶腋；小苞片三角状卵形，边缘通常具睫毛；花芳香；花冠淡绿白色或淡黄绿色。果椭圆形。花期5~6月，果期11~12月。

生山坡密林、山谷林中和灌丛中。七目嶂林下常见。

230 夹竹桃科 Apocynaceae

乔木，直立灌木或木质藤木，或多年生草本。具乳汁或水液。无刺，稀有刺。单叶对生、轮生、稀互生，全缘，稀有细齿；羽状脉；通常无托叶。花两性，辐射对称，单生或多花组成聚伞花序，顶生或腋生；花萼裂片5，稀4；花冠合瓣，裂片5，稀4；雄蕊5。果为浆果、核果、蒴果或蓇葖果。本科155属2000余种。中国44属145种。七目嶂6属6种。

1. 鳝藤属 Anodendron A. DC.

攀缘灌木。叶对生；羽状脉，侧脉干时常呈皱纹。聚伞花序顶生或近顶叶腋；花萼5深裂；花冠高脚碟状，裂片5，向右覆盖；雄蕊5，花丝极短；花盘环状或杯状，有时端部浅5裂；花柱极短。蓇葖果双生，叉开，端部渐尖。本属约16种。中国5种。七目嶂1种。

1. 鳝藤
Anodendron affine (Hook. & Arn.) Druce

有乳汁。叶对生，长圆状披针形，端部渐尖，基部楔形；中脉略为上凹下凸，侧脉疏离，干时呈皱纹。聚伞花序总状式，顶生；小苞片甚多；花萼裂片经常不等长；花冠白色或黄绿色；雄蕊短；花盘环状。蓇葖果为椭圆形，双生，叉开。花期11月至翌年4月，果期翌年6~8月。

生山地稀疏杂木林中。七目嶂山坡疏林偶见。

2. 山橙属 Melodinus J. R. Forst. & G. Forst.

木质藤本。具乳汁。叶对生；羽状脉；具柄。三歧圆锥状或假总状的聚伞花序顶生或腋生；花萼5深裂，内面基部无腺体；花冠高脚碟状，裂片5，扩展，向左覆盖；花冠喉部的副花冠5~10枚成鳞片状；雄蕊着生于花冠筒的中部或基部；无花盘；花柱短，柱头顶端2裂。浆果肉质。种子多数，无种毛。本属约53种。中国11种。七目嶂1种。

1. 尖山橙
Melodinus fusiformis Champ. ex Benth.

具乳汁。幼枝、嫩叶、叶柄、花序被短柔毛，老渐无毛。单叶对生，近革质，椭圆形或长椭圆形，先端渐尖，基部楔形至圆形；中脉面平背凸，侧脉约15对。聚伞花序生于侧枝的顶端，有6~12花；花冠白色。浆果橙红色，椭圆形，顶端短尖。花期4~9月，果期6月至翌年3月。

生山地疏林中或山坡路旁、山谷水沟旁。七目嶂山地疏林偶见。

全株入药，可活血、祛风、补肺、通乳和治风湿性心脏病等。

3. 帘子藤属 Pottsia Hook. & Arn.

木质藤本。具乳汁。叶对生。圆锥状聚伞花序三至五歧，顶生或腋生；萼片5深裂，内面有腺体；花冠高脚碟状，裂片5，向右覆盖；无副花冠；雄蕊5，着生在花冠喉部，花丝极短，花药箭头状，伸出花冠喉外；花盘环状，顶端5裂。蓇葖果双生，线状长圆形，细而长。种子具种毛。本属约5种。中国3种。七目嶂1种。

1. 帘子藤
Pottsia laxiflora (Blume) Kuntze

具乳汁。叶对生，薄纸质，卵圆形、椭圆状卵圆形或卵圆状长圆形，先端急尖具尾状，基部圆或浅心形，两面无毛；中脉面凹背凸，侧脉每边4~6。总状式聚伞花序腋生和顶生，多花；花冠紫红色或粉红色；雄蕊5。蓇葖果双生，细而长，下垂。花期4~8月，果期8~10月。

生山地疏林中，或湿润的密林山谷中。七目嶂山谷林中偶见。

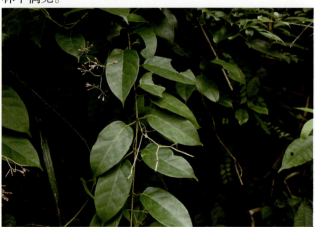

4. 羊角拗属 Strophanthus DC.

小乔木或灌木。枝的顶部蔓延。叶对生；羽状脉。聚伞花序顶生；花大；花萼5深裂，裂片双盖覆瓦状排列；花冠漏斗状，花冠筒圆筒形，冠檐喉部有10枚离生舌状鳞片的副花冠，顶端渐尖或截形；雄蕊5，内藏，花药环绕靠合在柱头上，药隔顶端丝状；子房由2枚离生心皮所组成，花柱丝状，柱头棍棒状，顶端圆锥形，全缘或2裂。蓇葖果木质，叉生，长圆形。种子扁平，多数，顶端具细长的喙。本属约38种。中国6种。七目嶂1种。

1. 羊角拗
Strophanthus divaricatus (Lour.) Hook. & Arn.

小枝棕褐色，密被灰白色圆形皮孔。叶椭圆状长圆形或椭圆形。聚伞花序顶生，有3花；花黄色；花冠漏斗状，花冠裂片卵状披针形，顶端延长成一长尾，下垂。蓇葖果广叉开，木质，椭圆状长圆形。种子有喙，喙上轮生种毛。花期3~7月，果期6月至翌年2月。

野生于丘陵山地、路旁疏林中或山坡灌木丛中。七目嶂灌丛常见。

全株含毒，药用作强心剂，治血管硬化、跌打、扭伤、风湿性关节炎、蛇咬伤等症；农业上用作杀虫剂及毒雀鼠；羊角拗制剂可作浸苗和拌种用。

5. 络石属 Trachelospermum Lemaire

攀缘灌木。具白色乳汁。叶对生；具羽状脉。花序聚伞状，有时呈聚伞圆锥状，顶生、腋生或近腋生，花白色或紫色；花萼5裂，内面基部具腺体；花冠高脚碟状，5棱，顶端5裂；雄蕊5，花丝短；花盘环状，5裂。蓇葖果双生，长圆状披针形。种子顶端具种毛。本属约15种。中国6种。七目嶂1种。

1. 络石
Trachelospermum jasminoides (Lindl.) Lem.

具乳汁。小枝被黄色柔毛后脱落。叶对生，革质或近革质，椭圆形至卵状椭圆形或宽倒卵形，基部渐狭至

钝，无毛或背疏被毛；中脉面微凹背凸，侧脉每边6~12条；叶柄短。二歧聚伞花序腋生或顶生，再组成圆锥状；花白色。蓇葖果双生，叉开，无毛。花期3~7月，果期7~12月。

生山野、溪边、路旁、林缘或杂木林中，常缠绕于树上或攀缘于墙壁上、岩石上。七目嶂偶见。

根、茎、叶、果实供药用，有祛风活络、利关节、止血、止痛消肿、清热解毒之功效。

6. 水壶藤属 Urceola Roxb.

木质大藤本。具乳汁。叶对生；羽状脉。聚伞花序圆锥状广展，多次分歧；花萼5深裂，内面有腺体；花冠近坛状，花冠筒卵形钟状，喉部无副花冠，花冠裂片5，向右覆盖；雄蕊5，着生在花冠筒基部，花丝短；花盘环状，全缘或5裂；花柱短，顶端2裂；胚珠多。蓇葖果双生，叉开，圆筒状。本属约15种。中国8种。七目嶂1种。

1. 酸叶胶藤

Urceola rosea (Hook. & Arn.) D. J. Middleton

具乳汁。茎皮无明显皮孔。叶对生，纸质，阔椭圆形，顶端急尖，基部楔形，两面无毛，叶背被白粉；侧脉每边4~6条，疏距。聚伞花序圆锥状，广展，多歧，顶生；花小，粉红色；花萼5深裂；花冠裂片向右覆盖；雄蕊5。蓇葖果2枚叉开近直线。花期4~12月，果期7月至翌年1月。

生山地杂木林山谷中、水沟旁较湿润的地方。七目嶂山谷林中偶见。

全株入药，治跌打瘀肿、风湿骨痛、疔疮、喉痛和眼肿等。

231 萝藦科 Asclepiadaceae

具有乳汁的多年生草本、藤本、直立或攀缘灌木。叶对生或轮生，具柄，全缘，羽状脉；叶柄顶端通常具有丛生的腺体，稀无叶；通常无托叶。聚伞花序通常伞形，有时成伞房状或总状，腋生或顶生；花两性，整齐，5数。蓇葖果双生，或因1枚不发育而成单生。种子顶端具种毛。本科约250属2000余种。中国44属270种。七目嶂5属5种。

1. 鹅绒藤属 Cynanchum L.

灌木或多年生草本，直立或攀缘。叶对生，稀轮生。聚伞花序多数呈伞形状，多花；花小型或稀中型，各种颜色；花萼5深裂，基部内面有小腺体；副花冠膜质或肉质，5裂或杯状或筒状；花药无柄，有时具柄；柱头顶端全缘或2裂。蓇葖果双生或1枚不发育，无毛或具软刺或具翅。种子顶端具种毛。本属约200种。中国57种。七目嶂1种。

1. 刺瓜

Cynanchum corymbosum Wight

块根粗壮。嫩茎被毛。叶对生，薄纸质，卵形或卵状长圆形，先端短尖，基部心形，叶背苍白色；叶脉被毛，侧脉约5对。伞房状或总状聚伞花序腋外生，有花约20枚；花萼被柔毛，5深裂；花冠绿白色，近辐状；副花冠大型。蓇葖果纺锤状，具弯刺。花期5~10月，果期8月至翌年1月。

生山地溪边、河边灌木丛中及疏林潮湿处。七目嶂溪边湿地偶见。

全株入药，可催乳解毒，治神经衰弱、慢性肾炎、睾丸炎、血尿闭经、肺结核、肝炎等。

2. 眼树莲属 Dischidia R. Br.

藤本，常攀附在树上或石上，或攀缘半灌木。具乳汁。茎肉质，节上生根。叶对生，稀无叶，肉质。聚伞花序腋生，小型；花序梗极短；花小，黄白色；花萼5深裂，内面基部有5腺体；花冠坛状，花冠喉部紧缩，裂片5，短而厚，镊合状排列；副花冠着生于合蕊冠上。蓇葖果双生或单生，披针状圆柱形。本属约80种。中国7种。七目嶂1种。

1. 眼树莲

Dischidia chinensis Champ. ex Benth.

常攀附于树上或石上。全株含有乳汁。茎肉质，节上生根，绿色，无毛。叶肉质，卵圆状椭圆形，顶端圆形；叶柄极短。聚伞花序腋生，近无柄，有瘤状凸起；花极小；花冠黄白色，坛状。蓇葖果披针状圆柱形。种子顶端具白色绢质种毛。花期4~5月，果期5~6月。

生山地潮湿杂木林中或山谷、溪边，攀附在树上或附生石上。七目嶂林下常见。

全株供药用，有清肺热、化疟、凉血解毒之效；民间有用作治肺燥咳血、疮疖肿毒，小儿疳积、痢疾、跌打肿痛、毒蛇咬伤。

3. 匙羹藤属 Gymnema R. Br.

木质藤本或藤状灌木。具乳汁。叶对生；具柄；羽状脉。聚伞花序伞形状，腋生；花序梗单生或丛生；花萼5裂片，内面基部有5~10腺体；花冠近辐状、钟状或坛状，裂片5；副花冠着生在花冠筒的弯缺处而成为硬带，或着生在雄蕊背面的花冠筒壁上而成为两列被毛的条带；雄蕊5，着生于花冠的基部，花药顶端具膜片，花粉块每室1，直立；子房由2枚离生心皮组成，柱头近球状、钝圆锥状或棍棒状。蓇葖果双生，披针状圆柱形，渐尖，基部膨大。种子顶端具白色绢质种毛。本属约25种。中国8种。七目嶂1种。

1. 匙羹藤
Gymnema sylvestre (Retz.) R. Br. ex Sm.

具乳汁。茎皮灰褐色，具皮孔。叶倒卵形或卵状长圆形，仅叶脉上被微毛；叶柄被短柔毛，顶端具丛生腺体。聚伞花序伞形状，腋生；花小，绿白色；花萼裂片卵圆形，钝头，被缘毛，花萼内面基部有5腺体；花冠绿白色，钟状。蓇葖果卵状披针形，基部膨大，顶部渐尖。种子卵圆形，顶端截形或钝，基部圆形。花期5~9月，果期10月至翌年1月。

生山坡林中或灌木丛中。七目嶂灌木丛中可见。

全株可药用，民间用来治风湿痹痛、脉管炎、毒蛇咬伤；外用可消肿治痔疮、枪弹创伤，也可杀虱。

4. 黑鳗藤属 Jasminanthes Blume

藤状灌木。具乳汁。叶对生；具柄；羽状脉。聚伞花序伞形状，一至二歧，腋生；花萼5深裂，裂片近叶状，双盖覆瓦状排列，内面基部通常无腺体；花较大，花冠高脚碟状或近漏斗状，花冠筒圆筒状，内面基部具有5行两列柔毛，裂片5，向右覆盖；副花冠5裂，着生于雄蕊背面，裂片顶端离生，比花药为短或无副花冠；雄蕊5，与雌蕊粘生，花丝合生成筒状，短，花药直立；花粉块每室1，直立；子房由2枚离生心皮组成，花柱短，柱头圆锥状或头状。蓇葖果粗厚，钝头或渐尖。种子顶端具白色绢质种毛。本属约5种。中国4种。七目嶂1种。

1. 黑鳗藤
Jasminanthes mucronata (Blanco) W. D. Stevens & P. T. Li

茎被2列柔毛，枝被短柔毛。叶纸质，卵圆状长圆形，基部心形；叶柄被短柔毛，顶端具丛生腺体。聚伞花序假伞形状，腋生或腋外生，通常着2~4花；花冠白色，含紫色液汁，花冠筒圆筒形，外面无毛。蓇葖果长披针形，无毛。种子长圆形，顶端具白色绢质种毛。花期5~6月，果期9~10月。

生山地疏密林中，攀缘于大树上。七目嶂偶见。

根含生物碱、酚类物质、甾醇，可用于化工。

5. 娃儿藤属 Tylophora R. Br.

缠绕或攀缘灌木，稀多年生草本或直立小灌木。叶对生；羽状脉，稀基脉3条。伞形或短总状式的聚伞花序，腋生，稀顶生；通常总花梗曲折，单歧、二歧或多歧；花小；花萼5裂，内面基部有腺体或缺；花冠5深裂，裂片向右覆盖或近镊合状排列；具副花冠。蓇葖果双生，稀单生。种子顶端具白色绢质种毛。本属约60种。中国35种。七目嶂1种。

1. 娃儿藤
Tylophora ovata (Lindl.) Hook. ex Steud

茎、叶和花序均被锈黄色柔毛。叶对生，卵形，顶端急尖，具细尖头，基部浅心形；侧脉明显，每边约4条。聚伞花序伞房状，丛生于叶腋，常两歧，有多花；花小，淡黄色或黄绿色。蓇葖果双生，圆柱状披针形，无毛。花期4~8月，果期8~12月。

生山地灌木丛中及山谷或向阳疏密杂树林中。七目嶂山坡疏林中偶见。

全株入药，能祛风、止咳、化痰、催吐、散瘀。

232 茜草科 Rubiaceae

乔木、灌木或草本，有时为藤本。叶对生或轮生，有时具变态叶，常全缘，稀具齿缺；具托叶，宿存或脱落。花序各式，由聚伞花序复合而成，很少单花或少花的聚伞花序；花两性、单性或杂性，通常花柱异长；花冠合瓣，通常4~5裂，稀少或多；雄蕊与花冠裂片同数而互生。果为浆果、蒴果或核果。本科约637属10700种，中国98属约676种(含引种)。七目嶂20属37种。

1. 水团花属 Adina Salisb.

灌木或小乔木。叶对生；托叶常宿存。头状花序顶生或腋生，或两者兼有，不分枝，或为二歧聚伞状分枝，或为圆锥状排列，节上的托叶小，苞片状；花5数，近无梗；花白色，花柱伸出，与头状花序组成绒球状。果序中的小蒴果疏松；小蒴果室背室间4片开裂，宿存萼裂片留附于蒴果的中轴上。本属3种。中国2种。七目嶂1种。

1. 水团花

Adina pilulifera (Lam.) Franch. ex Drake

叶对生，厚纸质，椭圆形至椭圆状披针形，顶端短尖至渐尖，基部钝或楔形，两面无毛或下面疏被毛；侧脉6~12对，脉腋窝有毛；托叶2裂，早落。头状花序明显腋生，极稀顶生，花序轴单生，不分枝；花冠白色，花柱伸出与花序呈绒球状。花期6~9月，果期7~12月。

生丘陵低山的山谷疏林下或旷野路旁、溪边水畔。七目嶂溪沟边常见。

全株入药，味苦、涩，性凉，可清热解毒、散瘀止痛。

2. 茜树属 Aidia Lour.

无刺灌木或乔木，稀藤本。叶对生；具柄；托叶在叶柄间，离生或基部合生，常脱落。聚伞花序腋生或与叶对生，或生于无叶的节上，稀顶生，少花或多花；有苞片和小苞片；花两性，无梗或具梗；花5数罕4数；柱头棒形或纺锤形，伸出。浆果球形，通常较小，平滑或具纵棱。本属50多种。中国7种。七目嶂2种。

1. 香楠

Aidia canthioides (Champ. ex Benth.) Masam.

叶纸质或薄革质，对生，长圆状椭圆形、长圆状披针形或披针形，两面无毛；下面脉腋内常有小窝孔。聚伞花序腋生，有数花至十余花，紧缩成伞形花序状；总花梗极短或近无；花萼外面被紧贴的锈色疏柔毛，萼管陀螺形；花冠高脚碟形。浆果球形。种子6~7，压扁，有棱。花期4~6月，果期5月至翌年2月。

生山坡、山谷溪边、丘陵的灌丛中或林中。七目嶂林中常见。

具有一定的潜在观赏价值。

2. 茜树

Aidia cochinchinensis Lour.

叶革质或纸质，对生，椭圆状长圆形、长圆状披针形或狭椭圆形，顶端渐尖至尾状渐尖，基部楔形，两面无毛，背脉腋常生簇毛；侧脉5~10对。聚伞花序与叶对生或生于无叶的节上；总梗长；花梗短；花萼无毛，裂片三角形。浆果球形，紫黑色。花期3~6月，果期5月至翌年2月。

生丘陵、山坡、山谷溪边的灌丛或林中。七目嶂山坡林中偶见。

3. 流苏子属 Coptosapelta Korth.

藤本或攀缘灌木。叶对生,具柄;托叶小,在叶柄间,三角形或披针形,脱落。花单生于叶腋或为顶生的圆锥状聚伞花序;萼管卵形或陀螺形,萼檐短,5裂,宿存;花冠高脚碟状,裂片5,旋转排列;雄蕊5,着生在花冠喉部,花丝短;花盘不明显;柱头纺锤形,伸出。蒴果近球形,2室,室背开裂。本属约13种。中国1种。七目嶂有分布。

1. 流苏子（流苏藤）
Coptosapelta diffusa (Champ. ex Benth.) Steenis

嫩枝密被黄硬毛。叶对生,坚纸质至革质,卵形、卵状长圆形至披针形,顶端短尖、渐尖至尾状渐尖,基部圆形,两面无毛或稀被长硬毛;侧脉3~4对不明显;托叶脱落。花单生于叶腋,常对生;花冠白色或黄色。蒴果稍扁球形,淡黄色。花期5~7月,果期5~12月。

生丘陵低山的林中或灌丛中。七目嶂山地林中偶见。

根辛辣,可治皮炎。

4. 狗骨柴属 Diplospora DC.

灌木或小乔木。叶交互对生;托叶具短鞘和稍长的芒。聚伞花序腋生和对生,多花,密集;花4(~5)数,小,两性或单性（杂性异株的植物）;萼管短,萼裂片常三角形;花冠高脚碟状,白色,淡绿色或淡黄色,花冠裂片旋转排列;雄蕊着生在花冠喉部,花丝短;花盘环状。核果近球形或椭圆球形,小,黄红色。本属20多种。中国3种。七目嶂1种。

1. 狗骨柴
Diplospora dubia (Lindl.) Masam

叶交互对生,革质,卵状长圆形、长圆形、椭圆形或披针形,基部楔形,全缘而常稍背卷,两面无毛;侧脉5~11对,在两面稍明显;叶柄无毛。花腋生,密集成束或组成具总花梗、稠密的聚伞花序;花冠白色或黄色。浆果近球形,熟时红色。花期4~8月,果期5月至翌年2月。

生山坡、山谷沟边、丘陵、旷野的林中或灌丛中。七目嶂各地较常见。

本材致密强韧,加工容易,可作器具及雕刻细工用材。

5. 拉拉藤属 Galium L.

一年生或多年生草本,稀亚灌状,直立、攀缘或匍匐。茎常具4角棱,无毛、具毛或具小皮刺。叶3至多枚轮生,稀2枚对生,宽或狭;无柄或具柄;托叶叶状。花小,两性,稀单性同株,4数,稀3或5数,组成腋生或顶生的聚伞花序,常再排成圆锥花序式,稀单生,无总苞。果为小坚果,小。本属约300种。中国97种。七目嶂1种。

1. 猪殃殃
Galium spurium L.

茎有4棱角。4~8叶轮生,带状倒披针形或长圆状倒披针形,长1~5.5cm,宽1~7mm,顶端有针状凸尖头,两面常有紧贴的刺状毛;1脉。聚伞花序腋生或顶生;花小,4数,花冠黄绿色或白色,镊合状排列。坚果密被钩毛,有1~2近球状的分果爿。花期3~7月,果期4~11月。

生山坡、旷野、沟边、湖边、林缘、草地。七目嶂草丛有见。

全草药用,清热解毒、消肿止痛、利尿、散瘀。

6. 栀子属 Gardenia J. Ellis

灌木或稀为乔木。无刺或稀具刺。叶对生,少有3叶轮生;托叶生于叶柄内。花大,腋生或顶生,单生、簇生或很少组成伞房状的聚伞花序;萼管常为卵形或倒圆锥形,顶部常5~8裂,裂片宿存,稀脱落;花冠高脚碟状、漏斗状或钟状,裂片5~12;雄蕊与花冠裂片同数。浆果平滑或具纵棱,革质或肉质。本属约250种。中国5种。七目嶂1种。

1. 栀子
Gardenia jasminoides J. Ellis

嫩枝常被短毛。叶对生，革质，少为3叶轮生，叶形多样，通常为长圆状披针形，先端渐尖、长渐尖或短尖，基部楔形或短尖，两面常无毛；侧脉8~15对，明显。花芳香，通常单花生于枝顶；花白色或乳黄色。浆果常卵形，黄色或橙红色，具纵棱。花期3~7月，果期5月至翌年2月。

生旷野、丘陵、山谷、山坡、溪边的灌丛或林中。七目嶂较常见。

可作盆景植物，花大而香；全株入药，能清热利尿、泻火除烦、凉血解毒、散瘀；果可提取黄色素。

7. 耳草属 Hedyotis L.

草本、亚灌木或灌木，直立或攀缘。茎圆柱形或方柱形。叶对生，罕轮生或丛生状；托叶分离或基部连合成鞘状。花序顶生或腋生，通常为聚伞花序或聚伞花序再排成成圆锥状、头状、伞形状或伞房状，稀为单花；苞片和小苞片有或无，有或无花梗。蒴果小，不开裂、室间或室背开裂。本属约500种。中国67种。七目嶂7种。

1. 金草
Hedyotis acutangula Champ. ex Benth.

直立。无毛。茎方形，4棱或具翅。叶对生，无柄或近无柄，革质，卵状披针形或披针形，顶端短尖或短渐尖；中脉明显，侧脉和网脉均不明显；托叶卵形或三角形，全缘或具小腺齿。聚伞花序再排成圆锥状或伞房花状，顶生。蒴果室间开裂为2。花期5~8月，果期6~12月。

生低海拔的山坡或旷地上。七目嶂低海拔坡地林下较常见。

全株入药，有清热解毒和凉血利尿之效。

2. 剑叶耳草
Hedyotis caudatifolia Merr. & F. P. Metcalf

全株无毛。嫩枝具浅纵纹。叶对生，有柄，革质，通常披针形，下面灰白色，顶部尾状渐尖，基部楔形或下延；侧脉不明显；托叶阔卵形，短尖。聚伞花序排成疏散的圆锥花序式；苞片披针形或线状披针形，短尖；花4数，具短梗。蒴果室间开裂为2。花期5~6月。

常见于丘陵低山常绿阔叶林下。七目嶂山谷林内偶见。

全草入药，具有止咳化痰、健脾消积之功效，常用于支气管哮喘、支气管炎、肺痨咯血、小儿疳积、跌打损伤、外伤出血。

3. 伞房花耳草
Hedyotis corymbosa L.

茎和枝方柱形，无毛或棱上疏被短柔毛。叶对生，近无柄，膜质，线形；托叶膜质，鞘状，顶端有数条短刺。花序腋生，伞房花序式排列，有2~4花；苞片微小，钻形；花4数，有纤细的花梗；萼管球形，被极稀疏柔毛；花冠白色或粉红色，管形，喉部无毛。蒴果膜质，球形，有不明显纵棱数条。种子每室10枚以上，有棱；种皮平滑，干后深褐色。花果期几乎全年。

多见于水田和田埂或湿润的草地上。七目嶂荒地上可见。

全草入药，清热解毒、利尿消肿、活血止痛。

4. 白花蛇舌草
Hedyotis diffusa (Willd.) R. J. Wang

茎稍扁，从基部开始分枝。叶对生，无柄，膜质，线形，顶端短尖；中脉在上面下陷，侧脉不明显；托叶基部合生，顶部芒尖。花4数，单生或双生于叶腋；花梗常粗壮；花冠白色，管形。蒴果膜质，扁球形，顶部室背开裂。花果期3~10月。

多见于水田、田埂和湿润的旷地。七目嶂旷野草地常见。

全草入药，味甘淡、微凉，可清热解毒、利尿消肿、活血止痛。

5. 牛白藤
Hedyotis hedyotidea (DC.) Merr.

粗糙。嫩茎方形，被毛后变圆。叶对生，膜质，长卵形或卵形，基部楔形或钝，上面粗糙，下面被柔毛；侧脉每边4~5条；叶柄有槽；托叶顶部截平，有刺毛。花序腋生和顶生，由10~20花集聚而成伞形花序；有总花梗；花冠白色。蒴果室间开裂为2，顶部隆起。花果期4~12月。

生于低海拔至中海拔沟谷灌丛或丘陵坡地，果园及疏林地较多。七目嶂山坡、路旁偶见。

全草入药，味微甘，性凉，可清热解毒、润肺止咳。

6. 粗毛耳草
Hedyotis mellii Tutcher

茎和枝近方柱形。叶对生，纸质，卵状披针形，两面均被疏短毛；侧脉每边3~4条，明显，与中脉成锐角向上伸出；托叶阔三角形，被毛，边全缘或具长疏齿，齿端具黑色腺点。花序顶生和腋生，为聚伞花序，排成圆锥花序式；总花梗有狭小的苞片；花4数，与花梗均被干后呈黄褐色短硬毛。蒴果椭圆形，疏被短硬毛。种子数枚，具棱，黑色。花期6~7月，果期8~11月。

生山地丛林或山坡上。七目嶂灌丛偶见。

全草入药，清热解毒、消食化积、消肿、止血。

7. 粗叶耳草
Hedyotis verticillata (L.) R. J. Wang

枝常平卧，上部方柱形，下部近圆柱形，密被或疏被短硬毛。叶对生，具短柄或无柄，纸质或薄革质，椭圆形或披针形；无侧脉，仅具中脉1条。团伞花序腋生，无总花梗；萼管倒圆锥形，被硬毛，萼檐裂片4；花冠白色，近漏斗形，除花冠裂片顶端有髯毛外无毛。蒴果卵形，被硬毛。种子每室多数，具棱，干时浅褐色。花果期3~11月。

生低海拔至中海拔的丘陵地带的草丛或路旁和疏林下。七目嶂路旁偶见。

全草清热解毒、消肿止痛。

8. 粗叶木属 **Lasianthus** Jack

灌木。枝和小枝圆柱形，节部压扁。叶对生，2行排列，叶片纸质或革质；侧脉弧状；托叶生叶柄间，宿存或脱落。花小，数花至多花簇生叶腋，或组成腋生、具总梗的聚伞状或头状花序；通常有苞片和小苞片；花萼3~7裂；花冠裂片3~7，通常5；雄蕊5。核果小，熟时常为蓝色。本属约184种。中国33种。七目嶂4种。

1. 粗叶木
Lasianthus chinensis (Champ. ex Benth.) Benth.

枝和小枝均粗壮被毛。叶薄革质或厚纸质，通常为长圆形或长圆状披针形，基部阔楔形或钝，上面无毛或近无毛，下面叶脉被毛；侧脉每边 9~14 条；叶柄粗壮被毛；托叶三角形被毛。花无梗，常 3~5 花簇生叶腋；无苞片；花冠裂片 6。核果熟时深蓝色。花期 5 月，果期 9~10 月。

常生于林缘，亦见于林下。七目嶂林内偶见。

叶可入药，清热除湿。

2. 焕镛粗叶木
Lasianthus chunii H. S. Lo

小枝黑褐色，密被短硬毛。叶厚纸质或近革质，顶端渐尖，基部楔尖或钝，全缘，上面无毛；叶柄密被短硬毛；托叶小，近三角形，密被短硬毛。花近无梗或有短梗，常 2~4 花簇生叶腋；花冠白色或微染红色，外面被短硬毛，管里面中部以上被长柔毛；雄蕊 6，生冠管喉部，花丝短，花药线形。核果扁球形，被短硬毛，成熟时黑色，含 6（~7）个分核；核的基部喙状。花期 4 月，果期 6~7 月。

生常绿阔叶林中。七目嶂偶见。

3. 罗浮粗叶木
Lasianthus fordii Hance

小枝纤细无毛。叶具等叶性，纸质，长圆状披针形至卵形，基部楔形，全缘或浅波状，两面无毛或下面叶脉被毛；侧脉每边 4~5 条；叶柄被硬毛；托叶小。花近无梗，数花至多花簇生叶腋；苞片极小或无；萼管顶端齿裂；花冠裂片 4~5。核果近球形，深蓝色。花期春季，果期秋季。

常生林缘或疏林中，七目嶂常见。

4. 西南粗叶木
Lasianthus henryi Hutch.

小枝密被毛。叶纸质，长圆形或长圆状披针形至椭圆状披针形，顶端渐尖或短尾状渐尖，有缘毛，上面无毛，下面叶脉被毛；侧脉 6~8 对。花近无梗或具极短梗，2~4 花簇生叶腋；苞片很小或无；萼管陀螺状，裂片 5，与管等长；花冠白色，狭管状。核果熟时蓝色。花期 5 月，果期 6~10 月。

常生林缘或疏林中。七目嶂疏林中偶见。

9. 盖裂果属 Mitracarpus Zucc.

直立或平卧草本。茎四棱形，下部木质。叶对生，披针形、卵形或线形；托叶生于叶柄间，不脱落。花两性，常常组成头状花序；萼管陀螺形，倒卵形或近圆形，萼檐杯形，顶部 4~5 裂；花冠高脚碟形或漏斗形，冠管内部常具 1 环疏长毛，裂片 4；雄蕊 4，生于冠管喉部，花药内藏或凸出；花盘肉质；子房 2 室，罕有 3 室，花柱 2 裂，裂片线形，长或极短，胚珠每室 1，生于隔膜中部盾形的胎座上。果双生，成熟时在中部或中部以下盖裂。种子长圆形或圆形，腹面平或 4 裂；胚乳肉质；子叶叶形，胚根向下。本属 40 余种。中国 1 种。七目嶂有分布。

1. 盖裂果
Mitracarpus hirtus (L.) DC.

茎下部近圆柱形，上部微具棱，被疏粗毛。叶无柄，长圆形或披针形，顶端短尖，基部渐狭，边缘粗糙；叶脉纤细而不明显；托叶鞘形，顶端刚毛状，裂片长短不齐。花细小，簇生于叶腋内，有线形与萼近等长的小苞片；花冠漏斗形，管内和喉部均无毛，裂片三角形，长为冠管长的 1/3，顶端钝尖。果近球形。种子深褐色，近长圆形。花果期 4~11 月。

生公路荒地上，七目嶂荒地罕见。

10. 巴戟天属 Morinda L.

常绿灌木。小枝密被毛。叶纸质，长圆形或长圆状披针形至椭圆状披针形，顶端渐尖或短尾状渐尖，有缘毛，上面无毛，下面叶腋被毛；侧脉6~8对。花近无梗或具极短梗，2~4花簇生叶腋；苞片很小或无；萼管陀螺状，裂片5，与管等长；花冠白色，狭管状。本属80~100种。中国27种。七目嶂2种。

1. 巴戟天
Morinda officinalis F. C. How.

嫩枝有毛。叶对生，纸质，各式长圆形，顶端急尖或具小短尖，全缘，两面中脉被粗毛；侧脉每边4~7条。花序3~7伞形排列于枝顶；头状花序具4~10花；花(2~)3(~4)基数，无花梗；花萼顶部具2~3波状齿；花冠白色；花柱外伸。聚花核果熟时红色。花期5~7月，果熟期10~11月。

生山地疏、密林下和灌丛中，常攀于灌木或树干上。七目嶂山坡疏林偶见。

根入药，其肉质根晒干即成药材"巴戟天"，味辛、甘，性微温，有补肾壮阳、强筋骨、祛风湿的作用。

2. 羊角藤
Morinda umbellata L. subsp. **obovata** Y. Z. Ruan

嫩枝无毛。叶对生，纸质或革质，各式倒卵形，顶端渐尖或具小短尖，基部渐狭或楔形，全缘，上面常具蜡质，光亮，两面无毛；侧脉每边4~5条。花序3~11伞状排列于枝顶；头状花序具6~12花；花4~5基数，无花梗；花冠白色；无花柱。聚花核果熟时红色。花期6~7月，果熟期10~11月。

攀缘于山地林下、溪旁、路旁等疏林或密林的灌木上。七目嶂路旁疏林偶见。

全株入药，叶苦、性寒，可杀虫止痒，外洗皮肤疮疥、清热泻火。

11. 玉叶金花属 Mussaenda L.

乔木、灌木或缠绕藤本。叶对生或偶有3叶轮生；托叶生叶柄间。聚伞花序顶生；苞片和小苞片脱落；花萼管长圆形或陀螺形，萼裂片5枚，其中1枚或全部成花瓣状叶；花冠黄色、红色或稀为白色，裂片5；雄蕊5；花柱内藏或伸出，柱头2，细小；花盘大，环形。浆果肉质。本属约200种。中国约29种。七目嶂4种。

1. 广东玉叶金花
Mussaenda kwangtungensis H. L. Li

小枝被毛。叶对生，薄纸质，披针状椭圆形，顶端长渐尖，基部渐狭窄，两面均被毛或近无毛，叶脉被密毛；侧脉4~6对，两面均明显；叶柄密被毛；托叶早落。聚伞花序顶生，略分枝，紧密；花萼管长圆形，裂片线形较管长，密被毛；花冠黄色。浆果近球形。花期5~9月。

常攀缘于林冠上。七目嶂偶见。

花形漂亮，观赏价值高，可用于园林造景或盆栽。

2. 大叶玉叶金花
Mussaenda macrophylla Wall.

老枝四棱柱形；小枝近圆柱形。叶对生，长圆形至卵形，两面被疏散贴伏柔毛，脉上毛更密；托叶大，卵

形、短尖，密被棕色柔毛。聚伞花序有短总花梗；苞片大，2~3深裂，裂片披针形；花大，橙黄色，近无柄；花萼管钟形，密被棕色柔毛；花叶宽卵形或菱形，渐尖，薄膜质，白色，略被长柔毛；花冠管淡绿色，中部以上略膨大，密被柔毛。浆果深紫色，椭圆状，被短柔毛。花期6~7月，果期8~11月。

生山地灌丛中或森林中。七目嶂灌丛偶见。

叶可治黄水疮、皮肤溃疡。

3. 玉叶金花
Mussaenda pubescens W. T. Aiton

嫩枝被毛。叶对生或轮生，膜质或薄纸质，卵状长圆形或卵状披针形，顶端渐尖，基部楔形，上面近无毛或疏被毛，下面密被短柔毛；叶柄被柔毛；托叶深2裂。聚伞花序顶生，密花；苞片线形；花梗极短或无；花萼管陀螺形，裂片常比管长2倍以上；花冠黄色。浆果近球形。花期6~7月，果期6~12月。

生于灌丛、溪谷、山坡或村旁。七目嶂各地较常见。

藤、根入药，味甘、淡，性凉，可清热解暑、凉血解毒。

4. 白花玉叶金花
Mussaenda pubescens Ait. f. var. **alba** X. F. Deng & D. X. Zhang

与玉叶金花的主要区别在于：花叶完全退化或仅少量个体保留高度退化的白色花叶；花为白色，花冠管较短而粗，长1.0~1.5cm，上端膨大，膨大处长0.3~0.5cm，宽0.2cm。

生灌丛、溪谷。七目嶂偶见。

12. 腺萼木属 Mycetia Reinw.

小灌木。叶对生，常不等大；叶片膜质、纸质或革质；常有多对侧脉；有叶柄；托叶通常大而叶状，宿存或早落，有或无腺体。聚伞花序顶生或有时腋生，稀生无叶老茎；花通常二型，为花柱异长花，有梗；苞片大而常有腺体；小苞片较小；花萼裂片常有腺体，宿存；花冠黄色或白色。果肉质，浆果状或干蒴果状。本属45种。中国15种。七目嶂1种。

1. 华腺萼木
Mycetia sinensis (Hemsl.) Craib

嫩枝被毛。叶近膜质，长圆状披针形或长圆形，多少不等大，顶端渐尖，基部楔或下延，背脉疏被毛；侧脉每边多达20条；叶柄被毛。聚伞花序顶生，1~3个簇生，有花多枚；萼管半球形，裂片与管近等长；花较小，白色。果熟时白色。花期7~8月，果期9~11月。

生密林下的沟溪边或林中路旁。七目嶂偶见。

13. 蛇根草属 Ophiorrhiza L.

多年生草本，匍匐或近直立，稀亚灌状。叶对生，等大或不等大，纸质，全缘；托叶生叶柄间，托叶腋常有腺毛。聚伞花序顶生，疏散或紧密；小苞片有或无；花通常二型，为花柱异长花，稀一型；花萼小，萼裂片5或6；花冠小而近管状；雄蕊5或偶有6。蒴果僧帽状或倒心状，侧扁，室背开裂。本属约200种。中国72种。七目嶂2种。

1. 日本蛇根草
Ophiorrhiza japonica Blume

茎匍匐后直立，圆柱状，被毛。叶对生，纸质，卵形、椭圆状卵形或披针形，顶端渐尖或短渐尖，基部楔形或近圆钝，通常两面光滑无毛；侧脉每边6~8条。花序顶生，有花多枚，总梗被毛；花二型，花柱异长；萼裂片短于管；花冠白色或粉红色。蒴果近僧帽状。花期冬春，果期春夏。

生常绿阔叶林下的沟谷沃土上。七目嶂山谷林内较常见。

全草入药，活血散瘀、祛痰、调经、止血。

2. 短小蛇根草
Ophiorrhiza pumila Champ. & Benth.

茎和分枝均稍肉质，微有纵皱纹。叶纸质，卵形、披针形、椭圆形或长圆形，顶端钝或圆钝，干时上面灰绿色或深灰褐色；叶柄被柔毛；托叶早落，未见。花序顶生，多花；花一型，花柱同长；萼小，被短硬毛；花冠白色，近管状。蒴果僧帽状或略呈倒心状，被短硬毛。花期早春，果期6~10月。

生林下沟溪边或湿地上阴处。七目嶂林下有见。

全草入药，清热解毒。

14. 鸡矢藤属 Paederia L.

柔弱缠绕灌木或藤本。揉之有臭味。叶对生，稀3叶轮生，具柄，通常膜质；托叶在叶柄内，脱落。花排成腋生或顶生的圆锥花序式的聚伞花序；具小苞片或无；萼管陀螺形或卵形，萼檐4~5裂，裂片宿存；花冠管漏斗形或管形，被毛，顶部4~5裂；雄蕊4~5；花盘肿胀；柱头2。果球形，裂为2小坚果。本属13种。中国9种。七目嶂1种。

1. 鸡矢藤
Paederia foetida L.

无毛或近无毛。叶对生，纸质或近革质，形状变化很大，卵形、卵状长圆形至披针形，顶端急尖或渐尖，两面无毛或近无毛；侧脉每边4~6条；叶柄较长；托叶无毛。圆锥花序式的聚伞花序腋生和顶生，扩展；花冠浅紫色。果球形，成熟时近黄色。花期5~7月，果期7~12月。

生丘陵低山的山坡、林中、林缘、沟谷边灌丛中或缠绕在灌木上。七目嶂路旁灌草丛较常见。

全草入药，治风湿筋骨痛、跌打损伤、外伤性疼痛、黄疸型肝炎等。

15. 九节属 Psychotria L.

常绿灌木或小乔木，直立，稀攀缘或缠绕。叶对生，很少3~4叶轮生；托叶在叶柄内。花小，两性，稀杂性异株，组成顶生或很少腋生的伞房花序式或圆锥花序式聚伞花序，稀为腋生花束或头状花序；无总苞，有或无苞片；萼管短，萼檐4~6裂；花冠裂片5，稀4或6；雄蕊与花冠裂片同数。浆果或核果。本属800~1500种。中国18种。七目嶂3种。

1. 九节
Psychotria asiatica L.

叶对生，革质，长圆形、椭圆状长圆形等，顶端渐尖或短尖，基部楔形，全缘，稍光亮；叶脉上凹下凸，背脉腋内常有束毛，侧脉5~15对。聚伞花序通常顶生，常无毛，多花，总花梗常极短；花冠白色。核果红色，有纵棱；果柄粗壮。花果期全年。

生平地、丘陵、山坡、山谷溪边的灌丛或林中。七目嶂山坡林中常见。

嫩枝、叶、根入药，能清热解毒、消肿拔毒、祛风除湿。

2. 蔓九节
Psychotria serpens L.

叶对生，纸质或革质，叶形变化很大，常呈卵形或倒卵形，也有椭圆形等，基部楔形或稍圆，全缘而有时稍反卷；侧脉4~10对，不明显。聚伞花序顶生，常三歧分枝，圆锥状或伞房状；花冠白色。浆果状核果常白色。花期4~6月，果期全年。

生平地、丘陵、山地、山谷水旁的灌丛或林中，攀缘在树上或石上。七目嶂林中常见。

全株入药，能舒筋活络、壮筋骨、祛风止痛、凉血消肿。

3. 假九节
Psychotria tutcheri Dunn.

叶对生，纸质或薄革质；侧脉 4~13 对，托叶卵状三角形或披针形，2 裂，脱落。伞房花序式的聚伞花序顶生或腋生；花萼倒圆锥形，裂片 4，阔三角形；花冠白色或绿白色，管状，裂片 5，长圆状披针形。核果球形，成熟时红色，有纵棱，有宿存萼；小核背面凸起，有纵棱，腹面平而光滑。花期 4~7 月，果期 6~12 月。

生山坡、山谷溪边灌丛或林中。七目嶂林下常见。

全株可入药，具有治风湿痹痛、跌打肿痛的功效。

16. 墨苜蓿属 Richardia L.

草本，直立或平卧。叶对生；无柄或有柄；托叶与叶柄合生成鞘状，上部分裂成丝状或钻状的裂片多条。花序头状，顶生，有叶状总苞片；花小，白色或粉红色，两性或有时杂性异株；萼管陀螺状或球状，檐部 4~8 裂；花冠漏斗状，喉部无毛，檐部 3~6 裂；雄蕊 3~6，着生于花冠喉部，花丝丝状，花药近基部背着；花盘不明显；子房 3~4 室，花柱有 3~4 个线状或匙形的分枝，伸出。蒴果成熟时萼檐自基部环状裂开而脱落。种子背部平凸，腹面有 2 直槽；子叶叶状；胚根柱状，向下。本属约 15 种。中国 1 种。七目嶂有分布。

1. 墨苜蓿
Richardia scabra L.

主根近白色。茎近圆柱形，被硬毛，节上无不定根。叶厚纸质，卵形、椭圆形或披针形，两面粗糙，边上有缘毛。头状花序有花多枚，顶生，几无总梗，总梗顶端有 1 或 2 对叶状总苞；花冠白色，漏斗状或高脚碟状，管里基部有 1 环白色长毛。分果瓣 3 (~6)，长圆形至倒卵形。花果期春夏间。

多生于耕地和旷野。七目嶂偶见。

根入药，闻可催吐。

17. 茜草属 Rubia L.

直立或攀缘草本。通常有糙毛或小皮刺。茎有直棱或翅。叶无柄或有柄，通常 4~6 叶，有时多叶轮生，极罕对生而有托叶，具掌状脉或羽状脉。花小，通常两性，有花梗；聚伞花序腋生或顶生；萼管卵圆形或球形，萼檐不明显；花冠辐状或近钟状，裂片 5，稀 4；雄蕊 5，稀 4。果肉质浆果状，2 裂。本属 80 余种。中国 38 种。七目嶂 1 种。

1. 东南茜草
Rubia argyi (H. Lév. & Vaniot) H. Hara ex Lauener & D. K. Ferguson

茎、枝均有 4 直棱。4 叶轮生，茎生的偶有 6 叶轮生；叶片纸质，心形至阔卵状心形，边缘和叶背面的基出脉上通常有短皮刺，两面粗糙；基出脉通常 5~7 条。聚伞花序分枝成圆锥花序式，顶生和小枝上部腋生；小

苞片卵形或椭圆状卵形；花柱粗短，2裂，柱头2，头状。浆果近球形（1心皮发育），有时臀状（2心皮均发育），成熟时黑色。花期7~10月，果期8~11月。

常生林缘、灌丛或村边园篱等处。七目嶂林下偶见。

根及根状茎可用于治疗吐血、崩漏下血、外伤出血、经闭瘀阻、关节痹痛、跌打肿痛。

18. 丰花草属 Spermacoce L.

一年生或多年生草本。茎、枝四棱柱形。叶对生；托叶与叶柄成宽鞘，具刺毛。数花簇生或组成聚伞花序腋生或顶生；苞片线形；花萼倒卵形，萼裂片2~4；花冠漏斗状或高脚碟状，裂片4，镊合状排列。蒴果，革质或脆壳质。本属约150种。中国5种。七目嶂1种。

1. 阔叶丰花草
Spermacoce alata Aubl.

被毛。茎和枝均为明显的四棱柱形，棱上具狭翅。叶椭圆形或卵状长圆形，顶端短尖或钝；托叶膜质，被粗毛，具数条长刺毛。数花丛生于托叶鞘内，无梗；花冠漏斗形，浅紫色。蒴果椭圆形。种子近椭圆形。花果期5~10月。

多见于废墟和荒地上。七目嶂荒地常见。

19. 乌口树属 Tarenna Gaertn.

灌木或乔木。叶对生；具柄；托叶生在叶柄间，基部合生或离生，常脱落。花组成顶生、多花或少花、常为伞房状的聚伞花序，有或无小苞片；萼管的形状各式，顶部5裂，裂片脱落，很少宿存；花冠漏斗状或高脚碟状，顶部5裂，稀4裂；雄蕊与花冠裂片同数；柱头纺锤形或线形，伸出。浆果革质或肉质。本属约370种。中国18种。七目嶂1种。

1. 白花苦灯笼（密毛乌口树）
Tarenna mollissima (Hook. & Arn.) B. L. Rob

全株密被灰色或褐色柔毛或短绒毛。叶纸质，披针形、长圆状披针形或卵状椭圆形，顶端渐尖或长渐尖；侧脉8~12对。伞房状的聚伞花序顶生，多花；花冠白色，裂片4或5，与冠管近等长或稍长，开放时外翻。果近球形，黑色，有7~30种子。花期5~7月，果期5月至翌年2月。

生丘陵低山的山坡、沟谷林中或灌丛中。七目嶂山

坡疏林偶见。

根和叶入药，有清热解毒、消肿止痛之功效。

20. 钩藤属 Uncaria Schreb.

木质藤本。嫩枝方形或圆形，无毛或有毛，具钩刺。叶对生；侧脉脉腋通常有窝陷；托叶全缘或有缺刻。头状花序顶生于侧枝上，通常单生，稀分枝为复聚伞圆锥花序状；花5数，近无梗时有小苞片，有梗时无小苞片；总花梗具稀疏或稠密的毛。小蒴果2室。本属34种。中国12种。七目嶂1种。

1. 钩藤
Uncaria rhynchophylla (Miq.) Miq. ex Havil.

嫩枝较纤细，方柱形或略有4棱角，无毛。叶纸质，椭圆形或椭圆状长圆形，顶端短尖或骤尖，两面无毛，下面有时有白粉；侧脉4~8对；托叶深2裂达全长2/3，外面无毛。头状花序不计花冠直径5~8mm，单生叶腋，总花梗具一节；花近无梗。小蒴果长5~6mm，被短柔毛，宿存萼裂片近三角形，星状辐射。花果期5~12月。

常生于山谷溪边的疏林或灌丛中。七目嶂山谷林中偶见。

藤茎入药，为著名中药（钩藤），能清血平肝、息风定惊。

233 忍冬科 Caprifoliaceae

落叶或常绿灌木或木质藤本，有时为小乔木，稀为

多年生草本。叶对生，稀轮生，多为单叶，全缘、具齿或有时羽状或掌状分裂，具羽状脉，极少具基部或离基三出脉或掌状脉，有时为单数羽状复叶；叶柄短，有时两叶柄基部连合；通常无托叶。伞状花组成各式花序；花两性，极少杂性。浆果、核果或蒴果。本科13属约500种。中国12属200余种。七目嶂2属7种。

1. 忍冬属 Lonicera L.

落叶或常绿直立或攀缘灌木，稀小乔状，有时为缠绕藤本。叶对生，稀轮生，纸质至革质，全缘，稀具齿或分裂；无托叶或稀具。花通常成对生于腋生的总花梗顶端，或花无柄而呈轮状排列于小枝顶；有苞片和小苞片，稀缺失；花冠白色、黄色、淡红色或紫红色；雄蕊5。果实为浆果，红色、蓝黑色或黑色。本属约200种。中国98种。七目嶂4种。

1. 华南忍冬（山银花）
Lonicera confusa DC.

幼枝、叶柄、总花梗、苞片、小苞片和萼筒均密被毛及疏腺毛。叶对生，纸质，卵形至卵状矩圆形，基部圆形、截形或带心形，幼时两面有毛，老时上面变无毛。花有香味，双花腋生或再集合成短总状花序，有明显的总苞片；萼筒无毛；花冠白色，后变黄色。浆果。花期4~5月，果期10月。

生丘陵地的山坡、杂木林和灌丛中及平原旷野路旁或河边。七目嶂山坡灌丛偶见。

花、茎、叶入药，有清热、消炎、解毒之功效。

2. 菰腺忍冬
Lonicera hypoglauca Miq.

幼枝、叶柄、叶下面和上面中脉及总花梗均密被上端弯曲的淡黄褐色短柔毛，有时还有糙毛。叶纸质，卵形至卵状矩圆形。双花单生至多花集生于侧生短枝上，或于小枝顶集合成总状；苞片条状披针形，与萼筒几等长，外面有短糙毛和缘毛；花冠白色，唇形，外面疏生倒微伏毛，并常具无柄或有短柄的腺；雄蕊与花柱均稍伸出，无毛。果实熟时黑色，近圆形。花期4~5（~6）月，果熟期10~11月。

生灌丛或疏林中。七目嶂灌丛偶见。

花蕾供药用，在浙江、江西、福建、湖南、广东、广西、四川和贵州等地区均作"金银花"收购入药。

3. 大花忍冬
Lonicera macrantha (D. Don) Spreng.

幼枝、叶柄和总花梗均被开展的黄白色或金黄色长糙毛和稠密的短糙毛，并散生短腺毛。叶近革质或厚纸质，卵形至卵状矩圆形或长圆状披针形至披针形，边缘有长糙睫毛；上面中脉和下面脉上有长、短两种糙毛，并夹杂极少数橘红色或淡黄色短腺毛。花微香，双花腋生，常于小枝梢密集成多节的伞房状花序；苞片、小苞片和萼齿都有糙毛和腺毛；花冠白色，后变黄色，外被多少开展的糙毛、微毛和小腺毛，内面有密柔毛，唇瓣内面有疏柔毛。果实黑色，圆形或椭圆形。花期4~5月，果熟期7~8月。

生山谷和山坡林中或灌丛中。七目嶂灌丛偶见。

花有清热解毒之功效，用于温病、热毒血痢、痈肿疗疮、喉痹。

4. 皱叶忍冬
Lonicera reticulata Champ. ex Benth.

幼枝、叶柄和花序均被黄褐色毡毛。叶对生，革质，宽椭圆形、卵形至矩圆形，基部圆至宽楔形，边缘背卷，上面叶脉显著凹陷而呈皱纹状，除中脉外几无毛，下面被毛。双花成腋生小伞房花序，或在枝端组成圆锥状花序；花冠白色，后变黄色。浆果蓝黑色。花期6~7月，果期10~11月。

生山地灌丛或林中。七目嶂山地灌丛偶见。

花入药，有清热、消炎、解毒作用。

2. 荚蒾属 Viburnum L.

落叶或常绿灌木或小乔木。单叶，对生，稀3叶轮生，全缘或具齿，有时掌状分裂，有柄；托叶通常微小或无。花小，两性，整齐；花序由聚伞合成顶生或侧生的伞形式、圆锥式或伞房式，很少紧缩成簇状，有时具不孕边花；苞片和小苞片常小而早落；萼齿5，宿存；花冠常白色。果实为核果，卵圆形或圆形。本属约200种。中国约74种。七目嶂3种。

1. 南方荚蒾
Viburnum fordiae Hance

幼枝、芽、叶柄、花序、萼和花冠外面均被毛。单叶对生，纸质，宽卵形或菱状卵形，顶端钝或短尖至短渐尖，边缘有小尖齿，叶背无腺体；侧脉5~9对，直达齿端，上凹下凸；有叶柄；无托叶。复伞形式聚伞花序顶生；花冠白色。果红色；核扁。花期4~5月，果熟期10~11月。

生山谷溪涧旁疏林、山坡灌丛中或平原旷野。七目嶂山坡疏林偶见。

根、茎、叶可入药，疏风解表、活血散瘀、清热解毒。

2. 珊瑚树
Viburnum odoratissimum Ker Gawl.

枝灰色或灰褐色，有凸起的小瘤状皮孔。叶革质，椭圆形至矩圆形，顶端短尖至渐尖而钝头，边缘上部有齿，下面偶有腺点；侧脉5~6对，近缘前网结，显著。圆锥花序顶生或生于侧生短枝上，总花梗长；苞片小；花芳香；花冠黄白色；雄蕊略超出冠裂片；柱头不高出萼齿。果红色变黑色。花期4~5月，果熟期7~9月。

生山谷密林中溪涧旁庇荫处、疏林中向阳地或平地灌丛中。七目嶂溪边林缘偶见。

根和叶入药，治跌打肿痛和骨折。

3. 常绿荚蒾
Viburnum sempervirens K. Koch

嫩枝有棱；老枝圆柱形。叶对生，革质，常椭圆形至椭圆状卵形，顶端尖或短渐尖，基部渐狭至钝形或圆，全缘或顶部具疏浅齿，叶面有光泽，叶背有腺点；脉被毛；侧脉3~5对；叶柄带红紫色；无托叶。复伞形式聚伞花序顶生；花冠白色。果红色；核扁圆。花期5月，果熟期10~12月。

生山谷溪涧旁疏林、山坡灌丛中或平原旷野。七目嶂山坡疏林较常见。

枝叶稠密，四季常青，叶面亮泽，树冠饱满，是园林绿化观叶、赏花、观果的好资源，也是盆栽的好素材。

235 败酱科 Valerianaceae

二年生或多年生草本，稀亚灌木。茎直立，常中空。叶对生或基生，常一回奇数羽状分裂，具1~5对侧生裂片，有时二回奇数羽状分裂或不分裂，边缘常具锯齿，不同部位叶常不同形；无托叶。花序顶生，聚伞花序组成伞房状、复伞房状或圆锥状，稀为头状，具总苞片；花小，两性或极少单性。果为瘦果。本科13属约400种。

中国3属30余种。七目嶂1属2种。

1. 败酱属 Patrinia Juss.

多年生直立草本，稀为二年生。基生叶丛生，花果期常枯萎或脱落；茎生叶对生，常一至二回奇数羽状分裂或全裂，或不分裂，边缘具齿或无。花序顶生，二歧聚伞花序组成的伞房花序或圆锥花序，具叶状总苞片；有小苞片；花小；萼齿5；花冠黄色，稀白色，裂片5；雄蕊4。瘦果，内有1种子；果苞翅状。本属约20种。中国11种。七目嶂2种。

1. 败酱
Patrinia scabiosifolia Link

茎直立，有时带淡紫色。基生叶丛生，花时枯落，不分裂或羽状分裂或全裂；茎生叶对生，常羽状深裂或全裂，具齿，被毛或无，无柄。花序顶生，为聚伞花序组成的大型伞房花序，具5~7级分枝；花序梗上方一侧被毛；花冠钟形，黄色；雄蕊4。瘦果长圆形，具3棱。花期7~9月，果期9~10月。

生山坡林下、林缘和灌丛中以及路边、田埂边的草丛中。七目嶂路旁草地偶见。

全草和根茎及根入药，能清热解毒、消肿排脓、活血祛瘀。

2. 攀倒甑
Patrinia villosa (Thunb.) Juss.

茎直立被毛。基生叶丛生，不分裂或大头羽状深裂，有柄；茎生叶对生，与基生叶同形，边缘具齿，常不分裂，两面被糙伏毛或近无毛，有柄。花序顶生，由聚伞花序组成顶生圆锥花序或伞房花序，分枝达5~6级，花序梗密被毛；花冠钟形，白色；雄蕊4。瘦果倒卵形。花期8~10月，果期9~11月。

生山地林下、林缘或灌丛中、草丛中。七目嶂山地路旁偶见。

根茎及根为消炎利尿药；民间常以嫩苗作蔬菜食用，也作猪饲料用。

238 菊科 Asteraceae

草本、亚灌木或灌木，稀为乔木。叶通常互生，稀对生或轮生，全缘或具齿或分裂；无托叶。花两性或单性，稀单性异株，整齐或左右对称，5基数，少数或多数花密集成头状花序或为短穗状花序，有1层或多层苞片组成的总苞；头状花序单生或多个再排成总状、聚伞状、伞房状或圆锥状。果为不开裂的瘦果。本科约1000属25000~30000种。中国200余属2000多种。七目嶂41属57种。

1. 下田菊属 Adenostemma J. R. Forst. & G. Forst.

一年生草本。全株被腺毛或光滑无毛。叶对生，三出脉，边缘有锯齿。头状花序中等大小或小，多数或少数在假轴分枝的顶端排列成伞房状或伞房状圆锥花序；总苞钟状或半球形；总苞片草质，2层，近等长，分离或全长结合；花托扁平，无托毛；全部为结实的两性花；花冠白色。瘦果顶端钝圆，通常有3~5棱。本属约20种。中国1种。七目嶂有分布。

1. 下田菊
Adenostemma lavenia (L.) Kuntze

基生叶花果期生存或凋萎；茎中部叶较大，长椭圆状披针形，先端急尖或钝，基部宽或狭楔形，叶柄有狭翼，边缘有圆锯齿，两面被疏毛，脉上毛较密；两端叶渐小，叶柄短。头状花序小，在枝顶再排成松散伞房状或伞房圆锥状花序；花白色。瘦果小。花果期8~10月。

生水边、路旁、柳林沼泽地、林下及山坡灌丛中。七目嶂路旁草地偶见。

全草入药，味辛麻、性温，可消炎解毒、祛风镇痛、行气活血。

2. 藿香蓟属 Ageratum L.

一年生或多年生草本或灌木。叶对生或上部叶互生。头状花序小，同型，有多数小花，在茎枝顶端排成紧密伞房状花序，稀排成疏散圆锥花序；总苞钟状；总苞片2~3层，不等长；花托平或稍凸起，无托片或有尾状托片；花全部管状，檐部顶端有5齿裂；花柱分枝伸长，顶端钝。瘦果有5纵棱。本属30余种。中国2种。七目嶂1种。

1. 胜红蓟
Ageratum conyzoides L.

茎枝被稠密开展的长绒毛。中部茎叶卵形或椭圆形；自中部叶向上或向下及腋生小枝上的叶渐小；边缘有圆齿，两面被白色稀疏的柔毛。头状花序4~18个在茎顶排成紧密的伞房状花序；花冠淡紫色。瘦果黑褐色，5棱，顶端有5枚芒状的鳞片。花果期全年。

原产中南美洲。生山谷、山坡林下或林缘、河边或山坡草地、田边或荒地上。七目嶂路旁草丛常见。

全草入药，味微苦、性凉，可疏风清热、解毒消肿。

3. 兔儿风属 Ainsliaea DC.

草本。茎直立被毛或无毛。叶互生，或基生呈莲座状，或密集于茎的中部呈假轮生，具柄、全缘、具齿或中裂，被毛，极少无毛。头状花序狭，单个或多个成束排成间断的穗状或总状花序式，有时组成狭的或开展的圆锥花序，同型，盘状，全为两性能育的小花；总苞狭，圆筒形，多层。瘦果，常具5~10棱。本属约50种。中国40种。七目嶂2种。

1. 杏香兔儿风
Ainsliaea fragrans Champ. ex Benth.

茎直立，不分枝，花莛状。叶基生，莲座状或呈假轮生，厚纸质，常卵形，基部深心形，全缘或具疏离小齿，具缘毛，上面无毛或被疏毛，下面被密毛并带紫红色；基出脉5条；具柄。头状花序有小花3枚，于花莛顶排成间断的总状花序；花白色。瘦果棒状，8棱。花期11~12月。

生山坡灌木林下或路旁、沟边草丛中。七目嶂路旁林下湿润处偶见。

全草入药，味苦辛、性平，可清热解毒、消积散结、止咳、止血。

2. 灯台兔儿风
Ainsliaea kawakamii Hayata

根状茎短。茎直立或有时下部平卧，单一，不分枝。叶聚生于茎的上部呈莲座状，叶片纸质，阔卵形至卵状披针形，稀近椭圆形；叶柄被长柔毛。头状花序具3，单生或2~5聚生，于茎的上部作总状花序式排列；花序无毛，有1~2枚三角形苞叶；花全部两性；花冠管状，线形。瘦果近圆柱形，基部稍狭，有纵棱。冠毛1层，羽毛状。花期8~11月。

生山坡、河谷林下或湿润草丛中。七目嶂草丛偶见。

4. 蒿属 Artemisia L.

一、二年生或多年生草本，稀亚灌木。茎、枝、叶及头状花序的总苞片常被毛。叶互生，一至三回，稀四回羽状分裂，或不分裂，稀近掌状分裂，叶具齿，稀全缘；有叶柄或无；常有假托叶。头状花序小，多数或少数组成穗状、总状或复头状稀伞房状，再排成圆锥花序；总苞片2~4层。瘦果小，无冠毛。本属380种。中国186种。七目嶂3种。

1. 艾
Artemisia argyi H. Lév. ex Vaniot

茎、枝、叶均被毛。叶厚纸质，上面被灰白柔毛及腺点，背面密被灰白绒毛；中下部叶羽状深裂，各裂片再具2~3小裂齿；上部叶与苞片叶羽状半裂或浅裂，稀深裂。头状花序椭圆形，由穗状或复穗状花序再组成圆锥花序；总苞片3~4层；花冠紫色。瘦果小。花果期7~10月。

生低海拔至中海拔地区的荒地、路旁河边及山坡等地。七目嶂村旁路边草地较常见。

地上部分入药，味苦、性温，有温经、去湿、散寒、止血、消炎、平喘、止咳、安胎、抗过敏等作用。

2. 五月艾
Artemisia indica Willd.

植株具浓烈的香气。茎单生或少数，褐色或上部微带红色，纵棱明显，分枝多。嫩叶被毛；老叶仅叶背密被毛；中下部叶一至二回羽状分裂或深裂，末回裂片具齿；上部叶羽状全裂，每侧裂片2。头状花序在分枝上排成穗状花序式的总状花序；花紫红色。瘦果长圆形或倒卵形。花果期8~10月。

生低海拔或中海拔湿润地区的路旁、林缘、坡地及灌丛处。七目嶂荒地常见。

入药，作"艾"（家艾）的代用品，有清热、解毒、止血、消炎等作用；嫩苗作蔬菜或腌制酱菜。

3. 白苞蒿
Artemisia lactiflora Wall. ex DC.

茎、枝初时微被毛后脱落无毛。叶纸质，嫩叶被毛后脱落；基生叶及下部叶宽卵形或长卵形，一至二回羽状全裂，稀深裂，裂片具齿或全缘；上部叶与苞片叶略小，羽状深裂或全裂，具齿。头状花序少数或多数，组成密穗状或复穗状，再排成圆锥花序；总苞片3~4层。瘦果小。花果期8~11月。

多生于林下、林缘、灌丛边缘、山谷等湿润或略为干燥地区。七目嶂山坡林缘偶见。

全草入药，有清热解毒、活血散瘀、通经等作用。

5. 紫菀属 Aster L.

多年生草本、亚灌木或灌木。茎直立。叶互生，有齿或全缘。头状花序作伞房状或圆锥伞房状排列，或单生；各有多数异型花，外围1~2层雌花，中央为两性花，均能结实，稀无雌花而呈盘状；总苞片2至多层；外围雌花冠舌状，白色、浅红色、紫色或蓝色，两性花冠黄色或带紫。瘦果小，有2边肋。本属约600种。中国近93种。七目嶂2种。

1. 白舌紫菀
Aster baccharoides (Benth.) Steetz

幼枝被卷曲密毛。下部叶匙状长圆形，上部有疏齿；中部叶长圆形或长圆状披针形，基部渐窄或骤窄，有短柄；叶上面被糙毛，下面被毛或有腺点。头状花序在枝端排成圆锥伞房状；总苞倒锥状，总苞片4~7层，覆瓦状排列，背面或上部被密毛，有缘毛；舌状花管部舌片白色。瘦果窄长圆形，稍扁，有时两面有肋，被密毛。花期7~10月，果期8~11月。

生山坡路旁、草地和沙地。七目嶂路旁常见。

全株入药，清热解毒、止血生肌、杀虫，也用于治感冒。

2. 三脉紫菀（山白菊）
Aster trinervius D. Don subsp. **ageratoides** (Turcz.) Grierson

茎有棱及沟，被毛。花、叶形态变异大而多变种。叶纸质，被毛，离基三出脉，侧脉3~4对；下部叶宽卵圆形；中部叶椭圆形或长圆状披针形，具齿；上部叶渐小，具齿或全缘。头状花序排列成伞房或圆锥伞房状；总苞片3层；舌状花紫色、浅红色或白色；管状花黄色。瘦果小。花果期7~12月。

生林下、林缘、灌丛及山谷湿地。七目嶂林缘、灌草丛较常见。

全草入药,有清热解毒、祛风止痛、接骨等作用。

6. 鬼针草属 Bidens L.

一年生或多年生草本。茎直立或匍匐,常有纵纹。叶对生或有时在茎上部互生,稀3叶轮生,全缘或具齿,或一至三回三出或羽状分裂。头状花序单生茎、枝端或多数排成不规则的伞房状圆锥花序丛;总苞片通常1~2层;花杂性,外围一层为舌状花,或全为筒状花,舌状花通常白色或黄色,稀为红色。瘦果扁平或4棱。本属150~250种。中国10种。七目嶂3种。

1. 白花鬼针草
Bidens alba (L.) DC.

下部和上部叶较小,3裂或不分裂;中部叶具柄,三出复叶或稀具5~7小叶的羽状复叶,边缘有齿,顶生小叶较大。头状花序,总苞苞片7~8枚,条状匙形,上部稍宽;外围舌状花大,白色;盘花筒状;冠檐5齿裂。瘦果条形,具棱。花果期几全年。

生村旁、路边及荒地中。七目嶂旷野路边常见。

我国民间常用草药,有清热解毒、散瘀活血的功效。

2. 鬼针草
Bidens pilosa L.

下部和上部叶较小,3裂或不分裂;中部叶三出复叶或稀具5~7小叶的羽状复叶,小叶具柄,边缘有齿,顶生小叶较大。头状花序外层苞片7~8枚,条状匙形;无舌状花;盘花筒状;冠檐5齿裂。瘦果条形,略扁,具棱。花果期全年。

生村旁、路边及荒地中。七目嶂旷野路边偶见。

全草入药,防治感冒、流感等。

3. 三叶鬼针草
Bidens pilosa L. var. **radiata** Sch.-Bip.

与鬼针草的主要区别在于:头状花序边缘具5~7舌状花,舌片椭圆状倒卵形,白色,长5~8mm,宽3.5~5mm,先端钝或有缺刻。花果期几全年。

原产南美。生村旁、路边及荒地中。七目嶂旷野路边偶见。

全草入药,有清热解毒、散瘀活血的功效。

7. 艾纳香属 Blumea DC.

一年或多年生草本、亚灌木或藤本。茎被毛。叶互生,无柄、具柄或沿茎下延成茎翅,边缘具齿、重齿或琴状、羽状分裂,稀全缘。头状花序小或中等大,无柄或有柄,腋生和顶生,排列成圆锥花序;花黄色或紫色;外围雌花多层,能育;中央两性花能育或极少不育;总苞片多层。瘦果小,有或无棱。本属80余种。中国30种。七目嶂2种。

1. 东风草(大头艾纳香)
Blumea megacephala (Randeria) C. C. Chang & Y. Q. Tseng

叶草质,具短柄,叶面有光泽,下面无毛或略被毛,边缘具齿;中下部叶卵形、卵状长圆形或长椭圆形;上部叶较小,椭圆形或卵状长圆形。头状花序疏散,数个成总状或近伞房状,再排成圆锥花序;总苞片5~6层;花黄色。瘦果10棱。花期8~12月。

生林缘或灌丛中,或山坡、丘陵阳处,极为常见。七目嶂林缘、路旁较常见。

全草入药,味微苦、性微温,可祛风除湿、活血调经。

2. 长圆叶艾纳香
Blumea oblongifolia Kitam.

主根粗壮，纺锤状。茎直立，有分枝，具条棱。基部叶花期宿存或凋萎，常小于中部叶；中部叶长圆形或狭椭圆状长圆形；上部叶渐小，无柄，长圆状披针形或长圆形，边缘具尖齿或角状疏齿，稀全缘。头状花序多数，排列成顶生开展的疏圆锥花序；花序柄被密长柔毛；花黄色；雌花多数，花冠细管状；两性花较少数，花冠管状。瘦果圆柱形，被疏白色粗毛，具条棱；冠毛白色，糙毛状。花期8月至翌年4月。

生路旁、田边、草地或山谷溪流边。七目嶂路旁有见。

全草入药，清热解毒、利尿消肿。

8. 石胡荽属 **Centipeda** Lour.

一年生匍匐状小草本。微被蛛丝状毛或无毛。叶互生，楔状倒卵形，有锯齿。头状花序小，单生叶腋，无梗或有短梗，异型，盘状；总苞半球形；总苞片2层，平展矩圆形，近等长，具狭的透明边缘；边缘花雌性能育，多层，花冠细管状，顶端2~3齿裂；盘花两性，能育，数花，花冠宽管状，冠檐4浅裂；花药短，基部钝，顶端无附片；花柱分枝短，顶端钝或截形；花托半球形，蜂窝状。瘦果四棱形，棱上有毛，无冠状冠毛。本属6种。中国1种。七目嶂有分布。

1. 石胡荽
Centipeda minima (L.) A. Br. & Aschers

茎多分枝，匍匐地面，微被蛛丝状毛或无毛。叶互生，楔状倒披针形，顶端钝，基部楔形，边缘有少数锯齿，

无毛或背面微被蛛丝状毛。头状花序小，扁球形，单生于叶腋，无花序梗或极短；总苞半球形；总苞片2层，椭圆状披针形，绿色，边缘透明膜质，外层较大；边缘花雌性，多层，花冠细管状，淡绿黄色，顶端2~3微裂；盘花两性，花冠管状，顶端4深裂，淡紫红色，下部有明显的狭管。瘦果椭圆形，具4棱，棱上有长毛，无冠状冠毛。花果期6~10月。

生旱田中或旷野沙地上。七目嶂旷野草地偶见。

全草药用，治感冒鼻塞，急、慢性鼻炎，过敏性鼻炎，百日咳，慢性支气管炎，蛔虫病，跌打损伤，风湿关节痛，毒蛇咬伤。

9. 菊属 **Chrysanthemum** L.

多年生草本。叶不分裂，或一至二回掌状或羽状分裂。头状花序异型，单生茎顶；雌性边缘花一层，舌状；中央盘花两性管状；总苞浅碟状，极少为钟状；总苞片4~5层，边缘白色、褐色、黑褐或棕黑色膜质；花托凸起，无托毛；舌状花黄色、白色或红色；管状花全部黄色，顶端5齿裂；花柱分枝线形，顶端截形；花药基部钝，顶端附片披针状卵形或长椭圆形。全部瘦果同形，近圆柱状而向下部收窄，有5~8条纵脉纹，无冠状冠毛。本属约30种。中国17种。七目嶂1种。

1. 野菊
Chrysanthemum indicum L.

叶卵形、长卵形或椭圆状卵形，羽状半裂、浅裂或有浅锯齿。头状花序在茎枝顶排成疏松的伞房圆锥花序或伞房花序；总苞片卵形或卵状三角形；舌状花黄色，舌片顶端全缘或2~3齿。瘦果长1.5~1.8mm。花果期6~11月。

生山坡草地、灌丛、河边水湿地、田边及路旁。七目嶂灌丛常见。

叶、花及全草入药，味苦、辛，性凉，可清热解毒、疏风散热、散瘀、明目、降血压。

10. 蓟属 **Cirsium** Mill.

一年生、二年生或多年生草本。茎分枝或不分枝。叶无毛至有毛，边缘有针刺。雌雄同株，极少异株；头状花序同型，在枝顶排成伞房状、伞房圆锥状、总状或集成复头状花序，稀单生茎端；总苞片多层；小花红色、红紫色，极少为黄色或白色。瘦果光滑，压扁，通常有纵条纹。本属250~300种。中国50余种。七目嶂1种。

1. 蓟
Cirsium japonicum DC.

块根纺锤状或萝卜状。茎直立，分枝或不分枝，全部茎枝有条棱。基生叶较大，全形卵形、长倒卵形、椭圆形或长椭圆形。头状花序直立；总苞钟状；小花红色或紫色。瘦果压扁，偏斜楔状倒披针状，顶端斜截形；冠毛浅褐色，多层，基部连合成环，整体脱落；冠毛、刚毛长羽毛状。花果期 4~11 月。

生山坡林中、林缘、灌丛中。七目嶂灌丛较常见。

以根或全草入药，可凉血、止血、散瘀消肿、利尿。

11. 山芫荽属 Cotula L.

一年生小草本。叶互生，羽状分裂或全裂。头状花序小，有柄，异型，盘状，单生枝端或叶腋或与叶成对生；边花数层，雌性，能育，无花冠或为极小的 2 齿状；盘花两性能育，花冠筒状，黄色，冠檐 4~5 裂；总苞半球形或钟状；总苞片 2~3 层，少数，不等大，矩圆形，草质，绿色，边缘常狭膜质；花托无托毛，平或凸起，花药基部钝；花柱分枝顶端截形或钝，或花柱不分枝。瘦果矩圆形或倒卵形，压扁，被腺点，边缘有宽厚的翅常伸延于瘦果顶端，成芒尖状或几无翅，尤以边缘小花瘦果的基部有花托乳突伸长所形成的果柄；无冠状冠毛。本属约 75 种。中国 2 种。七目嶂 1 种。

1. 芫荽菊
Cotula anthemoides L.

茎具多数铺散的分枝，多少被淡褐色长柔毛。叶互生，二回羽状分裂，两面疏生长柔毛或几无毛；基生叶倒披针状长圆形，一回裂片约 5 对；中部茎生叶长圆形或椭圆形；全部叶末次裂片多为浅裂的三角状短尖齿。头状花序单生枝端，或叶腋或与叶成对生；花序梗纤细，被长柔毛或近无毛；总苞盘状；总苞片 2 层，矩圆形，绿色，具 1 红色中脉。瘦果倒卵状矩圆形，扁平，边缘有粗厚的宽翅，被腺点。花果期 9 月至翌年 3 月。

生河边湿地，也是稻田杂草。七目嶂荒地上可见。

12. 野茼蒿属 Crassocephalum Moench.

一年生或多年生草本。叶互生。头状花序盘状或辐射状，中等大，在花期常下垂；小花同型，多数，全部为管状，两性；总苞片 1 层，近等长，线状披针形，花期直立黏合成圆筒状，后开展而反折，基部有数枚不等长的外苞片；花冠细管状，裂片 5。瘦果狭圆柱形，具棱条。本属约 30 种。中国 1 种。七目嶂有分布。

1. 野茼蒿
Crassocephalum crepidioides (Benth.) S. Moore

茎有纵条棱，无毛。叶草质，椭圆形或长圆状椭圆形，顶端渐尖，基部楔形，边缘有不规则锯齿或重锯齿，或有时基部羽状裂，两面无或近无毛；有叶柄。头状花序数个在茎端排成伞房状；总苞片 1 层；小花全部管状，两性；花冠红褐色或橙红色。瘦果狭圆柱形。花果期 7~12 月。

山坡路旁、水边、灌丛中常见。七目嶂路旁、溪边草地常见。

全草入药，有健脾、消肿之功效，治消化不良、脾虚浮肿等症。嫩叶可作野菜食用。

13. 鱼眼菊属 Dichrocephala DC.

一年生草本。叶互生或大头羽状分裂。头状花序小，异型，球状或长圆状，在枝端和茎顶排成小圆锥花序或总状花序，少有单生的；总苞小，总苞片近 2 层；全部花管状，可育；边花多层，雌性，顶端 2~3 齿或 3~4 齿裂；中央两性花紫色或淡紫色，顶端 4~5 齿裂。瘦果压扁。本属 5~6 种。中国 3 种。七目嶂 1 种。

1. 鱼眼菊
Dichrocephala integrifolia (L. f.) Kuntze

叶卵形、椭圆形或披针形，具重齿，两面被毛或无毛，大头羽裂，侧裂片 1~2 对，具柄；上下两端叶渐小同形；基部叶常不裂；中下部叶腋常有不发育的叶簇或小枝。头状花序小，球形，排成伞房状或伞房状圆锥花序；外围雌花紫色；中央两性花黄绿色。瘦果压扁。花果期全年。

生山坡、山谷阴处或阳处，或山坡林下，或平川耕地、荒地或水沟边。七目嶂旷野草地偶见。

全草入药，能消炎止泻，治小儿消化不良。

14. 鳢肠属 Eclipta L.

一年生草本。有分枝，被糙毛。叶对生，全缘或具齿。头状花序小，常生于枝端或叶腋，具花序梗，异型；总苞钟状，总苞片2层；外围的雌花2层，结实，花冠舌状，白色，全缘或2齿裂；中央的两性花多数，花冠管状，白色，结实，顶端具4齿裂。瘦果三角形或扁四角形。本属4种。中国1种。七目嶂有分布。

1. 鳢肠（旱莲草）
Eclipta prostrata (L.) L.

茎被糙毛。叶长圆状披针形或披针形，无柄或有极短的柄，顶端尖或渐尖，边缘具齿或波状，两面被密硬糙毛。5~6总苞片排成2层；外围雌花2层，舌状，白色；中央两性花多数，花冠管状，白色。瘦果三角形或扁四角形。花果期6~9月。

生河边、田边或路旁。七目嶂旷野草地较常见。

全草入药，有凉血、止血、消肿、强壮之功效。

15. 地胆草属 Elephantopus L.

多年生坚硬草本。被柔毛。叶互生，无柄或具短柄，全缘或具锯齿，或少有羽状浅裂；具羽状脉。头状花序多数，密集成团球状复头状花序，基部被数枚叶状苞片所包围，在茎和枝端单生或排列成伞房状；总苞片2层；花全部两性，同型，结实；花冠管状，檐部5裂。瘦果长圆形，具10条肋。本属30余种。中国2种。七目嶂1种。

1. 白花地胆草
Elephantopus tomentosus L.

根状茎粗壮。茎被白毛，具腺点。叶多集生基部，向上叶渐少且小，全部叶具齿，上面被毛，下面被毛和腺点。头状花序12~20个在茎枝顶端密集成团球状复头状花序，基部有3枚叶状苞片，再排成疏伞房状；总苞8层；花冠白色毛。瘦果长圆形，具10条肋。花期8月至翌年5月。

生山坡旷野、路边或灌丛中。七目嶂灌丛常见。

全草入药，清热解毒、凉血利水。

16. 一点红属 Emilia Cass.

一年生或多年生草本。常有白霜，无毛或被毛。叶互生，通常密集于基部，具叶柄；茎生叶少数，羽状浅裂，全缘或有锯齿，基部常抱茎。头状花序盘状，具同型的小花，单生或数个排成疏伞房状，具长花序梗；总苞片1层；小花多数，全部管状，两性，结实，黄色或粉红色。瘦果近圆柱形，5棱或具纵肋。本属约100种。中国3种。七目嶂2种。

1. 小一点红
Emilia prenanthoidea DC.

直立或斜升，无毛或被疏毛。基部叶小，倒卵形或

倒卵状长圆形，基部渐狭成长柄，全缘或具疏齿；中部茎叶长圆形或线状长圆形，无柄，抱茎，箭形或具宽耳，边缘具波状齿，下面有时紫色，两面近无毛。头状花序在枝顶排列成疏伞房状；小花花冠红色或紫红色。瘦果具5肋，无毛。花果期5~10月。

生山坡路旁、疏林或林中潮湿处。七目嶂路旁草地偶见。

全草入药，味苦、性微寒，可抗菌消炎、活血祛瘀。

2. 一点红
Emilia sonchifolia (L.) DC.

直立或斜升，无毛或被疏毛。叶质较厚，下部叶密集，大头羽状分裂，裂片边缘具齿，下面常变紫色，两面被短卷毛；中部茎叶疏生，较小，无柄，基部箭状抱茎，全缘或有细齿；上部叶少数，线形。头状花序通常2~5个在枝端排成疏伞房状；小花粉红色或紫色。瘦果具5棱。花果期7~10月。

常生于山坡荒地、田埂、路旁。七目嶂旷野草地较常见。

全草入药，味苦、性微寒，可清热利尿、抗菌消炎。

17. 菊芹属 Erechtites Raf.

一年生或多年生草本。粗大，直立，有分枝。叶互生，近全缘具锯齿或羽状分裂，无毛或被柔毛。头状花序盘状，具异型小花，在茎端排成圆锥状伞房花序，基部具少数外苞片；总苞圆柱状；总苞片1层，线形或披针形，等长，边缘干膜质；花序托平或微凹，具小窝孔或隧状；小花全部管状，结实；花冠丝状，顶端4~5齿裂；中央的小花细漏斗状，5齿裂；花药基部钝；花柱分枝伸长，顶端截形或钝，被微毛。瘦果近圆柱形，基部和顶端具不明显胼胝质的环，淡褐色，具10条细肋；冠毛多层，近等长，细毛状。本属约15种。中国2种。七目嶂1种。

1. 败酱叶菊芹
Erechtites valerianifolius (Wolf.) DC.

近无毛。叶具翅长柄，长圆形至椭圆形，顶端尖或渐尖，基部斜楔形，边缘有重齿或羽状深裂，裂片6~8对，叶脉羽状，两面无毛。头状花序多数，在茎端和上部叶腋排列成较密集的伞房状圆锥花序；总苞圆柱状钟形，1层；小花多数，淡黄紫色。瘦果圆筒形，无毛或微柔毛，10~12肋。花期几全年。

生田边、路旁。七目嶂偶见。

18. 白酒草属 Eschenbachia Moench.

一或二年生或多年生草本，稀灌木。茎直立或斜升，不分枝或上部多分枝。叶互生，全缘或具齿，或羽状分裂。头状花序异型，盘状，通常多数或极多数排列成总状、伞房状或圆锥状花序，少有单生；总苞半球形至圆柱形，总苞片3~4层，披针形或线状披针形，通常草质，具膜质边缘；花托半球状，具窝孔或具锯屑状缘毛，边缘的窝孔常缩小；花全部结实；外围的雌花多数，花冠丝状，无舌或具短舌；中央的两性花少数，花冠管状，顶端5齿裂；花药基部钝，全缘；花柱分枝具短披针形附器，具乳头状凸起。瘦果小，长圆形，极扁，两端缩小，被短微毛或杂有腺；冠毛污白色或变红色，细刚毛状，1层，外层极短。本属80~100种。中国6种。七目嶂3种。

1. 香丝草
Eschenbachia bonariensis (L.) Cronq.

茎直立或斜升。下部叶倒披针形或长圆状披针形，基部渐狭成长柄，通常具粗齿或羽状浅裂；中部和上部叶狭披针形或线形，两面均密被贴糙毛。总苞椭圆状卵形，总苞片线形；小花白色、淡黄色。瘦果长圆形；冠毛淡红褐色。花期5~10月。

常生于荒地、田边、路旁。七目嶂路旁可见。

全草入药，治感冒、疟疾及外伤出血等症。

2. 小蓬草
Eschenbachia canadensis L.

根纺锤状，具纤维状根。茎直立。下部叶倒披针形，基部渐狭成柄，边缘具疏锯齿或全缘；中部和上部叶较小，线状披针形或线形，近无柄。头状花序多数，排列成顶生多分枝的圆锥花序；总苞近圆柱状，总苞片线状披针形或线形。瘦果长圆形；冠毛污白色。花期5~9月。

常生长于旷野、荒地、田边和路旁。七目嶂路旁草地可见。

全草入药，消炎止血、祛风湿。

3. 白酒草
Eschenbachia japonica (Thunb.) J. Kost.

根斜上，不分枝。茎直立。全株被白色长柔毛或短糙毛。叶通常密集于茎较下部，呈莲座状；基部叶倒卵形或匙形，边缘有圆齿或粗锯齿；中部叶基部宽而半抱茎；上部叶渐小。头状花序在茎枝端密集成球状或伞房状；总苞半球形；花黄色。瘦果长圆形；冠毛污白色或稍红色。花期5~9月。

常生于山谷田边、山坡草地或林缘。七目嶂山坡草地可见。

根或全草药用，消肿镇痛、祛风化痰。

19. 泽兰属 Eupatorium L.

多年生草本、亚灌木或灌木。叶对生，稀互生，全缘、具齿或三裂。头状花序小或中等大小，在茎枝顶端排成复伞房花序或单生于长花序梗上；花两性，管状，结实，花多数，少有1~4枚的；总苞片多层或1~2层；花紫色、红色或白色。瘦果5棱。本属600余种。中国14种（含归化种）。七目嶂2种。

1. 假臭草
Eupatorium catarium Veldkamp.

茎直立，多分枝，全株被长柔毛。叶对生，卵形至菱形，具腺点；基部具3脉。头状花序生于茎、枝端；总苞钟形；小花25~30，蓝紫色。瘦果黑色，具白色冠毛。花期几全年。

生山地林缘或灌丛中。七目嶂山地偶见。

2. 林泽兰
Eupatorium lindleyanum DC.

根茎短，有多数细根。茎直立，下部及中部红色或淡紫红色；全部茎枝被稠密的白色长或短柔毛。中部茎叶长椭圆状披针形或线状披针形，不分裂或3全裂，三出基脉，两面粗糙，被白色长或短粗毛及黄色腺点，上面及沿脉的毛密。头状花序多数在茎顶或枝端排成紧密的伞房花序；花序枝及花梗紫红色或绿色，被白色密集的短柔毛；花白色、粉红色或淡紫红色；花冠外面散生黄色腺点。瘦果黑褐色，椭圆状；冠毛白色，与花冠等长或稍长。花果期5~12月。

生山谷阴处水湿地、林下湿地或草原上。七目嶂林下有见。

枝叶入药，有发表祛湿、和中化湿之效。

20. 牛膝菊属 Galinsoga Ruiz & Pav.

一年生草本。叶对生，全缘或有锯齿。头状花序小，异型，放射状，顶生或腋生，多数头状花序在茎枝顶端排疏松的伞房花序，有长花梗；雌花 1 层，黄色，全部结实；总苞宽钟状或半球形、卵形或卵圆形；舌片开展；两性花管状，檐部稍扩大或狭钟状；花药基部箭形，有小耳；两性花花柱分枝微尖或顶端短急尖。瘦果有棱，倒卵圆状三角形；雌花无冠毛或冠毛短毛状。本属约 5 种。中国 2 种。七目嶂 1 种。

1. 牛膝菊
Galinsoga parviflora Cav.

叶对生，卵形或长椭圆状卵形，基出三脉或不明显五出脉，叶两面粗涩，被白色疏短柔毛，边缘具浅钝锯齿。头状花序半球形，多数在茎枝顶端排成伞房花序；总苞半球形；舌状花白色，舌片顶端 3 齿裂。花果期 7~10 月。

生林下、河谷地、荒野、河边、田间、溪边或市郊路旁。七目嶂田间有见。

全草药用，有止血、消炎之功效。

21. 大丁草属 Gerbera Cass.

多年生草本。具长短不等的根状茎。叶基生，呈莲座状，常具各种类型的齿缺或羽状分裂，稀全缘，背面被绒毛或绵毛，或两面均无毛。花葶挺直，无苞叶或具线形、钻状或鳞片状苞叶，被绒毛或绵毛。头状花序单生于花葶之顶，异型，放射状或盘状，各有多数异型的小花；总苞盘状、陀螺状或钟形，总苞片 2 至多层，覆瓦状排列，卵形、披针形或线形；花托扁平，平滑无毛或略呈蜂窝状；花药基部箭形，具全缘或撕裂状的长尾；花柱分枝内侧稍扁，顶端钝。瘦果圆柱形或纺锤形，有时略扁，具棱，通常被毛；冠毛粗糙，刚毛状，宿存。本属近 80 种。中国 20 种。七目嶂 1 种。

1. 兔耳一枝箭（毛大丁草）
Gerbera piloselloides (Linn.) Cass.

根状茎短，粗直或曲膝状，为残存的叶柄所围裹，具较粗的须根。叶基生，莲座状，叶片纸质，倒卵形、倒卵状长圆形或长圆形，全缘，上面被疏粗毛，下面密被白色蛛丝状绵毛，边缘有灰锈色睫毛。花葶单生或有时数个丛生；头状花序单生于花葶之顶；总苞片 2 层，线形或线状披针形，被锈色绒毛；舌片倒披针形或匙状长圆形，长为花冠管数倍；中央两性花多数。瘦果纺锤形，具 6 纵棱，被白色细刚毛。花期 2~5 月及 8~12 月。

生林缘、草丛中或旷野荒地上。七目嶂荒地上常见。

全草药用，有清火消炎等功效，治感冒、久热不退、产后虚烦及急性结膜炎等。

22. 鼠麴草属 Gnaphalium L.

一年生稀多年生草本。茎直立或斜升，被白毛。叶互生，全缘；无或具短柄。头状花序小，排列成聚伞花序或圆锥状伞房花序，稀穗状、总状或紧缩而成球状，顶生或腋生，异型，盘状，外围雌花多数，中央两性花少数，全部结实；总苞片 2~4 层；花冠黄色或淡黄色。瘦果无毛或罕有疏短毛或有腺体。本属近 200 种。中国 19 种。七目嶂 1 种。

1. 匙叶合冠鼠麴草
Gnaphalium pensylvanicum Willd.

茎直立或斜升，基部被白色棉毛。下部叶无柄，倒披针形或匙形，全缘或微波状，上面被疏毛，下面密被灰白色棉毛，侧脉 2~3 对；中部叶倒卵状长圆形或匙状长圆形，叶片于中上部向下渐狭而长下延。头状花序数，数个成束簇生，再排列成顶生或腋生、紧密的穗状花序；总苞卵形；总苞片 2 层，污黄色或麦秆黄色，膜质。瘦果长圆形，有乳头状凸起；冠毛绢毛状，污白色。花期 12 月至翌年 5 月。

常见于篱园或耕地上。七目嶂有见。

23. 田基黄属 Grangea Adans.

一年生或多年生草本。叶互生。头状花序中等大小或较小，有异型花，通常顶生或与叶对生；总苞宽钟状；总苞片 2~3 层，草质，稍不等长，内层苞片顶端膜质；花托凸起，半球形或圆锥状，无托毛；外围有 1~12 多层雌花，中央有多数或少数两性花，全结实；花冠全部管状；雌花线形，外层的顶端通常 2 齿裂，内层的通常顶端 3~4 齿裂；两性花的檐部钟状，顶端 4~5 齿裂；花药基部钝，全缘，顶端多少有明显的附片；两性花的花柱分枝扁，截形。瘦果扁或几圆柱形，顶端平截，但通常有明显的短软骨质的环，环缘有短鳞片状或毛状的细齿。本属约 7 种。中国 1 种。七目嶂有分布。

1. 田基黄
Grangea maderaspatana (L.) Poir.

茎纤细，基部有铺展分枝，被白色长柔毛或下部花稀毛或光滑。叶两面被短柔毛，具棕黄色小腺点，下面及沿脉的毛较密；叶倒卵形、倒披针形或倒匙形，基部通常耳状贴茎，顶裂片倒卵形或几圆形，边缘有锯齿。头状花序中等大小，球形，单生于茎顶或枝端；小花花冠外面被稀疏的棕黄色小腺点；雌花 2~6 层，花冠黄色。瘦果扁，环缘有冠毛。花果期 3~8 月。

生干燥荒地、河边沙滩、水旁向阳处以及疏林及灌丛中。七目嶂荒地常见。

全草入药，清热解毒、止血消肿。

24. 泥胡菜属 Hemisteptia Bunge.

一年生草本。茎单生，直立，上部有长花序分枝。叶大头羽状分裂，两面异色，上面绿色，无毛，下面灰白色，被密厚绒毛。头状花序小，同型，多数在茎枝顶端排列成疏松伞房花序，或植株含少数头状花序在茎顶密集排列；总苞宽钟状或半球形；总苞片多层，覆瓦状排列，质地薄，外层与中层外面上方近顶端直立鸡冠状凸起的附属物；花药基部附属物尾状，稍撕裂，花丝分离，无毛。瘦果小，楔形或偏斜楔形，有 13~16 个粗细不等的尖细纵肋；冠毛 2 层，异型；外层冠毛刚毛羽毛状，基部连合成环，内层冠毛刚毛鳞片状，3~9 枚，宿存。单种属。七目嶂有分布。

1. 泥胡菜

Hemisteptia lyrata (Bunge) Fisch. & C. A. Mey.

种的特征与属同。花果期 3~8 月。

生山坡、山谷、平原、丘陵等处。七目嶂较常见。

全草入药，消肿散结、清热解毒。

25. 旋覆花属 Inula L.

多年生，稀一或二年生草本，或亚灌状。常有腺体，被毛。叶互生或仅生于茎基部，全缘或有齿。头状花序大或稍小，多数，伞房状或圆锥伞房状排列，或单生，或密集于根茎上，各有多数异型稀同型的小花；雌雄同株，外缘有 1 至数层雌花，稀无雌花；中央有多数两性花。瘦果近圆柱形，有棱。本属约 100 种。中国 20 余种。七目嶂 1 种。

1. 羊耳菊（白牛胆）

Inula cappa (Buch.-Ham. ex D. Don) Pruski & Anderb.

茎直立。全部被污白色绒毛。叶长圆形或长圆状披针形；下部叶在花期脱落，有柄；上部叶渐小，近无柄；全部叶基部圆形或近楔形，边缘有齿。头状花序多数密集于茎和枝端成聚伞圆锥花序；有线形的苞叶；总苞片约 5 层。瘦果长圆柱形。花期 6~10 月，果期 8~12 月。

生低山和亚高山的湿润或干燥坡地、荒地、灌丛或草地。七目嶂山地草丛偶见。

全草或根入药，味微苦辛、性温，可祛风止痛、行气消肿、化痰定喘、止血。

26. 小苦荬属 Ixeridium (A. Gray) Tzvel.

多年生草本。叶羽状分裂或不分裂，基生叶花期生存，极少枯萎脱落。头状花序多数或少数，在茎枝顶端排成伞房状花序，同型，舌状；总苞圆柱状；总苞片 2~4 层；舌状小花黄色，极少白色或紫红色。瘦果压扁或几压扁，有 8~10 条高起的钝肋；冠毛褐色或白色。本属 20~25 种。中国 13 种。七目嶂 1 种。

1. 小苦荬

Ixeridium dentatum (Thunb.) Tzvele.

茎上部分枝，茎枝无毛。基生叶长倒披针形、长椭圆形或椭圆形，不裂，全缘或中下部边缘疏生缘毛或长尖头状锯齿；茎生叶少数，披针形、长椭圆状披针形或倒披针形，不裂，基部耳状抱茎，中部以下或基部边缘有缘毛状锯齿；全部叶两面无毛。头状花序排成伞房状花序；总苞圆，黄色，稀白色。瘦果纺锤形，有 10 细肋，细丝状喙长约 1mm；冠毛麦秆黄色或黄褐色。花果期 4~8 月。

生山坡、山坡林下、潮湿处或田边。七目嶂山坡林下有见。

27. 马兰属 Kalimeris Cass.

多年生草本、亚灌木或灌木。茎直立。叶互生，有齿或全缘。头状花序作伞房状或圆锥伞房状排列，各有多数异型花，放射状；总苞半球状、钟状或倒锥状，总苞片2至多层，外层渐短，覆瓦状排列或近等长，草质或革质，边缘常膜质；花托蜂窝状，平或稍凸起；雌花花冠舌状，舌片狭长，顶端有2~3枚不明显的齿；两性花花冠管状；花药基部钝，通常全缘；花柱分枝附片披针形或三角形；冠毛宿存，白色或红褐色，有多数近等长的细糙毛。瘦果长圆形或倒卵圆形，扁或两面稍凸，有2边肋，通常被毛或有腺。本属约20种。中国7种。七目嶂1种。

1. 马兰
Kalimeris indica var. **polymorpha** (Vant.) Kitam.

根状茎有匍枝，有时具直根。茎直立，常多分枝。茎部叶倒披针形或倒卵状矩圆形，长3~6（~10）cm，宽0.8~2（~5）cm，顶端钝或尖，基部渐狭成具翅的长柄，边缘从中部以上具有小尖头的钝或尖齿，或有羽状裂片。头状花序单生于枝端并排列成疏伞房状；总苞半球形；总苞片2~3层，覆瓦状排列；花托圆锥形；管状花被短密毛。瘦果倒卵状矩圆形，极扁；冠毛弱而易脱落，不等长。花期5~9月，果期8~10月。

生林缘、草丛、溪岸、路旁。七目嶂路旁较常见。

全草药用，有清热解毒、消食积、利尿、散瘀止血之效。

28. 翅果菊属 Lactuca L.

一年生或多年生草本。叶分裂或不分裂。头状花序同型，舌状，较大，在茎枝顶端排成伞房花序、圆锥花序或总状圆锥花序；总苞卵球形，总苞片4~5层，向内层渐长，覆瓦状排裂；花托平，无托毛；舌状小花9~25，黄色，极少白色。瘦果倒卵形、椭圆形或长椭圆形，黑色；冠毛白色，纤细，2层，微锯齿状或几单毛状。本属约7种。中国7种。七目嶂1种。

1. 翅果菊（山莴苣）
Lactuca indica L.

根垂直直伸，生多数须根。茎直立，单生，全部茎枝无毛。全部茎叶线形，顶端长渐急尖或渐尖，基部楔形渐狭，无柄，两面无毛。头状花序果期卵球形，多数沿茎枝顶端排成圆锥花序或总状圆锥花序；舌状小花25，黄色。瘦果椭圆形，黑色，压扁，边缘有宽翅，每面有1条细纵脉纹；冠毛2层，白色，几单毛状。花果期4~11月。

生山谷、山坡林缘及林下、灌丛中或水沟边、山坡草地或田间。七目嶂山谷有见。

根或全草可入药；嫩茎叶可作蔬菜，也可作为家畜禽和鱼的优良饲料及饵料。

29. 寻菊属 Pertya Sch.-Bip.

灌木、亚灌木或多年生草本。枝斜展呈寻状或罕有近攀缘状，常有长枝和短枝之分。叶在长枝上互生，在短枝上数枚簇生，稀无短枝而叶全为互生，具柄，全缘、具疏粗齿或细齿。头状花序无梗或具梗，单生、双生、排成紧密的团伞花序或疏松的伞房花序，稀为圆锥花序，全为两性能育小花。瘦果具棱，被毛。本属25种。中国17种。七目嶂1种。

1. 心叶寻菊
Pertya cordifolia Mattf.

小枝常呈紫红色。叶互生，疏离，纸质，阔卵形，顶端渐尖至长渐尖，基部心形或浅心形，边缘具波状齿或点状细齿，幼时两面被毛后脱落，下面苍白色；基出脉3条；有柄。头状花序常3~8个组成团伞花序；总苞片约8层；花全部两性。瘦果10棱，密被毛。花期9~10月。

菊科 Asteraceae

生山地林缘或灌丛中。七目嶂山地林缘罕见。

30. 福王草属 Prenanthes L.

多年生草本。茎直立，单生，通常有分枝，极少不分枝。头状花序同型，舌状，小，具 5 枚，极少具 10~11 枚舌状小花，多数沿茎枝排成圆锥状花序；总苞圆柱状或狭圆柱状；总苞片 3~4 层，全部总苞片外面绿色；花托平，无托毛；舌状小花紫色或红色，舌片顶端截形，5 齿裂；花药基部有急尖的小耳状或短渐尖的膜质附属物。瘦果褐色或黑色，椭圆状、楔形或线形，4~5 肋，肋间有不明显小肋或无小肋；冠毛 2~3 层，细锯齿状或单毛状。本属约 40 种。中国 7 种。七目嶂 1 种。

1. 盘果菊（福王草）

Prenanthes tatarinowii Maxim.

茎直立，单生，全部茎枝无毛或几无毛。中下部茎叶不裂，心形或卵状心形，边缘全缘或有锯齿或不等大的三角状锯齿，齿顶及齿缘有小尖头，或大头羽状全裂，顶裂片卵状心形、心形、戟状心形或三角状戟形；向上的茎叶渐小，同型并等样分裂。头状花序含 5 枚舌状小花，多数，沿茎枝排成疏松的圆锥状花序或少数沿茎排列成总状花序。瘦果线形或长椭圆状，紫褐色；冠毛 2~3 层，细锯齿状。花果期 8~10 月。

生山谷、山坡林缘、林下、草地或水旁潮湿地。七目嶂林下偶见。

31. 拟鼠麴草属 Pseudognaphalium Kirp.

一年生或多年生草本。叶互生，平坦具全缘，两面被绒毛。头状花序多为伞房花序，白色、玫瑰色、黄褐色或带褐色；花黄色，丝状；中心小花两性，黄色，具扁平附属物的花药；花柱分枝截形，顶部具毛。瘦果长圆形。本属约 90 种。中国 6 种。七目嶂 1 种。

1. 拟鼠麴草

Pseudognaphalium affine (D. Don) Anderb.

茎直立或基部发出的枝下部斜升，基部、茎上部不分枝，有沟纹，被白色厚棉毛。叶无柄，匙状倒披针形或倒卵状匙形，基部渐狭，具刺尖头，两面被白色棉毛。头状花序较多或较少数，近无柄，在枝顶密集成伞房花序；花黄色至淡黄色；雌花多数，花冠细管状。瘦果倒卵形或倒卵状圆柱形，有乳头状凸起。花期 1~4 月及 8~11 月。

生低海拔干地或湿润草地上。七目嶂草地上可见。

茎叶入药，为镇咳、祛痰、治气喘和支气管炎以及非传染性溃疡、创伤之寻常用药，内服还有降血压疗效。

32. 千里光属 Senecio L.

多年生直立或攀缘草本或一年生直立草本。叶不分裂，基生叶通常具柄，无耳，三角形、提琴形、或羽状分裂；茎生叶通常无柄，大头羽状或羽状分裂，稀不分裂，边缘多少具齿，基部常具耳，羽状脉。头状花序排列成复伞房或圆锥聚伞花序，稀单生叶腋，具异型小花；花黄色。瘦果圆柱形，具肋，无毛或被柔毛。本属约 1000 种。中国约 63 种。七目嶂 1 种。

1. 千里光

Senecio scandens Buch-Ham. ex D. Don.

叶具柄，卵状披针形至长三角形，顶端渐尖，基部宽楔形、截形、戟形或稀心形，通常具齿，稀全缘，有时具细裂或羽状浅裂，两面被短柔毛至无毛；羽状脉；上部叶变小。头状花序排列成顶生复聚伞圆锥花序；有舌状花；管状花多数，花黄色。瘦果被毛。花果期 4~8 月和 10~12 月。

常生于林缘、灌丛中，攀缘于灌木、岩石上或溪边。七目嶂林缘、灌草丛较常见。

全草入药，味苦、性凉，可清热解毒、去腐生肌、清肝明目。

33. 豨莶属 Sigesbeckia L.

一年生直立草本。有双叉状分枝，多少有腺毛。叶对生，边缘有锯齿。头状花序小，排列成疏散的圆锥花序，有多数异型小花，外围有 1~2 层雌性舌状花，中央有多数两性管状花，全结实或有时中心的两性花不育；总苞片 2 层；花黄色。瘦果倒卵状四棱形或长圆状四棱形。本属约 4 种。中国 3 种。七目嶂 1 种。

1. 豨莶

Sigesbeckia orientalis L.

上部常复二歧分枝；被毛。基部叶花期枯萎；中部叶三角状卵圆形或卵状披针形，基部阔楔形，下延成具翼的柄，顶端渐尖，边缘有齿，纸质，下面具腺点，两面被毛，三出基脉；上部叶渐小。头状花序排列成具叶

239

的圆锥花序；花黄色。瘦果4棱。花果期4~11月。

生山野、荒草地、灌丛、林缘及林下。七目嶂旷野偶见。

全草入药，味苦、性凉，可祛风消肿、止痛、降压、平肝、凉血。

34. 一枝黄花属 Solidago L.

多年生草本，稀亚灌状。叶互生。头状花序小或中等大小，异型，辐射状，多数在茎上部排列成总状花序、圆锥花序或伞房状花序或复头状花序；总苞片多层；边花雌性，舌状1层，或边缘雌花退化而头状花序同型；盘花两性，顶端5齿裂；全部小花结实。瘦果近圆柱形，有8~12纵肋。本属120余种。中国4种。七目嶂1种。

1. 一枝黄花

Solidago decurrens Lour.

中部茎叶椭圆形、长椭圆形、卵形或宽披针形，基部楔形渐窄，有具翅的柄，中上边缘有细齿或全缘；向上叶渐小；下部叶翅柄更长；叶两面、沿脉及叶缘有毛或下面无毛。头状花序较小，多数排成总状或伞房圆锥花序，稀复头状花序；花黄色。瘦果无毛。花果期4~11月。

生阔叶林缘、林下、灌丛中及山坡草地上。七目嶂山坡灌草丛偶见。

全草入药，味辛、苦，性微温，可疏风解毒、退热行血、消肿止痛。

35. 苦荬菜属 Sonchus L.

一年生、二年生或多年生草本。叶互生。头状花序稍大，同型，含多数舌状小花，在茎枝顶端排成伞房花序或伞房圆锥花序；总苞片3~5层；舌状小花黄色，两性，结实，舌状顶端5齿裂。瘦果卵形或椭圆形，极少倒圆锥形，极压扁或粗厚，具多数或少数纵肋。本属约50种。中国8种。七目嶂1种。

1. 苣荬菜

Sonchus wightianus DC.

上部或顶部有伞房状花序分枝，花枝与花梗被腺毛。基生叶多数，与中下部茎叶为倒披针形或长椭圆形，具翼柄，羽状深至浅裂，裂片具齿或小尖头；上部茎叶披针形或钻形，无柄而半抱茎；叶两面无毛。头状花序在茎枝顶端排成伞房状花序；花黄色。瘦果5细肋，有横纹。花果期1~9月。

生山坡草地、林间草地、潮湿地或近水旁、村边或河边砾石滩。七目嶂溪边草滩偶见。

全草入药，味苦辛、性寒，可清热解毒、消炎止痛、凉血。

36. 蟛蜞菊属 Sphagneticola O. Hoffm.

一年生或多年生直立或匍匐草本，或攀缘藤本。被短糙毛。叶对生，具齿，稀全缘，不分裂。头状花序中等大，少数或较少数，放射状，单生或2~3个同出于叶腋或枝端，异型；外围雌花1层，黄色，中央两性花较多，黄色，全部结实；花托平或凸，托片折叠，包裹两性小花；两性花花冠管状，管部圆筒形或向上渐扩大成狭钟状，稀有基部骤然紧缩似柄，檐部5浅裂；花药顶端卵状，具2钝小耳。瘦果倒卵形或楔状长圆形，顶端截平或浑圆，压扁或舌状花瘦果三棱形；无冠毛或退化为1~3枚刺芒或成有齿或无齿的冠毛环。本属60余种。中国5种。七目嶂1种。

1. 蟛蜞菊

Sphagneticola calendulacea (L.) Pruski.

茎匍匐，上部近直立。叶无柄，椭圆形、长圆形或线形，基部狭，顶端短尖或钝，全缘或有1~3对疏粗齿，两面疏被贴生的短糙毛；无网状脉。头状花序少数，单生于枝顶或叶腋内；花序梗被贴生短粗毛；舌状花1层，黄色，舌片卵状长圆形。瘦果倒卵形，多疣状凸起；无冠毛，而有具细齿的冠毛环。花期3~9月。

生路旁、田边、沟边或湿润草地上。七目嶂草地偶见。全草入药，具有清热解毒、凉血散瘀之功效。

37. 金钮扣属 Spilanthes Jacq.

一年或多年生草本。叶对生，常具柄，有锯齿或全缘。头状花序单生于茎、枝顶端或上部叶腋，常具长而直的花序梗，异型而辐射状，或同型而盘状；总苞盆状或钟状，总苞片1~2层；花黄色或白色，全部结实；外围雌花1层，顶端2~3浅裂；中间两性花多数，顶端有4~5裂片。瘦果长圆形或三棱形。本属约60种。中国2种。七目嶂1种。

1. 金钮扣

Spilanthes paniculata Wall. ex DC.

茎带紫红色，有纵纹，被毛或近无毛。叶卵形、宽卵圆形或椭圆形，顶端短尖或钝，基部宽楔形至圆形，全缘，波状或具波状钝锯齿，两面近无毛；有叶柄。头状花序单生，或圆锥状排列，有或无舌状花；总苞片2层约8枚；花黄色。瘦果长圆形。花果期4~11月。

常生于田边、沟边、溪旁潮湿地、荒地、路旁及林缘。七目嶂路旁草地等偶见。

全草药用，有解毒、消炎、消肿、祛风除湿、止痛、止咳定喘等功效。

38. 金腰箭属 Synedrella Gaertn.

一年生草本。叶对生，具柄，边缘有不整齐的齿刻。头状花序小，异型，无或有花序梗，簇生于叶腋和枝顶，稀单生，外围雌花1至数层，黄色，中央的两性花略少，全部结实；总苞片数枚，不等大，外层叶状；雌花花冠舌状；两性花管状，檐部4浅裂。雌花瘦果有翅；两性花瘦果无翅。本属约50种。中国1种。七目嶂有分布。

1. 金腰箭

Synedrella nodiflora (L.) Gaertn.

下部和上部叶具翅柄，阔卵形至卵状披针形，基部下延成翅状宽柄，顶端短渐尖或钝，两面被糙毛，有近基三出主脉。头状花序无或有短花序梗，常2~6个簇生于叶腋，或在顶端成扁球状，稀单生；小花黄色。雌花瘦果具翅；两性花瘦果无翅，具棱。花果期6~10月。

原产美洲。生旷野、耕地、路旁及宅旁。七目嶂路旁草地较常见。

全草入药，味微辛、性凉，有清热解毒、凉血、消肿的功效。

39. 斑鸠菊属 Vernonia Schreb.

草本、灌木或乔木，稀藤本。叶互生，稀对生，具柄或无柄，全缘或具齿，羽状脉，稀具近基三出脉，两面或下面常具腺点。头状花序小或中等大，稀大，多数或较多数排列成圆锥状、伞房状或总状，或数个密集成球状，稀单生；具同型两性花，全部结实；花粉红色、淡紫色，少有白色或金黄色。瘦果具棱或肋。本属约1000种。中国27种。七目嶂3种。

1. 夜香牛

Vernonia cinerea (L.) Less.

茎具条纹，被毛，具腺。中下部叶具柄，菱状卵形、菱状长圆形或卵形，基部楔状狭成具翅的柄，边缘具齿或波状，侧脉3~4对，两面被毛及腺点。头状花序具19~23花，排成伞房状圆锥花序；花淡红紫色。瘦果无肋，被毛。花期全年。

常见于山坡旷野、荒地、田边、路旁。七目嶂山坡、路旁灌草丛偶见。

全草入药，味淡、性凉，有疏风散热、拔毒消肿、安神镇静、消积化滞之功效。

2. 毒根斑鸠菊
Vernonia cumingiana Benth.

攀缘灌木或藤本。长 3~12m。枝圆柱形，具条纹，枝被锈色或灰褐色密绒毛。叶具短柄，厚纸质，卵状长圆形、长圆状椭圆形或长圆状披针形，全缘，稀具疏浅齿；侧脉 5~7 对；叶柄密被锈色绒毛。头状花序具 18~21 花，在枝端或上部叶腋成疏圆锥花序；总苞卵状球形或钟状，背面被锈色或黄褐色绒毛；花淡红色或淡红紫色；花冠管状。瘦果近圆柱形，被柔毛。花期 10 月至翌年 4 月。

生河边、溪边、山谷阴处灌丛或疏林中。七目嶂疏林偶见。

干根或茎藤可治风湿痛、腰肌劳损、四肢麻痹等症，亦治感冒发热、疟疾、牙痛、结膜炎。

3. 茄叶斑鸠菊
Vernonia solanifolia Benth.

被黄褐色绒毛。叶具柄，卵形或卵状长圆形，顶端钝或短尖，基部圆形或近心形，多少偏斜，全缘、浅波状或具疏钝齿，侧脉 7~9 对，两面被毛及腺点。头状花序小，多数，排成复伞房花序；花粉红色或淡紫色。瘦果 4~5 棱，无毛。花期 11 月至翌年 4 月。

常生于山谷疏林中，或攀缘于乔木上。七目嶂山谷疏林偶见。

全草入药，止痛祛风，治腹痛、肠炎、痧气等症。

40. 孪花菊属 Wollastonia DC. ex Decne.

多年生草本或弱灌木。叶对生；叶片卵形。合生花序单生的顶生头状花序或开放的圆锥状聚伞花序；头状花序辐射；总苞半球形到钟状；花冠黄色或淡黄色；花药棕色到黑色。瘦果楔形，3 角，基部具刚毛，先端截形。本属约 2 属。中国 2 种。七目嶂 1 种。

1. 山蟛蜞菊
Wollastonia montana (Blume) DC.

茎圆柱形，有沟纹。叶片卵形或卵状披针形，连叶柄两面被基部为疣状的糙毛；近基出三脉。头状花序较小，通常单生于叶腋和茎顶；花序梗细弱，被向上贴生的糙毛；总苞钟形，高与顶端宽近相等；舌状花 1 层，黄色，舌片长圆形。冠毛 2~3，短刺芒状，生于冠毛环上。花期 4~10 月。

生溪边、路旁或山区沟谷中。七目嶂路旁偶见。

全草入药，治月经不调、麻疹、闭经。

41. 黄鹌菜属 Youngia Cass.

一年生或多年生草本。叶羽状分裂或不分裂。头状花序小，稀中等大小，同型，舌状，具少数或多数舌状小花，在茎枝顶端或沿茎排成总状花序、伞房花序或圆锥状伞房花序；总苞 3~4 层；舌状小花两性，黄色，1 层，5 齿裂。瘦果纺锤形，有 10~15 条纵肋。本属约 40 种。中国 31 种。七目嶂 3 种。

1. 异叶黄鹌菜
Youngia heterophylla (Hemsl.) Babc. & Stebbins

基生叶椭圆形，边缘有凹尖齿，或倒披针状长椭圆形，大头羽状深裂；中下部茎生叶与基生叶同形并等样分裂或戟形；上部叶大头羽状 3 全裂或戟形；最上部茎生叶披针形或窄披针形；全部叶或仅基生叶下面紫红色头状花序排成伞房花序；总苞圆柱状，4层；舌状小花黄色。瘦果黑褐紫色，纺锤形；冠毛白色。花果期4~10月。

生山坡林缘、林下及荒地。七目嶂偶见。

全草入药，清热解毒、利尿消肿、止痛。

2. 黄鹌菜
Youngia japonica (L.) DC.

被毛。基生叶全形倒披针形、椭圆形、长椭圆形或宽线形，大头羽状深裂或全裂，极少不裂，叶柄有翼或无翼，裂片有齿或几全缘；无茎叶或有1~2茎叶，同形并分裂。头状花序含10~20枚舌状小花，少数或多数在茎枝顶端排成伞房花序；花黄色。瘦果无喙。花果期4~10月。

生旷野、山坡、山谷及山沟林缘、林下、林间草地。七目嶂路旁草地较常见。

全草入药，味淡、性凉，有消肿止痛、清热利湿、凉血解毒的功效。

3. 卵裂黄鹌菜
Youngia japonica (L.) DC. subsp. **elstonii** (Hochr.) Babc. & Stebbins

与黄鹌菜的主要区别在于：根垂直直伸，生多数须根；基生叶及中下部茎叶顶裂片卵形、倒卵形或卵状披针形，顶端圆形或急尖，边缘有锯齿或几全缘，最下方的侧裂片耳状；顶端伞房花序状分枝或下部有长分枝。花果期4~11月。

生山坡草地、沟谷地、水边阴湿处、屋边草丛中。七目嶂偶见。

239 龙胆科 Gentianaceae

一年生或多年生草本。茎直立或斜升，有时缠绕。单叶，稀为复叶，对生，少有互生或轮生，全缘，基部合生，筒状抱茎或为一横线所联结；无托叶。花序常为聚伞花序或复聚伞花序，稀单花顶生；花两性，稀单性，一般4~5数，稀达6~10数。蒴果2瓣裂，稀不开裂。本科约80属700种。中国22属427种。七目嶂2属3种。

1. 龙胆属 Gentiana L.

一年生或多年生直立草本。茎四棱形，斜升或铺散。叶对生，稀轮生，多年生种类不育茎或营养枝的叶常呈莲座状。复聚伞花序、聚伞花序或花单生；花两性，4~5数，稀6~8数；花萼筒形或钟形，浅裂；花冠筒形、漏斗形或钟形，常浅裂，稀分裂较深；雄蕊着生于冠筒上，与裂片互生。蒴果2裂。本属约400种。中国247种。七目嶂2种。

1. 五岭龙胆
Gentiana davidii Franch.

花枝多数，丛生。叶线状披针形或椭圆状披针形，先端钝，基部渐狭，边缘微外卷，有乳突；叶脉1~3条，在两面均明显。花多数，簇生枝端呈头状，被丛状苞状叶包围；无花梗；花冠蓝色。蒴果内藏或外露。花果期6~11月。

生山坡草丛、山坡路旁、林缘、林下。七目嶂山地灌草丛偶见。

花色艳丽，色彩丰富，有紫、白、蓝、黄白等多种颜色，适宜作为花坛、花镜花材或盆花。

2. 华南龙胆
Gentiana loureiroi (G. Don) Griseb.

具匍匐茎，圆筒状；茎紫色，直立。基生叶通常发育，叶柄具短缘毛，叶片披针形至椭圆形，背面无毛，正面浓密，具微小乳突；茎生叶稀疏排列。花冠蓝色至蓝紫色，漏斗状，边缘全缘，先端钝。蒴果倒卵球形。花果期4~9月。

生山坡路旁。七目嶂偶见。

根或全草入药，清热利湿、解毒消痈，用于治咽喉肿痛、肠痈、血带、尿血，外用治疮疡肿毒。

2. 双蝴蝶属 Tripterospermum Blume

多年生缠绕草本。叶对生。聚伞花序或花腋生和顶生；花5数；花萼筒钟形，脉5条高高凸起呈翅，稀无翅；花冠钟形或筒状钟形，裂片间有褶；雄蕊着生于冠筒上，不整齐，顶端向一侧弯曲，花丝线形，通常向下不增宽；子房一室，含多数胚珠，子房柄的基部具环状花盘。浆果或蒴果2瓣裂。种子多数，椭圆形、卵形或三棱形，无翅，或扁平具盘状宽翅。本属约25种。中国19种。七目嶂1种。

1. 香港双蝴蝶

Tripterospermum nienkui (C. Marquand) C. J. Wu

具紫褐色短根茎。根纤细、线形。茎近圆形，具细条棱，螺旋状扭转。基生叶丛生，卵形；茎生叶卵形或卵状披针形，先端渐尖，边缘微波状。花单生叶腋，或2~3花呈聚伞花序；花萼钟形，萼筒沿脉具翅；花冠狭钟形。浆果紫红色，内藏，近圆形至短椭圆形；种子紫黑色，椭圆形或卵形。花果期9月至翌年1月。

生山谷密林或山坡路旁疏林中。七目嶂疏林偶见。

240 报春花科 Primulaceae

多年生或一年生草本，稀为亚灌木。茎直立或匍匐，具互生、对生或轮生之叶，或无地上茎而叶全部基生，并常形成稠密的莲座丛。花单生或组成总状、伞形或穗状花序，两性，辐射对称；花萼通常5裂，稀4或6~9裂，宿存；花冠下部合生成筒，通常5裂，稀4或6~9裂；雄蕊与花冠裂片同数而对生。果为蒴果。本科22属近1000种。中国13属近500种。七目嶂1属4种。

1. 珍珠菜属 Lysimachia L.

直立或匍匐草本，极少亚灌木。无毛或被毛，通常有腺点。叶互生、对生或轮生，全缘。花单出腋生或排成顶生或腋生的总状花序或伞形花序；总状花序常缩短成近头状或有时复出而成圆锥花序；花萼常5深裂，宿存；花冠白色或黄色，稀为淡红色或淡紫红色，常5深裂，稀6~9裂。蒴果卵圆形或球形，常5裂。本属180余种。中国138种。七目嶂4种。

1. 广西过路黄

Lysimachia alfredii Hance

茎被褐色多细胞柔毛。叶对生，茎下部的较小，常成圆形；上部茎叶较大，茎端的2对密聚成轮生状，卵形至卵状披针形，两面均被糙伏毛，密布黑色腺条和腺点。总状花序缩短成近头状；花萼裂片狭披针形；花冠黄色，裂片披针形。蒴果近球形。花果期4~8月。

生山谷溪边、沟旁湿地、林下和灌丛中。七目嶂山谷溪边偶见。

全草入药，具有清热利湿、排石通淋之功效。

2. 矮桃

Lysimachia clethroides Duby

茎基部平卧，匍匐后上升，密被黄色硬毛。叶对生，草质，长圆形或卵状长圆形，先端钝或急尖，基部圆形或浅心形，边缘具整齐锯齿，两面被黄色糙硬毛，下面满布凹陷腺点；侧脉5~6对。花冠淡紫至白色；雄蕊4，长长地伸出。小坚果近球形，褐色。花果期4~11月。

生疏林下湿润处或水边。七目嶂偶见。

全草入药，有活血调经、解毒消肿的功效；嫩叶可食或作猪饲料。

3. 延叶珍珠菜
Lysimachia decurrens G. Forst.

全体无毛。茎直立，粗壮，有棱角。叶互生，有时近对生，叶片披针形或椭圆状披针形，干时膜质，两面均有不规则的黑色腺点，有时腺点仅见于边缘，并常联结成条。总状花序顶生；花冠白色或带淡紫色，比花萼稍长或近等长，裂片匙状长圆形。蒴果球形或略扁。花期4~5月，果期6~7月。

生村旁荒地、路边、山谷溪边疏林下及草丛中。七目嶂山谷溪边偶见。

全草药用，有消肿止痛之效；广西民间用以治跌打损伤、疔毒等。

4. 星宿菜
Lysimachia fortunei Maxim.

全株无毛。根状茎紫红色。叶互生，近无柄，长圆状披针形至狭椭圆形，先端渐尖或短渐尖，基部渐狭，两面均有黑色腺点。总状花序顶生；苞片披针形；花梗与苞片近等长或稍短；花萼分裂近达基部；花冠白色；雄蕊5。蒴果球形。花期6~8月，果期8~11月。

生沟边、田边等低湿处。七目嶂溪边草地偶见。

民间常用草药，可清热利湿、活血调经，主治感冒、咳嗽咯血、肠炎、痢疾、肝炎、风湿性关节炎、痛经、乳腺炎、毒蛇咬伤、跌打损伤等。

241 白花丹科 Plumbaginaceae

小灌木或草本。茎、叶上常被有钙质颗粒，茎枝节明显，或无茎而叶全部基生。单叶，互生或基生，通常全缘；通常无托叶。花两性，整齐，花的各部均为5；花瓣或多或少连合；萼宿存而常有色彩；花冠在花后卷缩于萼筒内；雄蕊下位，与花冠裂片对生；柱头与萼的裂片对生；子房上位，1室，1胚珠，基生。蒴果包藏于萼筒内。种子有薄层粉质胚乳。本科21属约580种。中国7属约40种。七目嶂1属1种。

1. 白花丹属 Plumbago L.

小灌木或草本，有时上部蔓状。叶互生，叶片宽阔，下部狭细成柄。花组成小穗，每小穗含1花，排列穗状花序；花大；花梗很短；花萼管状，具5条脉棱，顶端有5裂片，萼上着生有具柄的腺；花冠高脚碟状，花冠筒细，裂片5，顶端圆或尖；雄蕊下位，花药线形；子房椭圆形、卵形至梨形，花柱1，柱头5，伸长，指状，内侧具钉头状腺质凸起。蒴果顶端常有花柱基部残存而成的短尖。种子椭圆形至卵形。本属约17种。中国2种。七目嶂1种。

1. 白花丹
Plumbago zeylanica L.

枝条开散或上端蔓状。叶薄，通常长卵形；叶柄基部无或有常为半圆形的耳。穗状花序通常含25~70花；花轴上有或疏或密的头状腺体；苞片狭三角形至披针形；花萼顶端有5裂，沿绿色部分着生具柄的腺；花冠白色或微带蓝白色，花冠筒裂片倒卵形，顶端具短尖。蒴果长椭圆形，淡黄褐色。种子红褐色。花期10月至翌年3月，果期12月至翌年4月。

生阴湿处或半遮阴的地方。七目嶂林下偶见。

民间常用药，用以治疗风湿跌打、筋骨疼痛、癣疥恶疮和蛇咬伤，并用以灭孑孓、蝇蛆。

242 车前科 Plantaginaceae

一年生、二年生或多年生草本，稀小灌木，陆生、沼生，稀水生。茎常紧缩成根茎。单叶，全缘或具齿，稀羽状或掌状分裂，常排成莲座状，或于地上茎互生、对生或轮生；弧形脉3~11条，稀仅1中脉。穗状花序，稀总状花序或单花；花小，两性，稀杂性或单性，雌雄同株或异株。果通常为周裂的蒴果。本科 3 属约 200 种。中国 1 属 20 种。七目嶂 1 属 2 种。

1. 车前属 Plantago L.

一年生、二年生或多年生草本，稀小灌木，陆生或沼生。叶紧缩成莲座状，或在茎上互生、对生或轮生；叶形各异，全缘或具齿，稀羽状或掌状分裂；叶柄基部常扩大成鞘状。花序 1 至多数，出自莲座丛或茎生叶的腋部；穗状花序，稀单花；花小，两性，稀杂性或单性。蒴果周裂。本属 190 余种。中国 20 种（含外来种）。七目嶂 2 种。

1. 车前
Plantago asiatica L.

叶基生呈莲座状；叶片草质，宽卵形至宽椭圆形，先端钝尖或急尖，边缘波状具疏齿或近全缘，两面疏生短柔毛或近无毛；脉 3~7 条；叶柄基部鞘状，常被毛。穗状花序 1 至数个；有苞片；花无梗；花冠白色，无毛。蒴果中部或稍低处周裂。花期 6~8 月，果期 7~9 月。

生草地、草甸、河滩、沟边、沼泽地、山坡路旁、田边或荒地。七目嶂路旁草地较常见。

全草和种子入药，味甘、性寒，可清热去湿、利尿通淋、止咳。

2. 大车前
Plantago major L.

须根多数。根茎粗短。叶基生呈莲座状；叶片草质、薄纸质或纸质，宽卵形至宽椭圆形。花序 1 至数个；穗状花序细圆柱状；花无梗；花药椭圆形，初为淡紫色或稀白色，干后变淡褐色。蒴果近球形、卵球形或宽椭圆球形。种子卵形、椭圆形或菱形。花期 6~8 月，果期 7~9 月。

生草地、草甸、河滩、沟边、沼泽地、山坡路旁、田边或荒地。七目嶂草地上偶见。

幼苗和嫩茎可供食用；全草和种子均可入药，味甘、性寒，具有清热利尿、祛痰、凉血、解毒功能。

243 桔梗科 Campanulaceae

一年生或多年生草本，稀灌木、小乔木或草质藤本。大多数种类有乳汁。单叶，互生，稀对生或轮生。花常集成聚伞花序，有时为假总状、圆锥状、头状花序，稀单生；花两性，稀单性而雌雄异株；大多 5 数；花萼和花冠 5 裂，具筒或无筒合瓣。果通常为蒴果，少为浆果。本科 60~70 属约 2000 种。中国 15 属约 161 种。七目嶂 3 属 4 种。

1. 金钱豹属 Campanumoea Blume

多年生草本。茎直立或缠绕。叶常对生，少互生。单花腋生或顶生，或与叶对生，或在枝顶集成有 3 花的聚伞花序，有花梗；花 4~7 数；花冠具明显的筒部，檐部 5 或 6 裂；雄蕊 5，花丝有或无毛；花柱有或无毛；柱头 3~6 裂。果为浆果，球状。本属 5 种。中国 5 种。七目嶂 2 种。

1. 小花金钱豹
Campanumoea blume subsp. **japonica** (Makino) Hong

胡萝卜状根。茎多分枝。叶对生，极少互生，叶片心形，边缘有浅锯齿偶全缘；具长柄。有时组成具 3 花的聚伞花序；花梗上无小苞片；花丝无毛；花萼位于子房之下 1~4mm 处，具 4 枚完全分离的萼片；花全为 4 数；萼片条形，具 1~3 对小齿。花和果均白色。花果期 9~11 月。

生灌丛及草丛中。七目嶂灌丛偶见。

2. 轮钟花（长叶轮钟草）
Campanumoea lancifolia (Roxb.) Merr.

通常全部无毛。茎中空，分枝多而长，平展或下垂。叶对生，偶有 3 枚轮生的，具短柄，叶片卵形、卵状披针形至披针形，顶端渐尖，边缘具细尖齿、锯齿或圆齿。通常单花顶生兼腋生；花梗中上部或在花基部有一对丝状小苞片；花萼仅贴生至子房下部，裂片（4~）5（~7），相互间远离，丝状或条形，边缘有分枝状细长齿。浆果球状，（4~）5~6 室。种子极多数，呈多角体。花果期 7~10 月。

生林中、灌丛中以及草地中。七目嶂草地偶见。

根药用，无毒，甘而微苦，可益气补虚、祛瘀止痛。

2. 党参属 Codonopsis Wall.

多年生草本。有乳汁。茎直立或缠绕、攀缘、上升或平卧。叶互生、对生、簇生或假轮生。花单生枝顶或叶腋，有时呈花葶状；花萼 5 裂；花冠 5 浅裂或全裂，红紫色、蓝紫色、蓝白色、黄绿色或绿色，常有明显花脉或晕斑；雄蕊5；柱头常3裂。果为蒴果，有宿存萼裂片。本属40余种。中国约39种。七目嶂1种。

1. 羊乳
Codonopsis lanceolata (Siebold & Zucc.) Trautv.

有乳汁。无毛或茎叶偶疏生柔毛。主茎上叶互生，细小；枝顶叶通常2~4簇生，叶较大，菱状卵形、狭卵形或椭圆形，全缘或有疏齿。花单生或对生于小枝顶端；花萼黄绿色或乳白色内有紫色斑。蒴果下部半球状，上部有喙。花果期7~8月。

生山地灌木林下沟边阴湿地区或阔叶林内。七目嶂山地林内偶见。

根入药，味甘、性平，具补脾、生津、催乳、祛痰、止咳、止血、益气、固脱等功效。

3. 蓝花参属 Wahlenbergia Schrad. ex Roth.

一年生或多年生草本，少为亚灌木。叶互生，稀对生。花与叶对生，集成疏散的圆锥花序；花萼3~5裂；花冠钟状，3~5浅裂，有时裂至近基部；雄蕊与花冠分离，花丝基部常扩大，花药长圆状；柱头2~5裂。蒴果2~5室，在宿存的花萼以上的顶端部分2~5室背开裂。本属约200种。中国1种。七目嶂有分布。

1. 蓝花参
Wahlenbergia marginata (Thunb.) A. DC.

有乳汁。茎自基部多分枝，直立或上升。叶互生，无柄或具短柄，常在茎下部密集；下部叶匙形、倒披针

形或椭圆形；上部叶条状披针形或椭圆形；边缘波状或具疏齿，或全缘，无毛或疏生长硬毛。花梗极长，细而伸直；花冠蓝色，分裂达2/3。蒴果有不明显肋。花果期2~5月。

生低海拔的田边、路边和荒地中，有时生于山坡或沟边。七目嶂路旁草地偶见。

根入药，补虚损、止盗汗，治小儿疳积、痰积和高血压等症。

244 半边莲科 Lobeliaceae

一年生或多年生草本、亚灌木或灌木，稀为乔木或棕榈状。有乳汁，多有剧毒。单叶互生，极少对生或轮生；无托叶。花单生于叶腋或总状花序生于枝顶，或总状花序排成圆锥状；花两性，很少雌雄异株，两侧对称，5数；花萼常宿存；雄蕊与花冠同数并与其互生。浆果或各式开裂的蒴果，少为不开裂的干果。本科25属约1000种。中国2属25种。七目嶂2属4种。

1. 半边莲属 Lobelia L.

草本，稀亚灌状或乔木。叶互生，排成两行或螺旋状。花单生叶腋，或总状花序顶生，或由总状花序再组成圆锥花序；花两性，稀单性而雌雄异株，5数；小苞片有或无；花萼宿存；花冠两侧对称，檐部二唇形或近二唇形，个别种所有裂片平展在一个平面，似仅半边花。蒴果，成熟后顶端2裂。本属350余种。中国19种。七目嶂3种。

1. 半边莲
Lobelia chinensis Lour.

茎纤弱，匍匐，无毛。叶互生，无柄或近无柄，椭圆状披针形至条形，先端急尖，基部圆形至阔楔形，全缘或顶部有齿，无毛。花通常1，生分枝的上部叶腋；花梗细长；有小苞片或无；花冠粉红色或白色，裂片呈一个平面，半边状。蒴果倒锥状。花果期5~10月。

生水田边、沟边及潮湿草地上。七目嶂溪边湿草地偶见。

全草可供药用，清热解毒、利尿消肿。

2. 线萼山梗菜
Lobelia melliana E. Wimm.

茎无毛或被毛。叶螺旋状排列，下部的早落；叶片卵状椭圆形至长披针形，先端渐尖，基部渐狭成长翅柄。总状花序顶生；苞片比花长；花萼筒半椭圆状，无毛，裂片窄条形，全缘，果期外展；花冠紫红色，近二唇形；下方2枚花药顶端生髯毛。蒴果球状。花果期8~10月。

生山地林边或沟边较阴湿处。七目嶂溪边阴湿处偶见。

全草入药，宣肺化痰、清热解毒、利尿消肿，可作利尿、催吐、泻下剂，也治毒蛇咬伤。

心形或卵形，先端钝圆或急尖，基部斜心形，边缘有齿，两面疏生短柔毛；叶脉掌状至掌状羽脉；有叶柄。花单生叶腋；花冠紫红色、淡紫色、绿色或黄白色，檐部二唇形。果为浆果，紫红色。花果期几全年。

生田边、路旁以及丘陵、低山草坡或疏林中的潮湿地。七目嶂路旁草地偶见。

全草入药，味苦辛、性凉，可消炎解毒、补虚、退翳、凉血，治风湿、跌打损伤等。

3. 卵叶半边莲
Lobelia zeylanica L.

茎平卧，四棱状，无毛或有短柔毛。叶螺旋状排列，叶片三角状阔卵形或卵形，边缘锯齿状，上面变无毛，下面沿叶脉疏生短糙毛。花单生叶腋；花萼钟状，被短柔毛；花冠紫色、淡紫色或白色，二唇形，背面裂至基部。蒴果倒锥状至矩圆状，具明显的脉络。种子三棱状，红褐色。全年均可开花结果。

生水田边或山谷沟边等阴湿处。七目嶂山谷边偶见。

249 紫草科 Boraginaceae

草本，少为灌木或乔木。常被硬毛。单叶，互生，稀对生，全缘或有锯齿；无托叶。聚伞花序或镰状聚伞花序，稀单生，有苞片或无苞片；花两性，辐射对称，稀两侧对称；花萼裂片5，常宿存；花冠檐部5裂；雄蕊5。果实为核果或小坚果，常具各种附属物。本科约156属2000种。中国47属（含引种）294种。七目嶂2属2种。

1. 斑种草属 Bothriospermum Bunge

一年生或二年生草本。被硬毛。茎直立或伏卧。叶互生，卵形、椭圆形、长圆形、披针形或倒披针形。花小，蓝色或白色，具柄，排列为具苞片的镰状聚伞花序；花萼5裂；花冠辐状，裂片5；雄蕊5，着生花冠筒部，内藏；子房4裂，裂片分离。小坚果4，常具各种附属物。本属约5种。中国5种。七目嶂1种。

1. 柔弱斑种草
Bothriospermum zeylanicum (J. Jacq.) Druce

2. 铜锤玉带属 Pratia L.

草本。茎平卧而生根，或粗壮而直立。花单生叶腋，稀形成总状花序；花梗长；花萼筒贴生于子房壁上，裂片5，宿存；花冠筒背部分裂至3/4或直达基部，花冠近二唇形，上唇裂片条形，下唇裂片披针形至长圆形；雄蕊5，下方2枚花药顶端有毛。果为浆果或不开裂的干果，宿存的花萼裂片呈冠状。本属30~40种。中国6种。七目嶂1种。

1. 铜锤玉带草
Pratia wollastonii S. Moore

有乳汁。茎平卧，被毛，节上生根。叶互生，圆卵形、

茎纤弱，丛生，各部被伏毛或硬毛。叶椭圆形或狭

椭圆形，先端钝，具小尖，基部宽楔形，两面被毛。花序柔弱，细长；苞片椭圆形或狭卵形；花梗短；花萼果期增大；花冠蓝色或淡蓝色。小坚果肾形，腹面具纵椭圆形的环状凹陷。花果期2~10月。

生山坡路边、田间草丛、山坡草地及溪边阴湿处。七目嶂路边、旷野草地较常见。

全草入药，可止咳，炒焦治吐血。

2. 厚壳树属 Ehretia P. Browne.

乔木或灌木。叶互生，全缘或具锯齿；有叶柄。聚伞花序呈伞房状或圆锥状；花萼小，5裂；花冠筒状或筒状钟形，稀漏斗状，白色或淡黄色，5裂，裂片开展或反折；花药卵形或长圆形，花丝细长，通常伸出花冠外；柱头2，头状或伸长。核果近圆球形，多为黄色、橘红色或淡红色，无毛。本属约50种。中国14种。七目嶂1种。

1. 长花厚壳树
Ehretia longiflora Champ. ex Benth.

树皮片状剥落。叶椭圆形、长圆形或长圆状倒披针形，先端急尖，基部楔形，稀圆形，全缘，无毛；侧脉4~7对，小脉不明显；叶柄无毛；聚伞花序生侧枝顶端，呈伞房状；花无梗或具短梗；萼裂片具缘毛；花冠白色，裂片卵形。核果淡黄色或红色。花期4月，果期6~7月。

生丘陵低山路边、山坡疏林及湿润的山谷密林。七目嶂山谷林中偶见。

嫩叶可代茶用。

250 茄科 Solanaceae

一年生至多年生草本、亚灌木、灌木或小乔木。直立、匍匐或攀缘。有时具刺。单叶全缘、不分裂或分裂，有时为羽状复叶，互生或在开花枝段上大小不等的二叶双生；无托叶。花单生、簇生或组成各式花序，顶生、腋生或腋外生，两性或稀杂性，5基数，稀4基数。果实为多汁浆果或干浆果，或者为蒴果。本科约95属2300种。中国20属101种。七目嶂2属3种。

1. 红丝线属 Lycianthes (Dunal) Hassl.

直立灌木、亚灌木，较少为草本或为匍匐草本。小枝被毛。单叶，全缘，较上部叶常假双生，大小不相等。花序无柄，疏花，1~7枚，最多20~30枚着生于叶腋内；萼杯形，檐部10齿或5齿或无齿；花冠辐状或星状，白色或紫蓝色，5半裂；雄蕊5，生冠筒喉部。浆果小，球状，红色或红紫色。本属约180种。中国10种。七目嶂1种。

1. 红丝线
Lycianthes biflora (Lour.) Bitter.

小枝、叶下面、叶柄、花梗及萼的外面密被毛。上部叶常假双生，大小不相等；大叶片椭圆状卵形；小叶片宽卵形，叶基均下延成翅，膜质，全缘。花序无柄，常2~3个，少4~5个生于叶腋；花冠淡紫色或白色，星形。浆果红色。花期5~8月，果期7~11月。

生荒野阴湿地、林下、路旁、水边及山谷中。七目嶂路旁溪边阴湿处偶见。

全草入药，味涩、性寒，可祛寒、止咳、清热解毒。

2. 茄属 Solanum L.

草本、亚灌木、灌木至小乔木，有时为藤本。无刺或有刺，无毛或被毛。叶互生，稀双生，全缘、波状或作各种分裂，稀为复叶。聚伞、蝎尾状或伞状聚伞、或聚伞式圆锥花序，稀单生；花两性，能孕或仅花序下部的能孕；花萼宿存；花冠常白色，或青紫色，稀红紫色或黄色。浆果或大或小，基部包宿存花萼。本属1200余种。中国有41种。七目嶂2种。

1. 少花龙葵
Solanum americanum Mill.

叶卵形至卵状长圆形，先端渐尖，基部楔形下延至

叶柄而成翅。花序近伞形，腋外生，1~6花；萼绿色，5裂达中部，裂片卵形，先端钝，具缘毛；花冠白色，筒部隐于萼内，冠檐5裂，裂片卵状披针形；花丝极短，花药黄色，长圆形；子房近圆形，花柱纤细，中部以下具白色绒毛，柱头小，头状。浆果球状，幼时绿色，成熟后黑色。种子近卵形，两侧压扁。花果期几全年。

生村旁、田野、路旁。七目嶂常见。

叶可供蔬食，有清凉散热之功，并可兼治喉痛。

2. 白英

Solanum lyratum Thunb. ex Murray

茎及小枝均密被毛。叶互生，多数为琴形，基部常3~5深裂，裂片全缘；枝上部叶有时心形，小；叶两面均被毛；叶柄被毛。聚伞花序顶生或腋外生，疏花；花冠蓝紫色或白色。浆果球状，成熟时红黑色。花期夏秋，果熟期秋末。

喜生于山谷草地或路旁、田边。七目嶂路旁偶见。

全草入药，味甘苦、性微寒，可清热解毒、祛风利尿、消肿止痛。

251 旋花科 Convolvulaceae

草本、亚灌木或灌木，偶为乔木，多刺矮灌，或寄生植物。被毛。常有乳汁。叶互生，螺旋排列，寄生种类无叶或退化成小鳞片；常单叶，全缘、掌状或羽状分裂，甚至全裂，叶基常心形或戟形；无托叶；通常有叶柄。花通常美丽，单生叶腋，或组成各式花序；花整齐，两性，5数。常为蒴果或浆果和坚果状。本科约58属1650种以上。中国20属约129种。七目嶂3属5种。

1. 飞蛾藤属 Dinetus Buch.-Ham. ex Sweet

木质或草质藤本或攀缘灌木。叶草质，基部多心形，掌状脉，稀羽状，全缘，稀分裂；具柄。总状或圆锥花序，稀单花；苞片叶状、钻形或缺；萼片5，形小，果期全部或3枚外萼片增大成翅状，膜质，具网脉，与果脱落；花冠钟状或漏斗状，稀高脚碟状，冠檐近全缘或5裂；雄蕊5，着生花冠筒中下部或近基部，花丝丝状，无毛或基部具腺体或短柔毛，花药长圆形或线形；子房1~2室，每室2胚珠，花柱1，不裂或不等长2尖裂，柱头球形或2裂。蒴果小，不裂，稀2瓣裂。种子1，球形，无毛。本属20余种。中国14种。七目嶂1种。

1. 飞蛾藤

Dinetus racemosus (Wall.) Buch.-Ham. ex Sweet

茎缠绕，草质，圆柱形。叶卵形，先端渐尖或尾状，具钝或锐尖的尖头，基部深心形，两面极疏被紧贴疏柔毛，背面稍密；掌状脉基出，7~9条；叶柄短于或与叶片等长，被疏柔毛至无毛。圆锥花序腋生，或多或少宽阔地分枝；苞片叶状；小苞片钻形；萼片相等，线状披针形，通常被柔毛。蒴果卵形，具小短尖头，无毛。种子1，球形，暗褐色或黑色，平滑。花期夏秋季，果期秋冬季。

生石灰岩山地。七目嶂偶见。

全草入药，可治感冒风寒、食滞腹胀、无名肿毒。

2. 番薯属 Ipomoea L.

草本或灌木。通常缠绕，有时平卧或直立。叶具柄，全缘，或有4各式分裂。花单生或组成腋生聚伞花序或伞形至头状花序；苞片各式；花大或中等大小或小；萼片5，通常钝，等长或内面3枚稍长，无毛或被毛，宿存，常于结果时多少增大；花冠整齐，漏斗状或钟状；雄蕊内藏，花丝丝状；花药卵形至线形，有时扭转；花粉粒球形，有刺；子房2~4室，4胚珠，花柱1，线形，不伸出，柱头头状，或瘤状凸起或裂成球状；花盘环状。蒴果球形或卵形，4(少有2)瓣裂；果皮膜质或革质。种子4或较少。本属约500种。中国约29种。七目嶂3种。

1. 毛牵牛（心萼薯）

Ipomoea biflora (L.) Pers.

茎细长，有细棱，被灰白色倒向硬毛。叶心形或心

状三角形；毛被同茎。花序腋生；萼片5；花冠白色，狭钟状，冠檐浅裂，裂片圆；瓣中带被短柔毛；雄蕊5，花药卵状三角形；子房圆锥状，无毛，花柱棒状，柱头头状。蒴果近球形，果瓣内面光亮。种子4，卵状三棱形。

生山坡、山谷、路旁或林下。七目嶂路旁常见。

广西民间用茎、叶治小儿疳积，种子治跌打、蛇伤。

2. 五爪金龙
Ipomoea cairica (L.) Sweet

茎细长，有细棱，有时有小疣状凸起。叶掌状5深裂或全裂，裂片卵状披针形、卵形或椭圆形，基部1对裂片通常再2裂。聚伞花序腋生，具1~3花；萼片稍不等长；花冠紫红色、紫色或淡红色，偶有白色，漏斗状。蒴果近球形，2室，4瓣裂。花期5~11月。

生平地或山地路边灌丛。七目嶂路旁灌丛常见。

块根供药用，外敷治热毒疮，有清热解毒之效；在广西用叶治痈疮，果治跌打。

3. 三裂叶薯
Ipomoea triloba L.

茎缠绕或有时平卧。叶宽卵形至圆形，全缘或有粗齿或深3裂，基部心形。花序腋生，单花或少花至数花成伞形状聚伞花序；花冠漏斗状，淡红色或淡紫红色，冠檐裂片短而钝。蒴果近球形，具花柱基形成的细尖，被细刚毛，2室，4瓣裂。

生丘陵路旁、荒草地或田野。七目嶂荒地常见。

3. 鱼黄草属 Merremia Dennstedt ex Endl.

草本或灌木，通常缠绕，但也有为匍匐或直立草本，或为下部直立的灌木。叶通常具柄，大小形状多变，全缘或具齿，分裂或掌状三小叶或鸟足状分裂或复出（稀很小且钻状）。花腋生，单生或成腋生少花至多花的具各式分枝的聚伞花序；苞片通常小；萼片5，通常具小短尖头；花冠整齐，漏斗状或钟状，白色、黄色或橘红色，通常有5条明显有脉的瓣中带；冠檐浅5裂；雄蕊5，内藏，花药通常旋扭；花粉粒无刺；子房2或4室，罕为不完全的2室，4胚珠；花柱1，丝状，柱头2头状。蒴果4瓣裂或多少成不规则开裂。种子4或因败育而更少，边缘处无毛或被微柔毛以至长柔毛。本属约80种。中国约16种。七目嶂1种。

1. 篱栏网
Merremia hederacea (Burm. f.) Hallier f.

下部茎上常生须根；茎细长，有细棱。叶心状卵形，基部心形或深凹，全缘或通常具不规则的粗齿或锐裂齿，有时为深或浅3裂。聚伞花序腋生，有3~5花；萼片宽倒卵状匙形；花冠黄色，钟状。蒴果扁球形或宽圆锥形，4瓣裂。花期7~9月。

生灌丛或路旁草丛。七目嶂偶见。

全草及种子有消炎的作用。

252 玄参科 Scrophulariaceae

草本、灌木或少有乔木。茎常有棱。叶互生、下部对生而上部互生、全对生或轮生；无托叶。花序总状、穗状或聚伞状，常合成圆锥花序；花常不整齐；萼下位，常宿存，5少有4基数；花冠4~5裂，裂片多少不等或作二唇形；雄蕊常4；花盘常存在。果为蒴果，少有浆果状。本科约220属4500种。中国61属681种。七目嶂6属16种。

1. 毛麝香属 Adenosma R. Br.

草本，直立或匍匐。被毛及腺毛。叶对生，有锯齿，被腺点。花具短梗或无梗，单生上部叶腋，常集成总状、穗状或头状花序；小苞片2；萼齿5，后方1枚通常较大；花冠筒状，裂片成二唇形，上唇直立，先端凹缺或全缘，下唇伸展，3裂；雄蕊4，二强，内藏。蒴果卵形或椭圆形，先端略具喙。本属约15种。中国4种。七目嶂1种。

1. 毛麝香
Adenosma glutinosum (L.) Druce

密被柔毛和腺毛。茎上部四方形，中空。叶对生，上部多少互生，有柄，叶片披针状卵形至宽卵形，先端锐尖，边缘具齿或重齿，两面被毛，下面多腺点。花单生叶腋或在茎、枝顶端集成较密的总状花序；花冠紫红色或蓝紫色。蒴果卵形。花果期7~10月。

生丘陵山地的荒山坡、疏林下湿润处。七目嶂山坡路旁偶见。

全草入药，叶味辛、性微温，气芳香，可消肿止痛、散瘀止血、杀虫止痒、祛风。

2. 母草属 Lindernia All.

草本，直立、倾卧或匍匐。叶对生，有柄或无，形状多变，常有齿，稀全缘；脉羽状或掌状。花常对生，稀单生，腋生或在茎枝顶排成总状或假伞形花序，稀呈大型圆锥花序；常具花梗；无小苞片；萼具5齿；花冠紫色、蓝色或白色，二唇形，上唇直立，微2裂，下唇较大而伸展，3裂；雄蕊4。果为蒴果。本属约70种。中国约29种。七目嶂7种。

1. 长蒴母草
Lindernia anagallis (Burm. f.) Pennell

茎节生根，有条纹，无毛。仅下部叶有短柄；叶片三角状卵形、卵形或矩圆形，顶端圆钝或急尖，基部截形或近心形，边缘有不明显的浅圆齿；侧脉3~4对，两面无毛。花单生叶腋，无毛；萼齿5；花冠白色或淡紫色，二唇形，上唇直立；雄蕊4。蒴果较长。花期4~9月，果期6~11月。

多生于中低海拔林边、溪旁及田野的较湿润处。七目嶂溪边草地偶见。

全草入药，清热解毒。

2. 泥花草
Lindernia antipoda (L.) Alston

根须状成丛。茎幼时亚直立，枝基部匍匐，下部节上生根，茎枝有沟纹，无毛。叶片矩圆形、矩圆状披针形、矩圆状倒披针形或几为条状披针形，而近于抱茎，两面无毛。花多在茎枝之顶成总状着生；苞片钻形；花梗有条纹；花冠紫色、紫白色或白色。蒴果圆柱形，顶端渐尖。种子为不规则三棱状卵形，褐色，有网状孔纹。花果期春季至秋季。

多生于田边及潮湿的草地中。七目嶂草地上可见。

全草可药用。

3. 母草
Lindernia crustacea (L.) F. Muell.

常铺散成密丛，无毛。叶片三角状卵形或宽卵形，顶端钝或短尖，基部宽楔形或近圆形，边缘有浅钝锯齿，两面近无毛或背脉疏被毛。花单生叶腋或在茎枝顶成极短的总状花序；花萼坛状，浅5齿；花冠紫色，二唇形，上唇直立；雄蕊4。蒴果与宿萼近等长。花果期几全年。

生田边、草地、路边等低湿处。七目嶂路边草地偶见。

全草入药，味淡、微苦、性凉，可清热利湿、止痢。

4. 荨麻母草
Lindernia elata (Benth.) Wettst.

常多分枝，茎枝方形，有明显的棱，被伸展的长硬毛。叶片三角状卵形。花数多，多成腋生总状花序，再集成圆锥花序；花梗有毛；苞片狭披针形，被毛；花冠小；花管中部膨大，上唇有浅缺，下唇较长1倍，3裂。蒴果椭圆形，比宿萼短。种子多数，有棱。花期7~10月，果期9~11月。

生稻田、草地和山腰沙质土壤中。七目嶂路旁草地偶见。

5. 陌上菜
Lindernia procumbens (Krock.) Borbás

根细密成丛。茎基部多分枝，无毛。叶无柄；叶片椭圆形至矩圆形多少带菱形，顶端钝至圆头，全缘或有不明显的钝齿，两面无毛；叶脉并行，自叶基发出3~5条。花单生于叶腋；萼仅基部连合，齿5，条状披针形；花冠粉红色或紫色；花药基部微凹；柱头2裂。蒴果球形或卵球形，与萼近等长或略过之，室间2裂。种子多数，有格纹。花期7~10月，果期9~11月。

生水边及潮湿处。七目嶂路旁草地偶见。

全草入药，清泻肝火、凉血解毒、消炎退肿。

6. 细茎母草
Lindernia pusilla (Willd.) Bold.

半直立、铺散或有时长蔓。茎枝有沟棱，近无毛或有伸展的疏毛而节上有较密的粗毛；叶片卵形至心形，偶有圆形，常向背面反卷，上下两面有稀疏压平的粗毛；上面叶脉下陷，下面脉高出。花对生叶腋，在茎枝的顶端作近伞形的短缩总状花序，有3~5花；萼仅基部连合，5齿，狭披针形；花冠紫色；柱头片状。蒴果卵球形，与宿萼近等长。种子多数，矩圆形，有瘤突。花期5~9月，果期9~11月。

生水流旁潮湿处、田中和林下。七目嶂林下可见。

7. 旱田草
Lindernia ruellioides (Colsm.) Pennell

直立或蔓性。近无毛。叶柄较长，基部多少抱茎；叶矩圆形、椭圆形、卵状矩圆形或圆形，顶端圆钝或急尖，基部宽楔形，边缘具整齐细齿。总状花序顶生，有2~10花；有苞片；萼5齿；花冠紫红色，二唇形，上唇直立；雄蕊4，后2枚能育。蒴果2倍于宿萼。花期6~9月，果期7~11月。

生草地、平原、山谷及林下。七目嶂路旁草地偶见。

全草入药，止血生肌、清心肺热。

3. 泡桐属 Paulownia Siebold & Zucc.

落叶乔木，但在热带为常绿。除老枝外全体均被毛。叶对生，大而有长柄，稀3枚轮生，心形至长卵状心形，基部心形，全缘、波状或3~5浅裂，在幼株中常具锯齿，多毛；无托叶。数花成小聚伞花序，具总花梗或无，常再排成圆锥状；萼齿5，稍不等；花冠大，紫色或白色，檐部二唇形；雄蕊4，二强。蒴果。本属7种。中国7种。七目嶂2种。

1. 白花泡桐
Paulownia fortunei (Seem.) Hemsl.

幼枝、叶、花序各部和幼果均被黄褐色星状绒毛，但叶柄、叶片上面和花梗渐变无毛。叶片长卵状心形，顶端长渐尖或锐尖头。花序几成圆柱形，小聚伞花序有3~8花；花冠白色或浅紫色。蒴果长圆形或长圆状椭圆形，宿萼开展或漏斗状；果皮木质。花期3~4月，果期7~8月。

生低海拔的山坡、林中、山谷及荒地。七目嶂疏林偶见。

速生树种；树皮入药，味苦涩、性寒，可祛风解毒、接骨消肿。

2. 台湾泡桐
Paulownia kawakamii T. Ito

树冠伞形。小枝褐灰色，有明显皮孔。叶片心脏形，顶端锐尖头，全缘或3~5裂或有角，两面均有黏毛，老时显现单条粗毛，叶面常有腺。花序枝的侧枝发达而几与中央主枝等势或稍短，故花序为宽大圆锥形，有黄褐色绒毛，常具3花；萼有绒毛，具明显的凸脊；花冠近钟形，外面有腺毛。蒴果卵圆形，顶端有短喙；果皮薄。种子长圆形，连翅长3~4mm。花期4~5月，果期8~9月。

生山坡灌丛、疏林及荒地。七目嶂疏林偶见。

4. 野甘草属 Scoparia L.

多枝草本或为小灌木。叶对生或轮生，全缘或有齿，常有腺点。花腋生，具细梗，单生或常成对；萼4~5裂，裂片覆瓦状，卵形或披针形。花冠几无管而近乎辐状，喉部生有密毛，裂片4，覆瓦状；雄蕊4，几等长，药室分离，并行或2分；子房球形，内含多数胚珠，花柱顶生，稍稍膨大。蒴果球形或卵圆形，室间开裂，果爿薄。种子小，倒卵圆形，有棱角，种皮贴生，有蜂窝状孔纹。本属约10种。中国1种。七目嶂有分布。

1. 野甘草
Scoparia dulcis L.

茎多分枝，枝有棱角及狭翅，无毛。叶对生或轮生，菱状卵形至菱状披针形，枝上部叶较小而多，全缘而成短柄，两面无毛。单花或更多成对生于叶腋；花梗细；花冠小，白色，有极短的管，喉部生有密毛，瓣片4，钝头，而缘有啮痕状细齿。蒴果卵圆形至球形，室间室背均开裂。花期夏秋。

喜生于荒地、路旁，亦偶见于山坡。七目嶂荒地偶见。

阿迈灵、薏苡素等成分具有降血糖、降血压、抗病毒和抗肿瘤等多种生物活性。

5. 阴行草属 Siphonostegia Benth.

草本。密被短毛或腺毛。主根多短缩，或不发达，具多数散生侧根。叶片轮廓为长卵形而亚掌状羽状3深裂，侧裂仅外缘有小裂或缺刻状齿，或为广卵形而二回羽状全裂，裂片细长，全缘。花对生，稀疏；萼管筒状钟形而长，具10条脉；花冠二唇形，花管细而直，上部稍膨大；雄蕊二强；子房2室。蒴果黑色，卵状长椭圆形，被包于宿存的萼管内。本属4种。中国2种。七目嶂1种。

1. 腺毛阴行草
Siphonostegia laeta S. Moore

全体密被腺毛。叶片长卵形，亚掌状3深裂。萼管的主脉较细，仅微凸，脉间的膜质部分不折叠凹陷成沟，萼齿长约为萼管的1/2~2/3；花冠下唇褶襞不高凸成瓣状，密被多细胞长卷毛；盔背部无特长的毛；花丝全部被毛。蒴果黑褐色，包于宿萼内，卵状长椭圆形。花期7~9月，果期9~10月。

玄参科 Scrophulariaceae

生草丛或灌木林中较阴湿的地方。七目嶂林下偶见。

6. 蝴蝶草属 Torenia L.

草本。无毛或被毛。叶对生，具齿。花具梗，排列成总状或伞形花序，或单花腋生或顶生，稀二歧状；无小苞片；花萼具棱或翅，萼齿通常5；花冠筒状，上部常扩大，5裂，裂片成二唇形，上唇直立；雄蕊4，均发育。蒴果长圆形，为宿萼所包藏，室间开裂。本属约30种。中国约11种。七目嶂4种。

1. 长叶蝴蝶草
Torenia asiatica L.

疏被向上弯的硬毛。茎具棱或狭翅，自基部起多分枝。枝对生，或由于一侧不发育而成二歧状。叶具柄；叶片卵形或卵状披针形，边缘具带短尖的锯齿或圆锯齿，先端渐尖或稀为急尖，基部近于圆形。花单生于分枝顶部叶腋或顶生，排成伞形花序；萼狭长，萼齿2，长三角形，先端渐尖；果期萼成长椭圆形，先端渐尖而稍弯曲，常裂成3~4枚小齿；花冠暗紫色，上唇倒卵圆形，下唇3裂片近于圆形，各有1蓝色斑块。蒴果长圆形。种子小，矩圆形或近于球形，黄色。花果期5~11月。

生沟边湿润处。七目嶂林下可见。

茎叶、花果各类家畜喜食。

2. 二花蝴蝶草
Torenia biniflora T. L. Chin & D. Y. Hong

全体疏被极短的硬毛。茎简单或基部分枝，匍匐或上升，下部节上生根。叶片卵形或狭卵形，基部钝圆或稀为宽楔形，先端急尖或短渐尖，边缘具粗齿。花序着生于中、下部叶腋；发育的花通常2，罕为4；苞片三角状钻形或条形；花冠黄色，稀白色而微带蓝色。蒴果长圆形。花果期7~10月。

生密林下或路旁阴湿处。七目嶂林下可见。

有清热解毒、祛痰止咳的功能。

3. 单色蝴蝶草
Torenia concolor Lindl.

茎具4棱，节上生根。叶具长2~10mm之柄；叶片三角状卵形或长卵形，稀卵圆形，先端钝或急尖，基部宽楔形或近于截形。单花腋生或顶生；萼具5枚宽略超过1mm之翅，基部下延；花冠超出萼齿部分长11~21mm，蓝色或蓝紫色；前方一对花丝各具1枚长2~4mm的线状附属物。花果期5~11月。

生林下、山谷及路旁。七目嶂山谷可见。

全草入药，清热解毒、利湿、止咳、化瘀，用于发痧呕吐、黄疸、血淋、风热咳嗽、泄泻、跌打损伤、蛇咬伤、疔毒。

4. 紫斑蝴蝶草
Torenia fordii Hook. f.

全体被柔毛。叶片宽卵形至卵状三角形，边缘具三角状急尖的粗锯齿。总状花序顶生；苞片长卵形；萼倒卵状纺锤形，萼齿2，近于相等，卵状三角形，先端渐尖；花冠黄色，上唇浅裂或微凹；下唇3裂片彼此近于相等。蒴果长圆形，具4槽。花果期7~10月。

生山边、溪旁或疏林下。七目嶂林下可见。

253 列当科 Orobanchaceae

多年生、二年生或一年生寄生草本。不含或几乎不含叶绿素。不分枝或稀分枝。叶鳞片状，螺旋状排列，或在基部密集成近覆瓦状。花多数，沿茎上部排列成总状或穗状花序，或簇生于茎端成近头状花序，极少花单生茎端；苞片1；小苞片有或无；花两性，雌蕊先熟；花冠左右对称，二唇形。蒴果，室背开裂。本科15属150余种。中国9属42种。七目嶂1属1种。

1. 野菰属 Aeginetia L.

寄生草本。茎极短，分枝或不分枝。叶鳞片状，生茎的近基部。花大，单生茎端或数花簇生茎端成缩短的总状花序；无小苞片；花梗很长，直立；花萼佛焰苞状；花冠筒状或钟状，稍弯曲，不明显的二唇形；雄蕊4，二强，内藏。蒴果2瓣开裂。本属4种。中国3种。七目嶂1种。

1. 野菰
Aeginetia indica L.

全株无毛。茎紫褐色或淡紫色，常自下部分枝。叶疏生于茎的近基部，卵状披针形或披针形。花单生茎端，花梗紫红色；花萼佛焰苞状，先端钝圆；花冠近唇形，红紫色，裂片边缘具小齿；雄蕊4，二强，内藏。蒴果圆锥形。花期4~6月，果期6~8月。

常寄生于禾草类植物的根上。七目嶂山地草丛偶见。

根和花可供药用，清热解毒、消肿，可治疗痿、骨髓炎和喉痛；全株可用于妇科调经。

254 狸藻科 Lentibulariaceae

一年生或多年生食虫草本，陆生、附生或水生。茎及分枝常变态成根状茎、匍匐枝、叶器和假根。常无真叶而具叶器或具叶；托叶不存在；常有捕虫囊。花单生或排成总状花序；花序梗直立，稀缠绕；花两性；花萼宿存；花冠合生，左右对称，檐部二唇形；雄蕊2。蒴果，开裂或稀不裂。本科4属230余种。中国2属19种。七目嶂1属3种。

1. 狸藻属 Utricularia L.

一年生或多年生食虫草本，水生、沼生或附生。无真正的根和叶。茎枝变态成匍匐枝、假根和叶器。叶器基生呈莲座状或互生于匍匐枝上，全缘或一至多回深裂。捕虫囊生于叶器、匍匐枝及假根上。花序总状；有时简化为单花；花萼2深裂；花冠二唇形，黄色、紫色或白色，稀蓝色或红色；雄蕊2。蒴果开裂。本属约180种。中国17种。七目嶂3种。

1. 黄花狸藻
Utricularia aurea Lour.

匍匐枝圆柱形，具分枝。叶器多数，互生，3~4深裂达基部，裂片先羽状深裂，后一至四回二歧状深裂，末回裂片毛发状，具细刚毛；捕虫囊通常多数，侧生于叶器裂片上，斜卵球形，侧扁，具短梗。花冠黄色，喉部有时具橙红色条纹。蒴果球形，顶端具喙状宿存花柱。种子多数，压扁，具5~6角和细小的网状凸起。花期6~11月，果期7~12月。

生湖泊、池塘和稻田中。七目嶂池塘有见。

适合室内水体绿化，是装饰玻璃杯、玻璃槽、玻璃瓶等容器的良好材料；由于它是一种食虫植物，因此，除供观赏外，还可用于生物教学、科学研究。

2. 挖耳草
Utricularia bifida L.

叶器生于匍匐枝上，狭线形或线状倒披针形，膜质，无毛，具1脉；捕虫囊生于叶器及匍匐枝上，口基生，上唇具2枚钻形附属物。花序直立，中部以上具1~16枚疏离的花；苞片基部着生；小苞片短于苞片；花萼2裂达基部，裂片顶端钝；花冠黄色，二唇形。蒴果室背开裂。花果期6月至翌年1月。

生沼泽地、稻田或沟边湿地。七目嶂山地湿地偶见。

可入药，具有清热解毒、消肿止痛的功效。

3. 圆叶挖耳草
Utricularia striatula Sm.

假根少数，丝状。匍匐枝丝状，具分枝。叶器多数，于花期宿存，簇生成莲座状和散生于匍匐枝上，倒卵形、圆形或肾形，具细长的假叶柄，膜质，无毛；捕虫囊多数，散生于匍匐枝上。花序直立，上部具1~10枚疏离的花；上唇圆倒心形，顶端微凹；下唇卵状长圆形，顶端截形或微凹。花冠喉部具黄斑；花柱柱头下唇半圆形，上唇消失呈截形。蒴果斜倒卵球形，背腹扁。种子少数，梨形或倒卵球形。花期6~10月，果期7~11月。

生潮湿的岩石或树干上。七目嶂常见。

256 苦苣苔科 Gesneriaceae

多年生草本或灌木，稀为乔木、一年生草本或藤本，陆生或附生。叶为单叶，不分裂，稀羽状分裂或为羽状复叶，对生或轮生，或基生成簇，稀互生，通常草质或纸质，稀革质；无托叶。常为双花聚伞花序，或为单歧聚伞花序，稀为总状花序；有苞片；花两性，常左右对称，较少辐射对称。蒴果或稀为浆果。本科133属3000余种。中国56属约442种。七目嶂6属7种。

1. 芒毛苣苔属 Aeschynanthus Jack

附生小灌木。叶对生，或3~4枚轮生，肉质、革质或纸质，全缘；脉不明显。1~2花腋生，或组成聚伞花序；苞片小或大，通常脱落；花萼5深至浅裂；花冠红色、橙色，稀呈绿色、黄色或白色，檐部略二唇形；能育雄蕊4，二强；退化雄蕊1或无；花盘环状。蒴果线形，室背纵裂成2瓣。本属约140种。中国34种。七目嶂1种。

1. 芒毛苣苔
Aeschynanthus acuminatus Wall. ex A. DC.

叶对生，无毛，薄纸质，长圆形、椭圆形或狭倒披针形，基部楔形或宽楔形，全缘；侧脉不明显。叶柄短。花序生茎顶部叶腋，有1~3花；花萼裂片狭卵形至卵状长圆形，顶端钝或圆；花冠红色，内面有毛；雄蕊伸出。蒴果线形。种子两端各有1条长毛。花期10~12月，果期12月至翌年5月。

生山谷林中树上或溪边石上。七目嶂山谷林中树上或石上偶见。

全株入药，味甘淡、性平，可养阴清热、益气宁神，治风湿骨痛等症。

2. 唇柱苣苔属 Chirita Spreng

多年生或一年生草本。无或具地上茎。叶为单叶，稀为羽状复叶，不分裂，稀羽状分裂，对生或簇生，稀互生；具羽状脉。聚伞花序腋生；苞片2，对生，稀为1或3，分生，稀合生；花萼5裂达基部，或5深裂至(3~)5浅裂；花冠紫色、蓝色或白色，筒部筒状漏斗形、筒状或细筒状；能育雄蕊2，花丝着生于花冠筒中部或上部，并常膝状弯曲，2药室极叉开，在顶端汇合；花盘环状；雌蕊通常无柄，子房线形，1室，具2(~1)侧膜胎座，具中轴胎座，下(前)室不育，柱头1，位于下方，不分裂或2裂。蒴果线形，室背开裂。种子小，椭圆形或纺锤形，光滑，常有纵纹。本属约130种。中国约81种。七目嶂1种。

1. 光萼唇柱苣苔
Chirita anachoreta Hance

茎高3~6cm，有2~6节。叶对生；叶片薄草质，狭卵形或椭圆形，边缘有小牙齿。花序腋生，有(1~)2~3花；苞片对生，有疏睫毛；花冠白色或淡紫色；上唇长7~10mm，下唇长12~15mm；退化雄蕊3或2，无毛；花盘环状。蒴果无毛。种子褐色，纺锤形。花期7~9月，果期8~11月。

生山谷林中石上和溪边石上。七目嶂常见。

叶片两面有柔毛，开白色、淡紫色花，花色艳丽，株型秀丽，有较高观赏价值，适合作地被观赏植物。

3. 双片苣苔属 Didymostigma W. T. Wang

一年生草本。具茎。叶对生，具柄，卵形；叶脉羽状。聚伞花序腋生，具梗；苞片对生，小；花萼狭钟状，5 裂达基部，裂片狭披针状条形；花冠淡紫色，筒细漏斗状，檐部二唇形，比筒短；花丝近直，狭线形，全长近等宽，具 1 脉，花药椭圆球形，基着，顶端连着，药室平行，顶端不汇合；花盘环状；花柱细，柱头 2，等大。蒴果线形，室背纵裂。种子椭圆形。本属 2 种。中国 2 种。七目嶂 1 种。

1. 双片苣苔

Didymostigma obtusum (C. B. Clarke) W. T. Wang

茎渐升或近直立，有 3~5 节。叶对生；叶片草质，卵形、宽楔形或斜圆形，边缘具钝锯齿。花序腋生，不分枝或二至四回分枝，有 2~10 花；苞片披针状线形，被柔毛；花萼 5 裂至基部，裂片披针状狭线形，被柔毛；花冠淡紫色或白色，外面有稀疏极短的柔毛；花盘环状，全缘。蒴果长 4~8cm。种子椭圆形。花期 6~10 月，果期 10 月。

生山谷林中或溪边阴处。七目嶂偶见。

叶背紫红色，开蓝紫色的花，有较高观赏价值，适合作地被观赏植物，亦可作为园林观赏。

4. 吊石苣苔属 Lysionotus D. Don.

小灌木或亚灌木，通常附生。叶对生或轮生，稀互生，近等大或不等大；通常有短柄。聚伞花序常具细花序梗，有多数或少数花；苞片对生，线形或卵形，常较小；花萼 5 裂达或接近基部；花冠白色、紫色或黄色，筒细漏斗状；雄蕊下（前）方 2 枚能育，内藏，花药连着，2 室近平行，药隔背部无或有附属物；花盘环状或杯状；花柱常较短，柱头盘状或扁球形。蒴果线形。种子纺锤形，每端各有 1 附属物。本属 25 种。中国 23 种。七目嶂 1 种。

1. 吊石苣苔

Lysionotus pauciflorus Maxim.

3 叶轮生，有时对生或多枚轮生；具短柄或近无柄；叶片革质，形状变化大，顶端急尖或钝，基部钝、宽楔形或近圆形，边缘在中部以上或上部有少数牙齿或小齿，有时近全缘，两面无毛。花序有 1~2（~5）花；花冠白色带淡紫色条纹或淡紫色，无毛。蒴果线形，无毛。种子纺锤形。花期 7~10 月，果期 8 月至翌年 1 月。

生丘陵、山地林中、阴处石崖上或树上。七目嶂可见。

全草可供药用，治跌打损伤等。

5. 马铃苣苔属 Oreocharis Benth.

多年生草本。根状茎短而粗。叶均基生；具柄或稀无。聚伞花序腋生，1 至数个，有 1 至数花；苞片 2，对生，有时无苞片；花萼钟状，5 裂至近基部；花冠檐部稍二唇形或二唇形，筒部与檐部等长或较檐部长；雄蕊 4；退化雄蕊 1。蒴果倒披针状长圆形或长圆形。种子卵圆形，两端无附属物。本属约 28 种。中国约 27 种。七目嶂 2 种。

1. 大叶石上莲

Oreocharis benthamii C. B. Clarke

叶丛生，具长柄，椭圆形或卵状椭圆形，顶端钝或圆形，基部浅心形，偏斜或楔形，边缘具齿或全缘，上面密被柔毛，下面密被绵毛；侧脉明显；叶柄密被绵毛。聚伞花序 2~4，每花序具 8~11 花；花冠细筒状，淡紫色。蒴果。花期 8 月，果期 10 月。

生于山谷、沟边及林下潮湿岩石上。七目嶂山谷林下潮湿石上较常见。

全草入药，治跌打损伤等症。

2. 石上莲
Oreocharis benthamii C. B. Clarke var. reticulata Dunn.

与大叶石上莲的主要区别在于：叶脉在下面明显隆起，并结成网状，叶片下面被短柔毛。

生山地岩石上。七目嶂偶见。

全草供药用，治刀伤出血。

6. 线柱苣苔属 Rhynchotechum Blume

亚灌木。幼时常密被柔毛。叶对生，稀互生，具柄，长圆形或椭圆形；通常有较多近平行的侧脉。聚伞花序腋生，二至四回分枝，常有多数花；苞片对生，小；花小，花萼钟状，5裂达基部，宿存；花冠钟状粗筒形，筒比檐部短，檐部不明显二唇形；能育雄蕊4；退化雄蕊1。浆果近球形，白色。本属约13种。中国5种。七目嶂1种。

1. 线柱苣苔
Rhynchotechum ellipticum (Wall. ex D. Dietr.) A. DC.

叶对生，具柄，纸质，倒披针形或长椭圆形，顶端渐尖，基部渐狭，具小齿，两面幼时密被毛后叶面变无毛，背脉仍被毛；侧脉每侧13~26条，近平行；叶柄长1~2聚伞花序生叶腋，具梗，三至四回分枝；花小，多花；花冠白色或带粉红色。浆果白色，小。花期6~10月，果期8月至翌年1月。

生山谷林中或溪边阴湿处。七目嶂山谷林中偶见。

全草入药，清肝、解毒。

257 紫葳科 Bignoniaceae

乔木、灌木或木质藤本，稀为草本。常具有各式卷须及气生根。叶对生、互生或轮生，单叶或羽叶复叶，稀掌状复叶；顶生小叶或叶轴有时呈卷须状，卷须顶端有时变为钩状或为吸盘而攀缘它物；无托叶或具叶状假托叶；叶柄基部或脉腋处常有腺体。花两性，通常大而美丽，组成顶生、腋生的聚伞花序、圆锥花序或总状花序或总状式簇生，稀老茎生花；花萼钟状、筒状。蒴果。种子通常具翅或两端有束毛，薄膜质，极多数；无胚乳。本科120属650种，中国12属约35种。七目嶂1属1种。

1. 凌霄属 Campsis Lour.

攀缘木质藤本。以气生根攀缘，落叶。叶对生，为奇数一回羽状复叶；小叶有粗锯齿。花大，红色或橙红色，组成顶生花束或短圆锥花序；花萼钟状，近革质，不等的5裂；花冠钟状漏斗形，檐部微呈二唇形，裂片5；雄蕊4，弯曲，内藏；子房2室，基部围以一大花盘。蒴果，室背开裂，由隔膜上分裂为2果瓣。种子多数，扁平，有半透明的膜质翅。本属2种。中国1种。七目嶂有分布。

1. 凌霄
Campsis grandiflora (Thunb.) K. Schum.

攀缘藤本；茎木质，表皮脱落，枯褐色，以气生根攀附于它物之上。叶对生，为奇数羽状复叶；小叶7~9，卵形至卵状披针形；侧脉6~7对，两面无毛。顶生疏散的短圆锥花序，花序轴长15~20cm；花萼钟状，分裂至中部，裂片披针形；花冠内面鲜红色，外面橙黄色，长约5cm；花柱线形，柱头扁平，2裂。蒴果顶端钝。花期5~8月。

生林下灌丛。七目嶂偶见。

可供观赏及药用，花为通经利尿药，可根治跌打损伤等症。

259 爵床科 Acanthaceae

草本、灌木或藤本，稀为小乔木。叶片、小枝和花萼上常有条形或针形的钟乳体。叶对生，稀互生，无托叶，极少数羽裂。花两性，左右对称，无梗或有梗，常为总状、穗状或聚伞花序，伸长或头状，有时单生或簇生；苞片大或小；小苞片有或无；花萼常5裂；花冠檐部常5裂，整齐或二唇形。蒴果，室背开裂。本科约229属3450种。中国约68属300种。七目嶂5属9种。

1. 十万错属 Asystasia Blume

草本或灌木。叶同形，对生；具柄。总状花序伸长或圆锥花序，顶生；苞片和小苞片小，短于花萼；花大，无梗，单生，对生；花萼5裂至基部，裂片等大；花冠管极狭长，在喉部突然张开，一面膨胀，冠檐5裂，裂片近相等，开展，芽时覆瓦状排列；雄蕊4，着生于花冠喉部，花药矩圆形，药室钝，花粉有棘刺具多孔；子房具4胚珠，花柱头状。蒴果棍棒状，基部收缩成实心柄状。种子4，圆形，瘤状凸起，多皱纹。本属约3种。中国3种。七目嶂1种。

1. 白接骨
Asystasia neesiana (Wall.) Nees

根状茎竹节形。茎略呈四棱形。叶卵形至椭圆状矩圆形，边缘微波状至具浅齿，基部下延成柄，叶片纸质；侧脉6~7条，在两面凸起；疏被微毛。总状花序或基部有分枝，顶生，花单生或对生；苞片2；花萼裂片5，主花轴和花萼被有柄腺毛；花冠淡紫红色，漏斗状，外疏生腺毛。蒴果上部具4种子，下部实心细长似柄。花期7~9月，果期10月至翌年1月。

生林下或溪边。七目嶂林下偶见。

叶和根状茎入药，止血。

2. 钟花草属 Codonacanthus Nees

草本。叶对生，全缘。花小，具花梗，组成顶生和腋生的总状花序和圆锥花序；花在花序上互生，相对一侧有无花的苞片；萼片深5裂，裂片短，近等大；花冠钟形，冠管阔而短，内弯，上部扩大呈钟状，冠檐伸展，5裂；发育雄蕊2，着生于冠管中部之下，花药卵形，"丁"字形着生，2室，药室稍不等大，无距；不育雄蕊2，棒状；子房每室有2胚珠，柱头头状。蒴果中部以上2室。种子每室2或1，近圆形，两侧呈压扁状。本属1种。七目嶂有分布。

1. 钟花草
Codonacanthus pauciflorus (Nees) Nees

茎直立或基部卧地，通常多分枝，被短柔毛。叶薄纸质，椭圆状卵形或狭披针形，顶端急尖或渐尖，基常急尖，边全缘或有时呈不明显的浅波状，两面被微柔毛。花序疏花；花在花序上互生，相对的一侧常为无花的苞片；花冠管短于花檐裂片，下部偏斜，花冠白色或淡紫色，无毛；雄蕊2，花丝很短。蒴果长1.5cm，下部实心似短柄状。花果期8月至翌年4月。

生密林下或潮湿的山谷。七目嶂林下常见。

全草入药，用于跌打损伤、风湿病、口腔破烂。

3. 狗肝菜属 Dicliptera Juss.

草本。叶通常全缘或明显的浅波状。花序腋生，稀顶生，由数至多个头状花序组成聚伞形或圆锥形式；头状花序具总花梗；总苞片2，叶状对生；小苞片小；花无梗；花萼5深裂，裂片线状披针形，等大；花粉红色；冠管细长，冠檐二唇形；雄蕊2。蒴果卵形，两侧稍扁。本属约150种。中国约5种。七目嶂1种。

1. 狗肝菜
Dicliptera chinensis (L.) Juss.

茎外倾或上升，节常膨大膝曲状。叶纸质，卵状椭圆形，顶端短渐尖，基部阔楔形或稍下延，两面近无毛；有叶柄。花序腋生或顶生，由3~4个聚伞花序组成，每个聚伞花序有1至少数花；具总花梗；总苞片阔倒卵形或近圆形；花冠淡紫红色。蒴果被毛。花果期9月至翌年2月。

生疏林下、溪边、路旁、村边。七目嶂路边草地偶见。

全草入药，味甘微苦、性寒，可清肝热、凉血、生津、利尿。

4. 爵床属 Justicia L.

草本。叶面有钟乳体。花无梗，组成顶生穗状花序；苞片交互对生，每苞片中有1花；小苞片和萼裂片与苞片相似，均被缘毛；花萼不等大5裂或等大4裂，后裂片小或消失；花冠短，二唇形；雄蕊2；花盘坛状。蒴果小，基部具坚实的柄状部分。本属约10余种。中国5种。七目嶂3种。

1. 绿苞爵床
Justicia betonica L.

茎直立，株高约1m。叶对生，绿色，椭圆形，全缘；具叶柄。穗状花序，长约15cm；苞片白色，网状绿脉，二唇形，白色花冠，基部淡紫色或粉红色。蒴果基部具不育的实心短柄，开裂时胎座不从基部弹起。

生山坡林间草丛中。七目嶂山坡林内偶见。

2. 爵床
Justicia procumbens L.

茎基部匍匐。叶椭圆形至椭圆状长圆形，先端锐尖或钝，基部宽楔形或近圆形，两面常被短硬毛；叶柄短，被短硬毛。穗状花序顶生或生上部叶腋；苞片1；小苞片2，均披针形，有缘毛；花萼裂片4，线形；花冠粉红色，二唇形，下唇3浅裂；雄蕊2。蒴果小。花果期几全年。

生山坡林间草丛中。七目嶂山坡林内偶见。

全草入药，味甘微苦、性凉，可清热解毒、散瘀消肿、祛风止痛，治腰背痛、创伤等。

3. 杜根藤
Justicia quadrifaria (Nees) T. Anderson

茎基部匍匐，下部节上生根，后直立，近四棱形，在两相对面具沟。叶有柄；叶片矩圆形或披针形，边缘常具有间距的小齿，背面脉上无毛或被微柔毛。花序腋生；苞片卵形、倒卵圆形，具羽脉，两面疏被短柔毛；小苞片线形，无毛；花萼裂片线状披针形，被微柔毛。花冠白色，具红色斑点，被疏柔毛。蒴果无毛。种子无毛，被小瘤。

生山坡林间草丛中。七目嶂山坡林内偶见。

全草入药，清热解毒，主治口舌生疮、时行热毒、丹毒、黄疸。

5. 马蓝属 Strobilanthes Blume

多年生草本或亚灌木。一次性开花结实植物。叶稍不等大，通常基部骤变狭成翅状假叶柄。花序穗状，顶生或腋生，疏松，多叶，轴常曲折，具翅或几具翅；花单生于苞腋；苞片短于萼，早落；小苞片细小；萼5裂，裂片线形，不等大；花冠紫堇色，冠檐裂片圆形，近相等；雄蕊4，二强，内藏。蒴果纺锤状。本属约250种。中国32种。七目嶂3种。

1. 板蓝
Strobilanthes cusia (Nees) Kuntze

一次性开花结实。茎直立或基部外倾，通常成对分枝，幼嫩部分和花序均被毛。叶柔软，纸质，椭圆形或卵形，顶端短渐尖，基部楔形，边缘有粗齿，两面无毛；侧脉两面均凸起；有叶柄。穗状花序直立；苞片对生；花冠淡紫色，冠檐裂片圆形，近等大。蒴果无毛。花期11月，果期12月至翌年2月。

生山谷林内潮湿处。七目嶂山谷林内偶见。

根、叶入药，味甘苦、性寒，可凉血止血、清热解毒、消肿。

2. 曲枝马蓝
Strobilanthes dalzielii (W. W. Sm.) Benoist

枝"之"字形曲折，具关节，光滑无毛。叶不等大，大叶片椭圆状矩圆形至披针形，顶端长渐尖，小叶卵形至心形，顶端急尖，两者边缘均具锯齿。二歧聚伞花序由疏散的穗状花序组成；花单生；花冠淡紫色。蒴果反折。花期10月至翌年1月。

生山谷林中潮湿处。七目嶂山谷林中偶见。

全草入药，味苦、性寒，可清热解毒、消肿。

3. 四子马蓝
Strobilanthes tetrasperma (Champ. ex Benth.) Druce

茎纤细，近无毛。叶纸质，卵形或近椭圆形，顶端钝，基部渐狭或稍收缩，边缘具圆齿；侧脉每边3~4条；有叶柄。穗状花序短而紧密，通常仅有花数枚；苞片叶状，倒卵形或匙形；花萼5裂；花冠淡红色或淡紫色，冠檐裂片几相等；雄蕊4，二强。蒴果。花期秋季。

生密林中。七目嶂山谷林中偶见。

全草入药，味苦、性寒，可清热解毒、消肿。

263 马鞭草科 Verbenaceae

灌木或乔木，有时为藤本，稀草本。叶对生，很少轮生或互生，单叶或掌状复叶，很少羽状复叶；无托叶。花序顶生或腋生，多数为聚伞、总状、穗状、伞房状聚伞或圆锥花序；花两性，稀杂性；花萼宿存；花冠管圆柱形，冠檐二唇形或4~5裂，稀多裂；雄蕊常4。果实为核果、蒴果或浆果状核果。本科91属2000余种。中国20属182种。七目嶂7属15种。

1. 紫珠属 Callicarpa L.

直立灌木，稀乔木、藤本或攀缘灌木。小枝圆筒形或四棱形，被毛，稀无毛。叶对生，偶有3叶轮生，有柄或近无柄，边缘有锯齿，稀全缘，通常被毛和腺点；无托叶。聚伞花序腋生；苞片细小，稀为叶状；花小，整齐；花萼宿存；花冠黄绿色、紫色、红色或白色，顶端4裂；雄蕊4。核果或浆果状，熟时紫色、红色或白色。本属140余种。中国约48种。七目嶂3种。

1. 杜虹花
Callicarpa formosana Rolfe.

小枝、叶柄和花序均密被灰黄色毛。叶卵状椭圆形或椭圆形，顶端通常渐尖，基部钝或浑圆，边缘有细锯齿，叶面被硬毛，稍粗糙，叶背被灰黄色星状毛和小腺点；侧脉明显。聚伞花序通常4~5次分歧；苞片细小；花萼杯状；花冠紫色或淡紫色。果实紫色。花期5~7月，果期8~11月。

生平地、山坡和溪边的林中或灌丛中。七目嶂山坡林内较常见。

叶入药，可散瘀消肿、止血、止痛。

2. 枇杷叶紫珠
Callicarpa kochiana Makino

小枝、叶柄与花序密生黄褐色绒毛。叶长椭圆形、卵状椭圆形或长椭圆状披针形，顶端渐尖或锐尖，基部楔形，边缘有锯齿，叶面无毛或疏被毛，叶背密被毛，两面有腺点；侧脉明显。聚伞花序3~5次分歧；花近无柄；花冠淡红色或紫红色。果实球形。花期7~8月，果期9~12月。

生山坡或谷地溪旁林中和灌丛中。七目嶂山谷林中常见。

叶、根入药，根治慢性风湿性关节炎及肌肉风湿症；叶治风寒咳嗽、头痛。

3. 红紫珠
Callicarpa rubella Lindl.

小枝被黄褐色星状毛及腺毛。叶倒卵形或倒卵状椭圆形，顶端尾尖或渐尖，基部心形，有时偏斜，边缘具齿，叶面稍被毛，叶背被星状毛及腺毛；侧脉明显；叶柄极短。聚伞花序被毛；苞片细小；花萼被毛和腺点；花冠紫红色、黄绿色或白色。果实紫红色。花期 5~7 月，果期 7~11 月。

生丘陵低山的山坡、河谷的林中或灌丛中。七目嶂山坡林中偶见。

根、叶入药，根可通经和治妇女红、白带症，叶可作止血、接骨药。

2. 莸属 Caryopteris Bunge

直立或披散灌木，很少草本。单叶对生，全缘或具齿，通常具黄色腺点。聚伞花序腋生或顶生，常再排列成伞房状或圆锥状；萼宿存，钟状，通常 5 裂，偶有 4 裂或 6 裂，裂片三角形或披针形；花冠通常 5 裂，二唇形，下唇中间 1 裂片较大，全缘至流苏状；雄蕊 4，2 长 2 短，或几等长，伸出于花冠管外，花丝通常着生于花冠管喉部；子房不完全 4 室，每室具 1 胚珠，花柱线形，柱头 2 裂。蒴果小，通常球形，成熟后分裂成 4 枚多少具翼或无翼的果瓣；瓣缘锐尖或内弯，腹面内凹成穴而抱着种子。本属约 16 种。中国 14 种。七目嶂 1 种。

1. 兰香草
Caryopteris incana (Thunb. ex Houtt.) Miq.

嫩枝圆柱形，略带紫色，被灰白色柔毛；老枝毛渐脱落。叶片厚纸质，披针形、卵形或长圆形，边缘有粗齿，很少近全缘，被短柔毛，两面有黄色腺点；背脉明显；叶柄被柔毛。聚伞花序紧密，腋生和顶生；无苞片和小苞片；花萼、花冠外面具短柔毛，花冠管喉部有毛环。蒴果倒卵状球形，被粗毛；果瓣有宽翅。花果期 6~10 月。

多生长于较干旱的山坡、路旁或林边。七目嶂路旁常见。

全草药用，疏风解表、祛痰止咳、散瘀止痛，又可外用治毒蛇咬伤、疮肿、湿疹等症。

3. 大青属 Clerodendrum L.

落叶或半常绿灌木或小乔木，稀攀缘状藤本或草本。单叶对生，稀 3~5 叶轮生，全缘、波状或有各式锯齿，很少浅裂至掌状分裂。聚伞花序或再组成伞房状、圆锥状花序，或短缩近头状，顶生或腋生，直立或下垂；苞片宿存或早落；花萼有色泽，宿存，全部或部分包被果实。浆果状核果。本属约 400 种。中国 34 种。七目嶂 4 种。

1. 灰毛大青
Clerodendrum canescens Wall. ex Walp.

小枝略四棱形，具不明显的纵沟，全体密被平展或倒向灰褐色长柔毛。叶片心形或宽卵形，少为卵形，两面都有柔毛，脉上密被灰褐色平展柔毛；背面尤显著。聚伞花序密集成头状，通常 2~5 个生于枝顶；花萼钟状，有 5 棱角，有少数腺点，5 深裂至萼的中部，裂片卵形或宽卵形，外有腺毛或柔毛。核果近球形，成熟时藏于红色增大的宿萼内。花果期 4~10 月。

生山坡路边或疏林中。七目嶂路旁常见。

在广西用全草治毒疮、风湿病，有退热止痛的功效。

2. 大青
Clerodendrum cyrtophyllum Turcz.

幼枝被短柔毛。叶纸质，椭圆形、卵状椭圆形、长圆形或长圆状披针形，顶端渐尖或急尖，基部圆形或宽楔形，全缘，两面无毛或沿脉疏生短柔毛，背面常有腺点；侧脉明显。伞房状聚伞花序，生于枝顶或叶腋；苞片线形；花小；花冠白色。果熟时蓝紫色。花果期 6 月至翌年 2 月。

生平原、丘陵、山地林下或溪谷旁。七目嶂灌草丛较常见。

根、叶入药，有清热、泻火、利尿、凉血、解毒的功效。

3. 白花灯笼
Clerodendrum fortunatum L.

嫩枝密被黄褐色短柔毛。叶纸质，长椭圆形或倒卵状披针形，顶端渐尖，基部楔形，全缘或波状，叶面被疏毛，叶背密生小腺点，沿脉被毛。聚伞花序腋生，具3~9花；花萼红紫色，具5棱，膨大形似灯笼；花冠淡红色或白色稍带紫色。核果近球形，藏于宿萼内。花果期6~11月。

生丘陵、山坡、路边、村旁和旷野。七目嶂山坡灌草丛较常见。

根或全株入药，有清热降火、消炎解毒、止咳镇痛的功效。

4. 尖齿臭茉莉
Clerodendrum lindleyi Decne. ex Planch.

幼枝近四棱形；老枝近圆形，皮孔不显，被短柔毛。叶片纸质，宽卵形或心形，表面散生短柔毛，背面有短柔毛，沿脉较密，基部脉腋有数枚盘状腺体，叶缘有不规则锯齿或波状齿；叶柄被短柔毛。伞房状聚伞花序密集，顶生，花序梗被短柔毛；苞片多，披针形，被短柔毛、腺点和少数盘状腺体；花萼钟状，密被柔毛和少数盘状腺体，萼齿线状披针形；花冠紫红色或淡红色，花冠裂片倒卵形；雄蕊与花柱伸出花冠外，花柱长于雄蕊。核果近球形，成熟时蓝黑色，大半被紫红色增大的宿萼所包。花果期6~11月。

生林中、路边或溪边。七目嶂路边、溪边偶见。

根药用，治风湿性关节炎、脚气水肿、白带、支气管炎。

4. 马缨丹属 Lantana L.

直立或半藤状灌木。有强烈气味。茎四方形，有或无皮刺与短柔毛。单叶对生，有柄，边缘有圆或钝齿，表面多皱。花密集成头状，顶生或腋生，有总花梗；苞片基部宽展；小苞片极小；花萼小，膜质，顶端截平或具短齿；花冠4~5浅裂，裂片钝或微凹，几近相等而平展或略呈二唇形，花冠管细长向上略宽展；雄蕊4，着生于花冠管中部，内藏，花药卵形，药室平行；子房2室，每室有1胚珠。果实的中果皮肉质，内果皮质硬，成熟后常为2骨质分核。本属约150种。中国1种。七目嶂有分布。

1. 马缨丹
Lantana camara L.

茎枝均呈四方形，有短柔毛，通常有短而倒钩状刺。单叶对生，叶片卵形至卵状长圆形，边缘有钝齿，表面有粗糙的皱纹和短柔毛，背面有小刚毛。花序梗粗壮，长于叶柄；花冠黄色或橙黄色，开花后不久转为深红色，花冠管两面有细短毛。果圆球形，成熟时紫黑色。花期全年。

常生长于空旷草地。七目嶂常见。

花美丽，我国各地庭园常栽培观赏。根、叶、花作药用，清热解毒、散结止痛、祛风止痒，可治疟疾、肺结核、颈淋巴结核、腮腺炎、胃痛、风湿骨痛等。

5. 豆腐柴属 Premna L.

乔木或灌木，有时攀缘。枝常有皮孔。单叶对生，全缘或有锯齿；无托叶。花序生枝端，常由聚伞花序组成伞房状、圆锥状或穗形总状花序，有时再组成圆锥状；有苞片；花萼宿存，裂片近相等至呈二唇形；花冠檐部常4裂，略二唇形，上唇1，下唇3；雄蕊4，2长2短；柱头2裂。核果球形。本属约200种。中国46种。七目嶂1种。

1. 豆腐柴
Premna microphylla Turcz.

嫩枝被毛后秃净。叶揉之有臭味，卵状披针形、椭圆形、卵形或倒卵形，顶端急尖至长渐尖，基部渐窄下延至叶柄，全缘或有齿，无毛或略被毛；侧脉明显。聚伞花序组成顶生塔形的圆锥花序；花萼杯状，5浅裂；花冠淡黄色，被毛及腺点。核果紫色，球形至倒卵形。花果期5~10月。

生山坡林下或林缘。七目嶂山坡林下偶见。

叶可制豆腐；根、茎、叶入药，味苦、性寒，可清热解毒、消肿止血。

6. 马鞭草属 Verbena L.

一年生、多年生草本或亚灌木。茎直立或匍匐，无毛或有毛。叶对生，边缘有齿至羽状深裂，极少无齿；近无柄。花常排成顶生穗状花序，有时为圆锥状或伞房状，稀有腋生花序；花生于狭窄的苞片腋内，蓝色或淡红色；花萼5棱，延伸出5齿；花冠管直或弯，5裂片。果干燥，包于萼内。本属约250种。中国1种。七目嶂有分布。

1. 马鞭草
Verbena officinalis L.

茎四方形。叶片卵圆形至倒卵形或长圆状披针形，基生叶边缘常有齿，茎生叶多数3深裂，裂片边缘有齿，两面均有硬毛；叶脉上凹下凸明显。穗状花序顶生和腋生；花小；苞片稍短于花萼；花萼有5脉；花冠淡紫色至蓝色，裂片5；雄蕊4。果长圆形。花期6~8月，果期7~10月。

常生长在低至高海拔的路边、山坡、溪边或林旁。七目嶂路旁草地偶见。

全草入药，性凉、味微苦，有凉血、散瘀、通经、清热、解毒、止痒、驱虫、消胀的功效。

7. 牡荆属 Vitex L.

乔木或灌木。小枝通常四棱形，无毛或微被毛。叶对生，有柄，掌状复叶，小叶3~8，稀单叶；小叶片全缘或有锯齿，浅裂至深裂。花序顶生或腋生，为有梗或无梗的聚伞花序，或再组成圆锥状、伞房状或近穗状花序；苞片小；花萼宿存；花冠二唇形，上唇2裂，下唇3裂；雄蕊4；柱头2裂。核果球形或卵球形。本属约250种。中国14种。七目嶂4种。

1. 黄荆
Vitex negundo L.

小枝四棱形，密生灰白色绒毛。掌状复叶，小叶5，少有3；小叶片长圆状披针形至披针形，顶端渐尖，基部楔形，全缘或有少数粗齿，叶背密生灰白色绒毛；中小叶长4~13cm，两侧小叶依次递小。聚伞花序排成圆锥花序式，顶生；花冠淡紫色，5裂，二唇形。核果近球形。花期4~6月，果期7~10月。

生山坡路旁或灌木丛中。七目嶂路旁灌草丛较常见。

全草入药，茎叶治久痢；种子为清凉性镇静、镇痛药；根可以驱虫。

2. 牡荆
Vitex negundo L. var. **cannabifolia** (Siebold & Zucc.) Hand.-Mazz.

与黄荆的主要区别在于：叶对生，小叶片椭圆状披针形，边缘有粗锯齿，背面淡绿色，被柔毛；圆锥花序顶生，长 10~20cm；果实近球形，黑色。花期 6~7 月，果期 8~11 月。

生山坡路边灌木丛中。七目嶂路旁灌草丛较常见。

全草入药，茎叶治久痢；种子为清凉性镇静、镇痛药；根可以驱虫。

3. 山牡荆
Vitex quinata (Lour.) F. N. Williams

树皮灰褐色至深褐色。嫩枝四棱形，有微毛和腺点。掌状复叶，叶柄较长，有 3~5 小叶；小叶片倒卵形至倒卵状椭圆形，顶端渐尖至短尾状，通常全缘，两面仅中脉被毛。聚伞花序排成顶生圆锥花序式，密被毛；花萼宿存；花冠淡黄色，5 裂，二唇形；雄蕊 4。核果熟后黑色。花期 5~7 月，果期 8~9 月。

生丘陵低山的山坡阔叶林中。七目嶂常绿阔叶林中偶见。

叶、根入药，叶治风湿、跌打损伤；根止咳定喘、镇静退热。

4. 蔓荆
Vitex trifolia L.

小枝四棱形，密生柔毛。叶常三出复叶，稀单叶，有叶柄；小叶片卵形、倒卵形或倒卵状长圆形，顶端钝或短尖，基部楔形，全缘，叶背密被灰白色绒毛。圆锥花序顶生；花序梗密被毛；花冠淡紫色或蓝紫色，顶端 5 裂，二唇形；雄蕊 4。核果熟时黑色。花期 7 月，果期 9~11 月。

生平原、河滩、疏林及村寨附近。七目嶂溪边灌丛偶见。

果实入药，味苦辛、性凉，治感冒、风热、神经性头痛、风湿骨痛。

264 唇形科 Lamiaceae

多年生至一年生草本，亚灌木或灌木，极稀乔木或藤本。茎常四棱。叶对生，稀轮生或互生；单叶，稀复叶，全缘或具齿，浅裂至深裂。花序聚伞式，常再排成总状、穗状、圆锥状或稀头状的复合花序，罕单生；花两性，稀杂性；有苞片和小苞片；花萼宿存；花冠常二唇形；雄蕊常 4。果常为小坚果，稀核果。本科 220 余属 3500 余种。中国 99 属 800 余种。七目嶂 12 属 16 种。

1. 筋骨草属 Ajuga L.

一年生、二年生或常为多年生草本，较稀灌木状。直立或具匍匐茎，茎四棱形。单叶对生，通常为纸质，边缘具齿或缺刻；苞叶与茎叶同型，或下部者与茎叶同型而上部者变小呈苞片状。轮伞花序具 2 至多花，组成间断或密集或下部间断上部密集的穗状花序；花两性，通常近于无梗；花萼卵状或球状，钟状或漏斗状，萼齿 5，近整齐；花冠通常为紫色至蓝色，稀黄色或白色；雄蕊 4，花丝挺直或微弯曲，花药 2 室，其后横裂并贯通为 1 室；花柱细长，着生于子房底部，先端近相等 2 浅裂，裂片钻形，细尖；花盘环状，裂片不明显，子房 4 裂，无毛或被毛。小坚果通常为倒卵状三棱形，背部具网纹。本属 40~50 种。中国 35 种。七目嶂 3 种。

1. 筋骨草
Ajuga ciliata Bunge

根部膨大。茎直立，无匍匐茎，紫红色或绿紫色，通常无毛，仅幼部被灰白色长柔毛。叶卵状椭圆形至狭椭圆形，边缘有不整齐的双重牙齿。穗状聚伞花序密集，与整个植株比较起来，显得小得多。小坚果长圆状或卵状三棱形，背部具网状皱纹，腹部中间隆起；果脐大，几占整个腹面。花期 4~8 月，果期 7~9 月。

生山谷溪旁、阴湿的草地上、林下湿润处及路旁草丛中。七目嶂草地上可见。

全草入药，治肺热咯血、跌打损伤、扁桃腺炎、咽喉炎等症。

马鞭草科Verbenaceae/唇形科Lamiaceae

2. 金疮小草
Ajuga decumbens Thunb.

具匍匐茎，茎被白色长柔毛或绵状长柔毛。基生叶较多，较茎生叶长而大，叶柄具狭翅；叶片薄纸质，匙形或倒卵状披针形，边缘具不整齐的波状圆齿或几全缘，具缘毛。轮伞花序多花，排列成间断穗状花序；花萼漏斗状，外面仅萼齿及其边缘被疏柔毛，内面无毛；花冠淡蓝色或淡红紫色，筒状，挺直；雄蕊4，二强，微弯，伸出，花丝细弱，被疏柔毛或几无毛；花盘环状，裂片不明显；子房4裂，无毛。小坚果倒卵状三棱形。花期3~7月，果期5~11月。

生溪边、路旁及湿润的草坡上。七目嶂常见。

全草入药，治痈疽疔疮、火眼、乳痈、鼻衄、咽喉炎、肠胃炎、急性结膜炎、烫伤、狗咬伤、毒蛇咬伤以及外伤出血等症。

3. 紫背金盘
Ajuga nipponensis Makino

茎通常直立，柔软，通常从基部分枝，被长柔毛或疏柔毛。基生叶无或少数；茎生叶均具柄，柄具狭翅，有时呈紫绿色，叶片纸质，阔椭圆形或卵状椭圆形，先端钝，基部楔形，下延，边缘具不整齐的波状圆齿。轮伞花序多花，生于茎中部以上，向上渐密集组成顶生穗状花序；花萼钟形，外面仅上部及齿缘被长柔毛，内面无毛；花冠淡蓝色或蓝紫色，具深色条纹，筒状。小坚果倒卵状三棱形，背部具网状皱纹，腹面果脐达果轴3/5。花期4~6月，果期为5~7月。

生田边、矮草地湿润处、林内及向阳坡地。七目嶂常见。

全草入药，煎水内服治肺脓疡、肺炎、扁桃腺炎、咽喉炎、气管炎、腮腺炎等症；外用治金疮、刀伤、外伤出血、跌打扭伤、骨折、痈肿疮疖、狂犬咬伤等症。

2. 广防风属 Anisomeles R. Br.

直立、粗壮草本。叶具齿；苞叶叶状，向上渐变小而呈苞片状。轮伞花序多花密集，在主茎或侧枝顶端排列成长穗状花序；苞片线形，细小；花萼有不明显10脉；花冠筒与花萼等长，冠檐二唇形；雄蕊4，伸出，二强；花柱先端2浅裂；花盘平顶，具圆齿。小坚果近圆球形，黑色，具光泽。本属7~8种。中国1种。七目嶂有分布。

1. 广防风
Anisomeles indica (L.) Kuntze

茎四棱形，密被白毛。叶对生，草质，阔卵圆形，先端急尖或短渐尖，基部截状阔楔形，边缘具齿，两面被毛，叶柄较长；苞叶叶状，向上渐变小，均超出轮伞花序。轮伞花序在茎枝顶部排成长穗状花序；花冠淡紫色，冠檐二唇形；雄蕊伸出。小坚果黑色。花期8~9月，果期9~11月。

生热带及南亚热带地区的林缘或路旁等荒地上。七目嶂路旁荒地偶见。

全草入药，味苦辛、性温，芳香，可祛风发表、行气水消滞、止痛。

3. 风轮菜属 Clinopodium L.

多年生草本。叶具柄或无柄，具齿。轮伞花序少花或多花，稀疏或密集，偏侧或否，多少呈圆球状，具梗或无梗；苞叶叶状，通常向上渐小至苞片状；花萼具13脉，二唇形，下唇2齿；花冠紫红色、淡红色或白色，冠筒长于花萼，冠檐二唇形，下唇3裂；雄蕊4；花柱不伸出或微露出。小坚果极小，卵球形或近球形。本属约20种。中国11种。七目嶂1种。

1. 细风轮菜
Clinopodium gracile (Benth.) Matsum.

茎多数，四棱形，被毛。最下部叶圆卵形；较下部或全部叶均为卵形；上部叶及苞叶卵状披针形；边缘均具齿，薄纸质，近无毛，具柄。轮伞花序分离，或密集成短总状花序，疏花；花萼13脉，上唇3齿，果时外反；花冠白色至紫红色。小坚果褐色。花期6~8月，果期8~10月。

生路旁、沟边、空旷草地、林缘、灌丛中。七目嶂路旁草地偶见。

全草入药，味辛苦、性微寒，可散瘀解毒、祛风散热、止血。

4. 锥花属 Gomphostemma Wall. ex Benth.

多年生草本或灌木。茎直立或基部匍匐生根，四棱形，具槽，常被星状毛。叶具柄，大，宽卵形至倒披针形，上面被星状微柔毛或硬毛，下面密被星状绒毛，边缘常具锯齿。花序各式，聚伞花序、穗状圆锥花序或圆锥花序，腋生，或生于茎的基部，稀为顶生；花大，紫红色、黄色至白色。小坚果核果状。本属约36种。中国15种。七目嶂1种。

1. 中华锥花
Gomphostemma chinense Oliv.

茎上部钝四棱形，具槽，密被星状毛。叶对生，草质，椭圆形或卵状椭圆形，先端钝，基部钝至圆形，边缘具齿或几全缘，两面被毛，背灰白色；叶柄被毛。由聚伞花序组成的圆锥花序或为单生聚伞花序，对生，生于茎的基部；花冠浅黄色至白色。小坚果褐色。花期7~8月，果熟期10~12月。

生山谷湿地密林下。七目嶂山谷林下偶见。

叶可入药，化瘀疗伤。

5. 香茶菜属 Isodon (Schrad. ex Benth.) Spach

灌木、亚灌木或多年生草本。叶小或中等大，大都具柄，具齿。聚伞花序3至多花，排列成总状、狭圆锥状或开展圆锥状花序，稀密集成穗状花序；下部苞叶与茎叶同型，上部渐变小呈苞片状；极少花序腋生而苞叶全部与茎叶同型；花小或中等大，具梗；花萼宿存；花冠檐二唇形，上唇外反。果为小坚果。本属约100种。中国77种。七目嶂1种。

1. 香茶菜
Isodon amethystoides (Benth.) H. Hara

茎四棱形，密被毛，叶腋常生具小叶短枝。叶对生，卵状圆形至卵形，中下部叶较大，侧枝及上部叶较小，基部下延成柄翅，边缘具圆齿，被毛或近无毛，具腺点。由聚伞花序组成顶生圆锥花序，疏散；花萼钟形，5等齿，果萼直立；花冠白色、蓝白色或紫色。小坚果卵形。花期6~10月，果期9~11月。

生林下或草丛中的湿润处。七目嶂溪边草地偶见。

全草入药，味苦、性凉，气香，可清热散血、消肿解毒，治闭经、乳痈、跌打损伤。

6. 益母草属 Leonurus L.

一年生、二年生或多年生直立草本。叶3~5裂，下部叶宽大，近掌状分裂；上部茎叶及花序上的苞叶渐狭，全缘，具缺刻或3裂。轮伞花序多花密集，腋生，多数排列成长穗状花序；小苞片钻形或刺状，坚硬或柔软；

花萼倒圆锥形或管状钟形，5脉，5齿，近等大，不明显二唇形；花冠白色、粉红色至淡紫色，冠筒比萼筒长，内面无毛环或具斜向或近水平向的毛环，在毛环上膨大或不膨大，冠檐二唇形；雄蕊4，前对开花时卷曲或向下弯，后对平行排列于上唇片之下，花药2室，室平行；花柱先端相等2裂，裂片钻形；花盘平顶。小坚果锐三棱形，顶端截平，基部楔形。本属约20种。中国12种。七目嶂1种。

1. 白花益母草

Leonurus artemisia (Laur.) S. Y. Hu var. **albiflorus** (Migo) S. Y. Hu

茎直立，钝四棱形，微具槽，茎中部以上多能育的小枝条。叶轮廓变化大，基部宽楔形，掌状3裂。轮伞花序腋生，具8~15花，圆球形；花萼管状钟形，外有贴生微柔毛，内离基部1/3以上被微柔毛；花冠白色，冠檐二唇形，上唇直伸，内凹，长圆形，全缘，内面无毛，边缘具纤毛；雄蕊4，均延伸至上唇片下，平行，前对较长，花丝丝状，扁平，花药卵圆形，2室；花柱丝状，略出雄蕊而与上唇片等长，无毛，先端相等2浅裂，裂片钻形。小坚果长圆状三棱形，顶端截平而略宽大，基部楔形，淡褐色，光滑。花期6~9月，果期9~10月。

生山坡、路边、荒地上。七目嶂偶见。

广泛用于治妇女闭经、痛经、月经不调等症。

7. 石荠苧属 Mosla Buch.-Ham. ex Maxim.

一年生植物。叶具柄，具齿，下面有明显凹陷腺点。轮伞花序2花，再组成顶生的总状花序；苞片小，或下部的叶状；花梗明显；花萼钟形，10脉，萼齿5，齿近相等或二唇形；花冠白色、粉红色至紫红色，冠筒常超出萼或内藏，冠檐近二唇形，下唇3裂；雄蕊4，后对能育。小坚果近球形。本属约22种。中国12种。七目嶂1种。

1. 小鱼仙草

Mosla dianthera (Buch.-Ham.) Maxim.

茎四棱，近无毛，多分枝。叶对生，纸质，具柄，卵状披针形或菱状披针形，先端渐尖或急尖，基部渐狭，边缘具齿，两面无毛。总状花序生于枝顶，通常多数；苞片针状或线状披针形；花萼钟形，萼齿二唇形；花冠淡紫色；雄蕊4，后对能育。小坚果近球形。花果期5~11月。

生山坡、路旁或水边。七目嶂山坡林下偶见。

全草入药，味辛、性温，可散寒发表、祛风止痛。

8. 假糙苏属 Paraphlomis Prain

草本或亚灌木。具根茎。叶膜质、薄纸质、坚纸质至近革质，边缘具齿；无柄或具长柄。轮伞花序多花至少花，有时少至每叶腋具1花，有时排成具叶状苞片的聚伞花序；小苞片小；花梗无或明显；花萼5脉，5齿；花冠筒内藏或伸出，冠檐二唇形；雄蕊4；花柱超出雄蕊之外。小坚果倒卵球形至长圆状三棱形。本属约24种。中国23种。七目嶂1种。

1. 狭叶假糙苏

Paraphlomis javanica (Blume) Prain var. **angustifolia** C. Y. Wu & H. W. Li ex C. L. Xiang E. D. Liu & H. Peng

茎单生，钝四棱形。叶卵圆状披针形至狭长披针形，基部圆形或近楔形，具极不显著的细圆齿，膜质或纸质；侧脉5~6对，在上面不明显，下面稍隆起；叶柄纤弱，扁平。轮伞花序多花，轮廓为圆球形，其下承以少数小苞片；小苞片钻形，不超萼筒，被小硬毛；花梗无；花萼花时管状，口部骤然开张，果时膨大，革质，5齿，近相等，齿尖明显针状，具细刚毛；花冠通常黄色、淡黄色或近白色，冠檐二唇形；雄蕊4，花丝丝状，花药椭圆形，二室；花柱丝状，略超雄蕊。小坚果倒卵珠状三棱形，顶端钝圆，黑色，无毛。花期6~8月，果期8~12月。

生林下路边或沟谷阴湿处。七目嶂较常见。

9. 紫苏属 Perilla L.

一年生草本。有香味。茎四棱形，具槽。叶绿色或常带紫色或紫黑色，具齿。轮伞花序 2 花，组成顶生和腋生、偏向于一侧的总状花序，每花有 1 苞片；苞片大，宽卵圆形或近圆形；花小，具梗；花萼钟状，10 脉，具 5 齿，直立，果时增大；花冠白色至紫红色；雄蕊 4；花柱不伸出。小坚果近球形。本属 4 种。中国 1 种。七目嶂有分布。

1. 野生紫苏
Perilla frutescens var. purpurascens (Hayata) H. W. Li

茎钝四棱形，被疏毛。叶对生，草质，卵形，基部圆形或阔楔形，边缘具齿，背面绿色，两面被疏毛；侧脉 7~8 对；叶柄长而疏被毛。轮伞花序 2 花，组成偏向一侧的顶生及腋生总状花序；花萼 10 脉，果时增大；花冠白色至紫红色。小坚果土黄色。花期 8~11 月，果期 8~12 月。

生山地路旁、村边荒地，或栽培于舍旁。七目嶂路旁荒地偶见。

茎、叶、果入药，叶为发汗、镇咳、芳香性健胃利尿剂；果能镇咳、祛痰、平喘。

10. 鼠尾草属 Salvia L.

草本、亚灌木或灌木。叶为单叶或羽状复叶。轮伞花序 2 至多花，组成总状或总状圆锥或穗状花序，稀全部花为腋生；苞片小或大；小苞片常细小；花萼卵形或筒形或钟形，二唇形；花冠筒内藏或外伸，冠檐二唇形；能育雄蕊 2；退化雄蕊 2 或无。小坚果卵状三棱形、长圆状三棱形或椭圆形，无毛，光滑。本属 900~1100 种。中国 84 种。七目嶂 1 种。

1. 蕨叶鼠尾草
Salvia filicifolia Merr.

根茎匍匐或上升。茎直立或上升直立，钝四棱形。叶为三回或四回羽状复叶，叶柄腹凹背凸，纤细，叶片轮廓呈阔卵圆形，裂片极多，呈狭椭圆形至线状披针形或倒披针形，全缘或具少数小裂片，先端钝至渐尖，基部渐狭，两面无毛。轮伞花序 6~10 花，组成顶生及腋生，具梗的总状花序，因而呈三叉状的总状圆锥花序；花冠黄色，外面密被疏柔毛。小坚果椭圆形，褐色。花期 5~9 月。

生石边或沙地。七目嶂可见。

具有一定的植物学研究价值。

11. 黄芩属 Scutellaria L.

多年生或一年生草本、亚灌木，稀灌木。茎叶常具齿，或羽状分裂或极少全缘；苞叶与茎叶同形或向上成苞片。花腋生、对生或上部者有时互生，组成顶生或侧生总状或穗状花序，或不成花序；花萼钟形，分 2 唇；冠筒伸出于萼筒，冠檐二唇形；雄蕊 4，二强。小坚果扁球形或卵圆形。本属约 350 种。中国 98 种。七目嶂 2 种。

1. 半枝莲
Scutellaria barbata D. Don.

根茎短粗。茎四棱形，无毛或在序轴上部疏被毛。叶具短柄或近无柄；叶对生，草质，三角状卵圆形或卵圆状披针形，先端急尖，边缘有疏齿，两面沿脉疏被毛或几无毛；侧脉 2~3 对。花单生于茎或分枝上部叶腋，常偏生一侧；花冠紫蓝色，冠檐二唇形。小坚果褐色，扁球形。花果期 4~7 月。

生水田边、溪边或湿润草地上。七目嶂溪边草地偶见。

全草入药，味微辛酸、性温，可活血通经、祛风除湿、行血活络。

2. 韩信草
Scutellaria indica L.

茎四棱形，被微柔毛。叶草质至近坚纸质，心状卵圆形或圆状卵圆形至椭圆形，先端钝或圆，基部圆至心形，边缘密生整齐圆齿，两面被毛，尤以下面为甚。花对生，在茎或分枝上排成总状花序；每花1对苞片，逐渐变小；花冠蓝紫色。小坚果卵形。花果期2~6月。

生山地或丘陵地疏林下、路旁空地及草地上。七目嶂路旁草地较常见。

全草入药，味辛、性平，治跌打伤、祛风、壮筋骨。

12. 香科科属 Teucrium L.

草本或亚灌木。单叶具柄或几无柄，心形、卵圆形、长圆形以至披针形；具羽状脉。轮伞花序具2~3花，罕具更多的花，于茎及短分枝上部排列成假穗状花序；苞片菱状卵圆形至线状披针形，全缘或具齿，与茎叶异形或稀同形；花萼10脉；花冠仅具单唇；雄蕊4，前对稍长。小坚果倒卵形或扁球形，无毛。本属约260种。中国18种。七目嶂2种。

1. 铁轴草

Teucrium quadrifarium Buch.-Ham. ex D. Don.

茎直立，近圆柱形，密被毛。叶对生，草质，卵圆形或长圆状卵圆形，向上渐小，先端钝或急尖，基部近心形、截平或圆形，边缘具整齐细齿，两面被毛；侧脉4~6对。轮伞花序具2花，在茎上组成假穗状，顶部呈圆锥状；花冠淡红色，上唇片直角反折。小坚果倒卵状近圆形。花期7~9月。

生于山地阳坡、林下及灌丛中。七目嶂山坡疏林罕见。

全草入药，治劳伤水肿，根治肚胀、泻痢；叶用于止血、治刀枪伤。

2. 血见愁

Teucrium viscidum Blume.

具匍匐茎。叶对生，草质，卵圆形至卵圆状长圆形，先端急尖或短渐尖，基部圆至楔形下延，边缘为带重齿的圆齿，两面近无毛；叶柄近无毛。轮伞花序具2花，组成假穗状或圆锥状；花萼10脉；花冠白色，淡红色或淡紫色，上唇片钝角反折。小坚果扁球形。花期6~11月。

生山地林下润湿处。七目嶂山地林下罕见。

全草入药，味苦辛、性凉，可凉血散瘀、止血止痛、解毒消肿。

266 水鳖科 Hydrocharitaceae

一年生或多年生淡水和海水草本，沉水或漂浮水面，根扎于泥里或浮于水中。茎短缩，直立，少有匍匐。叶基生或茎生，基生叶多密集，茎生叶对生、互生或轮生；叶形、大小多变。佛焰苞合生，稀离生，无梗或有梗，常具肋或翅，先端多为2裂，其内含1至数花；花辐射对称，稀为左右对称；单性，稀两性，常具退化雌蕊或雄蕊；花被片离生，3或6，有花萼花瓣之分，或无花萼花瓣之分；雄蕊1至多枚，花药底部着生，2~4室，纵裂；子房下位，由2~15枚心皮合生，1室，侧膜胎座，有时向子房中央凸出，但从不相连；花柱2~5，常分裂为2。果实肉果状。种子多数，形状多样；种皮光滑或有毛；胚直立，胚芽极不明显。本科18属约120种。中国11属34种。七目嶂1属1种。

1. 黑藻属 Hydrilla Rich.

沉水草本。具须根。茎纤细，圆柱形，多分枝。叶3~8枚轮生，近基部偶有对生；叶片线形、披针形或长椭圆形；无柄。花单性，腋生，雌雄异株或同株；雄佛焰苞膜质，近球形，顶端平截，具数枚短凸刺，无苞梗；苞内1雄花，具短梗；萼片3，白色或绿色，卵形或倒卵形；花瓣3，与萼片互生；雄蕊3，与花瓣互生，无退化雄蕊；雌佛焰苞管状，先端2裂，苞内1雌花，无梗；萼片、花瓣均与雄花花被相似，但较狭，开放时花伸出水面；子房下位，1室。果实圆柱形或线形，平滑或具凸起。种子2~6，矩圆形。单种属。七目嶂有分布。

1. 黑藻
Hydrilla verticillata (L. f.) Royle.

种的特征与属同。花果期5~10月。

生淡水中。七目嶂可见。

适合室内水体绿化，是装饰水族箱的良好材料，常作为中景、背景草使用；全草可作猪饲料，亦可作为绿肥使用；可入药，具利尿祛湿之功效。

280 鸭跖草科 Commelinaceae

一年生或多年生草本。茎有明显的节和节间。叶互生，有明显的叶鞘。蝎尾状聚伞花序，单生或再集成圆锥花序，有时缩短成头状或簇生，稀成单花，顶生或腋生；花两性，极少单性；萼片3；花瓣3，分离；雄蕊6，全育或部分退化。果多为室背开裂的蒴果，稀浆果状。本科约40属650种。中国15属59种。七目嶂4属7种。

1. 鸭跖草属 Commelina L.

一年生或多年生草本。茎上升或匍匐生根，通常多分枝。蝎尾状聚伞花序藏于佛焰苞状总苞片内；总苞片基部开口或合缝；苞片不呈镰刀状弯曲，通常极小或缺失；萼片3，膜质；花瓣3，蓝色；能育雄蕊3，位于一侧；退化雄蕊2~3。蒴果藏于总苞片内，2~3室(有时仅1室)。本属约170种。中国8种。七目嶂3种。

1. 饭包草
Commelina benghalensis L.

多数匍匐的茎，多数分枝，疏生短柔毛。纤毛叶鞘疏生长硬毛；叶片卵形，近无毛。总苞片与叶对生，通常数枚，聚生在枝先端；蝎尾状聚伞花序下部分枝具拉长的花序梗和1~3外露可育花；萼片膜质；花瓣蓝色。蒴果椭圆形，3瓣裂；后面裂片1种子或无，不裂。种子黑色，圆筒状或半圆柱状。花期夏季至秋季。

生长于潮湿的地方。七目嶂溪边常见。

全草入药，清热解毒、消肿利尿。

2. 鸭跖草
Commelina communis L.

茎匍匐生根，多分枝，下部无毛，上部被短毛。叶披针形至卵状披针形。总苞片佛焰苞状，有柄与叶对生，折叠状，边缘常有硬毛；聚伞花序，下面一个仅有1花，具梗，不孕；上面1枝具3~4花，具短梗，几乎不伸出佛焰苞；花梗花期长仅3mm，果期弯曲；花瓣深蓝色，内面2枚具爪。蒴果椭圆形，2室，2片裂，有4种子。种子棕黄色。

生湿地。七目嶂常见。

药用，为消肿利尿、清热解毒之良药，此外，对麦粒肿、咽炎、扁桃腺炎、宫颈糜烂、腹蛇咬伤有良好疗效。

3. 大苞鸭跖草
Commelina paludosa Blume.

茎常直立，无毛或疏生短毛。叶无柄；叶片披针形至卵状披针形，顶端渐尖，两面无毛或稀被毛；叶鞘有毛或无。总苞片漏斗状，无毛，无柄，常数枚在茎顶端集成状头；蝎尾状聚伞花序有数花，几不伸出；花瓣蓝色。蒴果3室。花果期8月至翌年4月。

生丘陵低山林下及山谷溪边。七目嶂溪边草丛偶见。

全草入药，能消热、散毒、利尿。

2. 聚花草属 Floscopa Lour.

多年生草本。根茎长。叶互生。聚伞花序多个，组成单圆锥花序或复圆锥花序，顶生或生上部叶腋，常在茎顶端呈扫帚状。苞片常小；萼片3，分离，宿存；花瓣3，分离，稍长于萼片；雄蕊6，全育而相等。蒴果小，稍扁，每面有1条沟槽，2室。本属约20种。中国2种。七目嶂1种。

1. 聚花草
Floscopa scandens Lour.

根状茎较长；全体或仅叶鞘及花序各部分被毛；茎不分枝。叶无柄或有带翅的短柄；叶片椭圆形至披针形。圆锥花序多个，顶生和腋生，组成扫帚状复圆锥花序，被长腺毛；下部总苞片叶状与叶同，上部的比叶小得多；花梗极短；花瓣蓝色或紫色，少白色。蒴果卵圆状。花果期7~11月。

生水边、山沟边草地及林中。七目嶂山谷溪边草地偶见。

全草入药，味苦、性凉，有清热解毒、利尿消肿之效。

3. 水竹叶属 Murdannia Royle.

多年生草本，稀一年生。叶常狭长、带状，常簇生基部而呈莲座状。蝎尾状聚伞花序单生或复出而组成圆锥花序，稀缩短为头状或退化为单花；萼片3，浅舟状；花瓣3，分离，近于相等；能育雄蕊3，对萼，有时1~2枚败育；退化雄蕊3，对瓣。蒴果3室，室背3片裂。本属约50种。中国20种。七目嶂2种。

1. 牛轭草
Murdannia loriformis (Hassk.) R. S. Rao & Kammathy.

根须状。主茎不发育，有莲座状叶丛。主茎上的叶密集，成莲座状、禾叶状或剑形，仅下部边缘有睫毛；可育茎上的叶较短，仅叶鞘上沿口部一侧有硬睫毛。蝎尾状聚伞花序单个顶生或有2~3个集成圆锥花序；苞片早落；聚伞花序有长至2.5cm的总梗，有数枚非常密集的花；花梗在果期稍弯曲；花瓣紫红色或蓝色，倒卵圆形。蒴果卵圆状三棱形。种子黄棕色，具以胚盖为中心的辐射条纹，并具细网纹。花果期5~10月。

生低海拔的山谷溪边林下、山坡草地。七目嶂偶见。

全草入药，有清热止咳、解毒、利尿之功效，常用于治小儿高热、肺热咳嗽、目赤肿痛、热痢、疮痈肿毒。

2. 裸花水竹叶
Murdannia nudiflora (L.) Brenan.

叶多茎生具鞘，稀1~2枚基生叶；叶禾叶状或披针形，顶端钝或渐尖，两面无毛或疏生刚毛。蝎尾状聚伞花序数个排成顶生圆锥花序，或仅单个；下部总苞片叶状较小，上部的很小；聚伞花序具总梗；花瓣紫色；能育雄蕊2；不育雄蕊2~4。蒴果卵圆状三棱形。花果期6~10月。

生低海拔的水边潮湿处，少见于草丛中。七目嶂溪边草地偶见。

全草入药，味淡、性平，能清热凉血、消肿解毒。

4. 杜若属 Pollia Thunb.

多年生草本。具走茎或根状茎。茎近于直立，通常不分枝。叶互生。圆锥花序顶生，粗大而坚挺，或披散成伞状；蝎尾状聚伞花序有数花；总苞片下部的近叶状，上部的很小；苞片膜质，抱花序轴；萼片3，分离，椭圆形；花瓣3，分离，卵圆形，有时具短爪；雄蕊6，全育，药室长圆形，不育雄蕊的花药三角状披针形或戟形；全部花丝无毛；子房无柄，3室，每室有5~10(稀1~2)胚珠。果实不裂，浆果状，果皮黑色或蓝黑色，每室有5~8种子。种子多在果室中排成2列，稍扁而多角形。本属约15种。中国7种。七目嶂1种。

1. 杜若
Pollia japonica Thunb.

根状茎长而横走。茎直立或上升，粗壮，不分枝，被短柔毛。叶鞘无毛；叶片长椭圆形，基部楔形，顶端长渐尖。蝎尾状聚伞花序长 2~4cm，常多个成轮排列；花序总梗各级花序轴和花梗被相当密的钩状毛；总苞片披针形；花梗萼片 3；花瓣白色，倒卵状匙形。果球状，每室有种子数枚。种子灰色带紫色。花期 7~9 月，果期 9~10 月。

生山谷林下。七目嶂山谷中偶见。

药用，治蛇、虫咬伤及腰痛。

283 黄眼草科 Xyridaceae

多年生，稀为一年生草本。根状茎短而粗壮，通常呈球茎状。叶常丛生于基部，2 列或少数作螺旋状排列；叶片扁平，套折成剑形或丝状，基部鞘状，无舌片或在叶鞘上端有时具 1 膜状舌片（黄眼草属）；气孔为平列型，不凹陷。花序为单一、伸长或呈球形的头状花序或穗状花序，生于一直立而坚挺的花葶上；苞片覆瓦状排列，有光泽，边缘干膜质，顶端圆形、微凹或尖锐，内含 1 花；花无小苞片，辐射对称或有时两侧对称，3 基数；萼片（外轮花被片）通常离生；雄蕊 3，与花瓣对生；花丝短，花药 2 室，外向或内向，纵裂；子房上位，1 室或 3 室或为不完全 3 室。蒴果小型，室背开裂，往往为宿存的花被所包。种子卵球形、椭圆形或球形，具纵脊，有时两端有小尖头；胚乳丰富。本科 4 属约 270 种。中国 1 属 6 种。七目嶂 1 属 1 种。

1. 黄眼草属 Xyris L.

多年生，稀为一年生草本。具纤维状根。茎基部很少变粗。叶基生，2 列，剑状、线形或丝状；叶鞘常有膜质边缘；叶舌存在或缺；叶片无毛或具多数小乳状凸起。头状花序由少数至多数花组成，生于花葶的顶部；花葶圆柱形至压扁，有时具翅或棱；苞片全缘，具纤毛、流苏状或撕裂状，具 1 完全的主脉和一些完全或不完全的次级纵脉；花两性，3 基数，生于显著的苞腋内；花萼两侧对称，具有全缘、齿牙或纤毛的龙骨状凸起，边缘膜质，全缘或具缘毛；花瓣具圆形至倒卵形的檐部和狭长的爪部，分离或下部连合；雄蕊通常 3；子房上位，无柄至具柄，1 室或 3 室，或不完全 3 室，侧膜胎座，花柱丝状，上端 3 分枝，柱头多为头状。蒴果室背开裂为 3 瓣。种子椭圆形至倒卵球形，通常具纵条纹。本属约 250 种。中国 6 种。七目嶂 1 种。

1. 黄眼草
Xyris indica L.

叶剑状线形，基部套折，无毛，干后叶脉不明显但具多数短而凸出的横肋与其相连。花葶粗壮，扁至圆柱状，具深槽纹；头状花序卵形至长圆状卵形椭圆状；萼片半透明膜质，为苞片所包，侧生的 2 枚线状匙形；花瓣淡黄色至黄色，檐部倒卵形至近圆形，边缘具波状齿；子房卵圆形，1 室，花柱上端 3 裂。蒴果倒卵圆形至球形。种子卵形，两端尖，表面有纵条纹。花期 9~11 月，果期 10~12 月。

生湿草地、田边或山谷、平地。七目嶂山谷中偶见。

全草入药，杀虫止痒，治疥癣。

285 谷精草科 Eriocaulaceae

一年生或多年生草本，沼泽生或水生。偶见匍匐茎或根状茎。叶狭窄，螺旋状着生在茎上，常成一密丛，有时散生，基部扩展成鞘状，叶质薄常半透明。花序为头状花序，向心式开放，通常小，白色、灰色或铅灰色；花葶很少分枝；具总苞和苞片；花小，单性，常同序，3 或 2 基数，花被 2 轮。蒴果小，室背开裂。本科约 10 属 1150 种。中国 1 属约 35 种。七目嶂 1 属 1 种。

1. 谷精草属 Eriocaulon L.

沼泽生，稀水生草本。茎常短至极短，稀伸长。叶丛生，狭窄，膜质，常有"膜孔"。头状花序，生于多少扭转的花葶顶端；总苞片覆瓦状排列；苞片与花被常有毛；花 3 或 2 基数，单性，雌雄花混生；花被通常 2 轮，有时花瓣退化。蒴果，室背开裂，每室含 1 种子。本属约 400 种。中国约 35 种。七目嶂 1 种。

1. 华南谷精草
Eriocaulon sexangulare L.

叶丛生，线形，半透明，横格不明显。花葶约 10；花序熟时倒圆锥形至半球形，禾秆色；总苞片共约 14 枚，禾秆色，不反折，膜质；花 2 数，单性，雌雄花混生。蒴果，室背开裂，每室含 1 种子。花期 8~9 月，果期 9~10 月。

生山坡湿地及稻田。七目嶂山坡湿地偶见。

与毛谷精草的花序同作中药"谷精珠"入药。

287 芭蕉科 Musaceae

多年生草本。具匍匐茎或无；茎或假茎高大，不分枝，有时木质，或无地上茎。叶通常较大，螺旋排列或两行排列；具叶柄及叶鞘；叶脉羽状。花两性或单性，常排成顶生或腋生的聚伞花序，生于一大型而有鲜艳颜色的佛焰苞中，或直接生于花葶上；花被片3基数；雄蕊5~6。浆果或为蒴果。本科3属约140种。中国3属14种。七目嶂1属1种。

1. 芭蕉属 Musa L.

多年生丛生草本。具根茎，多次结实。假茎全由叶鞘紧密层层重叠而组成，基部不膨大或稍膨大；真茎在开花前短小。叶大型，叶片长圆形；叶柄伸长，且在下部增大成一抱茎的叶鞘。花序直立、下垂或半下垂，密集如球穗状；苞片色艳，每苞内有花1或2列，下部的为雌花，上部的为雄花。浆果伸长，肉质。本属约30种。中国约11种(含栽培)。七目嶂1种。

1. 野蕉

Musa balbisiana Colla

假茎丛生，黄绿色，有大块黑斑，具匍匐茎。叶片卵状长圆形，基部耳形，两侧不对称；叶柄翼开展。穗状花序下垂；苞片外面暗紫红色，被白粉，上部中性花及雄花的苞片宿存；苞内有花2列；雄花暗紫红色或紫红色。浆果。

生沟谷坡地的湿润常绿林中。七目嶂山谷较常见。目前世界上栽培香蕉的亲本种之一。假茎可作猪饲料。

290 姜科 Zingiberaceae

多年生草本，稀一年生，陆生稀附生。常有匍匐或块状的根状茎。叶基生或茎生，通常2列，稀螺旋状排列；有叶柄或无；具叶鞘和叶舌。花单生或组成穗状、总状或圆锥花序，生茎上或花葶上；花两性，罕杂性；花被片6，2轮，外轮萼状，内轮花冠状；退化雄蕊瓣状，分侧生和唇瓣。蒴果或浆果状。本科约50属1300种。中国20属216种。七目嶂2属6种。

1. 山姜属 Alpinia Roxb.

多年生草本。具根状茎。通常具发达的地上茎。叶片长圆形或披针形。花序通常为顶生的圆锥花序、总状花序或穗状花序；具苞片及小苞片或无；花萼陀螺状或管状；花冠裂片通常后方的1枚较大，兜状，两侧的较狭；侧生退化雄蕊缺或极小；唇瓣比花冠裂片大，显著，美丽。蒴果，干燥或肉质。本属约230种。中国约51种。七目嶂5种。

1. 狭叶山姜

Alpinia graminifolia D. Fang & J. Y. Luo

茎丛生。叶片线形，顶端长渐尖，基部楔形，边具短缘毛；叶舌顶端凹，被短柔毛。总状花序直立，花序轴密被短柔毛；花黄色，成对或单生于花序轴上；花萼外被极短的柔毛；唇瓣卵形，有腺点，顶端具缺刻；侧生退化雄蕊线形；子房密被短柔毛。花期5~6月。

生山谷林下。七目嶂山谷中常见。

根状茎可入药，用于治胃寒痛。

2. 山姜

Alpinia japonica (Thunb.) Miq.

具横生、分枝的根茎。叶片通常2~5，披针形、倒披针形或狭长椭圆形，两端渐尖，两面被毛；柄有或无。总状花序顶生；花序轴密生绒毛；苞片、小苞片早落；花通常2枚聚生；唇瓣卵形，白色而具红色脉纹。果球形或椭圆形。花期4~8月，果期7~12月。

生林下阴湿处。七目嶂林内较常见。

根茎和果入药,果为芳香性健胃药;根茎性温、味辛,能理气止痛、祛湿、消肿、活血通络。

3. 华山姜
Alpinia oblongifolia Hayata

叶披针形或卵状披针形,基部渐狭,两面均无毛;叶舌膜质。花组成狭圆锥花序,分枝短,其上有 2~4 花;小苞片花时脱落;花白色;萼管状,冠管略超出;唇瓣卵形,侧生退化雄蕊 2,钻状。果球形。花期 5~7 月,果期 6~12 月。

生常绿阔叶林或混交林内。七目嶂山坡林内较常见。

根茎入药,味辛辣、性温,能温中暖胃、散寒止痛。

4. 花叶山姜
Alpinia pumila Hook. f.

无地上茎。根茎平卧。2~3 叶一丛自根茎生出;叶片椭圆形、长圆形或长圆状披针形,两面均无毛;叶舌短,2 裂;叶鞘红褐色。总状花序自叶鞘间抽出;花成对生于长圆形的苞片内;花萼管状,顶端具 3 齿,紫红色,被短柔毛;唇瓣卵形,顶端短 2 裂,反折,边缘具粗锯齿,白色,有红色脉纹;子房被绢毛。果球形。花期 4~6 月,果期 6~11 月。

生山谷阴湿处。七目嶂山谷常见。

四季常绿,叶片对比明显,是著名的观叶植物,也是很好的观花、观果植物;其根状茎有除湿消肿、行气止痛之功效,用于治风湿痹痛、脾虚泄泻、跌打损伤。

5. 密苞山姜
Alpinia stachyodes Hance

叶片椭圆状披针形,顶端渐尖,并具细尾尖,边缘及先端密被绒毛;叶舌 2 裂;叶柄、叶舌及叶鞘均被绒毛。穗状花序顶生;苞片和小苞片均密被绒毛,果时宿存;花芳香;唇瓣菱状卵形或不明显 3 裂。果球形。花果期 6~8 月。

生山谷中密林阴处。七目嶂山谷林中较常见。

2. 姜属 Zingiber Boehm

多年生草本。根茎块状,具芳香。地上茎直立。叶 2 列,叶片披针形至椭圆形。穗状花序球果状,通常生于由根茎发出的花葶上,或无总花梗而贴生地面,罕生具叶的茎上;苞片宿存,每苞片内通常有 1 花(极稀多花);小苞片佛焰苞状;花冠白色或淡黄色;侧生退化雄蕊常与唇瓣相连合。蒴果开裂。本属 100~150 种。中国 42 种。七目嶂 1 种。

1. 珊瑚姜
Zingiber corallinum Hance

叶片长圆状披针形或披针形。总花梗被紧接的鳞片状鞘；穗状花序长圆形；苞片卵形，顶端急尖，红色；唇瓣中央裂片倒卵形，侧裂片顶端尖；子房被绢毛。种子黑色，撕裂状。花期5~8月，果期8~10月。

生密林中。七目嶂有见。

根茎有消肿、解毒之功效。

292 竹芋科 Marantaceae

多年生草本。有根茎或块茎。地上茎有或无。叶通常大，具羽状平行脉，通常2列，具柄，柄的顶部增厚，称叶枕；有叶鞘。花两性，不对称，常成对生于苞片中，组成顶生的穗状、总状或疏散的圆锥花序，或花序单独由根茎抽出；萼片3，分离；花冠管短或长，裂片3；退化雄蕊2~4，外轮的1~2枚(有时无)花瓣状，较大，内轮的2枚中1枚为兜状；发育雄蕊1，花瓣状，花药1室，生于一侧；子房下位，1~3室；每室有1胚珠，柱头3裂。果为蒴果或浆果状。种子1~3，坚硬；有胚乳和假种皮。本科31属525种。中国4属8种。七目嶂1属1种。

1. 柊叶属 Phrynium Willd.

多年生草本。根茎匍匐。叶基生，长圆形；具长柄及鞘。穗状花序集成头状，由叶鞘内或直接由根茎生出；苞片内有2至多花；萼片3；花冠管略较花萼为长，裂片3，长圆形，近相等；退化雄蕊管较花冠管为长；外轮退化雄蕊2，倒卵形；内轮的2枚较小；发育雄蕊花瓣状，边缘有1枚1室的花药；子房3室，每室1胚珠，稀2室是空的，柱头头状。果球形；果皮坚硬。种子1~3，具薄膜质假种皮。本属约20种。中国5种。七目嶂1种。

1. 柊叶

Phrynium rheedei Suresh & Nicolson

根茎块状。叶基生，长圆形或长圆状披针形，顶端短渐尖，基部急尖，两面均无毛；叶枕无毛。头状花序无柄，自叶鞘内生出；苞片长圆状披针形；每一苞片内有花3对，无柄；萼片线形，被绢毛；花冠管较萼为短，紫堇色；子房被绢毛。果梨形，具3棱。种子2~3，具浅槽痕及小疣凸。花期5~7月。

生密林中阴湿之处。七目嶂林下偶见。

根茎治肝肿大、痢疾、赤尿，叶清热利尿，治音哑、喉痛、口腔溃疡、解酒毒等；民间取叶裹米粽或包物用。

293 百合科 Liliaceae

多年生草本，稀呈灌木状。具根茎、块茎或鳞茎。叶基生或茎生，后者多为互生，稀为对生或轮生；通常具弧形平行脉，极少具网状脉。花两性，稀单性异株或杂性；花被片6，稀4或多数，离生或合生成筒，呈花冠状；雄蕊通常与花被片同数，花丝离生或贴生于花被筒上。果实为蒴果或浆果，较少为坚果。本科约230属3500种。中国60属约560种。七目嶂8属8种。

1. 天门冬属 Asparagus L.

多年生草本或亚灌木，直立或攀缘。常具根状茎和稍肉质根，有时有纺锤状的块根。小枝变态成叶状，扁平、锐三棱形或近圆柱形，常多枚成簇；叶退化成鳞片状，基部有距或刺。花小，1~4花腋生或多花排成总状或伞形花序，两性或单性，有时杂性；花被片常离生；雄蕊常内藏；柱头3裂。浆果较小，球形。本属约300种。中国24种。七目嶂1种。

1. 天门冬

Asparagus cochinchinensis (Lour.) Merr.

有纺锤状块根。茎平滑，常弯曲或扭曲，分枝具棱或狭翅。叶状枝通常每3枚成簇，扁平或呈锐三棱形，稍镰刀状；茎上鳞片状叶成硬刺。花通常每2花腋生，淡绿色；花梗关节一般位于中部；花单性，花小。浆果熟时红色。花期5~6月，果期8~10月。

生山坡、路旁、疏林下、山谷或荒地上。七目嶂山坡疏林下偶见。

块根入药，味甘苦、性微寒，有滋阴润燥、清火止咳之效。

2. 蜘蛛抱蛋属 Aspidistra Ker Gawl.

多年生常绿草本。根状茎横走，细长或粗短，圆柱状或不规则的圆柱状，节上有覆瓦状鳞片。叶单生或2~4枚簇生于根状茎上，从卵形至带状；中脉较粗，在背面显著凸出，侧脉较细，脉间有细横脉；叶柄明显或不明显，基部有3~4枚叶鞘；叶鞘通常紫褐色。总花梗从根状茎上长出，通常较短；花单生于总花梗顶端；花被钟状或坛状，肉质，紫色或带紫色，少有带黄色，顶端通常6~8裂；柱头多数呈盾状膨大，裂或不裂。浆果球形，通常具1种子。本属约11种。中国8种。七目嶂1种。

1. 九龙盘
Aspidistra lurida Ker Gawl.

根状茎圆柱形，具节和鳞片。叶单生。花被近钟状，花被筒内面褐紫色，上部6~8(~9)裂，裂片矩圆状三角形，具2~4条不明显或明显的脊状隆起和多数小乳突；柱头盾状膨大，圆形，中部微凸，上面通常有3~4条微凸的棱，边缘波状浅裂，裂片边缘不向上反卷。

生山坡林下或沟旁。七目嶂林下偶见。

根状茎民间药用，有活血祛瘀、接骨止痛之效，治跌打损伤、腰痛、产后虚弱、咳嗽、疟疾和蛇咬伤等。

3. 白丝草属 Chionographis Maxim.

多年生草本。根状茎粗短。叶基生，近莲座状，矩圆形、披针形或椭圆形；有柄。花葶从叶丛中央抽出，常具几枚苞片状叶；花杂性同序，两侧对称；花被片3~6，明显不等大，近轴的3~4枚很长，展开，其余2~3枚短小或不存在；雄蕊6，较短；花药基着，通常2室而在两侧开裂，较少顶端汇合为一室；子房球形，3室，每室2胚珠；花柱3，离生，柱头位于内侧。蒴果室背开裂。种子近梭形，一边有短尾。本属约3种。中国1种。七目嶂有分布。

1. 中国白丝草
Chionographis chinensis K. Krause.

叶椭圆形至矩圆状披针形，边缘皱波状。具多数花；花芬香；近轴的3~4枚花被片匙状狭条形至近丝状，其余2~3枚很短或不存在；雄蕊长1~1.5mm，其中3枚较长。

蒴果狭倒卵状，上半部开裂。种子多数，梭形，下端有尾，尾长约为种子的1/6~1/3。花期4~5月，果期6月。

生山坡或路旁的荫蔽处或潮湿处。七目嶂路旁罕见。

4. 山菅属 Dianella Lam. ex Juss

多年生常绿草本。根状茎通常分枝。叶近基生或茎生，2列，狭长，坚挺；中脉在背面隆起。花常排成顶生的圆锥花序；有苞片；花梗上端有关节；花被片离生，有3~7脉；雄蕊6，花丝常部分增厚，花药基着，顶孔开裂；子房3室，花柱细长，柱头小。浆果常蓝色，具几枚黑色种子。本属约20种。中国1种。七目嶂有分布。

1. 山菅
Dianella ensifolia (L.) DC.

根状茎横走。叶狭条状披针形，基部稍收狭成鞘状，套叠或抱茎；边缘和背面中脉具齿。圆锥花序顶生，分枝疏散；花常多枚生于侧枝上端；花梗长7~20mm；苞片小；花被片条状披针形，长6~7mm，绿白色、淡黄色至青紫色，5脉。浆果近球形，深蓝色。花果期3~8月。

生林下、山坡或草丛中。七目嶂山坡林下、灌草丛较常见。

有毒植物；根入药，有清热解毒、利湿的功效。

5. 萱草属 Hemerocallis L.

多年生草本。具很短的根状茎。叶基生，2列，带状。花葶从叶丛中央抽出，顶端具总状或假二歧状的圆锥花序，较少花序缩短或只具单花；苞片存在；花梗一般较短；花直立或平展，近漏斗状，下部具花被管；花被裂片6，明显长于花被管，内3枚常比外3枚宽大；雄蕊6。蒴果室背开裂。本属约14种。中国11种。七目嶂1种。

1. 萱草
Hemerocallis fulva (L.) L.

叶基生，2列；叶一般较宽。花葶长短不一，常长于叶，有分枝；苞片披针形；花梗短；花多数；花被橘红色至橘黄色；花早上开晚上凋谢，无香味，内花被裂片下部一般有"∧"形彩斑。蒴果。花果期5~7月。

生森林、灌丛、草地、溪边等。七目嶂偶见。

花、根入药，味甘、性凉，根有小毒，能清热利尿、凉血解毒、疏肝、化痰消肿。

百合科Liliaceae

6. 山麦冬属 Liriope Lour.

多年生草本。根状茎很短，或具地下匍匐茎；有时根近末端呈纺锤状膨大；茎很短。叶基生，密集成丛，禾叶状。花葶从叶丛中央抽出，通常较长，总状花序具多数花；花通常较小，几枚簇生于苞片腋内；苞片、小苞片均小；花梗直立，具关节；花被片6，2轮，淡紫色或白色；雄蕊6。种子早露，浆果状，蓝黑色。本属约8种。中国6种。七目嶂1种。

1. 山麦冬
Liriope spicata (Thunb.) Lour.

植株有时丛生。根稍粗；根状茎短，木质，具地下走茎。叶先端急尖或钝，基部常包以褐色的叶鞘，边缘具细锯齿。花葶通常长于或几等长于叶，少数稍短于叶；具多数花；花通常（2~）3~5枚簇生于苞片腋内；花药狭矩圆形。种子近球形。花期5~7月，果期8~10月。

生山坡、山谷林下、路旁或湿地。七目嶂有见。

块根入药，主治阴虚肺燥、咳嗽痰黏、胃阴不足、肠燥便秘等。

7. 黄精属 Polygonatum Mill.

多年生草本。具根状茎。茎不分枝，或上端向一侧弯拱而叶偏向另一侧，或上部有时作攀缘状。叶互生、对生或轮生，全缘。花生叶腋间，通常集生似成伞形、伞房或总状花序；花被片6，下部合生成筒；雄蕊6，内藏；花柱丝状，多数不伸出花被之外。浆果近球形。本属约60种。中国39种。七目嶂1种。

1. 多花黄精
Polygonatum cyrtonema Hua

根状茎肥厚。茎通常具10~15叶。叶互生，椭圆形、卵状披针形至矩圆状披针形，少有稍作镰状弯曲，先端尖至渐尖。花序具1~14花，伞形；花被黄绿色。浆果黑色。花期5~6月，果期8~10月。

生林下、灌丛或山坡阴处。七目嶂山谷林内罕见。

根茎作"黄精"用，味甘、性平，可滋润心肺、生津养胃、益精髓。

8. 藜芦属 Veratrum L.

多年生草本。根状茎粗短。茎直立，圆柱形。叶互生，椭圆形至条形，在茎下部的较宽，向上逐渐变狭，并过渡为苞片状，基部常抱茎，有柄或无柄，全缘。圆锥花序具许多花；雄性花和两性花同株，极少仅为两性花；花被片6，离生，内轮较外轮长而狭，宿存；雄蕊6。蒴果椭圆形或卵圆形，室间开裂。本属约40种。中国13种。七目嶂1种。

1. 牯岭藜芦
Veratrum schindleri Loes.

植株高约1m。叶在茎下部的宽椭圆形，有时狭矩圆形，长约30cm，宽2（~13）cm，基部收狭为柄，叶柄通常长5~10cm。圆锥花序长而扩展，具多数近等长的侧生总状花序；子房卵状矩圆形。蒴果直立。花果期6~10月。

生山坡、山谷林下、路旁。七目嶂有见。

根茎可入药，但有毒，治涌吐风痰；可杀虫。

296 雨久花科 Pontederiaceae

水生或沼生草本。具根状茎或匍匐茎，通常有分枝，富于海绵质和通气组织。叶常2列，多数具叶鞘和叶柄；叶宽线形、披针形、卵形或宽心形，平行脉明显，浮水、沉水或露出水面；叶柄有时膨大呈葫芦状。总状、穗状或聚伞圆锥花序顶生，生于佛焰苞状叶鞘的腋部；花两性；花被片6，2轮。蒴果或小坚果。本科6属约40种，中国2属5种。七目嶂1属1种。

1. 雨久花属 Monochoria Presl.

多年生或一年生的水生或沼泽生草本，直立或飘浮。叶通常2列，多数具叶鞘和叶柄；叶片宽线形至披针形、卵形甚至宽心形，具平行脉，浮水、沉水或露出水面；叶柄有时膨大呈葫芦状。顶生总状、穗状或聚伞圆锥花序；两性；花被片6，2轮，花瓣状；雄蕊常6，2轮。蒴果，室背开裂，或小坚果。本属约8种。中国4种。七目嶂1种。

1. 鸭舌草
Monochoria vaginalis (Burm. f.) C. Presl ex Kunth

全株光滑无毛。叶基生和茎生；叶变化大，心状宽卵形、长卵形至披针形，基部圆形或浅心形，全缘；具弧状脉；叶柄具鞘和舌。总状花序从叶柄中部抽出；花通常3~5枚（稀10余枚），蓝色；雄蕊6，其中1枚较大。蒴果卵形至长圆形。花期8~9月，果期9~10月。

生稻田、沟旁、浅水池塘等水湿处。七目嶂山塘偶见。

嫩茎和叶可作蔬食，也可作猪饲料；全草入药，味苦、性寒，可清热利尿、排脓解毒。

297 菝葜科 Smilacaceae

攀缘或直立灌木，极少为草本。茎枝有刺或无刺。叶互生，具3~7条主脉和网状细脉；叶柄两端常有翅状鞘，鞘上方有卷须或无。花单性异株，常排列成单个腋生的伞形花序，数个再排成圆锥花序或穗状花序；花被片离生或多少合生成筒状；雄花常具6雄蕊，稀3枚或多达18枚；雌花具退化雄蕊。浆果。本科3属300余种，中国2属80余种。七目嶂1属6种。

1. 菝葜属 Smilax L.

攀缘或直立灌木，常绿或落叶，稀草本。常具坚硬的根状茎。枝常有刺，被毛或无。叶为2列的互生，全缘；具3~7主脉和网状细脉；叶柄具鞘及卷须或无卷须。花小，单性异株，通常排成单个腋生的伞形花序，稀再排成圆锥花序或穗状花序；花被片6，离生；雄蕊常6；雌花常具1~6枚退化雄蕊。浆果常球形。本属约300种。中国60种。七目嶂6种。

1. 菝葜
Smilax china L.

根状茎粗厚坚硬。茎疏生刺。叶薄革质，圆形、卵形或其他形状，叶背多少粉白或带霜；叶柄有较长鞘，几乎都有卷须。伞形花序生于叶尚幼嫩的小枝上，多花常呈球状；花序托近球形；花绿黄色；雌花有6枚退化雄蕊。浆果熟时红色，有粉霜。花期2~5月，果期9~11月。

生林下、灌丛中、路旁、河谷或山坡上。七目嶂山坡灌丛常见。

根茎入药，味苦、性平，有祛风活血作用。

2. 筐条菝葜
Smilax corbularia Kunth

枝条有时稍带四棱形，无刺。叶革质，卵状矩圆形、卵形至狭椭圆形，边缘多少下弯，下面苍白色；主脉5条，网脉在上面明显。伞形花序腋生，具10~20花；总花梗为叶柄长度的2/3或近等长，少有超过叶柄，稍扁；花绿黄色；花被片直立，不展开；雌花与雄花大小相似，但内花被片较薄，具3枚退化雄蕊。浆果熟时暗红色。花期5~7月，果期12月。

生林下或灌丛中。七目嶂林下有见。

块茎可酿酒，药用治跌打风湿。

3. 小果菝葜
Smilax davidiana A. DC.

具粗短的根状茎。茎具疏刺。叶坚纸质，通常椭圆形，先端微凸或短渐尖，基部楔形或圆形；叶柄较短，约占全长的1/2~2/3具鞘；鞘耳状，明显比叶柄宽。伞形花序生于叶尚幼嫩的小枝上，具几枚至10余枚花；花绿黄色。浆果熟时暗红色。花期3~4月，果期10~11月。

生林下、灌丛中或山坡、路边阴处。七目嶂林下有见。

4. 土茯苓
Smilax glabra Roxb.

根状茎块状。茎无刺、无毛。叶薄革质，狭椭圆状披针形至狭卵状披针形，先端渐尖，下面多少苍白色；叶柄有短鞘，有卷须。伞形花序常具10余枚花；花序托呈莲座状；花绿白色；雌花具3枚退化雄蕊。浆果熟时紫黑色。花期7~11月，果期11月至翌年4月。

生丘陵低山林中、灌丛下、河岸或山谷中，也见于林缘与疏林中。七目嶂山坡疏林偶见。

根状茎入药，称"土茯苓"，味甘、性平，利湿热解毒、健脾胃。

5. 粉背菝葜
Smilax hypoglauca Benth.

和筐条菝契葜极相似，但总花梗很短，长1~5mm，通常不到叶柄长度的一半。花期7~8月，果期12月。

生疏林中或灌丛边缘。七目嶂灌丛有见。

6. 暗色菝葜
Smilax lanceifolia var. **opaca** A. DC.

茎无刺。叶常革质，卵状矩圆形、狭椭圆形至披针形，先端渐尖或骤凸，略有光泽；叶柄具短鞘，常有卷须。伞形花序通常单个生于叶腋，具几十花，极少两个伞形花序同生；总花梗较短；花黄绿色；雌花比雄花小一半，具6枚退化雄蕊。浆果紫黑色。花期3~4月，果期10~11月。

生林下、灌丛中或山坡阴处。七目嶂山坡阴处偶见。

302 天南星科 Araceae

草本植物，稀为攀缘灌木或附生藤本。富含苦味水汁或乳汁。叶单一或少数，有时花后出现，通常基生，如茎生则为互生，2列或螺旋状排列；叶柄有时具鞘；多为网状脉，稀平行脉。花小或微小，常极臭，排列为肉穗花序；花序外面有佛焰苞包围；花两性，或单性则下部为雌花。果为浆果，极稀为聚合果。本科105属3000余种。中国27属202种（含栽培）。七目嶂6属7种。

1. 菖蒲属 Acorus L.

多年生常绿草本。根茎匍匐，肉质，分枝。叶2列，基生而嵌列状，无柄，箭形；具叶鞘。佛焰苞大部与花序柄合生，着花点分离，叶状；花序生于当年生叶腋，柄长，常为三棱形；肉穗花序指状圆锥形或纤细几成鼠尾状；花密，自下而上开放；花两性；花被片6，外轮3枚；雄蕊6。浆果长圆形，红色。本属4种。中国4种。七目嶂2种。

1. 金钱蒲
Acorus gramineus Soland.

根茎较短。叶基对折，两侧膜质叶鞘棕色，上延至近叶中；叶线形，极狭，先端长渐尖，无中肋；平行脉多数。叶状佛焰苞短，为肉穗花序长的1~2倍；肉穗花序黄绿色，圆柱形。浆果黄绿色。花期5~6月，果期7~8月。

生山谷溪边湿地或石上。七目嶂山谷溪边石间较常见。

根茎入药，味辛、苦，性温，能开窍化痰，辟秽杀虫，主治痰涎壅闭、神志不清、慢性气管。

2. 石菖蒲
Acorus tatarinowii Schott

根茎较短。叶基对折，两侧膜质叶鞘棕色，上延至近叶中；叶线形，先端长渐尖，无中肋；平行脉多数。叶状佛焰苞短，为肉穗花序长的1~2倍；肉穗花序黄绿色，圆柱形。浆果黄绿色。花果期2~6月。

生水旁湿地或石上。七目嶂偶见。

常绿而具光泽，性强健，能适应湿润，特别是较阴的条件，宜在较密的林下作地被植物。

2. 海芋属 Alocasia (Schott) G. Don.

多年生粗厚草本。茎粗厚，多为地下茎，稀上升或直立地上茎，密布叶柄痕。叶幼常盾状，成年植株叶多箭状心形，全缘或浅波状；叶柄长；下部多少具长鞘。花序梗后叶抽出；佛焰苞管部卵形、长圆形；肉穗花序短于佛焰苞，圆柱形，直立；雌花序锥状圆柱形；能育雄花为合生雄蕊柱，倒金字塔形，顶部近六角形；不育雄花为合生假雄蕊，扁平，倒金字塔形，顶部平截。果红色，椭圆形。种子少数，近球形，直立；种皮厚，光滑；内种皮薄，光滑；胚乳丰富。本属约70种。中国4种。七目嶂1种。

1. 海芋
Alocasia odora (Roxb.) K. Koch.

具匍匐根茎。有直立的地上茎。叶多数，叶柄绿色或乌紫色，螺状排列；叶片亚革质，草绿色，箭状卵形，边缘波状；叶柄和中肋变黑色、褐色或白色。佛焰苞管部绿色，卵形或短椭圆形；肉穗花序芳香；雌花序白色；附属器淡绿色至乳黄色，圆锥状。浆果红色，卵状。种子1~2。花期四季，但在密阴的林下常不开花。

常生长于热带雨林林缘、河谷野芭蕉林下。七目嶂林下有见。

根茎供药用，对腹痛、霍乱、疝气等有良效。

3. 芋属 Colocasia Schott

多年生草本。具块茎、根茎或直立的茎。叶柄延长，下部鞘状；叶片盾状着生，卵状心形或箭状心形，后裂片浑圆，连合部分短或达1/2，稀完全合生。花序柄通常多数，于叶腋抽出；佛焰苞管短檐长，果期增大而撕裂；肉穗花序短于佛焰苞；花单性，无花被；不育附属器直立，长或短。浆果绿色。本属13种。中国8种。七目嶂1种。

1. 野芋
Colocasia antiquorum Schott

块茎球形。具匍匐茎。叶柄肥厚，常带紫色；叶片草质，盾状着生，表面略发亮，盾状卵形，基部心形。花序柄比叶柄短许多；佛焰苞苍黄色，管部为檐部的1/5~1/2，檐部狭长的线状披针形，先端渐尖；肉穗花序短于佛焰苞；附属器略长。花期5~9月。

常生长于溪边林下阴湿处。七目嶂溪边林下湿处偶见。

块茎入药，有毒，外用治无名肿毒、疥疮、痈肿疮毒、虫蛇咬伤、急性颈淋巴等。

4. 大藻属 Pistia L.

水生飘浮草本。茎上节间十分短缩。叶螺旋状排列，淡绿色，两面密被含少数细胞的细毛；叶脉7~13(~15)，纵向，背面强度隆起，近平行；叶鞘托叶状，极薄，干膜质。芽由叶基背面的旁侧萌发，最初出现干膜质的细小帽状鳞叶，然后伸长为匍匐茎，最后形成新株分离。花序具极短的柄；佛焰苞极小，叶状，白色，内面光滑，外面被毛；单性同序；雌花单一，子房卵圆形，斜生于肉穗花序轴上，1室，胚珠多数。浆果小，卵圆形，种子多数或少数，不规则地断落。种子无柄，圆柱形；胚乳丰富；胚小，倒卵圆形，上部具茎基。单种属。七目嶂有分布。

1. 大藻
Pistia stratiotes L.

种的特征与属同。花期5~11月。

生淡水池塘或田边。七目嶂有见。

全株作猪饲料；入药外敷无名肿毒；煮水可洗汗瘢、血热作痒、消跌打肿痛；煎水内服可通经，治水肿、小便不利、汗皮疹、臁疮。

5. 石柑属 Pothos L.

附生、攀缘灌木或草本。枝下部具根，上部披散。芽腋生或穿通叶鞘而为腋下生。叶柄叶状，与叶形成似柑桔的单生复叶状；叶片椭圆披针形或卵状披针形，多少不等侧。花序柄腋生或腋下生，基部5~6苞片；佛焰苞卵形苞片状；肉穗花序具长梗，球形、卵形或倒卵形，稀圆柱形；花两性。浆果红色。本属约75种。中国8种。七目嶂1种。

1. 石柑子
Pothos chinensis (Raf.) Merr.

茎亚木质，具节，节上生根，分枝。叶纸质，椭圆形、披针状卵形至披针状长圆形，先端渐尖至长渐尖，具尖头；中脉上凹下凸；叶柄叶状，远窄于叶，与叶呈单生复叶状。花序腋生，基部具4~6苞片；佛焰苞卵形苞片状；肉穗花序具柄，近球形。浆果红色。花果期全年。

生阴湿密林中，常匍匐于岩石上或附生于树干上。七目嶂山谷林中偶见。

茎叶入药，味淡、性平，有小毒，能祛风解暑、消食止咳、镇痛。

6. 犁头尖属 Typhonium Schott

多年生草本。块茎小。叶多数，和花序柄同时出现；叶柄稍长，稀于顶部生珠芽；叶片箭状戟形或3~5浅裂、3裂或鸟足状分裂。花序柄短，稀伸长；檐部后期后仰，卵状披针形或披针形，常紫红色，稀白色；肉穗花序两性，雌花序短，与雄花序之间有一段较长的间隔；附属器各式，大都具短柄；花单性，无花被；雄花雄蕊1~3，药室卵圆形，对生或近对生；雌花子房卵圆形或长圆状卵圆形，1室，胚珠1~2；中性花同型或异型。浆果卵圆形，种子1~2，球形，顶部锐尖。胚乳丰富；胚具轴。本属35种。中国13种。七目嶂1种。

1. 犁头尖
Typhonium blumei Nicolson & Sivad.

块茎近球形、头状或椭圆形，褐色，具环节，节间有黄色根迹，颈部生有黄白色纤维状须根，散生疣凸状芽眼。叶片深心形、卵状心形至戟形；叶片绿色，背淡，前裂片卵形，后裂片长卵形，外展，基部弯缺呈"开"形。花序柄单一，从叶腋抽出，淡绿色；佛焰苞管部绿色，卵形；檐部绿紫色，卷成长角状；中性花同型，线形，上升或下弯，两头黄色，腰部红色。花期5~7月。

生地边、田头、草坡、石隙中。七目嶂田边有见。

块茎入药，有毒，能解毒消肿、散结、止血，主治毒蛇咬伤、痈疖肿毒、血管瘤、淋巴结结核、跌打损伤、外伤出血，一般外用，不作内服。

303 浮萍科 Lemnaceae

漂浮或沉水小草本。茎不发育，以圆形或长圆形的小叶状体形式存在；叶状体绿色，扁平，稀背面强烈凸起。根丝状或无根。叶不存在或退化为细小的膜质鳞片而位于茎的基部。很少开花，主要为无性繁殖：在叶状体边缘的小囊中形成小的叶状体，幼叶状体逐渐长大从小囊中浮出。花单性，无花被。果不开裂。本科5属约38种。中国4属8种。七目嶂1属1种。

1. 浮萍属 Lemna L.

漂浮或悬浮水生草本。叶状体扁平，两面绿色，具1~5脉；根丝状，1条；叶状体基部两侧具囊，囊内生营养芽和花芽；营养芽萌发后，新的叶状体通常脱离母体，也有数代不脱离的。花单性，雌雄同株；佛焰苞膜质；每花序有2雄花，1雌花；雄蕊花丝细，花药2室；子房1室。果实卵形，种子1，具肋突。本属约15种。中国2种。七目嶂1种。

1. 浮萍
Lemna minor L.

叶状体对称，表面绿色，背面浅黄色或绿白色或常为紫色，近圆形、倒卵形或倒卵状椭圆形，全缘，上面稍凸起或沿中线隆起，3脉，不明显；背面垂生丝状根1条，根白色；叶状体背面一侧具囊，新叶状体于囊内形成浮出。雌花具1弯生胚珠。果实无翅，近陀螺状。

生水田、池沼或其他静水水域。七目嶂山塘偶见。

为良好的猪饲料、鸭饲料，也是草鱼的饵料；入药能发汗、利水、消肿毒。

306 石蒜科 Amaryllidaceae

多年生草本，稀为亚灌木、灌木以至乔木状。具鳞茎、根状茎或块茎。叶多数基生，多少呈线形，全缘或有刺齿。花单生或排列成伞形、总状、穗状或圆锥花序，通常具佛焰苞状总苞，总苞片1至数枚，膜质；花两性；花被片6，2轮；雄蕊通常6枚；柱头头状或3裂。蒴果，背裂或不整齐开裂，稀为浆果状。本科100多属1200余种。中国约10属34种。七目嶂1属2种。

1. 葱属 Allium L.

多年生草本。绝大部分的种具特殊的葱蒜气味。具根状茎或根状茎不甚明显。地下部分的肥厚叶鞘形成鳞茎，鳞茎形态多样。须根从鳞茎基部或根状茎上长出，通常细长。叶形多样，从扁平的狭条形到卵圆形，从实心到空心的圆柱状，基部直接与闭合的叶鞘相连；无叶柄或少数种叶片基部收狭为叶柄，叶柄再与闭合的叶鞘相连。花葶从鳞茎基部长出；伞形花序生于花葶的顶端；花被片6，排成两轮；雄蕊6，花丝全缘或基部扩大而每侧具齿；子房3室，每室1至数枚胚珠，花柱单一，柱头全缘或3裂。蒴果室背开裂。种子黑色，多棱形或近球状。本属约500种。中国110种。七目嶂2种。

1. 薤头
Allium chinense G. Don

鳞茎数枚聚生，狭卵状；鳞茎外皮白色或带红色，膜质，不破裂。叶2~5枚，具3~5棱的圆柱状，中空。花葶侧生，圆柱状，下部被叶鞘；总苞2裂，比伞形花序短；小花梗近等长，比花被片长1~4倍，基部具小苞片；花淡紫色至暗紫色；内轮花丝等长，基部扩大，扩大部分每侧各具1齿，外轮的无齿；花柱伸出花被外。花果期10~11月。

生荒地或草地上。七目嶂荒地可见。

可供食用，其制成的罐头味道酸甜可口。

2. 宽叶韭
Allium hookeri Thwaites

鳞茎圆柱状，具粗壮的根；鳞茎外皮白色，膜质，不破裂。叶条形至宽条形，比花葶短或近等长；具明显的中脉。花葶侧生，圆柱状，或略呈三棱柱状；总苞2裂，常早落；小花梗纤细，近等长，为花被片的2~3（~4）倍长，基部无小苞片；花白色，星芒状开展；花丝等长，比花被片短或近等长，在最基部合生并与花被片贴生。花果期8~9月。

生湿润山坡或林下。七目嶂林下可见。

在中国南方的一些地区栽培作蔬菜食用。

310 百部科 Stemonaceae

多年生草本或亚灌木，攀缘或直立。全体无毛，具肉质块根，稀具横走根状茎。叶互生、对生或轮生；具柄或无柄。花序腋生或贴生于叶片中脉；花两性，整齐，通常花叶同期，罕有先花后叶者；花被片4，2轮；雄蕊4，花丝极短，离生或基部合生；柱头不裂或2~3浅裂。蒴果卵圆形，稍扁，熟时裂为2片。本科3属约30种。中国2属6种。七目嶂1属1种。

1. 百部属 Stemona Lour.

多年生草本或亚灌木。块根肉质，纺锤状，成簇。茎攀缘或直立。叶通常每3~5枚轮生，较少对生或互生；主脉基出，横脉细密而平行。花两性，辐射对称，单花或数花排成总状、聚伞状花序；花柄或花序柄常贴生于叶柄和叶片中脉上；花被片4，近相等；雄蕊4。蒴果顶端具短喙。本属约27种。中国5种。七目嶂1种。

1. 大百部（对叶百部）
Stemona tuberosa Lour.

块根常纺锤状。少数分枝，攀缘状。叶对生或轮生，有时互生、卵状披针形、卵形或宽卵形，基部心形，边缘稍波状，纸质或薄革质。花单生或2~3花排成总状花序，生于叶腋或偶尔贴生于叶柄上；花被片黄绿色带紫色脉纹；雄蕊紫红色。蒴果光滑。花果期4~8月。

生山坡丛林下、溪边、路旁以及山谷和阴湿岩石中。七目嶂山谷溪边偶见。

根入药，外用杀虫、止痒、灭虱；内服有润肺、止咳、祛痰之效。

311 薯蓣科 Dioscoreaceae

缠绕草质或木质藤本，少数为矮小草本。具根状茎或块茎。茎左旋或右旋，有毛或无毛，有刺或无刺。叶互生，有时中部以上对生，单叶或掌状复叶；叶柄扭转，有时基部有关节。花单性或两性，雌雄异株，稀同株；花单生、簇生或排列成穗状、总状或圆锥花序；花被裂片6，2轮，合生或离生。蒴果、浆果或翅果。本科9属650种。中国1属49种。七目嶂1属6种。

1. 薯蓣属 Dioscorea L.

缠绕藤本。具根状茎或块茎。单叶或掌状复叶，互生，有时中部以上对生；基出脉3~9条，侧脉网状；叶腋内有珠芽或无。花单性，雌雄异株，很少同株；雄花有雄蕊6，有时其中3枚退化；雌花有退化雄蕊3~6或无。蒴果三棱形，每棱翅状，成熟后顶端开裂。种子有膜质翅。本属600余种。中国约49种。七目嶂6种。

1. 黄独
Dioscorea bulbifera L.

有块茎。茎左旋，无翅。单叶互生，宽卵状心形或卵状心形，基部心形，全缘，无毛；叶腋内有珠芽。花序穗状下垂；雄花序常数个丛生于叶腋，有时分枝呈圆锥状，花被片紫色；雌花序常2至数个丛生叶腋，退化雄蕊6。蒴果三棱翅状，反折。种翅向基部延伸。花果期7~11月。

多生于河谷边、山谷阴沟或杂木林边缘，有时房前屋后或路旁的树荫下也能生长。七目嶂偶见。

块茎入药，主治甲状腺肿大、淋巴结核、咽喉肿痛、吐血、咯血、百日咳。

2. 薯莨
Dioscorea cirrhosa L.

有块茎。茎右旋，无翅，下部有刺。单叶，茎下部的互生，中上部的对生；叶革质，长椭圆状卵形至卵圆形，基部圆形，全缘，无毛。雌雄异株；花序穗状，雄花序常排列呈圆锥花序，雌花序单生叶腋。蒴果三棱翅状，不反折。种翅周生。花期4~6月，果期7月至翌年1月。

生山坡、路旁、河谷边的杂木林中、阔叶林中、灌丛中或林边。七目嶂较常见。

块茎富含单宁，可提制栲胶，或用作染丝绸、棉布、渔网；也可作酿酒的原料；入药能活血、补血、收敛固涩，治跌打损伤、血瘀气滞、月经不调、妇女血崩、咳嗽咳血、半身麻木及风湿等症。

3. 日本薯蓣
Dioscorea japonica Thunb.

块茎长圆柱形，垂直生长。茎绿色，有时带淡紫红色，右旋。单叶，在茎下部的互生，中部以上的对生；叶片纸质，变异大，通常为三角状披针形、长椭圆状狭三角形至长卵形；叶腋内有各种大小形状不等的珠芽。雌雄异株。蒴果不反折，三棱状扁圆形或三棱状圆形。种子着生于每室中轴中部，四周有膜质翅。花期5~10月，果期7~11月。

喜生于向阳山坡、山谷、溪沟边、路旁的杂木林下或草丛中。七目嶂山谷有见。

块茎入药，为强壮健胃药；也供食用。

4. 柳叶薯蓣
Dioscorea linearicordata Prain & Burkill

根状茎横生，竹节状。茎左旋。单叶互生，纸质，三角形或卵圆形，基部心形，边缘波状或近全缘，叶背被毛。雌雄异株；花序穗状；雄花序单生或2~3个簇生于叶腋；雄花被黄色，雄蕊3；雌花序单生叶腋。蒴果三棱翅状，两端平截等宽，反折。种翅周生。花期5~8月，果期6~10月。

生山腰陡坡、山谷缓坡或水沟边阴处的混交林边缘或疏林下。七目嶂山坡疏林中偶见。

5. 五叶薯蓣
Dioscorea pentaphylla L.

块茎形状不规则，通常为长卵形。茎疏生短柔毛，后变无毛，有皮刺。掌状复叶有3~7小叶；小叶片常为倒卵状椭圆形，最外侧的小叶片通常为斜卵状椭圆形，表面疏生贴伏短柔毛至近无毛，背面疏生短柔毛；叶腋内有珠芽。花序轴密生棕褐色短柔毛；雌花序为穗状花序，单一或分枝；花序轴和子房密生棕褐色短柔毛；小苞片和花被外面有短柔毛。蒴果三棱状长椭圆形，薄革质。种子通常两两着生于每室中轴顶部。花期8~10月，果期11月至翌年2月。

生林边或灌丛中。七目嶂偶见。

块茎治消化不良、消食积滞、跌打损伤、风湿痛。

6. 褐苞薯蓣
Dioscorea persimilis Prain & Burkill

块茎长圆柱形，垂直生长，外皮棕黄色，断面新鲜时白色。茎右旋，无毛，较细而硬。单叶，叶片纸质；叶腋内有珠芽。雌雄异株；雄花序为穗状花序，排列呈圆锥花序，有时穗状花序单生或数个簇生于叶腋，花序轴明显地呈"之"字状曲折，苞片有紫褐色斑纹，雄蕊6；雌花序为穗状花序，雌花的外轮花被片为卵形。蒴果不反折，三棱状扁圆形。种子四周有膜质翅。花期7月至翌年1月，果期9月至翌年1月。

生山坡、路旁、山谷杂木林中或灌丛中。七目嶂路旁可见。

块茎入药，补脾止泻、补肺敛气，用于治疗脾虚久泻、久咳伤肺气、咳声无力、干咳无痰、咳则气短等。

314 棕榈科 Arecaceae

灌木、藤本或乔木。茎常不分枝，单生或丛生，或有刺，或残存叶柄基部，稀被毛。叶互生，羽状或掌状分裂，稀为全缘或近全缘；叶柄基部具鞘。花小，单性或两性；雌雄同株或异株，有时杂性，组成分枝或不分枝的大型佛焰花序，有佛焰苞；花萼和花瓣各3；雄蕊通常6，2轮；柱头3。核果或硬浆果。本科约210属2800种。中国28属100余种。七目嶂2属3种。

1. 省藤属 Calamus L.

攀缘藤本或直立灌木，丛生或单生。叶鞘通常为圆筒形，常具刺；叶柄具刺或无刺，基部常膨大呈囊状凸起（膝曲状）；叶轴具刺，顶端延伸为带爪状刺的纤鞭或不具纤鞭；叶羽状全裂，羽片（或称小叶）单枚或数枚成组着生于叶轴两侧；叶形多变，基部变狭，先端渐尖或急尖，常具刚毛；托叶鞘宿存或凋落。雌雄异株，雌雄花序同型或异型，顶端常延伸成纤鞭或尾状附属物；雄花即着生在小佛焰苞里；总苞杯状；花萼管状或杯状，3裂；花冠3裂；雄蕊6；雌花序通常为二回分枝；花冠通常长于花萼，3裂；退化雄蕊6，花丝下部形成一杯状体；子房被鳞片，3室，每室有1胚珠，花柱短或圆锥状，柱头3。果实球形、卵球形或椭圆形。种子1或极少为2~3，椭圆形、近球形或罕为棱角形或扁形。本属约385种。中国28种。七目嶂2种。

1. 杖藤
Calamus rhabdocladus Burret

丛生。叶羽状全裂，顶端不具纤鞭；羽片整齐排列，等距或稍有间隔，线形，先端渐尖，具明显的3条叶脉，两面及边缘和先端均有刚毛状刺；叶轴具近成列的直刺或单生的爪；叶柄被黑褐色鳞秕。雌雄花序异型。果实椭圆形，顶端具喙状尖头。种子宽椭圆形，表面有瘤突；胚乳浅嚼烂状；胚基生。花果期4~6月。

生林下。七目嶂有见。

藤茎质地中等，坚硬，适宜作藤器的骨架，也可作手杖。

2. 毛鳞省藤
Calamus thysanolepis Hance

几无茎，丛生。叶羽状全裂，顶端不具纤鞭；羽片多数，两面黄绿色，每2~6枚成组聚生于叶轴两侧；3条叶脉上及边缘疏被微刺；叶轴背面具稍短的单生的爪状刺；叶柄疏被强壮的带黑尖的直刺；叶鞘非筒状并渐延伸为叶柄，不具囊状凸起。小穗状花序每侧有12~15花。果被梗状，果实阔卵状椭圆形，具短的圆锥状的喙，鳞片18~21纵列，中央无沟槽，淡红黄色，边缘具细的流苏状的纤毛。种子椭圆形，稍扁。花期6~7月，果期9~10月。

生林下。七目嶂偶见。

藤茎质地柔韧，可供编织各种藤器、家具，是手工业的重要原料。

2. 棕榈属 Trachycarpus H. Wendl.

乔木状或灌木状。树干上部常存下悬枯叶。叶鞘解体成网状的粗纤维，环抱树干。叶片呈半圆或近圆形，掌状分裂成许多具单折的裂片；叶柄两侧具瘤突或齿，顶端有明显的戟突。花雌雄异株，稀同株或杂性；花序大型，生叶间；雌雄花序相似，多次或二次分枝；佛焰苞数枚。果肾形或椭圆形，有脐或沟槽。本属约8种。中国约3种。七目嶂1种。

1. 棕榈
Trachycarpus fortunei (Hook.) H. Wendl.

乔木状。树干被不易脱落的老叶柄基部和密集的网状纤维。叶片近圆形，深裂成30~50枚具皱褶的线状剑形，裂片先端具短2裂或2齿，硬挺；叶柄长，两侧具细圆齿，顶端有明显的戟突。花序粗壮，多次分枝，从叶腋抽出，通常是雌雄异株。果阔肾形，有脐，熟时由黄色变为淡蓝色，有白粉。花期4月，果期12月。

通常仅见栽培。七目嶂有栽培。

叶鞘纤维、根、果入药，味淡、性寒，叶鞘纤维煅炭入药有收敛止血的作用；根能利尿通淋；果治泻痢。

315 露兜树科 Pandanaceae

常绿乔木、灌木或攀缘藤本，稀为草本。茎多呈假二叉式分枝，常具气根。叶狭长，呈带状，硬革质，3~4列或螺旋状排列，聚生于枝顶；叶缘和背中脉有锐刺；叶脉平行；叶基具开放的鞘。花单性，雌雄异株；花序腋生或顶生，分枝或否，呈穗状、头状或圆锥状，稀肉穗状，具多数佛焰苞。聚花果或浆果状。本科3属约800种。中国2属7种。七目嶂1属1种。

1. 露兜树属 Pandanus Parkinson.

常绿乔木或灌木，稀为草本。直立，分枝或不分枝。茎常具气根。叶常聚生于枝顶；叶片革质，狭长呈带状，边缘及背面中脉具锐刺；无柄；具鞘。花单性，雌雄异株，无花被；花序穗状、头状或圆锥状，具佛焰苞；雄花多数，每花雄蕊多枚；雌花无退化雄蕊。果为圆球形或椭圆形的聚花果。本属约600种。中国8种。七目嶂1种。

1. 露兜草
Pandanus austrosinensis T. L. Wu

地下茎横卧，分枝，生有许多不定根；地上茎短，不分枝。叶近革质，带状，基部折叠，边缘及背面中脉具锐刺。花单性，雌雄异株；雄花序由若干穗状花序所组成；雄花的雄蕊多为6，花丝下部连合成束。聚花果椭圆状圆柱形或近圆球形。花期4~5月。

生林中、溪边或路旁。七目嶂山谷林中偶见。

叶子可编织草席、帽子、小篓等器物；果实可降血糖。

318 仙茅科 Hypoxidaceae

草本。有根状茎或球茎。叶通常基生；有明显的叶脉；有柄或无。花两性，辐射对称，白色或黄色，单生或组成穗状、总状、近伞形或头状花序；花被管缺、极短或延伸成长管；花被裂片6，扩展，等大且同色；雄蕊6，花药2室，纵裂，柱头短或3枚分离。蒴果或浆果。本科5属约130种。中国2属8种。七目嶂2属2种。

1. 仙茅属 Curculigo Gaertn.

多年生草本。通常具块状根状茎。叶基生，数枚，革质或纸质，通常披针形；具折扇状脉；有柄或无柄；花茎从叶腋抽出，长或短，直立或俯垂；花两性，通常黄色，单生或排列成总状或穗状花序，有时花序强烈缩短，呈头状或伞房状；花被管存在或无；花被裂片6；雄蕊6；柱头3裂。果实为浆果。本属20余种。中国7种。七目嶂1种。

1. 大叶仙茅
Curculigo capitulata (Lour.) O. Kuntze

根状茎粗厚，具细长的走茎。叶通常4~7，长圆状披针形或近长圆形，纸质，全缘，顶端长渐尖；具折扇状脉；叶柄上面有槽，侧背面均密被短柔毛。花茎通常短于叶，被褐色长柔毛；花黄色，具长约7mm的花梗；花被裂片卵状长圆形，顶端钝，外轮的背面被毛。浆果近球形，白色，无喙。花期5~6月，果期8~9月。

生林下或阴湿处。七目嶂林下见。

根及根状茎入药，润肺化痰、止咳平喘、镇静健脾。

2. 小金梅草属 Hypoxis L.

多年生草本。具块茎或近球形的根状茎。3~20基生叶，狭长；无柄。花茎纤细，短于叶；花1至数花，单生或呈顶生的近伞形花序、总状花序；无花被管；花被片6，宿存；雄蕊着生于花被片基部，花丝短，花药近基着；子房下位，3室，花柱较短，柱头3裂。蒴果。本属约100种。中国1种。七目嶂有分布。

1. 小金梅草
Hypoxis aurea Lour.

根状茎肉质，球形或长圆形，内面白色，外面包有老叶柄的纤维残迹。叶基生，4~12枚，狭线形，顶端长尖，

基部膜质，有黄褐色疏长毛。花茎纤细；花序有1~2花，有淡褐色疏长毛；苞片小，2枚，刚毛状；花黄色；无花被管；花被片6，长圆形，宿存，有褐色疏长毛；雄蕊6，着生于花被片基部，花丝短；子房下位，3室，有疏长毛，花柱短，柱头3裂，直立。蒴果棒状，成熟时3瓣开裂。种子多数，近球形，表面具瘤状凸起。

多生于山野荒地。七目嶂偶见。

有毒植物。

323 水玉簪科 Burmanniaceae

一年生或多年生草本。通常为腐生植物，少数是能自营的绿色植物。茎纤细，通常不分枝，具根状茎或块茎。单叶，茎生或基生，全缘，或通常退化成红色、黄色或白色的鳞片状。花通常两性（极罕单性），辐射对称或两侧对称，单生或簇生于茎顶，或为穗状、总状或二歧蝎尾状聚伞花序；花被基部连合呈管状，具翅，花被裂片6，2轮，内轮的常较小或无，常有显著的附属体（中国不产）；雄蕊6或3，着生于花被管上，花丝短，花药隔宽，具附属体，药室纵裂或横裂；子房下位，3室，具中轴胎座或1室而具侧膜胎座，胚珠多数，小，倒生，花柱1，线形或锥形，柱头3。蒴果，有时肉质，不规则开裂或横裂，稀瓣裂，具翅或无。种子多而小，具膜质外种皮；有胚乳；胚体不分化。本科16属148种。中国3属13种。七目嶂1属1种。

1. 水玉簪属 Burmannia L.

一年生或多年生草本。具根茎。茎不分枝或分枝，在腐生的种类中叶退化成鳞片状，在非腐生的种类中，叶绿色，茎生或于基部排列呈莲座式。花单生或数花簇生于茎顶呈头状，或排成二歧蝎尾状聚伞花序；花被裂片通常6，外轮的3枚较大，内轮的3枚较小或有时无，花后宿存；花被管有3棱或3翅或无；雄蕊3，花丝无或近于无，生于花被管的喉部，内轮花被裂片的下方，花药隔宽，顶端常有2枚鸡冠状附属体，基部有时有距，花药室生于药隔之两侧，球形或棒状，横裂；子房三棱形，3室，中轴胎座，胚珠多数，花柱线形，藏于花被裂片之内。蒴果，常具3棱或3翅，不规则开裂。种子多数，长圆形或椭圆形。本属57种。中国10种。七目嶂1种。

1. 纤草

Burmannia itoana Makino.

茎不分枝或顶部有1~3分枝，蓝紫色而无叶绿素。无基生叶，茎生叶退化呈鳞片状，披针形至卵形；苞片和茎生叶相似。1~2花顶生，具短梗，翅紫色；外轮花被裂片卵状三角形，质厚，有1条明显的脉，内轮花被裂片圆形；药隔顶部有二叉开的鸡冠状附属体，基部有距；子房倒卵状球形，翅狭，半匙形或倒心形；花柱粗线形，柱头3。蒴果三棱状球形，横裂。花期秋季。

生林下。七目嶂林下见。

花色艳丽，具有观赏价值。

326 兰科 Orchidaceae

地生、附生或较少为腐生草本，极罕为攀缘藤本。叶基生或茎生，后者通常互生或生于假鳞茎顶端或近顶端处，扁平或有时圆柱形或两侧压扁，具关节或无。花葶或花序顶生或侧生；总状花序或圆锥花序，稀头状或为单花，两性，通常两侧对称；花被片6，2轮；中央1枚花瓣常特化成唇瓣。蒴果，稀为荚果状。本科约700属20000种。中国171属1200余种。七目嶂20属28种。

1. 无柱兰属 Amitostigma Schltr.

地生草本。块茎圆球形或卵圆形，肉质，不裂，颈部生几条细长根。叶通常1，罕为2~3，基生或茎生，长圆形、披针形、椭圆形或卵形。花序顶生，总状，常具多数花，花多偏向一侧；花苞片通常为披针形，直立伸展；花较小，部分种类稍大，淡紫色、粉红色或白色，罕黄色，倒置（唇瓣位于下方）；萼片离生，长圆形、椭圆形或卵形，具1脉；花瓣直立，较宽；唇瓣通常较萼片和花瓣长而宽，前部3裂或4裂；蕊柱极短；退化雄蕊2，生于花药的基部两侧，花药生于蕊柱顶，2室，药室并行，花粉团2，为具小团块的粒粉质，具花粉团柄和黏盘，裸盘裸露，附于蕊喙基部两侧的凹口处；柱头2，离生，隆起，多为棒状，从蕊喙穴下向外伸出。蒴果近直立。本属约23种。中国24种。七目嶂1种。

1. 无柱兰

Amitostigma gracile (Blume) Schltr.

块茎卵形或长圆状椭圆形，肉质。茎纤细，直立或近直立。叶片狭长圆形、长圆形、椭圆状长圆形或卵状披针形。总状花序具5至20余花；花苞片小，直立伸展，卵状披针形或卵形；花小，粉红色或紫红色；花瓣斜椭圆形或卵形，先端急尖，具1脉；唇瓣较萼片和花瓣大，轮廓为倒卵形，具5~7(~9)不隆起的细脉；蕊柱极短，直立。花期6~7月，果期9~10月。

生山坡沟谷边或林下阴湿处覆有土的岩石上或山坡灌丛下。七目嶂林下见。

具有极高的观赏价值，常用在园林、盆景中。

2. 开唇兰属 Anoectochilus Blume

地生兰。根状茎伸长，茎状，匍匐，具节；节上生根。茎直立，或向上伸展，圆柱形，具叶。叶互生，常稍肉质，部分种的叶片上面具杂色的脉网或脉纹，基部通常偏斜，具柄。花大、中等大或较小，倒置(唇瓣位于下方)或不倒置(唇瓣位于上方)，排列成疏散或较密集的、顶生的总状花序；萼片离生，背面通常被毛；花瓣较萼片薄，膜质，与中萼片近等长，常斜歪；唇瓣基部与蕊柱贴生，基部凹陷呈圆球状的囊，囊小；唇瓣前部多明显扩大成2裂，其裂片的形状种间且叉开；花药2室，花粉团2，每枚多少纵裂为2，棒状。本属30种。中国11种。七目嶂1种。

1. 金线兰

Anoectochilus roxburghii (Wall.) Lindl.

植株根状茎匍匐，节上生根。茎直立，肉质，圆柱形，具(2~)3~4叶。叶片卵圆形或卵形，上面暗紫色或黑紫色，具金红色带有绢丝光泽的美丽网脉，背面淡紫红色。总状花序具2~6花；花序轴淡红色，和花序梗均被柔毛；花序梗具2~3枚鞘苞片；唇瓣呈"Y"字形，基部具圆锥状距，其两侧各具6~8条长约4~6mm的流苏状细裂条，上举指向唇瓣，末端2浅裂，内侧在靠近距口处具2枚肉质的胼胝体。花期(8~)9~11(~12)月。

生常绿阔叶林下或沟谷阴湿处。七目嶂林下可见。

全草入药，性甘、味平，可清热凉血，祛风利湿，主治腰膝痹痛、肾炎、支气管炎等炎症。

3. 拟兰属 Apostasia Bl.

亚灌木状草本。直立或下部伏地，具根状茎；根状茎有时发出少数支柱状根。茎较纤细，有时分枝，具多枚叶。叶通常较密集，折扇状，一般先端有由边缘背卷而成的管状长芒，基部收狭成柄；叶柄在基部扩大成鞘状而抱茎。花序顶生或生于上部叶腋，常外弯或有时下垂，总状或具侧枝而呈圆锥状；花苞片较小；花近辐射对称，黄色至白色；花瓣亦大致相似，有时中央的1枚(唇瓣)较大；花药早期常多少围抱蕊柱，两个药室等长或不等长；花柱圆柱状，柱头顶生，小头状。果实为蒴果，细圆柱形。种子成熟时黑色，有坚硬的外种皮。本属约8种。中国3种。七目嶂1种。

1. 深圳拟兰

Apostasia shenzhenica Z. J. Liu & L. J. Chen

根状茎长并具细根，细根上具卵球形块根。茎纤细。叶7~10枚或更多，叶片卵状或卵状披针形。圆锥花序从茎顶端发出，斜向下生长，具4~9花；花浅绿黄色，不开放；萼片3，相似，狭椭圆形；花瓣3，近长圆形；合蕊柱圆柱形。花期5~6月。

生林下或沟谷阴湿处。七目嶂偶见。

中国大陆拟兰亚科出现最高纬度记录的品种，极具科研价值。

4. 竹叶兰属 Arundina Blume

地生草本。具根状茎。茎直立，常数个簇生，不分枝，较坚挺，具多枚互生叶。叶二列，禾叶状，基部具关节和抱茎的鞘。花序顶生，不分枝或稍分枝，具少数花；花苞片小，宿存；花大；萼片相似；花瓣明显宽于萼片；唇瓣贴生于蕊柱基部，3裂，基部无距；蕊柱中等长；花粉团8，4枚成簇。果为蒴果。本属1~2种。中国1~2种。七目嶂1种。

1. 竹叶兰

Arundina graminifolia (D. Don) Hochr.

具根状茎。茎直立，常数个丛生或成片生长，圆柱形、细竹秆状，通常为叶鞘所包，具多枚叶。叶线状披针形，薄革质或坚纸质，先端渐尖，基部具鞘；鞘抱茎。花序总状或圆锥状，具2~10花；花粉红色或略带紫色或白色。蒴果近长圆形。花果期9~11月。

生草坡、溪谷旁、灌丛下或林中。七目嶂山地草坡湿地偶见。

根状茎及全草可入药，味苦、性平，可清热解毒、祛风除湿、止痛、利尿。

5. 石豆兰属 Bulbophyllum Thouars.

附生草本。根状茎匍匐，稀直立，具假鳞茎或无。假鳞茎紧靠，具1节。叶通常1，稀2~3，顶生于假鳞茎，或生于根状茎；叶片肉质或革质，先端稍凹或锐尖、圆钝；无柄或具柄。花葶侧生假鳞茎基部或生根状茎节上，具单花或多花至许多花组成为总状或近伞状花序；花瓣比萼片小；唇瓣肉质。蒴果。本属约1900种。中国103种。七目嶂3种。

1. 芳香石豆兰
Bulbophyllum ambrosia (Hance) Schltr.

根状茎匍匐，相距3~9cm生1个假鳞茎。假鳞茎1节，直立或稍弧曲，圆柱形，长2~6cm，粗3~8mm，顶生1枚叶。叶革质，具光泽，长圆形，长3.5~13cm，先端钝并且稍凹入，基部略具柄。花葶出自假鳞茎基部，1~3个，直立，顶生1花；花淡黄色带紫纹和斑；花瓣三角形；唇瓣近卵形。花期通常2~5月。

生山地林中树干上。七目嶂山地密林内偶见。

全草入药，治肝炎。

3. 密花石豆兰
Bulbophyllum odoratissimum (Sm.) Lindl.

根状茎匍匐纤细，相隔2~5cm生1个假鳞茎。假鳞茎1节，近圆柱形，顶生1枚叶。叶革质，长圆形，先端圆钝并且稍凹入；基部具柄。花葶1~2个，从假鳞茎基部发出，直立；总状花序缩短呈伞状，具4~10花；花较小，橙黄色；唇瓣卵状披针形。花期6月。

生山地林中树干上。七目嶂山地密林中偶见。

全草（果上叶）入药，味甘、淡，性平，可润肺化痰、舒筋活络、消肿。

2. 广东石豆兰
Bulbophyllum kwangtungense Schltr.

根状茎匍匐，相隔2~7cm生1个假鳞茎。假鳞茎1节，圆柱状，顶生1枚叶。叶革质，长圆形，先端圆钝并且稍凹入，基部具短柄。花葶1，近假鳞茎基部发出，直立；总状花序缩短呈伞状，具2~7朵；花略大，淡黄色；唇瓣狭披针形。花期5~8月。

通常生于山地林下岩石上。七目嶂山地密林偶见。

全草入药，有清热止咳、祛风的功效。

6. 虾脊兰属 Calanthe R. Br.

地生草本。根状茎有或无。假鳞茎通常粗短，圆锥状，稀圆柱形。叶少数，常较大，稀呈剑形或带状，幼时席卷，全缘或波状，有柄或近无柄，具关节或无，无毛或有毛。花葶直立，不分枝，通常密被毛，稀无毛；总状花序具少数至多数花；花小至中等大；萼片近相似；花瓣比萼片小；唇瓣常比萼片大而短。本属约150种。中国51种。七目嶂1种。

1. 棒距虾脊兰
Calanthe clavata Lindl.

植株全体无毛。根状茎粗壮，被鳞片状鞘，节上生粗壮的根。假鳞茎很短，完全为叶鞘所包。叶狭椭圆形，先端急尖，基部渐狭为柄。花葶1~2，生于茎的基部，直立；花黄色；花瓣倒卵状椭圆形至椭圆形，先端锐尖，具5条脉，仅中央3条脉到达先端；唇瓣基部近截形，与整个蕊柱翅合生，3裂；距棒状，劲直，末端粗达3.5mm；花粉团近棒状或狭倒卵球形，近等大。花期11~12月。

生山地密林下或山谷岩边。七目嶂林下偶见。

具有较高观赏价值的园林植物，主要用于园林栽培。

7. 隔距兰属 Cleisostoma Blume

附生草本。茎长或短，直立或下垂，稀匍匐，分枝或不分枝，具多节。叶少数至多数，质地厚，2列，扁平，半圆柱形或细圆柱形，先端锐尖或钝并且不等侧2裂；基部具关节和抱茎的叶鞘。总状花序或圆锥花序侧生，具多数花；花小；萼片离生，侧萼片常歪斜；花瓣通常比萼片小；唇瓣基部具距，3裂。本属约100种。中国16种。七目嶂1种。

1. 大序隔距兰
Cleisostoma paniculatum (Ker Gawl.) Garay

茎直立，扁圆柱形，伸长，有时分枝。叶革质，多数，紧靠，2列互生，扁平，狭长圆形或带状，先端钝并且不等侧2裂；基部具鞘及1个关节。花序生于叶腋，远比叶长，多分枝；花序柄近直立；圆锥花序具多数花；花小；萼、瓣背面黄绿色，内面紫褐色；唇瓣黄色。花期5~9月。

生常绿阔叶林中树干上或沟谷林下岩石上。七目嶂林中偶见。

叶姿优美，花香幽远，具有较高的园艺价值。

8. 贝母兰属 Coelogyne Lindl.

附生草本。根状茎常延长，匍匐或多少悬垂，节常密生。假鳞茎常较粗厚，间距着生于根状茎上，基部常被箨状鞘，顶端生1~2叶。叶通常长圆形至椭圆状披针形，一般质地较厚；基部具柄。花葶生于假鳞茎顶端，常与幼叶同出，稀发于根状茎上；总状花序直立或俯垂，通常具数花，稀多或单花。蒴果中等大。本属约200种。中国26种。七目嶂1种。

1. 流苏贝母兰
Coelogyne fimbriata Lindl.

根状茎匍匐。假鳞茎相距2~8 cm，顶端生2叶；具鞘。叶长圆形或长圆状披针形，纸质，先端急尖；具柄。花葶生于假鳞茎顶端；总状花序通常1~2花，次第开放；花淡黄色或近白色；唇瓣上有红色斑纹，顶端具流苏。蒴果倒卵形。花期8~10月，果期翌年4~8月。

生溪旁岩石上或林中、林缘树干上。七目嶂溪边石上或林中树干上偶见。

此花有栽培，具有园艺和中草药价值。

9. 兰属 Cymbidium Sw.

附生或地生草本，罕腐生。常具卵球形、椭圆形或梭形假鳞茎，稀成茎状，基部具鞘。叶数枚至多枚，常生于假鳞茎基部或下部节上，2列，带状或罕倒披针形至狭椭圆形，基部阔鞘抱假鳞茎，有关节。花葶侧生或发自假鳞茎基部；总状花序具数花或多花，稀单花；花较大或中等大；萼、瓣离生；唇瓣3裂。本属约48种。中国29种。七目嶂2种。

1. 建兰
Cymbidium ensifolium (L.) Sw.

叶2~6，带形，有光泽，稀上部具齿，关节距基部2~4cm处。花葶从假鳞茎基部发出，直立，一般短于叶；总状花序具3~9花；花清香，常浅黄绿色而具紫斑；中部花的苞片短于花梗的1/2；花瓣狭椭圆形，唇瓣近卵形，略3裂。蒴果狭椭圆形。花期通常为6~10月。

生疏林下、灌丛中、山谷旁或草丛中。七目嶂林中偶见。

传统盆栽植物。全草入药，有祛风理气作用。

兰科 Orchidaceae

2. 寒兰
Cymbidium kanran Makino

假鳞茎狭卵球形，包藏于叶基之内。叶3~5（~7）枚，带形，薄革质，前部边缘常有细齿，关节位于距基部4~5cm处。花葶发自假鳞茎基部，直立；花苞片狭披针形，最下面1枚长可达4cm；萼片近线形或线状狭披针形，先端渐尖；花瓣常为狭卵形或卵状披针形。蒴果狭椭圆形。花期8~12月。

生林下、溪谷旁或稍荫蔽、湿润、多石之土壤上。七目嶂林下见。

株型修长健美，叶姿优雅俊秀，花色艳丽多变，香味清醇久远，因此有"寒兰"之名，为国兰之一。

10. 蛇舌兰属 **Diploprora** Hook. f.

附生草本。茎短或细长，圆柱形或稍扁的圆柱形，具多数节和多数2列的叶。叶扁平，狭卵形至镰刀状披针形。总状花序侧生于茎，下垂，具少数花；花稍肉质；14枚相似，伸展，背面中肋呈龙骨状隆起；花瓣比萼片狭；唇瓣位于上方，肉质，基部牢固地贴生在蕊柱的两侧，舟形，中部以上强烈收狭，先端近截形或收狭，并且为尾状2裂，上面纵贯1条龙骨状的脊，基部无距。本属约2种。中国1种。七目嶂有分布。

1. 蛇舌兰
Diploprora championii (Lindl.) Hook. f.

茎质地硬，圆柱形或稍扁的圆柱形，常下垂。叶纸质，镰刀状披针形或斜长圆形，先端锐尖或稍钝并且具不等大的2~3尖齿，基部具宿存的鞘，边缘有时波状。总状花序与叶对生，具2~5花；花序轴多少回折状弯曲，扁圆柱形；花苞片卵状三角形，先端急尖；花具香气，稍肉质，开展；萼片和花瓣淡黄色；萼片相似，长圆形或椭圆形；花瓣比萼片较小；唇瓣白色带玫瑰色，中部以下凹陷呈舟形。蒴果圆柱形。花期2~8月，果期3~9月。

生山地林中树干上或沟谷岩石上。七目嶂可见。

历史悠久，具有独特的观赏价值与艺术文化价值。

11. 毛兰属 **Eria** Lindl.

附生草本。通常具根状茎。茎常膨大成种种形状的假鳞茎，稀不膨大，具1至多节；基部被鞘。叶1至数枚，通常生于假鳞茎顶端或近顶端的节上，稀在不膨大茎上呈2列排列或散生于茎上。花序侧生或顶生，常总状，稀单花，被绵毛或无毛；唇瓣具关节或无，无距，常3裂，常有纵脊或胼胝体。蒴果圆柱形。本属370余种。中国43种。七目嶂1种。

1. 半柱毛兰
Eria corneri Rchb. f.

无毛。假鳞茎密集着生，顶端具2~3叶。叶椭圆状至倒卵状披针形，先端渐尖或长渐尖，基部收狭成柄。花序1，从假鳞茎近顶端叶的外侧发出，基部包鞘；花序具10余花或更多；花白色或略带黄色；唇瓣卵形，3裂。蒴果倒卵状。花期8~9月，果期10~12月。

生林中树上或林下岩石上。七目嶂山地林中偶见。

假鳞茎入药，可用于小儿哮喘，外用于瘰疬、疮疡肿毒；全草入药，可清热解毒、润肺、消肿、益胃生津。

12. 斑叶兰属 Goodyera R. Br.

地生草本。根状茎匍匐，具节。茎直立。叶互生，稍肉质，具柄，上面常具杂色的斑纹。花序顶生，具少数至多数花，总状，罕似穗状；花常较小或小，偏向一侧或不是；唇瓣位于下方；萼片离生，近相似，背面常被毛；花瓣较萼片薄，膜质；唇瓣不裂，无爪，先端多少向外弯曲。蒴果直立，无喙。本属约40种。中国29种。七目嶂2种。

1. 高斑叶兰
Goodyera procera (Ker Gawl.) Hook.

根状茎短而粗，具节。茎直立，无毛，具6~8叶。叶长圆形或狭椭圆形，基部渐狭；具柄。花茎具5~7枚鞘状苞片；总状花序具多数密生的小花，似穗状；花序轴被毛；花小，白色带淡绿色，芳香，不偏向一侧；唇瓣宽卵形，前端反卷。花期4~5月。

生丘陵低山林下湿处。七目嶂偶见。

全草民间作药用。

2. 歌绿斑叶兰
Goodyera seikoomontana Yamamoto

植株根状茎伸长，茎状，具节。茎直立，绿色，具3~5叶。叶片椭圆形或长圆状卵形，颇厚，绿色，叶面平坦，基部近圆形。花茎被短柔毛，下部具2枚椭圆形，微带红褐色的鞘状苞片；总状花序具1~3花；花苞片披针形，全缘，无毛；子房圆柱形，具少数毛；花较大，绿色，张开，无毛；花瓣偏斜的菱形，先端钝，基部渐狭，具1脉；唇瓣卵形，具7~9对平行脉，前部三角状卵形，向下反卷。花期2月。

生林下。七目嶂林下可见。

观赏价值高，可作园林造景或盆栽等。

13. 玉凤花属 Habenaria Willd.

地生草本。块茎肉质。茎直立，基部常具鞘，鞘以上具1至多枚叶。叶散生或集生于茎的中部、下部或基部，稍肥厚，基部收狭成抱茎的鞘。花序总状，顶生，具少数或多数花；花苞片直立，伸展；萼片离生；花瓣不裂或分裂；唇瓣一般3裂，基部通常有长或短的距，有时为囊状或无距。蒴果。本属约600种。中国55种。七目嶂2种。

1. 细裂玉凤兰
Habenaria leptoloba Benth.

植株块茎肉质，长圆形。茎较细长，直立，圆柱形，近基部具5~6叶。叶片披针形或线形，先端渐尖或急尖，基部收狭并抱茎。总状花序具8~12花；花苞片披针形，长于子房；花小，淡黄绿色；萼片淡绿色，中萼片宽卵形，先端钝，具1脉；花瓣带白绿色，直立，斜卵形，凹陷。花期8~9月。

生山坡林下阴湿处或草地。七目嶂林下偶见。

植株挺立，优雅俊秀，可供观赏。

2. 橙黄玉凤花
Habenaria rhodocheila Hance.

块茎肉质。茎直立，具4~6叶，向上具1~3枚苞片状小叶。叶片线状披针形至近长圆形，宽1.5~2cm，基部抱茎。总状花序具2~10余枚疏生的花；花苞片卵状披针形；花中等大；萼片和花瓣绿色；唇瓣橙黄色、橙红色或红色，小人形。蒴果纺锤形，先端具喙。花期7~8月，果期10~11月。

生山坡或沟谷林下阴处地上或岩石上覆土中。七目嶂山谷阴湿处偶见。

全草入药，治头目眩晕、四肢无力、神经衰弱等。

14. 羊耳蒜属 Liparis L. C. Rich.

地生或附生草本。常具假鳞茎或多节的肉质茎。叶1至数枚，基生或茎生，或生于假鳞茎顶端或近顶端的节上，草质、纸质至厚纸质，多脉，多少具柄，具或不具关节。花葶顶生，两侧具狭翅；总状花序疏生或密生多花；花小或中等大，扭转；花瓣通常比萼片狭；唇瓣不裂或稀3裂，上部常反折。蒴果常具3棱。本属约250种。中国52种。七目嶂2种。

1. 镰翅羊耳蒜
Liparis bootanensis Griff.

假鳞茎密集，顶端生1叶。叶狭长圆状倒披针形、倒披针形至近狭椭圆状长圆形，纸质或坚纸质，基部收狭成柄，有关节。花葶长7~24cm；花序柄两侧具很狭的翅；总状花序外弯或下垂，具数花至20余花；花通常黄绿色，有时带褐色，稀近白色；唇瓣近宽长圆状倒卵形。花期8~10月，果期3~5月。

生林缘、林中或山谷阴处的树上或岩壁上。七目嶂山谷岩壁上偶见。

全草入药，有清热解毒、补气血的功效。

2. 见血青
Liparis nervosa (Thunb.) Lindl.

茎肥厚肉质，有数节。叶2~5，卵形至卵状椭圆形，膜质或草质，宽3~8cm，先端近渐尖，全缘，基部收狭成鞘状柄，无关节。花葶发自茎顶端；总状花序常具数花至10余花，罕有花更多；花序轴有时具翅；花紫色；花瓣丝状；唇瓣长圆状倒卵形，先端截形并微凹。花期2~7月，果期10月。

生山地林下、溪谷旁、草丛阴处或岩石覆土上。七目嶂山地林下偶见。

全草入药，味苦、性凉，有生新、散瘀清肺、止吐血的作用。

15. 原沼兰属 Malaxis Sol. ex Sw.

地生，较少为半附生或附生草本。通常具多节的肉质茎或假鳞茎，外面常被有膜质鞘。叶通常2~8，较少1，草质或膜质，有时稍肉质，近基生或茎生，多脉，基部收狭成明显的柄；叶柄常多少抱茎，无关节。花葶顶生，通常直立，无翅或罕具狭翅；总状花序具数花或数十花；花瓣一般丝状或线形，明显比萼片狭窄；不裂或2~3裂，有时先端具齿或流苏状齿，基部常有一对向蕊柱两侧延伸的耳；蕊柱一般很短，直立，顶端常有2齿。蒴果较小，椭圆形至球形。全属约300种。中国21种。七目嶂1种。

1. 无耳沼兰（阔叶沼兰）
Malaxis latifolia J. E. Smith

具肉质茎；肉质茎圆柱形。叶通常4~5，斜立，斜卵状椭圆形、卵形或狭椭圆状披针形；叶柄鞘状，抱茎。花葶直立，具很狭的翅；总状花序具数十花或更多的花；花紫红色至绿黄色，密集，较小；唇瓣近宽卵形，凹陷；中裂片狭卵形，先端钝。蒴果倒卵状椭圆形，直立。花期5~8月，果期8~12月。

生林下、灌丛中或溪谷旁荫蔽处的岩石上。七目嶂林下灌丛可见。

16. 鹤顶兰属 Phaius Lour.

地生草本。假鳞茎丛生，具少至多数节，常被鞘。叶大，数枚，互生于假鳞茎上部，基部收狭为柄并下延为长鞘；具折扇状脉；叶鞘紧抱茎或互相套叠而成假茎。花葶1~2，侧生假鳞茎节上或生叶腋，高或低于叶层；总状花序具少数或多数花；花通常大，美丽；萼和瓣近等大；唇瓣近3裂或不裂，有短距或无。本属约40种。中国8种。七目嶂2种。

1. 黄花鹤顶兰
Phaius flavus (Blume) Lindl.

假鳞茎卵状圆锥形，具2~3节，被鞘。叶4~6，紧密互生于假鳞茎上部，通常具黄色斑块，长椭圆形或椭圆状披针形，基部收狭为长柄，具5~7条在背面隆起的脉，两面无毛。花葶从假鳞茎基部或上方节上发出，1~2个，矮于叶层；总状花序具数花至20花；花柠檬黄色。花期4~10月。

生山坡林下阴湿处。七目嶂山坡林下偶见。

花、叶极具观赏价值，供观赏；茎药用，清热止咳、活血止血，主治咳嗽、多痰咯血、外伤出血等；假鳞茎有小毒，可清热解毒、消肿散结，用于治痈疮溃烂、瘰疬。

17. 石仙桃属 Pholidota Lindl. ex Hook.

附生草本。通常具根状茎和假鳞茎。叶1~2，生于假鳞茎顶端；基部多少具柄。花葶生于假鳞茎顶端；总状花序常多少弯曲，具数枚或多枚花；花序轴常稍曲折；花苞片大，2列；花小，常不完全张开；萼片相似；花瓣通常小于萼片；唇瓣不裂或罕有3裂，唇盘上有脉或褶片，无距。蒴果较小，常有棱。本属约30种。中国14种。七目嶂1种。

1. 石仙桃
Pholidota chinensis Lindl.

根状茎匍匐，相距5~15mm生假鳞茎。假鳞茎狭卵状长圆形，基部收狭成柄状。叶2，生于假鳞茎顶端，倒卵状至近长圆形；具3条较明显的脉；具柄。花葶生嫩假鳞茎顶端；总状花序常外弯，具数花至20余花；花白色或带浅黄色。花期4~5月，果期9月至翌年1月。

生林中或林缘树上、岩壁上或岩石上。七目嶂各山谷林中石上或树上偶见。

假鳞茎入药，味甘淡、性凉，有清热、化痰止喘、滋阴解毒、凉血止痛、润肺生津的功效。

2. 鹤顶兰
Phaius tancarvilleae (L'Hér.) Blume

假鳞茎圆锥形。叶2~6，互生于假鳞茎的上部，长圆状披针形，基部收狭为长柄，两面无毛。花葶从假鳞茎基部或叶腋发出，高于叶层；总状花序具多数花；花大，背面白色，内面暗赭色或棕色；唇瓣前端茄紫色，内面茄紫色带白色条纹，浅3裂。花期3~6月。

生高海拔林缘、沟谷或溪边阴湿处。七目嶂山地沟谷阴湿处可见。

球茎入药，味微辛、性温，有小毒，清热除痰。

18. 舌唇兰属 Platanthera L. C. Rich.

地生草本。具肉质肥厚的根状茎或块茎。茎直立，具1至数枚叶。叶互生，稀近对生，叶片椭圆形、卵状椭圆形或线状披针形。总状花序顶生，具少数至多数花；花大小不一，常为白色或黄绿色，倒置(唇瓣位于下方)；

花瓣常较萼片狭；唇瓣常为线形或舌状，肉质，不裂，向前伸展；花药直立，2室，药室平行或多少叉开；花粉团2，为具小团块的粒粉质，棒状，具明显的花粉团柄和裸露的黏盘；柱头1，凹陷，与蕊喙下部汇合，两者分不开，或1个隆起位于距口的后缘或前方。蒴果直立。本属约200种。中国42种。七目嶂1种。

1. 小舌唇兰
Platanthera minor (Miq.) Rchb. f.

植株块茎椭圆形，肉质。茎粗壮，直立，下部具1~2（~3）枚较大的叶，基部具1~2枚筒状鞘。叶互生，叶片椭圆形、卵状椭圆形或长圆状披针形。总状花序具多数疏生的花；花苞片卵状披针形；花黄绿色；萼片具3脉，边缘全缘；花瓣直立，斜卵形，先端钝，基部的前侧扩大；唇瓣舌状，肉质，下垂，先端钝；蕊柱短；药室略叉开；柱头1，大，凹陷，位于蕊喙之下。花期5~7月。

生山坡林下或草地。七目嶂林下可见。

全草入药，甘、平，养阴润肺、益气生津，用于治咳痰带血、咽喉肿痛、病后体弱、遗精、头昏身软、肾虚腰痛、咳嗽气喘、肠胃湿热、小儿疝气。

19. 绶草属 Spiranthes L. C. Rich.

地生草本。叶基生，多少肉质，叶片线形、椭圆形或宽卵形，罕为半圆柱形，基部下延成柄状鞘。总状花序顶生，具多数密生的小花，似穗状，常多少呈螺旋状扭转；花小，不完全展开；萼片离生，近相似；中萼片常与花瓣靠合呈兜状；唇瓣基部凹陷，常有2胼胝体，有时具短爪，不裂或3裂，边缘常呈皱波状。本属约50种。中国1种。七目嶂有分布。

1. 绶草
Spiranthes sinensis (Pers.) Ames.

根数条，指状，肉质。茎较短，近基部生2~5叶。叶片宽线形或宽线状披针形，基部收狭成柄及鞘。总状花序具多数密生的花，呈螺旋状扭转；花小，紫红色、粉红色或白色；中萼片与花瓣靠合呈兜状；唇瓣宽长圆形，凹陷，基部囊内具2胼胝体。花期7~8月。

生山坡林下、灌丛下、草地或河滩沼泽草甸中。七目嶂溪边草地偶见。

全草入药，味甘淡、性平，有滋阴补气、清热生津、益气解毒的功效。

20. 带唇兰属 Tainia Blume

地生草本。根状茎横生。假鳞茎肉质，1节罕多节，顶生1叶。叶大，纸质，折扇状；具长柄；叶柄具纵条棱；无关节或在远离叶基处具1关节。花葶侧生于假鳞茎基部，直立，不分枝；总状花序具少数至多数花；花中等大，开展；萼片和花瓣相似；唇瓣贴，直立，基部具短距或浅囊，不裂或前部3裂。本属约15种。中国11种。七目嶂2种。

1. 带唇兰
Tainia dunnii Rolfe.

假鳞茎暗紫色，顶生1叶。叶狭长圆形或椭圆状披针形，基部渐狭为柄；叶柄具3脉。花葶侧生假鳞茎基部；花序轴红棕色，疏生多数花；花苞片红色；花黄褐色或棕紫色；花瓣与萼片等长而较宽，具3条脉；唇瓣前部3裂，黄色，侧片具紫黑斑点。花期通常3~4月。

生常绿阔叶林下或山间溪边。七目嶂山谷沟边林下偶见。

此花有栽培，花的颜色和唇瓣中裂片先端的形状常有变化，具有较高的园艺价值。

2. 香港带唇兰
Tainia hongkongensis Rolfe.

假鳞茎卵球形，顶生1叶。叶长椭圆形，基部渐狭为柄；具折扇状脉。花葶出自假鳞茎的基部；总状花序疏生数花；花黄绿色带紫褐色斑点和条纹；萼片相似；花瓣与萼片近等大；唇瓣白色带黄绿色条纹，倒卵形，不裂，基部具距；唇盘具3条狭的褶片。花期4~5月。

通常生于山坡林下或山间路旁。七目嶂山坡林下及山间路旁偶见。

具有较高的园艺价值。

327 灯心草科 Juncaceae

多年生或稀为一年生草本，极少为灌木状。根状茎直立或横走。茎多丛生，常具纵沟棱，常不分枝。叶基生成丛，稀茎生；叶细长或退化呈芒状或仅存叶鞘。花序圆锥状、聚伞状或头状，顶生、腋生或假侧生，常再排成复花序，稀单生；花小，两性，稀单性异株；花被片6，常2轮。蒴果室背开裂，稀不裂。本科8属400余种。中国2属92种。七目嶂1属3种。

1. 灯心草属 Juncus L.

多年生稀为一年生草本。根状茎横走或直伸。茎圆柱形或压扁，具纵沟棱。叶基生和茎生，或仅具基生叶；叶片扁平或圆柱形，披针形、线形或毛发状，有时退化为刺芒状而仅存叶鞘。花序顶生或有时假侧生，由数至多数小花集成头状，单生或多个再组成聚伞、圆锥状等复花序；花小，两性。蒴果小。本属约240种。中国76种。七目嶂3种。

1. 灯心草
Juncus effusus L.

根状茎粗壮横走，具黄褐色稍粗的须根。茎丛生，

直立，圆柱形，淡绿色，具纵条纹，茎内充满白色的髓心。叶全部为低出叶，呈鞘状或鳞片状，包围在茎的基部，基部红褐至黑褐色；叶片退化为刺芒状。聚伞花序假侧生，含多花，排列紧密或疏散；花被片线状披针形，顶端锐尖，背脊增厚凸出，黄绿色，边缘膜质。蒴果长圆形或卵形，顶端钝或微凹，黄褐色。花期4~7月，果期6~9月。

生河边、池旁、水沟、稻田旁、草地及沼泽湿处。七目嶂偶见。

茎内白色髓心供点灯和烛心用；入药有利尿、清凉、镇静作用；茎皮纤维可作编织和造纸原料。

2. 笄石菖
Juncus prismatocarpus R. Br.

茎丛生。叶基生和茎生，短于花序；基生叶少；茎生叶2~4；叶片线形通常扁平；具叶鞘和叶耳。花序由5~30个头状花序组成，排列成顶生复聚伞花序，常分枝；头状花序有4~20花；花小，具线形叶状总苞片1枚。蒴果小。花期3~6月，果期7~8月。

生田地、溪边、路旁沟边、疏林草地以及山坡湿地。七目嶂路旁草地偶见。

全草入药，味淡甘、性平，降心火、清肺热、利小便。

3. 圆柱叶灯心草
Juncus prismatocarpus R. Brown subsp. **teretifolius** K. F. Wu

与笄石菖的主要区别在于：植株常较高大；叶圆柱形，有时干后稍压扁，具明显的完全横隔膜，单管。

生山坡林下、灌丛、沟谷水旁湿润处。七目嶂偶见。

331 莎草科 Cyperaceae

多年生草本，较少为一年生。多数具根状茎，少有兼具块茎；常具三棱形秆。叶基生和秆生，常禾叶状具闭合的鞘，或完全退化成仅有鞘。花序多种多样；小穗单生、簇生或排列成穗状或头状，具1至多数花；花两性或单性，雌雄同株，稀异株，着生于颖片腋间；雄花多具3枚雄蕊。果实为小坚果。本科100余属5000余种。中国30属750余种。七目嶂13属28种。

1. 薹草属 Carex L.

多年生草本。根状茎匍匐或缩短；秆常三棱形，基部常具无叶片的鞘。叶基生或兼具秆生，少数边缘卷曲，条形或线形，少数为披针形，基部通常具鞘。苞片叶状或刚毛状；花单性或两性；小穗1至多数，单一顶生或多数时排列成穗状、总状或圆锥花序；雄花具3枚雄蕊，少数2枚。小坚果包于果囊内，三棱形。本属约2000多种。中国近500种。七目嶂5种。

1. 广东薹草
Carex adrienii E. G. Camus

根状茎近木质；秆丛生，侧生，三棱形，基部有淡褐色无叶的叶鞘。叶基生与秆生，基生叶数枚丛生，短于秆；叶片狭椭圆形、狭椭圆状倒披针形，少有狭椭圆状带形；秆生叶退化呈佛焰苞状，密生褐色斑点和短线，边缘疏被短粗毛。圆锥花序复出，具2~6支花序；小苞片鳞片状，密被短粗毛；花柱基部增粗，柱头3；小穗20或较少，两性。果囊椭圆形，三棱形；小坚果卵形，三棱形，成熟时褐色。花果期5~6月。

生常绿阔叶林林下、水旁或阴湿地。七目嶂田旁可见。

2. 浆果薹草
Carex baccans Nees.

根状茎木质；秆密丛生，直立而粗壮，三棱形。叶基生和秆生，长于秆，平张，基部具红褐色、分裂成网状的宿存叶鞘。苞片叶状，长于花序，基部具长鞘；圆锥花序复出，长10~35cm；支圆锥花序3~8个，单生，轮廓为长圆形；小苞片鳞片状，披针形，革质，仅基部1个具短鞘，其余无鞘，顶端具芒；花序轴钝三棱柱形，几无毛；小穗多数，全部从内无花的囊状枝先出叶中生出，圆柱形，长3~6cm，两性。小坚果椭圆形，三棱形。花果期8~12月。

生林边、河边及村边。七目嶂常见。

根及全草可入药，苦、涩、微寒，可凉血、止血、调经，用于月经不调、崩漏、鼻衄、消化道出血、狂犬咬伤。

3. 中华薹草
Carex chinensis Retz.

根状茎短，斜生，木质；秆丛生，纤细，钝三棱形，基部具褐棕色分裂成纤维状的老叶鞘。叶长于秆，边缘粗糙，淡绿色，革质。苞片短叶状，具长鞘，鞘扩大；小穗4~5，远离；小穗柄直立，纤细。果囊长于鳞片，斜展，菱形或倒卵形，近膨胀三棱形，膜质，黄绿色；小坚果紧包于果囊中，菱形，三棱形，棱面凹陷。花果期4~6月。

生山谷阴处、溪边岩石上和草丛中。七目嶂常见。

4. 十字薹草
Carex cruciata Wahl.

具匍匐枝；秆三棱形。叶基生和秆生，长于秆，扁平，下面粗糙，上面光滑，边缘具短刺毛。苞片叶状；圆锥花序复出；小穗极多数，全部从枝先出叶中生出，两性，雄雌顺序；雄花部分与雌花部分近等长。果囊长于鳞片，肿胀三棱形，淡褐白色。花果期 5~11 月。

生林边或沟边草地、路旁、火烧迹地。七目嶂沟边草地偶见。

全草入药，治痢疾。

5. 密苞叶薹草
Carex phyllocephala T. Koyama

根状茎短而稍粗，木质，无地下匍匐茎；秆较粗壮，钝三棱形，下部具红褐色无叶片的鞘。叶排列紧密，长于秆，背面具明显的小横隔脉，具稍长的叶鞘，紧包着秆。苞片叶状，密集于秆的顶端长于花序，具很短的苞鞘；小穗 6~10 枚，密集生于秆的上端，顶生小穗为雄小穗，线状圆柱形。果囊斜展，长于鳞片，宽倒卵形，三棱形，膜质，草绿色，具锈褐色短线点，密被白色短硬毛，具 2 条明显的侧脉；小坚果倒卵形，三棱形。花果期 6~9 月。

生林下、路旁、沟谷等潮湿地。七目嶂可见。

2. 莎草属 Cyperus L.

一年生或多年生草本。秆丛生或散生，仅基部生叶。叶具鞘。长侧枝聚伞花序简单或复出，或有时短缩成头状，基部具叶状苞片数枚；小穗几个至多数，成穗状、指状、头状排列于辐射枝上端，小穗轴宿存，通常具翅；鳞片 2 列，极少为螺旋状排列，一般具 1 朵两性花。小坚果三棱形。本属 500 余种。中国 30 种。七目嶂 6 种。

1. 砖子苗
Cyperus cyperoides (L.) Kuntze

根状茎短；秆疏丛生，锐三棱形，基部膨大，具稍多叶。叶短于秆或几等长，下部常折合；叶鞘褐色或红棕色。叶状苞片 5~8 枚，通常长于花；长侧枝聚伞花序简单，具 6~12 个或更多辐射枝；穗状花序圆具多数密生小穗；小穗轴具宽翅。小坚果狭长圆形状三棱形。花果期 4~10 月。

生山坡阳处、路旁草地、溪边以及松林下。七目嶂路旁草地较常见。

块茎入药，有散瘀消肿的功效。

2. 异型莎草
Cyperus difformis L.

根为须根。秆丛生，稍粗或细弱，扁三棱形，平滑。叶短于秆；叶鞘稍长，褐色。苞片 2 枚，少 3 枚，叶状，长于花序；长侧枝聚伞花序简单，具 3~9 枚辐射枝；头状花序球形，具极多数小穗；小穗密聚，披针形或线形，具 8~28 朵花；小穗轴无翅；鳞片排列稍松，膜质，近于扁圆形，顶端圆，两侧深红紫色或栗色边缘具白色透明的边，具 3 条不很明显的脉。小坚果倒卵状椭圆形，三棱形，几与鳞片等长，淡黄色。花果期 7~10 月。

常生于稻田中或水边潮湿处。七目嶂田边可见。

带根全草可入药，行气、活血、通淋、利小便，治热淋、小便不通、跌打损伤、吐血。

3. 畦畔莎草
Cyperus haspan L.

秆丛生或散生，扁三棱形，平滑。叶短于秆，有时仅剩叶鞘。苞片 2 枚，叶状，常较花序短；长侧枝聚伞花序复出或简单；小穗通常 3~6（~14）个呈指状排列，各具 6~24 花；鳞片密覆瓦状排列，背面稍呈龙骨状凸起。小坚果宽倒卵状三棱形。花果期很长，随地区而改变。

多生于水田或浅水塘等多水的地方，山坡上亦能见到。七目嶂山塘边偶见。

全草入药，清热解毒。

4. 碎米莎草
Cyperus iria L.

无根状茎；秆扁三棱形，基部具少数叶。叶短于秆，叶鞘红棕色或棕紫色。叶状苞片3~5枚，下面的2~3枚常较花序长；长侧枝聚伞花序复出，具4~9枚辐射枝，每枚辐射枝具5~10个穗状花序；小穗具6~22朵花。小坚果倒卵状或椭圆状三棱形。花果期6~10月。

多生于田间、山坡、路旁阴湿处。七目嶂路旁草地较常见。

块根入药，有行气、破血、稍积、止痛、通经络的功效。

5. 香附子
Cyperus rotundus L.

匍匐根状茎长；秆锐三棱形，基部呈块茎状。叶较多，短于秆；鞘棕色。叶状苞片2~5枚，常长于花序；长侧枝聚伞花序简单或复出，具2~10枚辐射枝；穗状花序具3~10枚小穗；小穗具8~28朵花，轴具翅；鳞片两侧紫红色或红棕色。花果期5~11月。

生山坡荒地草丛中或水边潮湿处。七目嶂旷野草地较常见。

块茎入药，名为"香附子"，味微苦辛、性微温，有疏表解热、理气止痛、调经、解郁的功效。

6. 窄穗莎草
Cyperus tenuispica Steud.

具须根；秆丛生，细弱，扁三棱形，平滑，基部具少数叶。叶短于秆，平张；叶鞘稍长。苞片通常2枚，叶状，其中一枚常长于花序；长侧枝聚伞花序复出或有时为简单，具4~8个辐射枝，最长辐射枝达7cm；小穗3~12枚呈指状排列，线形，具10~40朵花；小穗轴无翅；鳞片疏松排列，膜质，椭圆形，顶端钝或近于截形，脉不明显；花柱长，柱头3。小坚果极小，倒卵形，淡黄色。花果期9~11月。

多生于空旷的田野里或疏林下。七目嶂田野可见。

3. 飘拂草属 Fimbristylis Vahl

一年生或多年生草本。具或不具根状茎，很少有匍匐根状茎；秆丛生或不丛生，较细。叶通常基生，有时仅有叶鞘而无叶片。花序顶生，为简单、复出或多次复出的长侧枝聚伞花序，稀头状或仅一枚小穗；小穗单生或簇生，具几朵至多数两性花；鳞片常螺旋状排列或下部2列或近2列。果为小坚果。本属300余种。中国50余种。七目嶂4种。

1. 夏飘拂草
Fimbristylis aestivalis (Retz.) Vahl

秆密丛生，扁三棱形，基部具少数叶。叶短于秆，丝状，两面被疏柔毛；叶鞘短，棕色。苞片3~5枚，短于或等长于花序，丝状；长侧枝聚伞花序复出，具3~7个辐射枝；小穗单生于第一次或第二次辐射枝顶端，具多数花；鳞片螺旋状排列。小坚果倒卵形。花期5~8月。

生荒草地、沼地以及稻田中。七目嶂旷野草地较常见。

2. 拟二歧飘拂草
Fimbristylis dichotomoides Tang & F. T. Wang

无根状茎或具很短根状茎；秆丛生，由叶腋间抽出，

细，扁四棱形，基部具 1~2 枚无叶片的鞘；鞘管状，鞘口斜截形，顶端急尖；鞘前面膜质，锈色，鞘口斜裂，无叶舌。苞片 4~6 枚，较花序短很多，刚毛状，基部宽，边缘具细齿；长侧枝聚伞花序简单或近于复出，辐射枝 4~8 个；小穗单生于辐射枝顶端，卵形或长圆状卵形，顶端钝或近于急尖，密生多数花；鳞片膜质，褐色或红褐色，具白色干膜质的边，背面有 3 条绿色的脉，稍呈龙骨状凸起。小坚果宽倒卵形，三棱形或为不等的双凸状，有稀疏疣状凸起，具横长圆形网纹。花果期 6~9 月。

生路边稻田埂上、溪旁、山沟潮湿地、水塘中或水稻田中。七目嶂溪旁可见。

3. 水虱草
Fimbristylis littoralis Gamdich

无根状茎；秆丛生，扁四棱形，具纵槽，基部包着 1~3 枚无叶片的鞘；鞘侧扁，鞘口斜裂，向上渐狭窄。叶长于或短于秆或与秆等长，侧扁；鞘侧扁，背面呈锐龙骨状，前面具膜质、锈色的边，鞘口斜裂，无叶舌。苞片 2~4 枚，刚毛状；长侧枝聚伞花序复出或多次复出，有许多小穗；小穗单生于辐射枝顶端，球形或近球形，顶端极钝；鳞片膜质，卵形，顶端极钝，长 1mm，栗色，具白色狭边，背面具龙骨状凸起，具有 3 条脉。小坚果倒卵形或宽倒卵形，钝三棱形，麦秆黄色，具疣状凸起和横长圆形网纹。花果期 5~10 月。

生路旁、溪边。七目嶂可见。

全草入药，味甘、淡，性凉，清热利尿、活血解毒，主治风热咳嗽、小便短赤、胃肠炎、跌打损伤。

4. 四棱飘拂草
Fimbristylis tetragona R. Br.

根状茎不发达，具许多须根；秆密丛生，四棱形，平滑，叶无叶；基部具少数叶鞘；叶鞘顶端斜截形，具棕色膜质的边。小穗单个，生于秆的顶端，卵形或椭圆形，顶端钝或圆，具多数花；鳞片紧密地螺旋状排列，膜质，长圆形，有时基部稍狭，顶端圆形，无短尖，淡棕黄色，近于扁平，背面无龙骨状凸起，具多数脉。小坚果狭长圆形，双凸状，淡棕色，具较长的柄，表面有明显的六角形网纹，具光泽。花果期 9~10 月。

多生于沼泽地里。七目嶂有见。

4. 黑莎草属 Gahnia J. R. Forst. & G. Forst.

多年生草本。匍匐根状茎坚硬；秆有节，具叶。叶席卷，呈圆柱状或线形。圆锥花序硕大而松散或紧缩呈穗状；小穗具 1~2 朵花，仅上面一朵两性花能结实，下面一朵为雄花或不育；鳞片螺旋状覆瓦式排列，黑色或暗褐色；雄蕊 3~6 枚；柱头 3~5。小坚果骨质，圆筒状或呈不明显的三棱形。本属 30 余种。中国 3 种。七目嶂 2 种。

1. 散穗黑莎草
Gahnia baniensis Benl

秆圆柱状，粗壮，坚硬。叶与花序等长或稍长，纸质或近革质，叶缘、叶背及中脉具细齿；叶鞘闭合。苞片叶状，下部的具长鞘，上部的短于花序；圆锥花序宽而疏散，具顶生和数个侧生圆锥花序，小苞片刚毛状或鳞片状，边缘具细齿，先端具短芒或凸尖，黑色；小穗长圆形；鳞片 7~8，近黑色，下部的 5~6 片无花，卵形或卵状椭圆形，具短尖。小坚果窄椭圆形，三棱形，平滑，红褐色，花丝宿存，迟落。花果期 8~9 月

生路旁。七目嶂有见。

植物在产地常用作小茅屋顶的盖草和墙壁材料。小坚果可用以榨油。

2. 黑莎草
Gahnia tristis Nees.

丛生，具根状茎；秆粗壮，空心，有节。叶基生和秆生，具红棕色鞘；叶片狭长，极硬，硬纸质，边缘通常内卷，边缘及背面具刺状细齿。苞片叶状；圆锥花序紧缩成穗状；小穗常具 8 枚鳞片；鳞片螺旋状排列，仅最上 2 枚有花，顶花两性，结实。小坚果倒卵状长圆形，三棱形，

平滑，具光泽，骨质，未成熟时为白色或淡棕色，成熟时为黑色。花果期3~12月。

生于干燥的荒山坡或山脚灌木丛中。七目嶂山坡林中常见。

用压榨法从种子中取油，油可供提制亚油酸，或作食用。

5. 割鸡芒属 Hypolytrum L. C. Rich.

多年生草本。具匍匐根状茎。植株分营养苗与花苗或二者不分，营养苗仅具基生叶，花苗基部具鳞片和鞘。叶基生者2行排列，互相稍紧抱，近革质，平张，向基部对折，具3条脉。苞片叶状；小苞片鳞片状；穗状花序少数或多数，排列为伞房状圆锥花序、伞房花序或为头状花序，具多数鳞片和小穗；鳞片螺旋状覆瓦式排列；小穗具2枚小鳞片、2朵雄花和1朵雌花；雄花只有1枚雄蕊，生于小鳞片的腋间，小鳞片舟状，对生，膜质，具龙骨状凸起，沿龙骨状凸起具疏柔毛，合生或离生，或在近轴的一面合生；雌花只有1枚雌蕊，生在小穗顶端，无小鳞片蔽护；柱头2，雄花和雌花之间无任何其他小鳞片。小坚果双凸状，骨质，平滑或具皱纹，顶端具圆锥状或卵球形的喙。本属60余种。中国4种。七目嶂1种。

1. 割鸡芒
Hypolytrum nemorum (Vahl.) Spreng.

根状茎粗短，匍匐或斜升，木质，密被坚韧带红色的鳞片，具少数坚硬的须根；秆坚韧，直立，三棱形，具基生叶并常具1片秆生叶。叶超过秆长，基生的3~5片，

秆生的通常只1片，线形，近革质。苞片1~2片，叶状，最下的一片远超过花序长；小苞片鳞片状；球穗单生，具多数鳞片和小穗；鳞片螺旋状覆瓦式排列，倒卵形，顶端圆形；小穗两性，具2枚小鳞片和3朵单性花；小鳞片舟状，对生，膜质，褐色，具龙骨状凸起。小坚果圆卵形，双凸状，具少数稍不规则而隆起的纵皱纹。花果期4~8月

生林中湿地或灌木丛中。七目嶂可见。

6. 水蜈蚣属 Kyllinga Rottb.

多年生草本，少一年生草本。具匍匐根状茎或无；秆丛生或散生。叶基生，3列，基部舌叶缺失，叶片拉长或缩小。苞片叶状；穗状花序1~3枚，头状，无总花梗，具多数密聚的小穗；小穗小，压扁，通常具1~2朵两性花，极少多至5朵花；鳞片2列；最上鳞片无花，稀具1朵雄花；雄蕊1~3；柱头2。小坚果扁双凸状。本属60余种。中国6种。七目嶂1种。

1. 单穗水蜈蚣
Kyllinga nemoralis (J. R. Forest. & G. Forst.) Dandy ex Hutch.

具匍匐根状茎；秆散生或疏丛生。叶通常短于秆，平张，柔弱，边缘具疏锯齿；叶鞘短，褐色，或具紫褐色斑点，最下面的叶鞘无叶片。苞片3~4枚，叶状，斜展；小穗近于倒卵形或披针状长圆形，顶端渐尖，压扁，具1朵花；鳞片膜质，舟状，长同于小穗，具锈色斑点，两侧各具3~4条脉，背面龙骨状凸起具翅，翅的下部狭，从中部至顶端较宽，翅边缘具缘毛状细刺。小坚果长圆形或倒卵状长圆形，较扁，长约为鳞片的1/2。花果期5~8月。

生山坡林下、沟边、田边近水处、旷野潮湿处。七目嶂常见。

7. 鳞籽莎属 Lepidosperma Labill.

多年生草本。丛生，根状茎匍匐。叶基生，有叶鞘，叶片圆柱状。圆锥花序具多数小穗；小穗密聚，具5~10枚鳞片，下面数鳞片无花，上面的有2~3朵花，常全部花能结实，罕仅1朵花结实；下位鳞片6枚，罕3枚；雄蕊3；柱头3。小坚果椭圆形或三棱形。本属约50种。中国1种。七目嶂有分布。

1. 鳞籽莎
Lepidosperma chinense Nees & Meyen ex Kunth

具匍匐根状茎；秆丛生，圆柱状或近圆柱状基部被枯萎的叶鞘。叶圆柱状，基生，较秆稍短。苞片圆柱状或半圆柱状具鞘；圆锥花序紧缩成穗状；小穗密集，纺锤状长圆形，具5枚鳞片，有1~2朵花。小坚果椭圆形，褐黄色。花果期5~12月。

生山边、山谷树荫下、湿地和溪边。七目嶂湿润阳坡较常见。

8. 湖瓜草属 Lipocarpha R. Br.

一年生或多年生草本。叶基生，叶片平张。苞片叶状；穗状花序2~5个簇生呈头状，少有1个单生；穗状花序具多数鳞片和小穗；小穗具2枚小鳞片和1朵两性花；小鳞片沿小穗轴的腹背位置（即不为两侧）排列，互生，膜质，透明，具几条隆起的脉，下面1枚小鳞片内无花，上面1枚小鳞片紧包着1朵两性花；雄蕊2；柱头3。小坚果三棱形，双凸状或平凸状，顶端无喙，为小鳞片所包。本属10余种。中国3种。七目嶂1种。

1. 华湖瓜草
Lipocarpha chinensis (Osbeck) J. Kern

无根状茎；秆纤细，扁，具槽，被微柔毛。叶基生，最下面的鞘无叶片，上面的鞘具叶片；叶片纸质，狭线形；鞘管状，抱茎，膜质，无毛，不具叶舌。苞片叶状，无鞘，上端呈尾状渐尖；小苞片鳞片状；穗状花序2~3（~4）枚簇生，卵形，具极多数鳞片和小穗；鳞片倒披针形，顶端骤缩呈尾状细尖；小穗具2枚小鳞片和1朵两性花。

小坚果小，椭圆形，三棱形，微弯，顶端具微小短尖，表面有细的皱纹。花果期6~10月。

生水边和沼泽中。七目嶂有见。

9. 刺子莞属 Rhynchospora Vahl.

多年生草本，丛生。秆三棱形或圆柱状。叶基生或秆生。苞片叶状，具鞘；圆锥花序由2至少数的长侧枝聚伞花序所组成，稀头状花序；鳞片紧包，下部的鳞片多少呈2列，质坚硬，上部的呈螺旋状覆瓦式排列，质薄，最下的3~4枚鳞片内无花，上面的1~3枚各具1朵两性花；雄蕊常3；柱头2。小坚果扁。本属250余种。中国8种。七目嶂1种。

1. 刺子莞
Rhynchospora rubra (Lour.) Makino

根状茎极短；秆丛生，圆柱状，无鞘。叶基生，叶片狭长，纸质。苞片4~10枚，叶状，不等长；头状花序顶生，球形，棕色，具多数小穗；小穗钻状披针形，具鳞片7~8枚，有2~3朵花；雄蕊2或3；柱头2。小坚果倒卵形双凸状。花果期5~11月。

适应性大，常生于山坡灌草丛。七目嶂山坡灌草丛较常见。

全草入药，有去风热的作用。

10. 水葱属 Schoenoplectus (Rech.) Palla.

草本。具匍匐根状茎，无块茎；秆散生或丛生，无节。叶通常简化成鞘。苞片为秆的延长。小坚果双凸状，平滑或微有皱纹。本属约77种。中国22种。七目嶂1种。

1. 猪毛草
Schoenoplectus wallichii (Nees) T. Koyama

丛生。无根状茎；秆细弱，平滑，基部具2~3个鞘，鞘管状，近于膜质，顶端钝圆或具短尖。叶缺如。苞片1枚，为秆的延长，直立，顶端急尖，基部稍扩大；小穗单生或2~3个成簇，假侧生，长圆状卵形，顶端急尖，淡绿色或淡棕缘色，具10多朵至多数花；鳞片长圆状卵形，顶端渐尖，近于革质，具1条中脉延伸出顶端呈短尖，两侧具深棕色短条纹；下位刚毛4条，长于小坚果，上部生有倒刺。小坚果宽椭圆形，平凸状。花果期9~11月。

多生长在稻田中，或溪边、河旁近水处。七目嶂溪边有见。

全草药用，有清热利尿之效。

11. 藨草属 Scirpus L.

草本，丛生或散生。具根状茎或无，有时具匍匐根状茎或块茎；秆三棱形，很少圆柱状，有节或无节，具基生叶或秆生叶。叶扁平，很少为半圆柱状。苞片为秆的延长或呈鳞片状或叶状；小穗具少数至多数花；鳞片螺旋状覆瓦式排列，很少呈2列，每鳞片内均具1朵两性花，或最下1至数鳞片中空无花，极少最上1枚鳞片内具1朵雄花；下鳞刚毛2~6条，很少为7~9条或不存在，一般直立，少有弯曲，较小坚果长或短，常有倒刺，花柱与子房连生，柱头2~3。小坚果三棱形或椭圆形。本属约35种。中国12种。七目嶂2种。

1. 萤蔺

Scirpus juncoides Roxb.

丛生，根状茎短，具许多须根；秆稍坚挺，圆柱状，少数近于有棱角，平滑，基部具2~3个鞘；鞘的开口处为斜截形，顶端急尖或圆形，边缘为干膜质，无叶片。苞片1枚，为秆的延长，直立；小穗（2~）3~5（~7）枚聚成头状，假侧生，卵形或长圆状卵形，棕色或淡棕色，具多数花；鳞片宽卵形或卵形，顶端骤缩成短尖，近于纸质，背面绿色，具1条中肋，两侧棕色或具深棕色条纹。小坚果宽倒卵形，或倒卵形，平凸状，长约2mm或更长些。花果期8~11月。

生路旁、荒地潮湿处，或水田边、池塘边、溪旁、沼泽中。七目嶂路边可见。

2. 百球藨草

Scirpus rosthornii Diels

根状茎短；秆粗壮，坚硬，三棱形，有节，节间长，具秆生叶。叶较坚挺，秆上部的叶高出花序，叶片边缘和下面中肋上粗糙；叶鞘具凸起的横脉。叶状苞片3~5枚，常长于花序；4~15枚小穗聚合成头状着生于辐射枝顶端；鳞片宽卵形，顶端纯，具3条脉，两条侧脉明显地隆起，两侧脉间黄绿色；下位刚毛2~3条，较小坚果稍长，直，中部以上有顺刺；柱头2。小坚果椭圆形，双凸状，黄色。花果期5~9月。

生长林中、林缘、山坡、山脚、路旁、湿地、溪边及沼泽地。七目嶂路边有见。

全草入药，清热解毒、凉血利水。

12. 珍珠茅属 Scleria Bergius

多年生或一年生草本。具根状茎或无；秆三棱形，稀圆柱状。叶基生兼秆生，线形，多少粗糙，常具3条较粗的脉，具鞘，大多具叶舌。圆锥花序顶生，复出，稀退化为间断的穗状；苞片叶状，具鞘；有小苞片；花全为单性；小穗也常单性；小穗最下面的2~4枚鳞片内无花；雄蕊1~3；柱头3。小坚果球形或卵形。本属约200种以上。中国约20种。七目嶂2种。

1. 二花珍珠茅

Scleria biflora Roxb.

根状茎粗而短或不发达，具须根；秆丛生，纤细，三棱形，平滑，无毛。叶秆生，线形，纸质，边缘粗糙，两面被毛或仅叶背两侧的脉上被疏短硬毛；叶鞘在秆基部的无毛，在秆中部以上的具狭翅，被长柔毛，尤以近叶舌处为密；叶舌半圆形，顶端钝圆。苞片叶状，具鞘，鞘口密被褐色微柔毛；小苞片刚毛状，与小穗等长或稍长；圆锥花序由2~4枚顶生和侧生枝花序所组成，支花序互相远离，具少数小穗。小坚果近球形或倒卵状圆球形，顶端具白色短尖，无毛，表面具方格纹。花果期7~10月。

生山坡路旁、荒地、稻田及山沟中。七目嶂路边有见。

2. 黑鳞珍珠茅

Scleria hookeriana Nees & Meyen ex Kunth

匍匐根状茎短，木质；秆密被紫红色、长圆状卵形的鳞片，黑色，秆直立，三棱形。叶线形，向顶端渐狭，顶端多少呈尾状，纸质，无毛或多少被疏柔毛；叶鞘纸质，紫红色或淡褐色，鞘口具约3枚大小不等的三角形齿，在秆中部的鞘锐三棱形，绿色，很少具狭翅；叶舌半圆形，被紫色髯毛。圆锥花序顶生，很少具1枚相距稍远的侧生枝圆锥花序，具多数小穗；小苞片刚毛状，基部有耳，耳上具髯毛；小穗通常2~4枚紧密排列；鳞片卵形、三角形或卵状披针形，色较深。小坚果卵珠形，钝三棱形，顶端具短尖，白色，表面有不明显的四至六角形网纹，部分横皱纹较明显，其上常常呈锈色并疏被微硬毛。花果期5~7月。

生无荫山坡、山沟、山脊灌木丛或草丛中。七目嶂偶见。

13. 藨草属 Trichophorum Pers.

草本。丛生或散生。具根状茎或无，有时具匍匐根状茎或块茎；秆三棱形，有节或无节，具基生叶或秆生叶。叶扁平，很少为半圆柱状。苞片为秆的延长或呈鳞片状或叶状；长侧枝聚伞花序简单或复出，顶生或几个组成圆锥花序，或小穗成簇而为假侧生，很少只有1个顶生的小穗；小穗具少数至多数花；鳞片螺旋状覆瓦式排列，很少呈2列，每鳞片内均具1朵两性花，或最下1至数鳞片中空无花；下鳞刚毛2~6条，很少为7~9条或不存在，较小坚果长或短，常有倒刺，少数有顺刺；花柱与子房连生，柱头2~3个。小坚果长圆形或长圆状倒卵形，三棱形或双凸状。本属10种，中国6种。七目嶂1种。

1. 玉山针蔺（类头状花穗草）
Trichophorum subcapitatum (Thwaites & Hook.) D. A. Simpson

根状茎短，密丛生。秆细长，近于圆柱形，平滑，少数在秆的上端粗糙，无秆生叶，基部具5~6个叶鞘，鞘棕黄色，裂口处薄膜质，棕色，愈向上鞘愈长。顶端具很短的、贴状的叶片。苞片鳞片状，卵形或长圆形，顶端具较长的短尖；蝎尾状聚伞花序小，具2~4（~6）小穗；小穗卵形或披针形，具几朵至十几朵花；鳞片排列疏松，卵形或长圆状卵形。小坚果长圆形或长圆状倒卵形，三棱形，棱明显隆起，黄褐色。花果期3~6月。

生林边湿地、山溪旁、山坡路旁湿地上或灌木丛中。七目嶂有见。

配以其他药材可治尿路感染、糖尿病、目赤肿痛、神经官能症失眠。

332A 竹亚科 Bambusceae

植物体木质化，常呈乔木或灌木状。分枝系统复杂。生长状况因地下茎而异，以竹鞭横走则为单轴型（散生）；以众多秆基和秆柄两者堆聚而成则为合轴型（丛生）；或同时兼有上述两类型则为复轴型（混合）。叶二型，有茎生叶（箨）与营养叶（真叶）之分；箨分箨鞘、箨片、箨舌、箨耳等，真叶常2列。多年才开花。本科88余属约1400种。中国34属534余种。七目嶂1属2种。

1. 箬竹属 Indocalamus Nakai.

灌状；复轴型。秆箨宿存性；箨鞘较长于或短于节间，有毛或无毛；箨耳存在或缺；箨舌常低矮；秆每节仅生1枝，有时秆上部的分枝可多至2~3枝。叶鞘宿存；叶片通常大型。花序呈总状或圆锥状，顶生；小穗具花多朵，疏松排列于小穗轴上。颖果。笋期常为春夏，稀为秋季。本属23种。中国22种。七目嶂2种。

1. 棕巴箬竹（岭南箬竹）
Indocalamus herklotsii McClure

灌状；复轴型。秆全体无毛。箨鞘光亮；箨耳无或极微弱；有时鞘口具毛；箨舌极短；箨片宿存性、直立、基部扩大而抱秆，两面均无毛。小枝通常具3叶；叶鞘边缘生密毛；无叶耳，有繸毛；叶舌极短。圆锥花序紫色；小穗含小花4朵。果实未现。笋期春季。

野生于疏林下或灌丛中。七目嶂山坡局部林中多见。

秆宜作毛笔杆或竹筷。叶片巨大者可作斗笠，以及船篷等防雨工具，也可用来包裹粽子。

2. 箬竹
Indocalamus tessellatus (Munro) Keng. f.

秆圆筒形，在分枝一侧的基部微扁，一般为绿色；秆环较箨环略隆起，节下方有红棕色贴秆的毛环。箨鞘长于节间，上部宽松抱秆，无毛，下部紧密抱秆，密被紫褐色伏贴疣基刺毛，具纵肋；箨耳无；箨舌厚膜质，截形，背部有棕色伏贴微毛。小枝具2~4叶；叶鞘紧密抱秆，有纵肋，背面无毛或被微毛；无叶耳；叶舌截形；叶片在成长植株上稍下弯，宽披针形或长圆状披针形，先端长尖，基部楔形，下表面灰绿色，密被贴伏的短柔毛或无毛，中脉两侧或仅一侧生有一条毡毛。圆锥花序（未成熟者）长10~14cm，花序主轴和分枝均密被棕色短柔毛；小穗绿色带紫色，几呈圆柱形，含5或6朵小花；小穗柄长5.5~5.8mm；小穗轴节间长1~2mm，被白色绒毛；颖3片，纸质，脉上具微毛。笋期4~5月，花期6~7月。

生山坡路旁。七目嶂路旁常见。

叶片大型，多用以衬垫茶篓或装作各种防雨用品，亦可包裹粽子。

332B 禾亚科 Poceae

一年生或多年生草本，稀灌木或乔木状。茎直立，或匍匐状或藤状，常具节，节间中空。叶在节上单生，或密集于秆基而互生成2列，由叶片、叶鞘及叶舌组成。由多少小穗组成圆锥、穗状或总状花序；单生，指状着生，或具主轴；通常顶生，稀总状花序基部具1佛焰苞，再组成有叶的假圆锥花序。果为颖果。本科约612属9600余种。中国196属1261种。七目嶂30属34种。

1. 看麦娘属 Alopecurus L.

一年生或多年生草本。秆直立，丛生或单生。圆锥花序圆柱形；小穗含1小花，两侧压扁，脱节于颖之下；颖等长，具3脉，常于基部连合；外稃膜质，具不明显5脉，中部以下有芒，其边缘于下部连合；内稃缺；子房光滑。颖果与稃分离。本属约50种。中国8种。七目嶂2种。

1. 看麦娘
Alopecurus aequalis Sobol.

秆少数丛生，细瘦，光滑，节处常膝曲。叶鞘光滑，短于节间；叶舌膜质；叶片扁平。圆锥花序圆柱状，灰绿色；小穗椭圆形或卵状长圆形，含1小花；颖膜质，具3脉；外稃膜质；花药橙黄色。颖果长约1mm。花果期4~8月。

生海拔较低之田边及潮湿之地。七目嶂田边旷野潮湿草地偶见。

全草入药，味淡、性凉，可利水消肿、解毒，治水肿、水痘、小儿腹泻、消化不良。

2. 日本看麦娘
Alopecurus japonicus Steud.

秆少数丛生，直立或基部膝曲，具3~4节。叶鞘松弛；叶舌膜质；叶片上面粗糙，下面光滑。圆锥花序圆柱状；小穗长圆状卵形；颖仅基部互相连合，具3脉，脊上具纤毛；外稃略长于颖，厚膜质，下部边缘互相连合，芒近稃体基部伸出，上部粗糙，中部稍膝曲。颖果半椭圆形。花果期2~5月。

生海拔较低之田边及湿地。七目嶂田边可见。

杂草，对麦类作物危害较大。

2. 水蔗草属 Apluda L.

多年生草本。具根茎；秆直立或基部斜卧，多分枝。叶片线状披针形，基部渐狭成柄状。花序顶生，圆锥状，由多数总状花序组成；每一总状花序具柄1舟形总苞；总状花序轴1节，顶部着生3枚小穗，其中2枚具柄，另1枚无柄；无柄小穗两性，含2小花，通常第二小花结实。颖果卵形。单种属。七目嶂有分布。

1. 水蔗草
Apluda mutica L.

种的特征与属同。花果期夏秋季。

多生于田边、水旁湿地及山坡草丛中。七目嶂路旁草地较常见。

全草入药，有去腐生肌的功效。

3. 荩草属 Arthraxon P. Beauv.

一年生或多年生的纤细草本。叶片披针形或卵状披针形，基部心形，抱茎。总状花序1至数枚在秆顶常成指状排列；小穗成对着生于总状花序轴的各节，一无柄，一有柄；第一颖厚纸质或近革质，具数至多脉或脉不显，脉上粗糙或具小刚毛，有时在边缘内折或具篦齿状疣基钩毛或不呈龙骨而边缘内折或稍内折；第二颖等长或稍长于第一颖，具3脉，对折而使主脉成2脊，先端尖或具小尖头。颖果细长而近线形。本属约26种。中国12种。七目嶂1种。

1. 荩草
Arthraxon hispidus (Thunb.) Makino

秆细弱，无毛，基部倾斜。叶鞘短于节间，生短硬疣毛；叶舌膜质，边缘具纤毛；叶片卵状披针形，基部心形，抱茎，除下部边缘生疣基毛外余均无毛。总状花序细弱，2~10枚呈指状排列或簇生于秆顶；无柄小穗卵状披针形，呈两侧压扁，灰绿色或带紫；第一颖草质，边缘膜质，包住第二颖2/3，具7~9脉；第二颖近膜质，与第一颖等长，舟形，脊上粗糙；第一外稃长圆形，透明膜质，先端尖，长为第一颖的2/3；第二外稃与第一外稃等长，透明膜质。颖果长圆形，与稃体等长。花果期9~11月。

生山坡草地阴湿处。七目嶂常见。

全草入药，具有止咳定喘、解毒杀虫之功效，常用于治久咳气喘、肝炎、咽喉炎、口腔炎、鼻炎、淋巴结炎、乳腺炎、疮疡疥癣。

4. 芦竹属 Arundo L.

多年生草本。具长匍匐根状茎；秆直立，高大，粗壮，具多数节。叶鞘平滑无毛；叶舌纸质，背面及边缘具毛；叶片宽大，线状披针形。圆锥花序大型，分枝密生，具多数小穗；小穗含2~7花，两侧压扁；小穗轴脱节于孕性花之下；两颖近相等，约与小穗等长或稍短；雄蕊3。颖果较小，纺锤形。本属约3种。中国2种。七目嶂1种。

1. 芦竹
Arundo donax L.

具发达根状茎；秆粗大直立，具多数节，常生分枝。叶鞘长于节间；叶舌先端具短纤毛；叶片扁平，基部白色，抱茎。圆锥花序极大型，分枝稠密，斜升；小穗含2~4小花；雄蕊3。颖果细小黑色。花果期9~12月。

生河岸道旁、沙质壤土上。七目嶂溪边偶见。

嫩芽入药，治疮疖、阴囊肿大。

5. 地毯草属 Axonopus P. Beauv.

多年生草本，稀为一年生。秆丛生或匍匐。叶片扁平或卷折，先端钝圆或略尖。穗形总状花序细弱，2至数枚呈指状或总状式排列于花序轴上；小穗长圆形，背腹压扁，单生，近无柄，互生或成2行排列于三棱形的穗轴之一侧，有1~2小花；第一颖缺，第二颖与第一外稃近等长，第一内稃缺；第二小花两性，外稃坚硬，腹面对向穗轴，钝头，边缘内卷，包着同质的内稃；鳞被2，折叠，薄纸质，具3~5脉；雄蕊3；花柱基分离。种脐点状。本属约40种。中国2种。七目嶂1种。

1. 地毯草
Axonopus compressus (Sw.) P. Beauv.

具长匍匐枝；秆压扁，节密生灰白色柔毛。叶鞘松弛，基部者互相跨复，呈脊，边缘质较薄，近鞘口处常疏生毛；叶片扁平，质地柔薄，两面无毛或上面被柔毛，近基部边缘疏生纤毛。总状花序2~5枚，最长2枚成对而生，呈指状排列在主轴上；小穗长圆状披针形，疏生柔毛，单生；第二颖与第一外稃等长或第二颖稍短；第二外稃革质，短于小穗，具细点状横皱纹，先端钝而疏生细毛，边缘稍厚，包着同质内稃；鳞片2，折叠，具细脉纹；花柱基分离，柱头羽状，白色。花果期夏季至秋季。

生荒野、路旁较潮湿处。七目嶂常见。

可以铺设成草坪和制作饲料草。

6. 薏苡属 Coix L.

一年生或多年生草本。秆直立，常实心。叶片扁平宽大。总状花序腋生成束，通常具较长的总梗；小穗单性，雌雄小穗位于同一花序之不同部位；雄小穗含2小花，2~3枚生于一节，一无柄，一或二枚有柄，排列于一细弱而连续的总状花序之上部而伸出念珠状总苞外；雌小穗常生于总状花序的基部而被包于一骨质或近骨质念珠状总苞（系变形的叶鞘）内，雌小穗2~3枚生于一节，常仅1枚发育，孕性小穗之第一颖宽，下部膜质，上部质厚渐尖；第二颖与第一外稃较窄；第二外稃及内稃膜质；柱头细长，自总苞顶端伸出。颖果大，近圆球形。本属4种。中国2种。七目嶂1种。

1. 薏苡
Coix lacryma-jobi L.

秆直立丛生，具10多节，节多分枝。叶鞘短于其节间，无毛；叶舌干膜质；叶片扁平宽大，开展，基部圆形或近心形。总状花序腋生成束，长 4~10cm，直立或下垂，具长梗；雌小穗位于花序下部，外面包以骨质念珠状总苞，总苞卵圆形，总苞顶端无喙；外稃与内稃膜质；第一及第二小花常具雄蕊 3 枚，花药橘黄色；有柄雄小穗与无柄者相似，或较小而呈不同程度的退化。花果期 6~12 月。

多生于湿润的屋旁、池塘、河沟、山谷、溪涧或易受涝的农田等地方。七目嶂河边有见。

果实为念佛穿珠用的菩提珠子，总苞坚硬，美观，按压不破，有白、灰、蓝紫等各色，平滑而有光泽，基端之孔大，易于穿线成串，工艺价值大。

7. 弓果黍属 Cyrtococcum Stapf

一年生或多年生草本。秆下部多平卧地面，节上生根。叶片线状披针形至披针形。圆锥花序开展或紧缩；小穗两侧压扁；第一颖较小，卵形；第二颖舟形；第一外稃与小穗等长；第一内稃短小或无；第二外稃在花后变硬；鳞被折叠，很薄，具 3 条脉，在基部有 1 舌状凸起；花柱基分离。种脐点状。本属 11 种。中国 2 种。七目嶂 1 种。

1. 弓果黍

Cyrtococcum patens (L.) A. Camus

秆较纤细。叶鞘常短于节间；叶舌膜质。圆锥花序由上部秆顶抽出；分枝纤细；小穗柄长于小穗；第一颖卵形；第二颖舟形；第一外稃约与小穗等长，具 5 条脉；第二外稃背部弓状隆起；第二内稃长椭圆形，包于外稃中；雄蕊 3 枚，花药长 0.8mm。花果期 9 月至翌年 2 月。

生丘陵杂木林或草地较阴湿处。七目嶂常见。

园林上可以作林下阴生观赏植物栽培。

8. 马唐属 Digitaria Hill.

多年生或一年生草本。秆直立或基部横卧地面，节上生根。叶片线状披针形至线形，质地大多柔软扁平。总状花序较纤细，2 至多枚呈指状排列于茎顶或着生于短缩的主轴上；小穗含一两性花，2 或 3~4 枚着生于穗轴之各节，互生或成 4 行排列于穗轴的一侧；雄蕊 3；柱头 2；鳞被 2。颖果长圆状椭圆形。本属 250 余种。中国 22 种。七目嶂 1 种。

1. 马唐

Digitaria sanguinalis (L.) Scop.

秆膝曲上升，无毛或节生柔毛。叶鞘短于节间，无毛或散生疣基柔毛；叶片线状披针形，具柔毛或无毛。总状花序长 5~18cm，4~12 枚成指状着生于长 1~2cm 的主轴上；孪生小穗同形，第一颖小，第一外稃边脉上具小刺状粗糙。花果期 6~9 月。

生路旁、田野。七目嶂路旁草地较常见。

是一种优良牧草，但又是危害农田、果园的杂草。

9. 稗属 Echinochloa P. Beauv.

一年生或多年生草本。叶片扁平，线形。圆锥花序由穗形总状花序组成；小穗含 1~2 小花，背腹压扁呈一面扁平，一面凸起，单生或 2~3 个不规则地聚集于穗轴的一侧，近无柄；颖草质；第一颖小，三角形；第二颖与小穗等长或稍短；第一小花中性或雄性；第二小花两性，其外稃成熟时变硬。本属约 35 种。中国 8 种。七目嶂 1 种。

1. 光头稗

Echinochloa colona (L.) Link.

秆直立。叶鞘压扁而背具脊，无毛；叶舌缺；叶片扁平，线形，无毛；圆锥花序狭窄；主轴具棱，通常无毛；小穗卵圆形，无芒，成 4 行排列于穗轴一侧；第一颖长为小穗的 1/2；第二颖长于小穗。花果期夏秋季。

多生于田野、园圃、路边湿润地上。七目嶂路旁湿地偶见。

全草为牲畜青饲料；谷粒含淀粉，可制糖或酿酒；也是中国南方地区旱作物田和菜田危害最大的恶性杂草之一。

10. 穆属 Eleusine Gaertn.

一年生或多年生草本。秆硬，簇生或具匍匐茎，通常一长节间与几个短节间交互排列，因而叶于秆上似对生；叶片平展或卷折。穗状花序较粗壮，常数个成指状或近指状排列于秆顶，偶有单一顶生；小穗无柄，两侧压扁，无芒，覆瓦状排列于穗轴的一侧；小花数朵紧密地覆瓦状排列于小穗轴上；雄蕊3。本属9种。中国2种。七目嶂1种。

1. 牛筋草

Eleusine indica (L.) Gaertn.

秆丛生。叶鞘两侧压扁而具脊，无毛或疏生疣毛；叶片平展，线形，无毛或上面被毛。穗状花序2~7个指状着生于秆顶，很少单生；小穗含3~6小花；颖披针形，具脊，脊粗糙。囊果卵形。花果期6~10月。

多生于荒芜之地及道路旁。七目嶂路旁草地偶见。

全草煎水服，可防治乙型脑炎。

11. 画眉草属 Eragrostis Wolf.

多年生或一年生草本。秆通常丛生。叶片线形。圆锥花序开展或紧缩；小穗两侧压扁，有数个至多数小花，小花常疏松地或紧密地覆瓦状排列；小穗轴常作"之"字形曲折；颖不等长，通常短于第一小花，具1脉，宿存，或个别脱落；外稃无芒；内稃具2脊，宿存，或与外稃同落。颖果与稃体分离，球形或压扁。本属约350种。中国约32种。七目嶂1种。

1. 鼠妇草

Eragrostis atrovirens (Desf.) Trin. ex Steud.

根系粗壮；秆直立，疏丛生，基部稍膝曲，具5~6节，第二、三节处常有分枝。叶鞘除基部外，均较节间短，光滑，鞘口有毛；叶片扁平或内卷。圆锥花序开展，每节有一个分枝，穗轴下部往往有1/3左右裸露，腋间无毛；花序分枝粗硬；夏秋抽穗。颖果长约1mm。花果期夏季至秋季。

多生于路边和溪旁。七目嶂路边常见。

秋夏抽穗，抽穗前牛羊喜食。

12. 距花黍属 Ichnanthus P. Beauv.

一年生或多年生草本。秆伏地，下部分枝。叶片平展，通常较宽。圆锥花序疏散或紧缩；每小穗含2小花，单生或基部孪生，具不等长的小穗柄，着生于花序一侧；颖草质，具3~7脉，近等长或第一颖较短，第一小花雄性或中性；第二小花两性。本属约30种。中国1种。七目嶂有分布。

1. 大距花黍

Ichnanthus pallens (Sw.) Munro ex Benth. var. **major** (Nees) Stieber.

秆匍匐地面，自节生根，向上抽出花枝。叶鞘常短于节间，被毛；叶舌长约1mm，叶片卵状披针形至卵形，基部斜心形，两面被毛或无毛，脉间有小横脉。圆锥花序顶生或腋生，分枝脉间具柔毛；小穗披针形，微两侧压扁。花果期8~11月。

常见生于山谷林下、阴湿处、水旁及林下。七目嶂山谷林下偶见。

秆叶可作饲料。

13. 白茅属 Imperata Cyrillo.

多年生草本。具发达多节的长根状茎；秆直立，常不分枝。叶片多数基生，线形；叶舌膜质。圆锥花序顶生，狭窄，紧缩呈穗状；小穗含 1 两性小花，基部围以丝状柔毛，具长短不一的小穗柄，孪生于细长延续的总状花序轴上，两颖近相等，披针形，膜质或下部草质，具数脉，背部被长柔毛。颖果椭圆形。本属约 10 种。中国 3 种。七目嶂 1 种。

1. 白茅
Imperata cylindrica (L.) P. Beauv.

具横走多节的根状茎；秆直立，具 2~4 节，节具白毛。叶鞘常密集于秆基，无毛或有毛，鞘口具毛；叶舌长 1mm；叶片线形或线状披针形，上面被毛。圆锥花序穗状；小穗基部密生长柔毛，两颖几相等，具 5 脉。颖果椭圆形。花果期 5~8 月。

本种适应性强，空旷地、果园地、撂荒地等地极常见。七目嶂旷野山坡常见。

根、茎、花入药，味甘、性凉，有凉血止血、清热、去湿、利水的功效。

14. 鸭嘴草属 Ischaemum L.

一年生或多年生草本。有时具根茎或匍匐茎；秆具槽或无槽。叶片披针形至线形。总状花序通常孪生且互相贴近而呈一圆柱形，亦可数枚指状排列于秆顶；总状花序轴多少增粗，节间多呈三棱形或稍压扁，具关节，边缘具毛或无毛；小穗孪生，一有柄，一无柄，各含 2 小花。颖果长圆形或卵形。本属约 70 种。中国 12 种。七目嶂 1 种。

1. 粗毛鸭嘴草
Ischaemum barbatum Retz.

秆直立，无毛，节上被粗毛。叶鞘被柔毛；叶片线状披针形，被毛或无毛。总状花序孪生于秆顶；总状花序轴节间三棱柱形；无柄小穗长 6~7mm，含 2 小花，第一颖下部背面有 2~4 横皱纹；有柄小穗第一颖无芒。颖果卵形，胚长约达颖果的 1/3。花果期夏秋季。

多生于山坡草地。七目嶂山坡草丛偶见。

幼嫩时可作饲料。须根发达坚韧，可作扫帚。

15. 李氏禾属 Leersia Soland. ex Swartz.

多年生草本，水生或沼生草本。具长匍匐茎或根状茎；秆多节，节上常生微毛，下部伏卧地面或漂浮水面，上部直立或倾斜。叶鞘多短于节间；叶舌纸质；叶片扁平，线状披针形。顶生圆锥花序较疏松，具粗糙分枝；小穗含 1 小花，两侧极压扁，无芒；两颖完全退化；雄蕊 6 枚或 1~3 枚。颖果长圆形，压扁。本属 20 种。中国 4 种。七目嶂 1 种。

1. 李氏禾（六蕊假稻）
Leersia hexandra Swartz.

具发达匍匐茎和细瘦根状茎；节部膨大且密被倒生微毛。叶鞘短于节间，多平滑；叶舌两侧下延与叶鞘愈合成鞘边；叶片披针形，质硬有时卷折。圆锥花序开展，分枝具角棱，不具小枝；雄蕊 6 枚。颖果长约 2.5mm。花果期 6~8 月。

生河沟田岸水边湿地。七目嶂溪边湿地较常见。

全株可供观赏，尤其是装饰水面，覆盖度大，似水上绿色地毯一般，十分美观。

16. 千金子属 Leptochloa P. Beauv.

一年生或多年生草本。叶片线形。圆锥花序由多数细弱穗形的总状花序组成；小穗含 2 至数小花，两侧压扁，无柄或具短柄，在穗轴的一侧成 2 行覆瓦状排列，小穗轴脱节于颖之上和各小花之间；颖不等长，具 1 脉，无芒，或有短尖头，通常短于第一小花，偶有第二颖可长于第一小花；外稃具 3 脉，脉下部具短毛，先端尖或钝，通常无芒；内稃与外稃等长或较之稍短，具 2 脊。颖果侧向或背向压缩。本属约 20 种。中国 2 种。七目嶂 1 种。

1. 千金子
Leptochloa chinensis (L.) Nees.

秆直立，基部膝曲或倾斜，平滑无毛。叶鞘无毛，大多短于节间；叶舌膜质，常撕裂具小纤毛；叶片扁平或多少卷折，先端渐尖，两面微粗糙或下面平滑。圆锥花序长 10~30cm，分枝及主轴均微粗糙；小穗多带紫色，含 3~7 小花；颖具 1 脉，脊上粗糙，第一颖较短而狭窄，长 1~1.5mm，第二颖长 1.2~1.8mm；外稃顶端钝，无毛或下部被微毛，第一外稃长约 1.5mm；花药长约 0.5mm。颖果长圆球形。花果期 8~11 月。

生潮湿之地。七目嶂常见。

本种可作牧草。

17. 淡竹叶属 Lophatherum Brongn.

多年生草本。须根中下部膨大呈纺锤形；秆直立，平滑。叶鞘长于其节间，边缘生纤毛；叶舌短小，质硬；叶片披针形，宽大，具明显小横脉，基部收缩成柄状。圆锥花序由数枚穗状花序所组成；小穗圆柱形，含数小花，第一小花两性，其他均为中性小花；两颖不相等；雄蕊 2 枚。颖果与内、外分离。本属 2 种。中国 2 种。七目嶂 1 种。

1. 淡竹叶
Lophatherum gracile Brongn.

具纺锤形小块根；秆直立，疏丛生，具 5~6 节。叶鞘无毛或外缘具毛；叶舌长 0.5~1mm，褐色有毛；叶片披针形，具横脉，有时被毛，基部收窄成柄状。圆锥花序长 12~25cm；小穗线状披针形；第一外稃宽约 3mm；雄蕊 2。颖果长椭圆形。花果期 6~10 月。

生山坡、林地或林缘、道旁庇荫处。七目嶂林下极常见。

小块根、叶入药，叶为清凉解热药；小块根作药用，清热利尿。

18. 莠竹属 Microstegium Nees.

多年生或一年生蔓性草本。秆多节，下部节着土后易生根，具分枝。叶片披针形，质地柔软，有时具柄。总状花序数枚至多数呈指状排列，稀为单生；小穗两性，孪生，一有柄，一无柄，偶有两者均具柄；两颖等长于小穗，纸质；第一小花雄性，第一外稃常不存在，第二外稃微小。颖果长圆形。本属 20 种。中国 13 种。七目嶂 1 种。

1. 蔓生莠竹
Microstegium fasciculatum (L.) Henrard.

秆多节，下部节着土生根并分枝。叶鞘无毛或鞘节具毛；叶片不具柄，两面无毛，粗糙。总状花序 3~5 枚，带紫色；无柄小穗长 3.5~4mm；第一颖脊中上部具硬纤毛；第二外稃具长 8~10mm 中部膝曲并扭转的芒。有柄小穗与其无柄小穗相似。花果期 8~10 月。

生路旁、林缘和林下阴湿处。七目嶂路旁阴湿处较常见。

全草入药，有止血的功效。

19. 芒属 Miscanthus Andersson

多年生高大草本植物。秆粗壮，中空。叶片扁平宽大。顶生圆锥花序大型，由多数总状花序沿一延伸的主轴排列而成，小穗含一两性花，具不等长的小穗柄，孪生于连续的总状花序轴之各节；两颖近相等，厚纸质至膜质，第一颖背腹压扁；第二颖舟形；雄蕊 3。颖果长圆形。本属约 14 种。中国 7 种。七目嶂 2 种。

1. 五节芒
Miscanthus floridulus (Labill.) Warb. ex K. Schum. & Lauterb.

具发达根状茎；秆高大似竹，无毛，节下具白粉。

叶鞘无毛，鞘节具微毛；叶舌长1~2mm，顶端具纤毛；叶片披针状线形，中脉粗壮隆起，两面常无毛。圆锥花序大型，稠密，主轴粗壮，延伸达花序的2/3以上，无毛；小穗长3~3.5mm，黄色。长方形颖果，长约1.5mm。花果期5~10月。

生低海拔撂荒地与丘陵潮湿谷地和山坡或草地。七目嶂极常见。

根、茎入药，能清热利尿、止渴。

2. 芒
Miscanthus sinensis Andersson

秆无毛或在花序以下疏生柔毛。叶鞘无毛，长于节间；叶舌长1~3mm，具毛；叶片线形，下面疏生柔毛及被白粉。圆锥花序直立，主轴无毛，延伸至花序的中部以下，节与分枝腋间具柔毛；小穗长4.5~5mm，黄色有光泽。颖果椭圆形，约2mm。花果期7~12月。

生山地、丘陵和荒坡原野。七目嶂较常见。

秆纤维用途较广，作造纸原料等；也可作为观赏植物栽培；有较大的生态价值。

20. 类芦属 Neyraudia Hook. f.

多年生草本。具木质根状茎；秆苇状至中等大小，具多数节并生有分枝，节间有髓部。叶鞘颈部常具柔毛；叶舌密生柔毛；叶片扁平或内卷，质地较硬，自与叶鞘联结关节处脱落。圆锥花序大型稠密；小穗含3~8花，第一小花两性或不孕，第二小花正常发育，上部花渐小或退化；小穗轴脱节于颖之上与诸小花之间，无毛；颖具1~3脉，短于其小花；外稃披针形，具3脉，背部圆形，边脉接近边缘并有开展的白柔毛，中脉自先端2裂齿间延伸成短芒；基盘短柄状，具短柔毛；内稃狭窄，稍短于外稃；鳞被2枚；雄蕊3。颖果狭窄。本属4种。中国4种。七目嶂1种。

1. 类芦
Neyraudia reynaudiana (Kunth) Keng ex Hitchc.

具木质根状茎，须根粗而坚硬；秆直立，通常节具分枝，节间被白粉；叶鞘无毛，仅沿颈部具柔毛；叶舌密生柔毛；叶片扁平或卷折，顶端长渐尖，无毛或上面生柔毛。圆锥花序长30~60cm，分枝细长，开展或下垂，小穗长6~8mm，含5~8小花，第一外稃不孕，无毛；颖

片短小；外稃长约4mm，边脉生有长约2mm的柔毛，顶端具长1~2mm向外反曲的短芒；内稃短于外稃。花果期8~12月。

生河边、山坡或砾石草地。七目嶂山坡常见。

优良的水土保持草种，为芒萁等乡土草种的侵入与繁衍创造有利条件，从而加快水蚀荒漠化地区植被恢复。

21. 求米草属 Oplismenus P. Beauv.

一年生或多年生草本。秆基部常平卧地面并分枝。叶卵形至披针形，稀线状披针形。圆锥花序狭窄，分枝或不分枝，小穗数枚聚生于主轴一侧；小穗卵圆形或卵状披针形，多少两侧压扁，近无柄，孪生、簇生，稀单生，含2小花；颖近等长，第一颖具长芒，第二颖具短芒或无芒；第一小花中性；第二小花两性。本属5~9种。中国4种。七目嶂2种。

1. 中间型竹叶草
Oplismenus compositus var. **intermedius** (Honda) Ohwi

叶鞘密被疣基硬毛，边缘被纤毛；叶片披针形至卵状披针形，基部斜心形。花序轴及穗轴密被长柔毛和长硬毛；小穗孪生，稀上部者单生，长3~3.5mm；两颖均具5脉，第一颖具芒长5~10mm，第一外稃顶端具小尖头，具7~9脉。花果期秋季。

生山地、丘陵、疏林下阴湿地。七目嶂常见。

2. 求米草
Oplismenus undulatifolius (Ard.) Roem. & Schult.

秆平卧后上升，节着地生根。叶鞘短于或上部者长

于节间，近无毛或疏生毛；叶片披针形至卵状披针形，基部多少包茎而不对称，常波状，具横脉。圆锥花序长5~15cm；分枝互生而疏离；小穗孪生于轴一侧；颖草质，近等长；第一小花中性。花果期9~11月。

生疏林下阴湿处。七目嶂疏林阴湿偶见。

草质柔软，适口性好，营养丰富，整个植株在生育期内，均可饲用，又可调制干草，是较为理想的放牧草，牛、羊都喜食；此外，求米草是保土植物。

22. 黍属 Panicum L.

一年生或多年生草本。秆直立或基部膝曲或匍匐。叶片线形至卵状披针形；叶舌膜质或顶端具毛。圆锥花序顶生，分枝常开展，小穗具柄，背腹压扁，含2小花；第一小花雄性或中性；第二小花两性；颖草质或纸质，几等长；第一内稃有或无，第二外稃硬纸质或革质，有光泽；雄蕊3。本属约500种。中国21种。七目嶂1种。

1. 铺地黍

Panicum repens L.

根茎粗壮发达。叶鞘光滑，边缘被纤毛；叶舌长约0.5mm，顶端被睫毛；叶片质硬，线形上表皮粗糙或被毛，下表皮光滑。圆锥花序开展，长5~20cm，分枝斜上，具棱槽；小穗长约3mm；第一颖长约为小穗的1/4；第二颖约与小穗近等长。花果期6~11月。

生溪边以及潮湿处。七目嶂溪边草地较常见。

全草入药，味甘、性平，有清热平肝、利尿解毒、散瘀的功效。

23. 雀稗属 Paspalum L.

多年生或一年生草本。秆丛生，直立或具匍匐茎和根状茎。叶舌短，膜质；叶片线形或狭披针形，扁平或卷折。穗形总状花序2至多枚呈指状或总状排列于茎顶或伸长主轴上；穗轴扁平，具狭窄或较宽的翼；小穗上部1小花可育，单生或孪生，2至4行互生于穗轴一侧，背腹压扁；雄蕊3。本属约330种。中国16种(含引种)。七目嶂2种。

1. 圆果雀稗

Paspalum scrobiculatum var. **orbiculare** (G. Forst.) Hack.

叶鞘长于其节间，无毛，鞘口有毛；叶片长披针形至线形，大多无毛。总状花序2~10枚排列于主轴上，分枝腋间有长柔毛；小穗近圆形，单生于穗轴一侧，覆瓦状排列成2行。花果期6~11月。

广泛生于低海拔区的荒坡、草地、路旁及田间。七目嶂旷野草地较常见。

全草入药，有清热利尿的作用。

2. 雀稗

Paspalum thunbergii Kunth ex Steud.

秆直立，丛生，节被长柔毛。叶鞘具脊，长于节间，被柔毛；叶舌膜质；叶片线形，两面被柔毛。总状花序3~6枚，互生于长3~8cm的主轴上，形成总状圆锥花序，分枝腋间具长柔毛；穗轴宽约1mm；小穗柄长0.5或1mm；小穗椭圆状倒卵形，散生微柔毛，顶端圆或微凸；第二颖与第一外稃相等，膜质，具3脉，边缘有明显微柔毛；第二外稃等长于小穗，革质，具光泽。花果期5~10月。

生荒野潮湿草地。七目嶂较常见。

是放牧地的优等牧草，牛、羊喜吃。

24. 狼尾草属 Pennisetum Rich.

一年生或多年生草本。秆质坚硬。叶片线形，扁平或内卷。圆锥花序紧缩呈穗状圆柱形；小穗单生或2~3聚生成簇，无柄或具短柄，有1~2小花，基部具苞片状刚毛；刚毛长于或短于小穗；颖不等长，第一颖质薄而微小，第二颖较长于第一颖；第一小花雄性或中性；第二小花两性；雄蕊3。本属约80种。中国11种。七目嶂1种。

1. 狼尾草
Pennisetum alopecuroides (L.) Spreng.

秆在花序下密生柔毛。叶鞘光滑，基部跨生状，秆上部长于节间；叶舌具长毛；叶片线形。圆锥花序直立；主轴密生柔毛；苞片状刚毛粗糙，淡绿色或紫色；小穗通常单生，偶有双生，线状披针形。花果期夏秋季。

多生于田埂、荒地、道旁及小山坡上。七目嶂路旁山坡偶见。

根、茎入药，味甘、性平，有清肺利尿、解毒镇呕、清胃热、润肺燥、平肝明目的功效。

25. 金发草属 Pogonatherum P. Beauv.

多年生矮小草本。常分枝；秆细长而硬。叶片线形或线状披针形，近直立。穗形总状花序单生于秆顶；小穗孪生，一有柄，一无柄，成覆瓦状排列于花序轴一侧，无柄小穗有1~2小花，第一小花雄性或全退化仅存外稃，第二小花两性；有柄小穗含1小花，两性或雌性；颖膜质，近于等长。颖果长圆形。本属约4种。中国3种。七目嶂1种。

1. 金丝草
Pogonatherum crinitum (Thunb.) Kunth

秆纤细，多节，少分枝。叶鞘短于或长于节间，鞘口或边缘被细毛；叶舌纤毛状；叶片线形，两面均被微毛而粗糙。穗形总状花序单生于秆顶，细弱而微弯曲，乳黄色；无柄小穗长不及2mm，含1两性花；有柄小穗与无柄小穗同型同性。花果期5~9月。

生田埂、山边、路旁、河、溪边、石缝瘠土或灌木下阴湿地。七目嶂路旁阴湿处较常见。

全株入药，味甘淡、性凉，有清凉散热，解毒、利尿通淋之药效。

26. 囊颖草属 Sacciolepis Nash

一年生或多年生草本。秆直立或基部膝曲。叶片较狭窄。圆锥花序紧缩成穗状，小穗一侧偏斜，有2小花；颖不等长，第一颖较短，第二颖较宽；第一小花雄性或中性，第二小花两性；第一外稃较第二颖狭，但等长；第二外稃长圆形，厚纸质或薄革质。本属约30种。中国3种。七目嶂1种。

1. 囊颖草
Sacciolepis indica (L.) Chase

秆基常膝曲，有时下部节上生根。叶鞘短于节间；叶片线形，无毛或被毛。圆锥花序紧缩成圆筒状，主轴无毛，具棱，分枝短；小穗卵状披针形，绿色或染以紫色；第一颖为小穗长的1/3~2/3。花果期7~11月。

多生于湿地或淡水中，常见于稻田边、林下等地。七目嶂溪边湿地偶见。

27. 狗尾草属 Setaria P. Beauv.

一年生或多年生草本。有或无根茎；秆直立或基部膝曲。叶片线形、披针形或长披针形。圆锥花序通常呈穗状或总状圆柱形，少数疏散而开展至塔状；小穗含1~2小花，椭圆形或披针形，全部或部分小穗下托以1至数枚由不发育小枝而成的芒状刚毛；颖不等长，第一颖宽卵形、卵形或三角形，具3~5脉或无脉。颖果椭圆状球形或卵状球形，稍扁，种脐点状。本属约130种。中国14种。七目嶂1种。

1. 狗尾草
Setaria viridis (L.) P. Beauv.

根为须状，高大植株具支持根；秆直立或基部膝曲。叶鞘松弛，无毛或疏具柔毛或疣毛，边缘具较长的密绵毛状纤毛；叶片扁平，长三角状狭披针形或线状披针形，通常无毛或疏被疣毛，边缘粗糙。圆锥花序紧密呈圆柱状或基部稍疏离；小穗2~5枚簇生于主轴上或更多的小穗着生在短小枝上，椭圆形，先端钝，铅绿色；鳞被楔形，顶端微凹；花柱基分离。颖果灰白色。花果期 5~10 月。

生荒野、道旁。七目嶂常见。

秆、叶可作饲料；也可入药，治痈瘘、面癣；全草加水煮沸 20 分钟后，滤出液可喷杀菜虫；小穗可提炼糠醛。

28. 鼠尾粟属 Sporobolus R. Br.

一年生或多年生草本。叶舌常极短，纤毛状；叶片狭披针形或线形，通常内卷。圆锥花序紧缩或开展；小穗含 1 小花，两性，近圆柱形或两侧压扁；颖透明膜质，不等，具 1 脉或第一颖无脉，常比外稃短，稀等长，先端钝、急尖或渐尖；外稃膜质，无芒，与小穗等长；内稃透明膜质，与外稃等长；雄蕊 2~3。本属约 160 种。中国 8 种。七目嶂 1 种。

1. 鼠尾粟

Sporobolus fertilis (Steud.) Clayton

叶鞘疏松，无毛或缘具毛，下部者长于节间；叶舌纤毛状；叶片质较硬，无毛，通常内卷。圆锥花序较紧缩呈线形或近穗形，分枝稍坚硬，与主轴贴生或倾斜；小穗长 1.7~2mm；第一颖小，先端尖或钝，具 1 脉；雄蕊 3。囊果红褐色。花果期 3~12 月。

生田野路边、山坡草地及山谷湿处和林下。七目嶂路旁草地偶见。

全草或根入药，具有清热、凉血、解毒、利尿的功效，用于治流脑、乙脑高热神昏、传染性肝炎、黄疸、痢疾、热淋、尿血、乳痈。

29. 菅属 Themeda Forssk.

多年生或一年生草本。秆粗壮或纤细，近圆形，实心，坚硬。叶鞘具脊，近缘及鞘口常散生瘤基刚毛，边缘膜质；叶舌短，膜质，顶端密生纤毛或撕裂状；叶片线形，长而狭，边缘常粗糙。花簇或花束下都托有叶状佛焰苞，再形成硕大的伪圆锥花序；每总状花序由 7~17 小穗组成，最下 2 节各着生 1 对同为雄性或中性的小穗对，形似总苞状，常称总苞状小穗；颖革质，果时硬化，枣红色。颖果线状倒卵形，具沟，胚乳约占其 1/2。本属 27 种。中国 13 种。七目嶂 1 种。

1. 菅

Themeda villosa (Poir.) A. Camus

秆粗壮，多簇生。两侧压扁或具棱，通常黄白色或褐色，平滑无毛而有光泽，实心，髓白色。叶鞘光滑无毛，下部具粗脊；叶舌膜质，短，顶端具短纤毛；叶片线形。总状花序具长 0.5~2cm 的总花梗；每总状花序由 9~11 小穗组成；总苞状 2 对小穗披针形，不着生在同一水平上；两性小穗具不完全的芒或几无芒。颖果被毛或脱落，成熟时栗褐色。花果期 8 月至翌年 1 月。

山坡灌丛、草地或林缘向阳处。七目嶂常见。

以根入药，可散寒解表、接骨、利水，主治风寒感冒、风湿麻木、骨折、水肿。

30. 棕叶芦属 Thysanolaena Nees.

多年生高大丛状草本。叶鞘平滑；叶舌短；叶片宽广，披针形，具短柄，中脉明显。顶生圆锥花序大型，稠密；小穗微小，含 2 小花，第一花不孕，第二花两性；颖微小，无脉，顶端钝；第一外稃具 1 脉，顶端渐尖，与小穗等长，内稃缺；第二外稃较短而质硬，具 3 脉，内稃较短；雄蕊 2。颖果小。单种属。七目嶂有分布。

1. 棕叶芦

Thysanolaena latifolia (Roxb. ex Hornem.) Honda

种的特征与属同。一年有 2 次花果期，春夏或秋季。

生山坡、山谷或树林下和灌丛中。七目嶂常见。

秆高大坚实，作篱笆或造纸，叶可裹粽；栽培作绿化观赏用。

参考文献

陈封怀. 广东植物志（1~2卷）[M]. 广州：广东科学技术出版社，1987-1991.

廖文波，叶华谷. 广东植物鉴定技巧 [M]. 北京：科学出版社，2019.

王瑞江. 广东维管植物多样性编目 [M]. 广州：广东科学技术出版社，2017.

吴德邻. 广东植物志（3~10卷）[M]. 广州：广东科学技术出版社，1995-2011.

叶华谷，邢福武. 广东植物名录 [M]. 广州：广东世界图书出版公司，2005.

叶华谷，邢福武，廖文波，等. 广东植物图鉴（上下册）[M]. 武汉：华中科技大学出版社，2018.

中国科学院生物多样性委员会. 中国生物物种名录（2020版）[CD]. 北京：中国科学院生物多样性委员会，2020.

中国植物志编辑委员会. 中国植物志（1~80卷）[M]. 北京：科学出版社，1959-2004.

Wu ZY, Raven PH, Hong DY. Flora of China (Vols. 1-25) [M]. Beijing & St. Louis: Science Press & Missouri Botanical, 1994-2013.

中文名索引

A

矮冬青 ... 161
矮桃 ... 244
矮小天仙果 ... 152
艾 ... 228
艾纳香属 ... 230
安息香属 ... 205
菴耳柯 ... 147
暗色菝葜 ... 281

B

八角枫 ... 187
八角枫属 ... 187
巴豆属 ... 105
巴戟天 ... 220
巴戟天属 ... 220
巴郎耳蕨 ... 22
芭蕉属 ... 275
菝葜 ... 280
菝葜属 ... 280
白苞蒿 ... 229
白背枫 ... 207
白背黄花稔 ... 101
白背算盘子 ... 106
白背叶 ... 107
白桂木 ... 151
白花丹 ... 245
白花丹属 ... 245
白花灯笼 ... 264
白花地胆草 ... 233
白花鬼针草 ... 230
白花苦灯笼 ... 224
白花龙 ... 205
白花泡桐 ... 254
白花蛇舌草 ... 218
白花酸藤果 ... 202
白花悬钩子 ... 120
白花益母草 ... 269
白花油麻藤 ... 133
白花玉叶金花 ... 221
白灰毛豆 ... 137
白接骨 ... 260
白酒草 ... 235
白酒草属 ... 234
白蜡树 ... 209
白簕 ... 189
白茅 ... 311
白茅属 ... 311
白皮黄杞 ... 186
白楸 ... 107
白舌紫菀 ... 229
白丝草属 ... 278
白檀 ... 207
白叶瓜馥木 ... 38
白英 ... 250
百部属 ... 285
百两金 ... 200
百球薍草 ... 305
柏拉木 ... 91
柏拉木属 ... 91
败酱 ... 227
败酱属 ... 227
败酱叶菊芹 ... 234
稗属 ... 309
斑鸠菊属 ... 241
斑叶兰属 ... 294
斑叶野木瓜 ... 49
斑种草属 ... 248
板蓝 ... 261
板栗 ... 143
半边莲 ... 247
半边莲属 ... 247
半边旗 ... 12
半枫荷 ... 140
半枫荷属 ... 140
半枝莲 ... 270
半柱毛兰 ... 293
棒距虾脊兰 ... 291
抱石莲 ... 25
杯盖阴石蕨 ... 24
北江荛花 ... 75
北江十大功劳 ... 48
北越紫堇 ... 54
贝母兰属 ... 292
笔罗子 ... 182
蓖麻 ... 108
蓖麻属 ... 108
薜荔 ... 154
边生双盖蕨 ... 15
扁担杆属 ... 96
扁担藤 ... 175
变豆菜属 ... 192
变叶榕 ... 155
变叶树参 ... 189
变异鳞毛蕨 ... 22
蔗草属 ... 305
滨禾蕨属 ... 29
槟榔青冈 ... 145
柄果槲寄生 ... 169
波罗蜜属 ... 151
薄片变豆菜 ... 192
薄叶红厚壳 ... 94
薄叶猴耳环 ... 124
薄叶景天 ... 60
薄叶山矾 ... 206
薄叶鼠李 ... 171
薄叶碎米蕨 ... 13
薄叶阴地蕨 ... 5

C

糙毛蓼 ... 65
草胡椒 ... 52
草胡椒属 ... 52
草龙 ... 73
草珊瑚 ... 54
草珊瑚属 ... 54
梣属 ... 209
叉蕨属 ... 23
茶 ... 82
豺皮樟 ... 43
潺槁木姜子 ... 42
菖蒲属 ... 281
长柄山蚂蝗属 ... 131
长波叶山蚂蝗 ... 130
长刺楤木 ... 188
长萼栝楼 ... 79
长萼堇菜 ... 57
长花厚壳树 ... 249
长蒴母草 ... 252
长叶冻绿 ... 171
长叶蝴蝶草 ... 255
长叶铁角蕨 ... 19
长圆叶艾纳香 ... 231
长柱瑞香 ... 74
长鬃蓼 ... 64
常春藤 ... 189
常春藤属 ... 189
常绿荚蒾 ... 226
常山 ... 111
常山属 ... 111
车前 ... 246
车前属 ... 246
沉水樟 ... 39
程香仔树 ... 165
橙黄玉凤花 ... 294
匙羹藤 ... 214
匙羹藤属 ... 214
匙叶合冠鼠麴草 ... 236
齿果草 ... 59
齿果草属 ... 59
齿缘吊钟花 ... 193
赤车属 ... 157
赤楠 ... 90
赤杨叶 ... 204
赤杨叶属 ... 204
翅果菊 ... 238
翅果菊属 ... 238
翅柃 ... 83
翅子树属 ... 99
翅子藤属 ... 165
崇澍蕨 ... 21
崇澍蕨属 ... 21
楮树桑寄生 ... 167
垂穗石松 ... 3
椿叶花椒 ... 177
唇柱苣苔属 ... 257
刺齿半边旗 ... 11
刺瓜 ... 213
刺蓼 ... 65
刺毛杜鹃 ... 195
刺芹 ... 191
刺芹属 ... 191
刺蒴麻 ... 96
刺蒴麻属 ... 96
刺桐 ... 131
刺桐属 ... 131
刺苋 ... 68
刺叶桂樱 ... 114
刺子莞 ... 304
刺子莞属 ... 304
葱属 ... 284
丛枝蓼 ... 64
粗喙秋海棠 ... 80
粗毛耳草 ... 218
粗毛鸭嘴草 ... 311
粗叶耳草 ... 218
粗叶木 ... 219
粗叶木属 ... 218
粗叶榕 ... 153
粗叶悬钩子 ... 118
粗枝腺柃 ... 84
酢浆草 ... 70
酢浆草属 ... 70
翠云草 ... 4

D

大百部 ... 285
大苞寄生 ... 168
大苞寄生属 ... 168

中文名索引

大苞鸭跖草	272	地锦	175	钝果寄生属	168	粉叶蕨属	14	高斑叶兰	294
大车前	246	地锦属	174	盾蕨属	26	粉叶轮环藤	50	高粱泡	119
大丁草属	236	地毯草	308	多花勾儿茶	170	粉叶羊蹄甲	125	割鸡芒	303
大果马蹄荷	139	地毯草属	308	多花黄精	279	粪箕笃	51	割鸡芒属	303
大花忍冬	225	地桃花	101	多花山竹子	95	风车子	93	歌绿斑叶兰	294
大戟属	105	滇粤山胡椒	41	多脉酸藤子	203	风车子属	93	哥伦比亚萼距花	71
大距花黍	310	吊皮锥	145			风花菜	56	革叶铁榄	199
大罗伞树	200	吊石苣苔	258	**E**		丰花草属	224	格药枞	85
大薸	283	吊石苣苔属	258	鹅肠菜	60	风轮菜属	268	隔距兰属	292
大薸属	283	吊钟花	193	鹅肠菜属	60	风筝果	102	葛麻姆	135
大青	263	吊钟花属	193	鹅耳枥属	142	风筝果属	101	葛属	135
大青属	263	丁香蓼	73	鹅绒藤属	213	枫香树	140	弓果黍	309
大头茶	86	丁香蓼属	72	鹅掌柴	190	枫香树属	139	弓果黍属	309
大头茶属	86	鼎湖血桐	107	鹅掌柴属	190	蜂斗草	93	勾儿茶属	170
大叶黄杨	141	定心藤	166	萼距花属	71	蜂斗草属	92	构棘	155
大叶金牛	59	定心藤属	166	耳草属	217	凤尾蕨属	11	构属	151
大叶苦柯	148	东方古柯	102	耳基卷柏	3	凤仙花属	71	钩藤	224
大叶青冈	146	东风草	230	耳蕨属	22	凤丫蕨	14	钩藤属	224
大叶蛇葡萄	174	东南茜草	223	二花蝴蝶草	255	凤丫蕨属	14	钩吻	208
大叶石上莲	258	冬青属	160	二花珍珠茅	305	伏毛蓼	65	钩吻属	208
大叶仙茅	288	豆腐柴	265	二列叶枞	84	伏石蕨	25	狗肝菜	260
大叶新木姜子	45	豆腐柴属	265	二色波罗蜜	151	伏石蕨属	25	狗肝菜属	260
大叶玉叶金花	220	豆梨	116			扶芳藤	164	狗骨柴	216
大序隔距兰	292	毒根斑鸠菊	242	**F**		浮萍	284	狗骨柴属	216
大猪屎豆	128	独子藤	164	番薯属	250	浮萍属	284	狗脊	21
带唇兰	297	杜根藤	261	翻白叶树	99	福建观音座莲	6	狗脊属	21
带唇兰属	297	杜虹花	262	繁缕属	61	福建青冈	146	狗尾草	315
单毛桤叶树	193	杜茎山属	203	饭包草	272	福氏马尾杉	2	狗尾草属	315
单色蝴蝶草	255	杜鹃	196	梵天花	101	福王草属	239	菰腺忍冬	225
单穗水蜈蚣	303	杜鹃花属	194	梵天花属	101	傅氏凤尾蕨	12	古柯属	102
单叶双盖蕨	16	杜若	274	方枝假卫矛	165			谷精草属	274
单叶新月蕨	19	杜若属	273	芳香石豆兰	291	**G**		谷木	92
淡竹叶	312	杜英	97	飞蛾藤	250	盖裂果	219	谷木属	92
淡竹叶属	312	杜英属	97	飞蛾藤属	250	盖裂果属	219	谷木叶冬青	162
当归属	190	短柄滨禾蕨	29	飞龙掌血	177	柑橘属	176	牯岭藜芦	279
当归藤	202	短萼黄连	47	飞龙掌血属	177	赶山鞭	94	牯岭蛇葡萄	173
党参属	246	短梗幌伞枫	190	飞扬草	105	橄榄	179	骨牌蕨	25
灯台兔儿风	228	短梗南蛇藤	164	肥荚红豆	134	橄榄属	178	瓜馥木	38
灯心草	298	短小蛇根草	222	芬芳安息香	205	杠板归	64	瓜馥木属	37
灯心草属	298	短叶赤车	157	粉背菝葜	281	岗松	89	栝楼属	79
地胆草属	233	短序润楠	43	粉防己	52	岗松	89	观音坐莲属	5
地耳草	94	对叶榕	153	粉叶蕨	14	岗松属	89	冠盖藤属	111

319

管茎凤仙花	71	寒莓	118	红花荷属	140	虎杖	65	黄精属	279
光萼唇柱苣苔	257	韩信草	270	红花酢浆草	70	虎杖属	65	黄葵	100
光荚含羞草	124	蕺菜	56	红鳞蒲桃	90	花椒簕	178	黄兰含笑	35
光里白	8	蕺菜属	55	红马蹄草	191	花椒属	177	黄连属	47
光头稗	309	旱田草	253	红楠	44	花楸属	121	黄麻	96
光叶海桐	76	蒿属	228	红色新月蕨	18	花叶山姜	276	黄麻属	95
光叶红豆	134	禾串树	105	红丝线	249	华湖瓜草	304	黄麻叶扁担杆	96
光叶山矾	207	合欢属	123	红丝线属	249	华南赤车	158	黄毛冬青	160
光叶山黄麻	150	何首乌	62	红腺悬钩子	121	华南谷精草	274	黄毛猕猴桃	88
光叶石楠	115	何首乌属	62	红叶藤属	185	华南胡椒	53	黄毛榕	152
广东冬青	161	核果茶属	86	红枝蒲桃	90	华南龙胆	243	黄毛楤木	188
广东山龙眼	75	褐苞薯蓣	286	红锥	144	华南毛蕨	17	黄牛木	94
广东蛇葡萄	173	褐毛四照花	186	红紫珠	263	华南毛柃	83	黄牛木属	94
广东石豆兰	291	鹤顶兰	296	猴耳环	123	华南木姜子	43	黄牛奶树	206
广东薹草	299	鹤顶兰属	296	猴耳环属	123	华南蒲桃	90	黄杞	186
广东西番莲	78	黑弹朴	150	猴欢喜	98	华南青皮木	166	黄芩属	270
广东绣球	111	黑风藤	38	猴欢喜属	98	华南忍冬	225	黄绒润楠	44
广东玉叶金花	220	黑壳楠	41	厚果崖豆藤	133	华南实蕨	23	黄檀属	129
广东紫薇	72	黑老虎	36	厚壳桂	40	华南远志	58	黄眼草	274
广防风	267	黑鳞鳞毛蕨	22	厚壳桂属	40	华南云实	125	黄眼草属	274
广防风属	267	黑鳞珍珠茅	305	厚壳树属	249	华南皂荚	126	黄杨属	141
广寄生	168	黑柃	85	厚皮香	87	华南紫萁	6	黄樟	40
广西过路黄	244	黑鳗藤	214	厚皮香属	87	华女贞	210	幌伞枫属	190
广州蕺菜	55	黑鳗藤属	214	厚叶白花酸藤果	202	华润楠	44	灰背清风藤	183
广州山柑	176	黑面神	104	厚叶冬青	160	华山姜	276	灰绿耳蕨	23
广州相思子	127	黑面神属	104	厚叶铁线莲	46	华山蒌	53	灰毛大青	263
鬼针草	230	黑莎草	302	胡椒属	53	华腺萼木	221	灰毛豆属	137
鬼针草属	230	黑莎草属	302	胡颓子	173	画眉草属	310	喙果黑面神	104
贵州石楠	114	黑叶锥	145	胡颓子属	172	桦木属	142	火炭母	63
桂樱属	114	黑藻	272	胡枝子属	132	焕镛粗叶木	219	藿香蓟属	228
过山枫	163	黑藻属	271	湖瓜草属	304	黄鹌菜	243		
		黑足鳞毛蕨	22	蝴蝶草属	255	黄鹌菜属	242	**J**	
H		红背山麻杆	103	槲寄生	168	黄背越橘	197	鸡矢藤	222
海金沙	8	红椿	180	槲寄生属	168	黄丹木姜子	42	鸡矢藤属	222
海金沙属	8	红淡比	83	槲蕨	28	黄独	285	鸡眼草	132
海桐花属	76	红淡比属	83	槲蕨属	28	黄果厚壳桂	40	鸡眼草属	132
海芋	282	红冬蛇菰	169	葫芦茶	136	黄花倒水莲	58	积雪草	191
海芋属	282	红豆杉属	31	葫芦茶属	136	黄花鹤顶兰	296	积雪草属	191
含笑属	35	红豆属	134	虎刺楤木	188	黄花狸藻	256	笄石菖	298
含羞草	124	红孩儿	81	虎皮楠	110	黄花稔属	101	蕺菜	53
含羞草属	124	红厚壳属	94	虎皮楠属	110	黄花小二仙草	73	蕺菜属	53
寒兰	293	红花荷	140	虎舌红	201	黄荆	265	寄生藤	169

中文名索引

寄生藤属	169	节节菜属	72	聚花草属	273	雷公藤	165	亮毛茛	58
鲫鱼胆	203	节节草	4	卷柏	4	雷公藤属	165	亮叶猴耳环	123
蓟	232	截叶铁扫帚	132	卷柏属	3	类芦	313	亮叶桦	142
蓟属	231	金草	217	决明属	126	类芦属	313	亮叶鸡血藤	133
檵木	140	金疮小草	267	蕨	11	冷水花	158	亮叶雀梅藤	171
檵木属	140	金发草属	315	爵床	261	冷水花属	158	蓼属	63
嘉赐树属	77	金粉蕨属	13	爵床属	260	狸藻属	256	裂叶秋海棠	80
荚蒾属	226	金合欢属	122	蕨属	10	离瓣寄生属	166	林泽兰	235
假糙苏属	269	金鸡脚假瘤蕨	27	蕨叶鼠尾草	270	梨属	116	鳞毛蕨属	21
假臭草	235	金毛狗	9			犁头尖	283	鳞始蕨属	10
假地豆	130	金毛狗属	9	**K**		犁头尖属	283	鳞籽莎	304
假九节	223	金钮扣	241	开唇兰属	290	梨叶悬钩子	120	鳞籽莎属	303
假卫矛属	165	金钮扣属	241	看麦娘	307	篱栏网	251	蔺藨草属	306
假鹰爪	37	金钱豹属	246	看麦娘属	307	鳘豆属	133	岭南槭	181
假鹰爪属	37	金钱蒲	282	栲	144	鳘葧锥	144	岭南杜鹃	195
尖齿臭茉莉	264	金丝草	315	柯属	147	藜芦属	279	岭南柿	198
尖萼毛柃	83	金丝桃属	94	空心泡	121	藜属	67	柃木属	83
尖脉木姜子	42	金线吊乌龟	51	苦苣菜属	240	里白属	7	凌霄	259
尖山橙	211	金线兰	290	苦枥木	209	里白算盘子	106	凌霄属	259
尖叶长柄山蚂蝗	132	金星蕨	18	苦楝	179	李氏禾	311	菱叶绣线菊	122
尖叶川杨桐	81	金星蕨属	17	宽叶韭	284	李氏禾属	311	流苏贝母兰	292
尖叶清风藤	183	金腰箭	241	筐条菝葜	280	鳢肠	233	流苏子	216
尖叶水丝梨	141	金腰箭属	241	阔裂叶羊蹄甲	125	鳢肠属	233	流苏子属	216
尖叶唐松草	48	金樱子	117	阔叶丰花草	224	栎属	149	瘤足蕨	7
菅	316	筋骨草	266	阔叶猕猴桃	89	栗寄生	167	瘤足蕨属	7
菅属	316	筋骨草属	266			栗寄生属	167	柳叶剑蕨	29
见血青	295	堇菜属	57	**L**		栗属	143	柳叶毛蕊茶	82
剑蕨属	29	锦葵属	100	拉拉藤属	216	荔枝叶红豆	134	柳叶薯蓣	286
建兰	292	荩草	308	兰属	292	帘子藤	212	龙胆属	243
剑叶耳草	217	荩草属	307	兰香草	263	帘子藤属	212	龙须藤	125
剑叶凤尾蕨	11	景天属	59	蓝果树	187	莲子草	68	龙芽草	112
江南花楸	121	九丁榕	153	蓝果树属	187	莲子草属	68	龙芽草属	112
江南卷柏	4	九节	222	蓝花参	247	莲座紫金牛	201	龙眼	180
江南双盖蕨	16	九节龙	201	蓝花参属	247	镰翅羊耳蒜	295	龙眼属	180
江南星蕨	26	九节属	222	榄叶柯	148	镰羽瘤足蕨	7	楼梯草属	156
姜属	276	九龙盘	278	狼尾草	315	链荚豆	127	芦竹	308
豇豆属	137	菊芹属	234	狼尾草属	314	链荚豆属	127	芦竹属	308
浆果薹草	299	菊属	231	老鹳草属	70	楝属	179	鹿藿	136
角花胡颓子	172	苣荬菜	240	老鼠矢	207	楝叶吴萸	177	鹿藿属	136
角花乌蔹莓	174	距花黍属	310	簕欓花椒	178	两面针	178	鹿角蕨	28
绞股蓝	78	锯齿双盖蕨	16	了哥王	74	两广梭罗	99	鹿角蕨属	28
绞股蓝属	78	聚花草	273	雷公鹅耳枥	142	两广杨桐	81	鹿角锥	145

321

蕗蕨	8	马甲子属	170	毛蓼	63	母草	252	拟鼠麹草属	239
蕗蕨属	8	马兰	238	毛鳞省藤	287	母草属	252	粘木	102
露兜草	288	马兰属	238	毛马齿苋	62	牡荆	265	粘木属	102
露兜树属	288	马蓝属	261	毛棉杜鹃花	196	牡荆属	265	柠檬清风藤	183
李花菊属	242	马铃苣苔属	258	毛排钱草	135	木防己	50	牛白藤	218
卵裂黄鹌菜	243	马钱属	208	毛牵牛	250	木防己属	49	牛轭草	273
卵叶半边莲	248	马松子	99	毛麝香	252	木荷	87	牛耳枫	110
卵叶盾蕨	26	马松子属	99	毛麝香属	251	木荷属	86	牛筋草	310
卵叶桂	40	马唐	309	毛叶轮环藤	50	木荚红豆	135	牛矢果	211
轮环藤	50	马唐属	309	毛叶肾蕨	24	木姜润楠	44	牛藤果	49
轮环藤属	50	马蹄荷	139	毛轴铁角蕨	19	木姜叶柯	148	牛膝菊	236
轮钟花	246	马蹄荷属	139	毛柱铁线莲	47	木姜子	43	牛膝菊属	235
罗浮粗叶木	219	马尾杉属	2	毛锥	144	木姜子属	42	牛膝属	67
罗浮槭	181	马尾松	31	光萼茅膏菜	60	木蜡树	185	钮子瓜	79
罗浮栲	144	马银花	196	茅膏菜属	60	木莲	35	糯米团	157
罗浮买麻藤	32	马缨丹	264	茅莓	120	木莲属	35	糯米团属	157
罗浮柿	198	马缨丹属	264	帽儿瓜属	79	木犀榄	210	女贞属	210
罗伞树	201	马醉木	194	梅	112	木犀榄属	210		
裸花水竹叶	273	马醉木属	194	美丽胡枝子	132	木犀属	211	**P**	
络石	212	买麻藤属	32	美脉琼楠	39	木油桐	109	排钱树属	135
络石属	212	满山红	195	美叶柯	147	木贼属	4	攀倒甑	227
落萼叶下珠	108	蔓赤车	158	美洲商陆	66			盘果菊	239
落葵薯	69	蔓胡颓子	172	苎麻	156	**N**		盘托楼梯草	156
落葵薯属	69	蔓荆	266	苎麻属	156	南川柯	148	泡花树属	182
绿苞爵床	260	蔓九节	222	迷人鳞毛蕨	22	南方红豆杉	31	泡桐属	253
绿冬青	163	蔓生莠竹	312	猕猴桃属	88	南方荚蒾	226	蓬莱葛	208
绿萼凤仙花	71	芒	313	米碎花	83	南岭杜鹃	195	蓬莱葛属	208
绿黄葛树	155	芒毛苣苔	257	米槠	143	南岭堇菜	58	蓬蘽	119
绿叶五味子	36	芒毛苣苔属	257	密苞山姜	276	南蛇藤属	163	蟛蜞菊	240
䅟草	160	芒萁	7	密苞叶薹草	300	南酸枣	184	蟛蜞菊属	240
䅟草属	159	芒萁属	7	密花山矾	206	南酸枣属	184	枇杷属	113
		芒属	312	密花石豆兰	291	南五味子	36	枇杷叶紫珠	262
M		毛八角枫	187	密花树	204	南五味子属	36	飘拂草属	301
麻楝	179	毛柄双盖蕨	15	密花树属	204	南烛	197	平叶酸藤子	203
麻楝属	179	毛草龙	73	密子豆	135	囊颖草	315	瓶尔小草	5
马㼎儿	79	毛刺蒴麻	96	密子豆属	135	囊颖草属	315	瓶尔小草属	5
马㼎儿属	79	毛冬青	162	闽赣葡萄	175	泥胡菜	237	苹果属	114
马鞭草	265	毛茛属	48	闽粤悬钩子	119	泥胡菜属	237	坡油甘	136
马鞭草属	265	毛果巴豆	105	陌上菜	253	泥花草	252	坡油甘属	136
马齿苋	61	毛果算盘子	106	墨首蓣	223	拟二歧飘拂草	301	朴属	149
马齿苋属	61	毛蕨属	16	墨首蓣属	223	拟兰属	290	朴树	150
马甲子	170	毛兰属	293	膜叶土蜜树	105	拟鼠麹草	239	铺地黍	314

葡蟠............151	曲枝马蓝............261	三花冬青............162	山香圆属............183	石豆兰属............291
葡萄属............175	全缘琴叶榕............154	三尖杉............31	山血丹............200	石柑属............283
蒲桃属............89	缺脖果荠............56	三尖杉属............31	山芫荽属............232	石柑子............283
普通针毛蕨............17	雀稗............314	三裂叶薯............251	山楂属............113	石胡荽............231
	雀稗属............314	三脉马钱............209	山芝麻............98	石胡荽属............231
Q	雀梅藤............171	三脉紫菀............229	山芝麻属............98	石楠属............114
七星莲............57	雀梅藤属............171	三叶地锦............174	杉木............32	石荠苎属............269
桤叶树属............193	雀舌草............61	三叶鬼针草............230	杉木属............32	石杉属............2
漆............185		三叶崖爬藤............175	珊瑚姜............276	石上莲............259
漆属............185	**R**	三桠苦............176	珊瑚树............226	石松............3
荠............55	饶平石楠............115	三羽新月蕨............19	穇属............310	石松属............2
荠属............55	荛花属............74	伞房花耳草............217	扇叶铁线蕨............13	石韦............27
畦畔莎草............300	忍冬属............225	散穗黑莎草............302	鳝藤............211	石韦属............27
槭树属............181	日本杜英............97	桑寄生属............167	鳝藤属............211	石仙桃............296
千金藤属............51	日本看麦娘............307	沙坝冬青............160	商陆属............66	石仙桃属............296
千金子............311	日本蛇根草............221	莎草属............300	少花柏拉木............91	石岩枫............107
千金子属............311	日本薯蓣............286	山茶属............82	少花海桐............76	实蕨属............23
千里光............239	日本水龙骨............27	山橙属............211	少花龙葵............249	食用双盖蕨............15
千里光属............239	日本五月茶............103	山杜英............98	舌唇兰属............296	柿寄生............168
浅裂锈毛莓............121	绒毛润楠............45	山矾属............205	蛇根草属............221	柿属............197
茜草属............223	绒毛山胡椒............41	山柑属............176	蛇菰属............169	绶草............297
茜树............215	榕属............152	山胡椒属............41	蛇莓............113	绶草属............297
茜树属............215	榕叶冬青............161	山黄麻属............150	蛇莓属............113	书带蕨............15
蔷薇属............117	柔茎蓼............63	山鸡椒............42	蛇葡萄属............173	书带蕨属............15
鞘花............167	柔毛堇菜............57	山菅............278	蛇舌兰............293	疏齿木荷............87
鞘花属............167	柔毛紫茎............87	山菅属............278	蛇舌兰属............293	疏花长柄山蚂蝗...131
茄属............249	柔弱斑种草............248	山姜............275	蛇足石杉............2	疏花卫矛............164
茄叶斑鸠菊............242	肉实属............199	山姜属............275	深绿卷柏............3	黍属............314
琴叶榕............153	肉实树............199	山龙眼属............75	深山含笑............35	鼠刺............110
青茶香............161	肉穗草属............92	山麻杆属............103	深圳拟兰............290	鼠刺属............110
青冈............146	软条七蔷薇............117	山蚂蝗属............130	沈氏十大功劳............48	鼠妇草............310
青冈属............145	锐尖山香圆............183	山麦冬............279	肾蕨............24	鼠李属............171
青江藤............163	瑞香属............74	山麦冬属............279	肾蕨属............24	鼠麹草属............236
青皮木属............166	润楠属............43	山莓............118	省藤属............287	鼠尾草属............270
青葙............69	箬竹............306	山牡荆............266	圣蕨属............17	鼠尾粟............316
青葙属............69	箬竹属............306	山木通............47	胜红蓟............228	鼠尾粟属............316
清风藤属............183		山蟛蜞菊............242	十大功劳属............48	薯莨............285
清香藤............210	**S**	山樨叶泡花树............182	十万错属............259	薯蓣属............285
琼楠属............38	赛葵............100	山桐子............77	十字臺草............300	树参............188
秋葵属............100	赛葵属............100	山桐子属............77	石斑木............116	树参属............188
秋海棠属............80	三叉蕨............23	山乌桕............109	石斑木属............116	栓叶安息香............205
求米草............313	三点金............130	山香圆............184	石菖蒲............282	双盖蕨属............15
求米草属............313				

双蝴蝶属	244	碎米莎草	301	铁榄	198	蚊母树属	138	细茎母草	253
双片苣苔	258	穗序鹅掌柴	190	铁榄属	198	乌材	197	细裂玉凤兰	294
双片苣苔属	258	梭罗树属	99	铁山矾	207	乌冈栎	149	细叶青冈	146
水葱属	304	桫椤	9	铁线蕨	13	乌桕	109	细叶野牡丹	91
水壶藤属	213	桫椤属	9	铁线蕨属	13	乌桕属	109	细辛属	52
水蓼	63	**T**		铁线莲属	46	乌蕨	10	细圆藤	51
水龙	72			铁苋菜	103	乌蕨属	10	细圆藤属	51
水龙骨属	27	台湾冬青	161	铁苋菜属	103	乌口树属	224	细枝柃	85
水芹	192	台湾林檎	114	铁轴草	271	乌蔹莓属	174	细轴荛花	75
水芹属	192	台湾泡桐	254	铁仔属	204	乌毛蕨	20	虾脊兰属	291
水虱草	302	台湾榕	152	铜锤玉带草	248	乌毛蕨属	20	狭翅铁角蕨	20
水丝梨属	141	台湾相思	122	铜锤玉带属	248	无瓣堇菜	56	狭叶假糙苏	269
水同木	152	薹草属	299	透茎冷水花	159	无耳沼兰	295	狭叶山姜	275
水团花	215	唐松草属	48	秃瓣杜英	97	无患子	181	狭叶香港远志	59
水团花属	215	桃金娘	89	土茯苓	281	无患子属	180	狭叶珍珠花	194
水蜈蚣属	303	桃金娘属	89	土荆芥	67	无柱兰	289	下田菊	227
水玉簪属	289	桃叶石楠	115	土蜜树属	105	无柱兰属	289	下田菊属	227
水蔗草	307	藤槐	128	土牛膝	67	吴茱萸属	176	夏飘拂草	301
水蔗草属	307	藤槐属	128	土人参	62	五加属	189	仙茅属	288
水竹叶属	273	藤黄属	95	土人参属	62	五节芒	312	纤草	289
四棱飘拂草	302	藤黄檀	129	兔儿风属	228	五列木	88	显齿蛇葡萄	173
四数花属	177	藤金合欢	122	兔耳一枝箭	236	五列木属	88	显脉新木姜子	46
四照花属	186	藤麻	159	团叶陵齿蕨	10	五岭龙胆	243	线萼山梗菜	247
四子马蓝	262	藤麻属	159	臀果木属	116	五味子属	36	线蕨	25
松属	31	藤榕	153	臀形果	116	五叶薯蓣	286	线蕨属	25
楤木属	188	藤石松	2	**W**		五月艾	229	线羽凤尾蕨	11
苏铁蕨	20	藤石松属	2			五月茶属	103	线柱苣苔	259
苏铁蕨属	20	天胡荽	192	挖耳草	256	五爪金龙	251	线柱苣苔属	259
素馨属	209	天胡荽属	191	娃儿藤	214	雾水葛	159	苋属	68
粟米草	61	天料木	77	娃儿藤属	214	雾水葛属	159	腺萼马银花	194
粟米草属	61	天料木属	77	瓦韦	26	**X**		腺萼木属	221
酸模	66	天门冬	277	瓦韦属	26			腺毛莓	118
酸模属	66	天门冬属	277	弯蒴杜鹃	195	西番莲属	78	腺毛阴行草	254
酸模叶蓼	64	天香藤	123	网脉琼楠	39	西南粗叶木	219	腺叶桂樱	114
酸藤子	202	田基黄	236	网脉山龙眼	76	稀莶	239	腺叶山矾	205
酸藤子属	202	田基黄属	236	网脉酸藤子	203	溪边凤尾蕨	12	香茶菜	268
酸叶胶藤	213	田麻	95	望江南	126	溪边桑勒草	93	香茶菜属	268
算盘子	106	田麻属	95	微红新月蕨	18	豨莶属	239	香椿	180
算盘子属	106	甜楮	143	微毛柃	85	喜旱莲子草	68	香椿属	179
碎米蕨属	12	贴生石韦	27	尾花细辛	52	细柄薯树	138	香附子	301
碎米莎	55	铁冬青	162	卫矛属	164	细齿叶柃	85	香港带唇兰	298
碎米莎属	55	铁角蕨属	19	蚊母树	138	细风轮菜	268	香港瓜馥木	38

香港黄檀	129	小一点红	233	崖豆藤属	133	野茼蒿	232	硬壳柯	147
香港双蝴蝶	244	小鱼仙草	269	崖姜	28	野茼蒿属	232	油茶	82
香港新木姜子	45	小柱悬钩子	118	崖姜蕨属	28	野豌豆属	137	油茶离瓣寄生	167
香港鹰爪花	37	小紫金牛	199	崖爬藤属	175	野线麻	156	油桐	109
香花鸡血藤	133	薤头	284	烟包树属	186	野芋	282	油桐属	109
香花枇杷	113	楔基腺柃	84	烟斗柯	147	野雉尾金粉蕨	13	狱属	263
香科科属	271	叶下珠	108	延平柿	198	夜花藤	51	莠竹属	312
香楠	215	叶下珠属	108	延叶珍珠菜	245	夜花藤属	50	柚	176
香皮树	182	斜脉假卫矛	165	盐肤木	184	夜香牛	241	余甘子	108
香丝草	234	血见愁	271	盐肤木属	184	一点红	234	鱼黄草属	251
相思子属	127	血桐属	107	眼树莲	213	一点红属	233	鱼眼菊	232
香叶树	41	心叶毛蕊茶	82	眼树莲属	213	一枝黄花	240	鱼眼菊属	232
响铃豆	128	心叶帚菊	238	秧青	129	一枝黄花属	240	禺毛茛	48
小巢菜	137	新木姜子属	45	羊耳菊	237	宜昌悬钩子	119	羽裂圣蕨	17
小二仙草	74	新月蕨	18	羊耳蒜属	295	异色猕猴桃	88	雨久花属	280
小二仙草属	73	新月蕨属	18	羊角拗	212	异色山黄麻	150	玉凤花属	294
小果拔葜	281	星毛冠盖藤	111	羊角拗属	212	异叶地锦	174	玉山针蔺	306
小果冬青	162	星宿菜	245	羊角藤	220	异叶黄鹌菜	242	玉叶金花	221
小果核果茶	86	杏属	112	羊乳	247	异叶鳞始蕨	10	玉叶金花属	220
小果蔷薇	117	杏香兔儿风	228	羊蹄甲属	125	异型莎草	300	芋属	282
小果山龙眼	75	修蕨属	27	杨梅	142	异株木犀榄	210	圆果雀稗	314
小花黄堇	54	秀柱花	139	杨梅属	142	益母草属	268	芫菱菊	232
小花金钱豹	246	秀柱花属	139	杨桐	81	腋花蓼	64	圆叶节节菜	72
小槐花	130	绣球属	111	杨桐属	81	翼核果	172	圆叶挖耳草	257
小金梅草	288	绣线菊属	122	野扁豆属	131	翼核果属	172	圆叶野扁豆	131
小金梅草属	288	锈毛莓	120	野甘草	254	薏苡	308	原沼兰属	295
小苦荬	237	萱草	278	野甘草属	254	薏苡属	308	圆柱叶灯心草	298
小苦荬属	237	萱草属	278	野菰	256	阴地蕨属	5	圆锥柯	148
小蜡	210	旋覆花属	237	野菰属	256	阴山荠属	56	远志属	58
小藜	67	悬钩子蔷薇	117	野含笑	35	阴石蕨	24	越橘属	196
小木通	46	悬钩子属	117	野蕉	275	阴石蕨属	24	越南山矾	206
小蓬草	234	悬铃叶苎麻	156	野菊	231	阴香	39	云和新木姜子	45
小舌唇兰	297	荨麻母草	253	野葵	100	阴行草属	254	云实	126
小叶海金沙	8	蕈树	138	野老鹳草	70	银柴	104	云实属	125
小叶红叶藤	185	蕈树属	138	野牡丹	91	银柴属	104	**Z**	
小叶冷水花	158			野牡丹属	91	银合欢	124		
小叶买麻藤	32	**Y**		野木瓜	49	银合欢属	124	杂色榕	154
小叶爬崖香	53	鸭公树	45	野木瓜属	49	樱属	112	皂荚	127
小叶青冈	146	鸭舌草	280	野山楂	113	鹰爪花	37	皂荚属	126
小叶石楠	115	鸭跖草	272	野生紫苏	270	鹰爪花属	37	泽兰属	235
小叶五月茶	103	鸭跖草属	272	野柿	197	萤蔺	305	贼小豆	137
小叶云实	126	鸭嘴草属	311	野桐属	107	硬壳桂	40	窄基红褐柃	86

325

窄穗莎草	301	栀子属	216	皱果苋	68	砖子苗	300	紫苏属	270
展毛野牡丹	92	蜘蛛抱蛋属	277	皱叶忍冬	225	锥花属	268	紫菀属	229
樟	39	中国白丝草	278	朱砂根	200	锥属	143	紫薇属	72
樟属	39	中华杜英	97	珠芽狗脊	21	紫斑蝴蝶草	255	紫玉盘柯	149
樟叶泡花树	182	中华里白	7	猪毛草	304	紫背金盘	267	紫珠属	262
杖藤	287	中华薹草	299	猪屎豆	128	紫背天葵	80	棕榈	287
柘属	155	中华卫矛	164	猪屎豆属	128	紫弹树	149	棕榈属	287
浙江润楠	43	中华绣线菊	122	猪殃殃	216	紫花前胡	191	棕脉花楸	121
针齿铁仔	204	中华锥花	268	楮头红	92	紫花野百合	129	棕巴箬竹	306
针毛蕨属	17	中间型竹叶草	313	竹叶兰	290	紫金牛属	199	棕叶芦	316
珍珠菜属	244	钟花草	260	竹叶兰属	290	紫堇属	54	棕叶芦属	316
珍珠花属	194	钟花草属	260	竹叶青冈	147	紫茎属	87	醉鱼草	208
珍珠茅属	305	钟花樱桃	112	竹叶榕	154	紫麻	157	醉鱼草属	207
枳椇	170	柊叶	277	柱果铁线莲	47	紫麻属	157		
枳椇属	170	柊叶属	277	爪哇脚骨脆	77	紫萁	6		
栀子	217	帚菊属	238	爪哇帽儿瓜	79	紫萁属	6		

拉丁名索引

A

Abelmoschus 100
Abelmoschus moschatus
  100
Abrus 127
Abrus pulchellus subsp.
  cantoniensis 127
Acacia 122
Acacia concinna 122
Acacia confusa 122
Acalypha 103
Acalypha australis 103
Acer 181
Acer fabri 181
Acer tutcheri 181
Achyranthes 67
Achyranthes aspera 67
Acorus 281
Acorus gramineus 282
Acorus tatarinowii 282
Actinidia 88
Actinidia callosa var.
  discolor 88
Actinidia fulvicoma 88
Actinidia latifolia 89
Adenosma 251
Adenosma glutinosum
  252
Adenostemma 227
Adenostemma lavenia ... 227
Adiantum 13
Adiantum capillus-veneris
  13
Adiantum flabellulatum
  13
Adina 215
Adina pilulifera 215
Adinandra 81
Adinandra bockiana 81
Adinandra glischroloma
  81
Adinandra millettii 81
Aeginetia 256
Aeginetia indica 256
Aeschynanthus 257
Aeschynanthus acuminatus
  257
Ageratum 228
Ageratum conyzoides 228
Agrimonia 112
Agrimonia pilosa 112
Aidia 215
Aidia canthioides 215
Aidia cochinchinensis ... 215
Ainsliaea 228
Ainsliaea fragrans 228
Ainsliaea kawakamii 228
Ajuga 266
Ajuga ciliata 266
Ajuga decumbens 267
Ajuga nipponensis 267
Alangium 187
Alangium chinense 187
Alangium kurzii 187
Albizia 123
Albizia corniculata 123
Alchornea 103
Alchornea trewioides 103
Allium 284
Allium chinense 284
Allium hookeri 284
Alniphyllum 204
Alniphyllum fortunei 204
Alocasia 282
Alocasia odora 282
Alopecurus 307
Alopecurus aequalis 307
Alopecurus japonicus ... 307
Alpinia 275
Alpinia graminifolia 275
Alpinia japonica 275
Alpinia oblongifolia 276
Alpinia pumila 276
Alpinia stachyodes 276
Alsophila 9
Alsophila spinulosa 9
Alternanthera 68
Alternanthera philoxeroides
  68
Alternanthera sessilis 68
Altingia 138
Altingia chinensis 138
Altingia gracilipes var.
  serrulata 138
Alysicarpus 127
Alysicarpus vaginalis 127
Amaranthus 68
Amaranthus spinosus 68
Amaranthus viridis 68
Amitostigma 289
Amitostigma gracile 289
Ampelopsis 173
Ampelopsis cantoniensis
  173
Ampelopsis glandulosa var.
  kulingensis 173
Ampelopsis grossedentata
  173
Ampelopsis megalophylla
  174
Angelica 190
Angelica decursiva 191
Angiopteris 5
Angiopteris fokiensis 6
Anisomeles 267
Anisomeles indica 267
Anodendron 211
Anodendron affine 211
Anoectochilus 290
Anoectochilus roxburghii
  290
Anredera 69
Anredera cordifolia 69
Antidesma 103
Antidesma japonicum ... 103
Antidesma montanum var.
  microphyllum 103
Apluda 307
Apluda mutica 307
Aporosa 104
Aporosa dioica 104
Apostasia 290
Apostasia shenzhenica
  290
Aralia 188
Aralia chinensis 188
Aralia finlaysoniana 188
Aralia spinifolia 188
Archidendron 123
Archidendron clypearia
  123
Archidendron lucidum
  123
Archidendron utile 124
Ardisia 199
Ardisia chinensis 199
Ardisia crenata 200
Ardisia crispa 200
Ardisia hanceana 200
Ardisia lindleyana 200
Ardisia mamillata 201
Ardisia primulifolia 201
Ardisia pusilla 201
Ardisia quinquegona 201
Armeniaca 112
Armeniaca mume 112
Artabotrys 37
Artabotrys hexapetalus .. 37
Artabotrys hongkongensis
  37
Artemisia 228
Artemisia argyi 228
Artemisia indica 229
Artemisia lactiflora 229

Arthraxon 307
Arthraxon hispidus.........308
Artocarpus.....................151
Artocarpus hypargyreus
....151
Artocarpus styracifolius
....151
Arundina 290
Arundina graminifolia...290
Arundo 308
Arundo donax................308
Asarum 52
Asarum caudigerum.........52
Asparagus......................277
Asparagus cochinchinensis
....277
Aspidistra 277
Aspidistra lurida............278
Asplenium 19
Asplenium crinicaule 19
Asplenium prolongatum
....19
Asplenium wrightii 20
Aster 229
Aster baccharoides........229
Aster trinervius subsp.
  ageratoides 229
Asystasia 259
Asystasia neesiana 260
Axonopus 308
Axonopus compressus
....308

B

Baeckea...........................89
Baeckea frutescens...........89
Balanophora 169
Balanophora harlandii
....169
Bauhinia 125
Bauhinia apertilobata 125
Bauhinia championii.....125
Bauhinia glauca.............125
Begonia...........................80

Begonia fimbristipula.......80
Begonia longifoli 80
Begonia palmata...............80
Begonia palmata var.
  bowringiana..................81
Beilschmiedia..................38
Beilschmiedia delicata 39
Beilschmiedia tsangii.......39
Berchemia 170
Berchemia floribunda....170
Betula 142
Betula luminifera 142
Bidens 230
Bidens alba....................230
Bidens pilosa.................230
Bidens pilosa var. radiata
....230
Blastus............................91
Blastus cochinchinensis
....91
Blastus pauciflorus..........91
Blechnum........................20
Blechnum orientale.........20
Blumea 230
Blumea megacephala 230
Blumea oblongifolia......231
Boehmeria 156
Boehmeria japonica 156
Boehmeria nivea 156
Boehmeria tricuspis 156
Bolbitis............................23
Bolbitis subcordata..........23
Bothriospermum 248
Bothriospermum
  zeylanicum 248
Botrychium 5
Botrychium daucifolium ...5
Bowringia 128
Bowringia callicarpa 128
Brainea 20
Brainea insignis...............20
Breynia 104
Breynia fruticosa...........104

Breynia rostrata.............104
Bridelia..........................105
Bridelia balansae...........105
Bridelia glauca 105
Broussonetia..................151
Broussonetia kaempferi var.
  australis 151
Buddleja 207
Buddleja asiatica 207
Buddleja lindleyana 208
Bulbophyllum 291
Bulbophyllum ambrosia
....291
Bulbophyllum
  kwangtungense...........291
Bulbophyllum
  odoratissimum............291
Burmannia....................289
Burmannia itoana..........289
Buxus 141
Buxus megistophylla.....141

C

Caesalpinia...................125
Caesalpinia crista 125
Caesalpinia decapetala
....126
Caesalpinia millettii 126
Calamus........................287
Calamus rhabdocladus
....287
Calamus thysanolepis....287
Calanthe 291
Calanthe clavata............291
Callicarpa 262
Callicarpa formosana 262
Callicarpa kochiana.......262
Callicarpa rubella..........263
Calophyllum...................94
Calophyllum
  membranaceum............94
Camellia 82
Camellia cordifolia..........82
Camellia oleifera 82

Camellia salicifolia 82
Camellia sinensis 82
Campanumoea...............246
Campanumoea blume
  subsp. japonica...........246
Campanumoea lancifolia
....246
Campsis.........................259
Campsis grandiflora 259
Canarium......................178
Canarium album 179
Capparis 176
Capparis cantoniensis....176
Capsella..........................55
Capsella bursa-pastoris ...55
Cardamine......................55
Cardamine hirsuta 55
Carex 299
Carex adrienii................299
Carex baccans 299
Carex chinensis 299
Carex cruciata 300
Carex phyllocephala......300
Carpinus 142
Carpinus viminea 142
Caryopteris...................263
Caryopteris incana 263
Casearia 77
Casearia velutin..............77
Cassia 126
Cassia occidentalis 126
Castanea 143
Castanea mollissima......143
Castanopsis 143
Castanopsis carlesii 143
Castanopsis eyrei 143
Castanopsis fabri...........144
Castanopsis fargesii.......144
Castanopsis fissa 144
Castanopsis fordii..........144
Castanopsis hystrix 144
Castanopsis kawakamii
....145

Castanopsis lamontii 145	Chrysanthemum indicum 231	Cocculus 49	Crataegus cuneata 113
Castanopsis nigrescens 145	Chukrasia 179	Cocculus orbiculatus 50	Cratoxylum 94
Cayratia 174	Chukrasia tabularis 179	Codonacanthus 260	Cratoxylum cochinchinense 94
Cayratia corniculata 174	Cibotium 9	Codonacanthus pauciflorus 260	Crotalaria 128
Celastrus 163	Cibotium barometz 9	Codonopsis 246	Crotalaria albida 128
Celastrus aculeatus 163	Cinnamomum 39	Codonopsis lanceolata 247	Crotalaria assamica 128
Celastrus hindsii 163	Cinnamomum burmannii 39	Coelogyne 292	Crotalaria pallida 128
Celastrus monospermus 164	Cinnamomum camphora 39	Coelogyne fimbriata 292	Crotalaria sessiliflora 129
Celastrus rosthornianus 164	Cinnamomum micranthum 39	Coix 308	Croton 105
Celosia 69	Cinnamomum parthenoxylon 40	Coix lacryma-jobi 308	Croton lachnocarpus 105
Celosia argentea 69	Cinnamomum rigidissimum 40	Colocasia 282	Cryptocarya 40
Celtis 149	Cirsium 231	Colocasia antiquorum ... 282	Cryptocarya chinensis 40
Celtis biondii 149	Cirsium japonicum 232	Colysis 25	Cryptocarya chingii 40
Celtis bungeana 150	Citrus 176	Colysis elliptica 25	Cryptocarya concina 40
Celtis sinensis 150	Citrus maxima 176	Combretum 93	Cunninghamia 32
Centella 191	Cleisostoma 292	Combretum alfredii 93	Cunninghamia lanceolata 32
Centella asiatica 191	Cleisostoma paniculatum 292	Commelina 272	Cuphea 71
Centipeda 231	Clematis 46	Commelina benghalensis 272	Cuphea carthagenensis 71
Centipeda minima 231	Clematis armandii 46	Commelina communis 272	Curculigo 288
Cephalotaxus 31	Clematis crassifolia 46	Commelina paludosa 272	Curculigo capitulata 288
Cephalotaxus fortunei 31	Clematis finetiana 47	Coniogramme 14	Cyclea 50
Cerasus 112	Clematis meyeniana 47	Coniogramme japonica ... 14	Cyclea barbata 50
Cerasus campanulata 112	Clematis uncinata 47	Coptis 47	Cyclea hypoglauca 50
Cheilanthes 12	Clerodendrum 263	Coptis chinensis var. brevisepala 47	Cyclea racemosa 50
Cheilanthes tenuifolia 13	Clerodendrum canescens 263	Coptosapelta 216	Cyclobalanopsis 145
Chenopodium 67	Clerodendrum cyrtophyllum 263	Coptosapelta diffusa 216	Cyclobalanopsis bella ... 145
Chenopodium ambrosioides 67	Clerodendrum fortunatum 264	Corchoropsis 95	Cyclobalanopsis chungii 146
Chenopodium ficifolium 67	Clerodendrum lindleyi 264	Corchoropsis crenata 95	Cyclobalanopsis glauca 146
Chieniopteris 21	Clethra 193	Corchorus 95	Cyclobalanopsis gracilis 146
Chieniopteris harlandii 21	Clethra bodinieri 193	Corchorus capsularis 96	Cyclobalanopsis jenseniana 146
Chionographis 278	Cleyera 83	Corydalis 54	Cyclobalanopsis myrsinifolia 146
Chionographis chinensis 278	Cleyera japonica 83	Corydalis balansae 54	Cyclobalanopsis neglecta 147
Chirita 257	Clinopodium 268	Corydalis racemosa 54	Cyclosorus 16
Chirita anachoreta 257	Clinopodium gracile 268	Cotula 232	Cyclosorus parasiticus 17
Choerospondias 184		Cotula anthemoides 232	Cymbidium 292
Choerospondias axillaris 184		Crassocephalum 232	Cymbidium ensifolium 292
Chrysanthemum 231		Crassocephalum crepidioides 232	
		Crataegus 113	

Cymbidium kanran 293
Cynanchum 213
Cynanchum corymbosum
.... 213
Cyperus 300
Cyperus cyperoides 300
Cyperus difformis 300
Cyperus haspan 300
Cyperus iria 301
Cyperus rotundus 301
Cyperus tenuispica 301
Cyrtococcum 309
Cyrtococcum patens 309

D

Dalbergia 129
Dalbergia assamica 129
Dalbergia hancei 129
Dalbergia millettii 129
Daphne 74
Daphne championii 74
Daphniphyllum 110
Daphniphyllum calycinum
.... 110
Daphniphyllum oldhami
.... 110
Dendrobenthamia 186
Dendrobenthamia
  ferruginea 186
Dendropanax 188
Dendropanax dentiger ... 188
Dendropanax proteus 189
Dendrotrophe 169
Dendrotrophe varians 169
Desmodium 130
Desmodium caudatum
.... 130
Desmodium heterocarpon
.... 130
Desmodium sequax 130
Desmodium triflorum 130
Desmos 37
Desmos chinensis 37
Dianella 278

Dianella ensifolia 278
Dichroa 111
Dichroa febrifuga 111
Dichrocephala 232
Dichrocephala integrifolia
.... 232
Dicliptera 260
Dicliptera chinensis 260
Dicranopteris 7
Dicranopteris pedata 7
Dictyocline 17
Dictyocline wilfordii 17
Didymostigma 258
Didymostigma obtusum
.... 258
Digitaria 309
Digitaria sanguinalis 309
Dimocarpus 180
Dimocarpus longan 180
Dinetus 250
Dinetus racemosus 250
Dioscorea 285
Dioscorea bulbifera 285
Dioscorea cirrhosa 285
Dioscorea japonica 286
Dioscorea linearicordata
.... 286
Dioscorea pentaphylla ... 286
Dioscorea persimilis 286
Diospyros 197
Diospyros eriantha 197
Diospyros kaki var.
  sylvestris 197
Diospyros morrisiana 198
Diospyros tsangii 198
Diospyros tutcheri 198
Diplazium 15
Diplazium conterminum
.... 15
Diplazium dilatatum 15
Diplazium esculentum 15
Diplazium mettenianum
.... 16
Diplazium serratifolium

.... 16
Diplazium subsinuatum
.... 16
Diploprora 293
Diploprora championii
.... 293
Diplopterygium 7
Diplopterygium chinense
.... 7
Diplopterygium
  laevissimum 8
Diplospora 216
Diplospora dubia 216
Dischidia 213
Dischidia chinensis 213
Distylium 138
Distylium racemosum ... 138
Drosera 60
Drosera peltata var glabrata
.... 60
Drynaria 28
Drynaria roosii 28
Dryopteris 21
Dryopteris decipiens 22
Dryopteris fuscipes 22
Dryopteris lepidopoda 22
Dryopteris varia 22
Duchesnea 113
Duchesnea indica 113
Dunbaria 131
Dunbaria rotundifolia 131

E

Echinochloa 309
Echinochloa colona 309
Eclipta 233
Eclipta prostrata 233
Ehretia 249
Ehretia longiflora 249
Elaeagnus 172
Elaeagnus glabra 172
Elaeagnus gonyanthes ... 172
Elaeagnus pungens 173
Elaeocarpus 97

Elaeocarpus chinensis 97
Elaeocarpus decipiens 97
Elaeocarpus glabripetalus
.... 97
Elaeocarpus japonicus 97
Elaeocarpus sylvestris 98
Elatostema 156
Elatostema dissectum 156
Elephantopus 233
Elephantopus tomentosus
.... 233
Eleusine 310
Eleusine indica 310
Eleutherococcus 189
Eleutherococcus trifoliatus
.... 189
Embelia 202
Embelia laeta 202
Embelia parviflora 202
Embelia ribes 202
Embelia ribes subsp.
  pachyphylla 202
Embelia rudis 203
Embelia undulata 203
Embelia vestita 203
Emilia 233
Emilia prenanthoidea 233
Emilia sonchifolia 234
Engelhardia 186
Engelhardia fenzelii 186
Engelhardia roxburghiana
.... 186
Enkianthus 193
Enkianthus quinqueflorus
.... 193
Enkianthus serrulatus 193
Equisetum 4
Equisetum ramosissimum
.... 4
Eragrostis 310
Eragrostis atrovirens 310
Erechtites 234
Erechtites valerianifolius
.... 234

Eria 293
Eria corneri 293
Eriobotrya 113
Eriobotrya fragrans 113
Eriocaulon 274
Eriocaulon sexangulare
  274
Eryngium 191
Eryngium foetidum 191
Erythrina 131
Erythrina variegata 131
Erythroxylum 102
Erythroxylum sinense ... 102
Eschenbachia 234
Eschenbachia bonariensis
  234
Eschenbachia canadensis
  234
Eschenbachia japonica
  235
Euonymus 164
Euonymus fortunei 164
Euonymus laxiflorus 164
Euonymus nitidus 164
Eupatorium 235
Eupatorium catarium 235
Eupatorium lindleyanum
  235
Euphorbia 105
Euphorbia hirta 105
Eurya 83
Eurya acutisepala 83
Eurya alata 83
Eurya chinensis 83
Eurya ciliata 83
Eurya distichophylla 84
Eurya glandulosa var.
  cuneiformis 84
Eurya glandulosa var.
  dasyclados 84
Eurya groffii 84
Eurya hebeclados 85
Eurya loquaiana 85
Eurya macartneyi 85

Eurya muricata 85
Eurya nitida 85
Eurya rubiginosa var.
  attenuata 86
Eustigma 139
Eustigma oblongifolium
  139
Evodia 176
Evodia lepta 176
Exbucklandia 139
Exbucklandia populnea
  139
Exbucklandia tonkinensis
  139

F

Fallopia 62
Fallopia multiflora 62
Ficus 152
Ficus erecta 152
Ficus esquiroliana 152
Ficus fistulosa 152
Ficus formosana 152
Ficus hederacea 153
Ficus hirta 153
Ficus hispida 153
Ficus nervosa 153
Ficus pandurata 153
Ficus pandurata var.
  holophylla 154
Ficus pumila 154
Ficus stenophylla 154
Ficus variegata 154
Ficus variolosa 155
Ficus virens 155
Fimbristylis 301
Fimbristylis aestivalis ... 301
Fimbristylis dichotomoides
  301
Fimbristylis littoralis 302
Fimbristylis tetragona ... 302
Fississtigma 37
Fississtigma glaucescens
  38

Fississtigma oldhamii 38
Fississtigma polyanthum
  38
Fississtigma uonicum 38
Floscopa 273
Floscopa scandens 273
Fraxinus 209
Fraxinus chinensis 209
Fraxinus insularis 209

G

Gahnia 302
Gahnia baniensis 302
Gahnia tristis 302
Galinsoga 235
Galinsoga parviflora 236
Galium 216
Galium spurium 216
Gardenia 216
Gardenia jasminoides 217
Gardneria 208
Gardneria multiflora 208
Gelsemium 208
Gelsemium elegans 208
Gentiana 243
Gentiana davidii 243
Gentiana loureiroi 243
Geranium 70
Geranium carolinianum
  70
Gerbera 236
Gerbera piloselloides 236
Gleditsia 126
Gleditsia fera 126
Gleditsia sinensis 127
Glochidion 106
Glochidion eriocarpum . 106
Glochidion puberum 106
Glochidion triandrum 106
Glochidion wrightii 106
Gnaphalium 236

Gnaphalium pensylvanicum
  236
Gnetum 32
Gnetum lufuense 32
Gnetum parvifolium 32
Gomphostemma 268
Gomphostemma chinense
  268
Gonostegia 157
Gonostegia hirta 157
Goodyera 294
Goodyera procera 294
Goodyera seikoomontana
  294
Grangea 236
Grangea maderaspatana 236
Grewia 96
Grewia henryi 96
Gymnema 214
Gymnema sylvestre 214
Gynostemma 78
Gynostemma pentaphyllum
  78

H

Habenaria 294
Habenaria leptoloba 294
Habenaria rhodocheila
  294
Haloragis 73
Haloragis chinensis 73
Haloragis micrantha 74
Haplopteris 15
Haplopteris flexuosa 15
Hedera 189
Hedera nepalensis var.
  sinensis 189
Hedyotis 217
Hedyotis acutangula 217
Hedyotis caudatifolia 217
Hedyotis corymbosa 217
Hedyotis diffusa 218
Hedyotis hedyotidea 218
Hedyotis mellii 218

Hedyotis verticillata 218
Helicia 75
Helicia cochinchinensis
.... 75
Helicia kwangtungensis .. 75
Helicia reticulata 76
Helicteres 98
Helicteres angustifolia 98
Helixanthera 166
Helixanthera sampsonii
.... 167
Hemerocallis 278
Hemerocallis fulva 278
Hemisteptia 237
Hemisteptia lyrata 237
Heteropanax 190
Heteropanax
　brevipedicellatus 190
Hiptage 101
Hiptage benghalensis 102
Homalium 77
Homalium cochinchinense
.... 77
Houttuynia 53
Houttuynia cordata 53
Hovenia 170
Hovenia acerba 170
Humata 24
Humata griffithiana 24
Humata repens 24
Humulus 159
Humulus scandens 160
Huperzia 2
Huperzia serrata 2
Hydrangea 111
Hydrangea kwangtungensis
.... 111
Hydrilla 271
Hydrilla verticillata 272
Hydrocotyle 191
Hydrocotyle nepalensis
.... 191
Hydrocotyle sibthorpioides
.... 192

Hylodesmum 131
Hylodesmum laxum 131
Hylodesmum podocarpum
　subsp. oxyphyllum 132
Hymenophyllum 8
Hymenophyllum badium
.... 8
Hypericum 94
Hypericum attenuatum 94
Hypericum japonicum 94
Hypolytrum 303
Hypolytrum nemorum ... 303
Hypoxis 288
Hypoxis aurea 288
Hypserpa 50
Hypserpa nitida 51

I

Ichnanthus 310
Ichnanthus pallens var.
　major 310
Idesia 77
Idesia polycarpa 77
Ilex 160
Ilex chapaensis 160
Ilex dasyphylla 160
Ilex elmerrilliana 160
Ilex ficoidea 161
Ilex formosana 161
Ilex hanceana 161
Ilex kwangtungensis 161
Ilex lohfauensis 161
Ilex memecylifolia 162
Ilex micrococca 162
Ilex pubescens 162
Ilex rotunda 162
Ilex triflora 162
Ilex viridis 163
Impatiens 71
Impatiens chlorosepala 71
Impatiens tubulosa 71
Imperata 311
Imperata cylindrica 311

Indocalamus 306
Indocalamus herklotsii
.... 306
Indocalamus tessellatus
.... 306
Inula 237
Inula cappa 237
Ipomoea 250
Ipomoea biflora 250
Ipomoea cairica 251
Ipomoea triloba 251
Ischaemum 311
Ischaemum barbatum 311
Isodon 268
Isodon amethystoides 268
Itea 110
Itea chinensis 110
Ixeridium 237
Ixeridium dentatum 237
Ixonanthes 102
Ixonanthes reticulata 102

J

Jasminanthes 214
Jasminanthes mucronata
.... 214
Jasminum 209
Jasminum lanceolaria 210
Juncus 298
Juncus effusus 298
Juncus prismatocarpus
.... 298
Juncus prismatocarpus
　subsp. teretifolius 298
Justicia 260
Justicia betonica 260
Justicia procumbens 261
Justicia quadrifaria 261

K

Kadsura 36
Kadsura coccinea 36
Kadsura longipedunculata
.... 36

Kalimeris 238
Kalimeris indica var.
　polymorpha 238
Korthalsella 167
Korthalsella japonica 167
Kummerowia 132
Kummerowia striata 132
Kyllinga 303
Kyllinga nemoralis 303

L

Lactuca 238
Lactuca indica 238
Lagerstroemia 72
Lagerstroemia fordii 72
Lantana 264
Lantana camara 264
Lasianthus 218
Lasianthus chinensis 219
Lasianthus chunii 219
Lasianthus fordii 219
Lasianthus henryi 219
Laurocerasus 114
Laurocerasus phaeosticta
.... 114
Laurocerasus spinulosa
.... 114
Leersia 311
Leersia hexandra 311
Lemmaphyllum 25
Lemmaphyllum
　drymoglossoides 25
Lemmaphyllum
　microphyllum 25
Lemmaphyllum rostratum
.... 25
Lemna 284
Lemna minor 284
Leonurus 268
Leonurus artemisia var.
　albiflorus 269
Lepidosperma 303
Lepidosperma
　chinense 304

Lepisorus 26	 147	Ludwigia prostrata 73	Macrothelypteris 17
Lepisorus thunbergianus	Lithocarpus corneus 147	Lycianthes 249	Macrothelypteris torresiana
.... 26	Lithocarpus haipinii 147	Lycianthes biflora 249	 17
Leptochloa 311	Lithocarpus hancei 147	Lycopodiastrum 2	Maesa 203
Leptochloa chinensis 311	Lithocarpus litseifolius 148	Lycopodiastrum	Maesa perlarius 203
Lespedeza 132	Lithocarpus oleifolius 148	casuarinoides 2	Mahonia 48
Lespedeza cuneata 132	Lithocarpus paihengii 148	Lycopodium 2	Mahonia fordii 48
Lespedeza thunbergii subsp.	Lithocarpus paniculatus .. 148	Lycopodium cernuum 3	Mahonia shenii 48
formosa 132	Lithocarpus rosthornii 148	Lycopodium japonicum 3	Malaxis 295
Leucaena 124	Lithocarpus uvariifolius	Lygodium 8	Malaxis latifolia 295
Leucaena leucocephala	 149	Lygodium japonicum 8	Mallotus 107
.... 124	Litsea 42	Lygodium microphyllum	Mallotus apelta 107
Ligustrum 210	Litsea acutivena 42	 8	Mallotus paniculatus 107
Ligustrum lianum 210	Litsea cubeba 42	Lyonia 194	Mallotus repandus 107
Ligustrum sinense 210	Litsea elongata 42	Lyonia ovalifolia var.	Malus 114
Lindera 41	Litsea glutinosa 42	lanceolata 194	Malus doumeri 114
Lindera communis 41	Litsea greenmaniana 43	Lysimachia 244	Malva 100
Lindera megaphylla 41	Litsea pungens 43	Lysimachia alfredii 244	Malva verticillata 100
Lindera metcalfiana 41	Litsea rotundifolia var.	Lysimachia clethroides	Malvastrum 100
Lindera nacusua 41	oblongifolia 43	 244	Malvastrum
Lindernia 252	Lobelia 247	Lysimachia decurrens 245	coromandelianum 100
Lindernia anagallis 252	Lobelia chinensis 247	Lysimachia fortunei 245	Manglietia 35
Lindernia antipoda 252	Lobelia melliana 247	Lysionotus 258	Manglietia fordiana 35
Lindernia crustacea 252	Lobelia zeylanica 248	Lysionotus pauciflorus	Mappianthus 166
Lindernia elata 253	Loeseneriella 165	 258	Mappianthus iodoides ... 166
Lindernia procumbens	Loeseneriella concinna 165		Melastoma 91
.... 253	Lonicera 225	**M**	Melastoma intermedium
Lindernia pusilla 253	Lonicera confusa 225	Macaranga 107	 91
Lindernia ruellioides 253	Lonicera hypoglauca 225	Macaranga sampsonii 107	Melastoma malabathricum
Lindsaea 10	Lonicera macrantha 225	Machilus 43	 91
Lindsaea heterophyll 10	Lonicera reticulata 225	Machilus breviflora 43	Melastoma normale 92
Lindsaea orbiculata 10	Lophatherum 312	Machilus chekiangensis	Melia 179
Liparis 295	Lophatherum gracile 312	 43	Melia azedarach 179
Liparis bootanensis 295	Loranthus 167	Machilus chinensis 44	Meliosma 182
Liparis nervosa 295	Loranthus delavayi 167	Machilus grijsii 44	Meliosma fordii 182
Lipocarpha 304	Loropetalum 140	Machilus litseifolia 44	Meliosma rigida 182
Lipocarpha chinensis 304	Loropetalum chinense 140	Machilus thunbergii 44	Meliosma squamulata ... 182
Liquidambar 139	Loxogramme 29	Machilus velutina 45	Meliosma thorelii 182
Liquidambar	Loxogramme salicifolia 29	Maclura 155	Melochia 99
formosana 140	Ludwigia 72	Maclura cochinchinensis	Melochia corchorifolia 99
Liriope 279	Ludwigia adscendens 72	 155	Melodinus 211
Liriope spicata 279	Ludwigia hyssopifolia 73	Macrosolen 167	Melodinus fusiformis 211
Lithocarpus 147	Ludwigia octovalvis 73	Macrosolen cochinchinensis	Memecylon 92
Lithocarpus calophyllus		 167	Memecylon ligustrifolium

................................92	Murdannia nudiflora.......273	Oenanthe javanica..........192	Paliurus ramosissimus...170
Merremia........................251	Musa................................275	Olea................................210	Pandanus.......................288
Merremia hederacea.......251	Musa balbisiana.............275	Olea europaea.................210	Pandanus austrosinensis
Michelia.............................35	Mussaenda......................220	Olea tsoongii...................210	288
Michelia champaca...........35	Mussaenda kwangtungensis	Onychium..........................13	Panicum..........................314
Michelia maudiae..............35	220	Onychium japonicum........13	Panicum repens..............314
Michelia skinneriana........35	Mussaenda macrophylla	Ophioglossum.....................5	Paraphlomis....................269
Microstegium.................312	220	Ophioglossum vulgatum...5	Paraphlomis javanica var.
Microstegium fasciculatum	Mussaenda pubescens...221	Ophiorrhiza...................221	angustifolia...............269
................................312	Mussaenda pubescens var.	Ophiorrhiza japonica.....221	Parathelypteris.................17
Microtropis.....................165	alba............................221	Ophiorrhiza pumila........222	Parathelypteris glanduligera
Microtropis obliquinervia	Mycetia...........................221	Oplismenus.....................313	18
................................165	Mycetia sinensis.............221	Oplismenus compositus var.	Parthenocissus................174
Microtropis tetragona.....165	Myosoton..........................60	intermedius...............313	Parthenocissus dalzielii
Millettia..........................133	Myosoton aquaticum........60	Oplismenus undulatifolius	174
Millettia dielsiana...........133	Myrica.............................142	313	Parthenocissus semicordata
Millettia nitida...............133	Myrica rubra...................142	Oreocharis......................258	174
Millettia pachycarpa......133	Myrsine............................204	Oreocharis benthamii....258	Parthenocissus tricuspidata
Mimosa...........................124	Myrsine semiserrata.......204	Oreocharis benthamii var.	175
Mimosa bimucronata.....124		reticulata...................259	Paspalum........................314
Mimosa pudica...............124	**N**	Oreocnide......................157	Paspalum scrobiculatum
Miscanthus.....................312	Neolepisorus.....................26	Oreocnide frutescens.....157	var. orbiculare..........314
Miscanthus floridulus....312	Neolepisorus fortunei......26	Oreogrammitis.................29	Paspalum thunbergii.....314
Miscanthus sinensis......313	Neolepisorus ovatus........26	Oreogrammitis dorsipila	Passiflora..........................78
Mitracarpus....................219	Neolitsea..........................45	29	Passiflora kwangtungensis
Mitracarpus hirtus.........219	Neolitsea aurata var.	Ormosia...........................134	78
Mollugo.............................61	paraciculata................45	Ormosia fordiana...........134	Patrinia...........................227
Mollugo stricta.................61	Neolitsea cambodiana var.	Ormosia glaberrima......134	Patrinia scabiosifolia.....227
Monochoria.....................280	glabra..........................45	Ormosia semicastrata....134	Patrinia villosa..............227
Monochoria vaginalis....280	Neolitsea chui..................45	Ormosia xylocarpa........135	Paulownia......................253
Morinda..........................220	Neolitsea levinei..............45	Osmanthus......................211	Paulownia fortunei.........254
Morinda officinalis.........220	Neolitsea phanerophlebia	Osmanthus matsumuranus	Paulownia kawakamii...254
Morinda umbellata subsp.	46	211	Pellionia.........................157
obovata....................220	Nephrolepis......................24	Osmunda............................6	Pellionia brevifolia........157
Mosla...............................269	Nephrolepis brownii........24	Osmunda japonica............6	Pellionia grijsii..............158
Mosla dianthera..............269	Nephrolepis cordifolia....24	Osmunda vachellii............6	Pellionia scabra.............158
Mucuna...........................133	Neyraudia........................313	Oxalis................................70	Pennisetum....................314
Mucuna birdwoodiana	Neyraudia reynaudiana	Oxalis corniculata............70	Pennisetum alopecuroides
................................133	313	Oxalis corymbosa.............70	315
Mukia................................79	Nyssa...............................187		Pentaphylx.......................88
Mukia javanica.................79	Nyssa sinensis................187	**P**	Pentaphylax euryoides....88
Murdannia......................273		Paederia.........................222	Peperomia.......................52
Murdannia loriformis....273	**O**	Paederia foetida.............222	Peperomia pellucida.......52
	Oenanthe........................192	Paliurus...........................170	Pericampylus....................51
			Pericampylus glaucus.....51

Perilla 270	Pistia 283	Polygonum perfoliatum	 239
Perilla frutescens var. purpurascens 270	Pistia stratiotes 283	 64	Psychotria 222
Pertya 238	Pittosporum 76	Polygonum plebeium 64	Psychotria asiatica 222
Pertya cordifolia 238	Pittosporum glabratum 76	Polygonum posumbu 64	Psychotria serpens 222
Phaius 296	Pittosporum pauciflorum	Polygonum pubescens 65	Psychotria tutcheri 223
Phaius flavus 296	 76	Polygonum senticosum ... 65	Pteridium 10
Phaius tancarvilleae 296	Pityrogramme 14	Polygonum strigosum 65	Pteridium aquilinum var. latiusculum 11
Phlegmariurus 2	Pityrogramme calomelanos	Polypodiodes 27	Pteris 11
Phlegmariurus fordii 2	 14	Polypodiodes niponica 27	Pteris arisanensis 11
Pholidota 296	Plagiogyria 7	Polyspora 86	Pteris dispar 11
Pholidota chinensis 296	Plagiogyria adnata 7	Polyspora axillaris 86	Pteris ensiformis 11
Photinia 114	Plagiogyria falcata 7	Polystichum 22	Pteris fauriei 12
Photinia bodinieri 114	Plantago 246	Polystichum balansae 22	Pteris semipinnata 12
Photinia glabra 115	Plantago asiatica 246	Polystichum scariosum ... 23	Pteris terminalis 12
Photinia parvifolia 115	Plantago major 246	Portulaca 61	Pterospermum 99
Photinia prunifolia 115	Platanthera 296	Portulaca oleracea 61	Pterospermum heterophyllum 99
Photinia raupingensis 115	Platanthera minor 297	Portulaca pilosa 62	Pueraria 135
Phrynium 277	Platycerium 28	Pothos 283	Pueraria montana var. lobata 135
Phrynium rheedei 277	Platycerium wallichii 28	Pothos chinensis 283	Pycnospora 135
Phyllanthus 108	Plumbago 245	Pottsia 212	Pycnospora lutescens ... 135
Phyllanthus emblica 108	Plumbago zeylanica 245	Pottsia laxiflora 212	Pygeum 116
Phyllanthus flexuosus 108	Pogonatherum 315	Pouzolzia 159	Pygeum topengii 116
Phyllanthus urinaria 108	Pogonatherum crinitum 315	Pouzolzia zeylanica 159	Pyrenaria 86
Phyllodium 135	Pollia 273	Pratia 248	Pyrenaria microcarpa 86
Phyllodium elegans 135	Pollia japonica 274	Pratia wollastonii 248	Pyrrosia 27
Phytolacca 66	Polygala 58	Premna 265	Pyrrosia adnascens 27
Phytolacca americana 66	Polygala chinensis 58	Premna microphylla 265	Pyrrosia lingua 27
Pieris 194	Polygala fallax 58	Prenanthes 239	Pyrus 116
Pieris japonica 194	Polygala hongkongensis var. stenophylla 59	Prenanthes tatarinowii ... 239	Pyrus calleryana 116
Pilea 158	Polygala latouchei 59	Procris 159	
Pilea microphylla 158	Polygonatum 279	Procris crenata 159	**Q**
Pilea notata 158	Polygonatum cyrtonema 279	Pronephrium 18	Quercus 149
Pilea pumila 159	Polygonum 63	Pronephrium gymnopteridifrons 18	Quercus phillyreoides ... 149
Pileostegia 111	Polygonum barbatum 63	Pronephrium lakhimpurense 18	**R**
Pileostegia tomentella ... 111	Polygonum chinense 63	Pronephrium megacuspe . 18	Ranunculus 48
Pinus 31	Polygonum hydropiper 63	Pronephrium simplex 19	Ranunculus cantoniensis 48
Pinus massoniana 31	Polygonum kawagoeanum 63	Pronephrium triphyllum 19	Rapanea 204
Piper 53	Polygonum lapathifolium 64	Pseudodrynaria 28	Rapanea seguinii 204
Piper austrosinense 53	Polygonum longisetum 64	Pseudodrynaria coronans 28	Reevesia 99
Piper cathayanum 53		Pseudognaphalium 239	Reevesia thyrsoidea 99
Piper sintenense 53		Pseudognaphalium affine	

Reynoutria 65	Rosa 117	Salomonia 59	Selaginella doederleinii 3
Reynoutria japonica 65	Rosa cymosa 117	Salomonia cantoniensis ... 59	Selaginella limbata 3
Rhamnus 171	Rosa henryi 117	Salvia 270	Selaginella moellendorffii 4
Rhamnus crenata 171	Rosa laevigat 117	Salvia filicifolia 270	Selaginella tamariscina 4
Rhamnus leptophylla 171	Rosa rubus 117	Sanicula 192	Selaginella uncinata 4
Rhaphiolepis 116	Rotala 72	Sanicula lamelligera 192	Selliguea 27
Rhaphiolepis indica 116	Rotala rotundifolia 72	Sapindus 180	Selliguea hastata 27
Rhododendron 194	Rourea 185	Sapindus saponaria 181	Semiliquidambar 140
Rhododendron bachii 194	Rourea microphylla 185	Sarcandra 54	Semiliquidambar cathayensis 140
Rhododendron championiae 195	Rubia 223	Sarcandra glabra 54	Senecio 239
Rhododendron henryi 195	Rubia argyi 223	Sarcopyramis 92	Senecio scandens 239
Rhododendron levinei 195	Rubus 117	Sarcopyramis napalensis . 92	Setaria 315
Rhododendron mariae 195	Rubus adenophorus 118	Sarcosperma 199	Setaria viridis 315
Rhododendron mariesii 195	Rubus alceifolius 118	Sarcosperma laurinum 199	Sida 101
Rhododendron moulmainense 196	Rubus buergeri 118	Schefflera 190	Sida rhombifolia 101
Rhododendron ovatum 196	Rubus columellaris 118	Schefflera delavayi 190	Sigesbeckia 239
Rhododendron simsii 196	Rubus corchorifolius 118	Schefflera heptaphylla ... 190	Sigesbeckia orientalis 239
Rhodoleia 140	Rubus dunnii 119	Schima 86	Sinosideroxylon 198
Rhodoleia championii ... 140	Rubus hirsutus 119	Schima remotiserrata 87	Sinosideroxylon pedunculatum 198
Rhodomyrtus 89	Rubus ichangensis 119	Schima superba 87	Sinosideroxylon wightianum 199
Rhodomyrtus tomentosa 89	Rubus lambertianus 119	Schisandra 36	Siphonostegia 254
Rhus 184	Rubus leucanthus 120	Schisandra arisanensis subsp. viridis 36	Siphonostegia laeta 254
Rhus chinensis 184	Rubus parvifolius 120	Schoenoplectus 304	Sloanea 98
Rhynchosia 136	Rubus pirifolius 120	Schoenoplectus wallichii 304	Sloanea sinensis 98
Rhynchosia volubilis 136	Rubus reflexus 120	Schoepfia 166	Smilax 280
Rhynchospora 304	Rubus reflexus var. hui 121	Schoepfia chinensis 166	Smilax china 280
Rhynchospora rubra 304	Rubus rosifolius 121	Scirpus 305	Smilax corbularia 280
Rhynchotechum 259	Rubus sumatranus 121	Scirpus juncoides 305	Smilax davidiana 281
Rhynchotechum ellipticum 259	Rumex 66	Scirpus rosthornii 305	Smilax glabra 281
Richardia 223	Rumex acetosa 66	Scleria 305	Smilax hypoglauca 281
Richardia scabra 223	**S**	Scleria biflora 305	Smilax lanceifolia var. opaca 281
Ricinus 108	Sabia 183	Scleria hookeriana 305	Smithia 136
Ricinus communis 108	Sabia discolor 183	Scoparia 254	Smithia sensitiva 136
Rorippa 55	Sabia limoniacea 183	Scoparia dulcis 254	Solanum 249
Rorippa cantoniensis 55	Sabia swinhoei 183	Scutellaria 270	Solanum americanum 249
Rorippa dubia 56	Sacciolepis 315	Scutellaria barbata 270	Solanum lyratum 250
Rorippa globosa 56	Sacciolepis indica 315	Scutellaria indica 270	Solidago 240
Rorippa indica 56	Sageretia 171	Sedum 59	Solidago decurrens 240
	Sageretia lucida 171	Sedum leptophyllum 60	
	Sageretia thea 171	Selaginella 3	

Sonchus 240	Strophanthus 212	Taxillus 168	 185
Sonchus wightianus 240	Strophanthus divaricatus	Taxillus chinensis 168	Toxicodendron
Sonerila 92	 212	Taxus 31	vernicifluum 185
Sonerila cantonensis 93	Strychnos 208	Taxus wallichiana var.	Trachelospermum 212
Sonerila maculata 93	Strychnos cathayensis ... 209	mairei 31	Trachelospermum
Sorbus 121	Styrax 205	Tectaria 23	jasminoides 212
Sorbus dunnii 121	Styrax faberi 205	Tectaria subtriphylla 23	Trachycarpus 287
Sorbus hemsleyi 121	Styrax odoratissimus 205	Tephrosia 137	Trachycarpus fortunei ... 287
Spermacoce 224	Styrax suberifolius 205	Tephrosia candida 137	Trema 150
Spermacoce alata 224	Sycopsis 141	Ternstroemia 87	Trema cannabina 150
Sphagneticola 240	Sycopsis dunnii 141	Ternstroemia gymnanthera	Trema orientalis 150
Sphagneticola calendulacea	Symplocos 205	 87	Triadica 109
.... 240	Symplocos adenophylla	Tetradium 177	Triadica cochinchinensis
Spilanthes 241	 205	Tetradium glabrifolium	 109
Spilanthes paniculata 241	Symplocos anomala 206	 177	Triadica sebifera 109
Spiraea 122	Symplocos cochinchinensis	Tetrastigma 175	Trichophorum 306
Spiraea chinensis 122	 206	Tetrastigma hemsleyanum	Trichophorum subcapitatum
Spiraea×vanhouttei 122	Symplocos cochinchinensis	 175	 306
Spiranthes 297	var. laurina 206	Tetrastigma planicaule	Trichosanthes 79
Spiranthes sinensis 297	Symplocos congesta 206	 175	Trichosanthes laceribractea
Sporobolus 316	Symplocos lancifolia 207	Teucrium 271	 79
Sporobolus fertilis 316	Symplocos paniculata ... 207	Teucrium quadrifarium	Tripterospermum 244
Stauntonia 49	Symplocos pseudobarberina	 271	Tripterospermum nienkui
Stauntonia chinensis 49	 207	Teucrium viscidum 271	 244
Stauntonia elliptica 49	Symplocos stellaris 207	Thalictrum 48	Tripterygium 165
Stauntonia maculata 49	Synedrella 241	Thalictrum acutifolium ... 48	Tripterygium wilfordii
Stellaria 61	Synedrella nodiflora 241	Themeda 316	 165
Stellaria alsine 61	Syzygium 89	Themeda villosa 316	Triumfetta 96
Stemona 285	Syzygium austrosinense	Thysanolaena 316	Triumfetta cana 96
Stemona tuberosa 285	 90	Thysanolaena latifolia ... 316	Triumfetta rhomboidea ... 96
Stenoloma 10	Syzygium buxifolium 90	Toddalia 177	Turpinia 183
Stenoloma chusanum 10	Syzygium hancei 90	Toddalia asiatica 177	Turpinia arguta 183
Stephania 51	Syzygium rehderianum ... 90	Tolypanthus 168	Turpinia montana 184
Stephania cephalantha 51	**T**	Tolypanthus maclurei 168	Tylophora 214
Stephania longa 51		Toona 179	Tylophora ovata 214
Stephania tetrandra 52	Tadehagi 136	Toona ciliata 180	Typhonium 283
Stewartia 87	Tadehagi triquetrum 136	Toona sinensis 180	Typhonium blumei 283
Stewartia villosa 87	Tainia 297	Torenia 255	**U**
Strobilanthes 261	Tainia dunnii 297	Torenia asiatica 255	
Strobilanthes cusia 261	Tainia hongkongensis 298	Torenia biniflora 255	Uncaria 224
Strobilanthes dalzielii 261	Talinum 62	Torenia concolor 255	Uncaria rhynchophylla
Strobilanthes tetrasperma	Talinum paniculatum 62	Torenia fordii 255	 224
.... 262	Tarenna 224	Toxicodendron 185	Urceola 213
	Tarenna mollissima 224	Toxicodendron sylvestre	Urceola rosea 213

Urena 101
Urena lobata 101
Urena procumbens 101
Utricularia 256
Utricularia aurea 256
Utricularia bifida 256
Utricularia striatula 257

V

Vaccinium 196
Vaccinium bracteatum ... 197
Vaccinium iteophyllum
 197
Ventilago 172
Ventilago leiocarpa 172
Veratrum 279
Veratrum schindleri 279
Verbena 265
Verbena officinalis 265
Vernicia 109
Vernicia fordii 109
Vernicia montana 109
Vernonia 241
Vernonia cinerea 241
Vernonia cumingiana 242
Vernonia solanifolia 242
Viburnum 226
Viburnum fordiae 226
Viburnum odoratissimum
 226
Viburnum sempervirens
 226
Vicia 137
Vicia hirsuta 137
Vigna 137
Vigna minima 137
Viola 57
Viola diffusa 57
Viola fargesii 57
Viola inconspicua 57
Viola lucens 58
Viola nanlingensis 58
Viscum 168
Viscum coloratum 168
Viscum diospyrosicola
 168
Viscum multinerve 169
Vitex 265
Vitex negundo 265
Vitex negundo var. cannabifolia 265
Vitex quinata 266
Vitex trifolia 266
Vitis 175
Vitis chungii 175

W

Wahlenbergia 247
Wahlenbergia marginata
 247
Wikstroemia 74
Wikstroemia indica 74
Wikstroemia monnula 75
Wikstroemia nutans 75
Wollastonia 242
Wollastonia montana 242
Woodwardia 21
Woodwardia japonica 21
Woodwardia prolifera 21

X

Xyris 274
Xyris indica 274

Y

Yinshania 56
Yinshania sinuata 56
Youngia 242
Youngia heterophylla 242
Youngia japonica 243
Youngia japonica subsp. elstonii 243

Z

Zanthoxylum 177
Zanthoxylum ailanthoides
 177
Zanthoxylum avicennae 178
Zanthoxylum nitidum 178
Zanthoxylum scandens
 178
Zehneria 79
Zehneria bodinieri 79
Zehneria japonica 79
Zingiber 276
Zingiber corallinum 276